丛书编委会

丛书主编：廖桂生

丛书副主编：吴启晖　张钦宇

丛书编委：沈　渊　张小飞　万　群　刘聪锋

　　　　　郭福成　王　鼎　王建辉　尹洁昕

"十三五"国家重点出版物出版规划项目

通信高精度定位理论与技术丛书

无线闭式定位理论与方法

针对到达角度和到达时延观测量

王鼎◎主编　杨宾　尹洁昕　张莉◎副主编

電子工業出版社
Publishing House of Electronics Industry
北京•BEIJING

内容简介

本书系统地阐述了针对 AOA 观测量和 TOA 观测量的无线闭式定位理论与方法。

本书分为 3 部分：第 1 部分为基础知识（第 1 章～第 3 章），内容包括绪论、矩阵预备知识及无线信号定位统计性能分析；第 2 部分为基于 AOA 观测量的闭式定位方法（第 4 章和第 5 章），内容包括基于 AOA 观测量的线性加权最小二乘定位方法和基于 AOA 观测量的偏置削减定位方法；第 3 部分为基于 TOA 观测量的闭式定位方法（第 6 章～第 10 章），内容包括基于 TOA 观测量的加权多维标度定位方法、基于 TOA 观测量的位置向量与时钟偏差联合估计方法、基于 TOA 观测量的多个源节点协同定位方法、基于 TOA 观测量的分布式 MIMO 雷达定位方法、在信号传播速度未知条件下基于 TOA 观测量的闭式定位方法。

本书可作为高等院校通信与信息系统、信号与信息处理、控制科学与工程、应用数学等专业的学生自学用书或研究生教材，也可作为通信、雷达、电子、导航测绘、航空航天等领域的科学工作者和工程技术人员的参考书。

未经许可，不得以任何方式复制或抄袭本书之部分或全部内容。
版权所有，侵权必究。

图书在版编目（CIP）数据

无线闭式定位理论与方法：针对到达角度和到达时延观测量 / 王鼎主编. —北京：电子工业出版社，2020.12
（通信高精度定位理论与技术丛书）
ISBN 978-7-121-40300-2

Ⅰ. ①无… Ⅱ. ①王… Ⅲ. ①无线电定位－研究 Ⅳ. ①TN95

中国版本图书馆 CIP 数据核字（2020）第 265555 号

责任编辑：张　楠
印　　刷：河北迅捷佳彩印刷有限公司
装　　订：河北迅捷佳彩印刷有限公司
出版发行：电子工业出版社
　　　　　北京市海淀区万寿路 173 信箱　邮编：100036
开　　本：720×1 000　1/16　印张：19　字数：364.8 千字
版　　次：2020 年 12 月第 1 版
印　　次：2020 年 12 月第 1 次印刷
定　　价：109.80 元

凡所购买电子工业出版社图书有缺损问题，请向购买书店调换。若书店售缺，请与本社发行部联系，联系及邮购电话：（010）88254888，88258888。

质量投诉请发邮件至 zlts@phei.com.cn，盗版侵权举报请发邮件至 dbqq@phei.com.cn。
本书咨询联系方式：（010）88254579。

丛书序

无线信号定位技术已广泛应用于通信、雷达、目标监测、导航遥测、地震勘测、射电天文、紧急救助、安全管理等领域，在工业生产和国防事业中发挥着重要作用。鉴于通信定位领域涉及的理论与技术十分丰富，知识覆盖面广，并且新理论与新方法不断涌现，因此需要一套精品丛书来系统阐述其中的知识体系，以便适应该领域的发展需求。在此背景下，丛书编委会发起通信高精度定位理论与技术丛书编写计划，集聚国内通信定位领域的优秀作者，力求真实、科学、系统地阐述无线定位技术的知识体系、先进理论方法和工程应用等，从而打造出一套精品专著系列丛书。

本丛书兼具系统性、基础性和前沿性，很多内容是作者多年研究成果的提炼与升华。本丛书的读者为通信与信息系统、信号与信息处理、雷达信号处理、控制科学与工程、应用数学等专业领域的学者及工程技术人员。

我相信本丛书的出版必然会积极促进通信定位领域的进一步发展，并在实际工程应用中发挥重要作用。

廖桂生

前 言

无线信号定位作为无线技术的一项重要应用，近年来发展迅猛，已广泛应用于通信、雷达、目标监测、导航遥测、地震勘测、射电天文、紧急救助、安全管理等诸多领域，在工业生产和国防安全中发挥着十分重要的作用。根据关键技术划分，无线信号定位可分为两个研究方向：研究如何从采样信号中获得用于定位的空域、时域、频域或能量域的观测量；研究如何利用上述观测量实现目标定位。本书主要针对后者进行论述。

近年来，国内外很多学者对无线信号定位技术展开了持续而深入的研究，提出了很多性能优良的定位方法。现有的无线定位方法大致可以分为迭代类定位方法和闭式类定位方法两大类：迭代类定位方法需要迭代优化；闭式类定位方法能够给出目标位置向量的闭式计算公式。仅从计算的角度看，闭式类定位方法更具吸引力，引起了诸多学者的研究兴趣。该类定位方法也是本书的主要研究内容。

闭式定位方法是指通过闭式解的方式获得目标位置向量的估计结果，具有数学上的优美性和运算上的高效性，其定位均方误差能够渐近逼近相应的CRB。获得目标位置向量闭式解的方法很多，依据现有的研究成果，可以归纳为4种：

- 基于线性加权最小二乘估计准则的闭式定位方法。
- 基于多项式求根的闭式定位方法。
- 基于矩阵特征向量的闭式定位方法。
- 基于多维标度原理的闭式定位方法。

由于定位观测量的类型多样、闭式定位方法的种类繁多，因此仅通过单本著作难以兼顾全部理论和方法。本书系统地阐述了针对AOA观测量和TOA观测量的无线闭式定位理论与方法，基于其他定位观测量的闭式定位方法将在后续著作中展开介绍。

本书分为 3 部分：第 1 部分为基础知识（第 1 章～第 3 章），内容包括绪论、矩阵预备知识及无线信号定位统计性能分析；第 2 部分为基于 AOA 观测量的闭式定位方法（第 4 章和第 5 章），内容包括基于 AOA 观测量的线性加权最小二乘定位方法和基于 AOA 观测量的偏置削减定位方法；第 3 部分为基于 TOA 观测量的闭式定位方法（第 6 章～第 10 章），内容包括基于 TOA 观测量的加权多维标度定位方法、基于 TOA 观测量的位置向量与时钟偏差联合估计方法、基于 TOA 观测量的多个源节点协同定位方法、基于 TOA 观测量的分布式 MIMO 雷达定位方法、在信号传播速度未知条件下基于 TOA 观测量的闭式定位方法。

本书由战略支援部队信息工程大学信息系统工程学院王鼎（副教授）、杨宾（教授）、尹洁昕（讲师）及张莉（教授）共同执笔完成，最终由王鼎对全书进行统一校对和修改。在编写过程中参考了一些文献，在此向这些文献的作者表示最诚挚的谢意。

本书为“十三五”国家重点出版物出版规划项目，获得国家自然科学基金项目（编号：62071029、61772548、61901526）及河南省科技攻关项目（编号：192102210092）的资助。本书在出版过程中得到了各级领导和电子工业出版社的支持，在此一并表示感谢。

限于作者水平，书中难免存在疏漏和不妥之处，恳请读者批评指正，以便今后纠正。如果读者对书中的内容有疑问，可以通过电子信箱（wang_ding814@aliyun.com）与作者联系，望不吝赐教。

王　鼎

2020 年 12 月于战略支援部队信息工程大学

数学符号表

$\boldsymbol{A}^{\mathrm{T}}$	矩阵 $\boldsymbol{A}$ 的转置
$\boldsymbol{A}^{-1}$	矩阵 $\boldsymbol{A}$ 的逆
$\boldsymbol{A}^{1/2}$	矩阵 $\boldsymbol{A}$ 的平方根
$\boldsymbol{A}^{-1/2}$	矩阵 $\boldsymbol{A}$ 的平方根的逆
$\boldsymbol{A}^{\dagger}$	矩阵 $\boldsymbol{A}$ 的 Moore-Penrose 逆
$\det(\boldsymbol{A})$	矩阵 $\boldsymbol{A}$ 的行列式
$\mathrm{range}\{\boldsymbol{A}\}$	矩阵 $\boldsymbol{A}$ 的列空间
$(\mathrm{range}\{\boldsymbol{A}\})^{\perp}$	矩阵 $\boldsymbol{A}$ 的列补空间
$\mathrm{tr}(\boldsymbol{A})$	矩阵 $\boldsymbol{A}$ 的迹
$\boldsymbol{\Pi}[\boldsymbol{A}]$	矩阵 $\boldsymbol{A}$ 的列空间上的正交投影矩阵
$\boldsymbol{\Pi}^{\perp}[\boldsymbol{A}]$	矩阵 $\boldsymbol{A}$ 的列补空间上的正交投影矩阵
$\Vert\boldsymbol{a}\Vert_2$	向量 $\boldsymbol{a}$ 的 2-范数
$<\boldsymbol{a}>_k$	向量 $\boldsymbol{a}$ 中的第 k 个元素
$<\boldsymbol{A}>_{ks}$	向量 $\boldsymbol{A}$ 中位于坐标 (k,s) 处的元素
$\boldsymbol{A}\otimes\boldsymbol{B}$	矩阵 $\boldsymbol{A}$ 和 $\boldsymbol{B}$ 的 Kronecker 积
$\boldsymbol{A}\odot\boldsymbol{B}$	矩阵 $\boldsymbol{A}$ 和 $\boldsymbol{B}$ 的点乘
$\boldsymbol{a}\otimes\boldsymbol{b}$	向量 $\boldsymbol{a}$ 和 $\boldsymbol{b}$ 的 Kronecker 积
$\boldsymbol{a}\odot\boldsymbol{b}$	向量 $\boldsymbol{a}$ 和 $\boldsymbol{b}$ 的点乘
$\boldsymbol{A}\geqslant\boldsymbol{B}$	表示 $\boldsymbol{A}-\boldsymbol{B}$ 为半正定矩阵
$\boldsymbol{A}\leqslant\boldsymbol{B}$	表示 $\boldsymbol{B}-\boldsymbol{A}$ 为半正定矩阵
$\boldsymbol{A}\geqslant\boldsymbol{O}$	表示 $\boldsymbol{A}$ 为半正定矩阵
$\mathrm{diag}[\cdot]$	由向量元素构成的对角矩阵

$\mathrm{blkdiag}\{\cdot\}$	由矩阵或向量作为对角元素构成的块状对角矩阵
$\mathrm{vecd}_1[\cdot]$	提取矩阵主对角线上的元素构成的列向量
$\mathrm{vecd}_2[\cdot]$	提取矩阵主对角线右上方第 1 条斜对角线上的元素构成的列向量
$\mathrm{Im}\{\cdot\}$	表示取虚部
$\boldsymbol{O}_{n\times m}$	$n\times m$ 阶全零矩阵
$\boldsymbol{1}_{n\times m}$	$n\times m$ 阶全 1 矩阵
$\boldsymbol{I}_n$	$n\times n$ 阶单位矩阵
$\boldsymbol{i}_n^{(k)}$	单位矩阵 $\boldsymbol{I}_n$ 中的第 k 列向量
$E[\hat{\boldsymbol{x}}]$	估计向量 $\hat{\boldsymbol{x}}$ 的数学期望
$\mathrm{Bias}[\hat{\boldsymbol{x}}]$	估计向量 $\hat{\boldsymbol{x}}$ 的估计偏置（估计误差的数学期望）
$\mathbf{MSE}(\hat{\boldsymbol{x}})$	估计向量 $\hat{\boldsymbol{x}}$ 的均方误差矩阵
$\dfrac{\partial \boldsymbol{f}(\boldsymbol{x})}{\partial \boldsymbol{x}^{\mathrm{T}}}$	向量函数 $\boldsymbol{f}(\boldsymbol{x})$ 的 Jacobian 矩阵
$\Pr\{\boldsymbol{A}\}$	事件 $\boldsymbol{A}$ 发生的概率

目录

第 1 部分　基础知识

第 2 部分 基于 AOA 观测量的闭式定位方法

第 3 部分 基于 TOA 观测量的闭式定位方法

第 1 部分

基 础 知 识

第 1 章
绪　论

本章主要对无线信号定位技术和无线闭式定位方法进行概述，并给出本书的内容结构安排。

1.1　无线信号定位技术概述

众所周知，无线信号定位技术已广泛应用于通信、雷达、目标监测、导航遥测、地震勘测、射电天文、紧急救助、安全管理等诸多领域，在工业生产和国防安全领域发挥着十分重要的作用。无线信号定位方式主要包括有源定位和无源定位两大类[1-10]。

- 有源定位通常使用雷达、声呐等有源设备来完成，待定位目标不辐射信号，只将信号反射至观测站或定位终端，具有全天候、高精度等优点。
- 无源定位通常是对辐射源目标进行定位，观测站或定位终端本身不主动发射信号，具有生存能力强、作用距离远等优势。

无线信号定位的目的是通过传感器从无线电波中估计信号参数（也称定位观测量），并利用这些参数获得目标的位置或速度信息。就现有的无线定位系统而言，定位观测量可依据空域、时域、频域及能量域划分为 4 大类：

- 空域观测量：包括到达角度（Angle Of Arrival，AOA）参量[①]。
- 时域观测量：包括到达时延（Time Of Arrival，TOA）、到达时间差（Time Difference Of Arrival，TDOA）等参量。
- 频域观测量：包括到达频率（Frequency Of Arrival，FOA）、到达频率

① 到达角度包含方位角和仰角。

差（Frequency Difference Of Arrival，FDOA）等参量。

- 能量域观测量：包括接收信号强度（Received Signal Strength，RSS）、到达信号能量增益比（Gain Ratio Of Arrival，GROA）等参量。

利用上面提到的定位观测量可确定目标位置向量与传感器位置向量之间的非线性观测方程，通过求解该方程即可对目标进行定位。

定位精度是衡量无线定位系统性能的核心指标。影响定位精度的因素主要包括两个方面：

- 定位观测量的估计误差（如 AOA、TOA 估计误差）。该类误差通常与信号发射功率、信号传播路径、信号参数估计方法等因素有关，可通过提高信噪比或改进信号参数估计方法加以克服。
- 模型误差，也就是在建立定位观测方程时因“知识缺乏”所导致的系统性偏差。例如，传感器位置误差、时钟同步偏差、信道误差等，可通过鲁棒定位方法来提高对模型误差的鲁棒性。

某些定位场景（如无线传感网节点定位）往往需要对区域内的多个目标源（或源节点）进行定位。当多个源节点之间相互通信并能获得观测量时，可将多个源节点的位置向量合并成单个高维位置向量进行估计，也就是进行多源协同定位，以获得协同增益，提高整体定位精度。

无线信号定位问题的本质是参数估计问题，属于统计信号处理范畴。现有的无线定位方法可大致分为迭代类方法[11-20]和闭式类方法[21-50]两大类。这两类方法各有优劣。具体而言，迭代类方法具有更强的普适性，虽适用于更多的定位场景，但需要较为复杂的运算过程，存在迭代发散和局部收敛等问题；闭式类方法的计算过程相对简单，可有效避免迭代发散和局部最优解等问题，但对定位观测方程的数学模型提出了一定的要求，需要进行代数变换。显然，仅从计算的角度来看，闭式类定位方法更具吸引力，因而引起了诸多学者的研究兴趣。该类定位方法是本书的主要研究内容。

1.2 无线闭式定位方法概述

闭式定位方法是通过闭式解的方式获得目标位置向量的估计结果，其定位均方误差能够渐近逼近相应的克拉美罗界（Cramér-Rao Bound，CRB）。由于定位观测方程通常是关于目标位置向量的非线性函数，因此为了获得定位闭式解，需要将非线性观测方程转化成伪线性观测方程。然而，并非所有的观测方程都可直接转化成伪线性方程，此时可引入辅助变量（或称中间变量），并通过构建扩维参数向量的方式获得伪线性方程。

获得目标位置向量闭式解的方法很多，依据现有的研究成果，可以归纳为4种：

- 第1种方法：建立线性加权最小二乘估计器[21-30]，并由此获得目标位置向量的闭式解。这是最常用的闭式定位方法。该类方法中的线性加权最小二乘估计器是基于伪线性观测方程构建的，当引入辅助变量时，需要建立两个甚至更多的线性加权最小二乘估计器，使其定位精度能够达到相应的CRB。
- 第2种方法：通过多项式求根的方式获得目标位置向量的闭式解[31-35]。该类方法需要引入辅助变量，并基于辅助变量建立关于扩维参数向量的等式约束，从而将定位问题转化成多项式求根问题。
- 第3种方法：利用矩阵特征向量获得目标位置向量的闭式解[36-40]。该类方法可有效降低估计偏置①，在大观测误差条件下，仍能使估计结果具有渐近无偏性，同时其定位均方误差还可渐近逼近相应的CRB。
- 第4种方法：基于多维标度原理获得目标位置向量的闭式解[41-50]。多维标度是一种将多维空间的研究对象（如样本或变量）简化到低维空间进行定位、分析和归类，同时又保留对象间原始关系的数据分析方法。经过多年的发展，该类方法已应用于无线信号定位领域，可以提供目标位置向量的闭式解。需要指出的是，尽管最早提出的多维标度定位方法的性能与相应的CRB存在一些差距，但随后提出的加权多维标度定位方法的性能则可渐近逼近相应的CRB。

根据定位观测量的代数特征和具体定位场景的不同，可选用不同的闭式定位方法。针对空域观测量，可采用第1种方法和第3种方法进行目标定位；针对时域观测量，4种方法均适用；针对频域观测量，可选用第1种方法和第3

① 估计误差的数学期望。

种方法求解目标位置向量；针对能量域观测量，可使用第 1 种方法和第 4 种方法实现目标定位。

1.3 本书的内容结构安排

本书分为 3 部分：第 1 部分为基础知识（第 1 章～第 3 章）；第 2 部分为基于 AOA 观测量的闭式定位方法（第 4 章和第 5 章）；第 3 部分为基于 TOA 观测量的闭式定位方法（第 6 章～第 10 章）。

- 第 1 部分为基础知识（第 1 章～第 3 章）：第 1 章主要对无线信号定位技术和无线闭式定位方法进行简要概述；第 2 章描述本书涉及的若干矩阵预备知识，包括矩阵求逆计算公式、Moore-Penrose 广义逆矩阵和正交投影矩阵、矩阵 Kronecker 积和矩阵向量化运算、标量函数的梯度向量和向量函数的 Jacobian 矩阵，是本书的数学基础知识；第 3 章给出衡量无线信号定位统计性能的 3 种指标，包括定位均方误差的 CRB、定位成功概率及定位误差椭圆，并分别给出相应的计算公式，能够为评估各章定位方法的估计性能提供理论依据。第 1 部分的结构示意图如图 1.1 所示。

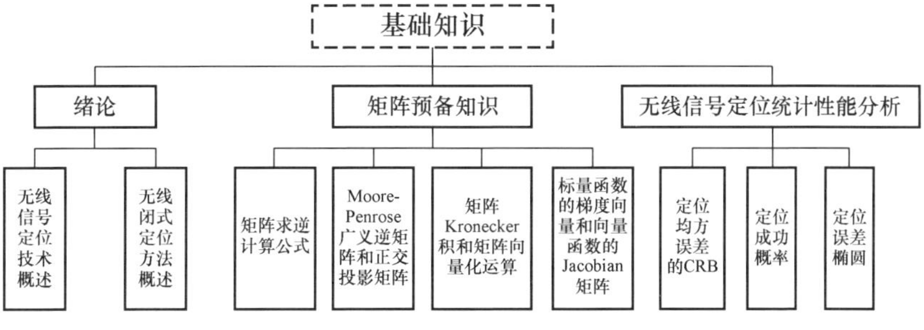

图 1.1 第 1 部分的结构示意图

- 第 2 部分为基于 AOA 观测量的闭式定位方法（第 4 章和第 5 章）：针对 AOA 观测量给出了两类闭式定位方法，分别为线性加权最小二乘定位方法和偏置削减定位方法。第 2 部分的结构示意图如图 1.2 所示。

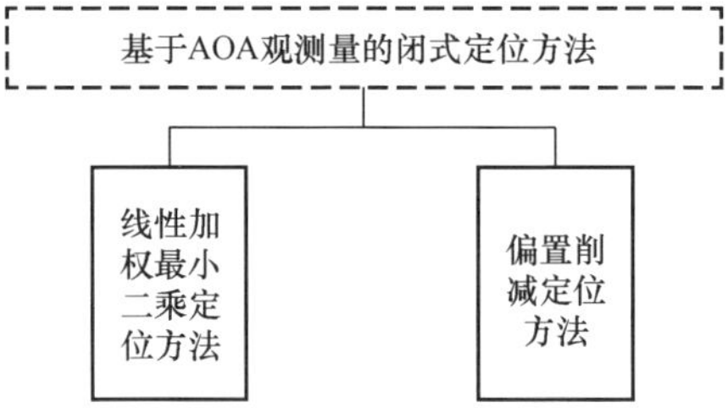

图 1.2　第 2 部分的结构示意图

- 第 3 部分为基于 TOA 观测量的闭式定位方法（第 6 章～第 10 章）：针对 TOA 观测量给出了 5 类闭式定位方法，分别为加权多维标度定位方法、位置向量与时钟偏差联合估计方法、多个源节点协同定位方法、分布式 MIMO 雷达定位方法、在信号传播速度未知条件下的定位方法。第 3 部分的结构示意图如图 1.3 所示。

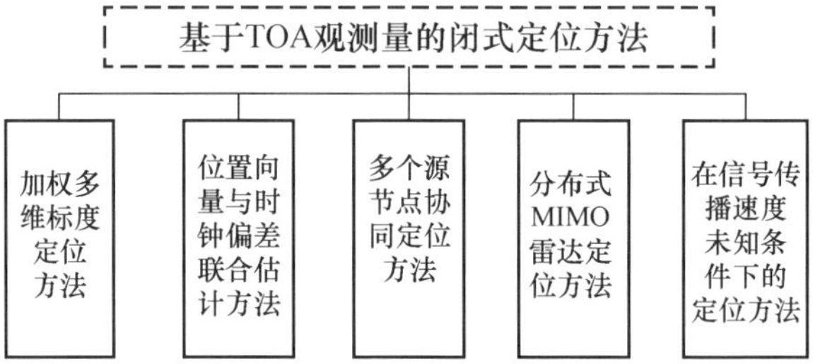

图 1.3　第 3 部分的结构示意图

第 2 章 矩阵预备知识

本章将介绍书中涉及的矩阵预备知识[51, 52]，包括矩阵求逆计算公式、Moore-Penrose 广义逆矩阵和正交投影矩阵、矩阵 Kronecker 积和矩阵向量化运算、标量函数的梯度向量和向量函数的 Jacobian 矩阵。本章的内容可作为后续章节的数学基础。

2.1 矩阵求逆计算公式

本节将介绍几个重要的矩阵求逆公式。

2.1.1 矩阵和求逆公式

【命题 2.1】 假设矩阵 $\boldsymbol{A}\in\mathbf{R}^{m\times m}$、$\boldsymbol{B}\in\mathbf{R}^{m\times n}$、$\boldsymbol{C}\in\mathbf{R}^{n\times n}$ 及 $\boldsymbol{D}\in\mathbf{R}^{n\times m}$，并且矩阵 $\boldsymbol{A}$、$\boldsymbol{C}$ 及 $\boldsymbol{C}^{-1}-\boldsymbol{D}\boldsymbol{A}^{-1}\boldsymbol{B}$ 均可逆，则有如下等式，即

$$(\boldsymbol{A}-\boldsymbol{BCD})^{-1}=\boldsymbol{A}^{-1}+\boldsymbol{A}^{-1}\boldsymbol{B}(\boldsymbol{C}^{-1}-\boldsymbol{D}\boldsymbol{A}^{-1}\boldsymbol{B})^{-1}\boldsymbol{D}\boldsymbol{A}^{-1} \tag{2.1}$$

【证明】 根据矩阵乘法运算法则可知

$$\begin{aligned}&(\boldsymbol{A}^{-1}+\boldsymbol{A}^{-1}\boldsymbol{B}(\boldsymbol{C}^{-1}-\boldsymbol{D}\boldsymbol{A}^{-1}\boldsymbol{B})^{-1}\boldsymbol{D}\boldsymbol{A}^{-1})(\boldsymbol{A}-\boldsymbol{BCD})\\&=\boldsymbol{I}_m-\boldsymbol{A}^{-1}\boldsymbol{BCD}+\boldsymbol{A}^{-1}\boldsymbol{B}(\boldsymbol{C}^{-1}-\boldsymbol{D}\boldsymbol{A}^{-1}\boldsymbol{B})^{-1}\boldsymbol{D}-\\&\quad\boldsymbol{A}^{-1}\boldsymbol{B}(\boldsymbol{C}^{-1}-\boldsymbol{D}\boldsymbol{A}^{-1}\boldsymbol{B})^{-1}\boldsymbol{D}\boldsymbol{A}^{-1}\boldsymbol{BCD}\end{aligned} \tag{2.2}$$

将矩阵 $(\boldsymbol{C}^{-1}-\boldsymbol{D}\boldsymbol{A}^{-1}\boldsymbol{B})^{-1}$ 表示为

$$(\boldsymbol{C}^{-1}-\boldsymbol{D}\boldsymbol{A}^{-1}\boldsymbol{B})^{-1}=((\boldsymbol{I}_n-\boldsymbol{D}\boldsymbol{A}^{-1}\boldsymbol{BC})\boldsymbol{C}^{-1})^{-1}=\boldsymbol{C}(\boldsymbol{I}_n-\boldsymbol{D}\boldsymbol{A}^{-1}\boldsymbol{BC})^{-1} \tag{2.3}$$

将式（2.3）代入式（2.2）可得

$$\begin{aligned}&(\boldsymbol{A}^{-1}+\boldsymbol{A}^{-1}\boldsymbol{B}(\boldsymbol{C}^{-1}-\boldsymbol{D}\boldsymbol{A}^{-1}\boldsymbol{B})^{-1}\boldsymbol{D}\boldsymbol{A}^{-1})(\boldsymbol{A}-\boldsymbol{B}\boldsymbol{C}\boldsymbol{D})\\&=\boldsymbol{I}_m-\boldsymbol{A}^{-1}\boldsymbol{B}\boldsymbol{C}\boldsymbol{D}+\boldsymbol{A}^{-1}\boldsymbol{B}\boldsymbol{C}(\boldsymbol{I}_n-\boldsymbol{D}\boldsymbol{A}^{-1}\boldsymbol{B}\boldsymbol{C})^{-1}\boldsymbol{D}-\boldsymbol{A}^{-1}\boldsymbol{B}\boldsymbol{C}(\boldsymbol{I}_n-\boldsymbol{D}\boldsymbol{A}^{-1}\boldsymbol{B}\boldsymbol{C})^{-1}\boldsymbol{D}\boldsymbol{A}^{-1}\boldsymbol{B}\boldsymbol{C}\boldsymbol{D}\\&=\boldsymbol{I}_m-\boldsymbol{A}^{-1}\boldsymbol{B}\boldsymbol{C}\boldsymbol{D}+\boldsymbol{A}^{-1}\boldsymbol{B}\boldsymbol{C}((\boldsymbol{I}_n-\boldsymbol{D}\boldsymbol{A}^{-1}\boldsymbol{B}\boldsymbol{C})^{-1}-(\boldsymbol{I}_n-\boldsymbol{D}\boldsymbol{A}^{-1}\boldsymbol{B}\boldsymbol{C})^{-1}\boldsymbol{D}\boldsymbol{A}^{-1}\boldsymbol{B}\boldsymbol{C})\boldsymbol{D}\\&=\boldsymbol{I}_m-\boldsymbol{A}^{-1}\boldsymbol{B}\boldsymbol{C}\boldsymbol{D}+\boldsymbol{A}^{-1}\boldsymbol{B}\boldsymbol{C}\boldsymbol{D}=\boldsymbol{I}_m\end{aligned} \tag{2.4}$$

由式（2.4）可知式（2.1）成立。

证毕。

【命题 2.2】 假设矩阵 $\boldsymbol{A}\in\mathbf{R}^{m\times m}$、$\boldsymbol{B}\in\mathbf{R}^{m\times n}$、$\boldsymbol{C}\in\mathbf{R}^{n\times n}$ 及 $\boldsymbol{D}\in\mathbf{R}^{n\times m}$，并且矩阵 $\boldsymbol{A}$、$\boldsymbol{C}$ 及 $\boldsymbol{C}^{-1}+\boldsymbol{D}\boldsymbol{A}^{-1}\boldsymbol{B}$ 均可逆，则有如下等式，即

$$(\boldsymbol{A}+\boldsymbol{B}\boldsymbol{C}\boldsymbol{D})^{-1}=\boldsymbol{A}^{-1}-\boldsymbol{A}^{-1}\boldsymbol{B}(\boldsymbol{C}^{-1}+\boldsymbol{D}\boldsymbol{A}^{-1}\boldsymbol{B})^{-1}\boldsymbol{D}\boldsymbol{A}^{-1} \tag{2.5}$$

【证明】 将式（2.1）中的矩阵 $\boldsymbol{D}$ 替换为 $-\boldsymbol{D}$，即可知式（2.5）成立。

证毕。

2.1.2 分块对称矩阵求逆公式

【命题 2.3】 假设有分块对称可逆矩阵，即

$$\boldsymbol{P}=\begin{bmatrix}\underbrace{\boldsymbol{A}}_{m\times m} & \underbrace{\boldsymbol{B}}_{m\times n}\\ \underbrace{\boldsymbol{B}^{\mathrm{T}}}_{n\times m} & \underbrace{\boldsymbol{C}}_{n\times n}\end{bmatrix} \tag{2.6}$$

式中，$\boldsymbol{A}=\boldsymbol{A}^{\mathrm{T}}$；$\boldsymbol{C}=\boldsymbol{C}^{\mathrm{T}}$，并且矩阵 $\boldsymbol{A}$、$\boldsymbol{C}$、$\boldsymbol{A}-\boldsymbol{B}\boldsymbol{C}^{-1}\boldsymbol{B}^{\mathrm{T}}$ 及 $\boldsymbol{C}-\boldsymbol{B}^{\mathrm{T}}\boldsymbol{A}^{-1}\boldsymbol{B}$ 均可逆，则有如下等式，即

$$\boldsymbol{Q}=\boldsymbol{P}^{-1}=\left[\begin{array}{c:c}\underbrace{(\boldsymbol{A}-\boldsymbol{B}\boldsymbol{C}^{-1}\boldsymbol{B}^{\mathrm{T}})^{-1}}_{m\times m} & \underbrace{-(\boldsymbol{A}-\boldsymbol{B}\boldsymbol{C}^{-1}\boldsymbol{B}^{\mathrm{T}})^{-1}\boldsymbol{B}\boldsymbol{C}^{-1}}_{m\times n}\\ \hdashline \underbrace{-\boldsymbol{C}^{-1}\boldsymbol{B}^{\mathrm{T}}(\boldsymbol{A}-\boldsymbol{B}\boldsymbol{C}^{-1}\boldsymbol{B}^{\mathrm{T}})^{-1}}_{n\times m} & \underbrace{(\boldsymbol{C}-\boldsymbol{B}^{\mathrm{T}}\boldsymbol{A}^{-1}\boldsymbol{B})^{-1}}_{n\times n}\end{array}\right] \tag{2.7}$$

【证明】 首先，将矩阵 $\boldsymbol{Q}$ 表示成分块形式，即

$$\boldsymbol{Q}=\boldsymbol{P}^{-1}=\begin{bmatrix}\underbrace{\boldsymbol{X}}_{m\times m} & \underbrace{\boldsymbol{Y}}_{m\times n}\\ \underbrace{\boldsymbol{Y}^{\mathrm{T}}}_{n\times m} & \underbrace{\boldsymbol{Z}}_{n\times n}\end{bmatrix}\tag{2.8}$$

然后，根据逆矩阵的定义可得

$$\boldsymbol{QP}=\begin{bmatrix}\boldsymbol{X} & \boldsymbol{Y}\\ \boldsymbol{Y}^{\mathrm{T}} & \boldsymbol{Z}\end{bmatrix}\begin{bmatrix}\boldsymbol{A} & \boldsymbol{B}\\ \boldsymbol{B}^{\mathrm{T}} & \boldsymbol{C}\end{bmatrix}=\begin{bmatrix}\boldsymbol{I}_m & \boldsymbol{O}_{m\times n}\\ \boldsymbol{O}_{n\times m} & \boldsymbol{I}_n\end{bmatrix}=\boldsymbol{I}_{m+n}\tag{2.9}$$

基于式（2.9）可以得到如下 3 个等式，即

$$\begin{cases}\boldsymbol{XA}+\boldsymbol{YB}^{\mathrm{T}}=\boldsymbol{I}_m & (\mathrm{I})\\ \boldsymbol{XB}+\boldsymbol{YC}=\boldsymbol{O}_{m\times n} & (\mathrm{II})\\ \boldsymbol{Y}^{\mathrm{T}}\boldsymbol{B}+\boldsymbol{ZC}=\boldsymbol{I}_n & (\mathrm{III})\end{cases}\tag{2.10}$$

利用式（2.10）中的（II）可知 $\boldsymbol{Y}=-\boldsymbol{XBC}^{-1}$，将其代入式（2.10）中的（I）可得

$$\boldsymbol{XA}-\boldsymbol{XBC}^{-1}\boldsymbol{B}^{\mathrm{T}}=\boldsymbol{I}_m\Rightarrow\boldsymbol{X}=(\boldsymbol{A}-\boldsymbol{BC}^{-1}\boldsymbol{B}^{\mathrm{T}})^{-1}\tag{2.11}$$

由式（2.11）可知

$$\boldsymbol{Y}=-(\boldsymbol{A}-\boldsymbol{BC}^{-1}\boldsymbol{B}^{\mathrm{T}})^{-1}\boldsymbol{BC}^{-1}\tag{2.12}$$

最后，结合式（2.10）中的（III）和式（2.12）可得

$$\begin{aligned}\boldsymbol{Z}&=\boldsymbol{C}^{-1}-\boldsymbol{Y}^{\mathrm{T}}\boldsymbol{BC}^{-1}=\boldsymbol{C}^{-1}+\boldsymbol{C}^{-1}\boldsymbol{B}^{\mathrm{T}}(\boldsymbol{A}-\boldsymbol{BC}^{-1}\boldsymbol{B}^{\mathrm{T}})^{-1}\boldsymbol{BC}^{-1}\\&=(\boldsymbol{C}-\boldsymbol{B}^{\mathrm{T}}\boldsymbol{A}^{-1}\boldsymbol{B})^{-1}\end{aligned}\tag{2.13}$$

式（2.13）中第 3 个等号利用了命题 2.1。结合式（2.11）～式（2.13）可知式（2.7）成立。

证毕。

2.2 Moore-Penrose 广义逆矩阵和正交投影矩阵

本节将介绍关于 Moore-Penrose 广义逆矩阵和正交投影矩阵的几个重要结论。

2.2.1 Moore-Penrose 广义逆矩阵

Moore-Penrose 广义逆矩阵是一种十分重要的广义逆矩阵，利用该逆矩阵可以构造任意矩阵的列空间或其列补空间上的正交投影矩阵，基本定义如下。

【定义 2.1】 假设矩阵 $\boldsymbol{A} \in \mathbf{R}^{m \times n}$，若矩阵 $\boldsymbol{X} \in \mathbf{R}^{n \times m}$，满足以下 4 个矩阵方程，即

$$\begin{cases} \boldsymbol{AXA} = \boldsymbol{A} \\ \boldsymbol{XAX} = \boldsymbol{X} \\ (\boldsymbol{AX})^{\mathrm{T}} = \boldsymbol{AX} \\ (\boldsymbol{XA})^{\mathrm{T}} = \boldsymbol{XA} \end{cases} \tag{2.14}$$

则称矩阵 $\boldsymbol{X}$ 是 $\boldsymbol{A}$ 的 Moore-Penrose 广义逆矩阵，并记为 $\boldsymbol{X} = \boldsymbol{A}^{\dagger}$。

根据定义 2.1 可知，若 $\boldsymbol{A}$ 是可逆方阵，则有 $\boldsymbol{A}^{\dagger} = \boldsymbol{A}^{-1}$。满足式（2.14）的 Moore-Penrose 逆矩阵存在并且唯一。对于列满秩矩阵或行满秩矩阵，Moore-Penrose 逆矩阵存在闭式表达式，具体可见如下两个命题。

【命题 2.4】 假设矩阵 $\boldsymbol{A} \in \mathbf{R}^{m \times n}$，若 $\boldsymbol{A}$ 为行满秩矩阵，则有

$$\boldsymbol{A}^{\dagger} = \boldsymbol{A}^{\mathrm{T}}(\boldsymbol{AA}^{\mathrm{T}})^{-1} \tag{2.15}$$

【证明】 若 $\boldsymbol{A}$ 为行满秩矩阵，则 $\boldsymbol{AA}^{\mathrm{T}}$ 是可逆矩阵。现将 $\boldsymbol{X} = \boldsymbol{A}^{\mathrm{T}}(\boldsymbol{AA}^{\mathrm{T}})^{-1}$ 代入式（2.14）可得

$$\begin{cases} \boldsymbol{AXA} = \boldsymbol{AA}^{\mathrm{T}}(\boldsymbol{AA}^{\mathrm{T}})^{-1}\boldsymbol{A} = \boldsymbol{A} \\ \boldsymbol{XAX} = \boldsymbol{A}^{\mathrm{T}}(\boldsymbol{AA}^{\mathrm{T}})^{-1}\boldsymbol{AA}^{\mathrm{T}}(\boldsymbol{AA}^{\mathrm{T}})^{-1} = \boldsymbol{A}^{\mathrm{T}}(\boldsymbol{AA}^{\mathrm{T}})^{-1} = \boldsymbol{X} \\ (\boldsymbol{AX})^{\mathrm{T}} = (\boldsymbol{AA}^{\mathrm{T}}(\boldsymbol{AA}^{\mathrm{T}})^{-1})^{\mathrm{T}} = \boldsymbol{I}_m^{\mathrm{T}} = \boldsymbol{I}_m = \boldsymbol{AX} \\ (\boldsymbol{XA})^{\mathrm{T}} = (\boldsymbol{A}^{\mathrm{T}}(\boldsymbol{AA}^{\mathrm{T}})^{-1}\boldsymbol{A})^{\mathrm{T}} = \boldsymbol{A}^{\mathrm{T}}(\boldsymbol{AA}^{\mathrm{T}})^{-1}\boldsymbol{A} = \boldsymbol{XA} \end{cases} \tag{2.16}$$

由式（2.16）可知，矩阵 $\boldsymbol{X} = \boldsymbol{A}^{\mathrm{T}}(\boldsymbol{AA}^{\mathrm{T}})^{-1}$ 满足 Moore-Penrose 广义逆定义中的 4 个矩阵方程。

证毕。

【命题 2.5】假设矩阵 $\boldsymbol{A}\in\mathbf{R}^{m\times n}$，若 $\boldsymbol{A}$ 为列满秩矩阵，则有

$$\boldsymbol{A}^{\dagger}=(\boldsymbol{A}^{\mathrm{T}}\boldsymbol{A})^{-1}\boldsymbol{A}^{\mathrm{T}} \tag{2.17}$$

【证明】若 $\boldsymbol{A}$ 为列满秩矩阵，则 $\boldsymbol{A}^{\mathrm{T}}\boldsymbol{A}$ 是可逆矩阵。现将 $\boldsymbol{X}=(\boldsymbol{A}^{\mathrm{T}}\boldsymbol{A})^{-1}\boldsymbol{A}^{\mathrm{T}}$ 代入式（2.14）可得

$$\begin{cases}\boldsymbol{AXA}=\boldsymbol{A}(\boldsymbol{A}^{\mathrm{T}}\boldsymbol{A})^{-1}\boldsymbol{A}^{\mathrm{T}}\boldsymbol{A}=\boldsymbol{A}\\ \boldsymbol{XAX}=(\boldsymbol{A}^{\mathrm{T}}\boldsymbol{A})^{-1}\boldsymbol{A}^{\mathrm{T}}\boldsymbol{A}(\boldsymbol{A}^{\mathrm{T}}\boldsymbol{A})^{-1}\boldsymbol{A}^{\mathrm{T}}=(\boldsymbol{A}^{\mathrm{T}}\boldsymbol{A})^{-1}\boldsymbol{A}^{\mathrm{T}}=\boldsymbol{X}\\ (\boldsymbol{AX})^{\mathrm{T}}=(\boldsymbol{A}(\boldsymbol{A}^{\mathrm{T}}\boldsymbol{A})^{-1}\boldsymbol{A}^{\mathrm{T}})^{\mathrm{T}}=\boldsymbol{A}(\boldsymbol{A}^{\mathrm{T}}\boldsymbol{A})^{-1}\boldsymbol{A}^{\mathrm{T}}=\boldsymbol{AX}\\ (\boldsymbol{XA})^{\mathrm{T}}=((\boldsymbol{A}^{\mathrm{T}}\boldsymbol{A})^{-1}\boldsymbol{A}^{\mathrm{T}}\boldsymbol{A})^{\mathrm{T}}=\boldsymbol{I}_n^{\mathrm{T}}=\boldsymbol{I}_n=\boldsymbol{XA}\end{cases} \tag{2.18}$$

由式（2.18）可知，矩阵 $\boldsymbol{X}=(\boldsymbol{A}^{\mathrm{T}}\boldsymbol{A})^{-1}\boldsymbol{A}^{\mathrm{T}}$ 满足 Moore-Penrose 广义逆定义中的 4 个矩阵方程。

证毕。

2.2.2　正交投影矩阵

正交投影矩阵在矩阵理论中具有十分重要的作用，基本定义如下。

【定义 2.2】假设 $\boldsymbol{S}$ 是 m 维欧氏空间 $\mathbf{R}^m$ 中的一个线性子空间，$\boldsymbol{S}^{\perp}$ 是其正交补空间，对于任意向量 $\boldsymbol{x}\in\mathbf{R}^{m\times 1}$，若存在 $m\times m$ 阶矩阵 $\boldsymbol{P}$ 满足

$$\boldsymbol{x}=\boldsymbol{x}_1+\boldsymbol{x}_2=\boldsymbol{Px}+(\boldsymbol{I}_m-\boldsymbol{P})\boldsymbol{x} \tag{2.19}$$

式中，$\boldsymbol{x}_1=\boldsymbol{Px}\in\boldsymbol{S}$，$\boldsymbol{x}_2=(\boldsymbol{I}_m-\boldsymbol{P})\boldsymbol{x}\in\boldsymbol{S}^{\perp}$，则称 $\boldsymbol{P}$ 是线性子空间 $\boldsymbol{S}$ 上的正交投影矩阵，$\boldsymbol{I}_m-\boldsymbol{P}$ 是 $\boldsymbol{S}$ 的正交补空间 $\boldsymbol{S}^{\perp}$ 上的正交投影矩阵。若 $\boldsymbol{S}$ 表示矩阵 $\boldsymbol{A}$ 的列空间（$\boldsymbol{S}=\mathrm{range}\{\boldsymbol{A}\}$），则将矩阵 $\boldsymbol{P}$ 记为 $\boldsymbol{\Pi}[\boldsymbol{A}]$，将矩阵 $\boldsymbol{I}_m-\boldsymbol{P}$ 记为 $\boldsymbol{\Pi}^{\perp}[\boldsymbol{A}]$。

根据正交投影矩阵的定义可知，若矩阵 $\boldsymbol{A}$ 和 $\boldsymbol{B}$ 的列空间满足 $\mathrm{range}\{\boldsymbol{A}\}=(\mathrm{range}\{\boldsymbol{B}\})^{\perp}$，则有 $\boldsymbol{\Pi}[\boldsymbol{A}]=\boldsymbol{\Pi}^{\perp}[\boldsymbol{B}]$ 或 $\boldsymbol{\Pi}^{\perp}[\boldsymbol{A}]=\boldsymbol{\Pi}[\boldsymbol{B}]$。根据正交投影矩阵的定义还可以得到如下重要结论。

【命题 2.6】假设 $\boldsymbol{S}$ 是 m 维欧氏空间 $\mathbf{R}^m$ 中的一个线性子空间，则该子空间上的正交投影矩阵 $\boldsymbol{P}$ 是唯一的，并且是对称幂等矩阵，满足 $\boldsymbol{P}^{\mathrm{T}}=\boldsymbol{P}$ 和 $\boldsymbol{P}^2=\boldsymbol{P}$。

【证明】首先，对于任意向量 $\boldsymbol{x},\boldsymbol{y}\in\mathbf{R}^{m\times 1}$，根据正交投影矩阵的定义可知

$$0=(\boldsymbol{P}\boldsymbol{x})^{\mathrm{T}}(\boldsymbol{I}_m-\boldsymbol{P})\boldsymbol{y}=\boldsymbol{x}^{\mathrm{T}}(\boldsymbol{P}^{\mathrm{T}}-\boldsymbol{P}^{\mathrm{T}}\boldsymbol{P})\boldsymbol{y} \tag{2.20}$$

利用向量 $\boldsymbol{x}$ 和 $\boldsymbol{y}$ 的任意性可得

$$\boldsymbol{P}^{\mathrm{T}}-\boldsymbol{P}^{\mathrm{T}}\boldsymbol{P}=\boldsymbol{O}_{m\times m}\Rightarrow\boldsymbol{P}^{\mathrm{T}}=\boldsymbol{P}^{\mathrm{T}}\boldsymbol{P}\Rightarrow\boldsymbol{P}=\boldsymbol{P}^{\mathrm{T}}=\boldsymbol{P}^2 \tag{2.21}$$

由式（2.21）可知，矩阵 $\boldsymbol{P}$ 满足对称幂等性。

然后，证明矩阵 $\boldsymbol{P}$ 具有唯一性。假设存在子空间 $\boldsymbol{S}$ 上的另一个正交投影矩阵 $\boldsymbol{Q}$，$\boldsymbol{Q}$ 也是对称幂等矩阵，则对于任意向量 $\boldsymbol{x}\in\mathbf{R}^{m\times 1}$，满足

$$\begin{aligned}\|(\boldsymbol{P}-\boldsymbol{Q})\boldsymbol{x}\|_2^2&=\boldsymbol{x}^{\mathrm{T}}(\boldsymbol{P}-\boldsymbol{Q})(\boldsymbol{P}-\boldsymbol{Q})\boldsymbol{x}\\&=(\boldsymbol{P}\boldsymbol{x})^{\mathrm{T}}(\boldsymbol{I}_m-\boldsymbol{Q})\boldsymbol{x}+(\boldsymbol{Q}\boldsymbol{x})^{\mathrm{T}}(\boldsymbol{I}_m-\boldsymbol{P})\boldsymbol{x}=0\end{aligned} \tag{2.22}$$

利用向量 $\boldsymbol{x}$ 的任意性可知 $\boldsymbol{P}=\boldsymbol{Q}$，由此证明矩阵 $\boldsymbol{P}$ 具有唯一性。

证毕。

【命题 2.7】任意正交投影矩阵都是半正定矩阵。

【证明】由命题 2.6 可知，任意正交投影矩阵 $\boldsymbol{P}$ 都满足 $\boldsymbol{P}=\boldsymbol{P}^2=\boldsymbol{P}\boldsymbol{P}^{\mathrm{T}}\geqslant\boldsymbol{O}$。

证毕。

需要指出的是，任意正交投影矩阵都可以利用 Moore-Penrose 逆矩阵来表示，具体可见如下命题。

【命题 2.8】假设矩阵 $\boldsymbol{A}\in\mathbf{R}^{m\times n}$，则其列空间和列补空间上的正交投影矩阵可以分别表示为

$$\begin{cases}\boldsymbol{\Pi}[\boldsymbol{A}]=\boldsymbol{A}\boldsymbol{A}^{\dagger}\\\boldsymbol{\Pi}^{\perp}[\boldsymbol{A}]=\boldsymbol{I}_m-\boldsymbol{A}\boldsymbol{A}^{\dagger}\end{cases} \tag{2.23}$$

若 $\boldsymbol{A}\in\mathbf{R}^{m\times n}$ 是列满秩矩阵，则其列空间和列补空间上的正交投影矩阵可以分别表示为

$$\begin{cases}\boldsymbol{\Pi}[\boldsymbol{A}]=\boldsymbol{A}(\boldsymbol{A}^{\mathrm{T}}\boldsymbol{A})^{-1}\boldsymbol{A}^{\mathrm{T}}\\\boldsymbol{\Pi}^{\perp}[\boldsymbol{A}]=\boldsymbol{I}_m-\boldsymbol{A}(\boldsymbol{A}^{\mathrm{T}}\boldsymbol{A})^{-1}\boldsymbol{A}^{\mathrm{T}}\end{cases} \tag{2.24}$$

【证明】任意向量 $\boldsymbol{x}\in\mathbf{R}^{m\times 1}$ 都可以进行如下分解，即

$$\boldsymbol{x}=\boldsymbol{x}_1+\boldsymbol{x}_2=\boldsymbol{A}\boldsymbol{A}^{\dagger}\boldsymbol{x}+(\boldsymbol{I}_m-\boldsymbol{A}\boldsymbol{A}^{\dagger})\boldsymbol{x} \tag{2.25}$$

式中，$\boldsymbol{x}_1=\boldsymbol{A}\boldsymbol{A}^{\dagger}\boldsymbol{x}$；$\boldsymbol{x}_2=(\boldsymbol{I}_m-\boldsymbol{A}\boldsymbol{A}^{\dagger})\boldsymbol{x}$。下面仅需要证明 $\boldsymbol{x}_1\in\mathrm{range}\{\boldsymbol{A}\}$ 和 $\boldsymbol{x}_2\in(\mathrm{range}\{\boldsymbol{A}\})^{\perp}$ 即可。

首先，有

$$\boldsymbol{x}_1=\boldsymbol{A}(\boldsymbol{A}^{\dagger}\boldsymbol{x})=\boldsymbol{A}\boldsymbol{y}\in\mathrm{range}\{\boldsymbol{A}\} \tag{2.26}$$

式中，$\boldsymbol{y}=\boldsymbol{A}^{\dagger}\boldsymbol{x}$。

然后，根据 Moore-Penrose 逆矩阵的定义可知

$$\begin{aligned}\boldsymbol{x}_2^{\mathrm{T}}\boldsymbol{A}&=\boldsymbol{x}^{\mathrm{T}}(\boldsymbol{I}_m-\boldsymbol{A}\boldsymbol{A}^{\dagger})^{\mathrm{T}}\boldsymbol{A}=\boldsymbol{x}^{\mathrm{T}}(\boldsymbol{A}-\boldsymbol{A}\boldsymbol{A}^{\dagger}\boldsymbol{A})\\&=\boldsymbol{O}_{1\times n}\Rightarrow\boldsymbol{x}_2\in(\mathrm{range}\{\boldsymbol{A}\})^{\perp}\end{aligned} \tag{2.27}$$

最后，若 $\boldsymbol{A}\in\mathbf{R}^{m\times n}$ 是列满秩矩阵，则利用命题 2.5 可得 $\boldsymbol{A}^{\dagger}=(\boldsymbol{A}^{\mathrm{T}}\boldsymbol{A})^{-1}\boldsymbol{A}^{\mathrm{T}}$，将其代入式（2.23）可知式（2.24）成立。

证毕。

在本节的最后利用正交投影矩阵的性质给出一个重要的矩阵不等式。

【命题 2.9】假设 $\boldsymbol{A}\in\mathbf{R}^{m\times m}$ 为正定矩阵，$\boldsymbol{B}\in\mathbf{R}^{m\times n}$ 为列满秩矩阵，则有如下关系式，即

$$\boldsymbol{A}^{-1}\geqslant\boldsymbol{B}(\boldsymbol{B}^{\mathrm{T}}\boldsymbol{A}\boldsymbol{B})^{-1}\boldsymbol{B}^{\mathrm{T}} \tag{2.28}$$

【证明】利用式（2.24）中的第 2 个公式可知

$$\begin{aligned}\boldsymbol{A}^{-1}-\boldsymbol{B}(\boldsymbol{B}^{\mathrm{T}}\boldsymbol{A}\boldsymbol{B})^{-1}\boldsymbol{B}^{\mathrm{T}}&=\boldsymbol{A}^{-1/2}(\boldsymbol{I}_m-\boldsymbol{A}^{1/2}\boldsymbol{B}(\boldsymbol{B}^{\mathrm{T}}\boldsymbol{A}\boldsymbol{B})^{-1}\boldsymbol{B}^{\mathrm{T}}\boldsymbol{A}^{1/2})\boldsymbol{A}^{-1/2}\\&=\boldsymbol{A}^{-1/2}\boldsymbol{\Pi}^{\perp}[\boldsymbol{A}^{1/2}\boldsymbol{B}]\boldsymbol{A}^{-1/2}\end{aligned} \tag{2.29}$$

由命题 2.7 可得 $\boldsymbol{\Pi}^{\perp}[\boldsymbol{A}^{1/2}\boldsymbol{B}]\geqslant\boldsymbol{O}$，于是有 $\boldsymbol{A}^{-1}-\boldsymbol{B}(\boldsymbol{B}^{\mathrm{T}}\boldsymbol{A}\boldsymbol{B})^{-1}\boldsymbol{B}^{\mathrm{T}}\geqslant\boldsymbol{O}$，由此可知式（2.28）成立。

证毕。

2.3 矩阵 Kronecker 积和矩阵向量化运算

本节将介绍矩阵 Kronecker 积和矩阵向量化运算的几个重要结论。

2.3.1 矩阵 Kronecker 积

矩阵 Kronecker 积也称直积。假设矩阵 $\boldsymbol{A} \in \mathbf{R}^{m \times n}$，$\boldsymbol{B} \in \mathbf{R}^{r \times s}$，则它们的 Kronecker 积可以表示为

$$\boldsymbol{A} \otimes \boldsymbol{B} = \begin{bmatrix} <\boldsymbol{A}>_{11}\boldsymbol{B} & <\boldsymbol{A}>_{12}\boldsymbol{B} & \cdots & <\boldsymbol{A}>_{1n}\boldsymbol{B} \\ <\boldsymbol{A}>_{21}\boldsymbol{B} & <\boldsymbol{A}>_{22}\boldsymbol{B} & \cdots & <\boldsymbol{A}>_{2n}\boldsymbol{B} \\ \vdots & \vdots & \ddots & \vdots \\ <\boldsymbol{A}>_{m1}\boldsymbol{B} & <\boldsymbol{A}>_{m2}\boldsymbol{B} & \cdots & <\boldsymbol{A}>_{mn}\boldsymbol{B} \end{bmatrix} \in \boldsymbol{C}^{mr \times ns} \tag{2.30}$$

由式（2.30）不难发现，Kronecker 积并没有交换律（$\boldsymbol{A} \otimes \boldsymbol{B} \neq \boldsymbol{B} \otimes \boldsymbol{A}$）。关于 Kronecker 积有如下重要结论。

【命题 2.10】 假设矩阵 $\boldsymbol{A} \in \mathbf{R}^{m \times n}$、$\boldsymbol{B} \in \mathbf{R}^{p \times q}$、$\boldsymbol{C} \in \mathbf{R}^{n \times r}$ 及 $\boldsymbol{D} \in \mathbf{R}^{q \times s}$，则有如下等式，即

$$(\boldsymbol{A} \otimes \boldsymbol{B})(\boldsymbol{C} \otimes \boldsymbol{D}) = (\boldsymbol{AC}) \otimes (\boldsymbol{BD}) \tag{2.31}$$

【证明】 将矩阵 $\boldsymbol{A}$ 位于坐标 (k_1, k_2) 处的元素记为 $a_{k_1k_2} =< \boldsymbol{A} >_{k_1k_2}$，将矩阵 $\boldsymbol{C}$ 位于坐标 (k_2, k_3) 处的元素记为 $c_{k_2k_3} =< \boldsymbol{C} >_{k_2k_3}$，因此，在矩阵 $\boldsymbol{A} \otimes \boldsymbol{B}$ 中第 (k_1, k_2) 个阶数为 $p \times q$ 的子矩阵为 $a_{k_1k_2}\boldsymbol{B}$，在矩阵 $\boldsymbol{C} \otimes \boldsymbol{D}$ 中第 (k_2, k_3) 个阶数为 $q \times s$ 的子矩阵为 $c_{k_2k_3}\boldsymbol{D}$，在矩阵 $(\boldsymbol{A} \otimes \boldsymbol{B})(\boldsymbol{C} \otimes \boldsymbol{D})$ 中第 (k_1, k_3) 个阶数为 $p \times s$ 的子矩阵为

$$\sum_{k_2=1}^{n} a_{k_1k_2}\boldsymbol{B}c_{k_2k_3}\boldsymbol{D} = \left(\sum_{k_2=1}^{n} a_{k_1k_2}c_{k_2k_3}\right)\boldsymbol{BD} =< \boldsymbol{AC} >_{k_1k_3} \boldsymbol{BD} \tag{2.32}$$

式（2.32）中第 2 个等号右侧为矩阵 $(\boldsymbol{AC}) \otimes (\boldsymbol{BD})$ 中第 (k_1, k_3) 个阶数为 $p \times s$ 的子矩阵，由此可知式（2.31）成立。

证毕。

2.3.2　矩阵向量化运算

矩阵向量化（记为 $\mathrm{vec}(\cdot)$ ）的概念具有广泛应用，可以简化数学表述，基本定义如下。

【定义 2.3】假设矩阵 $\boldsymbol{A}=[a_{ij}]_{m\times n}$，则该矩阵的向量化运算可以定义为

$$\mathrm{vec}(\boldsymbol{A})=[a_{11}\ \ a_{21}\ \ \cdots\ \ a_{m1}\ \vdots\ a_{12}\ \ a_{22}\ \ \cdots\ \ a_{m2}\ \vdots\ \cdots\ \vdots\ a_{1n}\ \ a_{2n}\ \ \cdots\ \ a_{mn}]^{\mathrm{T}}\in\mathbf{R}^{mn\times 1} \tag{2.33}$$

由式（2.33）可知，矩阵向量化运算是将矩阵按照字典顺序排成列向量。利用矩阵向量化运算可以得到关于 Kronecker 积的重要等式，具体可见如下命题。

【命题 2.11】假设矩阵 $\boldsymbol{A}\in\mathbf{R}^{m\times r}$、$\boldsymbol{B}\in\mathbf{R}^{r\times s}$ 及 $\boldsymbol{C}\in\mathbf{R}^{s\times n}$，则有

$$\mathrm{vec}(\boldsymbol{ABC})=(\boldsymbol{C}^{\mathrm{T}}\otimes\boldsymbol{A})\mathrm{vec}(\boldsymbol{B}) \tag{2.34}$$

【证明】首先，将矩阵 $\boldsymbol{B}$ 按列分块表示为 $\boldsymbol{B}=[\boldsymbol{b}_1\ \ \boldsymbol{b}_2\ \ \cdots\ \ \boldsymbol{b}_s]$，于是有

$$\boldsymbol{B}=\sum_{k=1}^{s}\boldsymbol{b}_k\boldsymbol{i}_s^{(k)\mathrm{T}} \tag{2.35}$$

然后，由式（2.35）可以进一步推得

$$\begin{aligned}\mathrm{vec}(\boldsymbol{ABC})&=\mathrm{vec}\left(\sum_{k=1}^{s}\boldsymbol{Ab}_k\boldsymbol{i}_s^{(k)\mathrm{T}}\boldsymbol{C}\right)\\&=\sum_{k=1}^{s}\mathrm{vec}((\boldsymbol{Ab}_k)(\boldsymbol{C}^{\mathrm{T}}\boldsymbol{i}_s^{(k)})^{\mathrm{T}})=\sum_{k=1}^{s}(\boldsymbol{C}^{\mathrm{T}}\boldsymbol{i}_s^{(k)})\otimes(\boldsymbol{Ab}_k)\\&=(\boldsymbol{C}^{\mathrm{T}}\otimes\boldsymbol{A})\left(\sum_{k=1}^{s}\boldsymbol{i}_s^{(k)}\otimes\boldsymbol{b}_k\right)=(\boldsymbol{C}^{\mathrm{T}}\otimes\boldsymbol{A})\mathrm{vec}\left(\sum_{k=1}^{s}\boldsymbol{b}_k\boldsymbol{i}_s^{(k)\mathrm{T}}\right)\\&=(\boldsymbol{C}^{\mathrm{T}}\otimes\boldsymbol{A})\mathrm{vec}(\boldsymbol{B})\end{aligned} \tag{2.36}$$

式中第 4 个等号利用了命题 2.10。

证毕。

2.4 标量函数的梯度向量和向量函数的 Jacobian 矩阵

本节将介绍标量函数的梯度向量和向量函数的 Jacobian 矩阵的基本概念。

2.4.1 标量函数的梯度向量

【定义 2.4】 假设 $f(\boldsymbol{x})$ 是关于 n 维实向量 $\boldsymbol{x}=[x_1\ \ x_2\ \ \cdots\ \ x_n]^{\mathrm{T}}$ 的连续且一阶可导的标量函数，则其梯度向量定义为

$$\boldsymbol{h}(\boldsymbol{x})=\frac{\partial f(\boldsymbol{x})}{\partial \boldsymbol{x}}=\left[\frac{\partial f(\boldsymbol{x})}{\partial x_1}\ \ \frac{\partial f(\boldsymbol{x})}{\partial x_2}\ \ \cdots\ \ \frac{\partial f(\boldsymbol{x})}{\partial x_n}\right]^{\mathrm{T}}\in \mathbf{R}^{n\times 1} \tag{2.37}$$

下面将利用梯度向量的定义给出一个重要结论，具体可见如下命题。

【命题 2.12】 假设列满秩矩阵 $\boldsymbol{A}\in\mathbf{R}^{m\times n}$、正定矩阵 $\boldsymbol{C}\in\mathbf{R}^{m\times m}$ 及向量 $\boldsymbol{b}\in\mathbf{R}^{m\times 1}$，则下面的二次优化问题

$$\min_{\boldsymbol{x}\in\mathbf{R}^{n\times 1}}\{f(\boldsymbol{x})\}=\min_{\boldsymbol{x}\in\mathbf{R}^{n\times 1}}\{(\boldsymbol{A}\boldsymbol{x}-\boldsymbol{b})^{\mathrm{T}}\boldsymbol{C}^{-1}(\boldsymbol{A}\boldsymbol{x}-\boldsymbol{b})\} \tag{2.38}$$

的唯一最优解为

$$\boldsymbol{x}_{\mathrm{opt}}=(\boldsymbol{A}^{\mathrm{T}}\boldsymbol{C}^{-1}\boldsymbol{A})^{-1}\boldsymbol{A}^{\mathrm{T}}\boldsymbol{C}^{-1}\boldsymbol{b} \tag{2.39}$$

【证明】 首先，获得标量函数 $f(\boldsymbol{x})$ 的梯度向量，即

$$\boldsymbol{h}(\boldsymbol{x})=\frac{\partial f(\boldsymbol{x})}{\partial \boldsymbol{x}}=2\boldsymbol{A}^{\mathrm{T}}\boldsymbol{C}^{-1}\boldsymbol{A}\boldsymbol{x}-2\boldsymbol{A}^{\mathrm{T}}\boldsymbol{C}^{-1}\boldsymbol{b} \tag{2.40}$$

然后，根据极值原理可知，最优解 $\boldsymbol{x}_{\mathrm{opt}}$ 应使梯度向量等于零，于是有

$$\begin{aligned}\boldsymbol{O}_{n\times 1}&=\boldsymbol{h}(\boldsymbol{x}_{\mathrm{opt}})=2\boldsymbol{A}^{\mathrm{T}}\boldsymbol{C}^{-1}\boldsymbol{A}\boldsymbol{x}_{\mathrm{opt}}-2\boldsymbol{A}^{\mathrm{T}}\boldsymbol{C}^{-1}\boldsymbol{b}\\ \Rightarrow \boldsymbol{x}_{\mathrm{opt}}&=(\boldsymbol{A}^{\mathrm{T}}\boldsymbol{C}^{-1}\boldsymbol{A})^{-1}\boldsymbol{A}^{\mathrm{T}}\boldsymbol{C}^{-1}\boldsymbol{b}\end{aligned} \tag{2.41}$$

该最优解的唯一性是由于 $\boldsymbol{A}$ 是列满秩矩阵。

证毕。

2.4.2　向量函数的 Jacobian 矩阵

【定义 2.5】 假设由 m 个标量函数构成的向量函数 $\boldsymbol{f}(\boldsymbol{x})=[f_1(\boldsymbol{x})\ \ f_2(\boldsymbol{x})\ \ \cdots\ \ f_m(\boldsymbol{x})]^{\mathrm{T}}\in\mathbf{R}^{m\times 1}$，其中每个标量函数 $\{f_k(\boldsymbol{x})\}_{1\leqslant k\leqslant m}$ 都是关于 n 维实向量 $\boldsymbol{x}=[x_1\ \ x_2\ \ \cdots\ \ x_n]^{\mathrm{T}}$ 的连续且一阶可导函数，则其 Jacobian 矩阵定义为

$$\boldsymbol{F}(\boldsymbol{x})=\frac{\partial \boldsymbol{f}(\boldsymbol{x})}{\partial \boldsymbol{x}^{\mathrm{T}}}=\begin{bmatrix}\dfrac{\partial f_1(\boldsymbol{x})}{\partial x_1} & \dfrac{\partial f_1(\boldsymbol{x})}{\partial x_2} & \cdots & \dfrac{\partial f_1(\boldsymbol{x})}{\partial x_n}\\ \dfrac{\partial f_2(\boldsymbol{x})}{\partial x_1} & \dfrac{\partial f_2(\boldsymbol{x})}{\partial x_2} & \cdots & \dfrac{\partial f_2(\boldsymbol{x})}{\partial x_n}\\ \vdots & \vdots & \ddots & \vdots\\ \dfrac{\partial f_m(\boldsymbol{x})}{\partial x_1} & \dfrac{\partial f_m(\boldsymbol{x})}{\partial x_2} & \cdots & \dfrac{\partial f_m(\boldsymbol{x})}{\partial x_n}\end{bmatrix}\in\mathbf{R}^{m\times n} \tag{2.42}$$

比较式（2.37）和式（2.42）可知，Jacobian 矩阵 $\boldsymbol{F}(\boldsymbol{x})$ 中的第 k 行向量是标量函数 $f_k(\boldsymbol{x})$ 的梯度向量的转置。

第 3 章 无线信号定位统计性能分析

本章将阐述衡量无线信号定位统计性能的 3 个指标（包括定位均方误差的 CRB、定位成功概率，以及定位误差椭圆），并给出相应的理论计算公式，从而为评估各种定位方法的估计性能提供理论依据。

3.1 定位均方误差的 CRB

CRB 给出了任意无偏估计器的估计均方误差的理论下限[53]。由于无线信号定位问题的实质是参数估计问题，因此，定位均方误差的理论下限可以由 CRB 来确定。本节将推导定位均方误差的 CRB 理论表达式，旨在为书中各种定位方法的理论性能提供参照。

3.1.1 传感器位置精确已知条件下的辐射源定位

假设有 M 个传感器①利用某域观测量对某个辐射源进行定位，其中，第 m 个传感器的位置向量为 $\boldsymbol{s}_m$ $(1\leqslant m\leqslant M)$，它们均精确已知；辐射源的位置向量为 $\boldsymbol{u}$，是未知量。用于辐射源定位的观测模型可以统一表示为

$$\hat{\boldsymbol{z}}=\boldsymbol{z}+\boldsymbol{\varepsilon}^{(\mathrm{m})}=\boldsymbol{f}(\boldsymbol{u},\boldsymbol{s})+\boldsymbol{\varepsilon}^{(\mathrm{m})} \tag{3.1}$$

式中，$\boldsymbol{s}=[\boldsymbol{s}_1^{\mathrm{T}}\ \ \boldsymbol{s}_2^{\mathrm{T}}\ \ \cdots\ \ \boldsymbol{s}_M^{\mathrm{T}}]^{\mathrm{T}}$，表示由全部传感器位置向量构成的列向量；$\hat{\boldsymbol{z}}$ 表示含有观测误差的某域观测向量；$\boldsymbol{z}=\boldsymbol{f}(\boldsymbol{u},\boldsymbol{s})$，表示不含观测误差的某域观测向量；$\boldsymbol{f}(\boldsymbol{u},\boldsymbol{s})$ 表示关于向量 $\boldsymbol{u}$ 和 $\boldsymbol{s}$ 的连续可导函数，具体的函数形式取决于所采用的定位观测量；$\boldsymbol{\varepsilon}^{(\mathrm{m})}$ 表示观测误差向量，假设其服从零均值的高斯分布，协

① 有时也指传感阵列。

方差矩阵为 $\boldsymbol{E}^{(\mathrm{m})}=E[\boldsymbol{\varepsilon}^{(\mathrm{m})}(\boldsymbol{\varepsilon}^{(\mathrm{m})})^{\mathrm{T}}]$。

基于观测模型，即式（3.1），可在传感器位置精确已知条件下，得到估计辐射源位置向量 $\boldsymbol{u}$ 的 CRB，具体可见如下命题。

【命题 3.1】基于观测模型，即式（3.1），辐射源位置向量 $\boldsymbol{u}$ 的估计均方误差的 CRB 矩阵可以表示为①

$$\mathbf{CRB}_{\mathrm{p}}(\boldsymbol{u})=((\boldsymbol{F}^{(\mathrm{u})}(\boldsymbol{u},\boldsymbol{s}))^{\mathrm{T}}(\boldsymbol{E}^{(\mathrm{m})})^{-1}\boldsymbol{F}^{(\mathrm{u})}(\boldsymbol{u},\boldsymbol{s}))^{-1} \tag{3.2}$$

式中，$\boldsymbol{F}^{(\mathrm{u})}(\boldsymbol{u},\boldsymbol{s})=\dfrac{\partial \boldsymbol{f}(\boldsymbol{u},\boldsymbol{s})}{\partial \boldsymbol{u}^{\mathrm{T}}}$，表示 Jacobian 矩阵。

【证明】基于观测模型及观测误差的统计假设可知，关于观测向量 $\hat{\boldsymbol{z}}$ 的最大似然函数可以表示为

$$p_{\mathrm{ml}}(\hat{\boldsymbol{z}}\,|\,\boldsymbol{u})=(2\pi)^{-L/2}(\det(\boldsymbol{E}^{(\mathrm{m})}))^{-1/2}\exp\left\{-\frac{1}{2}(\hat{\boldsymbol{z}}-\boldsymbol{f}(\boldsymbol{u},\boldsymbol{s}))^{\mathrm{T}}(\boldsymbol{E}^{(\mathrm{m})})^{-1}(\hat{\boldsymbol{z}}-\boldsymbol{f}(\boldsymbol{u},\boldsymbol{s}))\right\} \tag{3.3}$$

式中，L 表示观测向量 $\hat{\boldsymbol{z}}$ 的维数。对式（3.3）两边取对数可得对数似然函数为

$$\ln(p_{\mathrm{ml}}(\hat{\boldsymbol{z}}\,|\,\boldsymbol{u}))=-\frac{L}{2}\ln(2\pi)-\frac{1}{2}\ln(\det(\boldsymbol{E}^{(\mathrm{m})}))-\frac{1}{2}(\hat{\boldsymbol{z}}-\boldsymbol{f}(\boldsymbol{u},\boldsymbol{s}))^{\mathrm{T}}(\boldsymbol{E}^{(\mathrm{m})})^{-1}(\hat{\boldsymbol{z}}-\boldsymbol{f}(\boldsymbol{u},\boldsymbol{s})) \tag{3.4}$$

由式（3.4）可知，对数似然函数 $\ln(p_{\mathrm{ml}}(\hat{\boldsymbol{z}}\,|\,\boldsymbol{u}))$ 关于向量 $\boldsymbol{u}$ 的梯度向量可以表示为

$$\frac{\partial \ln(p_{\mathrm{ml}}(\hat{\boldsymbol{z}}\,|\,\boldsymbol{u}))}{\partial \boldsymbol{u}}=(\boldsymbol{F}^{(\mathrm{u})}(\boldsymbol{u},\boldsymbol{s}))^{\mathrm{T}}(\boldsymbol{E}^{(\mathrm{m})})^{-1}(\hat{\boldsymbol{z}}-\boldsymbol{f}(\boldsymbol{u},\boldsymbol{s}))=(\boldsymbol{F}^{(\mathrm{u})}(\boldsymbol{u},\boldsymbol{s}))^{\mathrm{T}}(\boldsymbol{E}^{(\mathrm{m})})^{-1}\boldsymbol{\varepsilon}^{(\mathrm{m})} \tag{3.5}$$

因此，关于辐射源位置向量 $\boldsymbol{u}$ 的 CRB 矩阵应为[6]

① 下标 p 表示传感器位置精确已知条件下的 CRB。

$$\begin{aligned}\mathbf{CRB}_{\mathrm{p}}(\boldsymbol{u})&=\left(E\left[\frac{\partial\ln(p_{\mathrm{ml}}(\hat{\boldsymbol{z}}\,|\,\boldsymbol{u}))}{\partial\boldsymbol{u}}\left(\frac{\partial\ln(p_{\mathrm{ml}}(\hat{\boldsymbol{z}}\,|\,\boldsymbol{u}))}{\partial\boldsymbol{u}}\right)^{\mathrm{T}}\right]\right)^{-1}\\&=((\boldsymbol{F}^{(\mathrm{u})}(\boldsymbol{u},\boldsymbol{s}))^{\mathrm{T}}(\boldsymbol{E}^{(\mathrm{m})})^{-1}E[\boldsymbol{\varepsilon}^{(\mathrm{m})}(\boldsymbol{\varepsilon}^{(\mathrm{m})})^{\mathrm{T}}](\boldsymbol{E}^{(\mathrm{m})})^{-1}\boldsymbol{F}^{(\mathrm{u})}(\boldsymbol{u},\boldsymbol{s}))^{-1}\\&=((\boldsymbol{F}^{(\mathrm{u})}(\boldsymbol{u},\boldsymbol{s}))^{\mathrm{T}}(\boldsymbol{E}^{(\mathrm{m})})^{-1}\boldsymbol{F}^{(\mathrm{u})}(\boldsymbol{u},\boldsymbol{s}))^{-1}\end{aligned}\tag{3.6}$$

证毕。

【注记 3.1】由式（3.2）可知，CRB 矩阵 $\mathbf{CRB}_{\mathrm{p}}(\boldsymbol{u})$ 若要存在，则 Jacobian 矩阵 $\boldsymbol{F}^{(\mathrm{u})}(\boldsymbol{u},\boldsymbol{s})$ 必须是列满秩的，否则该定位问题不可解。

【注记 3.2】由式（3.2）还可知，Jacobian 矩阵 $\boldsymbol{F}^{(\mathrm{u})}(\boldsymbol{u},\boldsymbol{s})$ 的数值越大，$\mathbf{CRB}_{\mathrm{p}}(\boldsymbol{u})$ 的数值就越小，此时的最优定位精度就越高。

3.1.2 传感器位置存在观测误差条件下的辐射源定位

当传感器安装在机载或舰载平台上，又或者传感器随机布设时，传感器位置向量 $\boldsymbol{s}$ 的精确值可能无法获得，仅能得到先验观测值 $\hat{\boldsymbol{s}}$，其中含有观测误差，即

$$\hat{\boldsymbol{s}}=[\hat{\boldsymbol{s}}_1^{\mathrm{T}}\ \ \hat{\boldsymbol{s}}_2^{\mathrm{T}}\ \ \cdots\ \ \hat{\boldsymbol{s}}_M^{\mathrm{T}}]^{\mathrm{T}}=\boldsymbol{s}+\boldsymbol{\varepsilon}^{(\mathrm{s})}\tag{3.7}$$

式中，$\hat{\boldsymbol{s}}_m\ (1\leqslant m\leqslant M)$ 表示第 m 个传感器位置向量的先验观测值；$\boldsymbol{\varepsilon}^{(\mathrm{s})}$ 表示观测误差向量，服从零均值的高斯分布，协方差矩阵为 $\boldsymbol{E}^{(\mathrm{s})}=E[\boldsymbol{\varepsilon}^{(\mathrm{s})}(\boldsymbol{\varepsilon}^{(\mathrm{s})})^{\mathrm{T}}]$。此外，假设观测误差向量 $\boldsymbol{\varepsilon}^{(\mathrm{s})}$ 与 $\boldsymbol{\varepsilon}^{(\mathrm{m})}$ 之间互相统计独立。

结合式（3.1）和式（3.7）可知，在传感器位置存在观测误差的条件下，用于辐射源定位的观测模型可以联立表示为

$$\begin{cases}\hat{\boldsymbol{z}}=\boldsymbol{f}(\boldsymbol{u},\boldsymbol{s})+\boldsymbol{\varepsilon}^{(\mathrm{m})}\\\hat{\boldsymbol{s}}=\boldsymbol{s}+\boldsymbol{\varepsilon}^{(\mathrm{s})}\end{cases}\tag{3.8}$$

即式（3.8）中的未知参数同时包含 $\boldsymbol{u}$ 和 $\boldsymbol{s}$，其联合估计的 CRB 可见如下命题。

【命题 3.2】基于观测模型，即式（3.8），未知参数 $\boldsymbol{u}$ 和 $\boldsymbol{s}$ 的联合估计均方

误差的 CRB 矩阵可以表示为①

$$\mathbf{CRB}_{\mathrm{q}}\left(\begin{bmatrix}\boldsymbol{u}\\ \boldsymbol{s}\end{bmatrix}\right)=\left[\begin{array}{c:c}(\boldsymbol{F}^{(\mathrm{u})}(\boldsymbol{u},\boldsymbol{s}))^{\mathrm{T}}(\boldsymbol{E}^{(\mathrm{m})})^{-1}\boldsymbol{F}^{(\mathrm{u})}(\boldsymbol{u},\boldsymbol{s}) & (\boldsymbol{F}^{(\mathrm{u})}(\boldsymbol{u},\boldsymbol{s}))^{\mathrm{T}}(\boldsymbol{E}^{(\mathrm{m})})^{-1}\boldsymbol{F}^{(\mathrm{s})}(\boldsymbol{u},\boldsymbol{s}) \\ \hdashline (\boldsymbol{F}^{(\mathrm{s})}(\boldsymbol{u},\boldsymbol{s}))^{\mathrm{T}}(\boldsymbol{E}^{(\mathrm{m})})^{-1}\boldsymbol{F}^{(\mathrm{u})}(\boldsymbol{u},\boldsymbol{s}) & (\boldsymbol{F}^{(\mathrm{s})}(\boldsymbol{u},\boldsymbol{s}))^{\mathrm{T}}(\boldsymbol{E}^{(\mathrm{m})})^{-1}\boldsymbol{F}^{(\mathrm{s})}(\boldsymbol{u},\boldsymbol{s})+(\boldsymbol{E}^{(\mathrm{s})})^{-1}\end{array}\right]^{-1}$$
$$=\left[\begin{array}{c:c}(\mathbf{CRB}_{\mathrm{p}}(\boldsymbol{u}))^{-1} & (\boldsymbol{F}^{(\mathrm{u})}(\boldsymbol{u},\boldsymbol{s}))^{\mathrm{T}}(\boldsymbol{E}^{(\mathrm{m})})^{-1}\boldsymbol{F}^{(\mathrm{s})}(\boldsymbol{u},\boldsymbol{s}) \\ \hdashline (\boldsymbol{F}^{(\mathrm{s})}(\boldsymbol{u},\boldsymbol{s}))^{\mathrm{T}}(\boldsymbol{E}^{(\mathrm{m})})^{-1}\boldsymbol{F}^{(\mathrm{u})}(\boldsymbol{u},\boldsymbol{s}) & (\boldsymbol{F}^{(\mathrm{s})}(\boldsymbol{u},\boldsymbol{s}))^{\mathrm{T}}(\boldsymbol{E}^{(\mathrm{m})})^{-1}\boldsymbol{F}^{(\mathrm{s})}(\boldsymbol{u},\boldsymbol{s})+(\boldsymbol{E}^{(\mathrm{s})})^{-1}\end{array}\right]^{-1} \tag{3.9}$$

式中，$\boldsymbol{F}^{(\mathrm{s})}(\boldsymbol{u},\boldsymbol{s})=\dfrac{\partial\boldsymbol{f}(\boldsymbol{u},\boldsymbol{s})}{\partial\boldsymbol{s}^{\mathrm{T}}}$，表示 Jacobian 矩阵。

【证明】首先，定义扩维的未知参数向量 $\boldsymbol{\mu}=[\boldsymbol{u}^{\mathrm{T}}\ \ \boldsymbol{s}^{\mathrm{T}}]^{\mathrm{T}}$ 和扩维的观测向量 $\hat{\boldsymbol{\eta}}=[\hat{\boldsymbol{z}}^{\mathrm{T}}\ \ \hat{\boldsymbol{s}}^{\mathrm{T}}]^{\mathrm{T}}$。基于式（3.8）及其观测误差的统计假设可知，关于观测向量 $\hat{\boldsymbol{\eta}}$ 的最大似然函数可以表示为②

$$\begin{aligned}&p_{\mathrm{ml}}(\hat{\boldsymbol{\eta}}\,|\,\boldsymbol{\mu})\\&=(2\pi)^{-(L+3M)/2}(\det(\mathrm{blkdiag}\{\boldsymbol{E}^{(\mathrm{m})},\boldsymbol{E}^{(\mathrm{s})}\}))^{-1/2}\times\\&\quad\exp\left\{-\frac{1}{2}\begin{bmatrix}\hat{\boldsymbol{z}}-\boldsymbol{f}(\boldsymbol{u},\boldsymbol{s})\\ \hat{\boldsymbol{s}}-\boldsymbol{s}\end{bmatrix}^{\mathrm{T}}\mathrm{blkdiag}\{(\boldsymbol{E}^{(\mathrm{m})})^{-1},(\boldsymbol{E}^{(\mathrm{s})})^{-1}\}\begin{bmatrix}\hat{\boldsymbol{z}}-\boldsymbol{f}(\boldsymbol{u},\boldsymbol{s})\\ \hat{\boldsymbol{s}}-\boldsymbol{s}\end{bmatrix}\right\}\\&=(2\pi)^{-(L+3M)/2}(\det(\boldsymbol{E}^{(\mathrm{m})})\det(\boldsymbol{E}^{(\mathrm{s})}))^{-1/2}\times\\&\quad\exp\left\{-\frac{1}{2}(\hat{\boldsymbol{z}}-\boldsymbol{f}(\boldsymbol{u},\boldsymbol{s}))^{\mathrm{T}}(\boldsymbol{E}^{(\mathrm{m})})^{-1}(\hat{\boldsymbol{z}}-\boldsymbol{f}(\boldsymbol{u},\boldsymbol{s}))\right\}\exp\left\{-\frac{1}{2}(\hat{\boldsymbol{s}}-\boldsymbol{s})^{\mathrm{T}}(\boldsymbol{E}^{(\mathrm{s})})^{-1}(\hat{\boldsymbol{s}}-\boldsymbol{s})\right\}\end{aligned} \tag{3.10}$$

然后，对式（3.10）两边取对数可得对数似然函数

$$\begin{aligned}\ln(p_{\mathrm{ml}}(\hat{\boldsymbol{\eta}}\,|\,\boldsymbol{\mu}))=-\frac{L+3M}{2}\ln(2\pi)-\frac{1}{2}\ln(\det(\boldsymbol{E}^{(\mathrm{m})}))-\frac{1}{2}\ln(\det(\boldsymbol{E}^{(\mathrm{s})}))-\\ \frac{1}{2}(\hat{\boldsymbol{z}}-\boldsymbol{f}(\boldsymbol{u},\boldsymbol{s}))^{\mathrm{T}}(\boldsymbol{E}^{(\mathrm{m})})^{-1}(\hat{\boldsymbol{z}}-\boldsymbol{f}(\boldsymbol{u},\boldsymbol{s}))-\frac{1}{2}(\hat{\boldsymbol{s}}-\boldsymbol{s})^{\mathrm{T}}(\boldsymbol{E}^{(\mathrm{s})})^{-1}(\hat{\boldsymbol{s}}-\boldsymbol{s})\end{aligned} \tag{3.11}$$

最后，根据式（3.11）可知，对数似然函数 $\ln(p_{\mathrm{ml}}(\hat{\boldsymbol{\eta}}\,|\,\boldsymbol{\mu}))$ 关于向量 $\boldsymbol{\mu}$ 的梯

① 下标 q 表示传感器位置存在观测误差条件下的 CRB。

② 假设在三维空间进行定位，观测向量 $\hat{\boldsymbol{\eta}}$ 的维数为 $L+3M$。

度向量为

$$\frac{\partial \ln(p_{\mathrm{ml}}(\hat{\boldsymbol{\eta}}\,|\,\boldsymbol{\mu}))}{\partial \boldsymbol{\mu}}=\begin{bmatrix}\dfrac{\partial \ln(p_{\mathrm{ml}}(\hat{\boldsymbol{\eta}}\,|\,\boldsymbol{\mu}))}{\partial \boldsymbol{u}}\\ \dfrac{\partial \ln(p_{\mathrm{ml}}(\hat{\boldsymbol{\eta}}\,|\,\boldsymbol{\mu}))}{\partial \boldsymbol{s}}\end{bmatrix}=\begin{bmatrix}(\boldsymbol{F}^{(\mathrm{u})}(\boldsymbol{u},\boldsymbol{s}))^{\mathrm{T}}(\boldsymbol{E}^{(\mathrm{m})})^{-1}(\hat{\boldsymbol{z}}-\boldsymbol{f}(\boldsymbol{u},\boldsymbol{s}))\\ (\boldsymbol{F}^{(\mathrm{s})}(\boldsymbol{u},\boldsymbol{s}))^{\mathrm{T}}(\boldsymbol{E}^{(\mathrm{m})})^{-1}(\hat{\boldsymbol{z}}-\boldsymbol{f}(\boldsymbol{u},\boldsymbol{s}))+(\boldsymbol{E}^{(\mathrm{s})})^{-1}(\hat{\boldsymbol{s}}-\boldsymbol{s})\end{bmatrix}$$

$$=\begin{bmatrix}(\boldsymbol{F}^{(\mathrm{u})}(\boldsymbol{u},\boldsymbol{s}))^{\mathrm{T}}(\boldsymbol{E}^{(\mathrm{m})})^{-1}\boldsymbol{\varepsilon}^{(\mathrm{m})}\\ (\boldsymbol{F}^{(\mathrm{s})}(\boldsymbol{u},\boldsymbol{s}))^{\mathrm{T}}(\boldsymbol{E}^{(\mathrm{m})})^{-1}\boldsymbol{\varepsilon}^{(\mathrm{m})}+(\boldsymbol{E}^{(\mathrm{s})})^{-1}\boldsymbol{\varepsilon}^{(\mathrm{s})}\end{bmatrix} \tag{3.12}$$

因此，关于未知向量 $\boldsymbol{\mu}$ 的 CRB 矩阵应为[6]

$$\mathbf{CRB}_{\mathrm{q}}\left(\begin{bmatrix}\boldsymbol{u}\\ \boldsymbol{s}\end{bmatrix}\right)=\left(E\left[\frac{\partial \ln(p_{\mathrm{ml}}(\hat{\boldsymbol{\eta}}\,|\,\boldsymbol{\mu}))}{\partial \boldsymbol{\mu}}\left(\frac{\partial \ln(p_{\mathrm{ml}}(\hat{\boldsymbol{\eta}}\,|\,\boldsymbol{\mu}))}{\partial \boldsymbol{\mu}}\right)^{\mathrm{T}}\right]\right)^{-1}$$

$$=\left[\begin{array}{c|c}(\boldsymbol{F}^{(\mathrm{u})}(\boldsymbol{u},\boldsymbol{s}))^{\mathrm{T}}(\boldsymbol{E}^{(\mathrm{m})})^{-1}E[\boldsymbol{\varepsilon}^{(\mathrm{m})}(\boldsymbol{\varepsilon}^{(\mathrm{m})})^{\mathrm{T}}](\boldsymbol{E}^{(\mathrm{m})})^{-1}\boldsymbol{F}^{(\mathrm{u})}(\boldsymbol{u},\boldsymbol{s}) & (\boldsymbol{F}^{(\mathrm{u})}(\boldsymbol{u},\boldsymbol{s}))^{\mathrm{T}}(\boldsymbol{E}^{(\mathrm{m})})^{-1}E[\boldsymbol{\varepsilon}^{(\mathrm{m})}(\boldsymbol{\varepsilon}^{(\mathrm{m})})^{\mathrm{T}}](\boldsymbol{E}^{(\mathrm{m})})^{-1}\boldsymbol{F}^{(\mathrm{s})}(\boldsymbol{u},\boldsymbol{s})\\ \hline (\boldsymbol{F}^{(\mathrm{s})}(\boldsymbol{u},\boldsymbol{s}))^{\mathrm{T}}(\boldsymbol{E}^{(\mathrm{m})})^{-1}E[\boldsymbol{\varepsilon}^{(\mathrm{m})}(\boldsymbol{\varepsilon}^{(\mathrm{m})})^{\mathrm{T}}](\boldsymbol{E}^{(\mathrm{m})})^{-1}\boldsymbol{F}^{(\mathrm{u})}(\boldsymbol{u},\boldsymbol{s}) & \begin{array}{l}(\boldsymbol{F}^{(\mathrm{s})}(\boldsymbol{u},\boldsymbol{s}))^{\mathrm{T}}(\boldsymbol{E}^{(\mathrm{m})})^{-1}E[\boldsymbol{\varepsilon}^{(\mathrm{m})}(\boldsymbol{\varepsilon}^{(\mathrm{m})})^{\mathrm{T}}](\boldsymbol{E}^{(\mathrm{m})})^{-1}\boldsymbol{F}^{(\mathrm{s})}(\boldsymbol{u},\boldsymbol{s})+\\ (\boldsymbol{E}^{(\mathrm{s})})^{-1}E[\boldsymbol{\varepsilon}^{(\mathrm{s})}(\boldsymbol{\varepsilon}^{(\mathrm{s})})^{\mathrm{T}}](\boldsymbol{E}^{(\mathrm{s})})^{-1}\end{array}\end{array}\right]^{-1}$$

$$=\left[\begin{array}{c|c}(\boldsymbol{F}^{(\mathrm{u})}(\boldsymbol{u},\boldsymbol{s}))^{\mathrm{T}}(\boldsymbol{E}^{(\mathrm{m})})^{-1}\boldsymbol{F}^{(\mathrm{u})}(\boldsymbol{u},\boldsymbol{s}) & (\boldsymbol{F}^{(\mathrm{u})}(\boldsymbol{u},\boldsymbol{s}))^{\mathrm{T}}(\boldsymbol{E}^{(\mathrm{m})})^{-1}\boldsymbol{F}^{(\mathrm{s})}(\boldsymbol{u},\boldsymbol{s})\\ \hline (\boldsymbol{F}^{(\mathrm{s})}(\boldsymbol{u},\boldsymbol{s}))^{\mathrm{T}}(\boldsymbol{E}^{(\mathrm{m})})^{-1}\boldsymbol{F}^{(\mathrm{u})}(\boldsymbol{u},\boldsymbol{s}) & (\boldsymbol{F}^{(\mathrm{s})}(\boldsymbol{u},\boldsymbol{s}))^{\mathrm{T}}(\boldsymbol{E}^{(\mathrm{m})})^{-1}\boldsymbol{F}^{(\mathrm{s})}(\boldsymbol{u},\boldsymbol{s})+(\boldsymbol{E}^{(\mathrm{s})})^{-1}\end{array}\right]^{-1} \tag{3.13}$$

证毕。

基于命题 3.2 中的结论还可以进一步得到下面 3 个命题。

【命题 3.3】 基于观测模型，即式（3.8），辐射源位置向量 $\boldsymbol{u}$ 的估计均方误差的 CRB 矩阵可以表示为

$$\begin{aligned}\mathbf{CRB}_{\mathrm{q}}(\boldsymbol{u})=\ &\mathbf{CRB}_{\mathrm{p}}(\boldsymbol{u})+\mathbf{CRB}_{\mathrm{p}}(\boldsymbol{u})(\boldsymbol{F}^{(\mathrm{u})}(\boldsymbol{u},\boldsymbol{s}))^{\mathrm{T}}(\boldsymbol{E}^{(\mathrm{m})})^{-1}\boldsymbol{F}^{(\mathrm{s})}(\boldsymbol{u},\boldsymbol{s})((\boldsymbol{E}^{(\mathrm{s})})^{-1}+\\ &(\boldsymbol{F}^{(\mathrm{s})}(\boldsymbol{u},\boldsymbol{s}))^{\mathrm{T}}(\boldsymbol{E}^{(\mathrm{m})})^{-1/2}\boldsymbol{\Pi}^{\perp}[(\boldsymbol{E}^{(\mathrm{m})})^{-1/2}\boldsymbol{F}^{(\mathrm{u})}(\boldsymbol{u},\boldsymbol{s})](\boldsymbol{E}^{(\mathrm{m})})^{-1/2}\boldsymbol{F}^{(\mathrm{s})}(\boldsymbol{u},\boldsymbol{s}))^{-1}\times\\ &(\boldsymbol{F}^{(\mathrm{s})}(\boldsymbol{u},\boldsymbol{s}))^{\mathrm{T}}(\boldsymbol{E}^{(\mathrm{m})})^{-1}\boldsymbol{F}^{(\mathrm{u})}(\boldsymbol{u},\boldsymbol{s})\mathbf{CRB}_{\mathrm{p}}(\boldsymbol{u})\end{aligned} \tag{3.14}$$

【证明】 首先，结合式（2.7）和式（3.9）可得

$$\mathbf{CRB}_{\mathrm{q}}(\boldsymbol{u})=\left(\begin{array}{l}(\mathbf{CRB}_{\mathrm{p}}(\boldsymbol{u}))^{-1}-(\boldsymbol{F}^{(\mathrm{u})}(\boldsymbol{u},\boldsymbol{s}))^{\mathrm{T}}(\boldsymbol{E}^{(\mathrm{m})})^{-1}\boldsymbol{F}^{(\mathrm{s})}(\boldsymbol{u},\boldsymbol{s})\times \\ \left(\begin{array}{l}(\boldsymbol{E}^{(\mathrm{s})})^{-1}+(\boldsymbol{F}^{(\mathrm{s})}(\boldsymbol{u},\boldsymbol{s}))^{\mathrm{T}}\times \\ (\boldsymbol{E}^{(\mathrm{m})})^{-1}\boldsymbol{F}^{(\mathrm{s})}(\boldsymbol{u},\boldsymbol{s})\end{array}\right)^{-1}(\boldsymbol{F}^{(\mathrm{s})}(\boldsymbol{u},\boldsymbol{s}))^{\mathrm{T}}(\boldsymbol{E}^{(\mathrm{m})})^{-1}\boldsymbol{F}^{(\mathrm{u})}(\boldsymbol{u},\boldsymbol{s})\end{array}\right)^{-1} \tag{3.15}$$

然后，由式（2.1）可知

$$\begin{aligned}\mathbf{CRB}_{\mathrm{q}}(\boldsymbol{u})&=\mathbf{CRB}_{\mathrm{p}}(\boldsymbol{u})+\mathbf{CRB}_{\mathrm{p}}(\boldsymbol{u})(\boldsymbol{F}^{(\mathrm{u})}(\boldsymbol{u},\boldsymbol{s}))^{\mathrm{T}}(\boldsymbol{E}^{(\mathrm{m})})^{-1}\boldsymbol{F}^{(\mathrm{s})}(\boldsymbol{u},\boldsymbol{s})((\boldsymbol{E}^{(\mathrm{s})})^{-1}+\\&\quad(\boldsymbol{F}^{(\mathrm{s})}(\boldsymbol{u},\boldsymbol{s}))^{\mathrm{T}}(\boldsymbol{E}^{(\mathrm{m})})^{-1}\boldsymbol{F}^{(\mathrm{s})}(\boldsymbol{u},\boldsymbol{s})-(\boldsymbol{F}^{(\mathrm{s})}(\boldsymbol{u},\boldsymbol{s}))^{\mathrm{T}}(\boldsymbol{E}^{(\mathrm{m})})^{-1}\times\\&\quad\boldsymbol{F}^{(\mathrm{u})}(\boldsymbol{u},\boldsymbol{s})\mathbf{CRB}_{\mathrm{p}}(\boldsymbol{u})(\boldsymbol{F}^{(\mathrm{u})}(\boldsymbol{u},\boldsymbol{s}))^{\mathrm{T}}(\boldsymbol{E}^{(\mathrm{m})})^{-1}\boldsymbol{F}^{(\mathrm{s})}(\boldsymbol{u},\boldsymbol{s}))^{-1}\times\\&\quad(\boldsymbol{F}^{(\mathrm{s})}(\boldsymbol{u},\boldsymbol{s}))^{\mathrm{T}}(\boldsymbol{E}^{(\mathrm{m})})^{-1}\boldsymbol{F}^{(\mathrm{u})}(\boldsymbol{u},\boldsymbol{s})\mathbf{CRB}_{\mathrm{p}}(\boldsymbol{u})\\&=\mathbf{CRB}_{\mathrm{p}}(\boldsymbol{u})+\mathbf{CRB}_{\mathrm{p}}(\boldsymbol{u})(\boldsymbol{F}^{(\mathrm{u})}(\boldsymbol{u},\boldsymbol{s}))^{\mathrm{T}}(\boldsymbol{E}^{(\mathrm{m})})^{-1}\boldsymbol{F}^{(\mathrm{s})}(\boldsymbol{u},\boldsymbol{s})((\boldsymbol{E}^{(\mathrm{s})})^{-1}+\\&\quad(\boldsymbol{F}^{(\mathrm{s})}(\boldsymbol{u},\boldsymbol{s}))^{\mathrm{T}}(\boldsymbol{E}^{(\mathrm{m})})^{-1/2}(\boldsymbol{I}_L-(\boldsymbol{E}^{(\mathrm{m})})^{-1/2}\boldsymbol{F}^{(\mathrm{u})}(\boldsymbol{u},\boldsymbol{s})\mathbf{CRB}_{\mathrm{p}}(\boldsymbol{u})\times\\&\quad(\boldsymbol{F}^{(\mathrm{u})}(\boldsymbol{u},\boldsymbol{s}))^{\mathrm{T}}(\boldsymbol{E}^{(\mathrm{m})})^{-1/2})(\boldsymbol{E}^{(\mathrm{m})})^{-1/2}\boldsymbol{F}^{(\mathrm{s})}(\boldsymbol{u},\boldsymbol{s}))^{-1}\times\\&\quad(\boldsymbol{F}^{(\mathrm{s})}(\boldsymbol{u},\boldsymbol{s}))^{\mathrm{T}}(\boldsymbol{E}^{(\mathrm{m})})^{-1}\boldsymbol{F}^{(\mathrm{u})}(\boldsymbol{u},\boldsymbol{s})\mathbf{CRB}_{\mathrm{p}}(\boldsymbol{u})\end{aligned} \tag{3.16}$$

根据式（2.24）可得

$$\begin{aligned}\boldsymbol{\Pi}^{\perp}[(\boldsymbol{E}^{(\mathrm{m})})^{-1/2}\boldsymbol{F}^{(\mathrm{u})}(\boldsymbol{u},\boldsymbol{s})]&=\boldsymbol{I}_L-(\boldsymbol{E}^{(\mathrm{m})})^{-1/2}\boldsymbol{F}^{(\mathrm{u})}(\boldsymbol{u},\boldsymbol{s})((\boldsymbol{F}^{(\mathrm{u})}(\boldsymbol{u},\boldsymbol{s}))^{\mathrm{T}}(\boldsymbol{E}^{(\mathrm{m})})^{-1}\boldsymbol{F}^{(\mathrm{u})}(\boldsymbol{u},\boldsymbol{s}))^{-1}\times\\&\quad(\boldsymbol{F}^{(\mathrm{u})}(\boldsymbol{u},\boldsymbol{s}))^{\mathrm{T}}(\boldsymbol{E}^{(\mathrm{m})})^{-1/2}\\&=\boldsymbol{I}_L-(\boldsymbol{E}^{(\mathrm{m})})^{-1/2}\boldsymbol{F}^{(\mathrm{u})}(\boldsymbol{u},\boldsymbol{s})\mathbf{CRB}_{\mathrm{p}}(\boldsymbol{u})(\boldsymbol{F}^{(\mathrm{u})}(\boldsymbol{u},\boldsymbol{s}))^{\mathrm{T}}(\boldsymbol{E}^{(\mathrm{m})})^{-1/2}\end{aligned} \tag{3.17}$$

将式（3.17）代入式（3.16）中可知式（3.14）成立。

证毕。

【命题 3.4】基于观测模型，即式（3.8），辐射源位置向量 $\boldsymbol{u}$ 的估计均方误差的 CRB 矩阵还可以表示为

$$\mathbf{CRB}_{\mathrm{q}}(\boldsymbol{u})=((\boldsymbol{F}^{(\mathrm{u})}(\boldsymbol{u},\boldsymbol{s}))^{\mathrm{T}}(\boldsymbol{E}^{(\mathrm{m})}+\boldsymbol{F}^{(\mathrm{s})}(\boldsymbol{u},\boldsymbol{s})\boldsymbol{E}^{(\mathrm{s})}(\boldsymbol{F}^{(\mathrm{s})}(\boldsymbol{u},\boldsymbol{s}))^{\mathrm{T}})^{-1}\boldsymbol{F}^{(\mathrm{u})}(\boldsymbol{u},\boldsymbol{s}))^{-1} \tag{3.18}$$

【证明】首先，结合式（2.7）和式（3.9）可知

$$\begin{aligned}&\mathbf{CRB}_{\mathrm{q}}(\boldsymbol{u})\\&=\begin{pmatrix}(\boldsymbol{F}^{(\mathrm{u})}(\boldsymbol{u},\boldsymbol{s}))^{\mathrm{T}}(\boldsymbol{E}^{(\mathrm{m})})^{-1}\boldsymbol{F}^{(\mathrm{u})}(\boldsymbol{u},\boldsymbol{s})-(\boldsymbol{F}^{(\mathrm{u})}(\boldsymbol{u},\boldsymbol{s}))^{\mathrm{T}}(\boldsymbol{E}^{(\mathrm{m})})^{-1}\boldsymbol{F}^{(\mathrm{s})}(\boldsymbol{u},\boldsymbol{s})((\boldsymbol{E}^{(\mathrm{s})})^{-1}+\\(\boldsymbol{F}^{(\mathrm{s})}(\boldsymbol{u},\boldsymbol{s}))^{\mathrm{T}}(\boldsymbol{E}^{(\mathrm{m})})^{-1}\boldsymbol{F}^{(\mathrm{s})}(\boldsymbol{u},\boldsymbol{s}))^{-1}(\boldsymbol{F}^{(\mathrm{s})}(\boldsymbol{u},\boldsymbol{s}))^{\mathrm{T}}(\boldsymbol{E}^{(\mathrm{m})})^{-1}\boldsymbol{F}^{(\mathrm{u})}(\boldsymbol{u},\boldsymbol{s})\end{pmatrix}^{-1}\\&=\left((\boldsymbol{F}^{(\mathrm{u})}(\boldsymbol{u},\boldsymbol{s}))^{\mathrm{T}}\begin{pmatrix}(\boldsymbol{E}^{(\mathrm{m})})^{-1}-(\boldsymbol{E}^{(\mathrm{m})})^{-1}\boldsymbol{F}^{(\mathrm{s})}(\boldsymbol{u},\boldsymbol{s})((\boldsymbol{E}^{(\mathrm{s})})^{-1}+\\(\boldsymbol{F}^{(\mathrm{s})}(\boldsymbol{u},\boldsymbol{s}))^{\mathrm{T}}(\boldsymbol{E}^{(\mathrm{m})})^{-1}\boldsymbol{F}^{(\mathrm{s})}(\boldsymbol{u},\boldsymbol{s}))^{-1}(\boldsymbol{F}^{(\mathrm{s})}(\boldsymbol{u},\boldsymbol{s}))^{\mathrm{T}}(\boldsymbol{E}^{(\mathrm{m})})^{-1}\end{pmatrix}\boldsymbol{F}^{(\mathrm{u})}(\boldsymbol{u},\boldsymbol{s})\right)^{-1}\end{aligned}\tag{3.19}$$

然后，由式（2.5）可知

$$\begin{aligned}&(\boldsymbol{E}^{(\mathrm{m})}+\boldsymbol{F}^{(\mathrm{s})}(\boldsymbol{u},\boldsymbol{s})\boldsymbol{E}^{(\mathrm{s})}(\boldsymbol{F}^{(\mathrm{s})}(\boldsymbol{u},\boldsymbol{s}))^{\mathrm{T}})^{-1}\\&=(\boldsymbol{E}^{(\mathrm{m})})^{-1}-(\boldsymbol{E}^{(\mathrm{m})})^{-1}\boldsymbol{F}^{(\mathrm{s})}(\boldsymbol{u},\boldsymbol{s})((\boldsymbol{E}^{(\mathrm{s})})^{-1}+\\&\quad(\boldsymbol{F}^{(\mathrm{s})}(\boldsymbol{u},\boldsymbol{s}))^{\mathrm{T}}(\boldsymbol{E}^{(\mathrm{m})})^{-1}\boldsymbol{F}^{(\mathrm{s})}(\boldsymbol{u},\boldsymbol{s}))^{-1}(\boldsymbol{F}^{(\mathrm{s})}(\boldsymbol{u},\boldsymbol{s}))^{\mathrm{T}}(\boldsymbol{E}^{(\mathrm{m})})^{-1}\end{aligned}\tag{3.20}$$

将式（3.20）代入式（3.19）中可知式（3.18）成立。

证毕。

【命题 3.5】基于观测模型，即式（3.8），传感器位置向量 $\boldsymbol{s}$ 的估计均方误差的 CRB 矩阵可以表示为

$$\begin{aligned}\mathbf{CRB}_{\mathrm{q}}(\boldsymbol{s})=&((\boldsymbol{E}^{(\mathrm{s})})^{-1}+(\boldsymbol{F}^{(\mathrm{s})}(\boldsymbol{u},\boldsymbol{s}))^{\mathrm{T}}(\boldsymbol{E}^{(\mathrm{m})})^{-1/2}\times\\&\boldsymbol{\Pi}^{\perp}[(\boldsymbol{E}^{(\mathrm{m})})^{-1/2}\boldsymbol{F}^{(\mathrm{u})}(\boldsymbol{u},\boldsymbol{s})](\boldsymbol{E}^{(\mathrm{m})})^{-1/2}\boldsymbol{F}^{(\mathrm{s})}(\boldsymbol{u},\boldsymbol{s}))^{-1}\end{aligned}\tag{3.21}$$

【证明】首先，结合式（2.7）和式（3.9）可得

$$\begin{aligned}&\mathbf{CRB}_{\mathrm{q}}(\boldsymbol{s})\\&=((\boldsymbol{E}^{(\mathrm{s})})^{-1}+(\boldsymbol{F}^{(\mathrm{s})}(\boldsymbol{u},\boldsymbol{s}))^{\mathrm{T}}(\boldsymbol{E}^{(\mathrm{m})})^{-1}\boldsymbol{F}^{(\mathrm{s})}(\boldsymbol{u},\boldsymbol{s})-(\boldsymbol{F}^{(\mathrm{s})}(\boldsymbol{u},\boldsymbol{s}))^{\mathrm{T}}(\boldsymbol{E}^{(\mathrm{m})})^{-1}\boldsymbol{F}^{(\mathrm{u})}(\boldsymbol{u},\boldsymbol{s})\times\\&\quad\mathbf{CRB}_{\mathrm{p}}(\boldsymbol{u})(\boldsymbol{F}^{(\mathrm{u})}(\boldsymbol{u},\boldsymbol{s}))^{\mathrm{T}}(\boldsymbol{E}^{(\mathrm{m})})^{-1}\boldsymbol{F}^{(\mathrm{s})}(\boldsymbol{u},\boldsymbol{s}))^{-1}\\&=((\boldsymbol{E}^{(\mathrm{s})})^{-1}+(\boldsymbol{F}^{(\mathrm{s})}(\boldsymbol{u},\boldsymbol{s}))^{\mathrm{T}}(\boldsymbol{E}^{(\mathrm{m})})^{-1/2}(\boldsymbol{I}_L-(\boldsymbol{E}^{(\mathrm{m})})^{-1/2}\boldsymbol{F}^{(\mathrm{u})}(\boldsymbol{u},\boldsymbol{s})\times\\&\quad\mathbf{CRB}_{\mathrm{p}}(\boldsymbol{u})(\boldsymbol{F}^{(\mathrm{u})}(\boldsymbol{u},\boldsymbol{s}))^{\mathrm{T}}(\boldsymbol{E}^{(\mathrm{m})})^{-1/2})(\boldsymbol{E}^{(\mathrm{m})})^{-1/2}\boldsymbol{F}^{(\mathrm{s})}(\boldsymbol{u},\boldsymbol{s}))^{-1}\end{aligned}\tag{3.22}$$

然后，将式（3.17）代入式（3.22）中可知式（3.21）成立。

证毕。

【注记 3.3】对比式（3.2）和式（3.18）可知，传感器位置观测误差 $\boldsymbol{\varepsilon}^{(\mathrm{s})}$ 的影响可以等效为增大了辐射源观测量 $\hat{\boldsymbol{z}}$ 中的观测误差，并且是将观测误差的协方差矩阵由原先的 $\boldsymbol{E}^{(\mathrm{m})}$ 增加至 $\boldsymbol{E}^{(\mathrm{m})}+\boldsymbol{F}^{(\mathrm{s})}(\boldsymbol{u},\boldsymbol{s})\boldsymbol{E}^{(\mathrm{s})}(\boldsymbol{F}^{(\mathrm{s})}(\boldsymbol{u},\boldsymbol{s}))^{\mathrm{T}}$，由此可以得到关系式 $\mathbf{CRB}_{\mathrm{p}}(\boldsymbol{u})\leqslant\mathbf{CRB}_{\mathrm{q}}(\boldsymbol{u})$。此外，该关系式也可以直接由式（3.14）推得。

【注记 3.4】由式（3.21）可知 $\mathbf{CRB}_{\mathrm{q}}(\boldsymbol{s})\leqslant\boldsymbol{E}^{(\mathrm{s})}$，意味着利用辐射源观测量可以提高对传感器位置向量 $\boldsymbol{s}$ 的估计精度（相比于先验观测精度而言）。

3.2　定位成功概率

本节将给出定位成功概率的定义及其理论计算公式。假设辐射源位置向量 $\boldsymbol{u}$ 的某个无偏估计值为 $\hat{\boldsymbol{u}}_{\mathrm{o}}$，均方误差矩阵为 $\mathbf{MSE}(\hat{\boldsymbol{u}}_{\mathrm{o}})$，于是有

$$\begin{cases}E[\hat{\boldsymbol{u}}_{\mathrm{o}}]=\boldsymbol{u}\\ \mathbf{MSE}(\hat{\boldsymbol{u}}_{\mathrm{o}})=E[(\hat{\boldsymbol{u}}_{\mathrm{o}}-\boldsymbol{u})(\hat{\boldsymbol{u}}_{\mathrm{o}}-\boldsymbol{u})^{\mathrm{T}}]=E[\Delta\boldsymbol{u}_{\mathrm{o}}(\Delta\boldsymbol{u}_{\mathrm{o}})^{\mathrm{T}}]\end{cases}\tag{3.23}$$

式中，$\Delta\boldsymbol{u}_{\mathrm{o}}=\hat{\boldsymbol{u}}_{\mathrm{o}}-\boldsymbol{u}$，表示定位误差向量，假设其服从高斯分布，均值为零，协方差矩阵为 $\mathbf{MSE}(\hat{\boldsymbol{u}}_{\mathrm{o}})$，则误差向量 $\Delta\boldsymbol{u}_{\mathrm{o}}$ 的概率密度函数为

$$p_{\Delta\boldsymbol{u}_{\mathrm{o}}}(\boldsymbol{\xi})=\frac{1}{(2\pi)^{n/2}(\det(\mathbf{MSE}(\hat{\boldsymbol{u}}_{\mathrm{o}})))^{1/2}}\exp\left\{-\frac{1}{2}\boldsymbol{\xi}^{\mathrm{T}}(\mathbf{MSE}(\hat{\boldsymbol{u}}_{\mathrm{o}}))^{-1}\boldsymbol{\xi}\right\}\tag{3.24}$$

式中，n 表示位置向量 $\boldsymbol{u}$ 的长度，在二维平面中 $n=2$；在三维空间中 $n=3$。

下面引出两类定位成功概率的定义，并且分别推导它们的理论计算公式。

【定义 3.1】若定位误差满足 $\max\limits_{1\leqslant k\leqslant n}\{|<\Delta\boldsymbol{u}_{\mathrm{o}}>_k|\}\leqslant\delta$，则认为是第 1 类定位成功概率。

利用向量 $\Delta\boldsymbol{u}_{\mathrm{o}}$ 的概率密度函数可知，第 1 类定位成功概率的计算公式应为

$$\begin{aligned}\Pr\{\max_{1\leqslant k\leqslant n}\{|<\Delta\boldsymbol{u}_{\mathrm{o}}>_k|\}\leqslant\delta\}=&\int_{-\delta}^{\delta}\int_{-\delta}^{\delta}\cdots\int_{-\delta}^{\delta}\frac{1}{(2\pi)^{n/2}(\det(\mathbf{MSE}(\hat{\boldsymbol{u}}_{\mathrm{o}})))^{1/2}}\times\\&\exp\left\{-\frac{1}{2}\boldsymbol{\xi}^{\mathrm{T}}(\mathbf{MSE}(\hat{\boldsymbol{u}}_{\mathrm{o}}))^{-1}\boldsymbol{\xi}\right\}\mathrm{d}\xi_1\mathrm{d}\xi_2\cdots\mathrm{d}\xi_n\end{aligned}\tag{3.25}$$

显然，式（3.25）是正方体上的n重积分，可以利用数值运算技术得到数值解。

【定义 3.2】 若定位误差满足$\sqrt{\frac{1}{n}\sum_{k=1}^{n}(<\Delta \boldsymbol{u}_{\mathrm{o}}>_k)^2} \leqslant \delta$，则认为是第 2 类定位成功概率。

第 2 类定位成功的条件等价于$\|\Delta \boldsymbol{u}_{\mathrm{o}}\|_2^2 \leqslant n\delta^2$，因此，第 2 类定位成功概率可以表示为$\Pr\{\|\Delta \boldsymbol{u}_{\mathrm{o}}\|_2^2 \leqslant n\delta^2\}$。根据参考文献[54]中的结论可以得到如下关系式，即

$$\Pr\{\|\Delta \boldsymbol{u}_{\mathrm{o}}\|_2^2 \leqslant n\delta^2\} = \frac{1}{2} - \frac{1}{\pi}\int_0^{+\infty}\frac{1}{t}\mathrm{Im}\{\exp\{-\mathrm{j}n\delta^2 t\}\phi_{\|\Delta \boldsymbol{u}_{\mathrm{o}}\|_2^2}(t)\}\mathrm{d}t \tag{3.26}$$

式中，j表示虚数单位，满足$\mathrm{j}^2 = -1$；$\phi_{\|\Delta \boldsymbol{u}_{\mathrm{o}}\|_2^2}(t)$表示随机变量$\|\Delta \boldsymbol{u}_{\mathrm{o}}\|_2^2$的特征函数（有$\phi_{\|\Delta \boldsymbol{u}_{\mathrm{o}}\|_2^2}(t) = E[\exp\{\mathrm{j}t\|\Delta \boldsymbol{u}_{\mathrm{o}}\|_2^2\}]$）。下面推导特征函数$\phi_{\|\Delta \boldsymbol{u}_{\mathrm{o}}\|_2^2}(t)$的表达式，具体可见如下命题。

【命题 3.6】 若均方误差矩阵$\mathbf{MSE}(\hat{\boldsymbol{u}}_{\mathrm{o}})$的$n$个特征值为$\gamma_1, \gamma_2, \cdots, \gamma_n$，则随机变量$\|\Delta \boldsymbol{u}_{\mathrm{o}}\|_2^2$的特征函数可以表示为

$$\phi_{\|\Delta \boldsymbol{u}_{\mathrm{o}}\|_2^2}(t) = \prod_{k=1}^{n}\frac{1}{(1+4\gamma_k^2 t^2)^{1/4}}\exp\left\{\mathrm{j}\frac{1}{2}\arctan(2\gamma_k t)\right\} \tag{3.27}$$

【证明】 令随机向量$\boldsymbol{e}$服从均值为零、协方差矩阵为$\boldsymbol{I}_n$的高斯分布，则有

$$\Delta \boldsymbol{u}_{\mathrm{o}} \overset{\mathrm{d}}{=} (\mathbf{MSE}(\hat{\boldsymbol{u}}_{\mathrm{o}}))^{1/2}\boldsymbol{e} \Rightarrow \|\Delta \boldsymbol{u}_{\mathrm{o}}\|_2^2 = (\Delta \boldsymbol{u}_{\mathrm{o}})^{\mathrm{T}}\Delta \boldsymbol{u}_{\mathrm{o}} \overset{\mathrm{d}}{=} \boldsymbol{e}^{\mathrm{T}}\mathbf{MSE}(\hat{\boldsymbol{u}}_{\mathrm{o}})\boldsymbol{e} \tag{3.28}$$

式中，“$\overset{\mathrm{d}}{=}$”表示等号两边的随机变量服从相同的概率分布。将对称矩阵$\mathbf{MSE}(\hat{\boldsymbol{u}}_{\mathrm{o}})$进行特征值分解可得

$$\mathbf{MSE}(\hat{\boldsymbol{u}}_{\mathrm{o}}) = \sum_{k=1}^{n}\gamma_k \boldsymbol{\alpha}_k \boldsymbol{\alpha}_k^{\mathrm{T}} \tag{3.29}$$

式中，$\boldsymbol{\alpha}_1, \boldsymbol{\alpha}_2, \cdots, \boldsymbol{\alpha}_n$表示对应于特征值$\gamma_1, \gamma_2, \cdots, \gamma_n$的单位特征向量。将

式（3.29）代入式（3.28）可知

$$\|\Delta \boldsymbol{u}_{\mathrm{o}}\|_2^2 \overset{\mathrm{d}}{=} \sum_{k=1}^{n} \gamma_k \boldsymbol{e}^{\mathrm{T}} \boldsymbol{\alpha}_k \boldsymbol{\alpha}_k^{\mathrm{T}} \boldsymbol{e} = \sum_{k=1}^{n} \gamma_k (\boldsymbol{e}^{\mathrm{T}} \boldsymbol{\alpha}_k)^2 = \sum_{k=1}^{n} \gamma_k \kappa_k \tag{3.30}$$

式中，$\kappa_k = (\boldsymbol{e}^{\mathrm{T}} \boldsymbol{\alpha}_k)^2 \ (1 \leqslant k \leqslant n)$。不难验证，$\boldsymbol{e}^{\mathrm{T}} \boldsymbol{\alpha}_k$ 是服从均值为零、方差为 1 的高斯随机变量，因此，随机变量 κ_k 的特征函数应为 $\phi_{\kappa_k}(t) = (1-2\mathrm{j}t)^{-1/2}$。利用特征函数的定义可以推得，随机变量 $\gamma_k \kappa_k$ 的特征函数为 $\phi_{\gamma_k \kappa_k}(t) = (1-2\mathrm{j}\gamma_k t)^{-1/2}$。由对称矩阵特征向量之间的正交性可知，$\boldsymbol{e}^{\mathrm{T}} \boldsymbol{\alpha}_{k_1}$ 与 $\boldsymbol{e}^{\mathrm{T}} \boldsymbol{\alpha}_{k_2}$（$k_1 \neq k_2$）互相统计独立，所以，$\gamma_{k_1} \kappa_{k_1}$ 与 $\gamma_{k_2} \kappa_{k_2}$（$k_1 \neq k_2$）也互相统计独立，于是有

$$\begin{aligned}\phi_{\|\Delta \boldsymbol{u}_{\mathrm{o}}\|_2^2}(t) &= \prod_{k=1}^{n} \phi_{\gamma_k \kappa_k}(t) = \prod_{k=1}^{n} (1-2\mathrm{j}\gamma_k t)^{-1/2} = \prod_{k=1}^{n} \frac{1}{(1-2\mathrm{j}\gamma_k t)^{1/2}} = \prod_{k=1}^{n} \frac{(1+2\mathrm{j}\gamma_k t)^{1/2}}{(1+4\gamma_k^2 t^2)^{1/2}} \\ &= \prod_{k=1}^{n} \frac{1}{(1+4\gamma_k^2 t^2)^{1/4}} \exp\left\{\mathrm{j}\frac{1}{2}\arctan(2\gamma_k t)\right\}\end{aligned} \tag{3.31}$$

证毕。

将式（3.27）代入式（3.26）可得

$$\Pr\{\|\Delta \boldsymbol{u}_{\mathrm{o}}\|_2^2 \leqslant n\delta^2\} = \frac{1}{2} - \frac{1}{\pi} \int_0^{+\infty} \frac{1}{t} \frac{\sin(h_1(t))}{h_2(t)} \mathrm{d}t \tag{3.32}$$

式中，

$$\begin{cases} h_1(t) = \dfrac{1}{2} \displaystyle\sum_{k=1}^{n} \arctan(2\gamma_k t) - n\delta^2 t \\ h_2(t) = \displaystyle\prod_{k=1}^{n} (1+4\gamma_k^2 t^2)^{1/4} \end{cases} \tag{3.33}$$

由式（3.32）可知，第 2 类定位成功概率可以通过一维数值积分获得，积分区间为 $[0, +\infty)$，因此，需要分析被积分函数 $\dfrac{1}{t}\dfrac{\sin(h_1(t))}{h_2(t)}$ 在 $t \to 0$ 和 $t \to +\infty$ 时

的数值。根据洛必达法则可得

$$\lim_{t\to 0}\frac{1}{t}\frac{\sin(h_1(t))}{h_2(t)}=\lim_{t\to 0}\frac{\cos(h_1(t))\dot{h}_1(t)}{h_2(t)+t\dot{h}_2(t)}=\dot{h}_1(0)=\sum_{k=1}^{n}\gamma_k-n\delta^2 \tag{3.34}$$

并且不难验证

$$\lim_{t\to +\infty}\frac{1}{t}\frac{\sin(h_1(t))}{h_2(t)}=0 \tag{3.35}$$

由于当$t\to +\infty$时被积分函数趋于零，因此式（3.32）中的积分上限可以选取一个充分大的正数来逼近。

传感阵列和辐射源空间位置分布示意图如图 3.1 所示，其中描绘了一个基于 AOA 观测量的 5 站定位场景。每个观测站安装一个传感阵列。假设 AOA 观测误差服从均值为零、协方差矩阵为$\sigma^2\boldsymbol{I}_5$的高斯分布。下面将 CRB 矩阵作为定位均方误差矩阵，并基于此绘制出定位成功概率曲线：首先，将参数δ设为 0.05km，图 3.2 给出了定位成功概率随着标准差σ的变化曲线；然后，将标准差σ设为 1°，图 3.3 给出了定位成功概率随着参数δ的变化曲线。

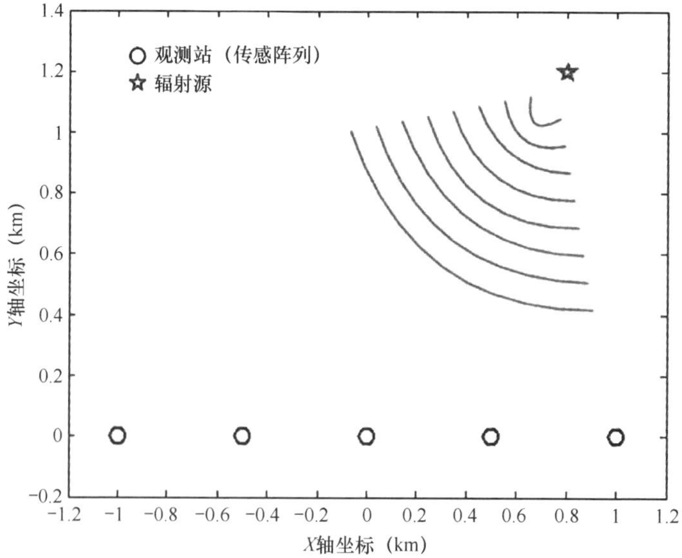

图 3.1　传感阵列和辐射源空间位置分布示意图

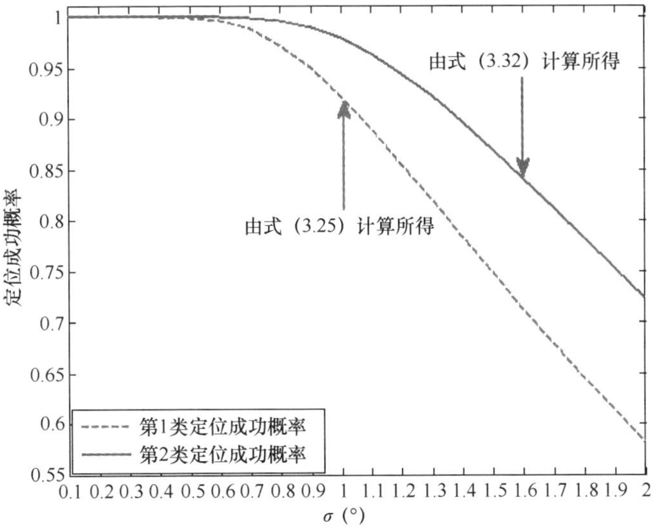

图 3.2　定位成功概率随着标准差 σ 的变化曲线

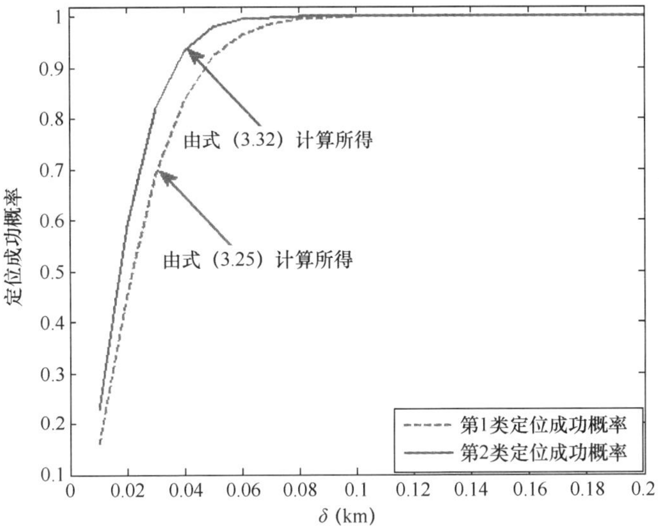

图 3.3　定位成功概率随着参数 δ 的变化曲线

由图 3.2 可知，两类定位成功概率均随着标准差 σ 的增加而降低，并且第 1 类定位成功概率总是小于第 2 类定位成功概率。这是因为第 1 类定位成功概率是在正方体内进行积分的，而第 2 类定位成功概率是在该正方体的外接球内进行积分的。显然，第 2 类积分区域要大于第 1 类积分区域。

由图 3.3 可知，两类定位成功概率均随着参数 δ 的增加而增加。事实上，当 $\delta \to +\infty$ 时，无论采用何种定位方法，两类定位成功概率都将趋于 1；当 $\delta \to 0$ 时，无论采用何种定位方法，两类定位成功概率都将趋于 0。因此，应该根据具体的定位场景和需求来设置参数 δ 的数值。

3.3 定位误差椭圆

本节将介绍定位误差椭圆的基本概念。假设辐射源位置向量 $\boldsymbol{u}$ 的某个无偏估计值为 $\hat{\boldsymbol{u}}_{\text{o}}$，服从高斯分布，均方误差矩阵为 $\mathbf{MSE}(\hat{\boldsymbol{u}}_{\text{o}})$，则估计向量 $\hat{\boldsymbol{u}}_{\text{o}}$ 的概率密度函数为

$$p_{\hat{\boldsymbol{u}}_{\text{o}}}(\xi) = \frac{1}{(2\pi)^{n/2}(\det(\mathbf{MSE}(\hat{\boldsymbol{u}}_{\text{o}})))^{1/2}} \exp\left\{-\frac{1}{2}(\xi - \boldsymbol{u})^{\text{T}}(\mathbf{MSE}(\hat{\boldsymbol{u}}_{\text{o}}))^{-1}(\xi - \boldsymbol{u})\right\} \tag{3.36}$$

该概率密度函数的等值曲线可以表示为

$$(\xi - \boldsymbol{u})^{\text{T}}(\mathbf{MSE}(\hat{\boldsymbol{u}}_{\text{o}}))^{-1}(\xi - \boldsymbol{u}) = C \tag{3.37}$$

式中，C 表示任意正常数，可以决定等值曲线表面所包围的 n 维区域大小：当 $n = 2$ 时，表面为椭圆；当 $n = 3$ 时，表面为椭圆体；当 $n > 3$ 时，表面为超椭圆体。需要指出的是，若 $\mathbf{MSE}(\hat{\boldsymbol{u}}_{\text{o}})$ 不为对角矩阵，则超椭圆体的主轴不与坐标轴平行。

估计向量 $\hat{\boldsymbol{u}}_{\text{o}}$ 位于由式（3.37）定义的超椭圆体内部的概率为

$$P_C = \iint_{\boldsymbol{\Omega}}\cdots\int p_{\hat{\boldsymbol{u}}_{\text{o}}}(\xi)\mathrm{d}\xi_1\mathrm{d}\xi_2\cdots\mathrm{d}\xi_n \tag{3.38}$$

式中，积分区域 $\boldsymbol{\Omega}$ 为

$$\boldsymbol{\Omega} = \{\xi \mid (\xi - \boldsymbol{u})^{\text{T}}(\mathbf{MSE}(\hat{\boldsymbol{u}}_{\text{o}}))^{-1}(\xi - \boldsymbol{u}) \leqslant C\} \tag{3.39}$$

式（3.38）中的 n 重积分难以直接求解，庆幸的是，该多重积分可以简化为单重积分。

引入变量 $\boldsymbol{\eta}=\boldsymbol{\xi}-\boldsymbol{u}$，此时可以将式（3.38）转化为

$$P_C=\beta\iint_{\boldsymbol{\Omega}_1}\cdots\int\exp\left\{-\frac{1}{2}\boldsymbol{\eta}^{\mathrm{T}}(\mathbf{MSE}(\hat{\boldsymbol{u}}_{\mathrm{o}}))^{-1}\boldsymbol{\eta}\right\}\mathrm{d}\eta_1\mathrm{d}\eta_2\cdots\mathrm{d}\eta_n \tag{3.40}$$

式中，$\beta=\dfrac{1}{(2\pi)^{n/2}(\det(\mathbf{MSE}(\hat{\boldsymbol{u}}_{\mathrm{o}})))^{1/2}}$；积分区域 $\boldsymbol{\Omega}_1$ 为

$$\boldsymbol{\Omega}_1=\{\boldsymbol{\eta}\,|\,\boldsymbol{\eta}^{\mathrm{T}}(\mathbf{MSE}(\hat{\boldsymbol{u}}_{\mathrm{o}}))^{-1}\boldsymbol{\eta}\leqslant C\} \tag{3.41}$$

下面对式（3.40）进行简化，采用的方法是旋转坐标轴，使其与超椭圆体主轴平行。由于 $(\mathbf{MSE}(\hat{\boldsymbol{u}}_{\mathrm{o}}))^{-1}$ 是对称正定矩阵，因此一定存在某个正交矩阵 $\boldsymbol{H}$ 满足

$$\begin{aligned}\boldsymbol{H}^{\mathrm{T}}(\mathbf{MSE}(\hat{\boldsymbol{u}}_{\mathrm{o}}))^{-1}\boldsymbol{H}&=\mathrm{diag}\left[\frac{1}{\gamma_1}\;\frac{1}{\gamma_2}\;\cdots\;\frac{1}{\gamma_n}\right]\\&=\boldsymbol{\Sigma}^{-1}\Leftrightarrow(\mathbf{MSE}(\hat{\boldsymbol{u}}_{\mathrm{o}}))^{-1}=\boldsymbol{H}\boldsymbol{\Sigma}^{-1}\boldsymbol{H}^{\mathrm{T}}\end{aligned} \tag{3.42}$$

式中，$\gamma_1,\gamma_2,\cdots,\gamma_n$ 表示矩阵 $\mathbf{MSE}(\hat{\boldsymbol{u}}_{\mathrm{o}})$ 的 n 个特征值；$1/\gamma_1,1/\gamma_2,\cdots,1/\gamma_n$ 表示矩阵 $(\mathbf{MSE}(\hat{\boldsymbol{u}}_{\mathrm{o}}))^{-1}$ 的 n 个特征值。若令 $\boldsymbol{\mu}=\boldsymbol{H}^{\mathrm{T}}\boldsymbol{\eta}$，则可以将式（3.40）转化为

$$\begin{aligned}P_C&=\beta\iint_{\boldsymbol{\Omega}_2}\cdots\int\exp\left\{-\frac{1}{2}\boldsymbol{\mu}^{\mathrm{T}}\boldsymbol{\Sigma}^{-1}\boldsymbol{\mu}\right\}\mathrm{d}\mu_1\mathrm{d}\mu_2\cdots\mathrm{d}\mu_n\\&=\beta\iint_{\boldsymbol{\Omega}_2}\cdots\int\exp\left\{-\frac{1}{2}\sum_{k=1}^{n}\frac{\mu_k^2}{\gamma_k}\right\}\mathrm{d}\mu_1\mathrm{d}\mu_2\cdots\mathrm{d}\mu_n\end{aligned} \tag{3.43}$$

式中，

$$\boldsymbol{\Omega}_2=\left\{\boldsymbol{\mu}\;\middle|\;\sum_{k=1}^{n}\frac{\mu_k^2}{\gamma_k}\leqslant C\right\} \tag{3.44}$$

若令 $\boldsymbol{\rho}=\boldsymbol{\Sigma}^{-1/2}\boldsymbol{\mu}$，则可以将式（3.43）进一步简化为

$$\begin{aligned}P_C &= \beta(\det(\boldsymbol{\Sigma}))^{1/2}\iint_{\boldsymbol{\Omega}_3}\cdots\int\exp\left\{-\frac{1}{2}\sum_{k=1}^{n}\rho_k^2\right\}\mathrm{d}\rho_1\mathrm{d}\rho_2\cdots\mathrm{d}\rho_n \\ &= \frac{1}{(2\pi)^{n/2}}\iint_{\boldsymbol{\Omega}_3}\cdots\int\exp\left\{-\frac{1}{2}\sum_{k=1}^{n}\rho_k^2\right\}\mathrm{d}\rho_1\mathrm{d}\rho_2\cdots\mathrm{d}\rho_n\end{aligned} \tag{3.45}$$

式中，

$$\boldsymbol{\Omega}_3 = \left\{\boldsymbol{\rho}\ \middle|\ \sum_{k=1}^{n}\rho_k^2 \leqslant C\right\} \tag{3.46}$$

式（3.45）中的第 2 个等号利用了等式 $\det(\mathbf{MSE}(\hat{\boldsymbol{u}}_{\mathrm{o}})) = \det(\boldsymbol{\Sigma})$。对于半径为 r 的超球体而言，即 $\boldsymbol{S}_n = \left\{\boldsymbol{\rho}\ \middle|\ \sqrt{\sum_{k=1}^{n}\rho_k^2} \leqslant r\right\}$，其体积为[55]

$$V_n(r) = \frac{\pi^{n/2}r^n}{\Gamma(n/2+1)} \tag{3.47}$$

式中，$\Gamma(\cdot)$ 为伽马函数。由式（3.47）可知，超球体的体积微分与半径微分之间满足

$$\mathrm{d}V_n(r) = \frac{n\pi^{n/2}r^{n-1}}{\Gamma(n/2+1)}\mathrm{d}r \tag{3.48}$$

因此，可将式（3.45）最终简化为

$$P_C = \frac{n}{2^{n/2}\Gamma(n/2+1)}\int_0^{\sqrt{C}} r^{n-1}\exp\left\{-\frac{1}{2}r^2\right\}\mathrm{d}r \tag{3.49}$$

不难证明，当 $n=1,2,3$ 时，式（3.49）可以分别表示为如下形式，即

$$\begin{cases} P_C = \mathrm{erf}\left(\sqrt{\dfrac{1}{2}C}\right) & (n=1) \\ P_C = 1-\exp\left\{-\dfrac{1}{2}C\right\} & (n=2) \\ P_C = \mathrm{erf}\left(\sqrt{\dfrac{1}{2}C}\right)-\sqrt{\dfrac{2C}{\pi}}\exp\left\{-\dfrac{1}{2}C\right\} & (n=3) \end{cases} \tag{3.50}$$

式中，$\mathrm{erf}(\cdot)$ 表示误差函数，表达式为 $\mathrm{erf}(x)=\frac{2}{\sqrt{\pi}}\int_0^x \exp\{-t^2\}\mathrm{d}t$ 。

图 3.4 给出了概率 P_C 随着参数 C 的变化曲线。由图 3.4 可知，概率 P_C 随着参数 C 的增大而单调递增，并趋于 1。

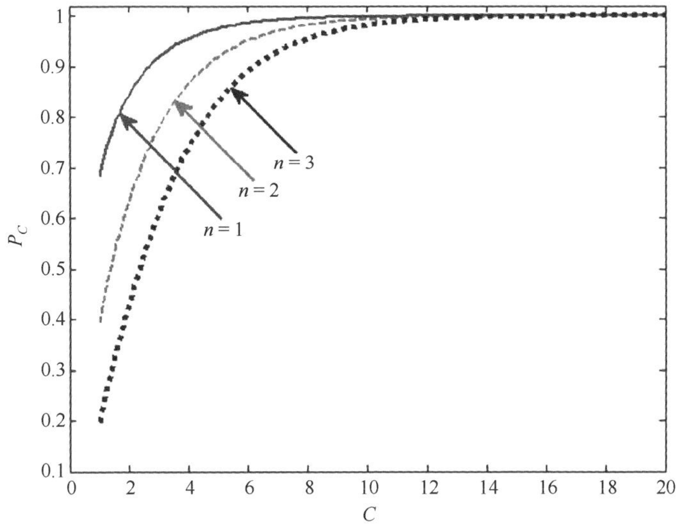

图 3.4　概率 P_C 随着参数 C 的变化曲线

定位误差椭圆面积反映了定位精度的高低。下面将参数 C 固定为 C_0，将概率 P_C 固定为 P_{C_0}，并以 $n=2$ 为例推导定位误差椭圆 $\boldsymbol{T}=\{\boldsymbol{\eta}\,|\,\boldsymbol{\eta}^{\mathrm{T}}(\mathbf{MSE}(\hat{\boldsymbol{u}}_{\mathrm{o}}))^{-1}\boldsymbol{\eta}\leqslant C_0\}$ 的面积。对于固定的概率 P_{C_0} 而言，定位误差椭圆面积越小，定位精度越高。

将 2×2 阶均方误差矩阵 $\mathbf{MSE}(\hat{\boldsymbol{u}}_{\mathrm{o}})$ 表示为

$$\mathbf{MSE}(\hat{\boldsymbol{u}}_{\mathrm{o}})=\begin{bmatrix}\sigma_1^2 & \sigma_{12}\\ \sigma_{12} & \sigma_2^2\end{bmatrix}\Leftrightarrow(\mathbf{MSE}(\hat{\boldsymbol{u}}_{\mathrm{o}}))^{-1}=\frac{1}{\sigma_1^2\sigma_2^2-\sigma_{12}^2}\begin{bmatrix}\sigma_2^2 & -\sigma_{12}\\ -\sigma_{12} & \sigma_1^2\end{bmatrix} \tag{3.51}$$

为了推导椭圆 $\boldsymbol{T}$ 的面积，需要进行坐标轴旋转，以使得坐标轴方向与椭圆主轴方向一致。针对二维坐标系，旋转矩阵可以定义为

$$\boldsymbol{H}=\begin{bmatrix}\cos(\theta) & -\sin(\theta)\\ \sin(\theta) & \cos(\theta)\end{bmatrix} \tag{3.52}$$

式中，旋转角度θ的选取应使得$\boldsymbol{H}^{\mathrm{T}}(\mathbf{MSE}(\hat{\boldsymbol{u}}_{\mathrm{o}}))^{-1}\boldsymbol{H}$为对角矩阵。结合式（3.51）和式（3.52）可得

$$\boldsymbol{H}^{\mathrm{T}}(\mathbf{MSE}(\hat{\boldsymbol{u}}_{\mathrm{o}}))^{-1}\boldsymbol{H}=\frac{1}{\sigma_1^2\sigma_2^2-\sigma_{12}^2}\begin{bmatrix}\cos(\theta) & \sin(\theta)\\ -\sin(\theta) & \cos(\theta)\end{bmatrix}\begin{bmatrix}\sigma_2^2 & -\sigma_{12}\\ -\sigma_{12} & \sigma_1^2\end{bmatrix}\begin{bmatrix}\cos(\theta) & -\sin(\theta)\\ \sin(\theta) & \cos(\theta)\end{bmatrix}$$
$$=\frac{1}{\sigma_1^2\sigma_2^2-\sigma_{12}^2}\left[\begin{array}{c:c}(\sigma_1\sin(\theta))^2+(\sigma_2\cos(\theta))^2- & \frac{1}{2}(\sigma_1^2-\sigma_2^2)\sin(2\theta)-\sigma_{12}\cos(2\theta)\\ \sigma_{12}\sin(2\theta) & \\ \hdashline \frac{1}{2}(\sigma_1^2-\sigma_2^2)\sin(2\theta)- & (\sigma_1\cos(\theta))^2+(\sigma_2\sin(\theta))^2+\sigma_{12}\sin(2\theta)\\ \sigma_{12}\cos(2\theta) & \end{array}\right] \tag{3.53}$$

为了使$\boldsymbol{H}^{\mathrm{T}}(\mathbf{MSE}(\hat{\boldsymbol{u}}_{\mathrm{o}}))^{-1}\boldsymbol{H}$为对角矩阵，需要满足

$$\frac{1}{2}(\sigma_1^2-\sigma_2^2)\sin(2\theta)-\sigma_{12}\cos(2\theta)=0\Rightarrow\theta=\frac{1}{2}\arctan\left(\frac{2\sigma_{12}}{\sigma_1^2-\sigma_2^2}\right) \tag{3.54}$$

当θ满足式（3.54）时，矩阵$\boldsymbol{H}^{\mathrm{T}}(\mathbf{MSE}(\hat{\boldsymbol{u}}_{\mathrm{o}}))^{-1}\boldsymbol{H}$可以简化为

$$\boldsymbol{H}^{\mathrm{T}}(\mathbf{MSE}(\hat{\boldsymbol{u}}_{\mathrm{o}}))^{-1}\boldsymbol{H}=\begin{cases}\mathrm{diag}\begin{bmatrix}\frac{1}{\gamma_1} & \frac{1}{\gamma_2}\end{bmatrix} & (\sigma_1^2\geqslant\sigma_2^2)\\ \mathrm{diag}\begin{bmatrix}\frac{1}{\gamma_2} & \frac{1}{\gamma_1}\end{bmatrix} & (\sigma_2^2\geqslant\sigma_1^2)\end{cases} \tag{3.55}$$

式中，γ_1和γ_2表示矩阵$\mathbf{MSE}(\hat{\boldsymbol{u}}_{\mathrm{o}})$的两个特征值，满足$\gamma_1\geqslant\gamma_2$，表达式分别为

$$\begin{cases}\gamma_1=\dfrac{(\sigma_1^2+\sigma_2^2)+\sqrt{(\sigma_1^2-\sigma_2^2)^2+4\sigma_{12}^2}}{2}\\ \gamma_2=\dfrac{(\sigma_1^2+\sigma_2^2)-\sqrt{(\sigma_1^2-\sigma_2^2)^2+4\sigma_{12}^2}}{2}\end{cases} \tag{3.56}$$

若令$\boldsymbol{\mu}=\boldsymbol{H}^{\mathrm{T}}\boldsymbol{\eta}$，则在旧坐标系中由$\boldsymbol{\eta}^{\mathrm{T}}(\mathbf{MSE}(\hat{\boldsymbol{u}}_{\mathrm{o}}))^{-1}\boldsymbol{\eta}=C_0$定义的椭圆在新坐标系中将由$\mu_1^2/\gamma_1+\mu_2^2/\gamma_2=C_0$或$\mu_1^2/\gamma_2+\mu_2^2/\gamma_1=C_0$描述，该椭圆主轴、副轴

的长度分别为 $2\sqrt{C_0\gamma_1}$ 和 $2\sqrt{C_0\gamma_2}$ ，因此，椭圆 $\boldsymbol{T}$ 的面积为

$$\begin{aligned} S &= \pi\sqrt{C_0\gamma_1}\sqrt{C_0\gamma_2} = \pi C_0\sqrt{\gamma_1\gamma_2} = \pi C_0\sqrt{\det(\mathbf{MSE}(\hat{\boldsymbol{u}}_{\mathrm{o}}))} \\ &= -2\pi\ln(1-P_{C_0})\sqrt{\sigma_1^2\sigma_2^2-\sigma_{12}^2} \end{aligned} \tag{3.57}$$

式中，第 4 个等号利用了关系式 $C_0=-2\ln(1-P_{C_0})$，该关系式可由式（3.50）中的第 2 个公式获得。

定位误差椭圆面积和形状不仅与定位观测量的精度有关，而且还和辐射源与传感器（或传感阵列）之间的相对位置有关。下面仍然考虑图 3.1 描绘的定位场景，改变辐射源坐标，将标准差 σ 设为 1°，利用参考文献[11]中的 Taylor 级数迭代法进行 5000 次蒙特卡洛独立实验。图 3.5 给出了不同辐射源坐标对应的定位结果散布图。从图 3.5 中不难看出：定位结果散布图呈椭圆形分布；定位误差椭圆面积和形状与辐射源位置有关；定位误差椭圆面积越小，定位精度越高。图 3.6～图 3.8 分别将辐射源坐标为(0km, 3km)、(1.4km, 1km)和(−1.4km, 1km)对应的定位结果散布图进行了放大显示，并给出了 3 个概率值（分别为 0.5、0.7 及 0.9）对应的误差椭圆曲线。

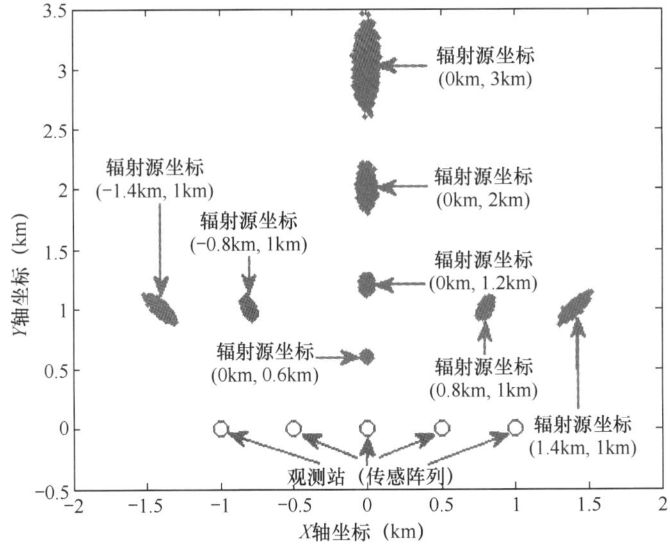

图 3.5　不同辐射源坐标对应的定位结果散布图

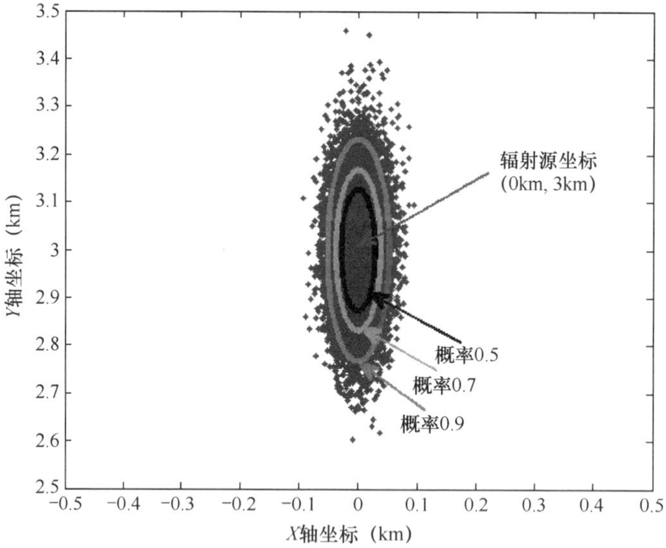

图 3.6　定位结果散布图与误差椭圆曲线［辐射源坐标为(0km , 3km)］

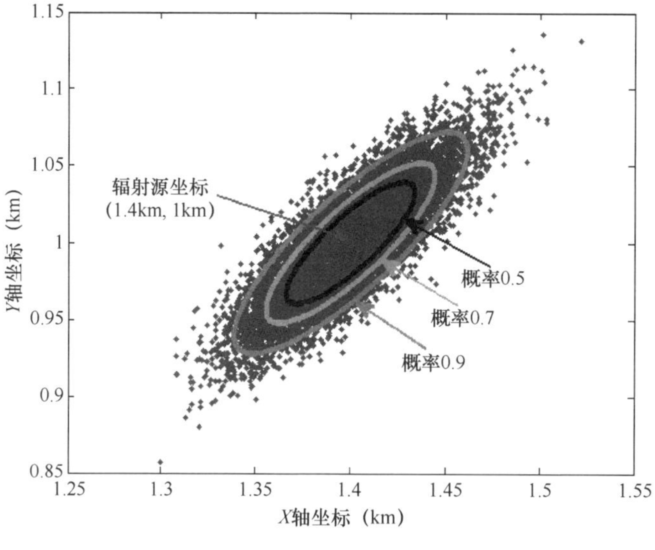

图 3.7　定位结果散布图与误差椭圆曲线［辐射源坐标为(1.4km , 1km)］

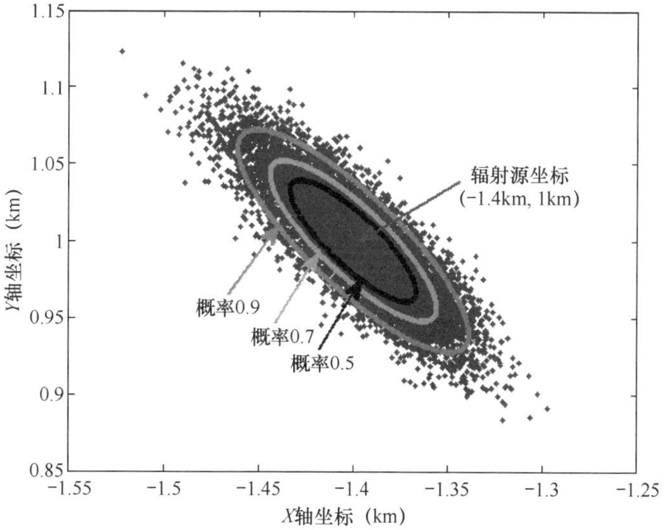

图 3.8　定位结果散布图与误差椭圆曲线［辐射源坐标为(−1.4km , 1km)］

第 2 部分

基于 AOA 观测量的闭式定位方法

第 4 章 基于 AOA 观测量的闭式定位方法：线性加权最小二乘定位方法

本章将描述基于 AOA 观测量的闭式定位方法。由于 AOA 非线性观测方程可以直接转化成伪线性观测方程，因此，本章中的定位闭式解是根据线性加权最小二乘估计准则来获取的，并且在传感阵列位置精确已知和传感阵列位置存在观测误差两种情形下，分别给出线性加权最小二乘闭式定位方法，还利用一阶误差分析方法证明两类定位方法的性能均可渐近逼近相应的 CRB。通过数值实验可验证本章定位方法的渐近统计最优性[①]。

4.1 AOA 观测模型与问题描述

在三维空间中，假设有 M 个静止传感阵列[②]利用 AOA 观测量对某个静止辐射源进行定位，将其中的第 m 个传感阵列的位置向量记为 $\boldsymbol{s}_m=[x_m^{(\mathrm{s})}\quad y_m^{(\mathrm{s})}\quad z_m^{(\mathrm{s})}]^{\mathrm{T}}$（$1\leqslant m\leqslant M$），辐射源的位置向量记为 $\boldsymbol{u}=[x^{(\mathrm{u})}\quad y^{(\mathrm{u})}\quad z^{(\mathrm{u})}]^{\mathrm{T}}$。

若将辐射源信号到达第 m 个传感阵列的方位角、仰角分别记为 θ_m 和 α_m，则有

① 渐近统计最优性是指在小观测误差条件下，估计均方误差可达到相应的 CRB。

② 由于 AOA 观测量通常需要传感阵列来获得，因此这里假设每个观测站均安装一个传感阵列。

$$\begin{cases}\theta_m = \arctan\left(\dfrac{y^{(\mathrm{u})} - y_m^{(\mathrm{s})}}{x^{(\mathrm{u})} - x_m^{(\mathrm{s})}}\right) \\ \alpha_m = \arctan\left(\dfrac{z^{(\mathrm{u})} - z_m^{(\mathrm{s})}}{\sqrt{(x^{(\mathrm{u})} - x_m^{(\mathrm{s})})^2 + (y^{(\mathrm{u})} - y_m^{(\mathrm{s})})^2}}\right) \\ \quad\;\; = \arctan\left(\dfrac{z^{(\mathrm{u})} - z_m^{(\mathrm{s})}}{(x^{(\mathrm{u})} - x_m^{(\mathrm{s})})\cos(\theta_m) + (y^{(\mathrm{u})} - y_m^{(\mathrm{s})})\sin(\theta_m)}\right)\end{cases} \quad (1 \leqslant m \leqslant M) \tag{4.1}$$

在实际中获得的 AOA 观测量是有误差的，可以表示为

$$\begin{cases}\hat{\theta}_m = \theta_m + \varepsilon_m^{(\mathrm{a1})} \\ \hat{\alpha}_m = \alpha_m + \varepsilon_m^{(\mathrm{a2})}\end{cases} \quad (1 \leqslant m \leqslant M) \tag{4.2}$$

式中，$\varepsilon_m^{(\mathrm{a1})}$ 和 $\varepsilon_m^{(\mathrm{a2})}$ 分别表示方位角和仰角的观测误差。将式（4.1）和式（4.2）合并成向量形式，可得①

$$\hat{\boldsymbol{\omega}} = \boldsymbol{\omega} + \boldsymbol{\varepsilon}^{(\mathrm{a})} = \boldsymbol{f}_{\mathrm{aoa}}(\boldsymbol{u}, \boldsymbol{s}) + \boldsymbol{\varepsilon}^{(\mathrm{a})} \tag{4.3}$$

式中，

$$\begin{cases}\hat{\boldsymbol{\omega}} = [\hat{\theta}_1 \;\; \hat{\alpha}_1 \;\; \hat{\theta}_2 \;\; \hat{\alpha}_2 \;\; \cdots \;\; \hat{\theta}_M \;\; \hat{\alpha}_M]^{\mathrm{T}} \\ \boldsymbol{\omega} = \boldsymbol{f}_{\mathrm{aoa}}(\boldsymbol{u}, \boldsymbol{s}) = [\theta_1 \;\; \alpha_1 \;\; \theta_2 \;\; \alpha_2 \;\; \cdots \;\; \theta_M \;\; \alpha_M]^{\mathrm{T}} \\ \boldsymbol{s} = [\boldsymbol{s}_1^{\mathrm{T}} \;\; \boldsymbol{s}_2^{\mathrm{T}} \;\; \cdots \;\; \boldsymbol{s}_M^{\mathrm{T}}]^{\mathrm{T}} \\ \boldsymbol{\varepsilon}^{(\mathrm{a})} = [\varepsilon_1^{(\mathrm{a1})} \;\; \varepsilon_1^{(\mathrm{a2})} \;\; \varepsilon_2^{(\mathrm{a1})} \;\; \varepsilon_2^{(\mathrm{a2})} \;\; \cdots \;\; \varepsilon_M^{(\mathrm{a1})} \;\; \varepsilon_M^{(\mathrm{a2})}]^{\mathrm{T}}\end{cases} \tag{4.4}$$

假设观测误差向量 $\boldsymbol{\varepsilon}^{(\mathrm{a})}$ 服从零均值的高斯分布，并且其协方差矩阵为 $\boldsymbol{E}^{(\mathrm{a})} = E[\boldsymbol{\varepsilon}^{(\mathrm{a})}(\boldsymbol{\varepsilon}^{(\mathrm{a})})^{\mathrm{T}}]$。本章将 $\hat{\boldsymbol{\omega}}$ 称为含有误差的 AOA 观测向量，将 $\boldsymbol{\omega}$ 称为无误差的 AOA 观测向量。

下面的问题在于：如何利用 AOA 观测向量 $\hat{\boldsymbol{\omega}}$，尽可能准确估计辐射源位置向量 $\boldsymbol{u}$。本章将基于线性加权最小二乘估计准则给出两类定位方法：由 4.2 节描述的第 I 类线性加权最小二乘闭式定位方法（可简称为第 I 类定位方

① 这里使用下标 aoa 来表征所采用的定位观测量。

法），其中假设传感阵列位置精确已知；由 4.3 节给出的第 II 类线性加权最小二乘闭式定位方法（可简称为第 II 类定位方法），其中假设传感阵列位置存在观测误差。

4.2　第 I 类线性加权最小二乘闭式定位方法——传感阵列位置精确已知

4.2.1　基于 AOA 定位的伪线性观测方程

将方位角观测方程进行伪线性化处理，即

$$\begin{aligned}&\theta_m=\arctan\left(\frac{y^{(\mathrm{u})}-y_m^{(\mathrm{s})}}{x^{(\mathrm{u})}-x_m^{(\mathrm{s})}}\right)\Rightarrow\frac{\sin(\theta_m)}{\cos(\theta_m)}=\frac{y^{(\mathrm{u})}-y_m^{(\mathrm{s})}}{x^{(\mathrm{u})}-x_m^{(\mathrm{s})}}\\&\Rightarrow\sin(\theta_m)x^{(\mathrm{u})}-\cos(\theta_m)y^{(\mathrm{u})}=x_m^{(\mathrm{s})}\sin(\theta_m)-y_m^{(\mathrm{s})}\cos(\theta_m)\quad(1\leqslant m\leqslant M)\end{aligned}\tag{4.5}$$

将仰角观测方程进行伪线性化处理，即

$$\begin{aligned}&\alpha_m=\arctan\left(\frac{z^{(\mathrm{u})}-z_m^{(\mathrm{s})}}{(x^{(\mathrm{u})}-x_m^{(\mathrm{s})})\cos(\theta_m)+(y^{(\mathrm{u})}-y_m^{(\mathrm{s})})\sin(\theta_m)}\right)\\&\Rightarrow\frac{\sin(\alpha_m)}{\cos(\alpha_m)}=\frac{z^{(\mathrm{u})}-z_m^{(\mathrm{s})}}{(x^{(\mathrm{u})}-x_m^{(\mathrm{s})})\cos(\theta_m)+(y^{(\mathrm{u})}-y_m^{(\mathrm{s})})\sin(\theta_m)}\\&\Rightarrow\cos(\theta_m)\sin(\alpha_m)x^{(\mathrm{u})}+\sin(\theta_m)\sin(\alpha_m)y^{(\mathrm{u})}-\cos(\alpha_m)z^{(\mathrm{u})}\\&=x_m^{(\mathrm{s})}\cos(\theta_m)\sin(\alpha_m)+y_m^{(\mathrm{s})}\sin(\theta_m)\sin(\alpha_m)-z_m^{(\mathrm{s})}\cos(\alpha_m)\quad(1\leqslant m\leqslant M)\end{aligned}\tag{4.6}$$

将式（4.5）和式（4.6）合并写成矩阵形式，可得

$$\boldsymbol{A}(\boldsymbol{\omega})\boldsymbol{u}=\boldsymbol{b}(\boldsymbol{\omega},\boldsymbol{s})\tag{4.7}$$

式中，

$$\boldsymbol{A}(\boldsymbol{\omega})=\begin{bmatrix} \sin(\theta_1) & -\cos(\theta_1) & 0 \\ \cos(\theta_1)\sin(\alpha_1) & \sin(\theta_1)\sin(\alpha_1) & -\cos(\alpha_1) \\ \sin(\theta_2) & -\cos(\theta_2) & 0 \\ \cos(\theta_2)\sin(\alpha_2) & \sin(\theta_2)\sin(\alpha_2) & -\cos(\alpha_2) \\ \vdots & \vdots & \vdots \\ \sin(\theta_M) & -\cos(\theta_M) & 0 \\ \cos(\theta_M)\sin(\alpha_M) & \sin(\theta_M)\sin(\alpha_M) & -\cos(\alpha_M) \end{bmatrix} \in \mathbf{R}^{2M\times 3} \tag{4.8}$$

$$\boldsymbol{b}(\boldsymbol{\omega},\boldsymbol{s})=\begin{bmatrix} x_1^{(\mathrm{s})}\sin(\theta_1)-y_1^{(\mathrm{s})}\cos(\theta_1) \\ x_1^{(\mathrm{s})}\cos(\theta_1)\sin(\alpha_1)+y_1^{(\mathrm{s})}\sin(\theta_1)\sin(\alpha_1)-z_1^{(\mathrm{s})}\cos(\alpha_1) \\ x_2^{(\mathrm{s})}\sin(\theta_2)-y_2^{(\mathrm{s})}\cos(\theta_2) \\ x_2^{(\mathrm{s})}\cos(\theta_2)\sin(\alpha_2)+y_2^{(\mathrm{s})}\sin(\theta_2)\sin(\alpha_2)-z_2^{(\mathrm{s})}\cos(\alpha_2) \\ \vdots \\ x_M^{(\mathrm{s})}\sin(\theta_M)-y_M^{(\mathrm{s})}\cos(\theta_M) \\ x_M^{(\mathrm{s})}\cos(\theta_M)\sin(\alpha_M)+y_M^{(\mathrm{s})}\sin(\theta_M)\sin(\alpha_M)-z_M^{(\mathrm{s})}\cos(\alpha_M) \end{bmatrix} \in \mathbf{R}^{2M\times 1} \tag{4.9}$$

式（4.7）即为基于 AOA 定位的伪线性观测方程。其中，$\boldsymbol{A}(\boldsymbol{\omega})$ 表示伪线性系数矩阵，通常为列满秩矩阵，由式（4.8）可知，$\boldsymbol{A}(\boldsymbol{\omega})$ 与向量 $\boldsymbol{\omega}$ 有关；$\boldsymbol{b}(\boldsymbol{\omega},\boldsymbol{s})$ 表示伪线性观测向量，由式（4.9）可知，$\boldsymbol{b}(\boldsymbol{\omega},\boldsymbol{s})$ 同时与向量 $\boldsymbol{\omega}$ 和 $\boldsymbol{s}$ 有关。

4.2.2 线性加权最小二乘估计准则及其最优闭式解

根据式（4.7）可以将辐射源位置向量 $\boldsymbol{u}$ 表示为

$$\boldsymbol{u}=(\boldsymbol{A}(\boldsymbol{\omega}))^{\dagger}\boldsymbol{b}(\boldsymbol{\omega},\boldsymbol{s})=((\boldsymbol{A}(\boldsymbol{\omega}))^{\mathrm{T}}\boldsymbol{A}(\boldsymbol{\omega}))^{-1}(\boldsymbol{A}(\boldsymbol{\omega}))^{\mathrm{T}}\boldsymbol{b}(\boldsymbol{\omega},\boldsymbol{s}) \tag{4.10}$$

然而，在实际中无法获得无误差的 AOA 观测向量 $\boldsymbol{\omega}$，只能得到含有误差的 AOA 观测向量 $\hat{\boldsymbol{\omega}}$，此时需要设计线性加权最小二乘估计准则，用于抑制观测误差 $\boldsymbol{\varepsilon}^{(\mathrm{a})}$ 的影响。

定义误差向量，即

$$\boldsymbol{\xi}^{(\mathrm{l})}=\boldsymbol{b}(\hat{\boldsymbol{\omega}},\boldsymbol{s})-\boldsymbol{A}(\hat{\boldsymbol{\omega}})\boldsymbol{u}=\Delta\boldsymbol{b}^{(\mathrm{l})}-\Delta\boldsymbol{A}^{(\mathrm{l})}\boldsymbol{u} \tag{4.11}$$

式中，$\Delta \boldsymbol{b}^{(\mathrm{I})}=\boldsymbol{b}(\hat{\boldsymbol{\omega}},\boldsymbol{s})-\boldsymbol{b}(\boldsymbol{\omega},\boldsymbol{s})$；$\Delta \boldsymbol{A}^{(\mathrm{I})}=\boldsymbol{A}(\hat{\boldsymbol{\omega}})-\boldsymbol{A}(\boldsymbol{\omega})$。利用一阶误差分析可得

$$\begin{cases}\Delta \boldsymbol{b}^{(\mathrm{I})} \approx \boldsymbol{B}^{(\mathrm{a})}(\boldsymbol{\omega},\boldsymbol{s})(\hat{\boldsymbol{\omega}}-\boldsymbol{\omega})=\boldsymbol{B}^{(\mathrm{a})}(\boldsymbol{\omega},\boldsymbol{s})\boldsymbol{\varepsilon}^{(\mathrm{a})} \\ \Delta \boldsymbol{A}^{(\mathrm{I})}\boldsymbol{u} \approx [\dot{\boldsymbol{A}}_{\theta_1}(\boldsymbol{\omega})\boldsymbol{u}\ \ \dot{\boldsymbol{A}}_{\alpha_1}(\boldsymbol{\omega})\boldsymbol{u}\ \ \dot{\boldsymbol{A}}_{\theta_2}(\boldsymbol{\omega})\boldsymbol{u}\ \ \dot{\boldsymbol{A}}_{\alpha_2}(\boldsymbol{\omega})\boldsymbol{u}\ \cdots\ \dot{\boldsymbol{A}}_{\theta_M}(\boldsymbol{\omega})\boldsymbol{u}\ \ \dot{\boldsymbol{A}}_{\alpha_M}(\boldsymbol{\omega})\boldsymbol{u}](\hat{\boldsymbol{\omega}}-\boldsymbol{\omega}) \\ \qquad =[\dot{\boldsymbol{A}}_{\theta_1}(\boldsymbol{\omega})\boldsymbol{u}\ \ \dot{\boldsymbol{A}}_{\alpha_1}(\boldsymbol{\omega})\boldsymbol{u}\ \ \dot{\boldsymbol{A}}_{\theta_2}(\boldsymbol{\omega})\boldsymbol{u}\ \ \dot{\boldsymbol{A}}_{\alpha_2}(\boldsymbol{\omega})\boldsymbol{u}\ \cdots\ \dot{\boldsymbol{A}}_{\theta_M}(\boldsymbol{\omega})\boldsymbol{u}\ \ \dot{\boldsymbol{A}}_{\alpha_M}(\boldsymbol{\omega})\boldsymbol{u}]\boldsymbol{\varepsilon}^{(\mathrm{a})}\end{cases} \tag{4.12}$$

式中，

$$\begin{cases}\boldsymbol{B}^{(\mathrm{a})}(\boldsymbol{\omega},\boldsymbol{s})=\dfrac{\partial \boldsymbol{b}(\boldsymbol{\omega},\boldsymbol{s})}{\partial \boldsymbol{\omega}^{\mathrm{T}}}=\mathrm{blkdiag}\{\boldsymbol{B}_1^{(\mathrm{a})}(\boldsymbol{\omega},\boldsymbol{s}),\boldsymbol{B}_2^{(\mathrm{a})}(\boldsymbol{\omega},\boldsymbol{s}),\cdots,\boldsymbol{B}_M^{(\mathrm{a})}(\boldsymbol{\omega},\boldsymbol{s})\} \in \mathbf{R}^{2M\times 2M} \\ \dot{\boldsymbol{A}}_{\theta_m}(\boldsymbol{\omega})=\dfrac{\partial \boldsymbol{A}(\boldsymbol{\omega})}{\partial \theta_m} \in \mathbf{R}^{2M\times 3} \\ \dot{\boldsymbol{A}}_{\alpha_m}(\boldsymbol{\omega})=\dfrac{\partial \boldsymbol{A}(\boldsymbol{\omega})}{\partial \alpha_m} \in \mathbf{R}^{2M\times 3} \quad (1\leqslant m\leqslant M)\end{cases} \tag{4.13}$$

式中，

$$\boldsymbol{B}_m^{(\mathrm{a})}(\boldsymbol{\omega},\boldsymbol{s}) =\left[\begin{array}{c|c} x_m^{(\mathrm{s})}\cos(\theta_m)+y_m^{(\mathrm{s})}\sin(\theta_m) & 0 \\ \hline -x_m^{(\mathrm{s})}\sin(\theta_m)\sin(\alpha_m)+y_m^{(\mathrm{s})}\cos(\theta_m)\sin(\alpha_m) & x_m^{(\mathrm{s})}\cos(\theta_m)\cos(\alpha_m)+y_m^{(\mathrm{s})}\sin(\theta_m)\cos(\alpha_m)+z_m^{(\mathrm{s})}\sin(\alpha_m)\end{array}\right] \quad (1\leqslant m\leqslant M) \tag{4.14}$$

$$\dot{\boldsymbol{A}}_{\theta_m}(\boldsymbol{\omega})=\boldsymbol{i}_M^{(m)}\otimes\begin{bmatrix}\cos(\theta_m) & \sin(\theta_m) & 0 \\ -\sin(\theta_m)\sin(\alpha_m) & \cos(\theta_m)\sin(\alpha_m) & 0\end{bmatrix} \quad (1\leqslant m\leqslant M) \tag{4.15}$$

$$\dot{\boldsymbol{A}}_{\alpha_m}(\boldsymbol{\omega})=\boldsymbol{i}_M^{(m)}\otimes\begin{bmatrix}0 & 0 & 0 \\ \cos(\theta_m)\cos(\alpha_m) & \sin(\theta_m)\cos(\alpha_m) & \sin(\alpha_m)\end{bmatrix} \quad (1\leqslant m\leqslant M) \tag{4.16}$$

将式（4.12）代入式（4.11）中，可知

$$\begin{aligned}\boldsymbol{\xi}^{(\mathrm{I})} &\approx \boldsymbol{B}^{(\mathrm{a})}(\boldsymbol{\omega},\boldsymbol{s})\boldsymbol{\varepsilon}^{(\mathrm{a})}-[\dot{\boldsymbol{A}}_{\theta_1}(\boldsymbol{\omega})\boldsymbol{u}\ \ \dot{\boldsymbol{A}}_{\alpha_1}(\boldsymbol{\omega})\boldsymbol{u}\ \ \dot{\boldsymbol{A}}_{\theta_2}(\boldsymbol{\omega})\boldsymbol{u}\ \ \dot{\boldsymbol{A}}_{\alpha_2}(\boldsymbol{\omega})\boldsymbol{u}\ \cdots\ \dot{\boldsymbol{A}}_{\theta_M}(\boldsymbol{\omega})\boldsymbol{u}\ \ \dot{\boldsymbol{A}}_{\alpha_M}(\boldsymbol{\omega})\boldsymbol{u}]\boldsymbol{\varepsilon}^{(\mathrm{a})}\\ &= \boldsymbol{C}^{(\mathrm{a})}(\boldsymbol{u},\boldsymbol{\omega},\boldsymbol{s})\boldsymbol{\varepsilon}^{(\mathrm{a})}\end{aligned} \tag{4.17}$$

式中，

$$\begin{aligned}\boldsymbol{C}^{(\mathrm{a})}(\boldsymbol{u},\boldsymbol{\omega},\boldsymbol{s}) &= \boldsymbol{B}^{(\mathrm{a})}(\boldsymbol{\omega},\boldsymbol{s})-\\ &\quad [\dot{\boldsymbol{A}}_{\theta_1}(\boldsymbol{\omega})\boldsymbol{u}\ \ \dot{\boldsymbol{A}}_{\alpha_1}(\boldsymbol{\omega})\boldsymbol{u}\ \ \dot{\boldsymbol{A}}_{\theta_2}(\boldsymbol{\omega})\boldsymbol{u}\ \ \dot{\boldsymbol{A}}_{\alpha_2}(\boldsymbol{\omega})\boldsymbol{u}\ \cdots\ \dot{\boldsymbol{A}}_{\theta_M}(\boldsymbol{\omega})\boldsymbol{u}\ \dot{\boldsymbol{A}}_{\alpha_M}(\boldsymbol{\omega})\boldsymbol{u}]\in\mathbf{R}^{2M\times 2M}\end{aligned} \tag{4.18}$$

需要指出的是，$\boldsymbol{C}^{(\mathrm{a})}(\boldsymbol{u},\boldsymbol{\omega},\boldsymbol{s})$ 通常是可逆矩阵。由式（4.17）可知，误差向量 $\boldsymbol{\xi}^{(\mathrm{I})}$ 渐近服从零均值的高斯分布，其协方差矩阵为

$$\begin{aligned}\boldsymbol{\Omega}^{(\mathrm{I})} &= E[\boldsymbol{\xi}^{(\mathrm{I})}(\boldsymbol{\xi}^{(\mathrm{I})})^{\mathrm{T}}] = \boldsymbol{C}^{(\mathrm{a})}(\boldsymbol{u},\boldsymbol{\omega},\boldsymbol{s})E[\boldsymbol{\varepsilon}^{(\mathrm{a})}(\boldsymbol{\varepsilon}^{(\mathrm{a})})^{\mathrm{T}}](\boldsymbol{C}^{(\mathrm{a})}(\boldsymbol{u},\boldsymbol{\omega},\boldsymbol{s}))^{\mathrm{T}}\\ &= \boldsymbol{C}^{(\mathrm{a})}(\boldsymbol{u},\boldsymbol{\omega},\boldsymbol{s})\boldsymbol{E}^{(\mathrm{a})}(\boldsymbol{C}^{(\mathrm{a})}(\boldsymbol{u},\boldsymbol{\omega},\boldsymbol{s}))^{\mathrm{T}}\in\mathbf{R}^{2M\times 2M}\end{aligned} \tag{4.19}$$

结合式（4.11）和式（4.19）可以建立线性加权最小二乘估计准则

$$\min_{\boldsymbol{u}}\{J^{(\mathrm{I})}(\boldsymbol{u})\} = \min_{\boldsymbol{u}}\{(\boldsymbol{b}(\hat{\boldsymbol{\omega}},\boldsymbol{s})-\boldsymbol{A}(\hat{\boldsymbol{\omega}})\boldsymbol{u})^{\mathrm{T}}(\boldsymbol{\Omega}^{(\mathrm{I})})^{-1}(\boldsymbol{b}(\hat{\boldsymbol{\omega}},\boldsymbol{s})-\boldsymbol{A}(\hat{\boldsymbol{\omega}})\boldsymbol{u})\} \tag{4.20}$$

式中，$(\boldsymbol{\Omega}^{(\mathrm{I})})^{-1}$ 可被视为加权矩阵，其作用在于抑制观测误差 $\boldsymbol{\varepsilon}^{(\mathrm{a})}$ 的影响。根据式（2.39）可知，式（4.20）的最优闭式解为

$$\hat{\boldsymbol{u}}_{\mathrm{lwls}}^{(\mathrm{I})} = ((\boldsymbol{A}(\hat{\boldsymbol{\omega}}))^{\mathrm{T}}(\boldsymbol{\Omega}^{(\mathrm{I})})^{-1}\boldsymbol{A}(\hat{\boldsymbol{\omega}}))^{-1}(\boldsymbol{A}(\hat{\boldsymbol{\omega}}))^{\mathrm{T}}(\boldsymbol{\Omega}^{(\mathrm{I})})^{-1}\boldsymbol{b}(\hat{\boldsymbol{\omega}},\boldsymbol{s}) \tag{4.21}$$

【注记 4.1】由式（4.19）可知，加权矩阵 $(\boldsymbol{\Omega}^{(\mathrm{I})})^{-1}$ 与辐射源位置向量 $\boldsymbol{u}$ 有关，因此，严格来说，式（4.20）中的目标函数 $J^{(\mathrm{I})}(\boldsymbol{u})$ 并不是关于向量 $\boldsymbol{u}$ 的二次函数。庆幸的是，该问题并不难解决：首先，将 $(\boldsymbol{\Omega}^{(\mathrm{I})})^{-1}$ 设为单位矩阵，从而获得关于向量 $\boldsymbol{u}$ 的初始值；然后，重新计算加权矩阵 $(\boldsymbol{\Omega}^{(\mathrm{I})})^{-1}$，并再次得到向量 $\boldsymbol{u}$ 的估计值，重复此过程 3～5 次即可取得预期的估计精度。加权矩阵 $(\boldsymbol{\Omega}^{(\mathrm{I})})^{-1}$ 还与 AOA 观测向量 $\boldsymbol{\omega}$ 有关，可以直接利用其观测值 $\hat{\boldsymbol{\omega}}$ 进行计算。理论分析表明，在

一阶误差分析理论框架下，加权矩阵 $(\boldsymbol{\Omega}^{(\mathrm{I})})^{-1}$ 中的扰动误差并不会实质影响估计值 $\hat{\boldsymbol{u}}_{\mathrm{lwls}}^{(\mathrm{I})}$ 的统计性能。

第 I 类线性加权最小二乘闭式定位方法的流程图如图 4.1 所示。

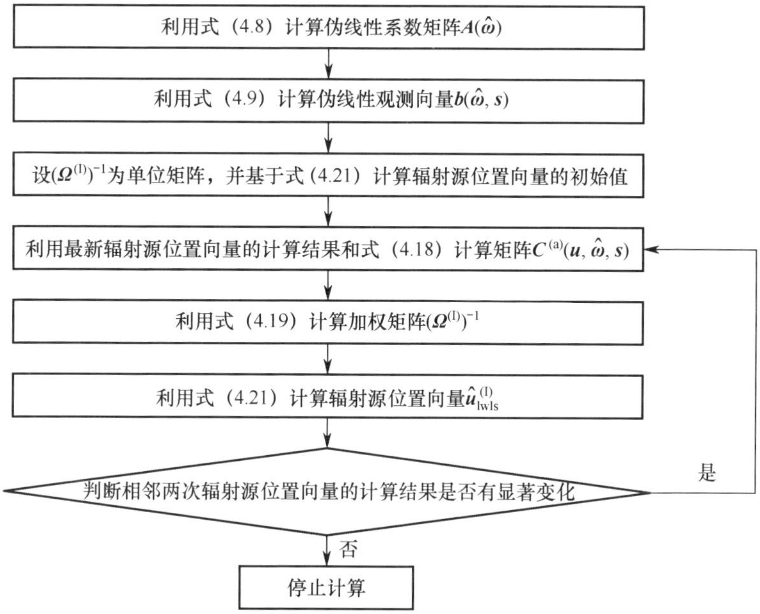

图 4.1　第 I 类线性加权最小二乘闭式定位方法的流程图

4.2.3　理论性能分析

下面将进行估计值 $\hat{\boldsymbol{u}}_{\mathrm{lwls}}^{(\mathrm{I})}$ 的理论性能分析，主要是推导估计均方误差，并将其与相应的 CRB 进行比较，从而证明其渐近统计最优性。这里采用的性能分析方法是一阶误差分析方法，即忽略观测误差 $\boldsymbol{\varepsilon}^{(\mathrm{a})}$ 的二阶及其以上各阶项。

将估计值 $\hat{\boldsymbol{u}}_{\mathrm{lwls}}^{(\mathrm{I})}$ 中的估计误差记为 $\Delta\boldsymbol{u}_{\mathrm{lwls}}^{(\mathrm{I})} = \hat{\boldsymbol{u}}_{\mathrm{lwls}}^{(\mathrm{I})} - \boldsymbol{u}$。基于式（4.21）和注记 4.1 中的讨论可知

$$(\boldsymbol{A}(\hat{\boldsymbol{\omega}}))^{\mathrm{T}}(\hat{\boldsymbol{\Omega}}^{(\mathrm{I})})^{-1}\boldsymbol{A}(\hat{\boldsymbol{\omega}})(\boldsymbol{u}+\Delta\boldsymbol{u}_{\mathrm{lwls}}^{(\mathrm{I})}) = (\boldsymbol{A}(\hat{\boldsymbol{\omega}}))^{\mathrm{T}}(\hat{\boldsymbol{\Omega}}^{(\mathrm{I})})^{-1}\boldsymbol{b}(\hat{\boldsymbol{\omega}},\boldsymbol{s}) \tag{4.22}$$

式中，$\hat{\boldsymbol{\Omega}}^{(\mathrm{I})}$ 表示 $\boldsymbol{\Omega}^{(\mathrm{I})}$ 的近似估计值。在一阶误差分析理论框架下，利用式（4.22）可以进一步推得

$$
\begin{aligned}
&(\Delta\boldsymbol{A}^{(\mathrm{I})})^{\mathrm{T}}(\boldsymbol{\Omega}^{(\mathrm{I})})^{-1}\boldsymbol{A}(\boldsymbol{\omega})\boldsymbol{u}+(\boldsymbol{A}(\boldsymbol{\omega}))^{\mathrm{T}}(\boldsymbol{\Omega}^{(\mathrm{I})})^{-1}\Delta\boldsymbol{A}^{(\mathrm{I})}\boldsymbol{u}+(\boldsymbol{A}(\boldsymbol{\omega}))^{\mathrm{T}}\Delta\boldsymbol{\Xi}^{(\mathrm{I})}\boldsymbol{A}(\boldsymbol{\omega})\boldsymbol{u}+\\
&\quad(\boldsymbol{A}(\boldsymbol{\omega}))^{\mathrm{T}}(\boldsymbol{\Omega}^{(\mathrm{I})})^{-1}\boldsymbol{A}(\boldsymbol{\omega})\Delta\boldsymbol{u}_{\mathrm{lwls}}^{(\mathrm{I})}\\
&\approx(\Delta\boldsymbol{A}^{(\mathrm{I})})^{\mathrm{T}}(\boldsymbol{\Omega}^{(\mathrm{I})})^{-1}\boldsymbol{b}(\boldsymbol{\omega},\boldsymbol{s})+(\boldsymbol{A}(\boldsymbol{\omega}))^{\mathrm{T}}(\boldsymbol{\Omega}^{(\mathrm{I})})^{-1}\Delta\boldsymbol{b}^{(\mathrm{I})}+(\boldsymbol{A}(\boldsymbol{\omega}))^{\mathrm{T}}\Delta\boldsymbol{\Xi}^{(\mathrm{I})}\boldsymbol{b}(\boldsymbol{\omega},\boldsymbol{s})\\
&\Rightarrow(\boldsymbol{A}(\boldsymbol{\omega}))^{\mathrm{T}}(\boldsymbol{\Omega}^{(\mathrm{I})})^{-1}\boldsymbol{A}(\boldsymbol{\omega})\Delta\boldsymbol{u}_{\mathrm{lwls}}^{(\mathrm{I})}\approx(\boldsymbol{A}(\boldsymbol{\omega}))^{\mathrm{T}}(\boldsymbol{\Omega}^{(\mathrm{I})})^{-1}(\Delta\boldsymbol{b}^{(\mathrm{I})}-\Delta\boldsymbol{A}^{(\mathrm{I})}\boldsymbol{u})=(\boldsymbol{A}(\boldsymbol{\omega}))^{\mathrm{T}}(\boldsymbol{\Omega}^{(\mathrm{I})})^{-1}\boldsymbol{\xi}^{(\mathrm{I})}\\
&\Rightarrow\Delta\boldsymbol{u}_{\mathrm{lwls}}^{(\mathrm{I})}\approx((\boldsymbol{A}(\boldsymbol{\omega}))^{\mathrm{T}}(\boldsymbol{\Omega}^{(\mathrm{I})})^{-1}\boldsymbol{A}(\boldsymbol{\omega}))^{-1}(\boldsymbol{A}(\boldsymbol{\omega}))^{\mathrm{T}}(\boldsymbol{\Omega}^{(\mathrm{I})})^{-1}\boldsymbol{\xi}^{(\mathrm{I})}
\end{aligned}
\tag{4.23}
$$

式中，$\Delta\boldsymbol{\Xi}^{(\mathrm{I})}=(\hat{\boldsymbol{\Omega}}^{(\mathrm{I})})^{-1}-(\boldsymbol{\Omega}^{(\mathrm{I})})^{-1}$，表示矩阵$(\hat{\boldsymbol{\Omega}}^{(\mathrm{I})})^{-1}$中的扰动误差。由式（4.23）可知，误差向量$\Delta\boldsymbol{u}_{\mathrm{lwls}}^{(\mathrm{I})}$渐近服从零均值的高斯分布。因此，估计值$\hat{\boldsymbol{u}}_{\mathrm{lwls}}^{(\mathrm{I})}$是渐近无偏估计①，均方误差矩阵为

$$
\begin{aligned}
\mathbf{MSE}(\hat{\boldsymbol{u}}_{\mathrm{lwls}}^{(\mathrm{I})})&=E[(\hat{\boldsymbol{u}}_{\mathrm{lwls}}^{(\mathrm{I})}-\boldsymbol{u})(\hat{\boldsymbol{u}}_{\mathrm{lwls}}^{(\mathrm{I})}-\boldsymbol{u})^{\mathrm{T}}]=E[\Delta\boldsymbol{u}_{\mathrm{lwls}}^{(\mathrm{I})}(\Delta\boldsymbol{u}_{\mathrm{lwls}}^{(\mathrm{I})})^{\mathrm{T}}]\\
&=((\boldsymbol{A}(\boldsymbol{\omega}))^{\mathrm{T}}(\boldsymbol{\Omega}^{(\mathrm{I})})^{-1}\boldsymbol{A}(\boldsymbol{\omega}))^{-1}(\boldsymbol{A}(\boldsymbol{\omega}))^{\mathrm{T}}(\boldsymbol{\Omega}^{(\mathrm{I})})^{-1}E[\boldsymbol{\xi}^{(\mathrm{I})}(\boldsymbol{\xi}^{(\mathrm{I})})^{\mathrm{T}}](\boldsymbol{\Omega}^{(\mathrm{I})})^{-1}\times\\
&\quad\ \boldsymbol{A}(\boldsymbol{\omega})((\boldsymbol{A}(\boldsymbol{\omega}))^{\mathrm{T}}(\boldsymbol{\Omega}^{(\mathrm{I})})^{-1}\boldsymbol{A}(\boldsymbol{\omega}))^{-1}\\
&=((\boldsymbol{A}(\boldsymbol{\omega}))^{\mathrm{T}}(\boldsymbol{\Omega}^{(\mathrm{I})})^{-1}\boldsymbol{A}(\boldsymbol{\omega}))^{-1}
\end{aligned}
\tag{4.24}
$$

【注记 4.2】式（4.23）中的推导过程表明，在一阶误差分析理论框架下，矩阵$(\hat{\boldsymbol{\Omega}}^{(\mathrm{I})})^{-1}$中的扰动误差$\Delta\boldsymbol{\Xi}^{(\mathrm{I})}$并不会实质影响估计值$\hat{\boldsymbol{u}}_{\mathrm{lwls}}^{(\mathrm{I})}$的统计性能。

下面证明估计值$\hat{\boldsymbol{u}}_{\mathrm{lwls}}^{(\mathrm{I})}$具有渐近统计最优性，也就是证明其估计均方误差可以渐近逼近相应的CRB，具体可见如下命题。

【命题 4.1】在一阶误差分析理论框架下满足$\mathbf{MSE}(\hat{\boldsymbol{u}}_{\mathrm{lwls}}^{(\mathrm{I})})=\mathbf{CRB}_{\mathrm{aoa\text{-}p}}(\boldsymbol{u})$②。

【证明】首先，根据式（3.2）可知

$$
\mathbf{CRB}_{\mathrm{aoa\text{-}p}}(\boldsymbol{u})=((\boldsymbol{F}_{\mathrm{aoa}}^{(\mathrm{u})}(\boldsymbol{u},\boldsymbol{s}))^{\mathrm{T}}(\boldsymbol{E}^{(\mathrm{a})})^{-1}\boldsymbol{F}_{\mathrm{aoa}}^{(\mathrm{u})}(\boldsymbol{u},\boldsymbol{s}))^{-1}
\tag{4.25}
$$

① 这里的渐近无偏性是指在小观测误差条件下满足无偏性。

② 这里使用下标aoa来表征此CRB是基于AOA观测量推导的。

式中，$\boldsymbol{F}_{\text{aoa}}^{(\text{u})}(\boldsymbol{u},\boldsymbol{s})=\dfrac{\partial \boldsymbol{f}_{\text{aoa}}(\boldsymbol{u},\boldsymbol{s})}{\partial \boldsymbol{u}^{\text{T}}}\in \mathbf{R}^{2M\times 3}$，该 Jacobian 矩阵的表达式见附录 A.1。

然后，将式（4.19）代入式（4.24）中可得

$$\begin{aligned}\mathbf{MSE}(\hat{\boldsymbol{u}}_{\text{lwls}}^{(\text{I})})&=((\boldsymbol{A}(\boldsymbol{\omega}))^{\text{T}}(\boldsymbol{C}^{(\text{a})}(\boldsymbol{u},\boldsymbol{\omega},\boldsymbol{s})\boldsymbol{E}^{(\text{a})}(\boldsymbol{C}^{(\text{a})}(\boldsymbol{u},\boldsymbol{\omega},\boldsymbol{s}))^{\text{T}})^{-1}\boldsymbol{A}(\boldsymbol{\omega}))^{-1}\\&=((\boldsymbol{A}(\boldsymbol{\omega}))^{\text{T}}(\boldsymbol{C}^{(\text{a})}(\boldsymbol{u},\boldsymbol{\omega},\boldsymbol{s}))^{-\text{T}}(\boldsymbol{E}^{(\text{a})})^{-1}(\boldsymbol{C}^{(\text{a})}(\boldsymbol{u},\boldsymbol{\omega},\boldsymbol{s}))^{-1}\boldsymbol{A}(\boldsymbol{\omega}))^{-1}\end{aligned}\tag{4.26}$$

将等式 $\boldsymbol{\omega}=\boldsymbol{f}_{\text{aoa}}(\boldsymbol{u},\boldsymbol{s})$ 代入伪线性观测方程，即式（4.7）中可知

$$\boldsymbol{A}(\boldsymbol{f}_{\text{aoa}}(\boldsymbol{u},\boldsymbol{s}))\boldsymbol{u}=\boldsymbol{b}(\boldsymbol{f}_{\text{aoa}}(\boldsymbol{u},\boldsymbol{s}),\boldsymbol{s})\tag{4.27}$$

由于式（4.27）是关于向量 $\boldsymbol{u}$ 的恒等式，因此，将该式两边对向量 $\boldsymbol{u}$ 求导可得

$$\begin{aligned}&[\dot{\boldsymbol{A}}_{\theta_1}(\boldsymbol{\omega})\boldsymbol{u}\ \ \dot{\boldsymbol{A}}_{\alpha_1}(\boldsymbol{\omega})\boldsymbol{u}\ \ \dot{\boldsymbol{A}}_{\theta_2}(\boldsymbol{\omega})\boldsymbol{u}\ \ \dot{\boldsymbol{A}}_{\alpha_2}(\boldsymbol{\omega})\boldsymbol{u}\ \ \cdots\ \ \dot{\boldsymbol{A}}_{\theta_M}(\boldsymbol{\omega})\boldsymbol{u}\ \ \dot{\boldsymbol{A}}_{\alpha_M}(\boldsymbol{\omega})\boldsymbol{u}]\boldsymbol{F}_{\text{aoa}}^{(\text{u})}(\boldsymbol{u},\boldsymbol{s})+\boldsymbol{A}(\boldsymbol{\omega})\\&=\boldsymbol{B}^{(\text{a})}(\boldsymbol{\omega},\boldsymbol{s})\boldsymbol{F}_{\text{aoa}}^{(\text{u})}(\boldsymbol{u},\boldsymbol{s})\\&\Rightarrow \boldsymbol{C}^{(\text{a})}(\boldsymbol{u},\boldsymbol{\omega},\boldsymbol{s})\boldsymbol{F}_{\text{aoa}}^{(\text{u})}(\boldsymbol{u},\boldsymbol{s})=\boldsymbol{A}(\boldsymbol{\omega})\\&\Rightarrow \boldsymbol{F}_{\text{aoa}}^{(\text{u})}(\boldsymbol{u},\boldsymbol{s})=(\boldsymbol{C}^{(\text{a})}(\boldsymbol{u},\boldsymbol{\omega},\boldsymbol{s}))^{-1}\boldsymbol{A}(\boldsymbol{\omega})\end{aligned}\tag{4.28}$$

最后，将式（4.28）代入式（4.26）中可知

$$\mathbf{MSE}(\hat{\boldsymbol{u}}_{\text{lwls}}^{(\text{I})})=((\boldsymbol{F}_{\text{aoa}}^{(\text{u})}(\boldsymbol{u},\boldsymbol{s}))^{\text{T}}(\boldsymbol{E}^{(\text{a})})^{-1}\boldsymbol{F}_{\text{aoa}}^{(\text{u})}(\boldsymbol{u},\boldsymbol{s}))^{-1}=\mathbf{CRB}_{\text{aoa-p}}(\boldsymbol{u})\tag{4.29}$$

证毕。

4.2.4　数值实验

假设利用 6 个传感阵列获得 AOA 信息，并对辐射源进行定位。传感阵列和辐射源空间位置分布示意图如图 4.2 所示。6 个传感阵列位于 XOY 平面中的一个圆周上，该圆周的圆心位于坐标系原点处，半径为 10km；辐射源的位置向量为 $\boldsymbol{u}=[5\ \ 5\ \ l]^{\text{T}}$（km）。其中，$l$ 表示辐射源距离 XOY 平面的高度；AOA 观测误差 $\boldsymbol{\varepsilon}^{(\text{a})}$ 服从均值为零、协方差矩阵为 $\boldsymbol{E}^{(\text{a})}=\sigma_1^2\boldsymbol{I}_{12}$ 的高斯分布。

首先，将高度 l 设为 20km，标准差 σ_1 设为 1°，图 4.3 给出了定位结果散布图与定位误差椭圆曲线。

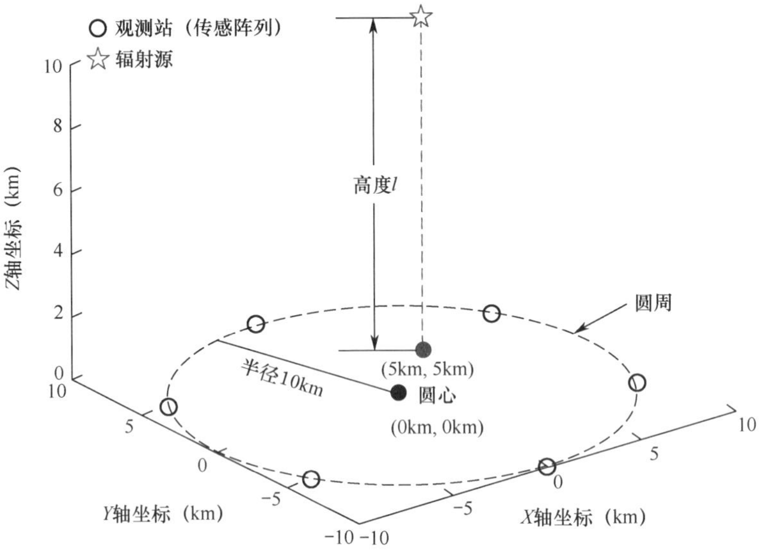

图 4.2　传感阵列和辐射源空间位置分布示意图

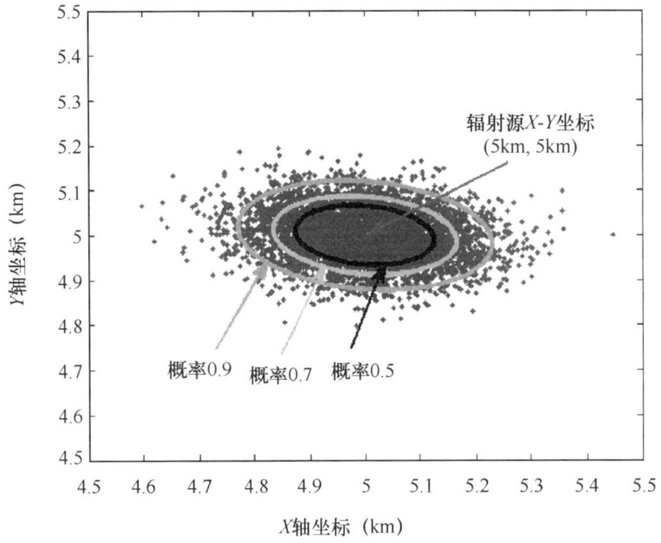

（a）X-Y坐标平面

图 4.3　定位结果散布图与定位误差椭圆曲线

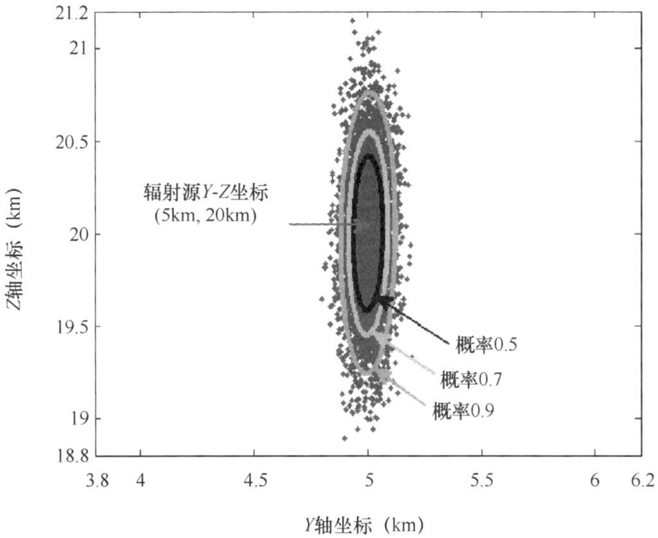

（b）Y-Z坐标平面

图 4.3 定位结果散布图与定位误差椭圆曲线（续）

然后，将高度l设为两种情形：第 1 种是$l=10\,\text{km}$；第 2 种是$l=30\,\text{km}$。改变标准差σ_1的数值，图 4.4 给出了辐射源位置估计均方根误差随着标准差σ_1的变化曲线；图 4.5 给出了定位成功概率随着标准差σ_1的变化曲线。注意：图 4.5 中的理论值由式（3.25）和式（3.32）计算得到，其中$\delta=0.3\,\text{km}$。

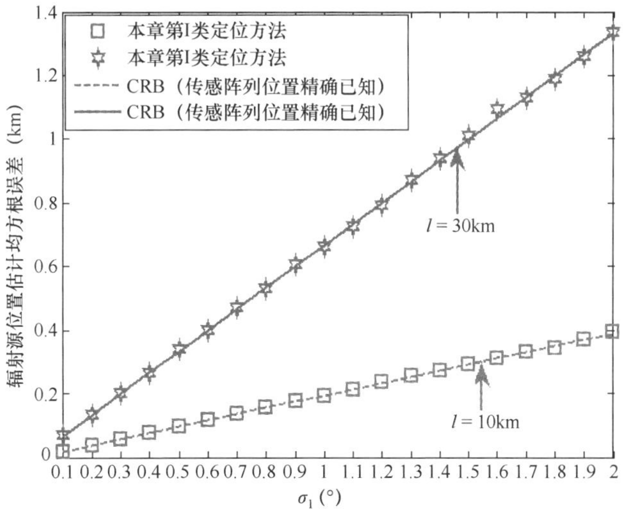

图 4.4 辐射源位置估计均方根误差随着标准差σ_1的变化曲线

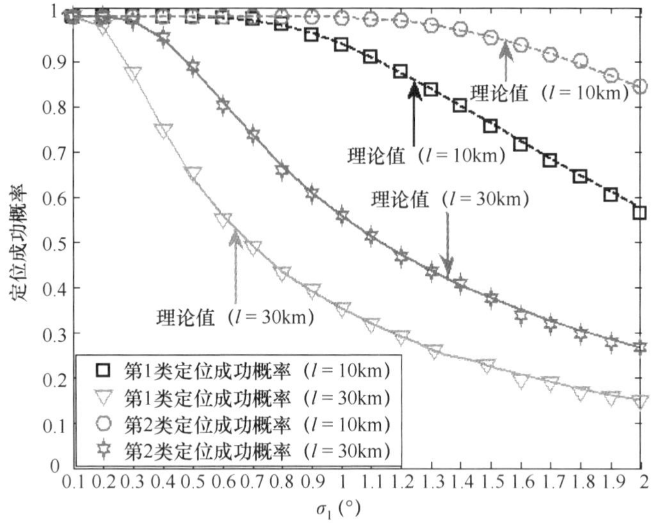

图 4.5　定位成功概率随着标准差 σ_1 的变化曲线

最后，将标准差 σ_1 设为两种情形：第 1 种是 $\sigma_1 = 0.5°$；第 2 种是 $\sigma_1 = 1.5°$。改变高度 l 的数值，图 4.6 给出了辐射源位置估计均方根误差随着高度 l 的变化曲线；图 4.7 给出了定位成功概率随着高度 l 的变化曲线。注意：图 4.7 中的理论值由式（3.25）和式（3.32）计算得到，其中 $\delta = 0.3\,\text{km}$。

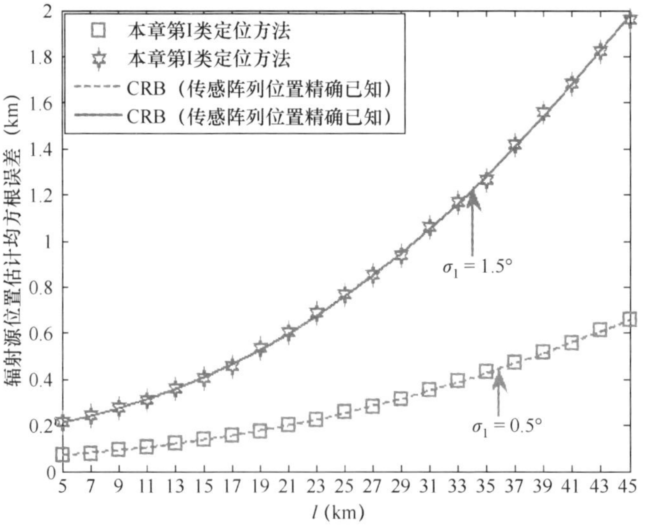

图 4.6　辐射源位置估计均方根误差随着高度 l 的变化曲线

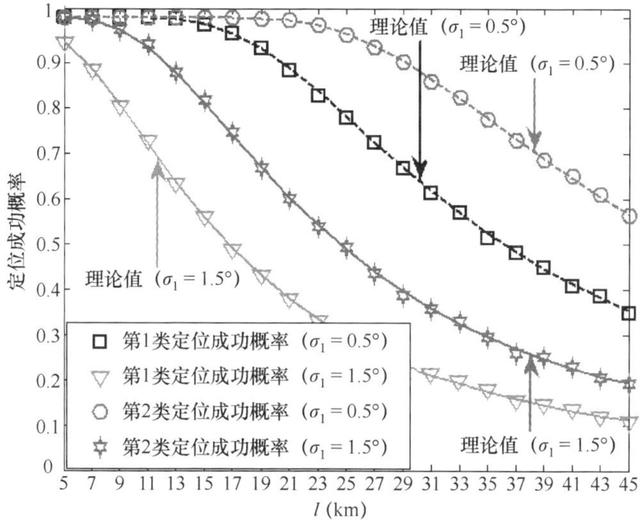

图 4.7 定位成功概率随着高度 l 的变化曲线

由图 4.4～图 4.7 可知：

（1）本章第 I 类定位方法对辐射源位置估计均方根误差可以达到相应的 CRB（见图 4.4 和图 4.6），验证了 4.2.3 节理论性能分析的有效性。

（2）随着辐射源与传感阵列距离的增加（高度 l 的增加），其定位精度会逐渐降低（见图 4.6 和图 4.7）。

（3）两类定位成功概率的理论值和仿真值相互吻合，在相同条件下，第 2 类定位成功概率高于第 1 类定位成功概率（见图 4.5 和图 4.7），验证了 3.2 节理论性能分析的有效性。

4.3 第 II 类线性加权最小二乘闭式定位方法——传感阵列位置存在观测误差

4.3.1 传感阵列位置观测模型

当传感阵列安装在机载或舰载平台，又或者传感阵列随机布设时，可能无法获得传感阵列位置向量 $\boldsymbol{s}$ 的精确值，仅能得到先验观测值 $\hat{\boldsymbol{s}}$（含有观测误差），即

$$\hat{\boldsymbol{s}}=[\hat{\boldsymbol{s}}_1^{\mathrm{T}}\ \ \hat{\boldsymbol{s}}_2^{\mathrm{T}}\ \ \cdots\ \ \hat{\boldsymbol{s}}_M^{\mathrm{T}}]^{\mathrm{T}}=\boldsymbol{s}+\boldsymbol{\varepsilon}^{(\mathrm{s})} \tag{4.30}$$

式中，$\hat{\boldsymbol{s}}_m=[\hat{x}_m^{(\mathrm{s})}\ \ \hat{y}_m^{(\mathrm{s})}\ \ \hat{z}_m^{(\mathrm{s})}]^{\mathrm{T}}$ $(1\leqslant m\leqslant M)$，表示第 m 个传感阵列位置向量的先验观测值；$\boldsymbol{\varepsilon}^{(\mathrm{s})}$ 表示观测误差向量，服从零均值的高斯分布，协方差矩阵为 $\boldsymbol{E}^{(\mathrm{s})}=E[\boldsymbol{\varepsilon}^{(\mathrm{s})}(\boldsymbol{\varepsilon}^{(\mathrm{s})})^{\mathrm{T}}]$。此外，假设误差向量 $\boldsymbol{\varepsilon}^{(\mathrm{s})}$ 与 $\boldsymbol{\varepsilon}^{(\mathrm{a})}$ 之间相互统计独立。

传感阵列位置观测误差必然会影响 4.2 节定位方法的估计精度。附录 A.2 利用一阶误差分析方法证明，当传感阵列位置存在观测误差时，4.2 节定位方法的估计均方误差无法渐近逼近相应的 CRB。因此，下面需要设计具有渐近统计最优性的定位方法，即第 II 类线性加权最小二乘闭式定位方法。

4.3.2 线性加权最小二乘估计准则及其最优闭式解

下面将给出两类定位方法，分别称为定位方法 II-1 和定位方法 II-2。定位方法 II-1 仅能给出辐射源位置向量的估计值，估计准则的设计思想是抑制传感阵列位置观测误差的影响；定位方法 II-2 估计准则的设计思想是对辐射源位置向量和传感阵列位置向量进行联合估计。

1. 定位方法 II-1 的估计准则及其最优闭式解

当传感阵列位置存在观测误差时，伪线性观测误差向量变为

$$\boldsymbol{\xi}_1^{(\mathrm{II})}=\boldsymbol{b}(\hat{\boldsymbol{\omega}},\hat{\boldsymbol{s}})-\boldsymbol{A}(\hat{\boldsymbol{\omega}})\boldsymbol{u}=\Delta\boldsymbol{b}^{(\mathrm{II})}-\Delta\boldsymbol{A}^{(\mathrm{II})}\boldsymbol{u} \tag{4.31}$$

式中，$\Delta\boldsymbol{b}^{(\mathrm{II})}=\boldsymbol{b}(\hat{\boldsymbol{\omega}},\hat{\boldsymbol{s}})-\boldsymbol{b}(\boldsymbol{\omega},\boldsymbol{s})$；$\Delta\boldsymbol{A}^{(\mathrm{II})}=\boldsymbol{A}(\hat{\boldsymbol{\omega}})-\boldsymbol{A}(\boldsymbol{\omega})$ ①。利用一阶误差分析可得

$$\begin{cases}\Delta\boldsymbol{b}^{(\mathrm{II})}\approx\boldsymbol{B}^{(\mathrm{a})}(\boldsymbol{\omega},\boldsymbol{s})(\hat{\boldsymbol{\omega}}-\boldsymbol{\omega})+\boldsymbol{B}^{(\mathrm{s})}(\boldsymbol{\omega})(\hat{\boldsymbol{s}}-\boldsymbol{s})=\boldsymbol{B}^{(\mathrm{a})}(\boldsymbol{\omega},\boldsymbol{s})\boldsymbol{\varepsilon}^{(\mathrm{a})}+\boldsymbol{B}^{(\mathrm{s})}(\boldsymbol{\omega})\boldsymbol{\varepsilon}^{(\mathrm{s})}\\ \Delta\boldsymbol{A}^{(\mathrm{II})}\boldsymbol{u}\approx[\dot{\boldsymbol{A}}_{\theta_1}(\boldsymbol{\omega})\boldsymbol{u}\ \ \dot{\boldsymbol{A}}_{\alpha_1}(\boldsymbol{\omega})\boldsymbol{u}\ \ \dot{\boldsymbol{A}}_{\theta_2}(\boldsymbol{\omega})\boldsymbol{u}\ \ \dot{\boldsymbol{A}}_{\alpha_2}(\boldsymbol{\omega})\boldsymbol{u}\ \ \cdots\ \ \dot{\boldsymbol{A}}_{\theta_M}(\boldsymbol{\omega})\boldsymbol{u}\ \ \dot{\boldsymbol{A}}_{\alpha_M}(\boldsymbol{\omega})\boldsymbol{u}](\hat{\boldsymbol{\omega}}-\boldsymbol{\omega})\\ \qquad\qquad=[\dot{\boldsymbol{A}}_{\theta_1}(\boldsymbol{\omega})\boldsymbol{u}\ \ \dot{\boldsymbol{A}}_{\alpha_1}(\boldsymbol{\omega})\boldsymbol{u}\ \ \dot{\boldsymbol{A}}_{\theta_2}(\boldsymbol{\omega})\boldsymbol{u}\ \ \dot{\boldsymbol{A}}_{\alpha_2}(\boldsymbol{\omega})\boldsymbol{u}\ \ \cdots\ \ \dot{\boldsymbol{A}}_{\theta_M}(\boldsymbol{\omega})\boldsymbol{u}\ \ \dot{\boldsymbol{A}}_{\alpha_M}(\boldsymbol{\omega})\boldsymbol{u}]\boldsymbol{\varepsilon}^{(\mathrm{a})}\end{cases} \tag{4.32}$$

式中，

$$\boldsymbol{B}^{(\mathrm{s})}(\boldsymbol{\omega})=\frac{\partial\boldsymbol{b}(\boldsymbol{\omega},\boldsymbol{s})}{\partial\boldsymbol{s}^{\mathrm{T}}}=\mathrm{blkdiag}\{\boldsymbol{B}_1^{(\mathrm{s})}(\boldsymbol{\omega}),\boldsymbol{B}_2^{(\mathrm{s})}(\boldsymbol{\omega}),\cdots,\boldsymbol{B}_M^{(\mathrm{s})}(\boldsymbol{\omega})\}\in\mathbf{R}^{2M\times3M} \tag{4.33}$$

① 由于矩阵 $\boldsymbol{A}(\boldsymbol{\omega})$ 与传感阵列位置向量 $\boldsymbol{s}$ 无关，因此这里有 $\Delta\boldsymbol{A}^{(\mathrm{II})}=\Delta\boldsymbol{A}^{(\mathrm{I})}$。

式中，

$$\boldsymbol{B}_m^{(\mathrm{s})}(\boldsymbol{\omega})=\begin{bmatrix}\sin(\theta_m) & -\cos(\theta_m) & 0\\ \cos(\theta_m)\sin(\alpha_m) & \sin(\theta_m)\sin(\alpha_m) & -\cos(\alpha_m)\end{bmatrix}\quad(1\leqslant m\leqslant M)\tag{4.34}$$

将式（4.32）代入式（4.31）中可知

$$\begin{aligned}\boldsymbol{\xi}_1^{(\mathrm{II})}&\approx\boldsymbol{B}^{(\mathrm{a})}(\boldsymbol{\omega},\boldsymbol{s})\boldsymbol{\varepsilon}^{(\mathrm{a})}+\boldsymbol{B}^{(\mathrm{s})}(\boldsymbol{\omega})\boldsymbol{\varepsilon}^{(\mathrm{s})}-[\dot{\boldsymbol{A}}_{\theta_1}(\boldsymbol{\omega})\boldsymbol{u}\ \ \dot{\boldsymbol{A}}_{\alpha_1}(\boldsymbol{\omega})\boldsymbol{u}\ \ \dot{\boldsymbol{A}}_{\theta_2}(\boldsymbol{\omega})\boldsymbol{u}\ \ \dot{\boldsymbol{A}}_{\alpha_2}(\boldsymbol{\omega})\boldsymbol{u}\ \cdots\\&\quad\cdots\dot{\boldsymbol{A}}_{\theta_M}(\boldsymbol{\omega})\boldsymbol{u}\ \ \dot{\boldsymbol{A}}_{\alpha_M}(\boldsymbol{\omega})\boldsymbol{u}]\boldsymbol{\varepsilon}^{(\mathrm{a})}\\&=\boldsymbol{C}^{(\mathrm{a})}(\boldsymbol{u},\boldsymbol{\omega},\boldsymbol{s})\boldsymbol{\varepsilon}^{(\mathrm{a})}+\boldsymbol{C}^{(\mathrm{s})}(\boldsymbol{\omega})\boldsymbol{\varepsilon}^{(\mathrm{s})}\end{aligned}\tag{4.35}$$

式中，$\boldsymbol{C}^{(\mathrm{s})}(\boldsymbol{\omega})=\boldsymbol{B}^{(\mathrm{s})}(\boldsymbol{\omega})$。由式（4.35）可知，误差向量$\boldsymbol{\xi}_1^{(\mathrm{II})}$渐近服从零均值的高斯分布，协方差矩阵为

$$\begin{aligned}\boldsymbol{\Omega}_1^{(\mathrm{II})}&=E[\boldsymbol{\xi}_1^{(\mathrm{II})}(\boldsymbol{\xi}_1^{(\mathrm{II})})^{\mathrm{T}}]=\boldsymbol{C}^{(\mathrm{a})}(\boldsymbol{u},\boldsymbol{\omega},\boldsymbol{s})E[\boldsymbol{\varepsilon}^{(\mathrm{a})}(\boldsymbol{\varepsilon}^{(\mathrm{a})})^{\mathrm{T}}](\boldsymbol{C}^{(\mathrm{a})}(\boldsymbol{u},\boldsymbol{\omega},\boldsymbol{s}))^{\mathrm{T}}+\boldsymbol{C}^{(\mathrm{s})}(\boldsymbol{\omega})E[\boldsymbol{\varepsilon}^{(\mathrm{s})}(\boldsymbol{\varepsilon}^{(\mathrm{s})})^{\mathrm{T}}](\boldsymbol{C}^{(\mathrm{s})}(\boldsymbol{\omega}))^{\mathrm{T}}\\&=\boldsymbol{C}^{(\mathrm{a})}(\boldsymbol{u},\boldsymbol{\omega},\boldsymbol{s})\boldsymbol{E}^{(\mathrm{a})}(\boldsymbol{C}^{(\mathrm{a})}(\boldsymbol{u},\boldsymbol{\omega},\boldsymbol{s}))^{\mathrm{T}}+\boldsymbol{C}^{(\mathrm{s})}(\boldsymbol{\omega})\boldsymbol{E}^{(\mathrm{s})}(\boldsymbol{C}^{(\mathrm{s})}(\boldsymbol{\omega}))^{\mathrm{T}}\\&=\boldsymbol{\Omega}^{(\mathrm{I})}+\boldsymbol{C}^{(\mathrm{s})}(\boldsymbol{\omega})\boldsymbol{E}^{(\mathrm{s})}(\boldsymbol{C}^{(\mathrm{s})}(\boldsymbol{\omega}))^{\mathrm{T}}\in\mathbf{R}^{2M\times 2M}\end{aligned}\tag{4.36}$$

结合式（4.31）和式（4.36）可以建立线性加权最小二乘估计准则

$$\min_{\boldsymbol{u}}\{J_1^{(\mathrm{II})}(\boldsymbol{u})\}=\min_{\boldsymbol{u}}\{(\boldsymbol{b}(\hat{\boldsymbol{\omega}},\hat{\boldsymbol{s}})-\boldsymbol{A}(\hat{\boldsymbol{\omega}})\boldsymbol{u})^{\mathrm{T}}(\boldsymbol{\Omega}_1^{(\mathrm{II})})^{-1}(\boldsymbol{b}(\hat{\boldsymbol{\omega}},\hat{\boldsymbol{s}})-\boldsymbol{A}(\hat{\boldsymbol{\omega}})\boldsymbol{u})\}\tag{4.37}$$

式中，$(\boldsymbol{\Omega}_1^{(\mathrm{II})})^{-1}$可被视为加权矩阵，其作用在于抑制观测误差$\boldsymbol{\varepsilon}^{(\mathrm{a})}$和$\boldsymbol{\varepsilon}^{(\mathrm{s})}$的影响。根据式（2.39）可知，式（4.37）的最优闭式解为

$$\hat{\boldsymbol{u}}_{\mathrm{lwls\text{-}1}}^{(\mathrm{II})}=((\boldsymbol{A}(\hat{\boldsymbol{\omega}}))^{\mathrm{T}}(\boldsymbol{\Omega}_1^{(\mathrm{II})})^{-1}\boldsymbol{A}(\hat{\boldsymbol{\omega}}))^{-1}(\boldsymbol{A}(\hat{\boldsymbol{\omega}}))^{\mathrm{T}}(\boldsymbol{\Omega}_1^{(\mathrm{II})})^{-1}\boldsymbol{b}(\hat{\boldsymbol{\omega}},\hat{\boldsymbol{s}})\tag{4.38}$$

【注记 4.3】由式（4.36）可知，加权矩阵$(\boldsymbol{\Omega}_1^{(\mathrm{II})})^{-1}$与辐射源位置向量$\boldsymbol{u}$有关，因此，严格来说，式（4.37）中的目标函数并不是关于向量$\boldsymbol{u}$的二次函数。针对该问题，可以采用注记 4.1 中描述的方法进行处理。加权矩阵$(\boldsymbol{\Omega}_1^{(\mathrm{II})})^{-1}$还与 AOA 观测向量$\boldsymbol{\omega}$和传感阵列位置向量$\boldsymbol{s}$有关，可以直接利用它们的观测值$\hat{\boldsymbol{\omega}}$和$\hat{\boldsymbol{s}}$进行计算。理论分析表明，在一阶误差分析理论框架下，加权矩阵$(\boldsymbol{\Omega}_1^{(\mathrm{II})})^{-1}$中的扰动误差并不会实质影响估计值$\hat{\boldsymbol{u}}_{\mathrm{lwls\text{-}1}}^{(\mathrm{II})}$的统计性能。

图 4.8 给出了本章定位方法 II-1 的流程图。

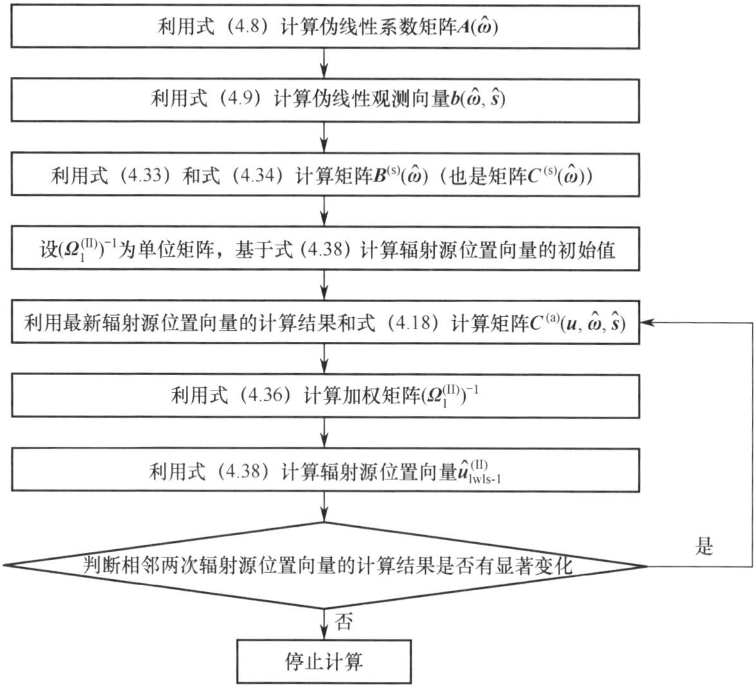

图 4.8　本章定位方法 II-1 的流程图

2. 定位方法 II-2 的估计准则及其最优闭式解

为了对辐射源位置向量和传感阵列位置向量进行联合估计，需要结合式（4.30）和式（4.31）构造扩维的观测误差向量，即

$$\boldsymbol{\xi}_2^{(\mathrm{II})}=\begin{bmatrix}\boldsymbol{b}(\hat{\boldsymbol{\omega}},\hat{\boldsymbol{s}})\\ \hat{\boldsymbol{s}}\end{bmatrix}-\begin{bmatrix}\boldsymbol{A}(\hat{\boldsymbol{\omega}}) & \boldsymbol{O}_{2M\times 3M}\\ \boldsymbol{O}_{3M\times 3} & \boldsymbol{I}_{3M}\end{bmatrix}\begin{bmatrix}\boldsymbol{u}\\ \boldsymbol{s}\end{bmatrix}=\begin{bmatrix}\Delta\boldsymbol{b}^{(\mathrm{II})}-\Delta\boldsymbol{A}^{(\mathrm{II})}\boldsymbol{u}\\ \boldsymbol{\varepsilon}^{(\mathrm{s})}\end{bmatrix}=\begin{bmatrix}\boldsymbol{\xi}_1^{(\mathrm{II})}\\ \boldsymbol{\varepsilon}^{(\mathrm{s})}\end{bmatrix} \tag{4.39}$$

将式（4.35）代入式（4.39）可知

$$\boldsymbol{\xi}_2^{(\mathrm{II})}\approx\begin{bmatrix}\boldsymbol{C}^{(\mathrm{a})}(\boldsymbol{u},\boldsymbol{\omega},\boldsymbol{s})\boldsymbol{\varepsilon}^{(\mathrm{a})}+\boldsymbol{C}^{(\mathrm{s})}(\boldsymbol{\omega})\boldsymbol{\varepsilon}^{(\mathrm{s})}\\ \boldsymbol{\varepsilon}^{(\mathrm{s})}\end{bmatrix} \tag{4.40}$$

由式（4.40）可知，误差向量$\boldsymbol{\xi}_2^{(\mathrm{II})}$渐近服从零均值的高斯分布，协方差矩阵为

$$\boldsymbol{\Omega}_2^{(\mathrm{II})}=E[\boldsymbol{\xi}_2^{(\mathrm{II})}(\boldsymbol{\xi}_2^{(\mathrm{II})})^{\mathrm{T}}]$$
$$=\left[\begin{array}{c|c}\boldsymbol{C}^{(\mathrm{a})}(\boldsymbol{u},\boldsymbol{\omega},\boldsymbol{s})\boldsymbol{E}^{(\mathrm{a})}(\boldsymbol{C}^{(\mathrm{a})}(\boldsymbol{u},\boldsymbol{\omega},\boldsymbol{s}))^{\mathrm{T}}+\boldsymbol{C}^{(\mathrm{s})}(\boldsymbol{\omega})\boldsymbol{E}^{(\mathrm{s})}(\boldsymbol{C}^{(\mathrm{s})}(\boldsymbol{\omega}))^{\mathrm{T}} & \boldsymbol{C}^{(\mathrm{s})}(\boldsymbol{\omega})\boldsymbol{E}^{(\mathrm{s})} \\ \hline \boldsymbol{E}^{(\mathrm{s})}(\boldsymbol{C}^{(\mathrm{s})}(\boldsymbol{\omega}))^{\mathrm{T}} & \boldsymbol{E}^{(\mathrm{s})}\end{array}\right]$$
$$\in\mathbf{R}^{5M\times 5M}\tag{4.41}$$

结合式（4.39）和式（4.41）可以建立线性加权最小二乘估计准则

$$\min_{\boldsymbol{u},\boldsymbol{s}}\{J_2^{(\mathrm{II})}(\boldsymbol{u},\boldsymbol{s})\}=\min_{\boldsymbol{u},\boldsymbol{s}}\left\{\left(\begin{bmatrix}\boldsymbol{b}(\hat{\boldsymbol{\omega}},\hat{\boldsymbol{s}})\\ \hat{\boldsymbol{s}}\end{bmatrix}-\begin{bmatrix}\boldsymbol{A}(\hat{\boldsymbol{\omega}}) & \boldsymbol{O}_{2M\times 3M}\\ \boldsymbol{O}_{3M\times 3} & \boldsymbol{I}_{3M}\end{bmatrix}\begin{bmatrix}\boldsymbol{u}\\ \boldsymbol{s}\end{bmatrix}\right)^{\mathrm{T}}(\boldsymbol{\Omega}_2^{(\mathrm{II})})^{-1}\left(\begin{bmatrix}\boldsymbol{b}(\hat{\boldsymbol{\omega}},\hat{\boldsymbol{s}})\\ \hat{\boldsymbol{s}}\end{bmatrix}-\begin{bmatrix}\boldsymbol{A}(\hat{\boldsymbol{\omega}}) & \boldsymbol{O}_{2M\times 3M}\\ \boldsymbol{O}_{3M\times 3} & \boldsymbol{I}_{3M}\end{bmatrix}\begin{bmatrix}\boldsymbol{u}\\ \boldsymbol{s}\end{bmatrix}\right)\right\}\tag{4.42}$$

式中，$(\boldsymbol{\Omega}_2^{(\mathrm{II})})^{-1}$可被视为加权矩阵，其作用在于抑制观测误差$\boldsymbol{\varepsilon}^{(\mathrm{a})}$和$\boldsymbol{\varepsilon}^{(\mathrm{s})}$的影响。根据式（2.39）可知，式（4.42）的最优闭式解为

$$\begin{bmatrix}\hat{\boldsymbol{u}}_{\mathrm{lwls}\text{-}2}^{(\mathrm{II})}\\ \hat{\boldsymbol{s}}_{\mathrm{lwls}\text{-}2}^{(\mathrm{II})}\end{bmatrix}=\left(\begin{bmatrix}(\boldsymbol{A}(\hat{\boldsymbol{\omega}}))^{\mathrm{T}} & \boldsymbol{O}_{3\times 3M}\\ \boldsymbol{O}_{3M\times 2M} & \boldsymbol{I}_{3M}\end{bmatrix}(\boldsymbol{\Omega}_2^{(\mathrm{II})})^{-1}\begin{bmatrix}\boldsymbol{A}(\hat{\boldsymbol{\omega}}) & \boldsymbol{O}_{2M\times 3M}\\ \boldsymbol{O}_{3M\times 3} & \boldsymbol{I}_{3M}\end{bmatrix}\right)^{-1}\begin{bmatrix}(\boldsymbol{A}(\hat{\boldsymbol{\omega}}))^{\mathrm{T}} & \boldsymbol{O}_{3\times 3M}\\ \boldsymbol{O}_{3M\times 2M} & \boldsymbol{I}_{3M}\end{bmatrix}\times(\boldsymbol{\Omega}_2^{(\mathrm{II})})^{-1}\begin{bmatrix}\boldsymbol{b}(\hat{\boldsymbol{\omega}},\hat{\boldsymbol{s}})\\ \hat{\boldsymbol{s}}\end{bmatrix}\tag{4.43}$$

【注记 4.4】由式（4.41）可知，加权矩阵$(\boldsymbol{\Omega}_2^{(\mathrm{II})})^{-1}$与辐射源位置向量$\boldsymbol{u}$和传感阵列位置向量$\boldsymbol{s}$有关，因此，严格来说，式（4.42）中的目标函数$J_2^{(\mathrm{II})}(\boldsymbol{u},\boldsymbol{s})$并不是关于向量$\boldsymbol{u}$和$\boldsymbol{s}$的二次函数。庆幸的是，该问题并不难解决：首先，将$(\boldsymbol{\Omega}_2^{(\mathrm{II})})^{-1}$设为单位矩阵，从而获得关于向量$\boldsymbol{u}$和$\boldsymbol{s}$的初始值；然后，重新计算加权矩阵$(\boldsymbol{\Omega}_2^{(\mathrm{II})})^{-1}$，再次得到向量$\boldsymbol{u}$和$\boldsymbol{s}$的估计值，重复此过程 3～5 次即可取得预期的估计精度。加权矩阵$(\boldsymbol{\Omega}_2^{(\mathrm{II})})^{-1}$还与 AOA 观测向量$\boldsymbol{\omega}$有关，可以直接利用观测值$\hat{\boldsymbol{\omega}}$进行计算。理论分析表明，在一阶误差分析理论框架下，加权矩阵$(\boldsymbol{\Omega}_2^{(\mathrm{II})})^{-1}$中的扰动误差并不会实质影响估计值$\hat{\boldsymbol{u}}_{\mathrm{lwls}\text{-}2}^{(\mathrm{II})}$和$\hat{\boldsymbol{s}}_{\mathrm{lwls}\text{-}2}^{(\mathrm{II})}$的统计性能。

图 4.9 给出了本章定位方法 II-2 的流程图。

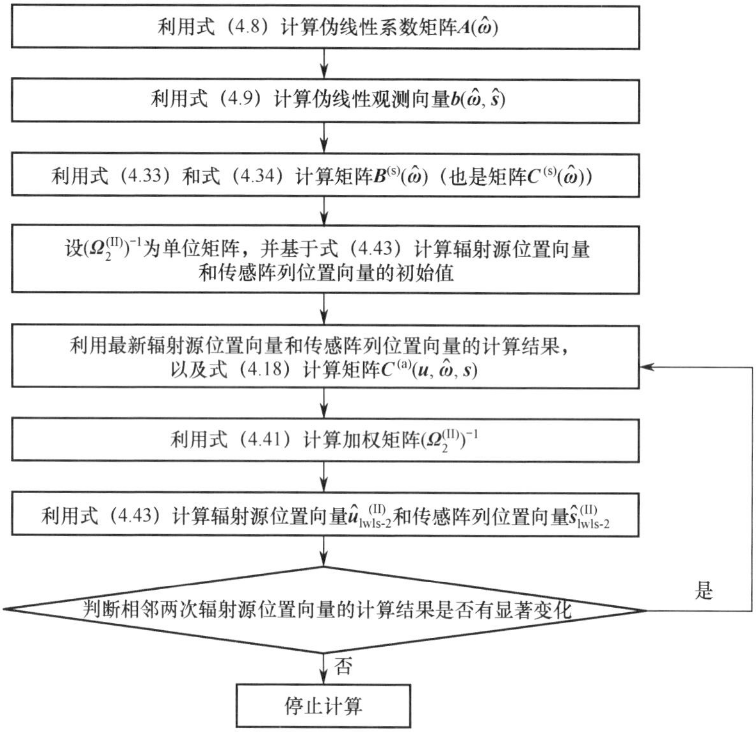

图 4.9　本章定位方法 II-2 的流程图

4.3.3　理论性能分析

1. 定位方法 II-1 的理论性能分析

下面将进行估计值 $\hat{\boldsymbol{u}}_{\mathrm{lwls\text{-}1}}^{(\mathrm{II})}$ 的理论性能分析，主要是推导估计均方误差，并将其与相应的 CRB 进行比较，从而证明其渐近统计最优性。这里采用的性能分析方法是一阶误差分析方法，即忽略观测误差 $\boldsymbol{\varepsilon}^{(\mathrm{a})}$ 和 $\boldsymbol{\varepsilon}^{(\mathrm{s})}$ 的二阶及其以上各阶项。

将估计值 $\hat{\boldsymbol{u}}_{\mathrm{lwls\text{-}1}}^{(\mathrm{II})}$ 中的估计误差记为 $\Delta\boldsymbol{u}_{\mathrm{lwls\text{-}1}}^{(\mathrm{II})}=\hat{\boldsymbol{u}}_{\mathrm{lwls\text{-}1}}^{(\mathrm{II})}-\boldsymbol{u}$。由类似于 4.2.3 节中的理论性能分析可知，估计值 $\hat{\boldsymbol{u}}_{\mathrm{lwls\text{-}1}}^{(\mathrm{II})}$ 是渐近无偏估计，均方误差矩阵为

$$\begin{aligned}\mathbf{MSE}(\hat{\boldsymbol{u}}_{\mathrm{lwls\text{-}1}}^{(\mathrm{II})})&=E[(\hat{\boldsymbol{u}}_{\mathrm{lwls\text{-}1}}^{(\mathrm{II})}-\boldsymbol{u})(\hat{\boldsymbol{u}}_{\mathrm{lwls\text{-}1}}^{(\mathrm{II})}-\boldsymbol{u})^{\mathrm{T}}]=E[\Delta\boldsymbol{u}_{\mathrm{lwls\text{-}1}}^{(\mathrm{II})}(\Delta\boldsymbol{u}_{\mathrm{lwls\text{-}1}}^{(\mathrm{II})})^{\mathrm{T}}]\\&=((\boldsymbol{A}(\boldsymbol{\omega}))^{\mathrm{T}}(\boldsymbol{\Omega}_1^{(\mathrm{II})})^{-1}\boldsymbol{A}(\boldsymbol{\omega}))^{-1}\end{aligned}\tag{4.44}$$

下面证明估计值 $\hat{\boldsymbol{u}}_{\text{lwls-1}}^{(\text{II})}$ 具有渐近统计最优性，也就是证明其估计均方误差可以渐近逼近相应的 CRB，具体可见如下命题。

【命题 4.2】 在一阶误差分析理论框架下满足 $\mathbf{MSE}(\hat{\boldsymbol{u}}_{\text{lwls-1}}^{(\text{II})})=\mathbf{CRB}_{\text{aoa-q}}(\boldsymbol{u})$。

【证明】 首先，根据式（3.18）可知

$$\mathbf{CRB}_{\text{aoa-q}}(\boldsymbol{u})=((\boldsymbol{F}_{\text{aoa}}^{(\text{u})}(\boldsymbol{u},\boldsymbol{s}))^{\text{T}}(\boldsymbol{E}^{(\text{a})}+\boldsymbol{F}_{\text{aoa}}^{(\text{s})}(\boldsymbol{u},\boldsymbol{s})\boldsymbol{E}^{(\text{s})}(\boldsymbol{F}_{\text{aoa}}^{(\text{s})}(\boldsymbol{u},\boldsymbol{s}))^{\text{T}})^{-1}\boldsymbol{F}_{\text{aoa}}^{(\text{u})}(\boldsymbol{u},\boldsymbol{s}))^{-1} \tag{4.45}$$

式中，$\boldsymbol{F}_{\text{aoa}}^{(\text{s})}(\boldsymbol{u},\boldsymbol{s})=\dfrac{\partial \boldsymbol{f}_{\text{aoa}}(\boldsymbol{u},\boldsymbol{s})}{\partial \boldsymbol{s}^{\text{T}}}\in\mathbf{R}^{2M\times 3M}$，该 Jacobian 矩阵的表达式见附录 A.1。

然后，将式（4.36）代入式（4.44）可得

$$\begin{aligned}\mathbf{MSE}(\hat{\boldsymbol{u}}_{\text{lwls-1}}^{(\text{II})})&=((\boldsymbol{A}(\boldsymbol{\omega}))^{\text{T}}(\boldsymbol{C}^{(\text{a})}(\boldsymbol{u},\boldsymbol{\omega},\boldsymbol{s})\boldsymbol{E}^{(\text{a})}(\boldsymbol{C}^{(\text{a})}(\boldsymbol{u},\boldsymbol{\omega},\boldsymbol{s}))^{\text{T}}+\boldsymbol{C}^{(\text{s})}(\boldsymbol{\omega})\boldsymbol{E}^{(\text{s})}(\boldsymbol{C}^{(\text{s})}(\boldsymbol{\omega}))^{\text{T}})^{-1}\boldsymbol{A}(\boldsymbol{\omega}))^{-1}\\&=((\boldsymbol{A}(\boldsymbol{\omega}))^{\text{T}}(\boldsymbol{C}^{(\text{a})}(\boldsymbol{u},\boldsymbol{\omega},\boldsymbol{s}))^{-\text{T}}(\boldsymbol{E}^{(\text{a})}+(\boldsymbol{C}^{(\text{a})}(\boldsymbol{u},\boldsymbol{\omega},\boldsymbol{s}))^{-1}\boldsymbol{C}^{(\text{s})}(\boldsymbol{\omega})\boldsymbol{E}^{(\text{s})}(\boldsymbol{C}^{(\text{s})}(\boldsymbol{\omega}))^{\text{T}}\times\\&\quad(\boldsymbol{C}^{(\text{a})}(\boldsymbol{u},\boldsymbol{\omega},\boldsymbol{s}))^{-\text{T}})^{-1}(\boldsymbol{C}^{(\text{a})}(\boldsymbol{u},\boldsymbol{\omega},\boldsymbol{s}))^{-1}\boldsymbol{A}(\boldsymbol{\omega}))^{-1}\end{aligned} \tag{4.46}$$

由于式（4.27）是关于向量 $\boldsymbol{s}$ 的恒等式，因此将该式两边对向量 $\boldsymbol{s}$ 求导可得

$$\begin{aligned}&[\dot{\boldsymbol{A}}_{\theta_1}(\boldsymbol{\omega})\boldsymbol{u}\ \ \dot{\boldsymbol{A}}_{\alpha_1}(\boldsymbol{\omega})\boldsymbol{u}\ \ \dot{\boldsymbol{A}}_{\theta_2}(\boldsymbol{\omega})\boldsymbol{u}\ \ \dot{\boldsymbol{A}}_{\alpha_2}(\boldsymbol{\omega})\boldsymbol{u}\ \cdots\ \dot{\boldsymbol{A}}_{\theta_M}(\boldsymbol{\omega})\boldsymbol{u}\ \ \dot{\boldsymbol{A}}_{\alpha_M}(\boldsymbol{\omega})\boldsymbol{u}]\boldsymbol{F}_{\text{aoa}}^{(\text{s})}(\boldsymbol{u},\boldsymbol{s})\\&=\boldsymbol{B}^{(\text{a})}(\boldsymbol{\omega},\boldsymbol{s})\boldsymbol{F}_{\text{aoa}}^{(\text{s})}(\boldsymbol{u},\boldsymbol{s})+\boldsymbol{B}^{(\text{s})}(\boldsymbol{\omega})\\&\Rightarrow\boldsymbol{C}^{(\text{a})}(\boldsymbol{u},\boldsymbol{\omega},\boldsymbol{s})\boldsymbol{F}_{\text{aoa}}^{(\text{s})}(\boldsymbol{u},\boldsymbol{s})+\boldsymbol{C}^{(\text{s})}(\boldsymbol{\omega})=\boldsymbol{O}_{2M\times 3M}\Rightarrow\boldsymbol{F}_{\text{aoa}}^{(\text{s})}(\boldsymbol{u},\boldsymbol{s})=-(\boldsymbol{C}^{(\text{a})}(\boldsymbol{u},\boldsymbol{\omega},\boldsymbol{s}))^{-1}\boldsymbol{C}^{(\text{s})}(\boldsymbol{\omega})\end{aligned} \tag{4.47}$$

最后，将式（4.28）和式（4.47）代入式（4.46）可知

$$\begin{aligned}\mathbf{MSE}(\hat{\boldsymbol{u}}_{\text{lwls-1}}^{(\text{II})})&=((\boldsymbol{F}_{\text{aoa}}^{(\text{u})}(\boldsymbol{u},\boldsymbol{s}))^{\text{T}}(\boldsymbol{E}^{(\text{a})}+\boldsymbol{F}_{\text{aoa}}^{(\text{s})}(\boldsymbol{u},\boldsymbol{s})\boldsymbol{E}^{(\text{s})}(\boldsymbol{F}_{\text{aoa}}^{(\text{s})}(\boldsymbol{u},\boldsymbol{s}))^{\text{T}})^{-1}\boldsymbol{F}_{\text{aoa}}^{(\text{u})}(\boldsymbol{u},\boldsymbol{s}))^{-1}\\&=\mathbf{CRB}_{\text{aoa-q}}(\boldsymbol{u})\end{aligned} \tag{4.48}$$

证毕。

2. 定位方法 II-2 的理论性能分析

下面将给出联合估计值 $\hat{\boldsymbol{u}}_{\text{lwls-2}}^{(\text{II})}$ 和 $\hat{\boldsymbol{s}}_{\text{lwls-2}}^{(\text{II})}$ 的理论性能，主要是推导估计均方误差，

并将其与相应的 CRB 进行比较，从而证明其渐近统计最优性。这里采用的性能分析方法是一阶误差分析方法，即忽略观测误差 $\boldsymbol{\varepsilon}^{(\mathrm{a})}$ 和 $\boldsymbol{\varepsilon}^{(\mathrm{s})}$ 的二阶及其以上各阶项。

将估计值 $\hat{\boldsymbol{u}}_{\mathrm{lwls\text{-}2}}^{(\mathrm{II})}$ 和 $\hat{\boldsymbol{s}}_{\mathrm{lwls\text{-}2}}^{(\mathrm{II})}$ 中的估计误差分别记为 $\Delta\boldsymbol{u}_{\mathrm{lwls\text{-}2}}^{(\mathrm{II})}=\hat{\boldsymbol{u}}_{\mathrm{lwls\text{-}2}}^{(\mathrm{II})}-\boldsymbol{u}$ 和 $\Delta\boldsymbol{s}_{\mathrm{lwls\text{-}2}}^{(\mathrm{II})}=\hat{\boldsymbol{s}}_{\mathrm{lwls\text{-}2}}^{(\mathrm{II})}-\boldsymbol{s}$。基于式（4.43）和注记 4.4 中的讨论可知

$$\begin{aligned}&\begin{bmatrix}(\boldsymbol{A}(\hat{\boldsymbol{\omega}}))^{\mathrm{T}} & \boldsymbol{O}_{3\times 3M}\\ \boldsymbol{O}_{3M\times 2M} & \boldsymbol{I}_{3M}\end{bmatrix}(\hat{\boldsymbol{\Omega}}_2^{(\mathrm{II})})^{-1}\begin{bmatrix}\boldsymbol{A}(\hat{\boldsymbol{\omega}}) & \boldsymbol{O}_{2M\times 3M}\\ \boldsymbol{O}_{3M\times 3} & \boldsymbol{I}_{3M}\end{bmatrix}\begin{bmatrix}\boldsymbol{u}+\Delta\boldsymbol{u}_{\mathrm{lwls\text{-}2}}^{(\mathrm{II})}\\ \boldsymbol{s}+\Delta\boldsymbol{s}_{\mathrm{lwls\text{-}2}}^{(\mathrm{II})}\end{bmatrix}\\ &=\begin{bmatrix}(\boldsymbol{A}(\hat{\boldsymbol{\omega}}))^{\mathrm{T}} & \boldsymbol{O}_{3\times 3M}\\ \boldsymbol{O}_{3M\times 2M} & \boldsymbol{I}_{3M}\end{bmatrix}(\hat{\boldsymbol{\Omega}}_2^{(\mathrm{II})})^{-1}\begin{bmatrix}\boldsymbol{b}(\hat{\boldsymbol{\omega}},\hat{\boldsymbol{s}})\\ \hat{\boldsymbol{s}}\end{bmatrix}\end{aligned}\tag{4.49}$$

式中，$\hat{\boldsymbol{\Omega}}_2^{(\mathrm{II})}$ 表示 $\boldsymbol{\Omega}_2^{(\mathrm{II})}$ 的近似估计值。在一阶误差分析理论框架下，利用式（4.49）可以进一步推得

$$\begin{aligned}&\begin{bmatrix}(\Delta\boldsymbol{A}^{(\mathrm{II})})^{\mathrm{T}} & \boldsymbol{O}_{3\times 3M}\\ \boldsymbol{O}_{3M\times 2M} & \boldsymbol{O}_{3M\times 3M}\end{bmatrix}(\boldsymbol{\Omega}_2^{(\mathrm{II})})^{-1}\begin{bmatrix}\boldsymbol{A}(\boldsymbol{\omega}) & \boldsymbol{O}_{2M\times 3M}\\ \boldsymbol{O}_{3M\times 3} & \boldsymbol{I}_{3M}\end{bmatrix}\begin{bmatrix}\boldsymbol{u}\\ \boldsymbol{s}\end{bmatrix}+\begin{bmatrix}(\boldsymbol{A}(\boldsymbol{\omega}))^{\mathrm{T}} & \boldsymbol{O}_{3\times 3M}\\ \boldsymbol{O}_{3M\times 2M} & \boldsymbol{I}_{3M}\end{bmatrix}\times\\ &(\boldsymbol{\Omega}_2^{(\mathrm{II})})^{-1}\begin{bmatrix}\Delta\boldsymbol{A}^{(\mathrm{II})} & \boldsymbol{O}_{2M\times 3M}\\ \boldsymbol{O}_{3M\times 3} & \boldsymbol{O}_{3M\times 3M}\end{bmatrix}\begin{bmatrix}\boldsymbol{u}\\ \boldsymbol{s}\end{bmatrix}+\begin{bmatrix}(\boldsymbol{A}(\boldsymbol{\omega}))^{\mathrm{T}} & \boldsymbol{O}_{3\times 3M}\\ \boldsymbol{O}_{3M\times 2M} & \boldsymbol{I}_{3M}\end{bmatrix}\Delta\boldsymbol{\Xi}_2^{(\mathrm{II})}\begin{bmatrix}\boldsymbol{A}(\boldsymbol{\omega}) & \boldsymbol{O}_{2M\times 3M}\\ \boldsymbol{O}_{3M\times 3} & \boldsymbol{I}_{3M}\end{bmatrix}\begin{bmatrix}\boldsymbol{u}\\ \boldsymbol{s}\end{bmatrix}+\\ &\quad\begin{bmatrix}(\boldsymbol{A}(\boldsymbol{\omega}))^{\mathrm{T}} & \boldsymbol{O}_{3\times 3M}\\ \boldsymbol{O}_{3M\times 2M} & \boldsymbol{I}_{3M}\end{bmatrix}(\boldsymbol{\Omega}_2^{(\mathrm{II})})^{-1}\begin{bmatrix}\boldsymbol{A}(\boldsymbol{\omega}) & \boldsymbol{O}_{2M\times 3M}\\ \boldsymbol{O}_{3M\times 3} & \boldsymbol{I}_{3M}\end{bmatrix}\begin{bmatrix}\Delta\boldsymbol{u}_{\mathrm{lwls\text{-}2}}^{(\mathrm{II})}\\ \Delta\boldsymbol{s}_{\mathrm{lwls\text{-}2}}^{(\mathrm{II})}\end{bmatrix}\\ &\approx\begin{bmatrix}(\Delta\boldsymbol{A}^{(\mathrm{II})})^{\mathrm{T}} & \boldsymbol{O}_{3\times 3M}\\ \boldsymbol{O}_{3M\times 2M} & \boldsymbol{O}_{3M\times 3M}\end{bmatrix}(\boldsymbol{\Omega}_2^{(\mathrm{II})})^{-1}\begin{bmatrix}\boldsymbol{b}(\boldsymbol{\omega},\boldsymbol{s})\\ \boldsymbol{s}\end{bmatrix}+\begin{bmatrix}(\boldsymbol{A}(\boldsymbol{\omega}))^{\mathrm{T}} & \boldsymbol{O}_{3\times 3M}\\ \boldsymbol{O}_{3M\times 2M} & \boldsymbol{I}_{3M}\end{bmatrix}(\boldsymbol{\Omega}_2^{(\mathrm{II})})^{-1}\begin{bmatrix}\Delta\boldsymbol{b}^{(\mathrm{II})}\\ \boldsymbol{\varepsilon}^{(\mathrm{s})}\end{bmatrix}+\\ &\quad\begin{bmatrix}(\boldsymbol{A}(\boldsymbol{\omega}))^{\mathrm{T}} & \boldsymbol{O}_{3\times 3M}\\ \boldsymbol{O}_{3M\times 2M} & \boldsymbol{I}_{3M}\end{bmatrix}\Delta\boldsymbol{\Xi}_2^{(\mathrm{II})}\begin{bmatrix}\boldsymbol{b}(\boldsymbol{\omega},\boldsymbol{s})\\ \boldsymbol{s}\end{bmatrix}\\ &\Rightarrow\begin{bmatrix}(\boldsymbol{A}(\boldsymbol{\omega}))^{\mathrm{T}} & \boldsymbol{O}_{3\times 3M}\\ \boldsymbol{O}_{3M\times 2M} & \boldsymbol{I}_{3M}\end{bmatrix}(\boldsymbol{\Omega}_2^{(\mathrm{II})})^{-1}\begin{bmatrix}\boldsymbol{A}(\boldsymbol{\omega}) & \boldsymbol{O}_{2M\times 3M}\\ \boldsymbol{O}_{3M\times 3} & \boldsymbol{I}_{3M}\end{bmatrix}\begin{bmatrix}\Delta\boldsymbol{u}_{\mathrm{lwls\text{-}2}}^{(\mathrm{II})}\\ \Delta\boldsymbol{s}_{\mathrm{lwls\text{-}2}}^{(\mathrm{II})}\end{bmatrix}\approx\begin{bmatrix}(\boldsymbol{A}(\boldsymbol{\omega}))^{\mathrm{T}} & \boldsymbol{O}_{3\times 3M}\\ \boldsymbol{O}_{3M\times 2M} & \boldsymbol{I}_{3M}\end{bmatrix}\times\\ &\quad(\boldsymbol{\Omega}_2^{(\mathrm{II})})^{-1}\begin{bmatrix}\Delta\boldsymbol{b}^{(\mathrm{II})}-\Delta\boldsymbol{A}^{(\mathrm{II})}\boldsymbol{u}\\ \boldsymbol{\varepsilon}^{(\mathrm{s})}\end{bmatrix}\\ &\Rightarrow\begin{bmatrix}\Delta\boldsymbol{u}_{\mathrm{lwls\text{-}2}}^{(\mathrm{II})}\\ \Delta\boldsymbol{s}_{\mathrm{lwls\text{-}2}}^{(\mathrm{II})}\end{bmatrix}\approx\left(\begin{bmatrix}(\boldsymbol{A}(\boldsymbol{\omega}))^{\mathrm{T}} & \boldsymbol{O}_{3\times 3M}\\ \boldsymbol{O}_{3M\times 2M} & \boldsymbol{I}_{3M}\end{bmatrix}(\boldsymbol{\Omega}_2^{(\mathrm{II})})^{-1}\begin{bmatrix}\boldsymbol{A}(\boldsymbol{\omega}) & \boldsymbol{O}_{2M\times 3M}\\ \boldsymbol{O}_{3M\times 3} & \boldsymbol{I}_{3M}\end{bmatrix}\right)^{-1}\begin{bmatrix}(\boldsymbol{A}(\boldsymbol{\omega}))^{\mathrm{T}} & \boldsymbol{O}_{3\times 3M}\\ \boldsymbol{O}_{3M\times 2M} & \boldsymbol{I}_{3M}\end{bmatrix}\times\\ &\quad(\boldsymbol{\Omega}_2^{(\mathrm{II})})^{-1}\boldsymbol{\xi}_2^{(\mathrm{II})}\end{aligned}\tag{4.50}$$

式中，$\Delta\boldsymbol{\Xi}_2^{(\mathrm{II})}=(\hat{\boldsymbol{\Omega}}_2^{(\mathrm{II})})^{-1}-(\boldsymbol{\Omega}_2^{(\mathrm{II})})^{-1}$，表示矩阵$(\hat{\boldsymbol{\Omega}}_2^{(\mathrm{II})})^{-1}$中的扰动误差。由式（4.50）可知，误差向量$\Delta\boldsymbol{u}_{\mathrm{lwls\text{-}2}}^{(\mathrm{II})}$和$\Delta\boldsymbol{s}_{\mathrm{lwls\text{-}2}}^{(\mathrm{II})}$渐近服从零均值的高斯分布，联合估计值$\hat{\boldsymbol{u}}_{\mathrm{lwls\text{-}2}}^{(\mathrm{II})}$和$\hat{\boldsymbol{s}}_{\mathrm{lwls\text{-}2}}^{(\mathrm{II})}$是渐近无偏估计，均方误差矩阵为

$$\begin{aligned}
&\mathbf{MSE}\left(\begin{bmatrix}\hat{\boldsymbol{u}}_{\mathrm{lwls\text{-}2}}^{(\mathrm{II})}\\ \hat{\boldsymbol{s}}_{\mathrm{lwls\text{-}2}}^{(\mathrm{II})}\end{bmatrix}\right)=E\left(\begin{bmatrix}\hat{\boldsymbol{u}}_{\mathrm{lwls\text{-}2}}^{(\mathrm{II})}-\boldsymbol{u}\\ \hat{\boldsymbol{s}}_{\mathrm{lwls\text{-}2}}^{(\mathrm{II})}-\boldsymbol{s}\end{bmatrix}\begin{bmatrix}\hat{\boldsymbol{u}}_{\mathrm{lwls\text{-}2}}^{(\mathrm{II})}-\boldsymbol{u}\\ \hat{\boldsymbol{s}}_{\mathrm{lwls\text{-}2}}^{(\mathrm{II})}-\boldsymbol{s}\end{bmatrix}^{\mathrm{T}}\right)=E\left(\begin{bmatrix}\Delta\boldsymbol{u}_{\mathrm{lwls\text{-}2}}^{(\mathrm{II})}\\ \Delta\boldsymbol{s}_{\mathrm{lwls\text{-}2}}^{(\mathrm{II})}\end{bmatrix}\begin{bmatrix}\Delta\boldsymbol{u}_{\mathrm{lwls\text{-}2}}^{(\mathrm{II})}\\ \Delta\boldsymbol{s}_{\mathrm{lwls\text{-}2}}^{(\mathrm{II})}\end{bmatrix}^{\mathrm{T}}\right)\\
&=\left(\begin{bmatrix}(\boldsymbol{A}(\boldsymbol{\omega}))^{\mathrm{T}} & \boldsymbol{O}_{3\times 3M}\\ \boldsymbol{O}_{3M\times 2M} & \boldsymbol{I}_{3M}\end{bmatrix}(\boldsymbol{\Omega}_2^{(\mathrm{II})})^{-1}\begin{bmatrix}\boldsymbol{A}(\boldsymbol{\omega}) & \boldsymbol{O}_{2M\times 3M}\\ \boldsymbol{O}_{3M\times 3} & \boldsymbol{I}_{3M}\end{bmatrix}\right)^{-1}\begin{bmatrix}(\boldsymbol{A}(\boldsymbol{\omega}))^{\mathrm{T}} & \boldsymbol{O}_{3\times 3M}\\ \boldsymbol{O}_{3M\times 2M} & \boldsymbol{I}_{3M}\end{bmatrix}\times\\
&\quad(\boldsymbol{\Omega}_2^{(\mathrm{II})})^{-1}E[\boldsymbol{\xi}_2^{(\mathrm{II})}(\boldsymbol{\xi}_2^{(\mathrm{II})})^{\mathrm{T}}](\boldsymbol{\Omega}_2^{(\mathrm{II})})^{-1}\times\\
&\quad\begin{bmatrix}\boldsymbol{A}(\boldsymbol{\omega}) & \boldsymbol{O}_{2M\times 3M}\\ \boldsymbol{O}_{3M\times 3} & \boldsymbol{I}_{3M}\end{bmatrix}\left(\begin{bmatrix}(\boldsymbol{A}(\boldsymbol{\omega}))^{\mathrm{T}} & \boldsymbol{O}_{3\times 3M}\\ \boldsymbol{O}_{3M\times 2M} & \boldsymbol{I}_{3M}\end{bmatrix}(\boldsymbol{\Omega}_2^{(\mathrm{II})})^{-1}\begin{bmatrix}\boldsymbol{A}(\boldsymbol{\omega}) & \boldsymbol{O}_{2M\times 3M}\\ \boldsymbol{O}_{3M\times 3} & \boldsymbol{I}_{3M}\end{bmatrix}\right)^{-1}\\
&=\left(\begin{bmatrix}(\boldsymbol{A}(\boldsymbol{\omega}))^{\mathrm{T}} & \boldsymbol{O}_{3\times 3M}\\ \boldsymbol{O}_{3M\times 2M} & \boldsymbol{I}_{3M}\end{bmatrix}(\boldsymbol{\Omega}_2^{(\mathrm{II})})^{-1}\begin{bmatrix}\boldsymbol{A}(\boldsymbol{\omega}) & \boldsymbol{O}_{2M\times 3M}\\ \boldsymbol{O}_{3M\times 3} & \boldsymbol{I}_{3M}\end{bmatrix}\right)^{-1}
\end{aligned}\tag{4.51}$$

【注记4.5】式（4.50）中的推导过程表明，在一阶误差分析理论框架下，矩阵$(\hat{\boldsymbol{\Omega}}_2^{(\mathrm{II})})^{-1}$中的扰动误差$\Delta\boldsymbol{\Xi}_2^{(\mathrm{II})}$并不会实质影响联合估计值$\hat{\boldsymbol{u}}_{\mathrm{lwls\text{-}2}}^{(\mathrm{II})}$和$\hat{\boldsymbol{s}}_{\mathrm{lwls\text{-}2}}^{(\mathrm{II})}$的统计性能。

下面证明联合估计值$\hat{\boldsymbol{u}}_{\mathrm{lwls\text{-}2}}^{(\mathrm{II})}$和$\hat{\boldsymbol{s}}_{\mathrm{lwls\text{-}2}}^{(\mathrm{II})}$具有渐近统计最优性，也就是证明其估计均方误差可以渐近逼近相应的CRB，具体可见如下命题。

【命题4.3】在一阶误差分析理论框架下满足

$$\mathbf{MSE}\left(\begin{bmatrix}\hat{\boldsymbol{u}}_{\mathrm{lwls\text{-}2}}^{(\mathrm{II})}\\ \hat{\boldsymbol{s}}_{\mathrm{lwls\text{-}2}}^{(\mathrm{II})}\end{bmatrix}\right)=\mathbf{CRB}_{\mathrm{aoa\text{-}q}}\left(\begin{bmatrix}\boldsymbol{u}\\ \boldsymbol{s}\end{bmatrix}\right)$$

【证明】首先，根据式（3.9）可知

$$\begin{aligned}
&\mathbf{CRB}_{\mathrm{aoa\text{-}q}}\left(\begin{bmatrix}\boldsymbol{u}\\ \boldsymbol{s}\end{bmatrix}\right)\\
&=\begin{bmatrix}(\boldsymbol{F}_{\mathrm{aoa}}^{(\mathrm{u})}(\boldsymbol{u},\boldsymbol{s}))^{\mathrm{T}}(\boldsymbol{E}^{(\mathrm{a})})^{-1}\boldsymbol{F}_{\mathrm{aoa}}^{(\mathrm{u})}(\boldsymbol{u},\boldsymbol{s}) & (\boldsymbol{F}_{\mathrm{aoa}}^{(\mathrm{u})}(\boldsymbol{u},\boldsymbol{s}))^{\mathrm{T}}(\boldsymbol{E}^{(\mathrm{a})})^{-1}\boldsymbol{F}_{\mathrm{aoa}}^{(\mathrm{s})}(\boldsymbol{u},\boldsymbol{s})\\ (\boldsymbol{F}_{\mathrm{aoa}}^{(\mathrm{s})}(\boldsymbol{u},\boldsymbol{s}))^{\mathrm{T}}(\boldsymbol{E}^{(\mathrm{a})})^{-1}\boldsymbol{F}_{\mathrm{aoa}}^{(\mathrm{u})}(\boldsymbol{u},\boldsymbol{s}) & (\boldsymbol{F}_{\mathrm{aoa}}^{(\mathrm{s})}(\boldsymbol{u},\boldsymbol{s}))^{\mathrm{T}}(\boldsymbol{E}^{(\mathrm{a})})^{-1}\boldsymbol{F}_{\mathrm{aoa}}^{(\mathrm{s})}(\boldsymbol{u},\boldsymbol{s})+(\boldsymbol{E}^{(\mathrm{s})})^{-1}\end{bmatrix}^{-1}
\end{aligned}\tag{4.52}$$

然后，结合式（2.7）和式（4.41）可得

$$(\boldsymbol{\Omega}_2^{(\mathrm{II})})^{-1}=\begin{bmatrix}\boldsymbol{X}_1 & \boldsymbol{X}_2\\ \boldsymbol{X}_2^{\mathrm{T}} & \boldsymbol{X}_3\end{bmatrix} \tag{4.53}$$

式中，

$$\begin{cases}\boldsymbol{X}_1=(\boldsymbol{C}^{(\mathrm{a})}(\boldsymbol{u},\boldsymbol{\omega},\boldsymbol{s}))^{-\mathrm{T}}(\boldsymbol{E}^{(\mathrm{a})})^{-1}(\boldsymbol{C}^{(\mathrm{a})}(\boldsymbol{u},\boldsymbol{\omega},\boldsymbol{s}))^{-1}\\ \boldsymbol{X}_2=-(\boldsymbol{C}^{(\mathrm{a})}(\boldsymbol{u},\boldsymbol{\omega},\boldsymbol{s}))^{-\mathrm{T}}(\boldsymbol{E}^{(\mathrm{a})})^{-1}(\boldsymbol{C}^{(\mathrm{a})}(\boldsymbol{u},\boldsymbol{\omega},\boldsymbol{s}))^{-1}\boldsymbol{C}^{(\mathrm{s})}(\boldsymbol{\omega})\\ \boldsymbol{X}_3=(\boldsymbol{E}^{(\mathrm{s})}-\boldsymbol{E}^{(\mathrm{s})}(\boldsymbol{C}^{(\mathrm{s})}(\boldsymbol{\omega}))^{\mathrm{T}}(\boldsymbol{C}^{(\mathrm{a})}(\boldsymbol{u},\boldsymbol{\omega},\boldsymbol{s})\boldsymbol{E}^{(\mathrm{a})}(\boldsymbol{C}^{(\mathrm{a})}(\boldsymbol{u},\boldsymbol{\omega},\boldsymbol{s}))^{\mathrm{T}}+\boldsymbol{C}^{(\mathrm{s})}(\boldsymbol{\omega})\boldsymbol{E}^{(\mathrm{s})}(\boldsymbol{C}^{(\mathrm{s})}(\boldsymbol{\omega}))^{\mathrm{T}})^{-1}\boldsymbol{C}^{(\mathrm{s})}(\boldsymbol{\omega})\boldsymbol{E}^{(\mathrm{s})})^{-1}\\ \quad=\left(\boldsymbol{E}^{(\mathrm{s})}-\boldsymbol{E}^{(\mathrm{s})}(\boldsymbol{C}^{(\mathrm{s})}(\boldsymbol{\omega}))^{\mathrm{T}}(\boldsymbol{C}^{(\mathrm{a})}(\boldsymbol{u},\boldsymbol{\omega},\boldsymbol{s}))^{-\mathrm{T}}\begin{pmatrix}\boldsymbol{E}^{(\mathrm{a})}+(\boldsymbol{C}^{(\mathrm{a})}(\boldsymbol{u},\boldsymbol{\omega},\boldsymbol{s}))^{-1}\boldsymbol{C}^{(\mathrm{s})}(\boldsymbol{\omega})\boldsymbol{E}^{(\mathrm{s})}\times\\ (\boldsymbol{C}^{(\mathrm{s})}(\boldsymbol{\omega}))^{\mathrm{T}}(\boldsymbol{C}^{(\mathrm{a})}(\boldsymbol{u},\boldsymbol{\omega},\boldsymbol{s}))^{-\mathrm{T}}\end{pmatrix}^{-1}(\boldsymbol{C}^{(\mathrm{a})}(\boldsymbol{u},\boldsymbol{\omega},\boldsymbol{s}))^{-1}\boldsymbol{C}^{(\mathrm{s})}(\boldsymbol{\omega})\boldsymbol{E}^{(\mathrm{s})}\right)^{-1}\end{cases} \tag{4.54}$$

利用式（2.5）可知

$$\boldsymbol{X}_3=(\boldsymbol{E}^{(\mathrm{s})})^{-1}+(\boldsymbol{C}^{(\mathrm{s})}(\boldsymbol{\omega}))^{\mathrm{T}}(\boldsymbol{C}^{(\mathrm{a})}(\boldsymbol{u},\boldsymbol{\omega},\boldsymbol{s}))^{-\mathrm{T}}(\boldsymbol{E}^{(\mathrm{a})})^{-1}(\boldsymbol{C}^{(\mathrm{a})}(\boldsymbol{u},\boldsymbol{\omega},\boldsymbol{s}))^{-1}\boldsymbol{C}^{(\mathrm{s})}(\boldsymbol{\omega}) \tag{4.55}$$

将式（4.53）～式（4.55）代入式（4.51）可得

$$\mathbf{MSE}\left(\begin{bmatrix}\hat{\boldsymbol{u}}_{\mathrm{lwls\text{-}2}}^{(\mathrm{II})}\\ \hat{\boldsymbol{s}}_{\mathrm{lwls\text{-}2}}^{(\mathrm{II})}\end{bmatrix}\right)=\begin{bmatrix}\boldsymbol{Y}_1 & \boldsymbol{Y}_2\\ \boldsymbol{Y}_2^{\mathrm{T}} & \boldsymbol{Y}_3\end{bmatrix}^{-1} \tag{4.56}$$

式中，

$$\boldsymbol{Y}_1=(\boldsymbol{A}(\boldsymbol{\omega}))^{\mathrm{T}}\boldsymbol{X}_1\boldsymbol{A}(\boldsymbol{\omega})=(\boldsymbol{A}(\boldsymbol{\omega}))^{\mathrm{T}}(\boldsymbol{C}^{(\mathrm{a})}(\boldsymbol{u},\boldsymbol{\omega},\boldsymbol{s}))^{-\mathrm{T}}(\boldsymbol{E}^{(\mathrm{a})})^{-1}(\boldsymbol{C}^{(\mathrm{a})}(\boldsymbol{u},\boldsymbol{\omega},\boldsymbol{s}))^{-1}\boldsymbol{A}(\boldsymbol{\omega}) \tag{4.57}$$

$$\boldsymbol{Y}_2=(\boldsymbol{A}(\boldsymbol{\omega}))^{\mathrm{T}}\boldsymbol{X}_2=-(\boldsymbol{A}(\boldsymbol{\omega}))^{\mathrm{T}}(\boldsymbol{C}^{(\mathrm{a})}(\boldsymbol{u},\boldsymbol{\omega},\boldsymbol{s}))^{-\mathrm{T}}(\boldsymbol{E}^{(\mathrm{a})})^{-1}(\boldsymbol{C}^{(\mathrm{a})}(\boldsymbol{u},\boldsymbol{\omega},\boldsymbol{s}))^{-1}\boldsymbol{C}^{(\mathrm{s})}(\boldsymbol{\omega}) \tag{4.58}$$

$$\boldsymbol{Y}_3=\boldsymbol{X}_3=(\boldsymbol{E}^{(\mathrm{s})})^{-1}+(\boldsymbol{C}^{(\mathrm{s})}(\boldsymbol{\omega}))^{\mathrm{T}}(\boldsymbol{C}^{(\mathrm{a})}(\boldsymbol{u},\boldsymbol{\omega},\boldsymbol{s}))^{-\mathrm{T}}(\boldsymbol{E}^{(\mathrm{a})})^{-1}(\boldsymbol{C}^{(\mathrm{a})}(\boldsymbol{u},\boldsymbol{\omega},\boldsymbol{s}))^{-1}\boldsymbol{C}^{(\mathrm{s})}(\boldsymbol{\omega}) \tag{4.59}$$

最后，将式（4.28）和式（4.47）代入式（4.56）～式（4.59）可知

$$\begin{aligned}&\mathbf{MSE}\left(\begin{bmatrix}\hat{\boldsymbol{u}}_{\text{lwls-2}}^{(\text{II})}\\ \hat{\boldsymbol{s}}_{\text{lwls-2}}^{(\text{II})}\end{bmatrix}\right)\\ &=\begin{bmatrix}(\boldsymbol{F}_{\text{aoa}}^{(\text{u})}(\boldsymbol{u},\boldsymbol{s}))^{\text{T}}(\boldsymbol{E}^{(\text{a})})^{-1}\boldsymbol{F}_{\text{aoa}}^{(\text{u})}(\boldsymbol{u},\boldsymbol{s}) & (\boldsymbol{F}_{\text{aoa}}^{(\text{u})}(\boldsymbol{u},\boldsymbol{s}))^{\text{T}}(\boldsymbol{E}^{(\text{a})})^{-1}\boldsymbol{F}_{\text{aoa}}^{(\text{s})}(\boldsymbol{u},\boldsymbol{s})\\ (\boldsymbol{F}_{\text{aoa}}^{(\text{s})}(\boldsymbol{u},\boldsymbol{s}))^{\text{T}}(\boldsymbol{E}^{(\text{a})})^{-1}\boldsymbol{F}_{\text{aoa}}^{(\text{u})}(\boldsymbol{u},\boldsymbol{s}) & (\boldsymbol{F}_{\text{aoa}}^{(\text{s})}(\boldsymbol{u},\boldsymbol{s}))^{\text{T}}(\boldsymbol{E}^{(\text{a})})^{-1}\boldsymbol{F}_{\text{aoa}}^{(\text{s})}(\boldsymbol{u},\boldsymbol{s})+(\boldsymbol{E}^{(\text{s})})^{-1}\end{bmatrix}^{-1}\\ &=\mathbf{CRB}_{\text{aoa-q}}\left(\begin{bmatrix}\boldsymbol{u}\\ \boldsymbol{s}\end{bmatrix}\right)\end{aligned}\tag{4.60}$$

证毕。

4.3.4　数值实验

假设利用 6 个传感阵列获得 AOA 信息，并对辐射源进行定位。传感阵列和辐射源空间位置分布示意图如图 4.10 所示。6 个传感阵列位于 *XOY* 平面，辐射源的位置向量为 $\boldsymbol{u}=[-10\ \ 10\ \ 20]^{\text{T}}$（km）；AOA 观测误差 $\boldsymbol{\varepsilon}^{(\text{a})}$ 服从均值为零、协方差矩阵为 $\boldsymbol{E}^{(\text{a})}=\sigma_1^2\boldsymbol{I}_{12}$ 的高斯分布；传感阵列位置观测误差 $\boldsymbol{\varepsilon}^{(\text{s})}$ 服从均值为零、协方差矩阵为 $\boldsymbol{E}^{(\text{s})}=\sigma_2^2\boldsymbol{I}_{18}$ 的高斯分布。此外，误差向量 $\boldsymbol{\varepsilon}^{(\text{s})}$ 与 $\boldsymbol{\varepsilon}^{(\text{a})}$ 之间相互统计独立。

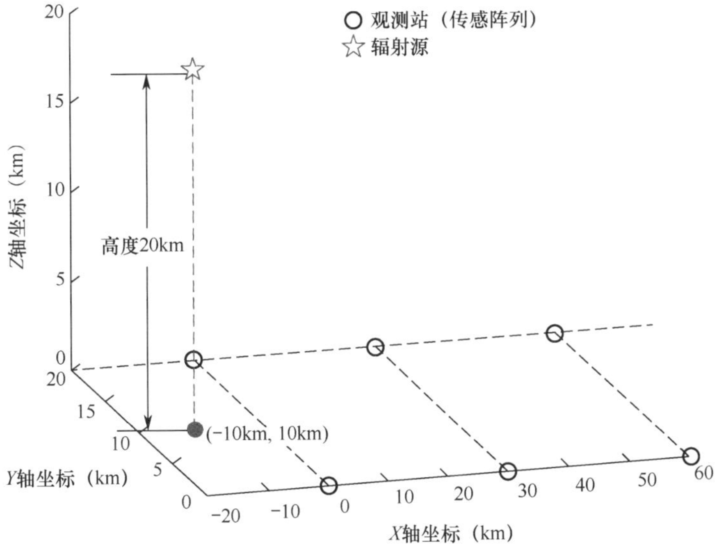

图 4.10　传感阵列和辐射源空间位置分布示意图

首先，将标准差σ_1设为1°，标准差σ_2设为1km。图4.11给出了本章定位方法II-1的定位结果散布图与定位误差椭圆曲线；图4.12给出了本章定位方法II-2的定位结果散布图与定位误差椭圆曲线。

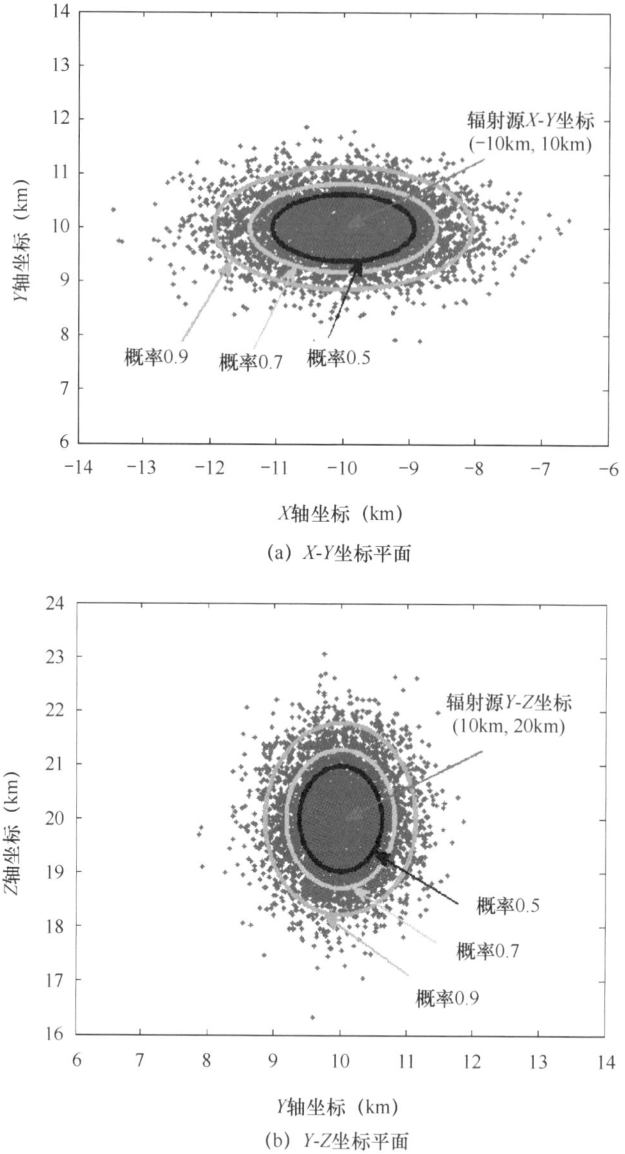

图4.11　本章定位方法II-1的定位结果散布图与定位误差椭圆曲线

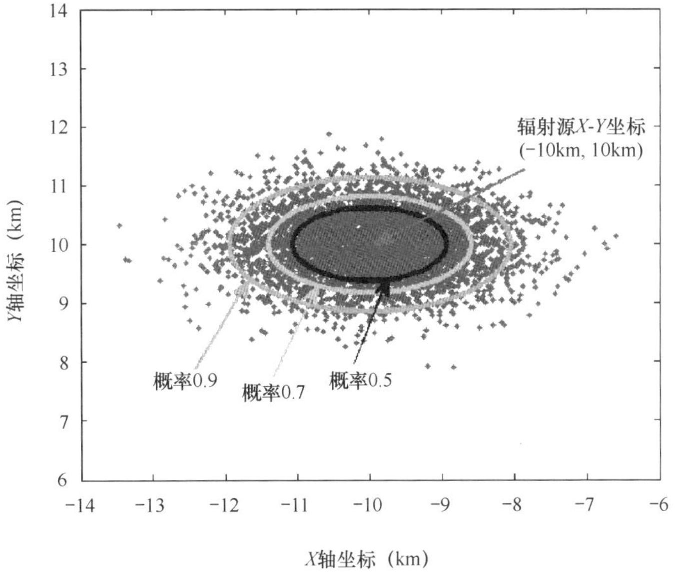

(a) X-Y坐标平面

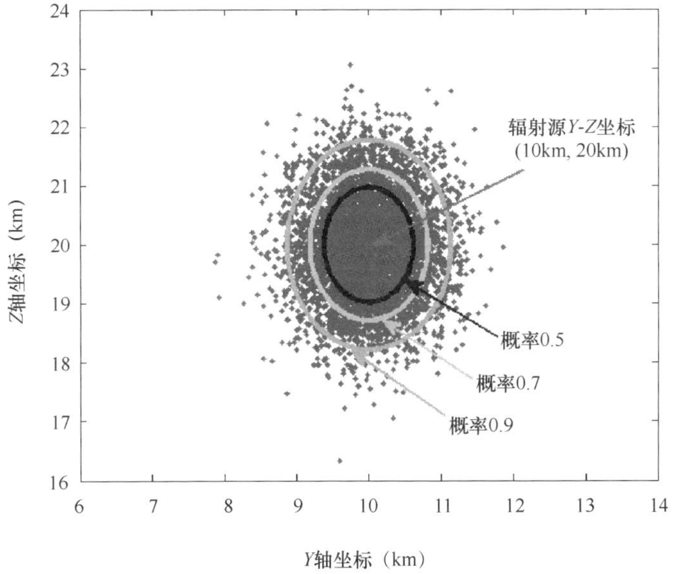

(b) Y-Z坐标平面

图 4.12　本章定位方法 II-2 的定位结果散布图与定位误差椭圆曲线

然后，将标准差 σ_2 设为 1km，改变标准差 σ_1 的数值，并且将本章定位方法 II-1、定位方法 II-2 及第 I 类定位方法进行比较。图 4.13 给出了辐射源位置估计均方根误差随着标准差 σ_1 的变化曲线；图 4.14 给出了传感阵列位置估计均方根误差随着标准差 σ_1 的变化曲线；图 4.15 给出了本章定位方法 II-1 和第 I 类定位方法的定位成功概率随着标准差 σ_1 的变化曲线。注意：图 4.15 中的理论值由式（3.25）和式（3.32）计算得到，其中 $\delta = 1.4\,\text{km}$。

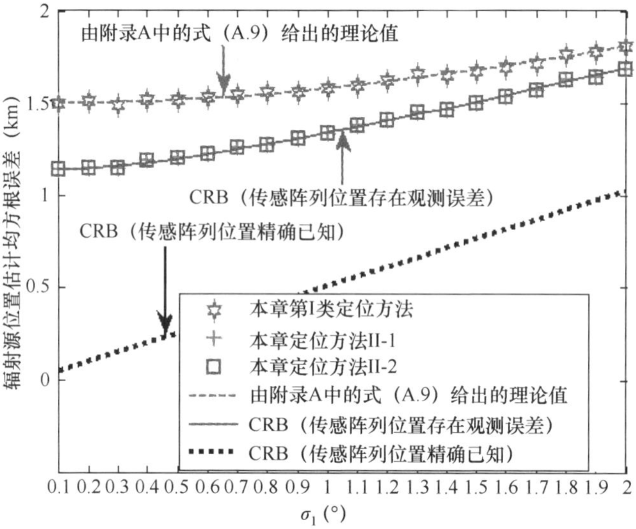

图 4.13　辐射源位置估计均方根误差随着标准差 σ_1 的变化曲线

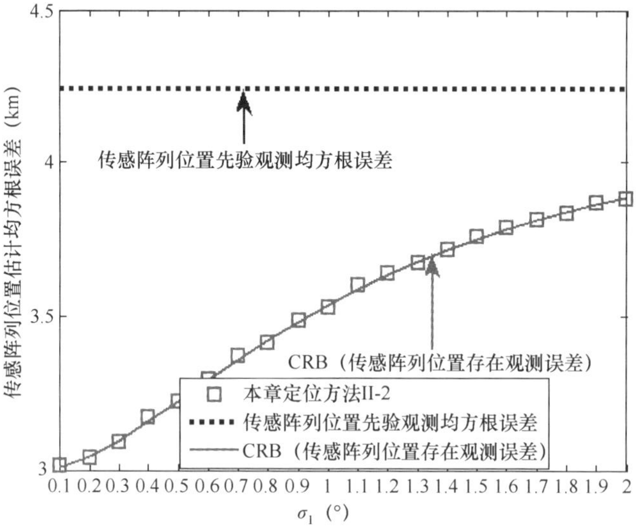

图 4.14　传感阵列位置估计均方根误差随着标准差 σ_1 的变化曲线

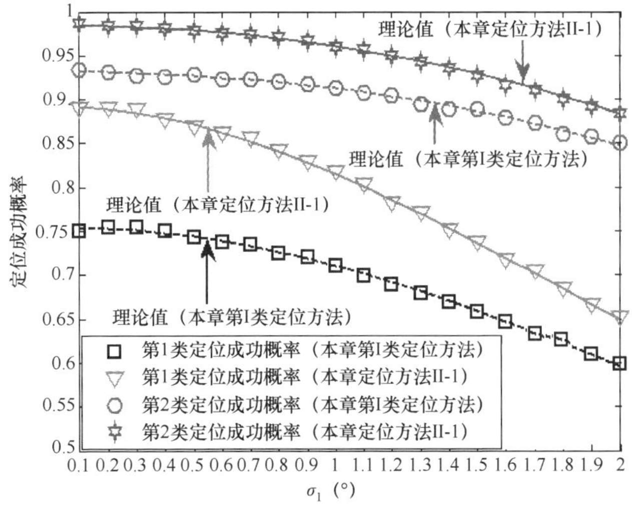

图 4.15　本章定位方法Ⅱ-1和第Ⅰ类定位方法的定位成功概率随着标准差σ_1的变化曲线

最后，将标准差σ_1设为1°，改变标准差σ_2的数值，并且将本章定位方法II-1、定位方法II-2及第I类定位方法进行比较。图4.16给出了辐射源位置估计均方根误差随着标准差σ_2的变化曲线；图4.17给出了传感阵列位置估计均方根误差随着标准差σ_2的变化曲线；图4.18给出了本章定位方法II-2和第I类定位方法的定位成功概率随着标准差σ_2的变化曲线。注意：图4.18中的理论值由式（3.25）和式（3.32）计算得到，其中$\delta = 1.4\,\text{km}$。

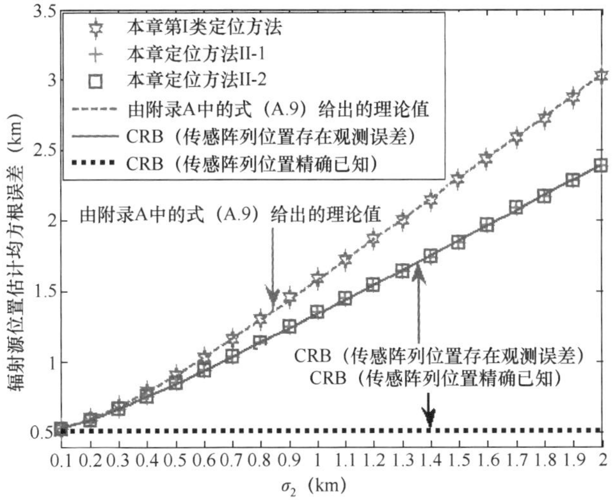

图 4.16　辐射源位置估计均方根误差随着标准差σ_2的变化曲线

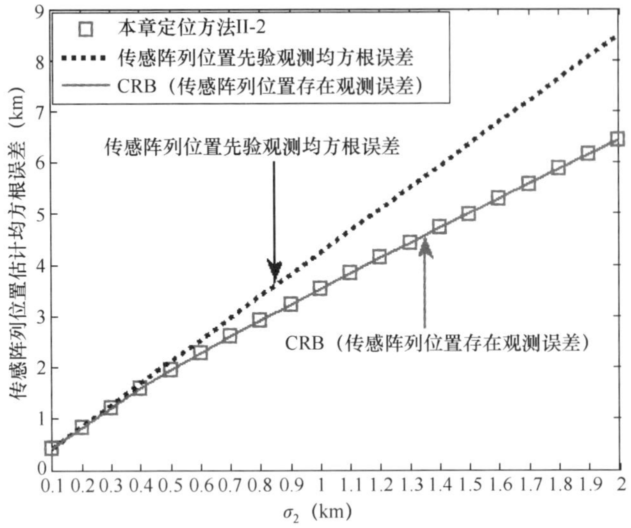

图 4.17　传感阵列位置估计均方根误差随着标准差 σ_2 的变化曲线

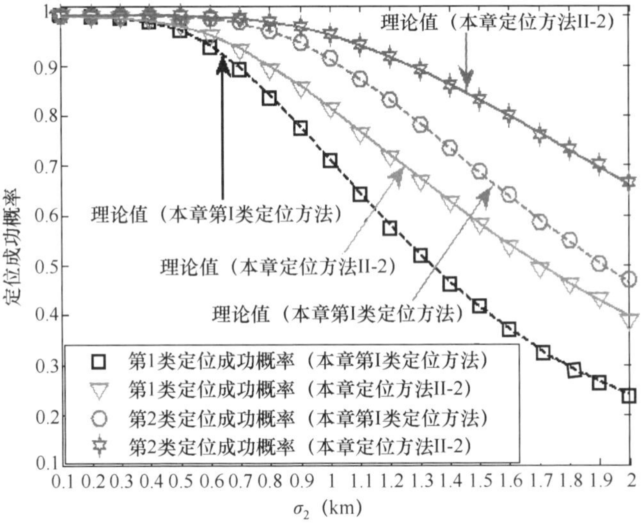

图 4.18　本章定位方法Ⅱ-2 和第Ⅰ类定位方法的定位成功概率随着标准差 σ_2 的变化曲线

由图 4.13～图 4.18 可知：

（1）在传感阵列位置存在观测误差的条件下，本章定位方法 II-1 和定位方法 II-2 比第 I 类定位方法具有更高的定位精度，性能差异随着标准差 σ_1 的增大而减少（见图 4.13 和图 4.15），随着标准差 σ_2 的增大而增大（见图 4.16 和

图 4.18）。

（2）在传感阵列位置存在观测误差的条件下，本章定位方法 II-1 和定位方法 II-2 对辐射源位置估计均方根误差均可达到相应的 CRB（见图 4.13 和图 4.16），验证了 4.3.3 节理论性能分析的有效性。

（3）在传感阵列位置存在观测误差的条件下，本章第 I 类定位方法对辐射源位置估计均方根误差与附录 A 中式（A.9）给出的理论值相吻合（见图 4.13 和图 4.16），验证了附录 A.2 理论性能分析的有效性。

（4）在传感阵列位置存在观测误差的条件下，本章定位方法 II-2 可以提高传感阵列位置估计精度（相比于先验观测精度而言），对传感阵列位置估计均方根误差可以达到相应的 CRB（见图 4.14 和图 4.17），进一步验证了 4.3.3 节理论性能分析的有效性。

（5）在传感阵列位置存在观测误差的条件下，本章定位方法 II-1 和定位方法 II-2 对辐射源位置估计均方根误差无法达到传感阵列位置精确已知条件下的 CRB（见图 4.13 和图 4.16）。

（6）在传感阵列位置存在观测误差的条件下，本章定位方法 II-1 和定位方法 II-2 的两类定位成功概率的理论值和仿真值相互吻合，在相同条件下，第 2 类定位成功概率高于第 1 类定位成功概率（见图 4.15 和图 4.18），验证了 3.2 节理论性能分析的有效性。

第 5 章 基于 AOA 观测量的闭式定位方法：偏置削减定位方法

针对 AOA 定位问题，由第 4 章描述的线性加权最小二乘定位方法容易在较大观测误差存在条件下产生非零的估计偏置（估计误差的数学期望），影响估计器的无偏性，从而会对定位性能产生较大影响。一些应用场景（如超宽带通信）可以在较短时间内获得多组定位观测量，从而得到多次定位结果。虽然将这些定位结果取平均可以提高定位性能，但是取平均仅能降低估计方差，无法减少估计偏置。因此，有必要通过削减估计偏置来提高定位性能。

本章将描述基于 AOA 观测量的偏置削减定位方法，该方法同样具有闭式解形式：首先，利用二阶误差分析方法对第 4 章中的线性加权最小二乘定位结果的估计偏置进行数学分析；然后，基于此数学分析结果给出偏置削减定位方法，该方法通过计算矩阵束的广义特征向量来获得定位结果，可以有效削减估计偏置；最后，通过数值实验验证本章定位方法的有效性。

5.1 AOA 观测模型与问题描述

在三维空间中，假设有 M 个静止传感阵列利用 AOA 观测量对某个静止辐射源定位，将其中的第 m 个传感阵列的位置向量记为 $\boldsymbol{s}_m=[x_m^{(\mathrm{s})}\ \ y_m^{(\mathrm{s})}\ \ z_m^{(\mathrm{s})}]^{\mathrm{T}}(1\leqslant m\leqslant M)$，辐射源的位置向量记为 $\boldsymbol{u}=[x^{(\mathrm{u})}\ \ y^{(\mathrm{u})}\ \ z^{(\mathrm{u})}]^{\mathrm{T}}$。

若将辐射源信号到达第 m 个传感阵列的方位角、仰角分别记为 θ_m 和 α_m，则有

$$\begin{cases}\theta_m=\arctan\left(\dfrac{y^{(\mathrm{u})}-y_m^{(\mathrm{s})}}{x^{(\mathrm{u})}-x_m^{(\mathrm{s})}}\right)\\ \alpha_m=\arctan\left(\dfrac{z^{(\mathrm{u})}-z_m^{(\mathrm{s})}}{\sqrt{(x^{(\mathrm{u})}-x_m^{(\mathrm{s})})^2+(y^{(\mathrm{u})}-y_m^{(\mathrm{s})})^2}}\right)\\ \quad\;=\arctan\left(\dfrac{z^{(\mathrm{u})}-z_m^{(\mathrm{s})}}{(x^{(\mathrm{u})}-x_m^{(\mathrm{s})})\cos(\theta_m)+(y^{(\mathrm{u})}-y_m^{(\mathrm{s})})\sin(\theta_m)}\right)\end{cases}\quad(1\leqslant m\leqslant M)\tag{5.1}$$

实际获得的 AOA 观测量是含有误差的，可以表示为

$$\begin{cases}\hat{\theta}_m=\theta_m+\varepsilon_m^{(\mathrm{a1})}\\ \hat{\alpha}_m=\alpha_m+\varepsilon_m^{(\mathrm{a2})}\end{cases}\quad(1\leqslant m\leqslant M)\tag{5.2}$$

式中，$\varepsilon_m^{(\mathrm{a1})}$、$\varepsilon_m^{(\mathrm{a2})}$ 分别表示方位角和仰角观测误差。将式（5.1）和式（5.2）合并成向量形式可得

$$\hat{\boldsymbol{\omega}}=\boldsymbol{\omega}+\boldsymbol{\varepsilon}^{(\mathrm{a})}=\boldsymbol{f}_{\mathrm{aoa}}(\boldsymbol{u},\boldsymbol{s})+\boldsymbol{\varepsilon}^{(\mathrm{a})}\tag{5.3}$$

式中，

$$\begin{cases}\hat{\boldsymbol{\omega}}=[\hat{\theta}_1\;\;\hat{\alpha}_1\;\;\hat{\theta}_2\;\;\hat{\alpha}_2\;\;\cdots\;\;\hat{\theta}_M\;\;\hat{\alpha}_M]^{\mathrm{T}}\\ \boldsymbol{\omega}=\boldsymbol{f}_{\mathrm{aoa}}(\boldsymbol{u},\boldsymbol{s})=[\theta_1\;\;\alpha_1\;\;\theta_2\;\;\alpha_2\;\;\cdots\;\;\theta_M\;\;\alpha_M]^{\mathrm{T}}\\ \boldsymbol{s}=[\boldsymbol{s}_1^{\mathrm{T}}\;\;\boldsymbol{s}_2^{\mathrm{T}}\;\;\cdots\;\;\boldsymbol{s}_M^{\mathrm{T}}]^{\mathrm{T}}\\ \boldsymbol{\varepsilon}^{(\mathrm{a})}=[\varepsilon_1^{(\mathrm{a1})}\;\;\varepsilon_1^{(\mathrm{a2})}\;\;\varepsilon_2^{(\mathrm{a1})}\;\;\varepsilon_2^{(\mathrm{a2})}\;\;\cdots\;\;\varepsilon_M^{(\mathrm{a1})}\;\;\varepsilon_M^{(\mathrm{a2})}]^{\mathrm{T}}\end{cases}\tag{5.4}$$

假设观测误差向量 $\boldsymbol{\varepsilon}^{(\mathrm{a})}$ 服从零均值的高斯分布，协方差矩阵为 $\boldsymbol{E}^{(\mathrm{a})}=E[\boldsymbol{\varepsilon}^{(\mathrm{a})}(\boldsymbol{\varepsilon}^{(\mathrm{a})})^{\mathrm{T}}]$ ①。本章将 $\hat{\boldsymbol{\omega}}$ 称为含有误差的 AOA 观测向量，将 $\boldsymbol{\omega}$ 称为无误差的 AOA 观测向量。

在本章的估计偏置分析中，需要定义观测误差向量 $\boldsymbol{\varepsilon}^{(\mathrm{a})}$ 的二阶项，即

① 由于不同传感阵列对应的 AOA 观测误差向量是相互独立的，因而矩阵 $\boldsymbol{E}^{(\mathrm{a})}$ 具有块状对角结构。

$$\boldsymbol{\varepsilon}^{(\mathrm{aa})}=[(\varepsilon_1^{(\mathrm{a1})})^2\ \ (\varepsilon_1^{(\mathrm{a2})})^2\ \ (\varepsilon_2^{(\mathrm{a1})})^2\ \ (\varepsilon_2^{(\mathrm{a2})})^2\ \cdots\ (\varepsilon_M^{(\mathrm{a1})})^2\ \ (\varepsilon_M^{(\mathrm{a2})})^2 \mid \varepsilon_1^{(\mathrm{a1})}\varepsilon_1^{(\mathrm{a2})}\ \ \varepsilon_2^{(\mathrm{a1})}\varepsilon_2^{(\mathrm{a2})}\ \cdots\ \varepsilon_M^{(\mathrm{a1})}\varepsilon_M^{(\mathrm{a2})}]^{\mathrm{T}} \tag{5.5}$$

该误差二阶项的数学期望为

$$E[\boldsymbol{\varepsilon}^{(\mathrm{aa})}]=\begin{bmatrix}\mathrm{vecd}_1[\boldsymbol{E}^{(\mathrm{a})}]\\ \boldsymbol{\Lambda}\mathrm{vecd}_2[\boldsymbol{E}^{(\mathrm{a})}]\end{bmatrix}=\boldsymbol{e}^{(\mathrm{aa})} \tag{5.6}$$

式中，$\boldsymbol{\Lambda}=[\boldsymbol{i}_{2M-1}^{(1)}\ \ \boldsymbol{i}_{2M-1}^{(3)}\ \cdots\ \boldsymbol{i}_{2M-1}^{(2M-3)}\ \ \boldsymbol{i}_{2M-1}^{(2M-1)}]^{\mathrm{T}}$。

当传感阵列安装在机载、舰载平台，又或者传感阵列随机布设时，可能无法获得传感阵列位置向量 $\boldsymbol{s}$ 的精确值，仅能得到先验观测值 $\hat{\boldsymbol{s}}$（含有观测误差），即

$$\hat{\boldsymbol{s}}=[\hat{\boldsymbol{s}}_1^{\mathrm{T}}\ \ \hat{\boldsymbol{s}}_2^{\mathrm{T}}\ \cdots\ \hat{\boldsymbol{s}}_M^{\mathrm{T}}]^{\mathrm{T}}=\boldsymbol{s}+\boldsymbol{\varepsilon}^{(\mathrm{s})} \tag{5.7}$$

式中，$\hat{\boldsymbol{s}}_m=[\hat{x}_m^{(\mathrm{s})}\ \ \hat{y}_m^{(\mathrm{s})}\ \ \hat{z}_m^{(\mathrm{s})}]^{\mathrm{T}}$（$1\leqslant m\leqslant M$），表示第 m 个传感阵列位置向量的先验观测值；$\boldsymbol{\varepsilon}^{(\mathrm{s})}$ 表示观测误差向量，服从零均值的高斯分布，协方差矩阵 $\boldsymbol{E}^{(\mathrm{s})}=E[\boldsymbol{\varepsilon}^{(\mathrm{s})}(\boldsymbol{\varepsilon}^{(\mathrm{s})})^{\mathrm{T}}]$。为了便于表述，这里将观测误差向量 $\boldsymbol{\varepsilon}^{(\mathrm{s})}$ 写为 $\boldsymbol{\varepsilon}^{(\mathrm{s})}=[(\boldsymbol{\varepsilon}_1^{(\mathrm{s})})^{\mathrm{T}}\ \ (\boldsymbol{\varepsilon}_2^{(\mathrm{s})})^{\mathrm{T}}\ \cdots\ (\boldsymbol{\varepsilon}_M^{(\mathrm{s})})^{\mathrm{T}}]^{\mathrm{T}}$。其中，$\boldsymbol{\varepsilon}_m^{(\mathrm{s})}=\hat{\boldsymbol{s}}_m-\boldsymbol{s}_m$（$1\leqslant m\leqslant M$），表示第 m 个传感阵列位置向量的观测误差向量。此外，假设观测误差向量 $\boldsymbol{\varepsilon}^{(\mathrm{s})}$ 与 $\boldsymbol{\varepsilon}^{(\mathrm{a})}$ 之间互相统计独立。

虽然第 4 章中的线性加权最小二乘定位方法具有渐近统计最优性，但是此性质仅在观测误差较小的情况下才能成立，当观测误差增大时，该类定位方法的估计偏置较大，甚至变为有偏估计。

5.2 线性加权最小二乘定位方法的估计偏置分析

限于篇幅，这里仅以第 4 章的定位方法 II-1 为例进行理论性能分析，并且利用二阶误差分析方法推导估计偏置。

5.2.1 线性加权最小二乘定位方法回顾

根据 4.3.2 节的讨论可知，定位方法 II-1 的估计准则为

$$\min_{\boldsymbol{u}}\{J(\boldsymbol{u})\}=\min_{\boldsymbol{u}}\{(\boldsymbol{b}(\hat{\boldsymbol{\omega}},\hat{\boldsymbol{s}})-\boldsymbol{A}(\hat{\boldsymbol{\omega}})\boldsymbol{u})^{\mathrm{T}}\boldsymbol{\Omega}^{-1}(\boldsymbol{b}(\hat{\boldsymbol{\omega}},\hat{\boldsymbol{s}})-\boldsymbol{A}(\hat{\boldsymbol{\omega}})\boldsymbol{u})\} \tag{5.8}$$

式中，

$$\boldsymbol{A}(\hat{\boldsymbol{\omega}})=\begin{bmatrix}\sin(\hat{\theta}_1) & -\cos(\hat{\theta}_1) & 0\\ \cos(\hat{\theta}_1)\sin(\hat{\alpha}_1) & \sin(\hat{\theta}_1)\sin(\hat{\alpha}_1) & -\cos(\hat{\alpha}_1)\\ \sin(\hat{\theta}_2) & -\cos(\hat{\theta}_2) & 0\\ \cos(\hat{\theta}_2)\sin(\hat{\alpha}_2) & \sin(\hat{\theta}_2)\sin(\hat{\alpha}_2) & -\cos(\hat{\alpha}_2)\\ \vdots & \vdots & \vdots\\ \sin(\hat{\theta}_M) & -\cos(\hat{\theta}_M) & 0\\ \cos(\hat{\theta}_M)\sin(\hat{\alpha}_M) & \sin(\hat{\theta}_M)\sin(\hat{\alpha}_M) & -\cos(\hat{\alpha}_M)\end{bmatrix}\in\mathbf{R}^{2M\times 3} \tag{5.9}$$

$$\boldsymbol{b}(\hat{\boldsymbol{\omega}},\hat{\boldsymbol{s}})=\begin{bmatrix}\hat{x}_1^{(\mathrm{s})}\sin(\hat{\theta}_1)-\hat{y}_1^{(\mathrm{s})}\cos(\hat{\theta}_1)\\ \hat{x}_1^{(\mathrm{s})}\cos(\hat{\theta}_1)\sin(\hat{\alpha}_1)+\hat{y}_1^{(\mathrm{s})}\sin(\hat{\theta}_1)\sin(\hat{\alpha}_1)-\hat{z}_1^{(\mathrm{s})}\cos(\hat{\alpha}_1)\\ \hat{x}_2^{(\mathrm{s})}\sin(\hat{\theta}_2)-\hat{y}_2^{(\mathrm{s})}\cos(\hat{\theta}_2)\\ \hat{x}_2^{(\mathrm{s})}\cos(\hat{\theta}_2)\sin(\hat{\alpha}_2)+\hat{y}_2^{(\mathrm{s})}\sin(\hat{\theta}_2)\sin(\hat{\alpha}_2)-\hat{z}_2^{(\mathrm{s})}\cos(\hat{\alpha}_2)\\ \vdots\\ \hat{x}_M^{(\mathrm{s})}\sin(\hat{\theta}_M)-\hat{y}_M^{(\mathrm{s})}\cos(\hat{\theta}_M)\\ \hat{x}_M^{(\mathrm{s})}\cos(\hat{\theta}_M)\sin(\hat{\alpha}_M)+\hat{y}_M^{(\mathrm{s})}\sin(\hat{\theta}_M)\sin(\hat{\alpha}_M)-\hat{z}_M^{(\mathrm{s})}\cos(\hat{\alpha}_M)\end{bmatrix}\in\mathbf{R}^{2M\times 1} \tag{5.10}$$

$$\boldsymbol{\Omega}=\boldsymbol{C}^{(\mathrm{a})}(\boldsymbol{u},\boldsymbol{\omega},\boldsymbol{s})\boldsymbol{E}^{(\mathrm{a})}(\boldsymbol{C}^{(\mathrm{a})}(\boldsymbol{u},\boldsymbol{\omega},\boldsymbol{s}))^{\mathrm{T}}+\boldsymbol{C}^{(\mathrm{s})}(\boldsymbol{\omega})\boldsymbol{E}^{(\mathrm{s})}(\boldsymbol{C}^{(\mathrm{s})}(\boldsymbol{\omega}))^{\mathrm{T}}\in\mathbf{R}^{2M\times 2M} \tag{5.11}$$

式中，$\boldsymbol{C}^{(\mathrm{a})}(\boldsymbol{u},\boldsymbol{\omega},\boldsymbol{s})$ 和 $\boldsymbol{C}^{(\mathrm{s})}(\boldsymbol{\omega})$ 的定义见第 4 章。根据式（2.39）可知，式（5.8）的最优闭式解为

$$\hat{\boldsymbol{u}}_{\mathrm{lwls}}=((\boldsymbol{A}(\hat{\boldsymbol{\omega}}))^{\mathrm{T}}\boldsymbol{\Omega}^{-1}\boldsymbol{A}(\hat{\boldsymbol{\omega}}))^{-1}(\boldsymbol{A}(\hat{\boldsymbol{\omega}}))^{\mathrm{T}}\boldsymbol{\Omega}^{-1}\boldsymbol{b}(\hat{\boldsymbol{\omega}},\hat{\boldsymbol{s}}) \tag{5.12}$$

【注记 5.1】式（5.12）对应于式（4.38），其中的加权矩阵 $\boldsymbol{\Omega}^{-1}$ 与式（4.38）中的加权矩阵 $(\boldsymbol{\Omega}_1^{(\mathrm{II})})^{-1}$ 是相同的。

5.2.2 线性加权最小二乘定位方法的估计误差

本节将利用二阶误差分析方法推导式(5.12)的估计误差$\Delta\boldsymbol{u}_{\text{lwls}}=\hat{\boldsymbol{u}}_{\text{lwls}}-\boldsymbol{u}$的表达式，在二阶误差分析理论框架下，需要保留观测误差向量$\boldsymbol{\varepsilon}^{(\text{a})}$和$\boldsymbol{\varepsilon}^{(\text{s})}$至二阶项。

首先，将矩阵$\boldsymbol{A}(\hat{\boldsymbol{\omega}})$和向量$\boldsymbol{b}(\hat{\boldsymbol{\omega}},\hat{\boldsymbol{s}})$分别表示为

$$\begin{cases}\boldsymbol{A}(\hat{\boldsymbol{\omega}})\approx\boldsymbol{A}(\boldsymbol{\omega})+\boldsymbol{\delta A}^{(1)}+\boldsymbol{\delta A}^{(2)}\\ \boldsymbol{b}(\hat{\boldsymbol{\omega}},\hat{\boldsymbol{s}})\approx\boldsymbol{b}(\boldsymbol{\omega},\boldsymbol{s})+\boldsymbol{\delta b}^{(1)}+\boldsymbol{\delta b}^{(2)}\end{cases}\tag{5.13}$$

式中，$\boldsymbol{\delta A}^{(1)}$和$\boldsymbol{\delta b}^{(1)}$表示误差一阶项；$\boldsymbol{\delta A}^{(2)}$和$\boldsymbol{\delta b}^{(2)}$表示误差二阶项。由式（5.9）可知

$$\begin{cases}\boldsymbol{\delta A}^{(1)}=\sum\limits_{m=1}^{M}\varepsilon_m^{(\text{a1})}\dot{\boldsymbol{A}}_{\theta_m}(\boldsymbol{\omega})+\sum\limits_{m=1}^{M}\varepsilon_m^{(\text{a2})}\dot{\boldsymbol{A}}_{\alpha_m}(\boldsymbol{\omega})\in\mathbf{R}^{2M\times 3}\\ \boldsymbol{\delta A}^{(2)}=\dfrac{1}{2}\sum\limits_{m=1}^{M}(\varepsilon_m^{(\text{a1})})^2\ddot{\boldsymbol{A}}_{\theta_m\theta_m}(\boldsymbol{\omega})+\dfrac{1}{2}\sum\limits_{m=1}^{M}(\varepsilon_m^{(\text{a2})})^2\ddot{\boldsymbol{A}}_{\alpha_m\alpha_m}(\boldsymbol{\omega})+\sum\limits_{m=1}^{M}\varepsilon_m^{(\text{a1})}\varepsilon_m^{(\text{a2})}\ddot{\boldsymbol{A}}_{\theta_m\alpha_m}(\boldsymbol{\omega})\in\mathbf{R}^{2M\times 3}\end{cases}\tag{5.14}$$

式中，

$$\dot{\boldsymbol{A}}_{\theta_m}(\boldsymbol{\omega})=\frac{\partial\boldsymbol{A}(\boldsymbol{\omega})}{\partial\theta_m}=\boldsymbol{i}_M^{(m)}\otimes\begin{bmatrix}\cos(\theta_m) & \sin(\theta_m) & 0\\ -\sin(\theta_m)\sin(\alpha_m) & \cos(\theta_m)\sin(\alpha_m) & 0\end{bmatrix}\quad(1\leqslant m\leqslant M)\tag{5.15}$$

$$\dot{\boldsymbol{A}}_{\alpha_m}(\boldsymbol{\omega})=\frac{\partial\boldsymbol{A}(\boldsymbol{\omega})}{\partial\alpha_m}=\boldsymbol{i}_M^{(m)}\otimes\begin{bmatrix}0 & 0 & 0\\ \cos(\theta_m)\cos(\alpha_m) & \sin(\theta_m)\cos(\alpha_m) & \sin(\alpha_m)\end{bmatrix}\quad(1\leqslant m\leqslant M)\tag{5.16}$$

$$\ddot{\boldsymbol{A}}_{\theta_m\theta_m}(\boldsymbol{\omega})=\frac{\partial^2\boldsymbol{A}(\boldsymbol{\omega})}{\partial\theta_m^2}=\boldsymbol{i}_M^{(m)}\otimes\begin{bmatrix}-\sin(\theta_m) & \cos(\theta_m) & 0\\ -\cos(\theta_m)\sin(\alpha_m) & -\sin(\theta_m)\sin(\alpha_m) & 0\end{bmatrix}\quad(1\leqslant m\leqslant M)\tag{5.17}$$

$$\ddot{\boldsymbol{A}}_{\theta_m\alpha_m}(\boldsymbol{\omega})=\frac{\partial^2\boldsymbol{A}(\boldsymbol{\omega})}{\partial\theta_m\partial\alpha_m}=\boldsymbol{i}_M^{(m)}\otimes\begin{bmatrix}0 & 0 & 0\\ -\sin(\theta_m)\cos(\alpha_m) & \cos(\theta_m)\cos(\alpha_m) & 0\end{bmatrix}\quad(1\leqslant m\leqslant M)\tag{5.18}$$

$$\ddot{\boldsymbol{A}}_{\alpha_m\alpha_m}(\boldsymbol{\omega})=\frac{\partial^2\boldsymbol{A}(\boldsymbol{\omega})}{\partial\alpha_m^2}=\boldsymbol{i}_M^{(m)}\otimes\begin{bmatrix}0 & 0 & 0\\ -\cos(\theta_m)\sin(\alpha_m) & -\sin(\theta_m)\sin(\alpha_m) & \cos(\alpha_m)\end{bmatrix}\quad(1\leqslant m\leqslant M)\tag{5.19}$$

基于式（5.10）可得[①]

$$\begin{cases}\delta\boldsymbol{b}^{(1)}=\sum\limits_{m=1}^{M}\varepsilon_m^{(\mathrm{a}1)}\dot{\boldsymbol{b}}_{\theta_m}(\boldsymbol{\omega},\boldsymbol{s})+\sum\limits_{m=1}^{M}\varepsilon_m^{(\mathrm{a}2)}\dot{\boldsymbol{b}}_{\alpha_m}(\boldsymbol{\omega},\boldsymbol{s})+\sum\limits_{m=1}^{M}<\boldsymbol{\varepsilon}_m^{(\mathrm{s})}>_1\dot{\boldsymbol{b}}_{x_m^{(\mathrm{s})}}(\boldsymbol{\omega})+\\ \qquad\sum\limits_{m=1}^{M}<\boldsymbol{\varepsilon}_m^{(\mathrm{s})}>_2\dot{\boldsymbol{b}}_{y_m^{(\mathrm{s})}}(\boldsymbol{\omega})+\sum\limits_{m=1}^{M}<\boldsymbol{\varepsilon}_m^{(\mathrm{s})}>_3\dot{\boldsymbol{b}}_{z_m^{(\mathrm{s})}}(\boldsymbol{\omega})\\ \qquad=\boldsymbol{B}^{(\mathrm{a})}(\boldsymbol{\omega},\boldsymbol{s})\boldsymbol{\varepsilon}^{(\mathrm{a})}+\boldsymbol{B}^{(\mathrm{s})}(\boldsymbol{\omega})\boldsymbol{\varepsilon}^{(\mathrm{s})}\in\mathbf{R}^{2M\times1}\\ \delta\boldsymbol{b}^{(2)}=\frac{1}{2}\sum\limits_{m=1}^{M}(\varepsilon_m^{(\mathrm{a}1)})^2\ddot{\boldsymbol{b}}_{\theta_m\theta_m}(\boldsymbol{\omega},\boldsymbol{s})+\frac{1}{2}\sum\limits_{m=1}^{M}(\varepsilon_m^{(\mathrm{a}2)})^2\ddot{\boldsymbol{b}}_{\alpha_m\alpha_m}(\boldsymbol{\omega},\boldsymbol{s})+\\ \qquad\sum\limits_{m=1}^{M}\varepsilon_m^{(\mathrm{a}1)}\varepsilon_m^{(\mathrm{a}2)}\ddot{\boldsymbol{b}}_{\theta_m\alpha_m}(\boldsymbol{\omega},\boldsymbol{s})=\boldsymbol{B}^{(\mathrm{aa})}(\boldsymbol{\omega},\boldsymbol{s})\boldsymbol{\varepsilon}^{(\mathrm{aa})}\in\mathbf{R}^{2M\times1}\end{cases}\tag{5.20}$$

式中，

$$\dot{\boldsymbol{b}}_{\theta_m}(\boldsymbol{\omega},\boldsymbol{s})=\frac{\partial\boldsymbol{b}(\boldsymbol{\omega},\boldsymbol{s})}{\partial\theta_m}=\boldsymbol{i}_M^{(m)}\otimes\begin{bmatrix}x_m^{(\mathrm{s})}\cos(\theta_m)+y_m^{(\mathrm{s})}\sin(\theta_m)\\ -x_m^{(\mathrm{s})}\sin(\theta_m)\sin(\alpha_m)+y_m^{(\mathrm{s})}\cos(\theta_m)\sin(\alpha_m)\end{bmatrix}\quad(1\leqslant m\leqslant M)\tag{5.21}$$

$$\begin{aligned}\dot{\boldsymbol{b}}_{\alpha_m}(\boldsymbol{\omega},\boldsymbol{s})&=\frac{\partial\boldsymbol{b}(\boldsymbol{\omega},\boldsymbol{s})}{\partial\alpha_m}\\ &=\boldsymbol{i}_M^{(m)}\otimes\begin{bmatrix}0\\ x_m^{(\mathrm{s})}\cos(\theta_m)\cos(\alpha_m)+y_m^{(\mathrm{s})}\sin(\theta_m)\cos(\alpha_m)+z_m^{(\mathrm{s})}\sin(\alpha_m)\end{bmatrix}\quad(1\leqslant m\leqslant M)\end{aligned}\tag{5.22}$$

① 由于 $\boldsymbol{b}(\boldsymbol{\omega},\boldsymbol{s})$ 是关于传感阵列位置向量 $\boldsymbol{s}$ 的线性函数，因此，$\delta\boldsymbol{b}^{(2)}$ 与传感阵列位置观测误差向量 $\boldsymbol{\varepsilon}^{(\mathrm{s})}$ 无关。

$$\begin{cases}\dot{\boldsymbol{b}}_{x_m^{(\mathrm{s})}}(\boldsymbol{\omega})=\dfrac{\partial \boldsymbol{b}(\boldsymbol{\omega},\boldsymbol{s})}{\partial x_m^{(\mathrm{s})}}=\boldsymbol{i}_M^{(m)}\otimes\begin{bmatrix}\sin(\theta_m)\\ \cos(\theta_m)\sin(\alpha_m)\end{bmatrix}\\ \dot{\boldsymbol{b}}_{y_m^{(\mathrm{s})}}(\boldsymbol{\omega})=\dfrac{\partial \boldsymbol{b}(\boldsymbol{\omega},\boldsymbol{s})}{\partial y_m^{(\mathrm{s})}}=\boldsymbol{i}_M^{(m)}\otimes\begin{bmatrix}-\cos(\theta_m)\\ \sin(\theta_m)\sin(\alpha_m)\end{bmatrix}\\ \dot{\boldsymbol{b}}_{z_m^{(\mathrm{s})}}(\boldsymbol{\omega})=\dfrac{\partial \boldsymbol{b}(\boldsymbol{\omega},\boldsymbol{s})}{\partial z_m^{(\mathrm{s})}}=\boldsymbol{i}_M^{(m)}\otimes\begin{bmatrix}0\\ -\cos(\alpha_m)\end{bmatrix}\end{cases}\quad (1\leqslant m\leqslant M) \tag{5.23}$$

$$\begin{aligned}\ddot{\boldsymbol{b}}_{\theta_m\theta_m}(\boldsymbol{\omega},\boldsymbol{s})&=\frac{\partial^2 \boldsymbol{b}(\boldsymbol{\omega},\boldsymbol{s})}{\partial \theta_m^2}\\ &=\boldsymbol{i}_M^{(m)}\otimes\begin{bmatrix}-x_m^{(\mathrm{s})}\sin(\theta_m)+y_m^{(\mathrm{s})}\cos(\theta_m)\\ -x_m^{(\mathrm{s})}\cos(\theta_m)\sin(\alpha_m)-y_m^{(\mathrm{s})}\sin(\theta_m)\sin(\alpha_m)\end{bmatrix}\quad(1\leqslant m\leqslant M)\end{aligned} \tag{5.24}$$

$$\begin{aligned}\ddot{\boldsymbol{b}}_{\theta_m\alpha_m}(\boldsymbol{\omega},\boldsymbol{s})&=\frac{\partial^2 \boldsymbol{b}(\boldsymbol{\omega},\boldsymbol{s})}{\partial \theta_m\partial\alpha_m}\\ &=\boldsymbol{i}_M^{(m)}\otimes\begin{bmatrix}0\\ -x_m^{(\mathrm{s})}\sin(\theta_m)\cos(\alpha_m)+y_m^{(\mathrm{s})}\cos(\theta_m)\cos(\alpha_m)\end{bmatrix}\quad(1\leqslant m\leqslant M)\end{aligned} \tag{5.25}$$

$$\begin{aligned}\ddot{\boldsymbol{b}}_{\alpha_m\alpha_m}(\boldsymbol{\omega},\boldsymbol{s})&=\frac{\partial^2 \boldsymbol{b}(\boldsymbol{\omega},\boldsymbol{s})}{\partial \alpha_m^2}\\ &=\boldsymbol{i}_M^{(m)}\otimes\begin{bmatrix}0\\ -x_m^{(\mathrm{s})}\cos(\theta_m)\sin(\alpha_m)-y_m^{(\mathrm{s})}\sin(\theta_m)\sin(\alpha_m)+z_m^{(\mathrm{s})}\cos(\alpha_m)\end{bmatrix}\quad(1\leqslant m\leqslant M)\end{aligned} \tag{5.26}$$

$$\boldsymbol{B}^{(\mathrm{a})}(\boldsymbol{\omega},\boldsymbol{s})=[\dot{\boldsymbol{b}}_{\theta_1}(\boldsymbol{\omega},\boldsymbol{s})\ \ \dot{\boldsymbol{b}}_{\alpha_1}(\boldsymbol{\omega},\boldsymbol{s})\ \ \dot{\boldsymbol{b}}_{\theta_2}(\boldsymbol{\omega},\boldsymbol{s})\ \ \dot{\boldsymbol{b}}_{\alpha_2}(\boldsymbol{\omega},\boldsymbol{s})\ \ \cdots\ \ \dot{\boldsymbol{b}}_{\theta_M}(\boldsymbol{\omega},\boldsymbol{s})\ \ \dot{\boldsymbol{b}}_{\alpha_M}(\boldsymbol{\omega},\boldsymbol{s})] \tag{5.27}$$

$$\boldsymbol{B}^{(\mathrm{s})}(\boldsymbol{\omega})=[\dot{\boldsymbol{b}}_{x_1^{(\mathrm{s})}}(\boldsymbol{\omega})\ \ \dot{\boldsymbol{b}}_{y_1^{(\mathrm{s})}}(\boldsymbol{\omega})\ \ \dot{\boldsymbol{b}}_{z_1^{(\mathrm{s})}}(\boldsymbol{\omega})\ \ \dot{\boldsymbol{b}}_{x_2^{(\mathrm{s})}}(\boldsymbol{\omega})\ \ \dot{\boldsymbol{b}}_{y_2^{(\mathrm{s})}}(\boldsymbol{\omega})\ \ \dot{\boldsymbol{b}}_{z_2^{(\mathrm{s})}}(\boldsymbol{\omega})\ \ \cdots\ \ \dot{\boldsymbol{b}}_{x_M^{(\mathrm{s})}}(\boldsymbol{\omega})\ \ \dot{\boldsymbol{b}}_{y_M^{(\mathrm{s})}}(\boldsymbol{\omega})\ \ \dot{\boldsymbol{b}}_{z_M^{(\mathrm{s})}}(\boldsymbol{\omega})] \tag{5.28}$$

$$\begin{aligned}&\boldsymbol{B}^{(\mathrm{aa})}(\boldsymbol{\omega},\boldsymbol{s})\\&=\frac{1}{2}[\ddot{\boldsymbol{b}}_{\theta_1\theta_1}(\boldsymbol{\omega},\boldsymbol{s})\ \ddot{\boldsymbol{b}}_{\alpha_1\alpha_1}(\boldsymbol{\omega},\boldsymbol{s})\ \ddot{\boldsymbol{b}}_{\theta_2\theta_2}(\boldsymbol{\omega},\boldsymbol{s})\ \ddot{\boldsymbol{b}}_{\alpha_2\alpha_2}(\boldsymbol{\omega},\boldsymbol{s})\cdots\ddot{\boldsymbol{b}}_{\theta_M\theta_M}(\boldsymbol{\omega},\boldsymbol{s})\ \ddot{\boldsymbol{b}}_{\alpha_M\alpha_M}(\boldsymbol{\omega},\boldsymbol{s})\ \vdots\\&\quad 2\ddot{\boldsymbol{b}}_{\theta_1\alpha_1}(\boldsymbol{\omega},\boldsymbol{s})\ 2\ddot{\boldsymbol{b}}_{\theta_2\alpha_2}(\boldsymbol{\omega},\boldsymbol{s})\cdots2\ddot{\boldsymbol{b}}_{\theta_M\alpha_M}(\boldsymbol{\omega},\boldsymbol{s})]\end{aligned}\tag{5.29}$$

需要指出的是，式（5.27）和式（5.28）中的矩阵 $\boldsymbol{B}^{(\mathrm{a})}(\boldsymbol{\omega},\boldsymbol{s})$ 和 $\boldsymbol{B}^{(\mathrm{s})}(\boldsymbol{\omega})$ 分别与式（4.13）中的第 1 个公式和式（4.33）相同。

然后，将估计向量 $\hat{\boldsymbol{u}}_{\mathrm{lwls}}$ 表示为

$$\hat{\boldsymbol{u}}_{\mathrm{lwls}}\approx\boldsymbol{u}+\boldsymbol{\delta u}_{\mathrm{lwls}}^{(1)}+\boldsymbol{\delta u}_{\mathrm{lwls}}^{(2)}\tag{5.30}$$

式中，$\boldsymbol{\delta u}_{\mathrm{lwls}}^{(1)}$ 表示误差一阶项；$\boldsymbol{\delta u}_{\mathrm{lwls}}^{(2)}$ 表示误差二阶项。结合式（5.12）、式（5.13）及式（5.30）可知

$$\begin{aligned}&(\boldsymbol{A}(\boldsymbol{\omega})+\boldsymbol{\delta A}^{(1)}+\boldsymbol{\delta A}^{(2)})^{\mathrm{T}}\boldsymbol{\Omega}^{-1}(\boldsymbol{A}(\boldsymbol{\omega})+\boldsymbol{\delta A}^{(1)}+\boldsymbol{\delta A}^{(2)})(\boldsymbol{u}+\boldsymbol{\delta u}_{\mathrm{lwls}}^{(1)}+\boldsymbol{\delta u}_{\mathrm{lwls}}^{(2)})\\&\approx(\boldsymbol{A}(\boldsymbol{\omega})+\boldsymbol{\delta A}^{(1)}+\boldsymbol{\delta A}^{(2)})^{\mathrm{T}}\boldsymbol{\Omega}^{-1}(\boldsymbol{b}(\boldsymbol{\omega},\boldsymbol{s})+\boldsymbol{\delta b}^{(1)}+\boldsymbol{\delta b}^{(2)})\end{aligned}\tag{5.31}$$

比较式（5.31）两边的误差一阶项可得

$$\begin{aligned}&(\boldsymbol{\delta A}^{(1)})^{\mathrm{T}}\boldsymbol{\Omega}^{-1}\boldsymbol{A}(\boldsymbol{\omega})\boldsymbol{u}+(\boldsymbol{A}(\boldsymbol{\omega}))^{\mathrm{T}}\boldsymbol{\Omega}^{-1}\boldsymbol{\delta A}^{(1)}\boldsymbol{u}+(\boldsymbol{A}(\boldsymbol{\omega}))^{\mathrm{T}}\boldsymbol{\Omega}^{-1}\boldsymbol{A}(\boldsymbol{\omega})\boldsymbol{\delta u}_{\mathrm{lwls}}^{(1)}\\&=(\boldsymbol{\delta A}^{(1)})^{\mathrm{T}}\boldsymbol{\Omega}^{-1}\boldsymbol{b}(\boldsymbol{\omega},\boldsymbol{s})+(\boldsymbol{A}(\boldsymbol{\omega}))^{\mathrm{T}}\boldsymbol{\Omega}^{-1}\boldsymbol{\delta b}^{(1)}\end{aligned}\tag{5.32}$$

由式（5.32）可知

$$\boldsymbol{\delta u}_{\mathrm{lwls}}^{(1)}=((\boldsymbol{A}(\boldsymbol{\omega}))^{\mathrm{T}}\boldsymbol{\Omega}^{-1}\boldsymbol{A}(\boldsymbol{\omega}))^{-1}(\boldsymbol{A}(\boldsymbol{\omega}))^{\mathrm{T}}\boldsymbol{\Omega}^{-1}(\boldsymbol{\delta b}^{(1)}-\boldsymbol{\delta A}^{(1)}\boldsymbol{u})=\boldsymbol{T}_1(\boldsymbol{\omega})\boldsymbol{\delta b}^{(1)}-\boldsymbol{T}_1(\boldsymbol{\omega})\boldsymbol{\delta A}^{(1)}\boldsymbol{u}\tag{5.33}$$

式中，

$$\boldsymbol{T}_1(\boldsymbol{\omega})=((\boldsymbol{A}(\boldsymbol{\omega}))^{\mathrm{T}}\boldsymbol{\Omega}^{-1}\boldsymbol{A}(\boldsymbol{\omega}))^{-1}(\boldsymbol{A}(\boldsymbol{\omega}))^{\mathrm{T}}\boldsymbol{\Omega}^{-1}\in\mathbf{R}^{3\times2M}\tag{5.34}$$

比较式（5.31）两边的误差二阶项可得

$$(\delta\boldsymbol{A}^{(2)})^{\mathrm{T}}\boldsymbol{\Omega}^{-1}\boldsymbol{A}(\boldsymbol{\omega})\boldsymbol{u}+(\boldsymbol{A}(\boldsymbol{\omega}))^{\mathrm{T}}\boldsymbol{\Omega}^{-1}\delta\boldsymbol{A}^{(2)}\boldsymbol{u}+(\boldsymbol{A}(\boldsymbol{\omega}))^{\mathrm{T}}\boldsymbol{\Omega}^{-1}\boldsymbol{A}(\boldsymbol{\omega})\delta\boldsymbol{u}_{\mathrm{lwls}}^{(2)}+(\delta\boldsymbol{A}^{(1)})^{\mathrm{T}}\boldsymbol{\Omega}^{-1}\delta\boldsymbol{A}^{(1)}\boldsymbol{u}+$$
$$(\delta\boldsymbol{A}^{(1)})^{\mathrm{T}}\boldsymbol{\Omega}^{-1}\boldsymbol{A}(\boldsymbol{\omega})\delta\boldsymbol{u}_{\mathrm{lwls}}^{(1)}+(\boldsymbol{A}(\boldsymbol{\omega}))^{\mathrm{T}}\boldsymbol{\Omega}^{-1}\delta\boldsymbol{A}^{(1)}\delta\boldsymbol{u}_{\mathrm{lwls}}^{(1)}$$
$$=(\delta\boldsymbol{A}^{(2)})^{\mathrm{T}}\boldsymbol{\Omega}^{-1}\boldsymbol{b}(\boldsymbol{\omega},\boldsymbol{s})+(\boldsymbol{A}(\boldsymbol{\omega}))^{\mathrm{T}}\boldsymbol{\Omega}^{-1}\delta\boldsymbol{b}^{(2)}+(\delta\boldsymbol{A}^{(1)})^{\mathrm{T}}\boldsymbol{\Omega}^{-1}\delta\boldsymbol{b}^{(1)} \tag{5.35}$$

由式（5.35）可知

$$\delta\boldsymbol{u}_{\mathrm{lwls}}^{(2)}=\boldsymbol{T}_1(\boldsymbol{\omega})(\delta\boldsymbol{b}^{(2)}-\delta\boldsymbol{A}^{(2)}\boldsymbol{u}-\delta\boldsymbol{A}^{(1)}\delta\boldsymbol{u}_{\mathrm{lwls}}^{(1)})+\boldsymbol{T}_2(\boldsymbol{\omega})(\delta\boldsymbol{A}^{(1)})^{\mathrm{T}}\times \boldsymbol{\Omega}^{-1}(\delta\boldsymbol{b}^{(1)}-\delta\boldsymbol{A}^{(1)}\boldsymbol{u}-\boldsymbol{A}(\boldsymbol{\omega})\delta\boldsymbol{u}_{\mathrm{lwls}}^{(1)}) \tag{5.36}$$

式中，

$$\boldsymbol{T}_2(\boldsymbol{\omega})=((\boldsymbol{A}(\boldsymbol{\omega}))^{\mathrm{T}}\boldsymbol{\Omega}^{-1}\boldsymbol{A}(\boldsymbol{\omega}))^{-1}\in\mathbf{R}^{3\times 3} \tag{5.37}$$

最后，将式（5.33）代入式（5.36）可得

$$\begin{aligned}\delta\boldsymbol{u}_{\mathrm{lwls}}^{(2)}=&\boldsymbol{T}_1(\boldsymbol{\omega})\delta\boldsymbol{b}^{(2)}-\boldsymbol{T}_1(\boldsymbol{\omega})\delta\boldsymbol{A}^{(2)}\boldsymbol{u}-\boldsymbol{T}_1(\boldsymbol{\omega})\delta\boldsymbol{A}^{(1)}\boldsymbol{T}_1(\boldsymbol{\omega})\delta\boldsymbol{b}^{(1)}+\\&\boldsymbol{T}_1(\boldsymbol{\omega})\delta\boldsymbol{A}^{(1)}\boldsymbol{T}_1(\boldsymbol{\omega})\delta\boldsymbol{A}^{(1)}\boldsymbol{u}+\boldsymbol{T}_2(\boldsymbol{\omega})(\delta\boldsymbol{A}^{(1)})^{\mathrm{T}}\boldsymbol{\Omega}^{-1}(\boldsymbol{I}_{2M}-\boldsymbol{A}(\boldsymbol{\omega})\boldsymbol{T}_1(\boldsymbol{\omega}))\delta\boldsymbol{b}^{(1)}-\\&\boldsymbol{T}_2(\boldsymbol{\omega})(\delta\boldsymbol{A}^{(1)})^{\mathrm{T}}\boldsymbol{\Omega}^{-1}(\boldsymbol{I}_{2M}-\boldsymbol{A}(\boldsymbol{\omega})\boldsymbol{T}_1(\boldsymbol{\omega}))\delta\boldsymbol{A}^{(1)}\boldsymbol{u}\end{aligned} \tag{5.38}$$

基于上述数学推演可知，在二阶误差分析理论框架下，式（5.12）的估计误差$\Delta\boldsymbol{u}_{\mathrm{lwls}}$可以表示为

$$\begin{aligned}\Delta\boldsymbol{u}_{\mathrm{lwls}}\approx&\,\delta\boldsymbol{u}_{\mathrm{lwls}}^{(1)}+\delta\boldsymbol{u}_{\mathrm{lwls}}^{(2)}\\=&\underbrace{\boldsymbol{T}_1(\boldsymbol{\omega})\delta\boldsymbol{b}^{(1)}-\boldsymbol{T}_1(\boldsymbol{\omega})\delta\boldsymbol{A}^{(1)}\boldsymbol{u}}_{\text{误差一阶项}}+\\&\underbrace{\boldsymbol{T}_1(\boldsymbol{\omega})\delta\boldsymbol{b}^{(2)}-\boldsymbol{T}_1(\boldsymbol{\omega})\delta\boldsymbol{A}^{(2)}\boldsymbol{u}-\boldsymbol{T}_1(\boldsymbol{\omega})\delta\boldsymbol{A}^{(1)}\boldsymbol{T}_1(\boldsymbol{\omega})\delta\boldsymbol{b}^{(1)}+\boldsymbol{T}_1(\boldsymbol{\omega})\delta\boldsymbol{A}^{(1)}\boldsymbol{T}_1(\boldsymbol{\omega})\delta\boldsymbol{A}^{(1)}\boldsymbol{u}+}_{\text{误差二阶项}}\\&\underbrace{\boldsymbol{T}_2(\boldsymbol{\omega})(\delta\boldsymbol{A}^{(1)})^{\mathrm{T}}\boldsymbol{\Omega}^{-1}(\boldsymbol{I}_{2M}-\boldsymbol{A}(\boldsymbol{\omega})\boldsymbol{T}_1(\boldsymbol{\omega}))\delta\boldsymbol{b}^{(1)}-\boldsymbol{T}_2(\boldsymbol{\omega})(\delta\boldsymbol{A}^{(1)})^{\mathrm{T}}\boldsymbol{\Omega}^{-1}(\boldsymbol{I}_{2M}-\boldsymbol{A}(\boldsymbol{\omega})\boldsymbol{T}_1(\boldsymbol{\omega}))\delta\boldsymbol{A}^{(1)}\boldsymbol{u}}_{\text{误差二阶项}}\end{aligned} \tag{5.39}$$

【注记 5.2】当观测误差较大时，误差向量 $\Delta\boldsymbol{u}_{\text{lwls}}$ 中的误差二阶项容易导致式（5.12）成为有偏估计，此时需要进行偏置削减。

5.2.3　线性加权最小二乘定位方法的估计偏置

本节将推导式（5.12）的估计偏置 $\text{Bias}[\hat{\boldsymbol{u}}_{\text{lwls}}]=E[\Delta\boldsymbol{u}_{\text{lwls}}]$。由于误差一阶项 $\boldsymbol{\delta u}_{\text{lwls}}^{(1)}$ 满足 $E[\boldsymbol{\delta u}_{\text{lwls}}^{(1)}]=\boldsymbol{O}_{3\times1}$，因此向量 $\hat{\boldsymbol{u}}_{\text{lwls}}$ 的估计偏置仅取决于误差二阶项 $\boldsymbol{\delta u}_{\text{lwls}}^{(2)}$，即有 $\text{Bias}[\hat{\boldsymbol{u}}_{\text{lwls}}]=E[\boldsymbol{\delta u}_{\text{lwls}}^{(2)}]$。

为了获得估计偏置 $\text{Bias}[\hat{\boldsymbol{u}}_{\text{lwls}}]$ 的表达式，需要定义下面 6 个矩阵函数，即

$$\begin{cases}\boldsymbol{\Psi}_1(\boldsymbol{Z}_1)=E[\boldsymbol{Z}_1\boldsymbol{\delta b}^{(2)}]\\ \boldsymbol{\Psi}_2(\boldsymbol{Z}_2,\boldsymbol{z}_2)=E[\boldsymbol{Z}_2\boldsymbol{\delta A}^{(2)}\boldsymbol{z}_2]\\ \boldsymbol{\Psi}_3(\boldsymbol{Z}_{3\text{a}},\boldsymbol{Z}_{3\text{b}})=E[\boldsymbol{Z}_{3\text{a}}\boldsymbol{\delta A}^{(1)}\boldsymbol{Z}_{3\text{b}}\boldsymbol{\delta b}^{(1)}]\\ \boldsymbol{\Psi}_4(\boldsymbol{Z}_{4\text{a}},\boldsymbol{Z}_{4\text{b}},\boldsymbol{z}_4)=E[\boldsymbol{Z}_{4\text{a}}\boldsymbol{\delta A}^{(1)}\boldsymbol{Z}_{4\text{b}}\boldsymbol{\delta A}^{(1)}\boldsymbol{z}_4]\\ \boldsymbol{\Psi}_5(\boldsymbol{Z}_{5\text{a}},\boldsymbol{Z}_{5\text{b}})=E[\boldsymbol{Z}_{5\text{a}}(\boldsymbol{\delta A}^{(1)})^{\text{T}}\boldsymbol{Z}_{5\text{b}}\boldsymbol{\delta b}^{(1)}]\\ \boldsymbol{\Psi}_6(\boldsymbol{Z}_{6\text{a}},\boldsymbol{Z}_{6\text{b}},\boldsymbol{z}_6)=E[\boldsymbol{Z}_{6\text{a}}(\boldsymbol{\delta A}^{(1)})^{\text{T}}\boldsymbol{Z}_{6\text{b}}\boldsymbol{\delta A}^{(1)}\boldsymbol{z}_6]\end{cases}\tag{5.40}$$

式中，矩阵 $\boldsymbol{Z}_1$、$\boldsymbol{Z}_2$、$\boldsymbol{Z}_{3\text{a}}$、$\boldsymbol{Z}_{3\text{b}}$、$\boldsymbol{Z}_{4\text{a}}$、$\boldsymbol{Z}_{4\text{b}}$、$\boldsymbol{Z}_{5\text{a}}$、$\boldsymbol{Z}_{5\text{b}}$、$\boldsymbol{Z}_{6\text{a}}$、$\boldsymbol{Z}_{6\text{b}}$，以及向量 $\boldsymbol{z}_2$、$\boldsymbol{z}_4$、$\boldsymbol{z}_6$ 的阶数均满足矩阵乘法规则。在附录 B 中推导了这 6 个矩阵函数的表达式。结合式（5.38）和式（5.40）可得

$$\begin{aligned}\text{Bias}[\hat{\boldsymbol{u}}_{\text{lwls}}]&=E[\boldsymbol{\delta u}_{\text{lwls}}^{(2)}]\\&=\boldsymbol{\Psi}_1(\boldsymbol{T}_1(\boldsymbol{\omega}))-\boldsymbol{\Psi}_2(\boldsymbol{T}_1(\boldsymbol{\omega}),\boldsymbol{u})-\boldsymbol{\Psi}_3(\boldsymbol{T}_1(\boldsymbol{\omega}),\boldsymbol{T}_1(\boldsymbol{\omega}))+\boldsymbol{\Psi}_4(\boldsymbol{T}_1(\boldsymbol{\omega}),\boldsymbol{T}_1(\boldsymbol{\omega}),\boldsymbol{u})+\\&\quad\ \boldsymbol{\Psi}_5(\boldsymbol{T}_2(\boldsymbol{\omega}),\boldsymbol{\Omega}^{-1}(\boldsymbol{I}_{2M}-\boldsymbol{A}(\boldsymbol{\omega})\boldsymbol{T}_1(\boldsymbol{\omega})))-\boldsymbol{\Psi}_6(\boldsymbol{T}_2(\boldsymbol{\omega}),\boldsymbol{\Omega}^{-1}(\boldsymbol{I}_{2M}-\boldsymbol{A}(\boldsymbol{\omega})\boldsymbol{T}_1(\boldsymbol{\omega})),\boldsymbol{u})\end{aligned}\tag{5.41}$$

【注记 5.3】由式（5.14）和式（5.20）可知，$\boldsymbol{\delta A}^{(1)}$、$\boldsymbol{\delta A}^{(2)}$、$\boldsymbol{\delta b}^{(1)}$、$\boldsymbol{\delta b}^{(2)}$ 均与 AOA 观测误差向量 $\boldsymbol{\varepsilon}^{(\text{a})}$ 有关，仅 $\boldsymbol{\delta b}^{(1)}$ 与传感阵列位置观测误差向量 $\boldsymbol{\varepsilon}^{(\text{s})}$ 有关。由于观测误差向量 $\boldsymbol{\varepsilon}^{(\text{s})}$ 与 $\boldsymbol{\varepsilon}^{(\text{a})}$ 之间互相统计独立，因此估计偏置表达式，即式（5.41）受协方差矩阵 $\boldsymbol{E}^{(\text{s})}$ 的影响相对较小，受协方差矩阵 $\boldsymbol{E}^{(\text{a})}$ 的影响相对较大。

5.2.4 数值实验

假设利用 5 个传感阵列获得 AOA 信息，并对辐射源进行定位。传感阵列和辐射源空间位置分布示意图如图 5.1 所示。5 个传感阵列位于 XOY 平面，辐射源的位置向量为 $\boldsymbol{u}=[80\ \ 150\ \ 20]^{\mathrm{T}}$（km）；AOA 观测误差向量 $\boldsymbol{\varepsilon}^{(\mathrm{a})}$ 服从均值为零、协方差矩阵为 $\boldsymbol{E}^{(\mathrm{a})}=\boldsymbol{I}_5\otimes\begin{bmatrix}\sigma_1^2 & \sigma_1\sigma_2/5\\ \sigma_1\sigma_2/5 & \sigma_2^2\end{bmatrix}$ 的高斯分布（其中，σ_1 表示方位角观测误差标准差；σ_2 表示仰角观测误差标准差）；传感阵列位置观测误差向量 $\boldsymbol{\varepsilon}^{(\mathrm{s})}$ 服从均值为零、协方差矩阵 $\boldsymbol{E}^{(\mathrm{s})}=\sigma_3^2\boldsymbol{I}_{15}$ 的高斯分布。此外，观测误差向量 $\boldsymbol{\varepsilon}^{(\mathrm{s})}$ 与 $\boldsymbol{\varepsilon}^{(\mathrm{a})}$ 之间互相统计独立。

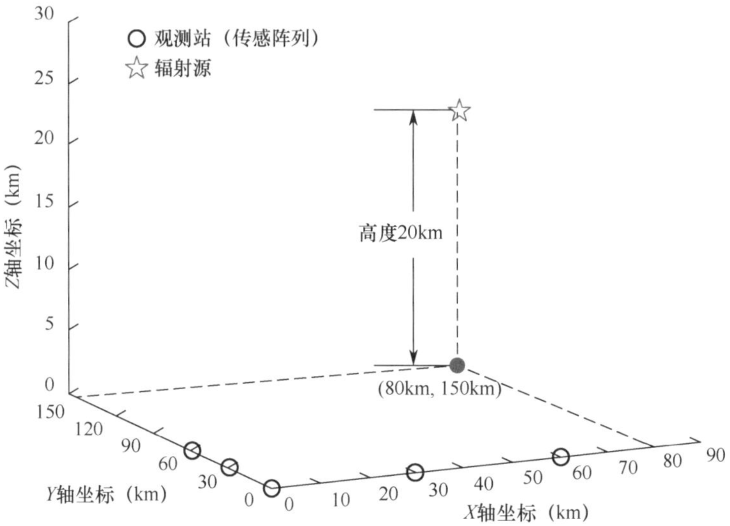

图 5.1 传感阵列和辐射源空间位置分布示意图

首先，将标准差 σ_2 设为1.5°，标准差 σ_3 设为 1km，改变标准差 σ_1 的数值。图 5.2 给出了第 4 章定位方法 II-1 的辐射源位置估计（绝对）偏置[①]随着标准差 σ_1 的变化曲线。

① （绝对）偏置是指对偏置 $\mathrm{Bias}[\hat{\boldsymbol{u}}_{\mathrm{lwls}}]$ 取绝对值。

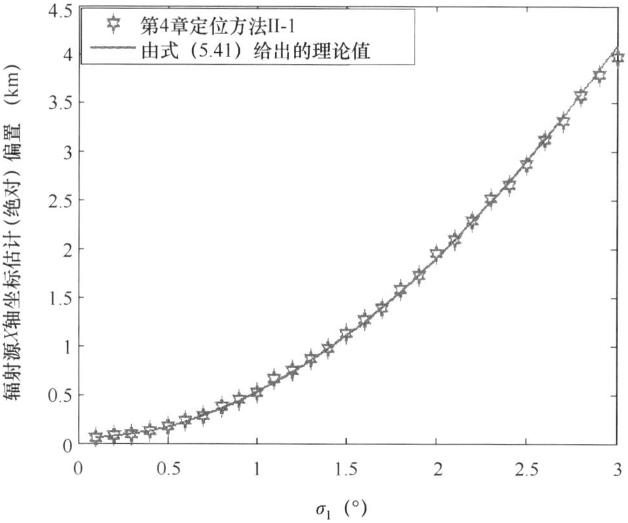

(a) X轴坐标估计（绝对）偏置

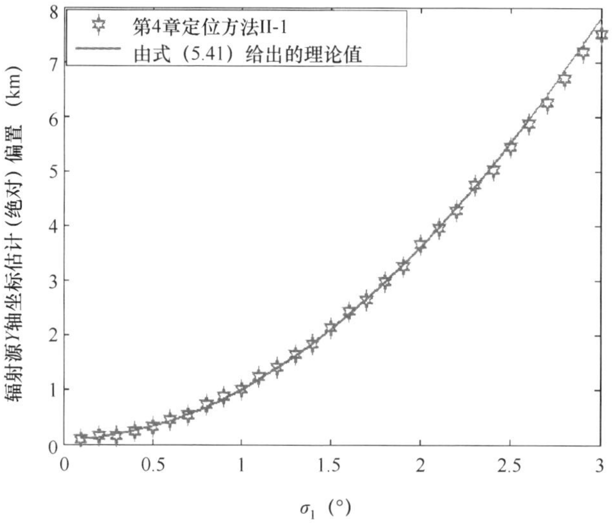

(b) Y轴坐标估计（绝对）偏置

图 5.2　辐射源位置估计（绝对）偏置随着标准差 σ_1 的变化曲线

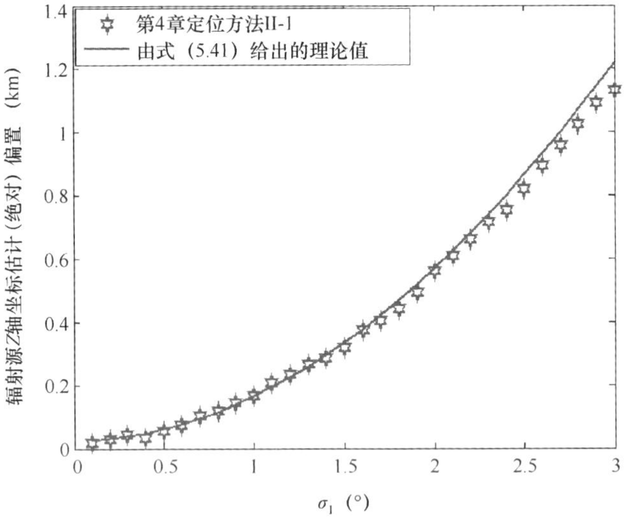

(c) Z轴坐标估计（绝对）偏置

图 5.2　辐射源位置估计（绝对）偏置随着标准差 σ_1 的变化曲线（续）

然后，将标准差 σ_1 设为 1.5°，标准差 σ_3 设为 1km，改变标准差 σ_2 的数值。图 5.3 给出了第 4 章定位方法 II-1 的辐射源位置估计（绝对）偏置随着标准差 σ_2 的变化曲线。

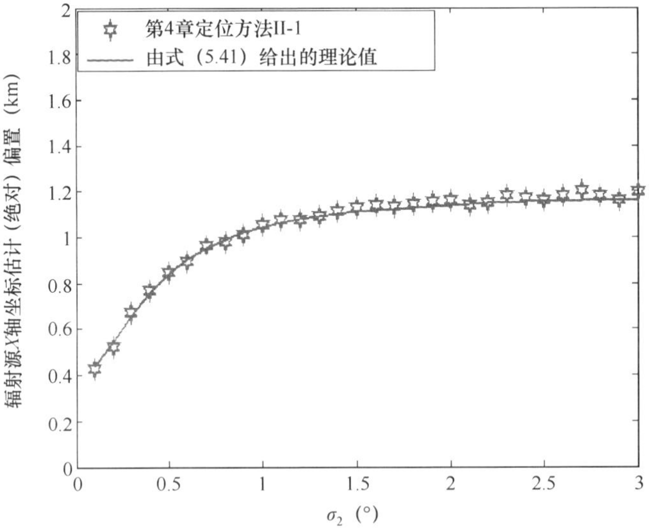

(a) X轴坐标估计（绝对）偏置

图 5.3　辐射源位置估计（绝对）偏置随着标准差 σ_2 的变化曲线

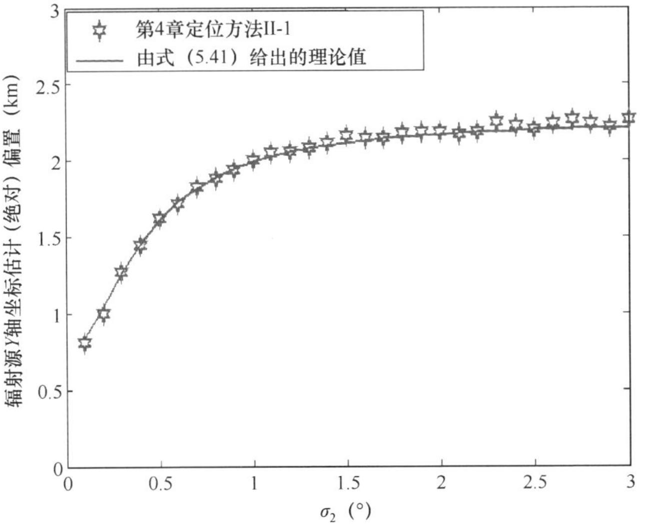

(b) Y轴坐标估计（绝对）偏置

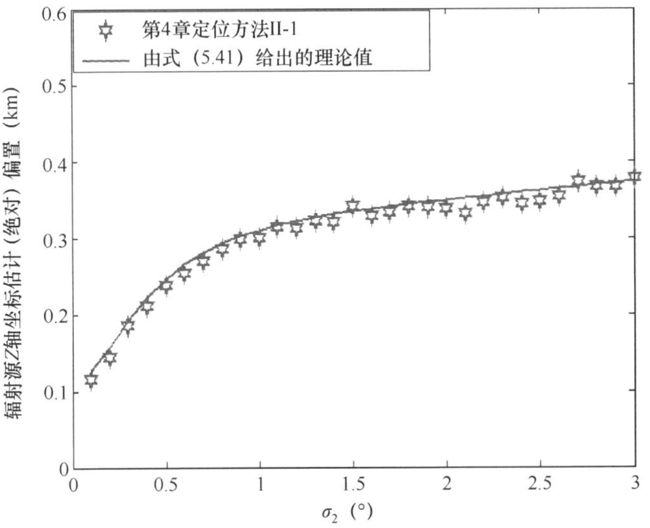

(c) Z轴坐标估计（绝对）偏置

图 5.3　辐射源位置估计（绝对）偏置随着标准差 σ_2 的变化曲线（续）

最后，将标准差 σ_1 设为 1.5°，标准差 σ_2 设为 1.5°，改变标准差 σ_3 的数值。图 5.4 给出了第 4 章定位方法 II-1 的辐射源位置估计（绝对）偏置随着标准差

σ_3 的变化曲线。

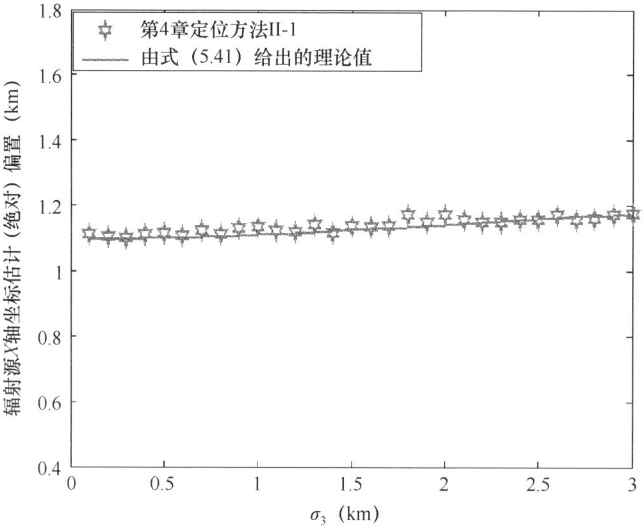

(a) X轴坐标估计（绝对）偏置

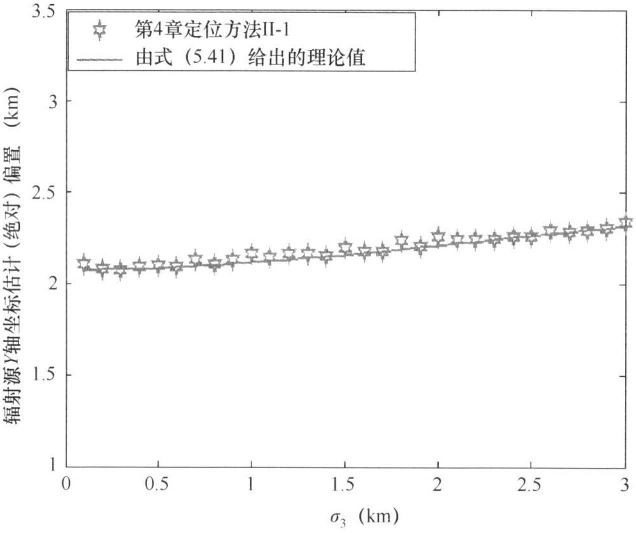

(b) Y轴坐标估计（绝对）偏置

图 5.4　辐射源位置估计（绝对）偏置随着标准差 σ_3 的变化曲线

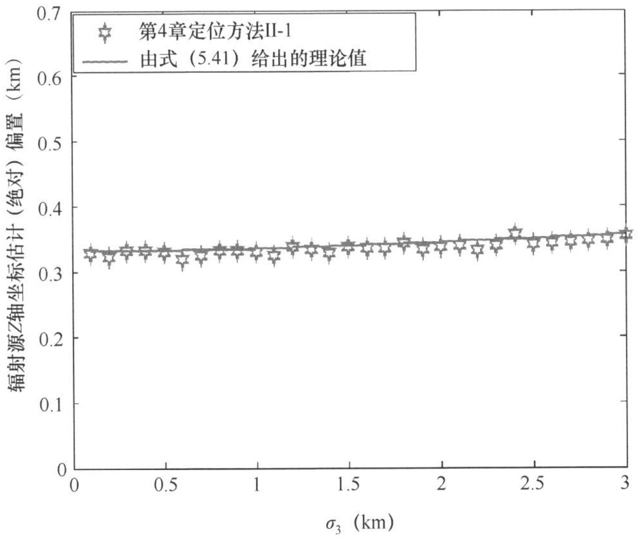

(c) Z轴坐标估计（绝对）偏置

图 5.4　辐射源位置估计（绝对）偏置随着标准差 σ_3 的变化曲线（续）

由图 5.2～图 5.4 可知：

（1）当观测误差增加时，第 4 章定位方法 II-1 的辐射源位置估计（绝对）偏置逐渐增大，数值实验值与由式（5.41）给出的理论值基本吻合，验证了 5.2.3 节理论性能分析的有效性。

（2）相比较而言，辐射源位置估计（绝对）偏置对标准差 σ_1 更为敏感，意味着方位角观测误差是导致估计偏置的一个重要因素。

5.3　偏置削减定位方法

本节将在线性加权最小二乘定位方法的基础上给出一种偏置削减定位方法，以降低式（5.12）的估计偏置。

5.3.1　基本原理

定义如下增广矩阵和扩维参量，即

$$\begin{cases} \boldsymbol{H}(\hat{\boldsymbol{\omega}},\hat{\boldsymbol{s}})=[-\boldsymbol{A}(\hat{\boldsymbol{\omega}}) \mid \boldsymbol{b}(\hat{\boldsymbol{\omega}},\hat{\boldsymbol{s}})] \in \mathbf{R}^{2M\times 4} \\ \boldsymbol{v}=\begin{bmatrix} \boldsymbol{u} \\ 1 \end{bmatrix} \in \mathbf{R}^{4\times 1} \end{cases} \tag{5.42}$$

于是可以将式（5.8）中的目标函数 $J(\boldsymbol{u})$ 表示为

$$J(\boldsymbol{u})=\boldsymbol{v}^{\mathrm{T}}(\boldsymbol{H}(\hat{\boldsymbol{\omega}},\hat{\boldsymbol{s}}))^{\mathrm{T}}\boldsymbol{\Omega}^{-1}\boldsymbol{H}(\hat{\boldsymbol{\omega}},\hat{\boldsymbol{s}})\boldsymbol{v} \tag{5.43}$$

下面分析 $J(\boldsymbol{u})$ 的数学期望，并由此明晰产生估计偏置的数学机理。

结合式（5.13）和式（5.42）中的第 1 个公式，可以将矩阵 $\boldsymbol{H}(\hat{\boldsymbol{\omega}},\hat{\boldsymbol{s}})$ 近似表示为

$$\boldsymbol{H}(\hat{\boldsymbol{\omega}},\hat{\boldsymbol{s}})\approx \boldsymbol{H}(\boldsymbol{\omega},\boldsymbol{s})+[-\boldsymbol{\delta A}^{(1)} \mid \boldsymbol{\delta b}^{(1)}]=\boldsymbol{H}(\boldsymbol{\omega},\boldsymbol{s})+\boldsymbol{\delta H}^{(1)} \tag{5.44}$$

式中，

$$\begin{cases} \boldsymbol{H}(\boldsymbol{\omega},\boldsymbol{s})=[-\boldsymbol{A}(\boldsymbol{\omega}) \mid \boldsymbol{b}(\boldsymbol{\omega},\boldsymbol{s})] \\ \boldsymbol{\delta H}^{(1)}=[-\boldsymbol{\delta A}^{(1)} \mid \boldsymbol{\delta b}^{(1)}] \end{cases} \tag{5.45}$$

矩阵 $\boldsymbol{\delta H}^{(1)}$ 表示误差一阶项，将式（5.44）代入式（5.43）可以得到 $J(\boldsymbol{u})$ 关于误差矩阵 $\boldsymbol{\delta H}^{(1)}$ 的二阶展开式，即

$$\begin{aligned} J(\boldsymbol{u})\approx{} & \boldsymbol{v}^{\mathrm{T}}(\boldsymbol{H}(\boldsymbol{\omega},\boldsymbol{s}))^{\mathrm{T}}\boldsymbol{\Omega}^{-1}\boldsymbol{H}(\boldsymbol{\omega},\boldsymbol{s})\boldsymbol{v}+\boldsymbol{v}^{\mathrm{T}}(\boldsymbol{\delta H}^{(1)})^{\mathrm{T}}\boldsymbol{\Omega}^{-1}\boldsymbol{\delta H}^{(1)}\boldsymbol{v}+ \\ & 2\boldsymbol{v}^{\mathrm{T}}(\boldsymbol{\delta H}^{(1)})^{\mathrm{T}}\boldsymbol{\Omega}^{-1}\boldsymbol{H}(\boldsymbol{\omega},\boldsymbol{s})\boldsymbol{v} \end{aligned} \tag{5.46}$$

由此可知，目标函数 $J(\boldsymbol{u})$ 的数学期望为

$$E[J(\boldsymbol{u})]=\boldsymbol{v}^{\mathrm{T}}(\boldsymbol{H}(\boldsymbol{\omega},\boldsymbol{s}))^{\mathrm{T}}\boldsymbol{\Omega}^{-1}\boldsymbol{H}(\boldsymbol{\omega},\boldsymbol{s})\boldsymbol{v}+\boldsymbol{v}^{\mathrm{T}}E[(\boldsymbol{\delta H}^{(1)})^{\mathrm{T}}\boldsymbol{\Omega}^{-1}\boldsymbol{\delta H}^{(1)}]\boldsymbol{v} \tag{5.47}$$

式中，右边两项均为非负数。其中，$\boldsymbol{v}^{\mathrm{T}}(\boldsymbol{H}(\boldsymbol{\omega},\boldsymbol{s}))^{\mathrm{T}}\boldsymbol{\Omega}^{-1}\boldsymbol{H}(\boldsymbol{\omega},\boldsymbol{s})\boldsymbol{v}$ 可以在向量 $\boldsymbol{v}$ 的真实值处达到最小值 0；$\boldsymbol{v}^{\mathrm{T}}E[(\boldsymbol{\delta H}^{(1)})^{\mathrm{T}}\boldsymbol{\Omega}^{-1}\boldsymbol{\delta H}^{(1)}]\boldsymbol{v}$ 的存在会导致 $E[J(\boldsymbol{u})]$ 的最小值偏离真实值，从而产生估计偏置。

偏置削减定位方法的基本思想是在保持 $\boldsymbol{v}^{\mathrm{T}}E[(\boldsymbol{\delta H}^{(1)})^{\mathrm{T}}\boldsymbol{\Omega}^{-1}\boldsymbol{\delta H}^{(1)}]\boldsymbol{v}$ 为某个常数约束的条件下，对式（5.43）进行最小化，相应的优化模型为

$$\begin{cases}\min\limits_{\boldsymbol{v}}\{\boldsymbol{v}^{\mathrm{T}}(\boldsymbol{H}(\hat{\boldsymbol{\omega}},\hat{\boldsymbol{s}}))^{\mathrm{T}}\boldsymbol{\Omega}^{-1}\boldsymbol{H}(\hat{\boldsymbol{\omega}},\hat{\boldsymbol{s}})\boldsymbol{v}\} \\ \text{s.t.}\ \ \boldsymbol{v}^{\mathrm{T}}E[(\boldsymbol{\delta H}^{(1)})^{\mathrm{T}}\boldsymbol{\Omega}^{-1}\boldsymbol{\delta H}^{(1)}]\boldsymbol{v}=\boldsymbol{v}^{\mathrm{T}}\boldsymbol{G}\boldsymbol{v}=c\end{cases} \tag{5.48}$$

式中，$\boldsymbol{G}=E[(\boldsymbol{\delta H}^{(1)})^{\mathrm{T}}\boldsymbol{\Omega}^{-1}\boldsymbol{\delta H}^{(1)}]$；$c$ 表示任意正常数。式（5.48）可以通过拉格朗日乘子法进行求解，相应的拉格朗日函数为

$$L(\boldsymbol{v},\lambda)=\boldsymbol{v}^{\mathrm{T}}(\boldsymbol{H}(\hat{\boldsymbol{\omega}},\hat{\boldsymbol{s}}))^{\mathrm{T}}\boldsymbol{\Omega}^{-1}\boldsymbol{H}(\hat{\boldsymbol{\omega}},\hat{\boldsymbol{s}})\boldsymbol{v}+\lambda(c-\boldsymbol{v}^{\mathrm{T}}\boldsymbol{G}\boldsymbol{v}) \tag{5.49}$$

将向量 $\boldsymbol{v}$、标量 λ 的最优解分别记为 $\hat{\boldsymbol{v}}_{\mathrm{br}}$ 和 $\hat{\lambda}_{\mathrm{br}}$，将函数 $L(\boldsymbol{v},\lambda)$ 分别对向量 $\boldsymbol{v}$ 和标量 λ 求偏导，并令它们等于零，可得

$$\begin{aligned}&\left.\frac{\partial L(\boldsymbol{v},\lambda)}{\partial \boldsymbol{v}}\right|_{\substack{\boldsymbol{v}=\hat{\boldsymbol{v}}_{\mathrm{br}}\\ \lambda=\hat{\lambda}_{\mathrm{br}}}}=2(\boldsymbol{H}(\hat{\boldsymbol{\omega}},\hat{\boldsymbol{s}}))^{\mathrm{T}}\boldsymbol{\Omega}^{-1}\boldsymbol{H}(\hat{\boldsymbol{\omega}},\hat{\boldsymbol{s}})\hat{\boldsymbol{v}}_{\mathrm{br}}-2\boldsymbol{G}\hat{\boldsymbol{v}}_{\mathrm{br}}\hat{\lambda}_{\mathrm{br}}=\boldsymbol{O}_{4\times 1}\\ &\Rightarrow(\boldsymbol{H}(\hat{\boldsymbol{\omega}},\hat{\boldsymbol{s}}))^{\mathrm{T}}\boldsymbol{\Omega}^{-1}\boldsymbol{H}(\hat{\boldsymbol{\omega}},\hat{\boldsymbol{s}})\hat{\boldsymbol{v}}_{\mathrm{br}}=\boldsymbol{G}\hat{\boldsymbol{v}}_{\mathrm{br}}\hat{\lambda}_{\mathrm{br}}\end{aligned} \tag{5.50}$$

$$\left.\frac{\partial L(\boldsymbol{v},\lambda)}{\partial \lambda}\right|_{\substack{\boldsymbol{v}=\hat{\boldsymbol{v}}_{\mathrm{br}}\\ \lambda=\hat{\lambda}_{\mathrm{br}}}}=c-\hat{\boldsymbol{v}}_{\mathrm{br}}^{\mathrm{T}}\boldsymbol{G}\hat{\boldsymbol{v}}_{\mathrm{br}}=0\Rightarrow\hat{\boldsymbol{v}}_{\mathrm{br}}^{\mathrm{T}}\boldsymbol{G}\hat{\boldsymbol{v}}_{\mathrm{br}}=c \tag{5.51}$$

由式（5.50）可知，$(\hat{\lambda}_{\mathrm{br}},\hat{\boldsymbol{v}}_{\mathrm{br}})$ 为矩阵束 $((\boldsymbol{H}(\hat{\boldsymbol{\omega}},\hat{\boldsymbol{s}}))^{\mathrm{T}}\boldsymbol{\Omega}^{-1}\boldsymbol{H}(\hat{\boldsymbol{\omega}},\hat{\boldsymbol{s}}),\boldsymbol{G})$ 的广义特征值和特征向量对。将式（5.50）的等式两边分别乘以向量 $\hat{\boldsymbol{v}}_{\mathrm{br}}^{\mathrm{T}}$，并且结合式（5.51）可知

$$\hat{\boldsymbol{v}}_{\mathrm{br}}^{\mathrm{T}}(\boldsymbol{H}(\hat{\boldsymbol{\omega}},\hat{\boldsymbol{s}}))^{\mathrm{T}}\boldsymbol{\Omega}^{-1}\boldsymbol{H}(\hat{\boldsymbol{\omega}},\hat{\boldsymbol{s}})\hat{\boldsymbol{v}}_{\mathrm{br}}=\hat{\lambda}_{\mathrm{br}}\hat{\boldsymbol{v}}_{\mathrm{br}}^{\mathrm{T}}\boldsymbol{G}\hat{\boldsymbol{v}}_{\mathrm{br}}=c\hat{\lambda}_{\mathrm{br}} \tag{5.52}$$

结合式(5.52)和式(5.48)中的目标函数可知，$\hat{\lambda}_{\mathrm{br}}$ 是矩阵束 $((\boldsymbol{H}(\hat{\boldsymbol{\omega}},\hat{\boldsymbol{s}}))^{\mathrm{T}}\boldsymbol{\Omega}^{-1}\times\boldsymbol{H}(\hat{\boldsymbol{\omega}},\hat{\boldsymbol{s}}),\boldsymbol{G})$ 的最小广义特征值，$\hat{\boldsymbol{v}}_{\mathrm{br}}$ 是其对应的广义特征向量。利用向量 $\hat{\boldsymbol{v}}_{\mathrm{br}}$ 即可得到辐射源位置向量的估计向量，即

$$\hat{\boldsymbol{u}}_{\mathrm{br}}=\frac{[\boldsymbol{I}_3\ \ \boldsymbol{O}_{3\times 1}]\hat{\boldsymbol{v}}_{\mathrm{br}}}{<\hat{\boldsymbol{v}}_{\mathrm{br}}>_4} \tag{5.53}$$

【注记 5.4】 由式（5.53）可知，正常数 c 的选取并不会对估计向量 $\hat{\boldsymbol{u}}_{\mathrm{br}}$ 产生任何影响。

5.3.2　实现细节与步骤总结

根据上述讨论可知，为了实现偏置削减定位方法，需要计算矩阵 $\boldsymbol{G}=$

$E[(\boldsymbol{\delta H}^{(1)})^{\mathrm{T}}\boldsymbol{\Omega}^{-1}\boldsymbol{\delta H}^{(1)}]$。下面推导其表达式。将式（5.14）中的第 1 个公式和式（5.20）中的第 1 个公式代入式（5.45）的第 2 个公式，可得

$$\boldsymbol{\delta H}^{(1)}=[-\boldsymbol{\delta A}^{(1)} \mid \boldsymbol{\delta b}^{(1)}]=\left[-\left(\sum_{m=1}^{M}\varepsilon_m^{(\mathrm{a1})}\dot{\boldsymbol{A}}_{\theta_m}(\boldsymbol{\omega})+\sum_{m=1}^{M}\varepsilon_m^{(\mathrm{a2})}\dot{\boldsymbol{A}}_{\alpha_m}(\boldsymbol{\omega})\right) \middle| \boldsymbol{B}^{(\mathrm{a})}(\boldsymbol{\omega},\boldsymbol{s})\boldsymbol{\varepsilon}^{(\mathrm{a})}+\boldsymbol{B}^{(\mathrm{s})}(\boldsymbol{\omega})\boldsymbol{\varepsilon}^{(\mathrm{s})}\right] \tag{5.54}$$

于是有

$$\begin{aligned}\boldsymbol{G}&=E[(\boldsymbol{\delta H}^{(1)})^{\mathrm{T}}\boldsymbol{\Omega}^{-1}\boldsymbol{\delta H}^{(1)}]\\&=\begin{bmatrix}E[(\boldsymbol{\delta A}^{(1)})^{\mathrm{T}}\boldsymbol{\Omega}^{-1}\boldsymbol{\delta A}^{(1)}] & -E[(\boldsymbol{\delta A}^{(1)})^{\mathrm{T}}\boldsymbol{\Omega}^{-1}\boldsymbol{\delta b}^{(1)}]\\ -E[(\boldsymbol{\delta b}^{(1)})^{\mathrm{T}}\boldsymbol{\Omega}^{-1}\boldsymbol{\delta A}^{(1)}] & E[(\boldsymbol{\delta b}^{(1)})^{\mathrm{T}}\boldsymbol{\Omega}^{-1}\boldsymbol{\delta b}^{(1)}]\end{bmatrix}=\begin{bmatrix}\boldsymbol{G}_1 & \boldsymbol{g}_2\\ \boldsymbol{g}_2^{\mathrm{T}} & g_3\end{bmatrix}\end{aligned} \tag{5.55}$$

式中，

$$\begin{aligned}\boldsymbol{G}_1&=E\left[\left(\sum_{m=1}^{M}\varepsilon_m^{(\mathrm{a1})}\dot{\boldsymbol{A}}_{\theta_m}(\boldsymbol{\omega})+\sum_{m=1}^{M}\varepsilon_m^{(\mathrm{a2})}\dot{\boldsymbol{A}}_{\alpha_m}(\boldsymbol{\omega})\right)^{\mathrm{T}}\boldsymbol{\Omega}^{-1}\left(\sum_{m=1}^{M}\varepsilon_m^{(\mathrm{a1})}\dot{\boldsymbol{A}}_{\theta_m}(\boldsymbol{\omega})+\sum_{m=1}^{M}\varepsilon_m^{(\mathrm{a2})}\dot{\boldsymbol{A}}_{\alpha_m}(\boldsymbol{\omega})\right)\right]\\&=\sum_{m_1=1}^{M}\sum_{m_2=1}^{M}(\dot{\boldsymbol{A}}_{\theta_{m_1}}(\boldsymbol{\omega}))^{\mathrm{T}}\boldsymbol{\Omega}^{-1}\dot{\boldsymbol{A}}_{\theta_{m_2}}(\boldsymbol{\omega})<\boldsymbol{E}^{(\mathrm{a})}>_{2m_1-1,2m_2-1}+\\&\quad\sum_{m_1=1}^{M}\sum_{m_2=1}^{M}(\dot{\boldsymbol{A}}_{\theta_{m_1}}(\boldsymbol{\omega}))^{\mathrm{T}}\boldsymbol{\Omega}^{-1}\dot{\boldsymbol{A}}_{\alpha_{m_2}}(\boldsymbol{\omega})<\boldsymbol{E}^{(\mathrm{a})}>_{2m_1-1,2m_2}+\\&\quad\sum_{m_1=1}^{M}\sum_{m_2=1}^{M}(\dot{\boldsymbol{A}}_{\alpha_{m_1}}(\boldsymbol{\omega}))^{\mathrm{T}}\boldsymbol{\Omega}^{-1}\dot{\boldsymbol{A}}_{\theta_{m_2}}(\boldsymbol{\omega})<\boldsymbol{E}^{(\mathrm{a})}>_{2m_1,2m_2-1}+\\&\quad\sum_{m_1=1}^{M}\sum_{m_2=1}^{M}(\dot{\boldsymbol{A}}_{\alpha_{m_1}}(\boldsymbol{\omega}))^{\mathrm{T}}\boldsymbol{\Omega}^{-1}\dot{\boldsymbol{A}}_{\alpha_{m_2}}(\boldsymbol{\omega})<\boldsymbol{E}^{(\mathrm{a})}>_{2m_1,2m_2}\end{aligned} \tag{5.56}$$

$$\begin{aligned}\boldsymbol{g}_2&=E\left[-\left(\sum_{m=1}^{M}\varepsilon_m^{(\mathrm{a1})}\dot{\boldsymbol{A}}_{\theta_m}(\boldsymbol{\omega})+\sum_{m=1}^{M}\varepsilon_m^{(\mathrm{a2})}\dot{\boldsymbol{A}}_{\alpha_m}(\boldsymbol{\omega})\right)^{\mathrm{T}}\boldsymbol{\Omega}^{-1}(\boldsymbol{B}^{(\mathrm{a})}(\boldsymbol{\omega},\boldsymbol{s})\boldsymbol{\varepsilon}^{(\mathrm{a})}+\boldsymbol{B}^{(\mathrm{s})}(\boldsymbol{\omega})\boldsymbol{\varepsilon}^{(\mathrm{s})})\right]\\&=-\sum_{m=1}^{M}(\dot{\boldsymbol{A}}_{\theta_m}(\boldsymbol{\omega}))^{\mathrm{T}}\boldsymbol{\Omega}^{-1}\boldsymbol{B}^{(\mathrm{a})}(\boldsymbol{\omega},\boldsymbol{s})\boldsymbol{E}^{(\mathrm{a})}\boldsymbol{i}_{2M}^{(2m-1)}-\sum_{m=1}^{M}(\dot{\boldsymbol{A}}_{\alpha_m}(\boldsymbol{\omega}))^{\mathrm{T}}\boldsymbol{\Omega}^{-1}\boldsymbol{B}^{(\mathrm{a})}(\boldsymbol{\omega},\boldsymbol{s})\boldsymbol{E}^{(\mathrm{a})}\boldsymbol{i}_{2M}^{(2m)}\end{aligned} \tag{5.57}$$

$$\begin{aligned} g_3 &= E[(\boldsymbol{B}^{(\mathrm{a})}(\boldsymbol{\omega},\boldsymbol{s})\boldsymbol{\varepsilon}^{(\mathrm{a})}+\boldsymbol{B}^{(\mathrm{s})}(\boldsymbol{\omega})\boldsymbol{\varepsilon}^{(\mathrm{s})})^{\mathrm{T}}\boldsymbol{\Omega}^{-1}(\boldsymbol{B}^{(\mathrm{a})}(\boldsymbol{\omega},\boldsymbol{s})\boldsymbol{\varepsilon}^{(\mathrm{a})}+\boldsymbol{B}^{(\mathrm{s})}(\boldsymbol{\omega})\boldsymbol{\varepsilon}^{(\mathrm{s})})] \\ &= \mathrm{tr}((\boldsymbol{B}^{(\mathrm{a})}(\boldsymbol{\omega},\boldsymbol{s}))^{\mathrm{T}}\boldsymbol{\Omega}^{-1}\boldsymbol{B}^{(\mathrm{a})}(\boldsymbol{\omega},\boldsymbol{s})\boldsymbol{E}^{(\mathrm{a})})+\mathrm{tr}((\boldsymbol{B}^{(\mathrm{s})}(\boldsymbol{\omega}))^{\mathrm{T}}\boldsymbol{\Omega}^{-1}\boldsymbol{B}^{(\mathrm{s})}(\boldsymbol{\omega})\boldsymbol{E}^{(\mathrm{s})}) \end{aligned} \tag{5.58}$$

【注记 5.5】从式（5.55）～式（5.58）中不难看出，虽然矩阵$\boldsymbol{G}$与 AOA 观测向量$\boldsymbol{\omega}$、传感阵列位置向量$\boldsymbol{s}$有关，但是它们的精确值均无法获得，仅能利用观测值$\hat{\boldsymbol{\omega}}$和$\hat{\boldsymbol{s}}$进行计算。数值实验结果表明，该近似并不会对定位精度产生显著影响。

【注记 5.6】加权矩阵$\boldsymbol{\Omega}^{-1}$与辐射源位置向量$\boldsymbol{u}$、传感阵列位置向量$\boldsymbol{s}$有关。针对该问题，可以采用第 4 章注记 4.1 和注记 4.3 中描述的方法进行处理。

图 5.5 给出了本章偏置削减定位方法的流程图。

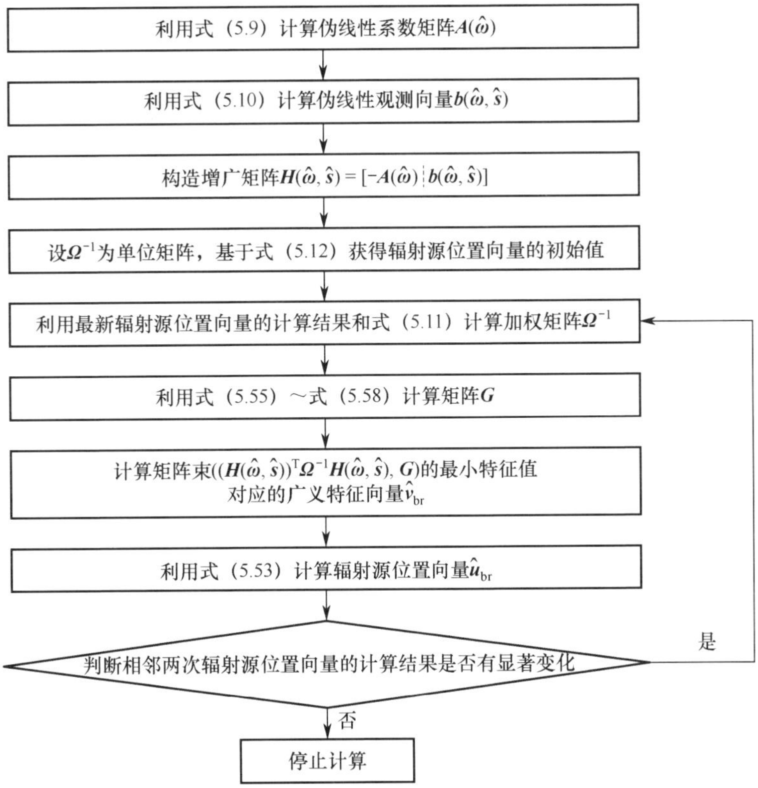

图 5.5　本章偏置削减定位方法的流程图

5.3.3 理论性能分析

本节将进行估计向量 $\hat{\boldsymbol{u}}_{\mathrm{br}}$ 的理论性能分析，主要是推导估计偏置和估计均方误差。这里采用的性能分析方法是二阶误差分析方法，即忽略观测误差向量 $\boldsymbol{\varepsilon}^{(\mathrm{a})}$ 和 $\boldsymbol{\varepsilon}^{(\mathrm{s})}$ 的三阶及其以上各阶项。

由式（5.53）可知

$$\begin{bmatrix}\hat{\boldsymbol{u}}_{\mathrm{br}}\\1\end{bmatrix}=\frac{\hat{\boldsymbol{v}}_{\mathrm{br}}}{<\hat{\boldsymbol{v}}_{\mathrm{br}}>_4}\Leftrightarrow\hat{\boldsymbol{v}}_{\mathrm{br}}=\begin{bmatrix}\hat{\boldsymbol{u}}_{\mathrm{br}}\\1\end{bmatrix}<\hat{\boldsymbol{v}}_{\mathrm{br}}>_4 \tag{5.59}$$

结合式（5.42）中的第 1 个公式和式（5.59）可得

$$\begin{aligned}\boldsymbol{H}(\hat{\boldsymbol{\omega}},\hat{\boldsymbol{s}})\hat{\boldsymbol{v}}_{\mathrm{br}}&=[-\boldsymbol{A}(\hat{\boldsymbol{\omega}})\ \vdots\ \boldsymbol{b}(\hat{\boldsymbol{\omega}},\hat{\boldsymbol{s}})]\begin{bmatrix}\hat{\boldsymbol{u}}_{\mathrm{br}}\\1\end{bmatrix}<\hat{\boldsymbol{v}}_{\mathrm{br}}>_4\\&=[-\boldsymbol{A}(\boldsymbol{\omega})\ \vdots\ \boldsymbol{b}(\hat{\boldsymbol{\omega}},\hat{\boldsymbol{s}})-\Delta\boldsymbol{A}\hat{\boldsymbol{u}}_{\mathrm{br}}]\begin{bmatrix}\hat{\boldsymbol{u}}_{\mathrm{br}}\\1\end{bmatrix}<\hat{\boldsymbol{v}}_{\mathrm{br}}>_4=\breve{\boldsymbol{H}}\hat{\boldsymbol{v}}_{\mathrm{br}}\end{aligned} \tag{5.60}$$

式中，$\breve{\boldsymbol{H}}=[-\boldsymbol{A}(\boldsymbol{\omega})\ \vdots\ \boldsymbol{b}(\hat{\boldsymbol{\omega}},\hat{\boldsymbol{s}})-\Delta\boldsymbol{A}\hat{\boldsymbol{u}}_{\mathrm{br}}]$；$\Delta\boldsymbol{A}$ 表示 $\boldsymbol{A}(\hat{\boldsymbol{\omega}})$ 中的误差矩阵（$\Delta\boldsymbol{A}=\boldsymbol{A}(\hat{\boldsymbol{\omega}})-\boldsymbol{A}(\boldsymbol{\omega})$）。由式（5.60）可知，向量 $\hat{\boldsymbol{v}}_{\mathrm{br}}$ 可以近似为约束优化问题的最优解，即

$$\begin{cases}\min\limits_{\boldsymbol{v}}\{\boldsymbol{v}^{\mathrm{T}}\breve{\boldsymbol{H}}^{\mathrm{T}}\boldsymbol{\Omega}^{-1}\breve{\boldsymbol{H}}\boldsymbol{v}\}\\ \text{s.t. }\ \boldsymbol{v}^{\mathrm{T}}E[(\Delta\breve{\boldsymbol{H}})^{\mathrm{T}}\boldsymbol{\Omega}^{-1}\Delta\breve{\boldsymbol{H}}]\boldsymbol{v}=\boldsymbol{v}^{\mathrm{T}}\breve{\boldsymbol{G}}\boldsymbol{v}=c\end{cases} \tag{5.61}$$

式中，$\Delta\breve{\boldsymbol{H}}=\breve{\boldsymbol{H}}-\boldsymbol{H}(\boldsymbol{\omega},\boldsymbol{s})=[\boldsymbol{O}_{2M\times3}\ \vdots\ \boldsymbol{b}(\hat{\boldsymbol{\omega}},\hat{\boldsymbol{s}})-\boldsymbol{b}(\boldsymbol{\omega},\boldsymbol{s})-\Delta\boldsymbol{A}\hat{\boldsymbol{u}}_{\mathrm{br}}]$；$\breve{\boldsymbol{G}}=E[(\Delta\breve{\boldsymbol{H}})^{\mathrm{T}}\boldsymbol{\Omega}^{-1}\Delta\breve{\boldsymbol{H}}]$；$c$ 表示任意正常数。不难验证，矩阵 $\breve{\boldsymbol{G}}$ 具有如下结构，即

$$\breve{\boldsymbol{G}}=\begin{bmatrix}\boldsymbol{O}_{3\times3}&\boldsymbol{O}_{3\times1}\\\boldsymbol{O}_{1\times3}&\breve{g}\end{bmatrix} \tag{5.62}$$

式中，$\breve{g}$ 为某个标量，其值与后续的数学分析无关。再次将拉格朗日乘子法应用于式（5.61）的求解，可得

$$\breve{H}^{\mathrm{T}}\boldsymbol{\Omega}^{-1}\breve{H}\hat{v}_{\mathrm{br}}=\left[\begin{array}{c|c}(A(\omega))^{\mathrm{T}}\boldsymbol{\Omega}^{-1}A(\omega) & (A(\omega))^{\mathrm{T}}\boldsymbol{\Omega}^{-1}(\Delta A\hat{u}_{\mathrm{br}}-b(\hat{\omega},\hat{s})) \\ \hline (\Delta A\hat{u}_{\mathrm{br}}-b(\hat{\omega},\hat{s}))^{\mathrm{T}}\boldsymbol{\Omega}^{-1}A(\omega) & (\Delta A\hat{u}_{\mathrm{br}}-b(\hat{\omega},\hat{s}))^{\mathrm{T}}\boldsymbol{\Omega}^{-1}(\Delta A\hat{u}_{\mathrm{br}}-b(\hat{\omega},\hat{s}))\end{array}\right]\hat{v}_{\mathrm{br}}$$
$$=\breve{G}\hat{v}_{\mathrm{br}}\breve{\lambda}_{\mathrm{br}} \tag{5.63}$$

由于矩阵 $\breve{G}$ 中的前 3 行元素均为零，于是有

$$\begin{aligned}&[(A(\omega))^{\mathrm{T}}\boldsymbol{\Omega}^{-1}A(\omega)\mid(A(\omega))^{\mathrm{T}}\boldsymbol{\Omega}^{-1}(\Delta A\hat{u}_{\mathrm{br}}-b(\hat{\omega},\hat{s}))]\hat{v}_{\mathrm{br}}=O_{3\times1}\\ &\Rightarrow(A(\omega))^{\mathrm{T}}\boldsymbol{\Omega}^{-1}A(\omega)\hat{u}_{\mathrm{br}}+(A(\omega))^{\mathrm{T}}\boldsymbol{\Omega}^{-1}(\Delta A\hat{u}_{\mathrm{br}}-b(\hat{\omega},\hat{s}))=O_{3\times1}\end{aligned} \tag{5.64}$$

下面基于式（5.64）推导估计向量 $\hat{u}_{\mathrm{br}}$ 中的误差一阶项和误差二阶项。将误差矩阵 ΔA、估计向量 $\hat{u}_{\mathrm{br}}$、向量 $b(\hat{\omega},\hat{s})$ 分别表示为

$$\begin{cases}\Delta A\approx\delta A^{(1)}+\delta A^{(2)}\\ \hat{u}_{\mathrm{br}}=u+\delta u_{\mathrm{br}}^{(1)}+\delta u_{\mathrm{br}}^{(2)}\\ b(\hat{\omega},\hat{s})\approx b(\omega,s)+\delta b^{(1)}+\delta b^{(2)}\end{cases} \tag{5.65}$$

将式（5.65）代入式（5.64）可知

$$(A(\omega))^{\mathrm{T}}\boldsymbol{\Omega}^{-1}A(\omega)(u+\delta u_{\mathrm{br}}^{(1)}+\delta u_{\mathrm{br}}^{(2)})+(A(\omega))^{\mathrm{T}}\boldsymbol{\Omega}^{-1}((\delta A^{(1)}+\delta A^{(2)})(u+\delta u_{\mathrm{br}}^{(1)}+\delta u_{\mathrm{br}}^{(2)})-b(\omega,s)-\delta b^{(1)}-\delta b^{(2)})=O_{3\times1} \tag{5.66}$$

比较式（5.66）两边的误差一阶项可得

$$(A(\omega))^{\mathrm{T}}\boldsymbol{\Omega}^{-1}A(\omega)\delta u_{\mathrm{br}}^{(1)}+(A(\omega))^{\mathrm{T}}\boldsymbol{\Omega}^{-1}(\delta A^{(1)}u-\delta b^{(1)})=O_{3\times1} \tag{5.67}$$

由此可知

$$\delta u_{\mathrm{br}}^{(1)}=((A(\omega))^{\mathrm{T}}\boldsymbol{\Omega}^{-1}A(\omega))^{-1}(A(\omega))^{\mathrm{T}}\boldsymbol{\Omega}^{-1}(\delta b^{(1)}-\delta A^{(1)}u)=T_1(\omega)\delta b^{(1)}-T_1(\omega)\delta A^{(1)}u \tag{5.68}$$

比较式（5.66）两边的误差二阶项可得

$$(\boldsymbol{A}(\boldsymbol{\omega}))^{\mathrm{T}}\boldsymbol{\Omega}^{-1}\boldsymbol{A}(\boldsymbol{\omega})\boldsymbol{\delta u}_{\mathrm{br}}^{(2)}+(\boldsymbol{A}(\boldsymbol{\omega}))^{\mathrm{T}}\boldsymbol{\Omega}^{-1}(\boldsymbol{\delta A}^{(1)}\boldsymbol{\delta u}_{\mathrm{br}}^{(1)}+\boldsymbol{\delta A}^{(2)}\boldsymbol{u}-\boldsymbol{\delta b}^{(2)})=\boldsymbol{O}_{3\times 1} \tag{5.69}$$

由此可知

$$\boldsymbol{\delta u}_{\mathrm{br}}^{(2)}=\boldsymbol{T}_1(\boldsymbol{\omega})(\boldsymbol{\delta b}^{(2)}-\boldsymbol{\delta A}^{(2)}\boldsymbol{u}-\boldsymbol{\delta A}^{(1)}\boldsymbol{\delta u}_{\mathrm{br}}^{(1)}) \tag{5.70}$$

将式（5.68）代入式（5.70）可得

$$\boldsymbol{\delta u}_{\mathrm{br}}^{(2)}=\boldsymbol{T}_1(\boldsymbol{\omega})\boldsymbol{\delta b}^{(2)}-\boldsymbol{T}_1(\boldsymbol{\omega})\boldsymbol{\delta A}^{(2)}\boldsymbol{u}-\boldsymbol{T}_1(\boldsymbol{\omega})\boldsymbol{\delta A}^{(1)}\boldsymbol{T}_1(\boldsymbol{\omega})\boldsymbol{\delta b}^{(1)}+\boldsymbol{T}_1(\boldsymbol{\omega})\boldsymbol{\delta A}^{(1)}\boldsymbol{T}_1(\boldsymbol{\omega})\boldsymbol{\delta A}^{(1)}\boldsymbol{u} \tag{5.71}$$

基于上述理论分析可知，在二阶误差分析理论框架下，向量 $\hat{\boldsymbol{u}}_{\mathrm{br}}$ 的估计误差可以表示为

$$\begin{aligned}\Delta\boldsymbol{u}_{\mathrm{br}}&=\hat{\boldsymbol{u}}_{\mathrm{br}}-\boldsymbol{u}\approx\boldsymbol{\delta u}_{\mathrm{br}}^{(1)}+\boldsymbol{\delta u}_{\mathrm{br}}^{(2)}\\&=\underbrace{\boldsymbol{T}_1(\boldsymbol{\omega})\boldsymbol{\delta b}^{(1)}-\boldsymbol{T}_1(\boldsymbol{\omega})\boldsymbol{\delta A}^{(1)}\boldsymbol{u}}_{\text{误差一阶项}}+\\&\quad\underbrace{\boldsymbol{T}_1(\boldsymbol{\omega})\boldsymbol{\delta b}^{(2)}-\boldsymbol{T}_1(\boldsymbol{\omega})\boldsymbol{\delta A}^{(2)}\boldsymbol{u}-\boldsymbol{T}_1(\boldsymbol{\omega})\boldsymbol{\delta A}^{(1)}\boldsymbol{T}_1(\boldsymbol{\omega})\boldsymbol{\delta b}^{(1)}+\boldsymbol{T}_1(\boldsymbol{\omega})\boldsymbol{\delta A}^{(1)}\boldsymbol{T}_1(\boldsymbol{\omega})\boldsymbol{\delta A}^{(1)}\boldsymbol{u}}_{\text{误差二阶项}}\end{aligned} \tag{5.72}$$

【注记 5.7】比较式（5.33）和式（5.68）可知，估计向量 $\hat{\boldsymbol{u}}_{\mathrm{br}}$ 中的误差一阶项 $\boldsymbol{\delta u}_{\mathrm{br}}^{(1)}$ 与估计向量 $\hat{\boldsymbol{u}}_{\mathrm{lwls}}$ 中的误差一阶项 $\boldsymbol{\delta u}_{\mathrm{lwls}}^{(1)}$ 完全相等，意味着在一阶误差分析理论框架下，估计向量 $\hat{\boldsymbol{u}}_{\mathrm{br}}$ 的均方误差矩阵与估计向量 $\hat{\boldsymbol{u}}_{\mathrm{lwls}}$ 的均方误差矩阵相等。因此，由第 4 章中的命题 4.2 可知

$$\mathbf{MSE}(\hat{\boldsymbol{u}}_{\mathrm{br}})=\mathbf{MSE}(\hat{\boldsymbol{u}}_{\mathrm{lwls}})=\mathbf{CRB}_{\mathrm{aoa\text{-}q}}(\boldsymbol{u}) \tag{5.73}$$

【注记 5.8】比较式（5.38）和式（5.71）可知，估计向量 $\hat{\boldsymbol{u}}_{\mathrm{br}}$ 中的误差二阶项 $\boldsymbol{\delta u}_{\mathrm{br}}^{(2)}$ 与估计向量 $\hat{\boldsymbol{u}}_{\mathrm{lwls}}$ 中的误差二阶项 $\boldsymbol{\delta u}_{\mathrm{lwls}}^{(2)}$ 并不相等，前者比后者少了两项。这正是偏置削减定位方法所起的作用。利用式（5.40）定义的矩阵函数可以将向量 $\hat{\boldsymbol{u}}_{\mathrm{br}}$ 的估计偏置表示为

$$\begin{aligned}\text{Bias}[\hat{\boldsymbol{u}}_{\text{br}}] &= E[\delta \boldsymbol{u}_{\text{br}}^{(2)}] \\ &= \boldsymbol{\Psi}_1(\boldsymbol{T}_1(\boldsymbol{\omega})) - \boldsymbol{\Psi}_2(\boldsymbol{T}_1(\boldsymbol{\omega}), \boldsymbol{u}) - \boldsymbol{\Psi}_3(\boldsymbol{T}_1(\boldsymbol{\omega}), \boldsymbol{T}_1(\boldsymbol{\omega})) + \boldsymbol{\Psi}_4(\boldsymbol{T}_1(\boldsymbol{\omega}), \boldsymbol{T}_1(\boldsymbol{\omega}), \boldsymbol{u})\end{aligned} \tag{5.74}$$

5.3.4　数值实验

假设利用 5 个传感阵列获得 AOA 信息，并对辐射源进行定位。传感阵列和辐射源空间位置分布如图 5.6 所示。5 个传感阵列位于 XOY 平面，辐射源的位置向量为 $\boldsymbol{u} = [140\ \ 160\ \ 30]^{\mathrm{T}}$（km）；AOA 观测误差向量 $\boldsymbol{\varepsilon}^{(\mathrm{a})}$ 服从均值为零、协方差矩阵为 $\boldsymbol{E}^{(\mathrm{a})} = \boldsymbol{I}_5 \otimes \begin{bmatrix} \sigma_1^2 & \sigma_1\sigma_2/5 \\ \sigma_1\sigma_2/5 & \sigma_2^2 \end{bmatrix}$ 的高斯分布（其中，σ_1 表示方位角观测误差标准差；σ_2 表示仰角观测误差标准差）；传感阵列位置观测误差向量 $\boldsymbol{\varepsilon}^{(\mathrm{s})}$ 服从均值为零、协方差矩阵 $\boldsymbol{E}^{(\mathrm{s})} = \sigma_3^2 \boldsymbol{I}_{15}$ 的高斯分布。此外，观测误差向量 $\boldsymbol{\varepsilon}^{(\mathrm{s})}$ 与 $\boldsymbol{\varepsilon}^{(\mathrm{a})}$ 之间相互统计独立。

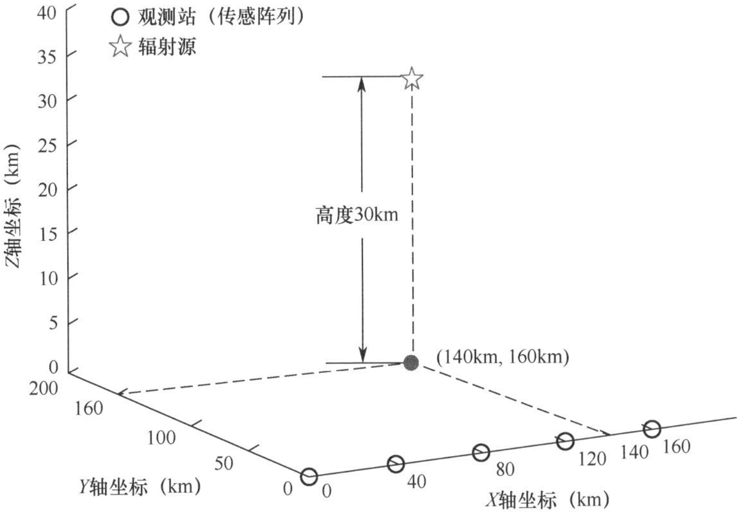

图 5.6　传感阵列和辐射源空间位置分布

首先，将标准差 σ_2 设为 0.5°，标准差 σ_3 设为 1km，改变标准差 σ_1 的数值，并且将本章偏置削减定位方法与第 4 章的定位方法 II-1 进行比较。图 5.7 给出了辐射源位置估计（绝对）偏置随着标准差 σ_1 的变化曲线；图 5.8 给出了辐射源位置估计均方根误差随着标准差 σ_1 的变化曲线。

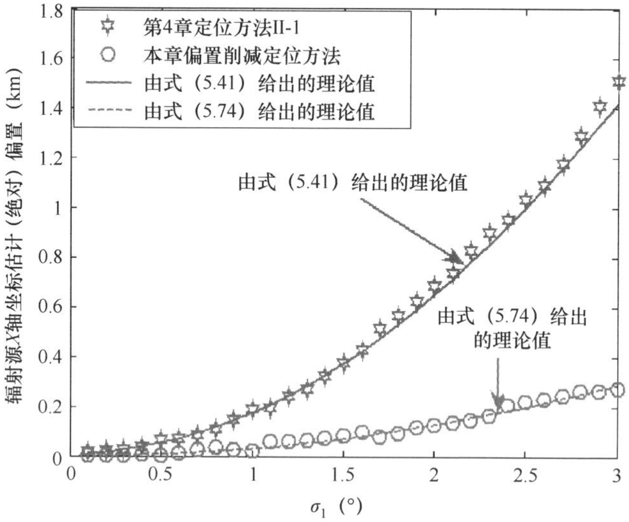

(a) X轴坐标估计（绝对）偏置

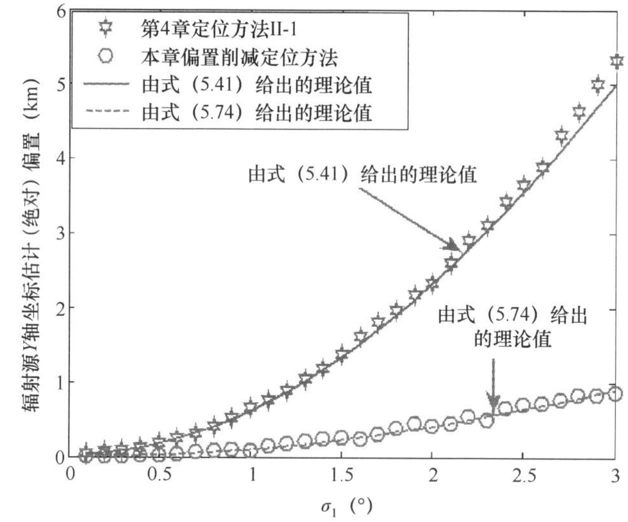

(b) Y轴坐标估计（绝对）偏置

图 5.7　辐射源位置估计（绝对）偏置随着标准差 σ_1 的变化曲线

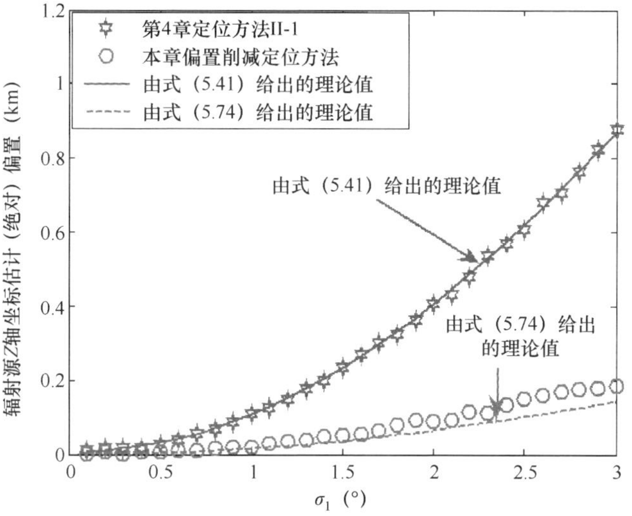

（c）Z轴坐标估计（绝对）偏置

图 5.7　辐射源位置估计（绝对）偏置随着标准差 σ_1 的变化曲线（续）

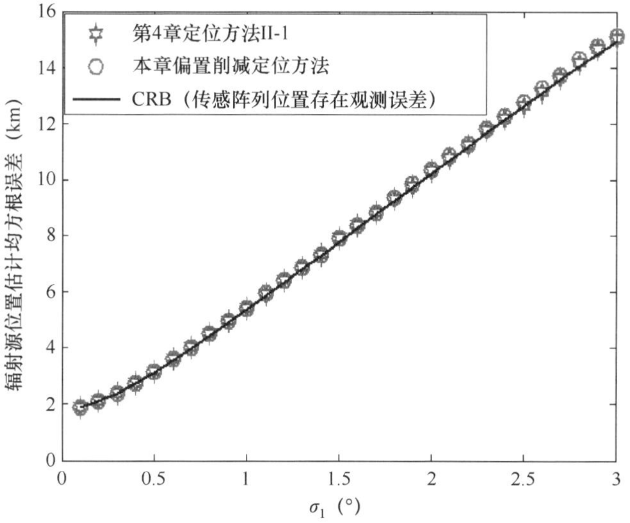

图 5.8　辐射源位置估计均方根误差随着标准差 σ_1 的变化曲线

然后，将标准差 σ_1 设为 0.5°，标准差 σ_3 设为 1km，改变标准差 σ_2 的数值，并且将本章偏置削减定位方法与第 4 章的定位方法 II-1 进行比较。图 5.9

给出了辐射源位置估计（绝对）偏置随着标准差 σ_2 的变化曲线；图 5.10 给出了辐射源位置估计均方根误差随着标准差 σ_2 的变化曲线。

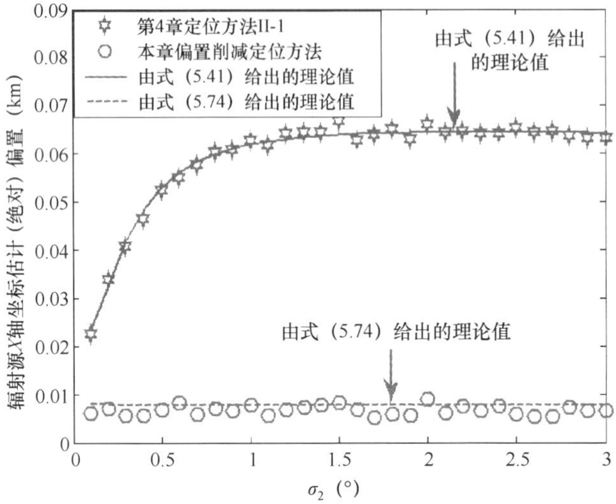

(a) *X*轴坐标估计（绝对）偏置

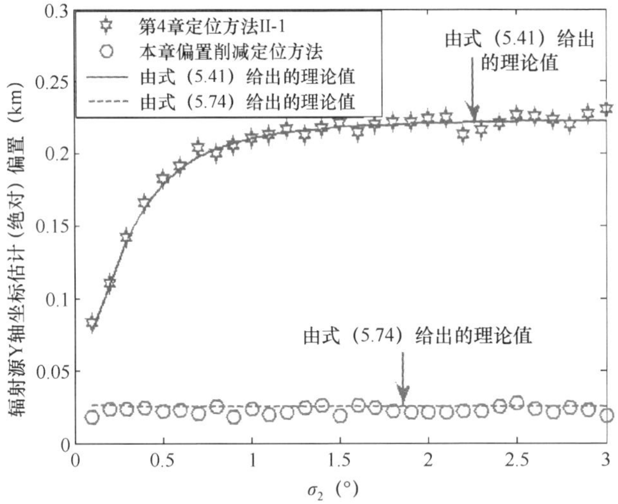

(b) *Y*轴坐标估计（绝对）偏置

图 5.9　辐射源位置估计（绝对）偏置随着标准差 σ_2 的变化曲线

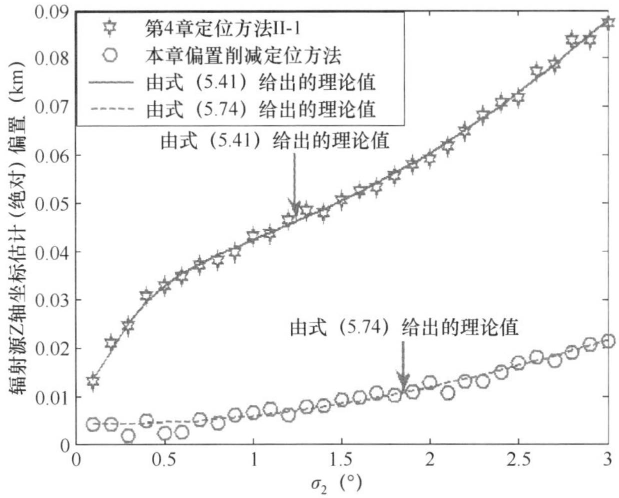

（c）Z轴坐标估计（绝对）偏置

图 5.9　辐射源位置估计（绝对）偏置随着标准差 σ_2 的变化曲线（续）

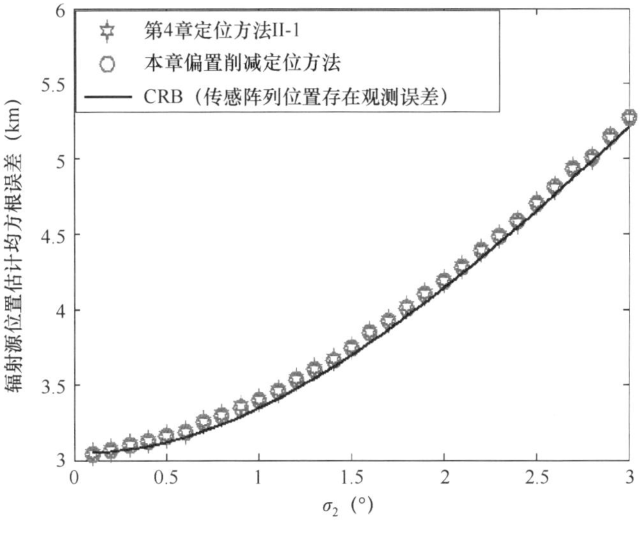

图 5.10　辐射源位置估计均方根误差随着标准差 σ_2 的变化曲线

最后，将标准差 σ_1 设为 0.5°，标准差 σ_2 设为 0.5°，改变标准差 σ_3 的数值，并且将本章偏置削减定位方法与第 4 章的定位方法 II-1 进行比较。图 5.11

给出了辐射源位置估计（绝对）偏置随着标准差 σ_3 的变化曲线；图 5.12 给出了辐射源位置估计均方根误差随着标准差 σ_3 的变化曲线。

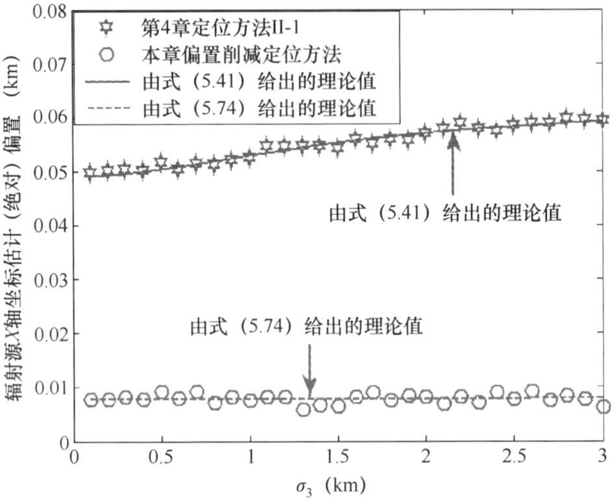

(a) X轴坐标估计（绝对）偏置

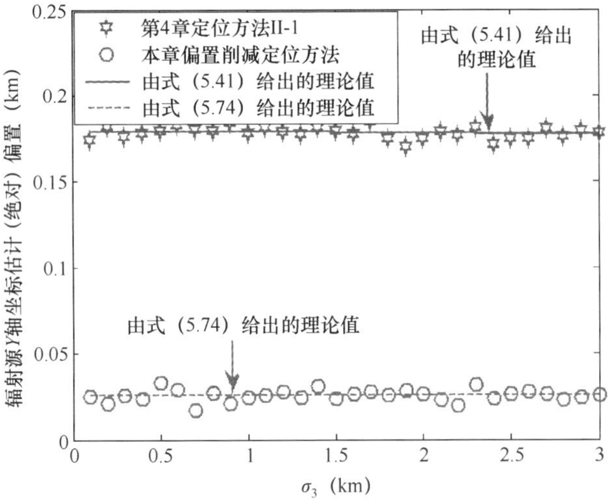

(b) Y轴坐标估计（绝对）偏置

图 5.11　辐射源位置估计（绝对）偏置随着标准差 σ_3 的变化曲线

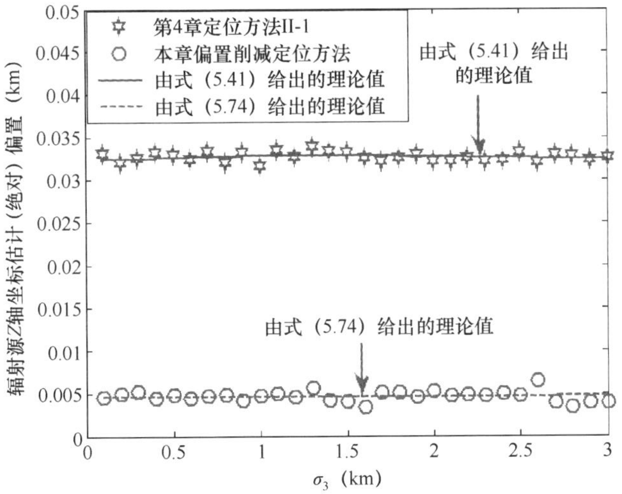

(c) Z轴坐标估计（绝对）偏置

图 5.11 辐射源位置估计（绝对）偏置随着标准差 σ_3 的变化曲线（续）

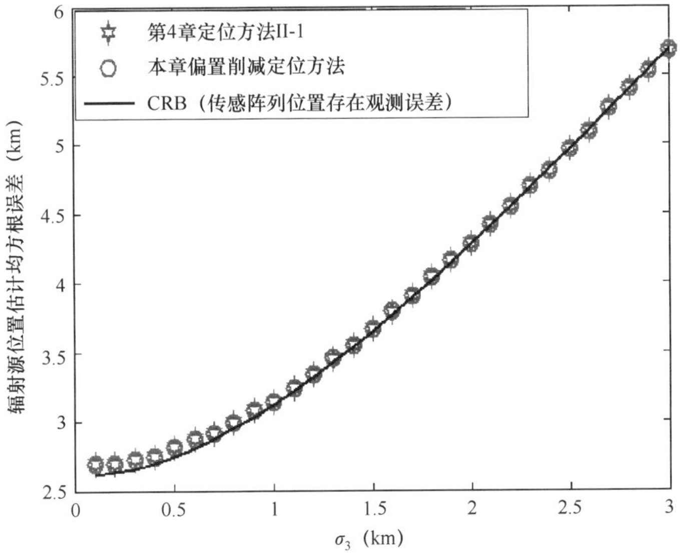

图 5.12 辐射源位置估计均方根误差随着标准差 σ_3 的变化曲线

由图 5.7～图 5.12 可知：

（1）与第 4 章的定位方法 II-1 相比，本章偏置削减定位方法确实能够明显降低估计偏置（见图 5.7、图 5.9 及图 5.11），从而证明了该方法具有显著优势。

（2）两种定位方法的辐射源位置估计（绝对）偏置的数值实验值与理论值基本吻合（见图 5.7、图 5.9 及图 5.11），验证了 5.2.3 节和 5.3.3 节理论性能分析的有效性。

（3）两种定位方法的辐射源位置估计均方根误差均可达到相应的 CRB（见图 5.8、图 5.10、图 5.12）。通过进一步的数值实验发现：随着观测误差的进一步增加，第 4 章定位方法 II-1 的估计均方根误差通常会率先偏离相应的 CRB，本章偏置削减定位方法能够在更大的误差范围内逼近相应的 CRB。

第 3 部分

基于 TOA 观测量的闭式定位方法

第 6 章 基于 TOA 观测量的闭式定位方法：加权多维标度定位方法

本章将描述基于 TOA 观测量的闭式定位方法。由于 TOA 观测量能够转化为距离信息，因此 TOA 定位方法可以由加权多维标度原理衍生出来。多维标度是一种将多维空间的研究对象（如样本或变量）简化到低维空间进行定位、分析和归类，同时又保留对象间原始关系的数据分析方法。经典的多维标度方法出现在心理学科，其基本思想是假设对象间的差异是距离，并且通过寻找坐标进行解释。当在欧氏空间中获得一些节点间的距离信息时，就可以利用多维标度方法来确定节点的坐标。

加权多维标度定位方法需要构造标量积矩阵。在本章中，首先，利用 TOA 观测量构造相应的标量积矩阵；然后，在传感器位置精确已知和传感器位置存在观测误差两种情形下分别给出加权多维标度闭式定位方法，利用一阶误差分析方法证明两类定位方法的性能均可以渐近逼近相应的 CRB；最后，利用数值实验验证本章定位方法的渐近统计最优性。

6.1 TOA 观测模型与问题描述

在二维平面中①，假设有 M 个静止传感器利用 TOA 观测量对某个静止辐射源进行定位，将其中的第 m 个传感器的位置向量记为 $\boldsymbol{s}_m$（$1 \leqslant m \leqslant M$），辐射源的位置向量记为 $\boldsymbol{u}$。由于 TOA 信息可以等价为距离信息，因此为了方便计算，本章将直接利用距离观测量进行建模和分析。

将辐射源与第 m 个传感器的距离记为 d_m，则有

① 本章的定位方法可以直接推广至三维空间。

$$d_m = \| \boldsymbol{u} - \boldsymbol{s}_m \|_2 \quad (1 \leqslant m \leqslant M) \tag{6.1}$$

在实际中获得的距离观测量是含有误差的，可以表示为

$$\hat{d}_m = d_m + \varepsilon_m^{(\mathrm{t})} \quad (1 \leqslant m \leqslant M) \tag{6.2}$$

式中，$\varepsilon_m^{(\mathrm{t})}$ 表示距离观测误差向量。将式（6.2）写成向量形式可得①

$$\hat{\boldsymbol{d}} = \boldsymbol{d} + \boldsymbol{\varepsilon}^{(\mathrm{t})} = \boldsymbol{f}_{\mathrm{toa}}(\boldsymbol{u}, \boldsymbol{s}) + \boldsymbol{\varepsilon}^{(\mathrm{t})} \tag{6.3}$$

式中，

$$\begin{cases} \hat{\boldsymbol{d}} = [\hat{d}_1 \ \ \hat{d}_2 \ \ \cdots \ \ \hat{d}_M]^{\mathrm{T}} \\ \boldsymbol{d} = \boldsymbol{f}_{\mathrm{toa}}(\boldsymbol{u}, \boldsymbol{s}) = [d_1 \ \ d_2 \ \ \cdots \ \ d_M]^{\mathrm{T}} \\ \boldsymbol{s} = [\boldsymbol{s}_1^{\mathrm{T}} \ \ \boldsymbol{s}_2^{\mathrm{T}} \ \ \cdots \ \ \boldsymbol{s}_M^{\mathrm{T}}]^{\mathrm{T}} \\ \boldsymbol{\varepsilon}^{(\mathrm{t})} = [\varepsilon_1^{(\mathrm{t})} \ \ \varepsilon_2^{(\mathrm{t})} \ \ \cdots \ \ \varepsilon_M^{(\mathrm{t})}]^{\mathrm{T}} \end{cases} \tag{6.4}$$

假设观测误差向量 $\boldsymbol{\varepsilon}^{(\mathrm{t})}$ 服从零均值的高斯分布，协方差矩阵为 $\boldsymbol{E}^{(\mathrm{t})} = E[\boldsymbol{\varepsilon}^{(\mathrm{t})}(\boldsymbol{\varepsilon}^{(\mathrm{t})})^{\mathrm{T}}]$。本章将 $\hat{\boldsymbol{d}}$ 称为含有误差的距离观测向量，将 $\boldsymbol{d}$ 称为无误差的距离观测向量。

下面的问题在于：如何利用距离观测向量 $\hat{\boldsymbol{d}}$，尽可能准确地估计辐射源位置向量 $\boldsymbol{u}$。本章将基于加权多维标度方法给出两类闭式定位方法：由 6.2 节描述的第 I 类加权多维标度闭式定位方法（可简称为第 I 类定位方法），其中假设传感器位置精确已知；由 6.3 节给出的第 II 类加权多维标度闭式定位方法（可简称为第 II 类定位方法），其中假设传感器位置存在观测误差。

6.2 第 I 类加权多维标度闭式定位方法——传感器位置精确已知

6.2.1 标量积矩阵的构造

多维标度定位方法需要构造标量积矩阵。首先，利用传感器和辐射源的位

① 这里使用下标 toa 来表征所采用的定位观测量。

置向量定义坐标矩阵，即

$$\boldsymbol{S}_{\boldsymbol{u}}=\begin{bmatrix}(\boldsymbol{s}_1-\boldsymbol{u})^{\mathrm{T}}\\(\boldsymbol{s}_2-\boldsymbol{u})^{\mathrm{T}}\\\vdots\\(\boldsymbol{s}_M-\boldsymbol{u})^{\mathrm{T}}\end{bmatrix}=\boldsymbol{S}-\boldsymbol{1}_{M\times1}\boldsymbol{u}^{\mathrm{T}}\in\mathbf{R}^{M\times2} \tag{6.5}$$

式中，$\boldsymbol{S}=[\boldsymbol{s}_1\ \ \boldsymbol{s}_2\ \ \cdots\ \ \boldsymbol{s}_M]^{\mathrm{T}}$。

然后，构造标量积矩阵，即

$$\begin{aligned}\boldsymbol{W}(\boldsymbol{d},\boldsymbol{s})&=\boldsymbol{S}_{\boldsymbol{u}}\boldsymbol{S}_{\boldsymbol{u}}^{\mathrm{T}}\\&=\begin{bmatrix}\|\boldsymbol{s}_1-\boldsymbol{u}\|_2^2&(\boldsymbol{s}_1-\boldsymbol{u})^{\mathrm{T}}(\boldsymbol{s}_2-\boldsymbol{u})&\cdots&(\boldsymbol{s}_1-\boldsymbol{u})^{\mathrm{T}}(\boldsymbol{s}_M-\boldsymbol{u})\\(\boldsymbol{s}_1-\boldsymbol{u})^{\mathrm{T}}(\boldsymbol{s}_2-\boldsymbol{u})&\|\boldsymbol{s}_2-\boldsymbol{u}\|_2^2&\cdots&(\boldsymbol{s}_2-\boldsymbol{u})^{\mathrm{T}}(\boldsymbol{s}_M-\boldsymbol{u})\\\vdots&\vdots&\ddots&\vdots\\(\boldsymbol{s}_1-\boldsymbol{u})^{\mathrm{T}}(\boldsymbol{s}_M-\boldsymbol{u})&(\boldsymbol{s}_2-\boldsymbol{u})^{\mathrm{T}}(\boldsymbol{s}_M-\boldsymbol{u})&\cdots&\|\boldsymbol{s}_M-\boldsymbol{u}\|_2^2\end{bmatrix}\in\mathbf{R}^{M\times M}\end{aligned} \tag{6.6}$$

容易验证，矩阵$\boldsymbol{W}(\boldsymbol{d},\boldsymbol{s})$中的第$m_1$行、第$m_2$列元素为

$$\begin{aligned}<\boldsymbol{W}(\boldsymbol{d},\boldsymbol{s})>_{m_1m_2}&=(\boldsymbol{s}_{m_1}-\boldsymbol{u})^{\mathrm{T}}(\boldsymbol{s}_{m_2}-\boldsymbol{u})=\boldsymbol{s}_{m_1}^{\mathrm{T}}\boldsymbol{s}_{m_2}-\boldsymbol{s}_{m_1}^{\mathrm{T}}\boldsymbol{u}-\boldsymbol{s}_{m_2}^{\mathrm{T}}\boldsymbol{u}+\|\boldsymbol{u}\|_2^2\\&=\frac{1}{2}(\|\boldsymbol{u}-\boldsymbol{s}_{m_1}\|_2^2+\|\boldsymbol{u}-\boldsymbol{s}_{m_2}\|_2^2-\|\boldsymbol{s}_{m_1}-\boldsymbol{s}_{m_2}\|_2^2)\\&=\frac{1}{2}(d_{m_1}^2+d_{m_2}^2-\gamma_{m_1m_2}^2)\qquad(1\leqslant m_1;\ m_2\leqslant M)\end{aligned} \tag{6.7}$$

式中，$\gamma_{m_1m_2}=\|\boldsymbol{s}_{m_1}-\boldsymbol{s}_{m_2}\|_2$。实际上，式（6.7）提供了构造标量积矩阵的计算公式，即

$$\boldsymbol{W}(\boldsymbol{d},\boldsymbol{s})=\frac{1}{2}\begin{bmatrix}d_1^2+d_1^2-\gamma_{11}^2&d_1^2+d_2^2-\gamma_{12}^2&\cdots&d_1^2+d_M^2-\gamma_{1M}^2\\d_1^2+d_2^2-\gamma_{12}^2&d_2^2+d_2^2-\gamma_{22}^2&\cdots&d_2^2+d_M^2-\gamma_{2M}^2\\\vdots&\vdots&\ddots&\vdots\\d_1^2+d_M^2-\gamma_{1M}^2&d_2^2+d_M^2-\gamma_{2M}^2&\cdots&d_M^2+d_M^2-\gamma_{MM}^2\end{bmatrix} \tag{6.8}$$

6.2.2 定位关系式

本节将给出一个定位关系式。该关系式对构建辐射源定位准则至关重要，具体可见如下命题。

【命题 6.1】假设 $\begin{bmatrix} \boldsymbol{1}_{1\times M} \\ \boldsymbol{S}^{\mathrm{T}} \end{bmatrix}$ 是行满秩矩阵[①]，则有

$$\boldsymbol{W}(\boldsymbol{d},\boldsymbol{s})\begin{bmatrix} \boldsymbol{1}_{1\times M} \\ \boldsymbol{S}^{\mathrm{T}} \end{bmatrix}^{\dagger}\begin{bmatrix} 1 \\ \boldsymbol{u} \end{bmatrix}=\boldsymbol{W}(\boldsymbol{d},\boldsymbol{s})[\boldsymbol{1}_{M\times 1}\quad \boldsymbol{S}]\begin{bmatrix} M & \boldsymbol{1}_{1\times M}\boldsymbol{S} \\ \boldsymbol{S}^{\mathrm{T}}\boldsymbol{1}_{M\times 1} & \boldsymbol{S}^{\mathrm{T}}\boldsymbol{S} \end{bmatrix}^{-1}\begin{bmatrix} 1 \\ \boldsymbol{u} \end{bmatrix}=\boldsymbol{O}_{M\times 1} \tag{6.9}$$

【证明】首先，结合式（2.7）和式（2.15）可得

$$\begin{aligned}
\begin{bmatrix} \boldsymbol{1}_{1\times M} \\ \boldsymbol{S}^{\mathrm{T}} \end{bmatrix}^{\dagger}\begin{bmatrix} 1 \\ \boldsymbol{u} \end{bmatrix}&=[\boldsymbol{1}_{M\times 1}\quad \boldsymbol{S}]\begin{bmatrix} M & \boldsymbol{1}_{1\times M}\boldsymbol{S} \\ \boldsymbol{S}^{\mathrm{T}}\boldsymbol{1}_{M\times 1} & \boldsymbol{S}^{\mathrm{T}}\boldsymbol{S} \end{bmatrix}^{-1}\begin{bmatrix} 1 \\ \boldsymbol{u} \end{bmatrix}\\
&=[\boldsymbol{1}_{M\times 1}\quad \boldsymbol{S}]\left[\begin{array}{c:c} \dfrac{1}{M-\boldsymbol{1}_{1\times M}\boldsymbol{S}(\boldsymbol{S}^{\mathrm{T}}\boldsymbol{S})^{-1}\boldsymbol{S}^{\mathrm{T}}\boldsymbol{1}_{M\times 1}} & -\dfrac{\boldsymbol{1}_{1\times M}\boldsymbol{S}(\boldsymbol{S}^{\mathrm{T}}\boldsymbol{S})^{-1}}{M-\boldsymbol{1}_{1\times M}\boldsymbol{S}(\boldsymbol{S}^{\mathrm{T}}\boldsymbol{S})^{-1}\boldsymbol{S}^{\mathrm{T}}\boldsymbol{1}_{M\times 1}} \\ \hdashline -\dfrac{(\boldsymbol{S}^{\mathrm{T}}\boldsymbol{S})^{-1}\boldsymbol{S}^{\mathrm{T}}\boldsymbol{1}_{M\times 1}}{M-\boldsymbol{1}_{1\times M}\boldsymbol{S}(\boldsymbol{S}^{\mathrm{T}}\boldsymbol{S})^{-1}\boldsymbol{S}^{\mathrm{T}}\boldsymbol{1}_{M\times 1}} & \left(\boldsymbol{S}^{\mathrm{T}}\boldsymbol{S}-\dfrac{1}{M}\boldsymbol{S}^{\mathrm{T}}\boldsymbol{1}_{M\times M}\boldsymbol{S}\right)^{-1} \end{array}\right]\begin{bmatrix} 1 \\ \boldsymbol{u} \end{bmatrix}\\
&=\frac{\boldsymbol{1}_{M\times 1}-\boldsymbol{1}_{M\times M}\boldsymbol{S}(\boldsymbol{S}^{\mathrm{T}}\boldsymbol{S})^{-1}\boldsymbol{u}-\boldsymbol{S}(\boldsymbol{S}^{\mathrm{T}}\boldsymbol{S})^{-1}\boldsymbol{S}^{\mathrm{T}}\boldsymbol{1}_{M\times 1}}{M-\boldsymbol{1}_{1\times M}\boldsymbol{S}(\boldsymbol{S}^{\mathrm{T}}\boldsymbol{S})^{-1}\boldsymbol{S}^{\mathrm{T}}\boldsymbol{1}_{M\times 1}}+\boldsymbol{S}\left(\boldsymbol{S}^{\mathrm{T}}\boldsymbol{S}-\frac{1}{M}\boldsymbol{S}^{\mathrm{T}}\boldsymbol{1}_{M\times M}\boldsymbol{S}\right)^{-1}\boldsymbol{u}
\end{aligned} \tag{6.10}$$

然后，利用式（2.1）可知

$$\left(\boldsymbol{S}^{\mathrm{T}}\boldsymbol{S}-\frac{1}{M}\boldsymbol{S}^{\mathrm{T}}\boldsymbol{1}_{M\times M}\boldsymbol{S}\right)^{-1}=(\boldsymbol{S}^{\mathrm{T}}\boldsymbol{S})^{-1}+\frac{(\boldsymbol{S}^{\mathrm{T}}\boldsymbol{S})^{-1}\boldsymbol{S}^{\mathrm{T}}\boldsymbol{1}_{M\times M}\boldsymbol{S}(\boldsymbol{S}^{\mathrm{T}}\boldsymbol{S})^{-1}}{M-\boldsymbol{1}_{1\times M}\boldsymbol{S}(\boldsymbol{S}^{\mathrm{T}}\boldsymbol{S})^{-1}\boldsymbol{S}^{\mathrm{T}}\boldsymbol{1}_{M\times 1}} \tag{6.11}$$

将式（6.11）代入式（6.10）可得

$$\begin{aligned}
&\begin{bmatrix} \boldsymbol{1}_{1\times M} \\ \boldsymbol{S}^{\mathrm{T}} \end{bmatrix}^{\dagger}\begin{bmatrix} 1 \\ \boldsymbol{u} \end{bmatrix}\\
&=\frac{\boldsymbol{1}_{M\times 1}-\boldsymbol{1}_{M\times M}\boldsymbol{S}(\boldsymbol{S}^{\mathrm{T}}\boldsymbol{S})^{-1}\boldsymbol{u}-\boldsymbol{S}(\boldsymbol{S}^{\mathrm{T}}\boldsymbol{S})^{-1}\boldsymbol{S}^{\mathrm{T}}\boldsymbol{1}_{M\times 1}+\boldsymbol{S}(\boldsymbol{S}^{\mathrm{T}}\boldsymbol{S})^{-1}\boldsymbol{S}^{\mathrm{T}}\boldsymbol{1}_{M\times M}\boldsymbol{S}(\boldsymbol{S}^{\mathrm{T}}\boldsymbol{S})^{-1}\boldsymbol{u}}{M-\boldsymbol{1}_{1\times M}\boldsymbol{S}(\boldsymbol{S}^{\mathrm{T}}\boldsymbol{S})^{-1}\boldsymbol{S}^{\mathrm{T}}\boldsymbol{1}_{M\times 1}}+\boldsymbol{S}(\boldsymbol{S}^{\mathrm{T}}\boldsymbol{S})^{-1}\boldsymbol{u}\\
&=\frac{(\boldsymbol{1}_{M\times 1}-\boldsymbol{S}(\boldsymbol{S}^{\mathrm{T}}\boldsymbol{S})^{-1}\boldsymbol{S}^{\mathrm{T}}\boldsymbol{1}_{M\times 1})(1-\boldsymbol{1}_{1\times M}\boldsymbol{S}(\boldsymbol{S}^{\mathrm{T}}\boldsymbol{S})^{-1}\boldsymbol{u})}{M-\boldsymbol{1}_{1\times M}\boldsymbol{S}(\boldsymbol{S}^{\mathrm{T}}\boldsymbol{S})^{-1}\boldsymbol{S}^{\mathrm{T}}\boldsymbol{1}_{M\times 1}}+\boldsymbol{S}(\boldsymbol{S}^{\mathrm{T}}\boldsymbol{S})^{-1}\boldsymbol{u}
\end{aligned} \tag{6.12}$$

① 该条件在实际应用中很容易得到满足。

最后，结合式（6.5）、式（6.6）及式（6.12）可知

$$\begin{aligned}&\boldsymbol{W}(\boldsymbol{d},\boldsymbol{s})\begin{bmatrix}\boldsymbol{1}_{1\times M}\\ \boldsymbol{S}^{\mathrm{T}}\end{bmatrix}^{\dagger}\begin{bmatrix}1\\ \boldsymbol{u}\end{bmatrix}\\&=\boldsymbol{S}_{\boldsymbol{u}}(\boldsymbol{S}^{\mathrm{T}}-\boldsymbol{u}\boldsymbol{1}_{1\times M})\left(\frac{(\boldsymbol{1}_{M\times 1}-\boldsymbol{S}(\boldsymbol{S}^{\mathrm{T}}\boldsymbol{S})^{-1}\boldsymbol{S}^{\mathrm{T}}\boldsymbol{1}_{M\times 1})(1-\boldsymbol{1}_{1\times M}\boldsymbol{S}(\boldsymbol{S}^{\mathrm{T}}\boldsymbol{S})^{-1}\boldsymbol{u})}{M-\boldsymbol{1}_{1\times M}\boldsymbol{S}(\boldsymbol{S}^{\mathrm{T}}\boldsymbol{S})^{-1}\boldsymbol{S}^{\mathrm{T}}\boldsymbol{1}_{M\times 1}}+\boldsymbol{S}(\boldsymbol{S}^{\mathrm{T}}\boldsymbol{S})^{-1}\boldsymbol{u}\right)\\&=\boldsymbol{S}_{\boldsymbol{u}}(\boldsymbol{S}^{\mathrm{T}}\boldsymbol{S}(\boldsymbol{S}^{\mathrm{T}}\boldsymbol{S})^{-1}\boldsymbol{u}-\boldsymbol{u}(1-\boldsymbol{1}_{1\times M}\boldsymbol{S}(\boldsymbol{S}^{\mathrm{T}}\boldsymbol{S})^{-1}\boldsymbol{u})-\boldsymbol{u}\boldsymbol{1}_{1\times M}\boldsymbol{S}(\boldsymbol{S}^{\mathrm{T}}\boldsymbol{S})^{-1}\boldsymbol{u})=\boldsymbol{O}_{M\times 1}\end{aligned} \tag{6.13}$$

证毕。

式（6.9）即为所获得的定位关系式，可以将其看成关于辐射源位置向量 $\boldsymbol{u}$ 的伪线性等式，一共包含 M 个等式，由于 TOA 观测量个数也为 M，因此并没有损失观测信息。

6.2.3 估计准则及其最优闭式解

下面将基于式（6.9）构建辐射源定位的估计准则。为了简化数学表述，可定义矩阵和向量为

$$\begin{cases}\boldsymbol{T}(\boldsymbol{s})=[\boldsymbol{1}_{M\times 1}\ \ \boldsymbol{S}]\begin{bmatrix}M & \boldsymbol{1}_{1\times M}\boldsymbol{S}\\ \boldsymbol{S}^{\mathrm{T}}\boldsymbol{1}_{M\times 1} & \boldsymbol{S}^{\mathrm{T}}\boldsymbol{S}\end{bmatrix}^{-1}\in\mathbf{R}^{M\times 3}\\ \boldsymbol{\varphi}(\boldsymbol{u},\boldsymbol{s})=\boldsymbol{T}(\boldsymbol{s})\begin{bmatrix}1\\ \boldsymbol{u}\end{bmatrix}\in\mathbf{R}^{M\times 1}\end{cases} \tag{6.14}$$

结合式（6.9）和式（6.14）可得

$$\boldsymbol{W}(\boldsymbol{d},\boldsymbol{s})\boldsymbol{\varphi}(\boldsymbol{u},\boldsymbol{s})=\boldsymbol{W}(\boldsymbol{d},\boldsymbol{s})\boldsymbol{T}(\boldsymbol{s})\begin{bmatrix}1\\ \boldsymbol{u}\end{bmatrix}=\boldsymbol{O}_{M\times 1} \tag{6.15}$$

在实际定位中，标量积矩阵 $\boldsymbol{W}(\boldsymbol{d},\boldsymbol{s})$ 的真实值是未知的，因为真实距离 $\{d_m\}_{1\leqslant m\leqslant M}$（或 $\boldsymbol{d}$）仅能用观测值 $\{\hat{d}_m\}_{1\leqslant m\leqslant M}$（或 $\hat{\boldsymbol{d}}$）代替，必然会引入观测误差向量 $\boldsymbol{\varepsilon}^{(\mathrm{t})}$。将含有观测误差向量 $\boldsymbol{\varepsilon}^{(\mathrm{t})}$ 的标量积矩阵 $\boldsymbol{W}(\boldsymbol{d},\boldsymbol{s})$ 记为 $\boldsymbol{W}(\hat{\boldsymbol{d}},\boldsymbol{s})$。基于式（6.7）可知，矩阵 $\boldsymbol{W}(\hat{\boldsymbol{d}},\boldsymbol{s})$ 中的第 m_1 行、第 m_2 列元素为

$$<\boldsymbol{W}(\hat{\boldsymbol{d}},\boldsymbol{s})>_{m_1m_2}=\frac{1}{2}(\hat{d}_{m_1}^2+\hat{d}_{m_2}^2-\gamma_{m_1m_2}^2)\quad(1\leqslant m_1;\ m_2\leqslant M)\tag{6.16}$$

进一步可得

$$\boldsymbol{W}(\hat{\boldsymbol{d}},\boldsymbol{s})=\frac{1}{2}\begin{bmatrix}\hat{d}_1^2+\hat{d}_1^2-\gamma_{11}^2 & \hat{d}_1^2+\hat{d}_2^2-\gamma_{12}^2 & \cdots & \hat{d}_1^2+\hat{d}_M^2-\gamma_{1M}^2 \\ \hat{d}_1^2+\hat{d}_2^2-\gamma_{12}^2 & \hat{d}_2^2+\hat{d}_2^2-\gamma_{22}^2 & \cdots & \hat{d}_2^2+\hat{d}_M^2-\gamma_{2M}^2 \\ \vdots & \vdots & \ddots & \vdots \\ \hat{d}_1^2+\hat{d}_M^2-\gamma_{1M}^2 & \hat{d}_2^2+\hat{d}_M^2-\gamma_{2M}^2 & \cdots & \hat{d}_M^2+\hat{d}_M^2-\gamma_{MM}^2\end{bmatrix}\tag{6.17}$$

由于$\boldsymbol{W}(\boldsymbol{d},\boldsymbol{s})\boldsymbol{\varphi}(\boldsymbol{u},\boldsymbol{s})=\boldsymbol{O}_{M\times 1}$，因此可以定义误差向量为

$$\boldsymbol{\xi}^{(\mathrm{I})}=\boldsymbol{W}(\hat{\boldsymbol{d}},\boldsymbol{s})\boldsymbol{\varphi}(\boldsymbol{u},\boldsymbol{s})=(\boldsymbol{W}(\boldsymbol{d},\boldsymbol{s})+\Delta\boldsymbol{W}^{(\mathrm{I})})\boldsymbol{\varphi}(\boldsymbol{u},\boldsymbol{s})=\Delta\boldsymbol{W}^{(\mathrm{I})}\boldsymbol{\varphi}(\boldsymbol{u},\boldsymbol{s})\tag{6.18}$$

式中，$\Delta\boldsymbol{W}^{(\mathrm{I})}=\boldsymbol{W}(\hat{\boldsymbol{d}},\boldsymbol{s})-\boldsymbol{W}(\boldsymbol{d},\boldsymbol{s})$。利用一阶误差分析可得

$$\Delta\boldsymbol{W}^{(\mathrm{I})}\approx\begin{bmatrix}d_1\varepsilon_1^{(\mathrm{t})}+d_1\varepsilon_1^{(\mathrm{t})} & d_1\varepsilon_1^{(\mathrm{t})}+d_2\varepsilon_2^{(\mathrm{t})} & \cdots & d_1\varepsilon_1^{(\mathrm{t})}+d_M\varepsilon_M^{(\mathrm{t})} \\ d_1\varepsilon_1^{(\mathrm{t})}+d_2\varepsilon_2^{(\mathrm{t})} & d_2\varepsilon_2^{(\mathrm{t})}+d_2\varepsilon_2^{(\mathrm{t})} & \cdots & d_2\varepsilon_2^{(\mathrm{t})}+d_M\varepsilon_M^{(\mathrm{t})} \\ \vdots & \vdots & \ddots & \vdots \\ d_1\varepsilon_1^{(\mathrm{t})}+d_M\varepsilon_M^{(\mathrm{t})} & d_2\varepsilon_2^{(\mathrm{t})}+d_M\varepsilon_M^{(\mathrm{t})} & \cdots & d_M\varepsilon_M^{(\mathrm{t})}+d_M\varepsilon_M^{(\mathrm{t})}\end{bmatrix}\tag{6.19}$$

将式（6.19）代入式（6.18）可知

$$\boldsymbol{\xi}^{(\mathrm{I})}\approx\boldsymbol{C}^{(\mathrm{t})}(\boldsymbol{u},\boldsymbol{d},\boldsymbol{s})\boldsymbol{\varepsilon}^{(\mathrm{t})}\tag{6.20}$$

式中，

$$\boldsymbol{C}^{(\mathrm{t})}(\boldsymbol{u},\boldsymbol{d},\boldsymbol{s})=((\boldsymbol{\varphi}(\boldsymbol{u},\boldsymbol{s}))^{\mathrm{T}}\boldsymbol{I}_{M\times 1})\mathrm{diag}[\boldsymbol{d}]+\boldsymbol{I}_{M\times 1}(\boldsymbol{\varphi}(\boldsymbol{u},\boldsymbol{s})\odot\boldsymbol{d})^{\mathrm{T}}\in\mathbf{R}^{M\times M}\tag{6.21}$$

式（6.20）和式（6.21）的推导见附录 C.1。需要指出的是，$\boldsymbol{C}^{(\mathrm{t})}(\boldsymbol{u},\boldsymbol{d},\boldsymbol{s})$通常是可逆矩阵。由式（6.20）可知，误差向量$\boldsymbol{\xi}^{(\mathrm{I})}$渐近服从零均值的高斯分布，协方差矩阵为

$$\begin{aligned}\boldsymbol{\Omega}^{(\mathrm{I})}&=E[\boldsymbol{\xi}^{(\mathrm{I})}(\boldsymbol{\xi}^{(\mathrm{I})})^{\mathrm{T}}]=\boldsymbol{C}^{(\mathrm{t})}(\boldsymbol{u},\boldsymbol{d},\boldsymbol{s})E[\boldsymbol{\varepsilon}^{(\mathrm{t})}(\boldsymbol{\varepsilon}^{(\mathrm{t})})^{\mathrm{T}}](\boldsymbol{C}^{(\mathrm{t})}(\boldsymbol{u},\boldsymbol{d},\boldsymbol{s}))^{\mathrm{T}}\\&=\boldsymbol{C}^{(\mathrm{t})}(\boldsymbol{u},\boldsymbol{d},\boldsymbol{s})\boldsymbol{E}^{(\mathrm{t})}(\boldsymbol{C}^{(\mathrm{t})}(\boldsymbol{u},\boldsymbol{d},\boldsymbol{s}))^{\mathrm{T}}\in\mathbf{R}^{M\times M}\end{aligned}\tag{6.22}$$

联合式（6.14）中的第 2 个公式，以及式（6.18）、式（6.22）可以构建估计辐射源位置向量 $\boldsymbol{u}$ 的优化准则，即

$$\begin{aligned}\min_{\boldsymbol{u}}\{J^{(\mathrm{I})}(\boldsymbol{u})\}&=\min_{\boldsymbol{u}}\{(\boldsymbol{\varphi}(\boldsymbol{u},\boldsymbol{s}))^{\mathrm{T}}(\boldsymbol{W}(\hat{\boldsymbol{d}},\boldsymbol{s}))^{\mathrm{T}}(\boldsymbol{\Omega}^{(\mathrm{I})})^{-1}\boldsymbol{W}(\hat{\boldsymbol{d}},\boldsymbol{s})\boldsymbol{\varphi}(\boldsymbol{u},\boldsymbol{s})\}\\&=\min_{\boldsymbol{u}}\left\{\begin{bmatrix}1\\\boldsymbol{u}\end{bmatrix}^{\mathrm{T}}(\boldsymbol{T}(\boldsymbol{s}))^{\mathrm{T}}(\boldsymbol{W}(\hat{\boldsymbol{d}},\boldsymbol{s}))^{\mathrm{T}}(\boldsymbol{\Omega}^{(\mathrm{I})})^{-1}\boldsymbol{W}(\hat{\boldsymbol{d}},\boldsymbol{s})\boldsymbol{T}(\boldsymbol{s})\begin{bmatrix}1\\\boldsymbol{u}\end{bmatrix}\right\}\end{aligned}\tag{6.23}$$

式中，$(\boldsymbol{\Omega}^{(\mathrm{I})})^{-1}$ 可被视为加权矩阵，其作用在于抑制观测误差向量 $\boldsymbol{\varepsilon}^{(\mathrm{t})}$ 的影响。

若将矩阵 $\boldsymbol{T}(\boldsymbol{s})$ 按列分块表示为

$$\boldsymbol{T}(\boldsymbol{s})=\Big[\underbrace{\boldsymbol{t}_1(\boldsymbol{s})}_{M\times 1}\quad\underbrace{\boldsymbol{T}_2(\boldsymbol{s})}_{M\times 2}\Big]\tag{6.24}$$

则可以将式（6.23）重新写为

$$\begin{aligned}\min_{\boldsymbol{u}}\{J^{(\mathrm{I})}(\boldsymbol{u})\}=\min_{\boldsymbol{u}}\{&(\boldsymbol{W}(\hat{\boldsymbol{d}},\boldsymbol{s})\boldsymbol{T}_2(\boldsymbol{s})\boldsymbol{u}+\boldsymbol{W}(\hat{\boldsymbol{d}},\boldsymbol{s})\boldsymbol{t}_1(\boldsymbol{s}))^{\mathrm{T}}\times\\&(\boldsymbol{\Omega}^{(\mathrm{I})})^{-1}(\boldsymbol{W}(\hat{\boldsymbol{d}},\boldsymbol{s})\boldsymbol{T}_2(\boldsymbol{s})\boldsymbol{u}+\boldsymbol{W}(\hat{\boldsymbol{d}},\boldsymbol{s})\boldsymbol{t}_1(\boldsymbol{s}))\}\end{aligned}\tag{6.25}$$

由式（2.39）可知，式（6.25）的最优闭式解为

$$\begin{aligned}\hat{\boldsymbol{u}}_{\mathrm{wmds}}^{(\mathrm{I})}=&-((\boldsymbol{T}_2(\boldsymbol{s}))^{\mathrm{T}}(\boldsymbol{W}(\hat{\boldsymbol{d}},\boldsymbol{s}))^{\mathrm{T}}(\boldsymbol{\Omega}^{(\mathrm{I})})^{-1}\boldsymbol{W}(\hat{\boldsymbol{d}},\boldsymbol{s})\boldsymbol{T}_2(\boldsymbol{s}))^{-1}\times\\&(\boldsymbol{T}_2(\boldsymbol{s}))^{\mathrm{T}}(\boldsymbol{W}(\hat{\boldsymbol{d}},\boldsymbol{s}))^{\mathrm{T}}(\boldsymbol{\Omega}^{(\mathrm{I})})^{-1}\boldsymbol{W}(\hat{\boldsymbol{d}},\boldsymbol{s})\boldsymbol{t}_1(\boldsymbol{s})\end{aligned}\tag{6.26}$$

【注记 6.1】由式（6.22）可知，加权矩阵 $(\boldsymbol{\Omega}^{(\mathrm{I})})^{-1}$ 与辐射源位置向量 $\boldsymbol{u}$ 有关，因此，严格来说，式（6.25）中的目标函数 $J^{(\mathrm{I})}(\boldsymbol{u})$ 并不是关于向量 $\boldsymbol{u}$ 的二次函数。庆幸的是，该问题并不难解决：首先，将 $(\boldsymbol{\Omega}^{(\mathrm{I})})^{-1}$ 设为单位矩阵，从而获得关于向量 $\boldsymbol{u}$ 的初始值；然后，重新计算加权矩阵 $(\boldsymbol{\Omega}^{(\mathrm{I})})^{-1}$，并再次得到向量 $\boldsymbol{u}$ 的估计值，重复此过程 3～5 次即可取得预期的估计精度。加权矩阵 $(\boldsymbol{\Omega}^{(\mathrm{I})})^{-1}$ 还与距离观测向量 $\boldsymbol{d}$ 有关，可以直接利用观测值 $\hat{\boldsymbol{d}}$ 进行计算。理论分析表明，在一阶误差分析理论框架下，加权矩阵 $(\boldsymbol{\Omega}^{(\mathrm{I})})^{-1}$ 中的扰动误差并不会实质影响估计值 $\hat{\boldsymbol{u}}_{\mathrm{wmds}}^{(\mathrm{I})}$ 的统计性能。

图 6.1 给出了本章第 I 类定位方法的流程图。

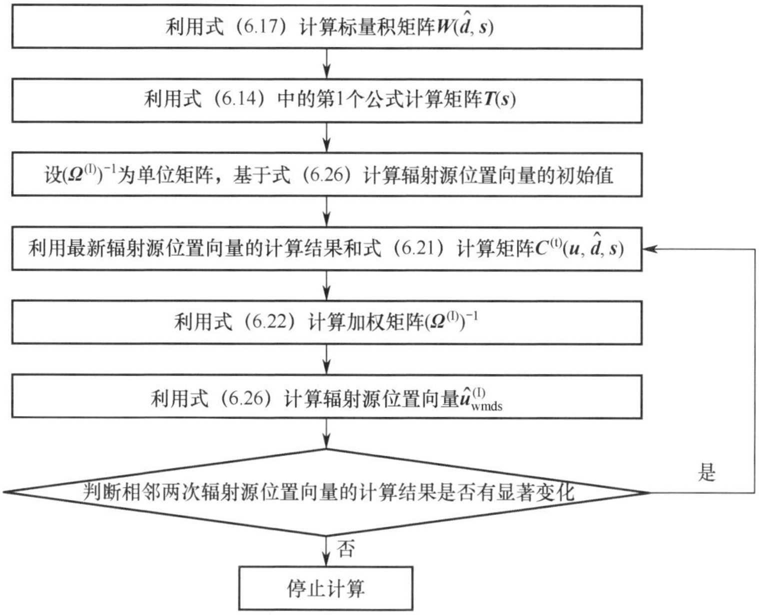

图 6.1　本章第 I 类定位方法的流程图

6.2.4　理论性能分析

本节将进行估计值 $\hat{\boldsymbol{u}}_{\mathrm{wmds}}^{(\mathrm{I})}$ 的理论性能分析，主要是推导估计均方误差，并将其与相应的 CRB 进行比较，从而证明其渐近统计最优性。这里采用的性能分析方法是一阶误差分析方法，即忽略观测误差向量 $\boldsymbol{\varepsilon}^{(\mathrm{t})}$ 的二阶及以上各阶项。

首先，将估计值 $\hat{\boldsymbol{u}}_{\mathrm{wmds}}^{(\mathrm{I})}$ 中的估计误差记为 $\Delta\boldsymbol{u}_{\mathrm{wmds}}^{(\mathrm{I})}=\hat{\boldsymbol{u}}_{\mathrm{wmds}}^{(\mathrm{I})}-\boldsymbol{u}$。基于式（6.26）和注记 6.1 中的讨论可知

$$\begin{aligned}&(\boldsymbol{T}_2(\boldsymbol{s}))^{\mathrm{T}}(\boldsymbol{W}(\hat{\boldsymbol{d}},\boldsymbol{s}))^{\mathrm{T}}(\hat{\boldsymbol{\Omega}}^{(\mathrm{I})})^{-1}\boldsymbol{W}(\hat{\boldsymbol{d}},\boldsymbol{s})\boldsymbol{T}_2(\boldsymbol{s})(\boldsymbol{u}+\Delta\boldsymbol{u}_{\mathrm{wmds}}^{(\mathrm{I})})\\&=-(\boldsymbol{T}_2(\boldsymbol{s}))^{\mathrm{T}}(\boldsymbol{W}(\hat{\boldsymbol{d}},\boldsymbol{s}))^{\mathrm{T}}(\hat{\boldsymbol{\Omega}}^{(\mathrm{I})})^{-1}\boldsymbol{W}(\hat{\boldsymbol{d}},\boldsymbol{s})\boldsymbol{t}_1(\boldsymbol{s})\end{aligned}\tag{6.27}$$

式中，$\hat{\boldsymbol{\Omega}}^{(\mathrm{I})}$ 表示 $\boldsymbol{\Omega}^{(\mathrm{I})}$ 的近似估计值。

然后，在一阶误差分析理论框架下，联合式（6.18）和式（6.27）可以进一步推得

$$
\begin{aligned}
&(\boldsymbol{T}_2(\boldsymbol{s}))^{\mathrm{T}}(\Delta\boldsymbol{W}^{(\mathrm{I})})^{\mathrm{T}}(\boldsymbol{\Omega}^{(\mathrm{I})})^{-1}\boldsymbol{W}(\boldsymbol{d},\boldsymbol{s})\boldsymbol{T}_2(\boldsymbol{s})\boldsymbol{u}+(\boldsymbol{T}_2(\boldsymbol{s}))^{\mathrm{T}}(\boldsymbol{W}(\boldsymbol{d},\boldsymbol{s}))^{\mathrm{T}}(\boldsymbol{\Omega}^{(\mathrm{I})})^{-1}\Delta\boldsymbol{W}^{(\mathrm{I})}\boldsymbol{T}_2(\boldsymbol{s})\boldsymbol{u}+\\
&(\boldsymbol{T}_2(\boldsymbol{s}))^{\mathrm{T}}(\boldsymbol{W}(\boldsymbol{d},\boldsymbol{s}))^{\mathrm{T}}\Delta\boldsymbol{\Xi}^{(\mathrm{I})}\boldsymbol{W}(\boldsymbol{d},\boldsymbol{s})\boldsymbol{T}_2(\boldsymbol{s})\boldsymbol{u}+(\boldsymbol{T}_2(\boldsymbol{s}))^{\mathrm{T}}(\boldsymbol{W}(\boldsymbol{d},\boldsymbol{s}))^{\mathrm{T}}(\boldsymbol{\Omega}^{(\mathrm{I})})^{-1}\boldsymbol{W}(\boldsymbol{d},\boldsymbol{s})\boldsymbol{T}_2(\boldsymbol{s})\Delta\boldsymbol{u}_{\mathrm{wmds}}^{(\mathrm{I})}\\
\approx&-(\boldsymbol{T}_2(\boldsymbol{s}))^{\mathrm{T}}(\Delta\boldsymbol{W}^{(\mathrm{I})})^{\mathrm{T}}(\boldsymbol{\Omega}^{(\mathrm{I})})^{-1}\boldsymbol{W}(\boldsymbol{d},\boldsymbol{s})\boldsymbol{t}_1(\boldsymbol{s})-(\boldsymbol{T}_2(\boldsymbol{s}))^{\mathrm{T}}(\boldsymbol{W}(\boldsymbol{d},\boldsymbol{s}))^{\mathrm{T}}(\boldsymbol{\Omega}^{(\mathrm{I})})^{-1}\Delta\boldsymbol{W}^{(\mathrm{I})}\boldsymbol{t}_1(\boldsymbol{s})-\\
&(\boldsymbol{T}_2(\boldsymbol{s}))^{\mathrm{T}}(\boldsymbol{W}(\boldsymbol{d},\boldsymbol{s}))^{\mathrm{T}}\Delta\boldsymbol{\Xi}^{(\mathrm{I})}\boldsymbol{W}(\boldsymbol{d},\boldsymbol{s})\boldsymbol{t}_1(\boldsymbol{s})\\
\Rightarrow&(\boldsymbol{T}_2(\boldsymbol{s}))^{\mathrm{T}}(\boldsymbol{W}(\boldsymbol{d},\boldsymbol{s}))^{\mathrm{T}}(\boldsymbol{\Omega}^{(\mathrm{I})})^{-1}\boldsymbol{W}(\boldsymbol{d},\boldsymbol{s})\boldsymbol{T}_2(\boldsymbol{s})\Delta\boldsymbol{u}_{\mathrm{wmds}}^{(\mathrm{I})}\\
\approx&-(\boldsymbol{T}_2(\boldsymbol{s}))^{\mathrm{T}}(\boldsymbol{W}(\boldsymbol{d},\boldsymbol{s}))^{\mathrm{T}}(\boldsymbol{\Omega}^{(\mathrm{I})})^{-1}\Delta\boldsymbol{W}^{(\mathrm{I})}(\boldsymbol{T}_2(\boldsymbol{s})\boldsymbol{u}+\boldsymbol{t}_1(\boldsymbol{s}))\\
=&-(\boldsymbol{T}_2(\boldsymbol{s}))^{\mathrm{T}}(\boldsymbol{W}(\boldsymbol{d},\boldsymbol{s}))^{\mathrm{T}}(\boldsymbol{\Omega}^{(\mathrm{I})})^{-1}\boldsymbol{\xi}^{(\mathrm{I})}\\
\Rightarrow&\Delta\boldsymbol{u}_{\mathrm{wmds}}^{(\mathrm{I})}\approx-((\boldsymbol{T}_2(\boldsymbol{s}))^{\mathrm{T}}(\boldsymbol{W}(\boldsymbol{d},\boldsymbol{s}))^{\mathrm{T}}(\boldsymbol{\Omega}^{(\mathrm{I})})^{-1}\boldsymbol{W}(\boldsymbol{d},\boldsymbol{s})\boldsymbol{T}_2(\boldsymbol{s}))^{-1}(\boldsymbol{T}_2(\boldsymbol{s}))^{\mathrm{T}}(\boldsymbol{W}(\boldsymbol{d},\boldsymbol{s}))^{\mathrm{T}}(\boldsymbol{\Omega}^{(\mathrm{I})})^{-1}\boldsymbol{\xi}^{(\mathrm{I})}
\end{aligned}
\tag{6.28}
$$

式中，$\Delta\boldsymbol{\Xi}^{(\mathrm{I})}=(\hat{\boldsymbol{\Omega}}^{(\mathrm{I})})^{-1}-(\boldsymbol{\Omega}^{(\mathrm{I})})^{-1}$，表示矩阵$(\hat{\boldsymbol{\Omega}}^{(\mathrm{I})})^{-1}$中的扰动误差。由式（6.28）可知，误差向量$\Delta\boldsymbol{u}_{\mathrm{wmds}}^{(\mathrm{I})}$渐近服从零均值的高斯分布，因此估计值$\hat{\boldsymbol{u}}_{\mathrm{wmds}}^{(\mathrm{I})}$是渐近无偏估计，均方误差矩阵为

$$
\begin{aligned}
\mathbf{MSE}(\hat{\boldsymbol{u}}_{\mathrm{wmds}}^{(\mathrm{I})})&=E[(\hat{\boldsymbol{u}}_{\mathrm{wmds}}^{(\mathrm{I})}-\boldsymbol{u})(\hat{\boldsymbol{u}}_{\mathrm{wmds}}^{(\mathrm{I})}-\boldsymbol{u})^{\mathrm{T}}]=E[\Delta\boldsymbol{u}_{\mathrm{wmds}}^{(\mathrm{I})}(\Delta\boldsymbol{u}_{\mathrm{wmds}}^{(\mathrm{I})})^{\mathrm{T}}]\\
&=((\boldsymbol{T}_2(\boldsymbol{s}))^{\mathrm{T}}(\boldsymbol{W}(\boldsymbol{d},\boldsymbol{s}))^{\mathrm{T}}(\boldsymbol{\Omega}^{(\mathrm{I})})^{-1}\boldsymbol{W}(\boldsymbol{d},\boldsymbol{s})\boldsymbol{T}_2(\boldsymbol{s}))^{-1}(\boldsymbol{T}_2(\boldsymbol{s}))^{\mathrm{T}}(\boldsymbol{W}(\boldsymbol{d},\boldsymbol{s}))^{\mathrm{T}}(\boldsymbol{\Omega}^{(\mathrm{I})})^{-1}E[\boldsymbol{\xi}^{(\mathrm{I})}(\boldsymbol{\xi}^{(\mathrm{I})})^{\mathrm{T}}]\times\\
&\quad(\boldsymbol{\Omega}^{(\mathrm{I})})^{-1}\boldsymbol{W}(\boldsymbol{d},\boldsymbol{s})\boldsymbol{T}_2(\boldsymbol{s})((\boldsymbol{T}_2(\boldsymbol{s}))^{\mathrm{T}}(\boldsymbol{W}(\boldsymbol{d},\boldsymbol{s}))^{\mathrm{T}}(\boldsymbol{\Omega}^{(\mathrm{I})})^{-1}\boldsymbol{W}(\boldsymbol{d},\boldsymbol{s})\boldsymbol{T}_2(\boldsymbol{s}))^{-1}\\
&=((\boldsymbol{T}_2(\boldsymbol{s}))^{\mathrm{T}}(\boldsymbol{W}(\boldsymbol{d},\boldsymbol{s}))^{\mathrm{T}}(\boldsymbol{\Omega}^{(\mathrm{I})})^{-1}\boldsymbol{W}(\boldsymbol{d},\boldsymbol{s})\boldsymbol{T}_2(\boldsymbol{s}))^{-1}
\end{aligned}
\tag{6.29}
$$

【注记 6.2】式（6.28）的推导过程表明，在一阶误差分析理论框架下，矩阵$(\hat{\boldsymbol{\Omega}}^{(\mathrm{I})})^{-1}$中的扰动误差$\Delta\boldsymbol{\Xi}^{(\mathrm{I})}$并不会实质影响估计值$\hat{\boldsymbol{u}}_{\mathrm{wmds}}^{(\mathrm{I})}$的统计性能。

下面证明估计值$\hat{\boldsymbol{u}}_{\mathrm{wmds}}^{(\mathrm{I})}$具有渐近统计最优性，也就是证明估计均方误差可以渐近逼近相应的CRB，具体可见如下命题。

【命题 6.2】在一阶误差分析理论框架下满足$\mathbf{MSE}(\hat{\boldsymbol{u}}_{\mathrm{wmds}}^{(\mathrm{I})})=\mathbf{CRB}_{\text{toa-p}}(\boldsymbol{u})$①。

【证明】首先，根据式（3.2）可知

$$
\mathbf{CRB}_{\text{toa-p}}(\boldsymbol{u})=((\boldsymbol{F}_{\mathrm{toa}}^{(\mathrm{u})}(\boldsymbol{u},\boldsymbol{s}))^{\mathrm{T}}(\boldsymbol{E}^{(\mathrm{t})})^{-1}\boldsymbol{F}_{\mathrm{toa}}^{(\mathrm{u})}(\boldsymbol{u},\boldsymbol{s}))^{-1}
\tag{6.30}
$$

① 这里使用下标 toa 来表征此 CRB 是基于 TOA 观测量推导出来的。

式中，$\boldsymbol{F}_{\text{toa}}^{(\text{u})}(\boldsymbol{u},\boldsymbol{s})=\dfrac{\partial \boldsymbol{f}_{\text{toa}}(\boldsymbol{u},\boldsymbol{s})}{\partial \boldsymbol{u}^{\text{T}}}\in \mathbf{R}^{M\times 2}$，该 Jacobian 矩阵的表达式见附录 C.2。

然后，将式（6.22）代入式（6.29）可得

$$\begin{aligned}\mathbf{MSE}(\hat{\boldsymbol{u}}_{\text{wmds}}^{(\text{I})})&=((\boldsymbol{T}_2(\boldsymbol{s}))^{\text{T}}(\boldsymbol{W}(\boldsymbol{d},\boldsymbol{s}))^{\text{T}}(\boldsymbol{C}^{(\text{t})}(\boldsymbol{u},\boldsymbol{d},\boldsymbol{s})\boldsymbol{E}^{(\text{t})}(\boldsymbol{C}^{(\text{t})}(\boldsymbol{u},\boldsymbol{d},\boldsymbol{s}))^{\text{T}})^{-1}\boldsymbol{W}(\boldsymbol{d},\boldsymbol{s})\boldsymbol{T}_2(\boldsymbol{s}))^{-1}\\&=((\boldsymbol{T}_2(\boldsymbol{s}))^{\text{T}}(\boldsymbol{W}(\boldsymbol{d},\boldsymbol{s}))^{\text{T}}(\boldsymbol{C}^{(\text{t})}(\boldsymbol{u},\boldsymbol{d},\boldsymbol{s}))^{-\text{T}}(\boldsymbol{E}^{(\text{t})})^{-1}(\boldsymbol{C}^{(\text{t})}(\boldsymbol{u},\boldsymbol{d},\boldsymbol{s}))^{-1}\boldsymbol{W}(\boldsymbol{d},\boldsymbol{s})\boldsymbol{T}_2(\boldsymbol{s}))^{-1}\end{aligned}\tag{6.31}$$

将式（6.24）代入式（6.15）可知

$$\boldsymbol{W}(\boldsymbol{d},\boldsymbol{s})\boldsymbol{\varphi}(\boldsymbol{u},\boldsymbol{s})=\boldsymbol{W}(\boldsymbol{d},\boldsymbol{s})(\boldsymbol{T}_2(\boldsymbol{s})\boldsymbol{u}+\boldsymbol{t}_1(\boldsymbol{s}))=\boldsymbol{O}_{M\times 1}\tag{6.32}$$

将等式 $\boldsymbol{d}=\boldsymbol{f}_{\text{toa}}(\boldsymbol{u},\boldsymbol{s})$ 代入式（6.32）可得

$$\boldsymbol{W}(\boldsymbol{f}_{\text{toa}}(\boldsymbol{u},\boldsymbol{s}),\boldsymbol{s})\boldsymbol{\varphi}(\boldsymbol{u},\boldsymbol{s})=\boldsymbol{W}(\boldsymbol{f}_{\text{toa}}(\boldsymbol{u},\boldsymbol{s}),\boldsymbol{s})(\boldsymbol{T}_2(\boldsymbol{s})\boldsymbol{u}+\boldsymbol{t}_1(\boldsymbol{s}))=\boldsymbol{O}_{M\times 1}\tag{6.33}$$

由于式（6.33）是关于向量 $\boldsymbol{u}$ 的恒等式，因此可将其两边对向量 $\boldsymbol{u}$ 求导，可知

$$\begin{aligned}&\boldsymbol{W}(\boldsymbol{d},\boldsymbol{s})\frac{\partial(\boldsymbol{T}_2(\boldsymbol{s})\boldsymbol{u}+\boldsymbol{t}_1(\boldsymbol{s}))}{\partial \boldsymbol{u}^{\text{T}}}+\frac{\partial(\boldsymbol{W}(\boldsymbol{d},\boldsymbol{s})\boldsymbol{\varphi}(\boldsymbol{u},\boldsymbol{s}))}{\partial \boldsymbol{d}^{\text{T}}}\frac{\partial \boldsymbol{d}}{\partial \boldsymbol{u}^{\text{T}}}=\boldsymbol{W}(\boldsymbol{d},\boldsymbol{s})\boldsymbol{T}_2(\boldsymbol{s})+\boldsymbol{C}^{(\text{t})}(\boldsymbol{u},\boldsymbol{d},\boldsymbol{s})\boldsymbol{F}_{\text{toa}}^{(\text{u})}(\boldsymbol{u},\boldsymbol{s})=\boldsymbol{O}_{M\times 2}\\&\Rightarrow \boldsymbol{F}_{\text{toa}}^{(\text{u})}(\boldsymbol{u},\boldsymbol{s})=-(\boldsymbol{C}^{(\text{t})}(\boldsymbol{u},\boldsymbol{d},\boldsymbol{s}))^{-1}\boldsymbol{W}(\boldsymbol{d},\boldsymbol{s})\boldsymbol{T}_2(\boldsymbol{s})\end{aligned}\tag{6.34}$$

式中，利用了导数关系式 $\dfrac{\partial(\boldsymbol{W}(\boldsymbol{d},\boldsymbol{s})\boldsymbol{\varphi}(\boldsymbol{u},\boldsymbol{s}))}{\partial \boldsymbol{d}^{\text{T}}}=\boldsymbol{C}^{(\text{t})}(\boldsymbol{u},\boldsymbol{d},\boldsymbol{s})$ ①。

最后，将式（6.34）代入式（6.31）可得

$$\mathbf{MSE}(\hat{\boldsymbol{u}}_{\text{wmds}}^{(\text{I})})=((\boldsymbol{F}_{\text{toa}}^{(\text{u})}(\boldsymbol{u},\boldsymbol{s}))^{\text{T}}(\boldsymbol{E}^{(\text{t})})^{-1}\boldsymbol{F}_{\text{toa}}^{(\text{u})}(\boldsymbol{u},\boldsymbol{s}))^{-1}=\mathbf{CRB}_{\text{toa-p}}(\boldsymbol{u})\tag{6.35}$$

证毕。

6.2.5　数值实验

假设利用 9 个传感器获得 TOA 信息，并对辐射源进行定位。传感器和辐射源空间位置分布示意图如图 6.2 所示。9 个传感器位于二维平面中的一个圆周上，

① 该式可由式（6.18）和式（6.20）推得。

该圆周的圆心为坐标系原点，半径为 1km；辐射源的位置向量为 $\boldsymbol{u}=[l\ \ l]^{\mathrm{T}}$（km）；距离观测误差向量 $\boldsymbol{\varepsilon}^{(\mathrm{t})}$ 服从均值为零、协方差矩阵为 $\boldsymbol{E}^{(\mathrm{t})}=\sigma_1^2\boldsymbol{I}_9$ 的高斯分布。

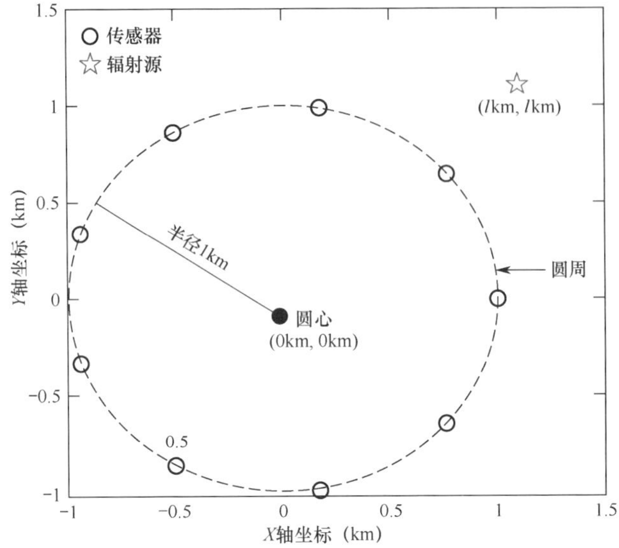

图 6.2　传感器和辐射源空间位置分布示意图

首先，将 l 设为 3km，标准差 σ_1 设为 0.1km。图 6.3 给出了定位结果散布图与定位误差椭圆曲线。

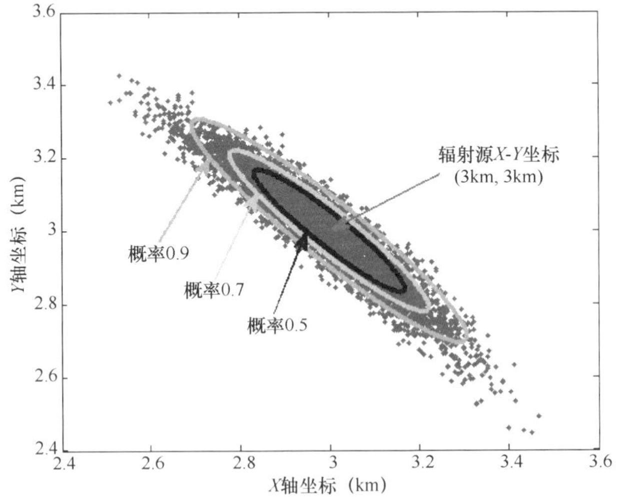

图 6.3　定位结果散布图与定位误差椭圆曲线

然后，将 l 设为两种情形：第 1 种是 $l=2\,\text{km}$；第 2 种是 $l=10\,\text{km}$，改变标准差 σ_1 的数值。图 6.4 给出了辐射源位置估计均方根误差随着标准差 σ_1 的变化曲线；图 6.5 给出了定位成功概率随着标准差 σ_1 的变化曲线。注意：图 6.5 中的理论值由式（3.25）和式（3.32）计算得到，其中 $\delta=0.3\,\text{km}$。

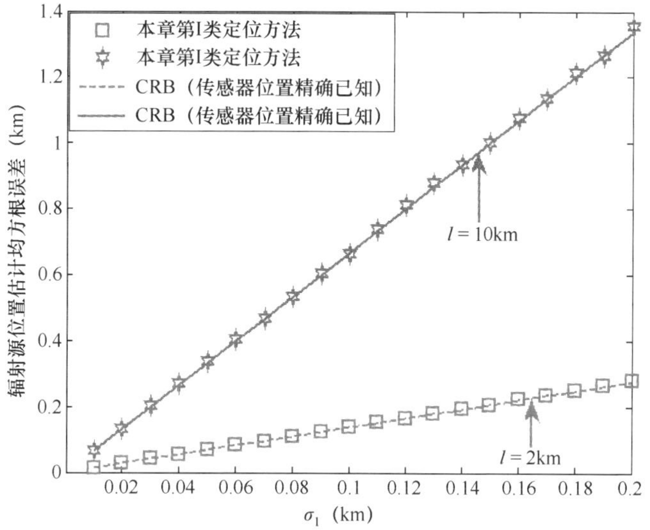

图 6.4　辐射源位置估计均方根误差随着标准差 σ_1 的变化曲线

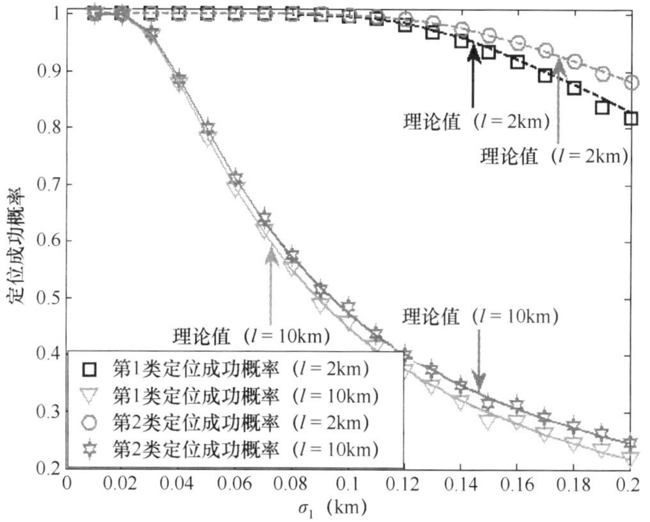

图 6.5　定位成功概率随着标准差 σ_1 的变化曲线

最后，将标准差 σ_1 设为两种情形：第 1 种是 $\sigma_1 = 0.05\,\text{km}$；第 2 种是 $\sigma_1 = 0.15\,\text{km}$，改变 l 的数值。图 6.6 给出了辐射源位置估计均方根误差随着 l 的变化曲线；图 6.7 给出了定位成功概率随着 l 的变化曲线。注意：图 6.7 中的理论值由式（3.25）和式（3.32）计算得到，其中 $\delta = 0.3\,\text{km}$。

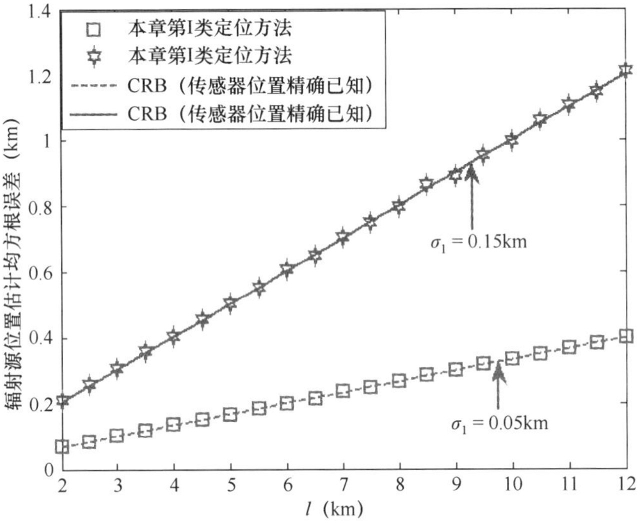

图 6.6　辐射源位置估计均方根误差随着 l 的变化曲线

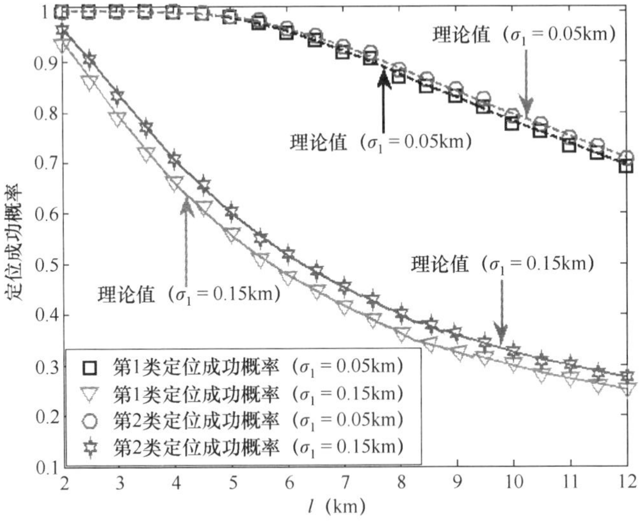

图 6.7　定位成功概率随着 l 的变化曲线

由图 6.4～图 6.7 可知：

（1）本章第 I 类定位方法对辐射源位置估计均方根误差可以达到相应的 CRB（见图 6.4 和图 6.6），验证了 6.2.4 节理论性能分析的有效性。

（2）随着辐射源与传感器距离的增加（l 的增加），定位精度会逐渐降低（见图 6.6 和图 6.7）。

（3）两类定位成功概率的理论值和仿真值互相吻合，在相同条件下，第 2 类定位成功概率高于第 1 类定位成功概率（见图 6.5 和图 6.7），验证了 3.2 节理论性能分析的有效性。

6.3 第 II 类加权多维标度闭式定位方法——传感器位置存在观测误差

6.3.1 传感器位置观测模型

当传感器安装在机载或舰载平台，又或者传感器随机布设时，可能无法获得传感器位置向量 $\boldsymbol{s}$ 的精确值，仅能得到先验观测值 $\hat{\boldsymbol{s}}$（含有观测误差向量），即

$$\hat{\boldsymbol{s}} = [\hat{\boldsymbol{s}}_1^{\mathrm{T}} \ \ \hat{\boldsymbol{s}}_2^{\mathrm{T}} \ \ \cdots \ \ \hat{\boldsymbol{s}}_M^{\mathrm{T}}]^{\mathrm{T}} = \boldsymbol{s} + \boldsymbol{\varepsilon}^{(\mathrm{s})} \tag{6.36}$$

式中，$\hat{\boldsymbol{s}}_m \ (1 \leqslant m \leqslant M)$ 表示第 m 个传感器位置向量的先验观测值；$\boldsymbol{\varepsilon}^{(\mathrm{s})}$ 表示观测误差向量，服从零均值的高斯分布，协方差矩阵为 $\boldsymbol{E}^{(\mathrm{s})} = E[\boldsymbol{\varepsilon}^{(\mathrm{s})}(\boldsymbol{\varepsilon}^{(\mathrm{s})})^{\mathrm{T}}]$。为了便于下文表述，这里将观测误差向量 $\boldsymbol{\varepsilon}^{(\mathrm{s})}$ 写为 $\boldsymbol{\varepsilon}^{(\mathrm{s})} = [(\boldsymbol{\varepsilon}_1^{(\mathrm{s})})^{\mathrm{T}} \ \ (\boldsymbol{\varepsilon}_2^{(\mathrm{s})})^{\mathrm{T}} \ \ \cdots \ \ (\boldsymbol{\varepsilon}_M^{(\mathrm{s})})^{\mathrm{T}}]^{\mathrm{T}}$。其中，$\boldsymbol{\varepsilon}_m^{(\mathrm{s})} = \hat{\boldsymbol{s}}_m - \boldsymbol{s}_m \ (1 \leqslant m \leqslant M)$，表示第 m 个传感器位置向量的观测误差向量。此外，假设观测误差向量 $\boldsymbol{\varepsilon}^{(\mathrm{s})}$ 与 $\boldsymbol{\varepsilon}^{(\mathrm{t})}$ 之间相互统计独立。

传感器位置观测误差必然会影响 6.2 节定位方法的估计精度。在附录 C.3 中利用一阶误差分析方法证明，当传感器位置存在观测误差时，6.2 节定位方法的估计均方误差无法渐近逼近相应的 CRB。因此，下面需要设计具有渐近统计最优性的定位方法，即第 II 类定位方法。

6.3.2 估计准则及其最优闭式解

本节将给出两种定位方法：定位方法 II-1 和定位方法 II-2。定位方法 II-1

仅能给出辐射源位置向量的估计值，估计准则的设计思想是抑制传感器位置观测误差的影响；定位方法 II-2 估计准则的设计思想是对辐射源位置向量和传感器位置向量进行联合估计。

1．定位方法 II-1 的估计准则及其最优闭式解

当传感器位置存在观测误差时，只能利用传感器位置向量的先验观测值 $\hat{\boldsymbol{s}}$ 来计算标量积矩阵，即

$$\boldsymbol{W}(\hat{\boldsymbol{d}},\hat{\boldsymbol{s}})=\frac{1}{2}\begin{bmatrix}\hat{d}_1^2+\hat{d}_1^2-\hat{\gamma}_{11}^2 & \hat{d}_1^2+\hat{d}_2^2-\hat{\gamma}_{12}^2 & \cdots & \hat{d}_1^2+\hat{d}_M^2-\hat{\gamma}_{1M}^2 \\ \hat{d}_1^2+\hat{d}_2^2-\hat{\gamma}_{12}^2 & \hat{d}_2^2+\hat{d}_2^2-\hat{\gamma}_{22}^2 & \cdots & \hat{d}_2^2+\hat{d}_M^2-\hat{\gamma}_{2M}^2 \\ \vdots & \vdots & \ddots & \vdots \\ \hat{d}_1^2+\hat{d}_M^2-\hat{\gamma}_{1M}^2 & \hat{d}_2^2+\hat{d}_M^2-\hat{\gamma}_{2M}^2 & \cdots & \hat{d}_M^2+\hat{d}_M^2-\hat{\gamma}_{MM}^2\end{bmatrix} \tag{6.37}$$

式中，$\hat{\gamma}_{m_1m_2}=\|\hat{\boldsymbol{s}}_{m_1}-\hat{\boldsymbol{s}}_{m_2}\|_2$（$1\leqslant m_1$；$m_2\leqslant M$）。此时应将误差向量定义为

$$\begin{aligned}\boldsymbol{\xi}_1^{(\mathrm{II})}&=\boldsymbol{W}(\hat{\boldsymbol{d}},\hat{\boldsymbol{s}})\boldsymbol{\varphi}(\boldsymbol{u},\hat{\boldsymbol{s}})=\boldsymbol{W}(\hat{\boldsymbol{d}},\hat{\boldsymbol{s}})\boldsymbol{T}(\hat{\boldsymbol{s}})\begin{bmatrix}1\\ \boldsymbol{u}\end{bmatrix}=(\boldsymbol{W}(\boldsymbol{d},\boldsymbol{s})+\Delta\boldsymbol{W}^{(\mathrm{II})})(\boldsymbol{T}(\boldsymbol{s})+\Delta\boldsymbol{T}^{(\mathrm{II})})\begin{bmatrix}1\\ \boldsymbol{u}\end{bmatrix}\\ &\approx\Delta\boldsymbol{W}^{(\mathrm{II})}\boldsymbol{\varphi}(\boldsymbol{u},\boldsymbol{s})+\boldsymbol{W}(\boldsymbol{d},\boldsymbol{s})\Delta\boldsymbol{T}^{(\mathrm{II})}\begin{bmatrix}1\\ \boldsymbol{u}\end{bmatrix}\end{aligned} \tag{6.38}$$

式中，$\Delta\boldsymbol{W}^{(\mathrm{II})}=\boldsymbol{W}(\hat{\boldsymbol{d}},\hat{\boldsymbol{s}})-\boldsymbol{W}(\boldsymbol{d},\boldsymbol{s})$；$\Delta\boldsymbol{T}^{(\mathrm{II})}=\boldsymbol{T}(\hat{\boldsymbol{s}})-\boldsymbol{T}(\boldsymbol{s})$。利用一阶误差分析方法可得

$$\begin{aligned}\Delta\boldsymbol{W}^{(\mathrm{II})}\approx&\begin{bmatrix}d_1\varepsilon_1^{(\mathrm{t})}+d_1\varepsilon_1^{(\mathrm{t})} & d_1\varepsilon_1^{(\mathrm{t})}+d_2\varepsilon_2^{(\mathrm{t})} & \cdots & d_1\varepsilon_1^{(\mathrm{t})}+d_M\varepsilon_M^{(\mathrm{t})} \\ d_1\varepsilon_1^{(\mathrm{t})}+d_2\varepsilon_2^{(\mathrm{t})} & d_2\varepsilon_2^{(\mathrm{t})}+d_2\varepsilon_2^{(\mathrm{t})} & \cdots & d_2\varepsilon_2^{(\mathrm{t})}+d_M\varepsilon_M^{(\mathrm{t})} \\ \vdots & \vdots & \ddots & \vdots \\ d_1\varepsilon_1^{(\mathrm{t})}+d_M\varepsilon_M^{(\mathrm{t})} & d_2\varepsilon_2^{(\mathrm{t})}+d_M\varepsilon_M^{(\mathrm{t})} & \cdots & d_M\varepsilon_M^{(\mathrm{t})}+d_M\varepsilon_M^{(\mathrm{t})}\end{bmatrix}-\\ &\begin{bmatrix}(\boldsymbol{s}_1-\boldsymbol{s}_1)^{\mathrm{T}}(\boldsymbol{\varepsilon}_1^{(\mathrm{s})}-\boldsymbol{\varepsilon}_1^{(\mathrm{s})}) & (\boldsymbol{s}_1-\boldsymbol{s}_2)^{\mathrm{T}}(\boldsymbol{\varepsilon}_1^{(\mathrm{s})}-\boldsymbol{\varepsilon}_2^{(\mathrm{s})}) & \cdots & (\boldsymbol{s}_1-\boldsymbol{s}_M)^{\mathrm{T}}(\boldsymbol{\varepsilon}_1^{(\mathrm{s})}-\boldsymbol{\varepsilon}_M^{(\mathrm{s})}) \\ (\boldsymbol{s}_1-\boldsymbol{s}_2)^{\mathrm{T}}(\boldsymbol{\varepsilon}_1^{(\mathrm{s})}-\boldsymbol{\varepsilon}_2^{(\mathrm{s})}) & (\boldsymbol{s}_2-\boldsymbol{s}_2)^{\mathrm{T}}(\boldsymbol{\varepsilon}_2^{(\mathrm{s})}-\boldsymbol{\varepsilon}_2^{(\mathrm{s})}) & \cdots & (\boldsymbol{s}_2-\boldsymbol{s}_M)^{\mathrm{T}}(\boldsymbol{\varepsilon}_2^{(\mathrm{s})}-\boldsymbol{\varepsilon}_M^{(\mathrm{s})}) \\ \vdots & \vdots & \ddots & \vdots \\ (\boldsymbol{s}_1-\boldsymbol{s}_M)^{\mathrm{T}}(\boldsymbol{\varepsilon}_1^{(\mathrm{s})}-\boldsymbol{\varepsilon}_M^{(\mathrm{s})}) & (\boldsymbol{s}_2-\boldsymbol{s}_M)^{\mathrm{T}}(\boldsymbol{\varepsilon}_2^{(\mathrm{s})}-\boldsymbol{\varepsilon}_M^{(\mathrm{s})}) & \cdots & (\boldsymbol{s}_M-\boldsymbol{s}_M)^{\mathrm{T}}(\boldsymbol{\varepsilon}_M^{(\mathrm{s})}-\boldsymbol{\varepsilon}_M^{(\mathrm{s})})\end{bmatrix}\end{aligned} \tag{6.39}$$

$$\Delta \boldsymbol{T}^{(\mathrm{II})} \approx \left([\boldsymbol{O}_{M\times 1} \quad \Delta \boldsymbol{S}] - \boldsymbol{T}(\boldsymbol{s}) \begin{bmatrix} 0 & \boldsymbol{1}_{1\times M}\Delta \boldsymbol{S} \\ (\Delta \boldsymbol{S})^{\mathrm{T}}\boldsymbol{1}_{M\times 1} & (\Delta \boldsymbol{S})^{\mathrm{T}}\boldsymbol{S} + \boldsymbol{S}^{\mathrm{T}}\Delta \boldsymbol{S} \end{bmatrix} \right) \begin{bmatrix} M & \boldsymbol{1}_{1\times M}\boldsymbol{S} \\ \boldsymbol{S}^{\mathrm{T}}\boldsymbol{1}_{M\times 1} & \boldsymbol{S}^{\mathrm{T}}\boldsymbol{S} \end{bmatrix}^{-1} \tag{6.40}$$

式中，$\Delta \boldsymbol{S} = [\boldsymbol{\varepsilon}_1^{(\mathrm{s})} \quad \boldsymbol{\varepsilon}_2^{(\mathrm{s})} \quad \cdots \quad \boldsymbol{\varepsilon}_M^{(\mathrm{s})}]^{\mathrm{T}}$。将式（6.39）和式（6.40）代入式（6.38）可知

$$\boldsymbol{\xi}_1^{(\mathrm{II})} \approx \boldsymbol{C}^{(\mathrm{t})}(\boldsymbol{u},\boldsymbol{d},\boldsymbol{s})\boldsymbol{\varepsilon}^{(\mathrm{t})} + \boldsymbol{C}^{(\mathrm{s})}(\boldsymbol{u},\boldsymbol{d},\boldsymbol{s})\boldsymbol{\varepsilon}^{(\mathrm{s})} \tag{6.41}$$

$$\boldsymbol{C}^{(\mathrm{s})}(\boldsymbol{u},\boldsymbol{d},\boldsymbol{s}) = \boldsymbol{W}(\boldsymbol{d},\boldsymbol{s}) \left(\boldsymbol{H}_1(\boldsymbol{u},\boldsymbol{s}) - \boldsymbol{T}(\boldsymbol{s}) \begin{bmatrix} \boldsymbol{1}_{1\times M}\boldsymbol{H}_1(\boldsymbol{u},\boldsymbol{s}) \\ \boldsymbol{S}^{\mathrm{T}}\boldsymbol{H}_1(\boldsymbol{u},\boldsymbol{s}) + \boldsymbol{H}_2(\boldsymbol{u},\boldsymbol{s}) \end{bmatrix} \right) + ((\boldsymbol{\varphi}(\boldsymbol{u},\boldsymbol{s}))^{\mathrm{T}} \otimes \boldsymbol{I}_M)\boldsymbol{S}_{\mathrm{blk}} \in \mathbf{R}^{M\times 2M} \tag{6.42}$$

$$\begin{cases} \boldsymbol{H}_1(\boldsymbol{u},\boldsymbol{s}) = \boldsymbol{I}_M \otimes (\boldsymbol{\alpha}_2(\boldsymbol{u},\boldsymbol{s}))^{\mathrm{T}} \\ \boldsymbol{H}_2(\boldsymbol{u},\boldsymbol{s}) = ([\boldsymbol{1}_{M\times 1} \quad \boldsymbol{S}]\boldsymbol{\alpha}(\boldsymbol{u},\boldsymbol{s}))^{\mathrm{T}} \otimes \boldsymbol{I}_2 \end{cases} \tag{6.43}$$

式中，

$$\boldsymbol{\alpha}(\boldsymbol{u},\boldsymbol{s}) = \begin{bmatrix} M & \boldsymbol{1}_{1\times M}\boldsymbol{S} \\ \boldsymbol{S}^{\mathrm{T}}\boldsymbol{1}_{M\times 1} & \boldsymbol{S}^{\mathrm{T}}\boldsymbol{S} \end{bmatrix}^{-1} \begin{bmatrix} 1 \\ \boldsymbol{u} \end{bmatrix} = \begin{bmatrix} \underbrace{\alpha_1(\boldsymbol{u},\boldsymbol{s})}_{1\times 1} \\ \underbrace{\boldsymbol{\alpha}_2(\boldsymbol{u},\boldsymbol{s})}_{2\times 1} \end{bmatrix} \tag{6.44}$$

$$\boldsymbol{S}_{\mathrm{blk}} = \begin{bmatrix} \mathrm{blkdiag}\{(\boldsymbol{s}_1-\boldsymbol{s}_1)^{\mathrm{T}}, (\boldsymbol{s}_1-\boldsymbol{s}_2)^{\mathrm{T}}, \cdots, (\boldsymbol{s}_1-\boldsymbol{s}_M)^{\mathrm{T}}\} \\ \mathrm{blkdiag}\{(\boldsymbol{s}_2-\boldsymbol{s}_1)^{\mathrm{T}}, (\boldsymbol{s}_2-\boldsymbol{s}_2)^{\mathrm{T}}, \cdots, (\boldsymbol{s}_2-\boldsymbol{s}_M)^{\mathrm{T}}\} \\ \vdots \\ \mathrm{blkdiag}\{(\boldsymbol{s}_M-\boldsymbol{s}_1)^{\mathrm{T}}, (\boldsymbol{s}_M-\boldsymbol{s}_2)^{\mathrm{T}}, \cdots, (\boldsymbol{s}_M-\boldsymbol{s}_M)^{\mathrm{T}}\} \end{bmatrix} - \mathrm{blkdiag}\left\{ \begin{bmatrix} (\boldsymbol{s}_1-\boldsymbol{s}_1)^{\mathrm{T}} \\ (\boldsymbol{s}_1-\boldsymbol{s}_2)^{\mathrm{T}} \\ \vdots \\ (\boldsymbol{s}_1-\boldsymbol{s}_M)^{\mathrm{T}} \end{bmatrix}, \begin{bmatrix} (\boldsymbol{s}_2-\boldsymbol{s}_1)^{\mathrm{T}} \\ (\boldsymbol{s}_2-\boldsymbol{s}_2)^{\mathrm{T}} \\ \vdots \\ (\boldsymbol{s}_2-\boldsymbol{s}_M)^{\mathrm{T}} \end{bmatrix}, \cdots, \begin{bmatrix} (\boldsymbol{s}_M-\boldsymbol{s}_1)^{\mathrm{T}} \\ (\boldsymbol{s}_M-\boldsymbol{s}_2)^{\mathrm{T}} \\ \vdots \\ (\boldsymbol{s}_M-\boldsymbol{s}_M)^{\mathrm{T}} \end{bmatrix} \right\} \tag{6.45}$$

式（6.41）～式（6.45）的推导见附录 C.4。由式（6.41）可知，误差向量 $\boldsymbol{\xi}_1^{(\mathrm{II})}$ 渐近服从零均值的高斯分布，协方差矩阵为

$$\begin{aligned}\boldsymbol{\Omega}_1^{(\mathrm{II})} &= E[\boldsymbol{\xi}_1^{(\mathrm{II})}(\boldsymbol{\xi}_1^{(\mathrm{II})})^{\mathrm{T}}] \\ &= \boldsymbol{C}^{(\mathrm{t})}(\boldsymbol{u},\boldsymbol{d},\boldsymbol{s})E[\boldsymbol{\varepsilon}^{(\mathrm{t})}(\boldsymbol{\varepsilon}^{(\mathrm{t})})^{\mathrm{T}}](\boldsymbol{C}^{(\mathrm{t})}(\boldsymbol{u},\boldsymbol{d},\boldsymbol{s}))^{\mathrm{T}} + \boldsymbol{C}^{(\mathrm{s})}(\boldsymbol{u},\boldsymbol{d},\boldsymbol{s})E[\boldsymbol{\varepsilon}^{(\mathrm{s})}(\boldsymbol{\varepsilon}^{(\mathrm{s})})^{\mathrm{T}}](\boldsymbol{C}^{(\mathrm{s})}(\boldsymbol{u},\boldsymbol{d},\boldsymbol{s}))^{\mathrm{T}} \\ &= \boldsymbol{C}^{(\mathrm{t})}(\boldsymbol{u},\boldsymbol{d},\boldsymbol{s})\boldsymbol{E}^{(\mathrm{t})}(\boldsymbol{C}^{(\mathrm{t})}(\boldsymbol{u},\boldsymbol{d},\boldsymbol{s}))^{\mathrm{T}} + \boldsymbol{C}^{(\mathrm{s})}(\boldsymbol{u},\boldsymbol{d},\boldsymbol{s})\boldsymbol{E}^{(\mathrm{s})}(\boldsymbol{C}^{(\mathrm{s})}(\boldsymbol{u},\boldsymbol{d},\boldsymbol{s}))^{\mathrm{T}} \\ &= \boldsymbol{\Omega}^{(\mathrm{I})} + \boldsymbol{C}^{(\mathrm{s})}(\boldsymbol{u},\boldsymbol{d},\boldsymbol{s})\boldsymbol{E}^{(\mathrm{s})}(\boldsymbol{C}^{(\mathrm{s})}(\boldsymbol{u},\boldsymbol{d},\boldsymbol{s}))^{\mathrm{T}} \in \mathbf{R}^{M\times M}\end{aligned} \tag{6.46}$$

结合式（6.38）和式（6.46）可以构建估计辐射源位置向量$\boldsymbol{u}$的优化准则，即

$$\begin{aligned}\min_{\boldsymbol{u}}\{J_1^{(\mathrm{II})}(\boldsymbol{u})\} &= \min_{\boldsymbol{u}}\{(\boldsymbol{\varphi}(\boldsymbol{u},\hat{\boldsymbol{s}}))^{\mathrm{T}}(\boldsymbol{W}(\hat{\boldsymbol{d}},\hat{\boldsymbol{s}}))^{\mathrm{T}}(\boldsymbol{\Omega}_1^{(\mathrm{II})})^{-1}\boldsymbol{W}(\hat{\boldsymbol{d}},\hat{\boldsymbol{s}})\boldsymbol{\varphi}(\boldsymbol{u},\hat{\boldsymbol{s}})\} \\ &= \min_{\boldsymbol{u}}\left\{\begin{bmatrix}1\\ \boldsymbol{u}\end{bmatrix}^{\mathrm{T}}(\boldsymbol{T}(\hat{\boldsymbol{s}}))^{\mathrm{T}}(\boldsymbol{W}(\hat{\boldsymbol{d}},\hat{\boldsymbol{s}}))^{\mathrm{T}}(\boldsymbol{\Omega}_1^{(\mathrm{II})})^{-1}\boldsymbol{W}(\hat{\boldsymbol{d}},\hat{\boldsymbol{s}})\boldsymbol{T}(\hat{\boldsymbol{s}})\begin{bmatrix}1\\ \boldsymbol{u}\end{bmatrix}\right\}\end{aligned} \tag{6.47}$$

式中，$(\boldsymbol{\Omega}_1^{(\mathrm{II})})^{-1}$可被视为加权矩阵，其作用在于抑制观测误差向量$\boldsymbol{\varepsilon}^{(\mathrm{t})}$和$\boldsymbol{\varepsilon}^{(\mathrm{s})}$的影响。若将矩阵$\boldsymbol{T}(\hat{\boldsymbol{s}})$按列分块表示为

$$\boldsymbol{T}(\hat{\boldsymbol{s}}) = \Big[\underbrace{\boldsymbol{t}_1(\hat{\boldsymbol{s}})}_{M\times 1}\quad \underbrace{\boldsymbol{T}_2(\hat{\boldsymbol{s}})}_{M\times 2}\Big] \tag{6.48}$$

则可以将式（6.47）重新写为

$$\min_{\boldsymbol{u}}\{J_1^{(\mathrm{II})}(\boldsymbol{u})\} = \min_{\boldsymbol{u}}\{(\boldsymbol{W}(\hat{\boldsymbol{d}},\hat{\boldsymbol{s}})\boldsymbol{T}_2(\hat{\boldsymbol{s}})\boldsymbol{u} + \boldsymbol{W}(\hat{\boldsymbol{d}},\hat{\boldsymbol{s}})\boldsymbol{t}_1(\hat{\boldsymbol{s}}))^{\mathrm{T}}(\boldsymbol{\Omega}_1^{(\mathrm{II})})^{-1}(\boldsymbol{W}(\hat{\boldsymbol{d}},\hat{\boldsymbol{s}})\boldsymbol{T}_2(\hat{\boldsymbol{s}})\boldsymbol{u} + \boldsymbol{W}(\hat{\boldsymbol{d}},\hat{\boldsymbol{s}})\boldsymbol{t}_1(\hat{\boldsymbol{s}}))\} \tag{6.49}$$

根据式（2.39）可知，式（6.49）的最优闭式解为

$$\hat{\boldsymbol{u}}_{\text{wmds-1}}^{(\mathrm{II})} = -((\boldsymbol{T}_2(\hat{\boldsymbol{s}}))^{\mathrm{T}}(\boldsymbol{W}(\hat{\boldsymbol{d}},\hat{\boldsymbol{s}}))^{\mathrm{T}}(\boldsymbol{\Omega}_1^{(\mathrm{II})})^{-1}\boldsymbol{W}(\hat{\boldsymbol{d}},\hat{\boldsymbol{s}})\boldsymbol{T}_2(\hat{\boldsymbol{s}}))^{-1}(\boldsymbol{T}_2(\hat{\boldsymbol{s}}))^{\mathrm{T}}(\boldsymbol{W}(\hat{\boldsymbol{d}},\hat{\boldsymbol{s}}))^{\mathrm{T}}(\boldsymbol{\Omega}_1^{(\mathrm{II})})^{-1}\boldsymbol{W}(\hat{\boldsymbol{d}},\hat{\boldsymbol{s}})\boldsymbol{t}_1(\hat{\boldsymbol{s}}) \tag{6.50}$$

【注记 6.3】 由式（6.46）可知，加权矩阵$(\boldsymbol{\Omega}_1^{(\mathrm{II})})^{-1}$与辐射源位置向量$\boldsymbol{u}$有关，因此，严格来说，式（6.49）中的目标函数并不是关于向量$\boldsymbol{u}$的二次函数。针对该问题，可以采用注记 6.1 中描述的方法进行处理。加权矩阵$(\boldsymbol{\Omega}_1^{(\mathrm{II})})^{-1}$还与距离观测向量$\boldsymbol{d}$和传感器位置向量$\boldsymbol{s}$有关，可以直接利用它们的观测值$\hat{\boldsymbol{d}}$和$\hat{\boldsymbol{s}}$进行计算。理论分析表明，在一阶误差分析理论框架下，加权矩阵$(\boldsymbol{\Omega}_1^{(\mathrm{II})})^{-1}$中的扰动误差并不会实质影响估计值$\hat{\boldsymbol{u}}_{\text{wmds-1}}^{(\mathrm{II})}$的统计性能。

图 6.8 给出了本章定位方法 II-1 的流程图。

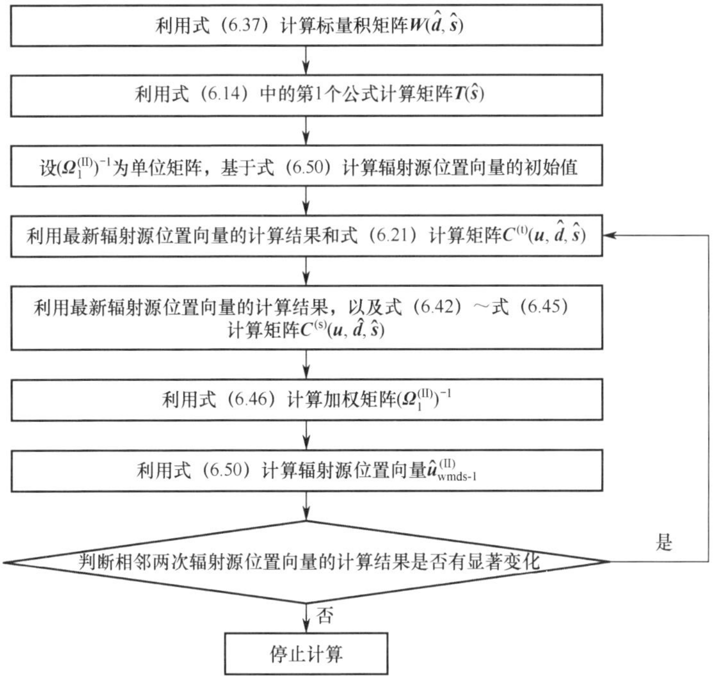

图 6.8 本章定位方法 II-1 的流程图

2. 定位方法 II-2 的估计准则及其最优闭式解

为了对辐射源位置向量和传感器位置向量进行联合估计，需要结合式（6.36）、式（6.38）及式（6.48）构造扩维的观测误差向量，即

$$
\begin{aligned}
\boldsymbol{\xi}_2^{(\mathrm{II})} &= \begin{bmatrix} \boldsymbol{W}(\hat{\boldsymbol{d}},\hat{\boldsymbol{s}})\boldsymbol{\varphi}(\boldsymbol{u},\hat{\boldsymbol{s}}) \\ \hdashline \hat{\boldsymbol{s}}-\boldsymbol{s} \end{bmatrix} = \begin{bmatrix} \boldsymbol{W}(\hat{\boldsymbol{d}},\hat{\boldsymbol{s}})\boldsymbol{T}(\hat{\boldsymbol{s}})\begin{bmatrix} 1 \\ \boldsymbol{u} \end{bmatrix} \\ \hdashline \hat{\boldsymbol{s}}-\boldsymbol{s} \end{bmatrix} \\
&= \begin{bmatrix} \boldsymbol{W}(\hat{\boldsymbol{d}},\hat{\boldsymbol{s}})\boldsymbol{t}_1(\hat{\boldsymbol{s}}) \\ \hat{\boldsymbol{s}} \end{bmatrix} - \begin{bmatrix} -\boldsymbol{W}(\hat{\boldsymbol{d}},\hat{\boldsymbol{s}})\boldsymbol{T}_2(\hat{\boldsymbol{s}}) & \boldsymbol{O}_{M\times 2M} \\ \boldsymbol{O}_{2M\times 2} & \boldsymbol{I}_{2M} \end{bmatrix}\begin{bmatrix} \boldsymbol{u} \\ \boldsymbol{s} \end{bmatrix} = \begin{bmatrix} \boldsymbol{\xi}_1^{(\mathrm{II})} \\ \boldsymbol{\varepsilon}^{(\mathrm{s})} \end{bmatrix}
\end{aligned}
\tag{6.51}
$$

将式（6.41）代入式（6.51）可知

$$
\boldsymbol{\xi}_2^{(\mathrm{II})} \approx \begin{bmatrix} \boldsymbol{C}^{(\mathrm{t})}(\boldsymbol{u},\boldsymbol{d},\boldsymbol{s})\boldsymbol{\varepsilon}^{(\mathrm{t})} + \boldsymbol{C}^{(\mathrm{s})}(\boldsymbol{u},\boldsymbol{d},\boldsymbol{s})\boldsymbol{\varepsilon}^{(\mathrm{s})} \\ \boldsymbol{\varepsilon}^{(\mathrm{s})} \end{bmatrix}
\tag{6.52}
$$

由式（6.52）可知，观测误差向量 $\boldsymbol{\xi}_2^{(\mathrm{II})}$ 渐近服从零均值的高斯分布，协方差矩阵为

$$\boldsymbol{\Omega}_2^{(\mathrm{II})} = E[\boldsymbol{\xi}_2^{(\mathrm{II})}(\boldsymbol{\xi}_2^{(\mathrm{II})})^{\mathrm{T}}]$$
$$= \left[\begin{array}{c|c} \boldsymbol{C}^{(\mathrm{t})}(\boldsymbol{u},\boldsymbol{d},\boldsymbol{s})\boldsymbol{E}^{(\mathrm{t})}(\boldsymbol{C}^{(\mathrm{t})}(\boldsymbol{u},\boldsymbol{d},\boldsymbol{s}))^{\mathrm{T}} + \boldsymbol{C}^{(\mathrm{s})}(\boldsymbol{u},\boldsymbol{d},\boldsymbol{s})\boldsymbol{E}^{(\mathrm{s})}(\boldsymbol{C}^{(\mathrm{s})}(\boldsymbol{u},\boldsymbol{d},\boldsymbol{s}))^{\mathrm{T}} & \boldsymbol{C}^{(\mathrm{s})}(\boldsymbol{u},\boldsymbol{d},\boldsymbol{s})\boldsymbol{E}^{(\mathrm{s})} \\ \hline \boldsymbol{E}^{(\mathrm{s})}(\boldsymbol{C}^{(\mathrm{s})}(\boldsymbol{u},\boldsymbol{d},\boldsymbol{s}))^{\mathrm{T}} & \boldsymbol{E}^{(\mathrm{s})} \end{array}\right]$$
$$\in \mathbf{R}^{3M\times 3M} \tag{6.53}$$

结合式（6.51）和式（6.53）可以构建联合估计辐射源位置向量 $\boldsymbol{u}$ 和传感器位置向量 $\boldsymbol{s}$ 的优化准则，即

$$\begin{aligned}&\min_{\boldsymbol{u},\boldsymbol{s}}\{J_2^{(\mathrm{II})}(\boldsymbol{u},\boldsymbol{s})\}\\ &= \min_{\boldsymbol{u},\boldsymbol{s}}\left\{\left(\begin{bmatrix}\boldsymbol{W}(\hat{\boldsymbol{d}},\hat{\boldsymbol{s}})\boldsymbol{t}_1(\hat{\boldsymbol{s}})\\ \hat{\boldsymbol{s}}\end{bmatrix} - \begin{bmatrix}-\boldsymbol{W}(\hat{\boldsymbol{d}},\hat{\boldsymbol{s}})\boldsymbol{T}_2(\hat{\boldsymbol{s}}) & \boldsymbol{O}_{M\times 2M}\\ \boldsymbol{O}_{2M\times 2} & \boldsymbol{I}_{2M}\end{bmatrix}\begin{bmatrix}\boldsymbol{u}\\ \boldsymbol{s}\end{bmatrix}\right)^{\mathrm{T}} \times\right.\\ &\left.(\boldsymbol{\Omega}_2^{(\mathrm{II})})^{-1}\left(\begin{bmatrix}\boldsymbol{W}(\hat{\boldsymbol{d}},\hat{\boldsymbol{s}})\boldsymbol{t}_1(\hat{\boldsymbol{s}})\\ \hat{\boldsymbol{s}}\end{bmatrix} - \begin{bmatrix}-\boldsymbol{W}(\hat{\boldsymbol{d}},\hat{\boldsymbol{s}})\boldsymbol{T}_2(\hat{\boldsymbol{s}}) & \boldsymbol{O}_{M\times 2M}\\ \boldsymbol{O}_{2M\times 2} & \boldsymbol{I}_{2M}\end{bmatrix}\begin{bmatrix}\boldsymbol{u}\\ \boldsymbol{s}\end{bmatrix}\right)\right\}\end{aligned} \tag{6.54}$$

式中，$(\boldsymbol{\Omega}_2^{(\mathrm{II})})^{-1}$ 可被视为加权矩阵，其作用在于抑制观测误差向量 $\boldsymbol{\varepsilon}^{(\mathrm{t})}$ 和 $\boldsymbol{\varepsilon}^{(\mathrm{s})}$ 的影响。根据式（2.39）可知，式（6.54）的最优闭式解为

$$\begin{aligned}\begin{bmatrix}\hat{\boldsymbol{u}}_{\mathrm{wmds\text{-}2}}^{(\mathrm{II})}\\ \hat{\boldsymbol{s}}_{\mathrm{wmds\text{-}2}}^{(\mathrm{II})}\end{bmatrix} &= \left(\begin{bmatrix}-(\boldsymbol{T}_2(\hat{\boldsymbol{s}}))^{\mathrm{T}}(\boldsymbol{W}(\hat{\boldsymbol{d}},\hat{\boldsymbol{s}}))^{\mathrm{T}} & \boldsymbol{O}_{2\times 2M}\\ \boldsymbol{O}_{2M\times M} & \boldsymbol{I}_{2M}\end{bmatrix}(\boldsymbol{\Omega}_2^{(\mathrm{II})})^{-1}\begin{bmatrix}-\boldsymbol{W}(\hat{\boldsymbol{d}},\hat{\boldsymbol{s}})\boldsymbol{T}_2(\hat{\boldsymbol{s}}) & \boldsymbol{O}_{M\times 2M}\\ \boldsymbol{O}_{2M\times 2} & \boldsymbol{I}_{2M}\end{bmatrix}\right)^{-1} \times\\ &\quad \begin{bmatrix}-(\boldsymbol{T}_2(\hat{\boldsymbol{s}}))^{\mathrm{T}}(\boldsymbol{W}(\hat{\boldsymbol{d}},\hat{\boldsymbol{s}}))^{\mathrm{T}} & \boldsymbol{O}_{2\times 2M}\\ \boldsymbol{O}_{2M\times M} & \boldsymbol{I}_{2M}\end{bmatrix}(\boldsymbol{\Omega}_2^{(\mathrm{II})})^{-1}\begin{bmatrix}\boldsymbol{W}(\hat{\boldsymbol{d}},\hat{\boldsymbol{s}})\boldsymbol{t}_1(\hat{\boldsymbol{s}})\\ \hat{\boldsymbol{s}}\end{bmatrix}\end{aligned} \tag{6.55}$$

【注记 6.4】 由式（6.53）可知，加权矩阵 $(\boldsymbol{\Omega}_2^{(\mathrm{II})})^{-1}$ 与辐射源位置向量 $\boldsymbol{u}$ 和传感器位置向量 $\boldsymbol{s}$ 有关，因此，严格来说，式（6.54）中的目标函数 $J_2^{(\mathrm{II})}(\boldsymbol{u},\boldsymbol{s})$ 并不是关于向量 $\boldsymbol{u}$ 和 $\boldsymbol{s}$ 的二次函数。庆幸的是，该问题并不难解决：首先，将 $(\boldsymbol{\Omega}_2^{(\mathrm{II})})^{-1}$ 设为单位矩阵，从而获得关于向量 $\boldsymbol{u}$ 和 $\boldsymbol{s}$ 的初始值；然后，重新计算加权矩阵 $(\boldsymbol{\Omega}_2^{(\mathrm{II})})^{-1}$，并再次得到向量 $\boldsymbol{u}$ 和 $\boldsymbol{s}$ 的估计值，重复此过程 3～5 次，即可取得预期的估计精度。加权矩阵 $(\boldsymbol{\Omega}_2^{(\mathrm{II})})^{-1}$ 还与距离观测向量 $\boldsymbol{d}$ 有关，可以直接利

用观测值 $\hat{\boldsymbol{d}}$ 进行计算。理论分析表明，在一阶误差分析理论框架下，加权矩阵 $(\boldsymbol{\Omega}_2^{(\text{II})})^{-1}$ 中的扰动误差并不会实质影响估计值 $\hat{\boldsymbol{u}}_{\text{wmds-2}}^{(\text{II})}$ 和 $\hat{\boldsymbol{s}}_{\text{wmds-2}}^{(\text{II})}$ 的统计性能。

图 6.9 给出了本章定位方法 II-2 的流程图。

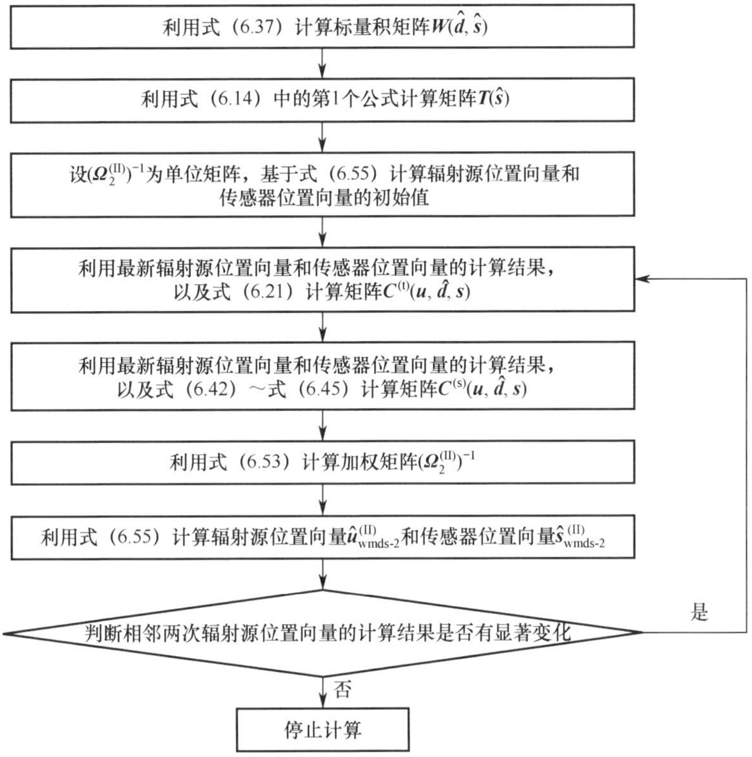

图 6.9　本章定位方法 II-2 的流程图

6.3.3　理论性能分析

1．定位方法 II-1 的理论性能分析

本节将进行估计值 $\hat{\boldsymbol{u}}_{\text{wmds-1}}^{(\text{II})}$ 的理论性能分析，主要是推导估计均方误差，并将其与相应的 CRB 进行比较，从而证明其渐近统计最优性。这里采用的性能分析方法是一阶误差分析方法，即忽略观测误差向量 $\boldsymbol{\varepsilon}^{(\text{t})}$ 和 $\boldsymbol{\varepsilon}^{(\text{s})}$ 的二阶及以上各阶项。

将估计值 $\hat{\boldsymbol{u}}_{\text{wmds-1}}^{(\text{II})}$ 中的估计误差记为 $\Delta\boldsymbol{u}_{\text{wmds-1}}^{(\text{II})}=\hat{\boldsymbol{u}}_{\text{wmds-1}}^{(\text{II})}-\boldsymbol{u}$，由 6.2.4 节中的理论性能分析可知，估计值 $\hat{\boldsymbol{u}}_{\text{wmds-1}}^{(\text{II})}$ 是渐近无偏估计，均方误差矩阵为

$$\begin{aligned}\mathbf{MSE}(\hat{\boldsymbol{u}}_{\text{wmds-1}}^{(\text{II})})&=E[(\hat{\boldsymbol{u}}_{\text{wmds-1}}^{(\text{II})}-\boldsymbol{u})(\hat{\boldsymbol{u}}_{\text{wmds-1}}^{(\text{II})}-\boldsymbol{u})^{\text{T}}]\\&=E[\Delta\boldsymbol{u}_{\text{wmds-1}}^{(\text{II})}(\Delta\boldsymbol{u}_{\text{wmds-1}}^{(\text{II})})^{\text{T}}]\\&=((\boldsymbol{T}_2(\boldsymbol{s}))^{\text{T}}(\boldsymbol{W}(\boldsymbol{d},\boldsymbol{s}))^{\text{T}}(\boldsymbol{\Omega}_1^{(\text{II})})^{-1}\boldsymbol{W}(\boldsymbol{d},\boldsymbol{s})\boldsymbol{T}_2(\boldsymbol{s}))^{-1}\end{aligned}\tag{6.56}$$

下面证明估计值 $\hat{\boldsymbol{u}}_{\text{wmds-1}}^{(\text{II})}$ 具有渐近统计最优性，也就是证明其估计均方误差可以渐近逼近相应的CRB，具体可见如下命题。

【命题6.3】 在一阶误差分析理论框架下满足 $\mathbf{MSE}(\hat{\boldsymbol{u}}_{\text{wmds-1}}^{(\text{II})})=\mathbf{CRB}_{\text{toa-q}}(\boldsymbol{u})$。

【证明】 首先，根据式（3.18）可知

$$\mathbf{CRB}_{\text{toa-q}}(\boldsymbol{u})=((\boldsymbol{F}_{\text{toa}}^{(\text{u})}(\boldsymbol{u},\boldsymbol{s}))^{\text{T}}(\boldsymbol{E}^{(\text{t})}+\boldsymbol{F}_{\text{toa}}^{(\text{s})}(\boldsymbol{u},\boldsymbol{s})\boldsymbol{E}^{(\text{s})}(\boldsymbol{F}_{\text{toa}}^{(\text{s})}(\boldsymbol{u},\boldsymbol{s}))^{\text{T}})^{-1}\boldsymbol{F}_{\text{toa}}^{(\text{u})}(\boldsymbol{u},\boldsymbol{s}))^{-1}\tag{6.57}$$

式中，$\boldsymbol{F}_{\text{toa}}^{(\text{s})}(\boldsymbol{u},\boldsymbol{s})=\dfrac{\partial \boldsymbol{f}_{\text{toa}}(\boldsymbol{u},\boldsymbol{s})}{\partial \boldsymbol{s}^{\text{T}}}\in\mathbf{R}^{M\times 2M}$，该Jacobian矩阵的表达式见附录C.2。

然后，将式（6.46）代入式（6.56）可得

$$\begin{aligned}&\mathbf{MSE}(\hat{\boldsymbol{u}}_{\text{wmds-1}}^{(\text{II})})\\&=\left((\boldsymbol{T}_2(\boldsymbol{s}))^{\text{T}}(\boldsymbol{W}(\boldsymbol{d},\boldsymbol{s}))^{\text{T}}\begin{pmatrix}\boldsymbol{C}^{(\text{t})}(\boldsymbol{u},\boldsymbol{d},\boldsymbol{s})\boldsymbol{E}^{(\text{t})}(\boldsymbol{C}^{(\text{t})}(\boldsymbol{u},\boldsymbol{d},\boldsymbol{s}))^{\text{T}}+\\\boldsymbol{C}^{(\text{s})}(\boldsymbol{u},\boldsymbol{d},\boldsymbol{s})\boldsymbol{E}^{(\text{s})}(\boldsymbol{C}^{(\text{s})}(\boldsymbol{u},\boldsymbol{d},\boldsymbol{s}))^{\text{T}}\end{pmatrix}^{-1}\boldsymbol{W}(\boldsymbol{d},\boldsymbol{s})\boldsymbol{T}_2(\boldsymbol{s})\right)^{-1}\\&=\left((\boldsymbol{T}_2(\boldsymbol{s}))^{\text{T}}(\boldsymbol{W}(\boldsymbol{d},\boldsymbol{s}))^{\text{T}}(\boldsymbol{C}^{(\text{t})}(\boldsymbol{u},\boldsymbol{d},\boldsymbol{s}))^{-\text{T}}\begin{pmatrix}\boldsymbol{E}^{(\text{t})}+(\boldsymbol{C}^{(\text{t})}(\boldsymbol{u},\boldsymbol{d},\boldsymbol{s}))^{-1}\boldsymbol{C}^{(\text{s})}(\boldsymbol{u},\boldsymbol{d},\boldsymbol{s})\times\\\boldsymbol{E}^{(\text{s})}(\boldsymbol{C}^{(\text{s})}(\boldsymbol{u},\boldsymbol{d},\boldsymbol{s}))^{\text{T}}(\boldsymbol{C}^{(\text{t})}(\boldsymbol{u},\boldsymbol{d},\boldsymbol{s}))^{-\text{T}}\end{pmatrix}^{-1}(\boldsymbol{C}^{(\text{t})}(\boldsymbol{u},\boldsymbol{d},\boldsymbol{s}))^{-1}\boldsymbol{W}(\boldsymbol{d},\boldsymbol{s})\boldsymbol{T}_2(\boldsymbol{s})\right)^{-1}\end{aligned}\tag{6.58}$$

由于式（6.33）也是关于向量 $\boldsymbol{s}$ 的恒等式，因此将该式两边对向量 $\boldsymbol{s}$ 求导可得

$$\begin{aligned}&\frac{\partial(\boldsymbol{W}(\boldsymbol{d},\boldsymbol{s})\boldsymbol{\varphi}(\boldsymbol{u},\boldsymbol{s}))}{\partial \boldsymbol{s}^{\text{T}}}+\frac{\partial(\boldsymbol{W}(\boldsymbol{d},\boldsymbol{s})\boldsymbol{\varphi}(\boldsymbol{u},\boldsymbol{s}))}{\partial \boldsymbol{d}^{\text{T}}}\frac{\partial \boldsymbol{d}}{\partial \boldsymbol{s}^{\text{T}}}=\boldsymbol{C}^{(\text{s})}(\boldsymbol{u},\boldsymbol{d},\boldsymbol{s})+\boldsymbol{C}^{(\text{t})}(\boldsymbol{u},\boldsymbol{d},\boldsymbol{s})\boldsymbol{F}_{\text{toa}}^{(\text{s})}(\boldsymbol{u},\boldsymbol{s})=\boldsymbol{O}_{M\times 2M}\\&\Rightarrow \boldsymbol{F}_{\text{toa}}^{(\text{s})}(\boldsymbol{u},\boldsymbol{s})=-(\boldsymbol{C}^{(\text{t})}(\boldsymbol{u},\boldsymbol{d},\boldsymbol{s}))^{-1}\boldsymbol{C}^{(\text{s})}(\boldsymbol{u},\boldsymbol{d},\boldsymbol{s})\end{aligned}\tag{6.59}$$

式中，利用了导数关系式 $\dfrac{\partial(\boldsymbol{W}(\boldsymbol{d},\boldsymbol{s})\boldsymbol{\varphi}(\boldsymbol{u},\boldsymbol{s}))}{\partial \boldsymbol{s}^{\text{T}}}=\boldsymbol{C}^{(\text{s})}(\boldsymbol{u},\boldsymbol{d},\boldsymbol{s})$ ①。

最后，将式（6.34）和式（6.59）代入式（6.58）可知

$$\begin{aligned}\mathbf{MSE}(\hat{\boldsymbol{u}}_{\text{wmds-1}}^{(\text{II})})&=((\boldsymbol{F}_{\text{toa}}^{(\text{u})}(\boldsymbol{u},\boldsymbol{s}))^{\text{T}}(\boldsymbol{E}^{(\text{t})}+\boldsymbol{F}_{\text{toa}}^{(\text{s})}(\boldsymbol{u},\boldsymbol{s})\boldsymbol{E}^{(\text{s})}(\boldsymbol{F}_{\text{toa}}^{(\text{s})}(\boldsymbol{u},\boldsymbol{s}))^{\text{T}})^{-1}\boldsymbol{F}_{\text{toa}}^{(\text{u})}(\boldsymbol{u},\boldsymbol{s}))^{-1}\\&=\mathbf{CRB}_{\text{toa-q}}(\boldsymbol{u})\end{aligned}\tag{6.60}$$

① 该式可由式（6.38）和式（6.41）推得。

证毕。

2．定位方法 II-2 的理论性能分析

本节将进行联合估计值 $\hat{\boldsymbol{u}}_{\text{wmds-2}}^{(\text{II})}$ 和 $\hat{\boldsymbol{s}}_{\text{wmds-2}}^{(\text{II})}$ 的理论性能分析，主要是推导估计均方误差，并将其与相应的 CRB 进行比较，从而证明其渐近统计最优性。这里采用的性能分析方法是一阶误差分析方法，即忽略观测误差向量 $\boldsymbol{\varepsilon}^{(\text{t})}$ 和 $\boldsymbol{\varepsilon}^{(\text{s})}$ 的二阶及以上各阶项。

首先，将估计值 $\hat{\boldsymbol{u}}_{\text{wmds-2}}^{(\text{II})}$ 和 $\hat{\boldsymbol{s}}_{\text{wmds-2}}^{(\text{II})}$ 中的估计误差分别记为 $\Delta\boldsymbol{u}_{\text{wmds-2}}^{(\text{II})}=\hat{\boldsymbol{u}}_{\text{wmds-2}}^{(\text{II})}-\boldsymbol{u}$ 和 $\Delta\boldsymbol{s}_{\text{wmds-2}}^{(\text{II})}=\hat{\boldsymbol{s}}_{\text{wmds-2}}^{(\text{II})}-\boldsymbol{s}$。基于式（6.55）和注记 6.4 中的讨论可得

$$\begin{aligned}&\begin{bmatrix}-(\boldsymbol{T}_2(\hat{\boldsymbol{s}}))^{\text{T}}(\boldsymbol{W}(\hat{\boldsymbol{d}},\hat{\boldsymbol{s}}))^{\text{T}} & \boldsymbol{O}_{2\times 2M}\\ \boldsymbol{O}_{2M\times M} & \boldsymbol{I}_{2M}\end{bmatrix}(\hat{\boldsymbol{\Omega}}_2^{(\text{II})})^{-1}\begin{bmatrix}-\boldsymbol{W}(\hat{\boldsymbol{d}},\hat{\boldsymbol{s}})\boldsymbol{T}_2(\hat{\boldsymbol{s}}) & \boldsymbol{O}_{M\times 2M}\\ \boldsymbol{O}_{2M\times 2} & \boldsymbol{I}_{2M}\end{bmatrix}\begin{bmatrix}\boldsymbol{u}+\Delta\boldsymbol{u}_{\text{wmds-2}}^{(\text{II})}\\ \boldsymbol{s}+\Delta\boldsymbol{s}_{\text{wmds-2}}^{(\text{II})}\end{bmatrix}\\&=\begin{bmatrix}-(\boldsymbol{T}_2(\hat{\boldsymbol{s}}))^{\text{T}}(\boldsymbol{W}(\hat{\boldsymbol{d}},\hat{\boldsymbol{s}}))^{\text{T}} & \boldsymbol{O}_{2\times 2M}\\ \boldsymbol{O}_{2M\times M} & \boldsymbol{I}_{2M}\end{bmatrix}(\hat{\boldsymbol{\Omega}}_2^{(\text{II})})^{-1}\begin{bmatrix}\boldsymbol{W}(\hat{\boldsymbol{d}},\hat{\boldsymbol{s}})\boldsymbol{t}_1(\hat{\boldsymbol{s}})\\ \hat{\boldsymbol{s}}\end{bmatrix}\end{aligned}\tag{6.61}$$

式中，$\hat{\boldsymbol{\Omega}}_2^{(\text{II})}$ 表示 $\boldsymbol{\Omega}_2^{(\text{II})}$ 的近似估计值。

然后，在一阶误差分析理论框架下，利用式（6.61）可知

$$\begin{aligned}&\begin{bmatrix}-(\Delta\boldsymbol{T}_2^{(\text{II})})^{\text{T}}(\boldsymbol{W}(\boldsymbol{d},\boldsymbol{s}))^{\text{T}}-(\boldsymbol{T}_2(\boldsymbol{s}))^{\text{T}}\Delta\boldsymbol{W}^{(\text{II})} & \boldsymbol{O}_{2\times 2M}\\ \boldsymbol{O}_{2M\times M} & \boldsymbol{O}_{2M\times 2M}\end{bmatrix}(\boldsymbol{\Omega}_2^{(\text{II})})^{-1}\begin{bmatrix}-\boldsymbol{W}(\boldsymbol{d},\boldsymbol{s})\boldsymbol{T}_2(\boldsymbol{s}) & \boldsymbol{O}_{M\times 2M}\\ \boldsymbol{O}_{2M\times 2} & \boldsymbol{I}_{2M}\end{bmatrix}\begin{bmatrix}\boldsymbol{u}\\ \boldsymbol{s}\end{bmatrix}+\\&\begin{bmatrix}-(\boldsymbol{T}_2(\boldsymbol{s}))^{\text{T}}(\boldsymbol{W}(\boldsymbol{d},\boldsymbol{s}))^{\text{T}} & \boldsymbol{O}_{2\times 2M}\\ \boldsymbol{O}_{2M\times M} & \boldsymbol{I}_{2M}\end{bmatrix}(\boldsymbol{\Omega}_2^{(\text{II})})^{-1}\begin{bmatrix}-\Delta\boldsymbol{W}^{(\text{II})}\boldsymbol{T}_2(\boldsymbol{s})-\boldsymbol{W}(\boldsymbol{d},\boldsymbol{s})\Delta\boldsymbol{T}_2^{(\text{II})} & \boldsymbol{O}_{M\times 2M}\\ \boldsymbol{O}_{2M\times 2} & \boldsymbol{O}_{2M\times 2M}\end{bmatrix}\begin{bmatrix}\boldsymbol{u}\\ \boldsymbol{s}\end{bmatrix}+\\&\begin{bmatrix}-(\boldsymbol{T}_2(\boldsymbol{s}))^{\text{T}}(\boldsymbol{W}(\boldsymbol{d},\boldsymbol{s}))^{\text{T}} & \boldsymbol{O}_{2\times 2M}\\ \boldsymbol{O}_{2M\times M} & \boldsymbol{I}_{2M}\end{bmatrix}\Delta\boldsymbol{\Xi}_2^{(\text{II})}\begin{bmatrix}-\boldsymbol{W}(\boldsymbol{d},\boldsymbol{s})\boldsymbol{T}_2(\boldsymbol{s}) & \boldsymbol{O}_{M\times 2M}\\ \boldsymbol{O}_{2M\times 2} & \boldsymbol{I}_{2M}\end{bmatrix}\begin{bmatrix}\boldsymbol{u}\\ \boldsymbol{s}\end{bmatrix}+\\&\begin{bmatrix}-(\boldsymbol{T}_2(\boldsymbol{s}))^{\text{T}}(\boldsymbol{W}(\boldsymbol{d},\boldsymbol{s}))^{\text{T}} & \boldsymbol{O}_{2\times 2M}\\ \boldsymbol{O}_{2M\times M} & \boldsymbol{I}_{2M}\end{bmatrix}(\boldsymbol{\Omega}_2^{(\text{II})})^{-1}\begin{bmatrix}-\boldsymbol{W}(\boldsymbol{d},\boldsymbol{s})\boldsymbol{T}_2(\boldsymbol{s}) & \boldsymbol{O}_{M\times 2M}\\ \boldsymbol{O}_{2M\times 2} & \boldsymbol{I}_{2M}\end{bmatrix}\begin{bmatrix}\Delta\boldsymbol{u}_{\text{wmds-2}}^{(\text{II})}\\ \Delta\boldsymbol{s}_{\text{wmds-2}}^{(\text{II})}\end{bmatrix}\\&\approx\begin{bmatrix}-(\Delta\boldsymbol{T}_2^{(\text{II})})^{\text{T}}(\boldsymbol{W}(\boldsymbol{d},\boldsymbol{s}))^{\text{T}}-(\boldsymbol{T}_2(\boldsymbol{s}))^{\text{T}}\Delta\boldsymbol{W}^{(\text{II})} & \boldsymbol{O}_{2\times 2M}\\ \boldsymbol{O}_{2M\times M} & \boldsymbol{O}_{2M\times 2M}\end{bmatrix}(\boldsymbol{\Omega}_2^{(\text{II})})^{-1}\begin{bmatrix}\boldsymbol{W}(\boldsymbol{d},\boldsymbol{s})\boldsymbol{t}_1(\boldsymbol{s})\\ \boldsymbol{s}\end{bmatrix}+\\&\begin{bmatrix}-(\boldsymbol{T}_2(\boldsymbol{s}))^{\text{T}}(\boldsymbol{W}(\boldsymbol{d},\boldsymbol{s}))^{\text{T}} & \boldsymbol{O}_{2\times 2M}\\ \boldsymbol{O}_{2M\times M} & \boldsymbol{I}_{2M}\end{bmatrix}(\boldsymbol{\Omega}_2^{(\text{II})})^{-1}\begin{bmatrix}\Delta\boldsymbol{W}^{(\text{II})}\boldsymbol{t}_1(\boldsymbol{s})+\boldsymbol{W}(\boldsymbol{d},\boldsymbol{s})\Delta\boldsymbol{t}_1^{(\text{II})}\\ \boldsymbol{\varepsilon}^{(\text{s})}\end{bmatrix}+\\&\begin{bmatrix}-(\boldsymbol{T}_2(\boldsymbol{s}))^{\text{T}}(\boldsymbol{W}(\boldsymbol{d},\boldsymbol{s}))^{\text{T}} & \boldsymbol{O}_{2\times 2M}\\ \boldsymbol{O}_{2M\times M} & \boldsymbol{I}_{2M}\end{bmatrix}\Delta\boldsymbol{\Xi}_2^{(\text{II})}\begin{bmatrix}\boldsymbol{W}(\boldsymbol{d},\boldsymbol{s})\boldsymbol{t}_1(\boldsymbol{s})\\ \boldsymbol{s}\end{bmatrix}\end{aligned}\tag{6.62}$$

式中，$\Delta\boldsymbol{\Xi}_2^{(\mathrm{II})}=(\hat{\boldsymbol{\Omega}}_2^{(\mathrm{II})})^{-1}-(\boldsymbol{\Omega}_2^{(\mathrm{II})})^{-1}$，表示矩阵$(\hat{\boldsymbol{\Omega}}_2^{(\mathrm{II})})^{-1}$中的扰动误差；$\Delta\boldsymbol{t}_1^{(\mathrm{II})}$和$\Delta\boldsymbol{T}_2^{(\mathrm{II})}$可以通过下式获得，即

$$\Delta\boldsymbol{T}^{(\mathrm{II})}=\left[\underbrace{\Delta\boldsymbol{t}_1^{(\mathrm{II})}}_{M\times1}\quad\underbrace{\Delta\boldsymbol{T}_2^{(\mathrm{II})}}_{M\times2}\right] \tag{6.63}$$

结合式（6.51）和式（6.62）可以进一步推得

$$\begin{aligned}&\begin{bmatrix}-(\boldsymbol{T}_2(\boldsymbol{s}))^{\mathrm{T}}(\boldsymbol{W}(\boldsymbol{d},\boldsymbol{s}))^{\mathrm{T}} & \boldsymbol{O}_{2\times2M}\\ \boldsymbol{O}_{2M\times M} & \boldsymbol{I}_{2M}\end{bmatrix}(\boldsymbol{\Omega}_2^{(\mathrm{II})})^{-1}\begin{bmatrix}-\boldsymbol{W}(\boldsymbol{d},\boldsymbol{s})\boldsymbol{T}_2(\boldsymbol{s}) & \boldsymbol{O}_{M\times2M}\\ \boldsymbol{O}_{2M\times2} & \boldsymbol{I}_{2M}\end{bmatrix}\begin{bmatrix}\Delta\boldsymbol{u}_{\text{wmds-2}}^{(\mathrm{II})}\\ \Delta\boldsymbol{s}_{\text{wmds-2}}^{(\mathrm{II})}\end{bmatrix}\\
&\approx\begin{bmatrix}-(\boldsymbol{T}_2(\boldsymbol{s}))^{\mathrm{T}}(\boldsymbol{W}(\boldsymbol{d},\boldsymbol{s}))^{\mathrm{T}} & \boldsymbol{O}_{2\times2M}\\ \boldsymbol{O}_{2M\times M} & \boldsymbol{I}_{2M}\end{bmatrix}(\boldsymbol{\Omega}_2^{(\mathrm{II})})^{-1}\begin{bmatrix}\Delta\boldsymbol{W}^{(\mathrm{II})}\boldsymbol{T}(\boldsymbol{s})\begin{bmatrix}1\\ \boldsymbol{u}\end{bmatrix}+\boldsymbol{W}(\boldsymbol{d},\boldsymbol{s})\Delta\boldsymbol{T}^{(\mathrm{II})}\begin{bmatrix}1\\ \boldsymbol{u}\end{bmatrix}\\ \hdashline \boldsymbol{\varepsilon}^{(\mathrm{s})}\end{bmatrix}\\
&\Rightarrow\begin{bmatrix}\Delta\boldsymbol{u}_{\text{wmds-2}}^{(\mathrm{II})}\\ \Delta\boldsymbol{s}_{\text{wmds-2}}^{(\mathrm{II})}\end{bmatrix}=\left(\begin{bmatrix}-(\boldsymbol{T}_2(\boldsymbol{s}))^{\mathrm{T}}(\boldsymbol{W}(\boldsymbol{d},\boldsymbol{s}))^{\mathrm{T}} & \boldsymbol{O}_{2\times2M}\\ \boldsymbol{O}_{2M\times M} & \boldsymbol{I}_{2M}\end{bmatrix}(\boldsymbol{\Omega}_2^{(\mathrm{II})})^{-1}\begin{bmatrix}-\boldsymbol{W}(\boldsymbol{d},\boldsymbol{s})\boldsymbol{T}_2(\boldsymbol{s}) & \boldsymbol{O}_{M\times2M}\\ \boldsymbol{O}_{2M\times2} & \boldsymbol{I}_{2M}\end{bmatrix}\right)^{-1}\times\\
&\quad\begin{bmatrix}-(\boldsymbol{T}_2(\boldsymbol{s}))^{\mathrm{T}}(\boldsymbol{W}(\boldsymbol{d},\boldsymbol{s}))^{\mathrm{T}} & \boldsymbol{O}_{2\times2M}\\ \boldsymbol{O}_{2M\times M} & \boldsymbol{I}_{2M}\end{bmatrix}(\boldsymbol{\Omega}_2^{(\mathrm{II})})^{-1}\xi_2^{(\mathrm{II})}\end{aligned} \tag{6.64}$$

由式(6.64)可知，误差向量$\Delta\boldsymbol{u}_{\text{wmds-2}}^{(\mathrm{II})}$和$\Delta\boldsymbol{s}_{\text{wmds-2}}^{(\mathrm{II})}$渐近服从零均值的高斯分布，因此联合估计值$\hat{\boldsymbol{u}}_{\text{wmds-2}}^{(\mathrm{II})}$和$\hat{\boldsymbol{s}}_{\text{wmds-2}}^{(\mathrm{II})}$是渐近无偏估计，均方误差矩阵为

$$\begin{aligned}&\mathbf{MSE}\left(\begin{bmatrix}\hat{\boldsymbol{u}}_{\text{wmds-2}}^{(\mathrm{II})}\\ \hat{\boldsymbol{s}}_{\text{wmds-2}}^{(\mathrm{II})}\end{bmatrix}\right)=E\left(\begin{bmatrix}\hat{\boldsymbol{u}}_{\text{wmds-2}}^{(\mathrm{II})}-\boldsymbol{u}\\ \hat{\boldsymbol{s}}_{\text{wmds-2}}^{(\mathrm{II})}-\boldsymbol{s}\end{bmatrix}\begin{bmatrix}\hat{\boldsymbol{u}}_{\text{wmds-2}}^{(\mathrm{II})}-\boldsymbol{u}\\ \hat{\boldsymbol{s}}_{\text{wmds-2}}^{(\mathrm{II})}-\boldsymbol{s}\end{bmatrix}^{\mathrm{T}}\right)\\
&=E\left(\begin{bmatrix}\Delta\boldsymbol{u}_{\text{wmds-2}}^{(\mathrm{II})}\\ \Delta\boldsymbol{s}_{\text{wmds-2}}^{(\mathrm{II})}\end{bmatrix}\begin{bmatrix}\Delta\boldsymbol{u}_{\text{wmds-2}}^{(\mathrm{II})}\\ \Delta\boldsymbol{s}_{\text{wmds-2}}^{(\mathrm{II})}\end{bmatrix}^{\mathrm{T}}\right)\\
&=\left(\begin{bmatrix}-(\boldsymbol{T}_2(\boldsymbol{s}))^{\mathrm{T}}(\boldsymbol{W}(\boldsymbol{d},\boldsymbol{s}))^{\mathrm{T}} & \boldsymbol{O}_{2\times2M}\\ \boldsymbol{O}_{2M\times M} & \boldsymbol{I}_{2M}\end{bmatrix}(\boldsymbol{\Omega}_2^{(\mathrm{II})})^{-1}\begin{bmatrix}-\boldsymbol{W}(\boldsymbol{d},\boldsymbol{s})\boldsymbol{T}_2(\boldsymbol{s}) & \boldsymbol{O}_{M\times2M}\\ \boldsymbol{O}_{2M\times2} & \boldsymbol{I}_{2M}\end{bmatrix}\right)^{-1}\times\\
&\quad\begin{bmatrix}-(\boldsymbol{T}_2(\boldsymbol{s}))^{\mathrm{T}}(\boldsymbol{W}(\boldsymbol{d},\boldsymbol{s}))^{\mathrm{T}} & \boldsymbol{O}_{2\times2M}\\ \boldsymbol{O}_{2M\times M} & \boldsymbol{I}_{2M}\end{bmatrix}(\boldsymbol{\Omega}_2^{(\mathrm{II})})^{-1}\times\\
&\quad E[\xi_2^{(\mathrm{II})}(\xi_2^{(\mathrm{II})})^{\mathrm{T}}](\boldsymbol{\Omega}_2^{(\mathrm{II})})^{-1}\begin{bmatrix}-\boldsymbol{W}(\boldsymbol{d},\boldsymbol{s})\boldsymbol{T}_2(\boldsymbol{s}) & \boldsymbol{O}_{M\times2M}\\ \boldsymbol{O}_{2M\times2} & \boldsymbol{I}_{2M}\end{bmatrix}\left(\begin{bmatrix}-(\boldsymbol{T}_2(\boldsymbol{s}))^{\mathrm{T}}(\boldsymbol{W}(\boldsymbol{d},\boldsymbol{s}))^{\mathrm{T}} & \boldsymbol{O}_{2\times2M}\\ \boldsymbol{O}_{2M\times M} & \boldsymbol{I}_{2M}\end{bmatrix}\times\right.\\
&\quad\left.(\boldsymbol{\Omega}_2^{(\mathrm{II})})^{-1}\begin{bmatrix}-\boldsymbol{W}(\boldsymbol{d},\boldsymbol{s})\boldsymbol{T}_2(\boldsymbol{s}) & \boldsymbol{O}_{M\times2M}\\ \boldsymbol{O}_{2M\times2} & \boldsymbol{I}_{2M}\end{bmatrix}\right)^{-1}\\
&=\left(\begin{bmatrix}-(\boldsymbol{T}_2(\boldsymbol{s}))^{\mathrm{T}}(\boldsymbol{W}(\boldsymbol{d},\boldsymbol{s}))^{\mathrm{T}} & \boldsymbol{O}_{2\times2M}\\ \boldsymbol{O}_{2M\times M} & \boldsymbol{I}_{2M}\end{bmatrix}(\boldsymbol{\Omega}_2^{(\mathrm{II})})^{-1}\begin{bmatrix}-\boldsymbol{W}(\boldsymbol{d},\boldsymbol{s})\boldsymbol{T}_2(\boldsymbol{s}) & \boldsymbol{O}_{M\times2M}\\ \boldsymbol{O}_{2M\times2} & \boldsymbol{I}_{2M}\end{bmatrix}\right)^{-1}\end{aligned} \tag{6.65}$$

【注记 6.5】式（6.62）和式（6.64）的推导过程表明，在一阶误差分析理论框架下，矩阵 $(\hat{\boldsymbol{\Omega}}_2^{(\mathrm{II})})^{-1}$ 中的扰动误差 $\Delta\boldsymbol{\Xi}_2^{(\mathrm{II})}$ 并不会实质影响联合估计值 $\hat{\boldsymbol{u}}_{\mathrm{wmds\text{-}2}}^{(\mathrm{II})}$ 和 $\hat{\boldsymbol{s}}_{\mathrm{wmds\text{-}2}}^{(\mathrm{II})}$ 的统计性能。

下面证明联合估计值 $\hat{\boldsymbol{u}}_{\mathrm{wmds\text{-}2}}^{(\mathrm{II})}$ 和 $\hat{\boldsymbol{s}}_{\mathrm{wmds\text{-}2}}^{(\mathrm{II})}$ 具有渐近统计最优性，也就是证明其估计均方误差可以渐近逼近相应的 CRB，具体可见如下命题。

【命题 6.4】在一阶误差分析理论框架下满足

$$\mathbf{MSE}\left(\begin{bmatrix}\hat{\boldsymbol{u}}_{\mathrm{wmds\text{-}2}}^{(\mathrm{II})}\\ \hat{\boldsymbol{s}}_{\mathrm{wmds\text{-}2}}^{(\mathrm{II})}\end{bmatrix}\right)=\mathbf{CRB}_{\mathrm{toa\text{-}q}}\left(\begin{bmatrix}\boldsymbol{u}\\ \boldsymbol{s}\end{bmatrix}\right)$$

【证明】首先，根据式（3.9）可知

$$\begin{aligned}&\mathbf{CRB}_{\mathrm{toa\text{-}q}}\left(\begin{bmatrix}\boldsymbol{u}\\ \boldsymbol{s}\end{bmatrix}\right)\\&=\begin{bmatrix}(\boldsymbol{F}_{\mathrm{toa}}^{(\mathrm{u})}(\boldsymbol{u},\boldsymbol{s}))^{\mathrm{T}}(\boldsymbol{E}^{(\mathrm{t})})^{-1}\boldsymbol{F}_{\mathrm{toa}}^{(\mathrm{u})}(\boldsymbol{u},\boldsymbol{s}) & (\boldsymbol{F}_{\mathrm{toa}}^{(\mathrm{u})}(\boldsymbol{u},\boldsymbol{s}))^{\mathrm{T}}(\boldsymbol{E}^{(\mathrm{t})})^{-1}\boldsymbol{F}_{\mathrm{toa}}^{(\mathrm{s})}(\boldsymbol{u},\boldsymbol{s})\\ (\boldsymbol{F}_{\mathrm{toa}}^{(\mathrm{s})}(\boldsymbol{u},\boldsymbol{s}))^{\mathrm{T}}(\boldsymbol{E}^{(\mathrm{t})})^{-1}\boldsymbol{F}_{\mathrm{toa}}^{(\mathrm{u})}(\boldsymbol{u},\boldsymbol{s}) & (\boldsymbol{F}_{\mathrm{toa}}^{(\mathrm{s})}(\boldsymbol{u},\boldsymbol{s}))^{\mathrm{T}}(\boldsymbol{E}^{(\mathrm{t})})^{-1}\boldsymbol{F}_{\mathrm{toa}}^{(\mathrm{s})}(\boldsymbol{u},\boldsymbol{s})+(\boldsymbol{E}^{(\mathrm{s})})^{-1}\end{bmatrix}^{-1}\end{aligned}\tag{6.66}$$

然后，结合式（2.7）和式（6.53）可得

$$(\boldsymbol{\Omega}_2^{(\mathrm{II})})^{-1}=\begin{bmatrix}\boldsymbol{X}_1 & \boldsymbol{X}_2\\ \boldsymbol{X}_2^{\mathrm{T}} & \boldsymbol{X}_3\end{bmatrix}\tag{6.67}$$

式中，

$$\begin{cases}\boldsymbol{X}_1=(\boldsymbol{C}^{(\mathrm{t})}(\boldsymbol{u},\boldsymbol{d},\boldsymbol{s}))^{-\mathrm{T}}(\boldsymbol{E}^{(\mathrm{t})})^{-1}(\boldsymbol{C}^{(\mathrm{t})}(\boldsymbol{u},\boldsymbol{d},\boldsymbol{s}))^{-1}\\ \boldsymbol{X}_2=-(\boldsymbol{C}^{(\mathrm{t})}(\boldsymbol{u},\boldsymbol{d},\boldsymbol{s}))^{-\mathrm{T}}(\boldsymbol{E}^{(\mathrm{t})})^{-1}(\boldsymbol{C}^{(\mathrm{t})}(\boldsymbol{u},\boldsymbol{d},\boldsymbol{s}))^{-1}\boldsymbol{C}^{(\mathrm{s})}(\boldsymbol{u},\boldsymbol{d},\boldsymbol{s})\\ \boldsymbol{X}_3=(\boldsymbol{E}^{(\mathrm{s})}-\boldsymbol{E}^{(\mathrm{s})}(\boldsymbol{C}^{(\mathrm{s})}(\boldsymbol{u},\boldsymbol{d},\boldsymbol{s}))^{\mathrm{T}}(\boldsymbol{C}^{(\mathrm{t})}(\boldsymbol{u},\boldsymbol{d},\boldsymbol{s})\boldsymbol{E}^{(\mathrm{t})}(\boldsymbol{C}^{(\mathrm{t})}(\boldsymbol{u},\boldsymbol{d},\boldsymbol{s}))^{\mathrm{T}}+\\ \qquad \boldsymbol{C}^{(\mathrm{s})}(\boldsymbol{u},\boldsymbol{d},\boldsymbol{s})\boldsymbol{E}^{(\mathrm{s})}(\boldsymbol{C}^{(\mathrm{s})}(\boldsymbol{u},\boldsymbol{d},\boldsymbol{s}))^{\mathrm{T}})^{-1}\boldsymbol{C}^{(\mathrm{s})}(\boldsymbol{u},\boldsymbol{d},\boldsymbol{s})\boldsymbol{E}^{(\mathrm{s})})^{-1}\\ \quad =\left(\boldsymbol{E}^{(\mathrm{s})}-\boldsymbol{E}^{(\mathrm{s})}(\boldsymbol{C}^{(\mathrm{s})}(\boldsymbol{u},\boldsymbol{d},\boldsymbol{s}))^{\mathrm{T}}(\boldsymbol{C}^{(\mathrm{t})}(\boldsymbol{u},\boldsymbol{d},\boldsymbol{s}))^{-\mathrm{T}}\begin{pmatrix}\boldsymbol{E}^{(\mathrm{t})}+(\boldsymbol{C}^{(\mathrm{t})}(\boldsymbol{u},\boldsymbol{d},\boldsymbol{s}))^{-1}\boldsymbol{C}^{(\mathrm{s})}(\boldsymbol{u},\boldsymbol{d},\boldsymbol{s})\boldsymbol{E}^{(\mathrm{s})}\times\\ (\boldsymbol{C}^{(\mathrm{s})}(\boldsymbol{u},\boldsymbol{d},\boldsymbol{s}))^{\mathrm{T}}(\boldsymbol{C}^{(\mathrm{t})}(\boldsymbol{u},\boldsymbol{d},\boldsymbol{s}))^{-\mathrm{T}}\end{pmatrix}^{-1}\times\right.\\ \qquad \left.(\boldsymbol{C}^{(\mathrm{t})}(\boldsymbol{u},\boldsymbol{d},\boldsymbol{s}))^{-1}\boldsymbol{C}^{(\mathrm{s})}(\boldsymbol{u},\boldsymbol{d},\boldsymbol{s})\boldsymbol{E}^{(\mathrm{s})}\right)^{-1}\end{cases}\tag{6.68}$$

由式（2.5）可知

$$\boldsymbol{X}_3=(\boldsymbol{E}^{(\mathrm{s})})^{-1}+(\boldsymbol{C}^{(\mathrm{s})}(\boldsymbol{u},\boldsymbol{d},\boldsymbol{s}))^{\mathrm{T}}(\boldsymbol{C}^{(\mathrm{t})}(\boldsymbol{u},\boldsymbol{d},\boldsymbol{s}))^{-\mathrm{T}}(\boldsymbol{E}^{(\mathrm{t})})^{-1}(\boldsymbol{C}^{(\mathrm{t})}(\boldsymbol{u},\boldsymbol{d},\boldsymbol{s}))^{-1}\boldsymbol{C}^{(\mathrm{s})}(\boldsymbol{u},\boldsymbol{d},\boldsymbol{s}) \tag{6.69}$$

将式（6.67）～式（6.69）代入式（6.65）可得

$$\mathbf{MSE}\left(\begin{bmatrix}\hat{\boldsymbol{u}}_{\text{wmds-2}}^{(\mathrm{II})}\\ \hat{\boldsymbol{s}}_{\text{wmds-2}}^{(\mathrm{II})}\end{bmatrix}\right)=\begin{bmatrix}\boldsymbol{Y}_1 & \boldsymbol{Y}_2\\ \boldsymbol{Y}_2^{\mathrm{T}} & \boldsymbol{Y}_3\end{bmatrix}^{-1} \tag{6.70}$$

式中，

$$\begin{aligned}\boldsymbol{Y}_1&=(\boldsymbol{T}_2(\boldsymbol{s}))^{\mathrm{T}}(\boldsymbol{W}(\boldsymbol{d},\boldsymbol{s}))^{\mathrm{T}}\boldsymbol{X}_1\boldsymbol{W}(\boldsymbol{d},\boldsymbol{s})\boldsymbol{T}_2(\boldsymbol{s})\\&=(\boldsymbol{T}_2(\boldsymbol{s}))^{\mathrm{T}}(\boldsymbol{W}(\boldsymbol{d},\boldsymbol{s}))^{\mathrm{T}}(\boldsymbol{C}^{(\mathrm{t})}(\boldsymbol{u},\boldsymbol{d},\boldsymbol{s}))^{-\mathrm{T}}(\boldsymbol{E}^{(\mathrm{t})})^{-1}(\boldsymbol{C}^{(\mathrm{t})}(\boldsymbol{u},\boldsymbol{d},\boldsymbol{s}))^{-1}\boldsymbol{W}(\boldsymbol{d},\boldsymbol{s})\boldsymbol{T}_2(\boldsymbol{s})\end{aligned} \tag{6.71}$$

$$\begin{aligned}\boldsymbol{Y}_2&=-(\boldsymbol{T}_2(\boldsymbol{s}))^{\mathrm{T}}(\boldsymbol{W}(\boldsymbol{d},\boldsymbol{s}))^{\mathrm{T}}\boldsymbol{X}_2\\&=(\boldsymbol{T}_2(\boldsymbol{s}))^{\mathrm{T}}(\boldsymbol{W}(\boldsymbol{d},\boldsymbol{s}))^{\mathrm{T}}(\boldsymbol{C}^{(\mathrm{t})}(\boldsymbol{u},\boldsymbol{d},\boldsymbol{s}))^{-\mathrm{T}}(\boldsymbol{E}^{(\mathrm{t})})^{-1}(\boldsymbol{C}^{(\mathrm{t})}(\boldsymbol{u},\boldsymbol{d},\boldsymbol{s}))^{-1}\boldsymbol{C}^{(\mathrm{s})}(\boldsymbol{u},\boldsymbol{d},\boldsymbol{s})\end{aligned} \tag{6.72}$$

$$\begin{aligned}\boldsymbol{Y}_3&=\boldsymbol{X}_3\\&=(\boldsymbol{E}^{(\mathrm{s})})^{-1}+(\boldsymbol{C}^{(\mathrm{s})}(\boldsymbol{u},\boldsymbol{d},\boldsymbol{s}))^{\mathrm{T}}(\boldsymbol{C}^{(\mathrm{t})}(\boldsymbol{u},\boldsymbol{d},\boldsymbol{s}))^{-\mathrm{T}}(\boldsymbol{E}^{(\mathrm{t})})^{-1}(\boldsymbol{C}^{(\mathrm{t})}(\boldsymbol{u},\boldsymbol{d},\boldsymbol{s}))^{-1}\boldsymbol{C}^{(\mathrm{s})}(\boldsymbol{u},\boldsymbol{d},\boldsymbol{s})\end{aligned} \tag{6.73}$$

最后，将式（6.34）和式（6.59）代入式（6.70）～式（6.73）可知

$$\begin{aligned}\mathbf{MSE}\left(\begin{bmatrix}\hat{\boldsymbol{u}}_{\text{wmds-2}}^{(\mathrm{II})}\\ \hat{\boldsymbol{s}}_{\text{wmds-2}}^{(\mathrm{II})}\end{bmatrix}\right)&=\begin{bmatrix}(\boldsymbol{F}_{\text{toa}}^{(\mathrm{u})}(\boldsymbol{u},\boldsymbol{s}))^{\mathrm{T}}(\boldsymbol{E}^{(\mathrm{t})})^{-1}\boldsymbol{F}_{\text{toa}}^{(\mathrm{u})}(\boldsymbol{u},\boldsymbol{s}) & (\boldsymbol{F}_{\text{toa}}^{(\mathrm{u})}(\boldsymbol{u},\boldsymbol{s}))^{\mathrm{T}}(\boldsymbol{E}^{(\mathrm{t})})^{-1}\boldsymbol{F}_{\text{toa}}^{(\mathrm{s})}(\boldsymbol{u},\boldsymbol{s})\\ (\boldsymbol{F}_{\text{toa}}^{(\mathrm{s})}(\boldsymbol{u},\boldsymbol{s}))^{\mathrm{T}}(\boldsymbol{E}^{(\mathrm{t})})^{-1}\boldsymbol{F}_{\text{toa}}^{(\mathrm{u})}(\boldsymbol{u},\boldsymbol{s}) & (\boldsymbol{F}_{\text{toa}}^{(\mathrm{s})}(\boldsymbol{u},\boldsymbol{s}))^{\mathrm{T}}(\boldsymbol{E}^{(\mathrm{t})})^{-1}\boldsymbol{F}_{\text{toa}}^{(\mathrm{s})}(\boldsymbol{u},\boldsymbol{s})+(\boldsymbol{E}^{(\mathrm{s})})^{-1}\end{bmatrix}^{-1}\\&=\mathbf{CRB}_{\text{toa-q}}\left(\begin{bmatrix}\boldsymbol{u}\\ \boldsymbol{s}\end{bmatrix}\right)\end{aligned} \tag{6.74}$$

证毕。

6.3.4 数值实验

假设利用 10 个传感器获得 TOA 信息，并对辐射源进行定位。传感器和辐射源空间位置分布示意图如图 6.10 所示。10 个传感器在二维平面内随机布设，辐射源的位置向量为 $\boldsymbol{u}=[5.6\quad 4.5]^{\mathrm{T}}$（km）；距离观测误差向量 $\boldsymbol{\varepsilon}^{(\mathrm{t})}$ 服从均值为零、协方差矩阵为 $\boldsymbol{E}^{(\mathrm{t})}=\sigma_1^2\boldsymbol{I}_{10}$ 的高斯分布；传感器位置观测误差向量 $\boldsymbol{\varepsilon}^{(\mathrm{s})}$ 服从均值

为零、协方差矩阵为 $\boldsymbol{E}^{(\mathrm{s})}=\sigma_2^2\mathrm{blkdiag}\{\boldsymbol{I}_2\,,2\boldsymbol{I}_2\,,5\boldsymbol{I}_2\,,10\boldsymbol{I}_2\,,15\boldsymbol{I}_2\,,20\boldsymbol{I}_2\,,28\boldsymbol{I}_2\,,35\boldsymbol{I}_2\,,40\boldsymbol{I}_2\,,50\boldsymbol{I}_2\}$ 的高斯分布。此外，观测误差向量 $\boldsymbol{\varepsilon}^{(\mathrm{s})}$ 与 $\boldsymbol{\varepsilon}^{(\mathrm{t})}$ 之间相互统计独立。

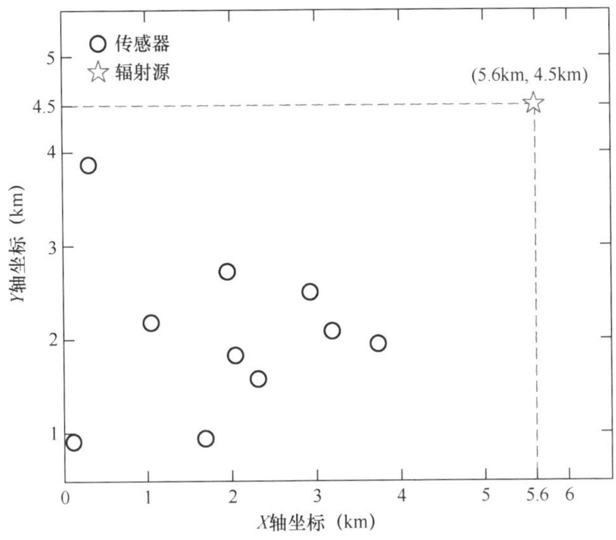

图 6.10　传感器和辐射源空间位置分布示意图

首先，将标准差 σ_1 设为 0.02km，标准差 σ_2 设为 0.01km。图 6.11 给出了本章定位方法 II-1 的定位结果散布图与定位误差椭圆曲线；图 6.12 给出了本章定位方法 II-2 的定位结果散布图与定位误差椭圆曲线。

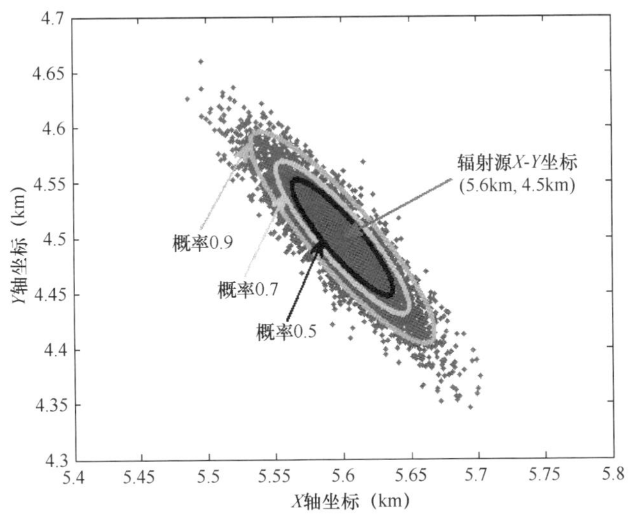

图 6.11　定位结果散布图与定位误差椭圆曲线（本章定位方法 II-1）

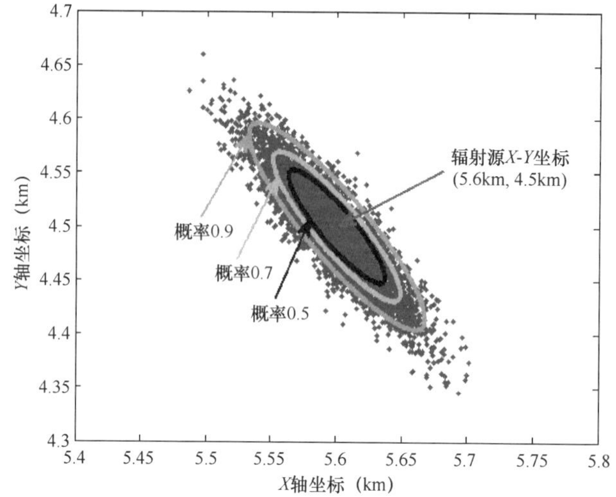

图 6.12　定位结果散布图与定位误差椭圆曲线（本章定位方法 II-2）

然后，将标准差σ_2设为 0.01km，改变标准差σ_1的数值，并且将本章的定位方法 II-1、定位方法 II-2 及第 I 类定位方法进行比较。图 6.13 给出了辐射源位置估计均方根误差随着标准差σ_1的变化曲线；图 6.14 给出了传感器位置估计均方根误差随着标准差σ_1的变化曲线；图 6.15 给出了本章定位方法 II-1 和第 I 类定位方法的定位成功概率随着标准差σ_1的变化曲线。注意：图 6.15 中的理论值由式（3.25）和式（3.32）计算得到，其中$\delta = 0.05\,\text{km}$。

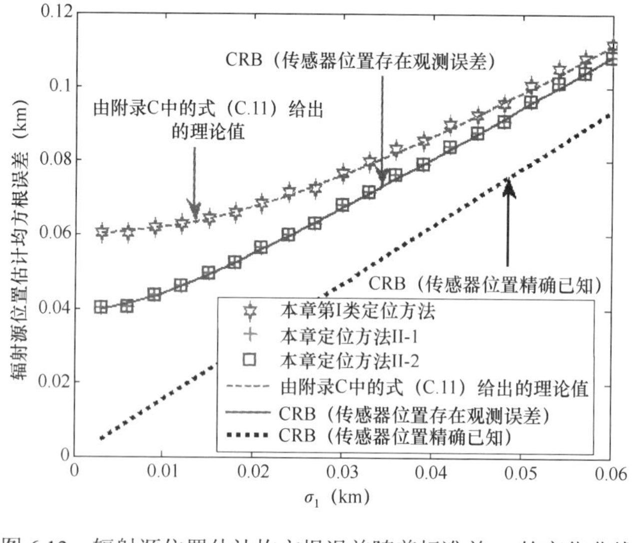

图 6.13　辐射源位置估计均方根误差随着标准差σ_1的变化曲线

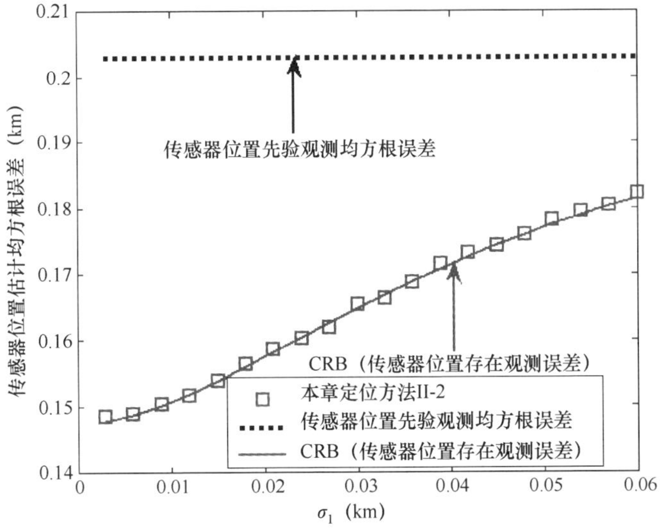

图 6.14　传感器位置估计均方根误差随着标准差 σ_1 的变化曲线

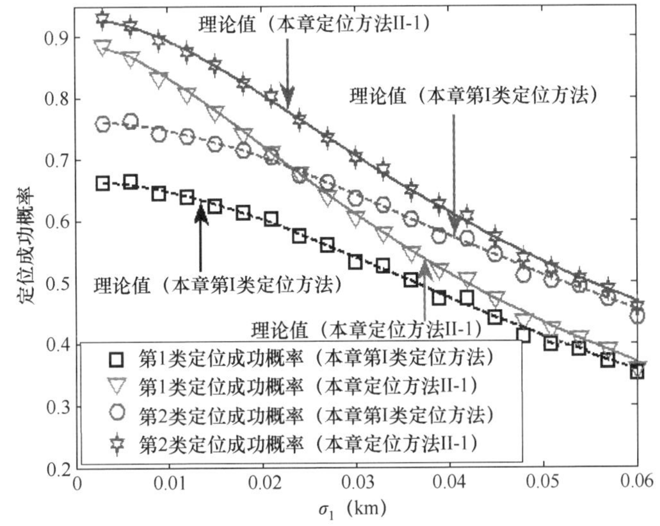

图 6.15　定位成功概率随着标准差 σ_1 的变化曲线

最后，将标准差 σ_1 设为 0.02km，改变标准差 σ_2 的数值，并且将本章定位方法 II-1、定位方法 II-2 及第 I 类定位方法进行比较。图 6.16 给出了辐射源位置估计均方根误差随着标准差 σ_2 的变化曲线；图 6.17 给出了传感器位置估计均方根误差随着标准差 σ_2 的变化曲线；图 6.18 给出了本章定位方法 II-2 和第 I 类定位方法的定位成功概率随着标准差 σ_2 的变化曲线。注意：图 6.18 中的理论值由式（3.25）和式（3.32）计算得到，其中 $\delta = 0.05\,\text{km}$。

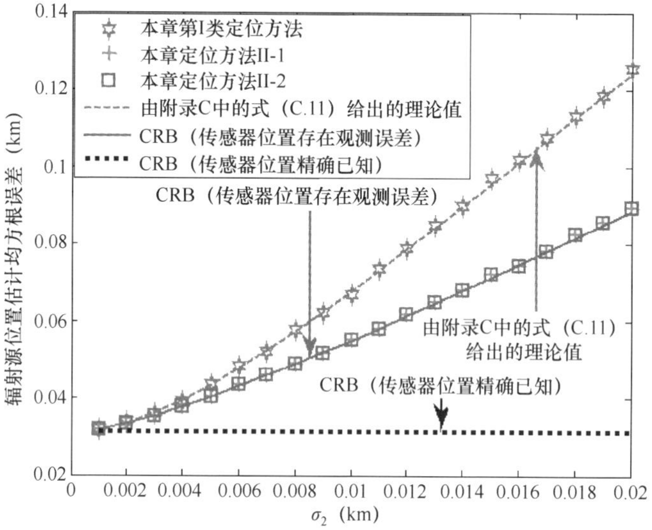

图 6.16　辐射源位置估计均方根误差随着标准差 σ_2 的变化曲线

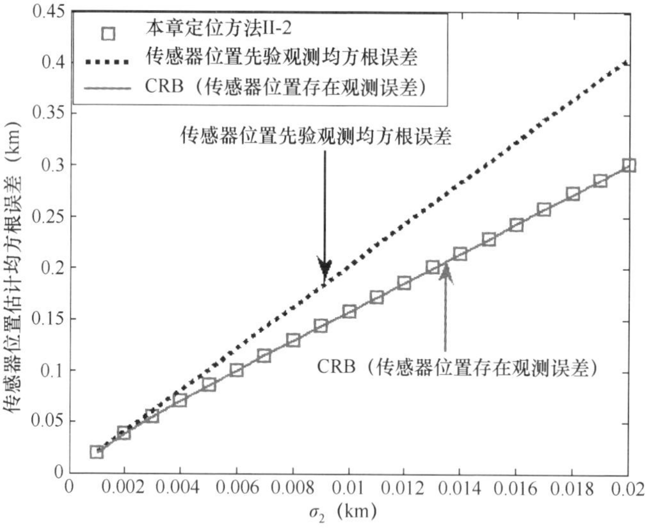

图 6.17　传感器位置估计均方根误差随着标准差 σ_2 的变化曲线

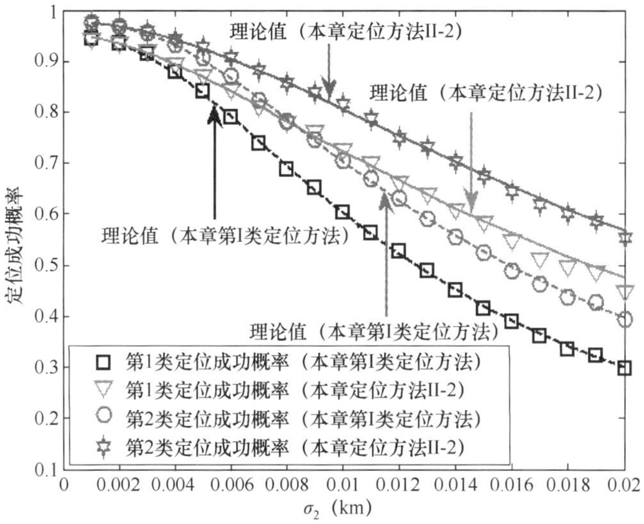

图 6.18　定位成功概率随着标准差 σ_2 的变化曲线

由图 6.13～图 6.18 可知：

（1）在传感器位置存在观测误差的条件下，本章定位方法 II-1 和定位方法 II-2 比第 I 类定位方法具有更高的定位精度，并且性能差异随着标准差 σ_1 的增大而减小（见图 6.13 和图 6.15），随着标准差 σ_2 的增大而增大（见图 6.16 和图 6.18）。

（2）在传感器位置存在观测误差的条件下，本章定位方法 II-1 和定位方法 II-2 对辐射源位置估计均方根误差均可达到相应的 CRB（见图 6.13 和图 6.16），验证了 6.3.3 节理论性能分析的有效性。

（3）在传感器位置存在观测误差的条件下，本章第 I 类定位方法对辐射源位置估计均方根误差与附录 C 中式（C.11）给出的理论性能相吻合（见图 6.13 和图 6.16），验证了附录 C.3 中理论性能分析的有效性。

（4）在传感器位置存在观测误差的条件下，本章定位方法 II-2 可以提高传感器位置估计精度（相比于先验观测精度而言），对传感器位置估计均方根误差可以达到相应的 CRB（见图 6.14 和图 6.17），进一步验证了 6.3.3 节理论性能分析的有效性。

（5）在传感器位置存在观测误差的条件下，本章的定位方法 II-1 和定位方法 II-2 对辐射源位置估计均方根误差无法达到传感器位置精确已知条件下的

CRB（见图 6.13 和图 6.16）。

（6）在传感器位置存在观测误差的条件下，本章的定位方法 II-1 和定位方法 II-2 的定位成功概率理论值和仿真值互相吻合，并且在相同条件下，第 2 类定位成功概率高于第 1 类定位成功概率（见图 6.15 和图 6.18），验证了 3.2 节理论性能分析的有效性。

第 7 章 基于 TOA 观测量的闭式定位方法：位置向量与时钟偏差联合估计方法

在无线传感网系统中，若利用 TOA 观测量进行定位，则需要考虑传感节点之间的时钟同步问题。如果无法满足精准同步要求，则可将位置向量与时钟偏差进行联合估计。本章讨论基于 TOA 观测量的位置向量与时钟偏差联合估计问题，给出两类定位方法：第 I 类定位方法是通过求解一元二次方程的根获得未知参数的解；第 II 类定位方法是利用两步线性加权最小二乘定位方法获得未知参数的解。此外，本章还利用一阶误差分析方法推导两类定位方法的理论性能，分析结果表明：第 I 类定位方法并不具有渐近统计最优性；第 II 类定位方法具有渐近统计最优性。虽然第 I 类定位方法的估计均方误差未能达到相应的 CRB，但是该类方法具有计算简单、更易于实现的优点。数值实验用于验证本章定位方法的估计性能。

7.1 TOA 观测模型与问题描述

假设在一个二维平面中有一个无线传感网系统，每个节点（或称传感器）的局部时钟并不完全一致，系统中存在 M 个锚节点，它们的位置向量和时钟偏差精确已知，其中，第 m 个锚节点的位置向量记为 $\boldsymbol{s}_m^{(\mathrm{a})}$ $(1 \leqslant m \leqslant M)$，时钟偏差记为 $\tau_m^{(\mathrm{a})}$ $(1 \leqslant m \leqslant M)$。需要指出的是，如果公共时间为 t，那么第 m 个锚节点的局部时间为 $t-\tau_m^{(\mathrm{a})}$。此外，系统中存在一个待定位的源节点，其位置向量记为 $\boldsymbol{s}^{(\mathrm{u})}$，时钟偏差记为 $\tau^{(\mathrm{u})}$，它们都是未知参数。类似地，在公共时间为 t 时，源节点的局部时间为 $t-\tau^{(\mathrm{u})}$。

不失一般性，假设源节点在局部时间为 0 时刻辐射无线信号，此时的公共时间为$\tau^{(\mathrm{u})}$，那么在没有观测误差的情况下，第 m 个锚节点获得该信号的 TOA 应为

$$t_m=\tau^{(\mathrm{u})}-\tau_m^{(\mathrm{a})}+\frac{\|\boldsymbol{s}^{(\mathrm{u})}-\boldsymbol{s}_m^{(\mathrm{a})}\|_2}{c}\Leftrightarrow t_m+\tau_m^{(\mathrm{a})}=\tau^{(\mathrm{u})}+\frac{\|\boldsymbol{s}^{(\mathrm{u})}-\boldsymbol{s}_m^{(\mathrm{a})}\|_2}{c}\quad(1\leqslant m\leqslant M) \tag{7.1}$$

式中，c 表示信号传播速度，为已知量。将式（7.1）中的时间观测转化为距离观测可得

$$d_m=\rho^{(\mathrm{u})}+\|\boldsymbol{s}^{(\mathrm{u})}-\boldsymbol{s}_m^{(\mathrm{a})}\|_2\quad(1\leqslant m\leqslant M) \tag{7.2}$$

式中，$d_m=c(t_m+\tau_m^{(\mathrm{a})})$；$\rho^{(\mathrm{u})}=c\tau^{(\mathrm{u})}$，可被视为由时钟偏差引起的距离偏差。

实际获得的距离观测量是含有误差的，即

$$\hat{d}_m=d_m+\varepsilon_m^{(\mathrm{t})}\quad(1\leqslant m\leqslant M) \tag{7.3}$$

式中，$\varepsilon_m^{(\mathrm{t})}$表示距离观测误差。将式（7.3）写成向量形式可得

$$\hat{\boldsymbol{d}}=\boldsymbol{d}+\boldsymbol{\varepsilon}^{(\mathrm{t})}=\boldsymbol{f}_{\mathrm{toa}}(\boldsymbol{s}^{(\mathrm{u})},\rho^{(\mathrm{u})})+\boldsymbol{\varepsilon}^{(\mathrm{t})} \tag{7.4}$$

式中，

$$\begin{cases}\hat{\boldsymbol{d}}=[\hat{d}_1\ \ \hat{d}_2\ \ \cdots\ \ \hat{d}_M]^{\mathrm{T}}\\ \boldsymbol{d}=\boldsymbol{f}_{\mathrm{toa}}(\boldsymbol{s}^{(\mathrm{u})},\rho^{(\mathrm{u})})=[d_1\ \ d_2\ \ \cdots\ \ d_M]^{\mathrm{T}}\\ \boldsymbol{\varepsilon}^{(\mathrm{t})}=[\varepsilon_1^{(\mathrm{t})}\ \ \varepsilon_2^{(\mathrm{t})}\ \ \cdots\ \ \varepsilon_M^{(\mathrm{t})}]^{\mathrm{T}}\end{cases} \tag{7.5}$$

假设观测误差向量$\boldsymbol{\varepsilon}^{(\mathrm{t})}$服从零均值的高斯分布，协方差矩阵为$\boldsymbol{E}^{(\mathrm{t})}=E[\boldsymbol{\varepsilon}^{(\mathrm{t})}(\boldsymbol{\varepsilon}^{(\mathrm{t})})^{\mathrm{T}}]$。本章将$\hat{\boldsymbol{d}}$称为含有误差的距离观测向量，$\boldsymbol{d}$ 称为无误差的距离观测向量。

下面的问题在于：如何利用含有误差的距离观测向量$\hat{\boldsymbol{d}}$，尽可能准确地联合估计源节点位置向量$\boldsymbol{s}^{(\mathrm{u})}$和时钟偏差$\tau^{(\mathrm{u})}$（或距离偏差$\rho^{(\mathrm{u})}$）。本章将给出两类定位方法：由 7.2 节描述的第 I 类定位方法，该方法基于一元二次方程的根

获得未知参数的解；由 7.3 节描述的第 II 类定位方法，该方法需要通过两步线性加权最小二乘定位方法获得未知参数的解。

7.2　第 I 类定位方法——基于一元二次方程根的估计方法

7.2.1　伪线性观测方程

由于式（7.4）中的 $\boldsymbol{f}_{\text{toa}}(\boldsymbol{s}^{(\text{u})},\rho^{(\text{u})})$ 是关于 $\boldsymbol{s}^{(\text{u})}$ 和 $\rho^{(\text{u})}$ 的非线性函数，因此为了获得它们的闭式解，需要先推导伪线性观测方程。由式（7.2）可得

$$\begin{aligned}&d_m=\rho^{(\text{u})}+\|\boldsymbol{s}^{(\text{u})}-\boldsymbol{s}_m^{(\text{a})}\|_2\Rightarrow(d_m-\rho^{(\text{u})})^2=\|\boldsymbol{s}^{(\text{u})}-\boldsymbol{s}_m^{(\text{a})}\|_2^2\\&\quad\Rightarrow d_m^2-2d_m\rho^{(\text{u})}+(\rho^{(\text{u})})^2=\|\boldsymbol{s}^{(\text{u})}\|_2^2-2(\boldsymbol{s}_m^{(\text{a})})^{\text{T}}\boldsymbol{s}^{(\text{u})}+\|\boldsymbol{s}_m^{(\text{a})}\|_2^2\\&\quad\Rightarrow 2(\boldsymbol{s}_m^{(\text{a})})^{\text{T}}\boldsymbol{s}^{(\text{u})}-2d_m\rho^{(\text{u})}+(\rho^{(\text{u})})^2-\|\boldsymbol{s}^{(\text{u})}\|_2^2=\|\boldsymbol{s}_m^{(\text{a})}\|_2^2-d_m^2\quad(1\leqslant m\leqslant M)\end{aligned}\tag{7.6}$$

定义辅助变量 $\phi=(\rho^{(\text{u})})^2-\|\boldsymbol{s}^{(\text{u})}\|_2^2$，可将式（7.6）写成矩阵形式，即

$$\boldsymbol{A}(\boldsymbol{d})\begin{bmatrix}\boldsymbol{s}^{(\text{u})}\\\rho^{(\text{u})}\end{bmatrix}+\boldsymbol{I}_{M\times1}\phi=\boldsymbol{b}(\boldsymbol{d})\tag{7.7}$$

式中，

$$\begin{cases}\boldsymbol{A}(\boldsymbol{d})=\left[\begin{array}{c:c}2(\boldsymbol{s}_1^{(\text{a})})^{\text{T}}&-2d_1\\2(\boldsymbol{s}_2^{(\text{a})})^{\text{T}}&-2d_2\\\vdots&\vdots\\2(\boldsymbol{s}_M^{(\text{a})})^{\text{T}}&-2d_M\end{array}\right]\in\mathbf{R}^{M\times3}\\\boldsymbol{b}(\boldsymbol{d})=\begin{bmatrix}\|\boldsymbol{s}_1^{(\text{a})}\|_2^2-d_1^2\\\|\boldsymbol{s}_2^{(\text{a})}\|_2^2-d_2^2\\\vdots\\\|\boldsymbol{s}_M^{(\text{a})}\|_2^2-d_M^2\end{bmatrix}\in\mathbf{R}^{M\times1}\end{cases}\tag{7.8}$$

式（7.7）即为本章第 I 类定位方法建立的伪线性观测方程。其中，$\boldsymbol{A}(\boldsymbol{d})$ 表示

伪线性系数矩阵，由式（7.8）中的第 1 个公式可知，$\boldsymbol{A}(\boldsymbol{d})$ 与向量 $\boldsymbol{d}$ 有关；$\boldsymbol{b}(\boldsymbol{d})$ 表示伪线性观测向量，由式（7.8）中的第 2 个公式可知，$\boldsymbol{b}(\boldsymbol{d})$ 同样与向量 $\boldsymbol{d}$ 有关。

7.2.2 定位原理与计算方法

在实际应用中无法获得无误差的距离观测向量 $\boldsymbol{d}$，只能得到含有误差的距离观测向量 $\hat{\boldsymbol{d}}$。此时需要设计线性加权最小二乘估计准则，用于抑制观测误差向量 $\boldsymbol{\varepsilon}^{(\mathrm{t})}$ 的影响。

首先，定义误差向量为

$$\boldsymbol{\xi}=\boldsymbol{b}(\hat{\boldsymbol{d}})-\boldsymbol{A}(\hat{\boldsymbol{d}})\begin{bmatrix}\boldsymbol{s}^{(\mathrm{u})}\\ \rho^{(\mathrm{u})}\end{bmatrix}-\boldsymbol{I}_{M\times1}\phi=\Delta\boldsymbol{b}-\Delta\boldsymbol{A}\begin{bmatrix}\boldsymbol{s}^{(\mathrm{u})}\\ \rho^{(\mathrm{u})}\end{bmatrix} \tag{7.9}$$

式中，$\Delta\boldsymbol{b}=\boldsymbol{b}(\hat{\boldsymbol{d}})-\boldsymbol{b}(\boldsymbol{d})$；$\Delta\boldsymbol{A}=\boldsymbol{A}(\hat{\boldsymbol{d}})-\boldsymbol{A}(\boldsymbol{d})$。利用一阶误差分析可知

$$\begin{cases}\Delta\boldsymbol{b}\approx\boldsymbol{B}(\boldsymbol{d})(\hat{\boldsymbol{d}}-\boldsymbol{d})=\boldsymbol{B}(\boldsymbol{d})\boldsymbol{\varepsilon}^{(\mathrm{t})}\\ \Delta\boldsymbol{A}\begin{bmatrix}\boldsymbol{s}^{(\mathrm{u})}\\ \rho^{(\mathrm{u})}\end{bmatrix}\approx\left[\dot{\boldsymbol{A}}_{d_1}\begin{bmatrix}\boldsymbol{s}^{(\mathrm{u})}\\ \rho^{(\mathrm{u})}\end{bmatrix}\middle|\dot{\boldsymbol{A}}_{d_2}\begin{bmatrix}\boldsymbol{s}^{(\mathrm{u})}\\ \rho^{(\mathrm{u})}\end{bmatrix}\middle|\cdots\middle|\dot{\boldsymbol{A}}_{d_M}\begin{bmatrix}\boldsymbol{s}^{(\mathrm{u})}\\ \rho^{(\mathrm{u})}\end{bmatrix}\right](\hat{\boldsymbol{d}}-\boldsymbol{d})\\ \qquad\qquad\quad=\left[\dot{\boldsymbol{A}}_{d_1}\begin{bmatrix}\boldsymbol{s}^{(\mathrm{u})}\\ \rho^{(\mathrm{u})}\end{bmatrix}\middle|\dot{\boldsymbol{A}}_{d_2}\begin{bmatrix}\boldsymbol{s}^{(\mathrm{u})}\\ \rho^{(\mathrm{u})}\end{bmatrix}\middle|\cdots\middle|\dot{\boldsymbol{A}}_{d_M}\begin{bmatrix}\boldsymbol{s}^{(\mathrm{u})}\\ \rho^{(\mathrm{u})}\end{bmatrix}\right]\boldsymbol{\varepsilon}^{(\mathrm{t})}\end{cases} \tag{7.10}$$

式中，

$$\begin{cases}\boldsymbol{B}(\boldsymbol{d})=\dfrac{\partial\boldsymbol{b}(\boldsymbol{d})}{\partial\boldsymbol{d}^{\mathrm{T}}}=-2\mathrm{diag}[\boldsymbol{d}]\in\mathbf{R}^{M\times M}\\ \dot{\boldsymbol{A}}_{d_m}=\dfrac{\partial\boldsymbol{A}(\boldsymbol{d})}{\partial d_m}=[\boldsymbol{O}_{M\times2}\ |\ -2\boldsymbol{i}_M^{(m)}]\in\mathbf{R}^{M\times3}\quad(1\leqslant m\leqslant M)\end{cases} \tag{7.11}$$

然后，将式（7.10）代入式（7.9）可得

$$\boldsymbol{\xi}\approx\boldsymbol{B}(\boldsymbol{d})\boldsymbol{\varepsilon}^{(\mathrm{t})}-\left[\dot{\boldsymbol{A}}_{d_1}\begin{bmatrix}\boldsymbol{s}^{(\mathrm{u})}\\ \rho^{(\mathrm{u})}\end{bmatrix}\middle|\dot{\boldsymbol{A}}_{d_2}\begin{bmatrix}\boldsymbol{s}^{(\mathrm{u})}\\ \rho^{(\mathrm{u})}\end{bmatrix}\middle|\cdots\middle|\dot{\boldsymbol{A}}_{d_M}\begin{bmatrix}\boldsymbol{s}^{(\mathrm{u})}\\ \rho^{(\mathrm{u})}\end{bmatrix}\right]\boldsymbol{\varepsilon}^{(\mathrm{t})}=\boldsymbol{C}(\boldsymbol{s}^{(\mathrm{u})},\rho^{(\mathrm{u})},\boldsymbol{d})\boldsymbol{\varepsilon}^{(\mathrm{t})} \tag{7.12}$$

式中，

$$\boldsymbol{C}(\boldsymbol{s}^{(\mathrm{u})},\rho^{(\mathrm{u})},\boldsymbol{d})=\boldsymbol{B}(\boldsymbol{d})-\left[\dot{\boldsymbol{A}}_{d_1}\begin{bmatrix}\boldsymbol{s}^{(\mathrm{u})}\\ \rho^{(\mathrm{u})}\end{bmatrix}\middle|\ \dot{\boldsymbol{A}}_{d_2}\begin{bmatrix}\boldsymbol{s}^{(\mathrm{u})}\\ \rho^{(\mathrm{u})}\end{bmatrix}\middle|\ \cdots\ \middle|\ \dot{\boldsymbol{A}}_{d_M}\begin{bmatrix}\boldsymbol{s}^{(\mathrm{u})}\\ \rho^{(\mathrm{u})}\end{bmatrix}\right]\in\mathbf{R}^{M\times M} \tag{7.13}$$

需要指出的是，$\boldsymbol{C}(\boldsymbol{s}^{(\mathrm{u})},\rho^{(\mathrm{u})},\boldsymbol{d})$ 通常是可逆矩阵。由式（7.12）可知，误差向量$\boldsymbol{\xi}$渐近服从零均值的高斯分布，协方差矩阵为

$$\begin{aligned}\boldsymbol{\Omega}&=E[\boldsymbol{\xi}\boldsymbol{\xi}^{\mathrm{T}}]\\&=\boldsymbol{C}(\boldsymbol{s}^{(\mathrm{u})},\rho^{(\mathrm{u})},\boldsymbol{d})E[\boldsymbol{\varepsilon}^{(\mathrm{t})}(\boldsymbol{\varepsilon}^{(\mathrm{t})})^{\mathrm{T}}](\boldsymbol{C}(\boldsymbol{s}^{(\mathrm{u})},\rho^{(\mathrm{u})},\boldsymbol{d}))^{\mathrm{T}}\\&=\boldsymbol{C}(\boldsymbol{s}^{(\mathrm{u})},\rho^{(\mathrm{u})},\boldsymbol{d})\boldsymbol{E}^{(\mathrm{t})}(\boldsymbol{C}(\boldsymbol{s}^{(\mathrm{u})},\rho^{(\mathrm{u})},\boldsymbol{d}))^{\mathrm{T}}\in\mathbf{R}^{M\times M}\end{aligned} \tag{7.14}$$

接着，结合式（7.9）和式（7.14）可以建立线性加权最小二乘估计准则，即

$$\begin{aligned}&\min_{\boldsymbol{s}^{(\mathrm{u})},\rho^{(\mathrm{u})}}\{J(\boldsymbol{s}^{(\mathrm{u})},\rho^{(\mathrm{u})})\}\\&=\min_{\boldsymbol{s}^{(\mathrm{u})},\rho^{(\mathrm{u})}}\left\{\left(\boldsymbol{b}(\hat{\boldsymbol{d}})-\boldsymbol{A}(\hat{\boldsymbol{d}})\begin{bmatrix}\boldsymbol{s}^{(\mathrm{u})}\\ \rho^{(\mathrm{u})}\end{bmatrix}-\boldsymbol{1}_{M\times1}\phi\right)^{\mathrm{T}}\boldsymbol{\Omega}^{-1}\left(\boldsymbol{b}(\hat{\boldsymbol{d}})-\boldsymbol{A}(\hat{\boldsymbol{d}})\begin{bmatrix}\boldsymbol{s}^{(\mathrm{u})}\\ \rho^{(\mathrm{u})}\end{bmatrix}-\boldsymbol{1}_{M\times1}\phi\right)\right\}\end{aligned} \tag{7.15}$$

式中，$\boldsymbol{\Omega}^{-1}$可被视为加权矩阵，其作用是抑制观测误差向量$\boldsymbol{\varepsilon}^{(\mathrm{t})}$的影响。严格来说，式（7.15）中的目标函数并不是关于向量$\begin{bmatrix}\boldsymbol{s}^{(\mathrm{u})}\\ \rho^{(\mathrm{u})}\end{bmatrix}$的二次函数，这是因为辅助变量$\phi=(\rho^{(\mathrm{u})})^2-\|\boldsymbol{s}^{(\mathrm{u})}\|_2^2$与向量$\begin{bmatrix}\boldsymbol{s}^{(\mathrm{u})}\\ \rho^{(\mathrm{u})}\end{bmatrix}$有关。为了简化问题，可先假设$\phi$与向量$\begin{bmatrix}\boldsymbol{s}^{(\mathrm{u})}\\ \rho^{(\mathrm{u})}\end{bmatrix}$无关，此时由式（2.39）可知，式（7.15）的最优闭式解为

$$\begin{bmatrix}\hat{\boldsymbol{s}}_{\mathrm{lwls}}^{(\mathrm{u})}\\ \hat{\rho}_{\mathrm{lwls}}^{(\mathrm{u})}\end{bmatrix}=((\boldsymbol{A}(\hat{\boldsymbol{d}}))^{\mathrm{T}}\boldsymbol{\Omega}^{-1}\boldsymbol{A}(\hat{\boldsymbol{d}}))^{-1}(\boldsymbol{A}(\hat{\boldsymbol{d}}))^{\mathrm{T}}\boldsymbol{\Omega}^{-1}(\boldsymbol{b}(\hat{\boldsymbol{d}})-\boldsymbol{1}_{M\times1}\phi)=\boldsymbol{q}_1(\hat{\boldsymbol{d}})+\boldsymbol{q}_2(\hat{\boldsymbol{d}})\phi \tag{7.16}$$

式中，

$$\begin{cases} \boldsymbol{q}_1(\hat{\boldsymbol{d}})=((\boldsymbol{A}(\hat{\boldsymbol{d}}))^{\mathrm{T}}\boldsymbol{\Omega}^{-1}\boldsymbol{A}(\hat{\boldsymbol{d}}))^{-1}(\boldsymbol{A}(\hat{\boldsymbol{d}}))^{\mathrm{T}}\boldsymbol{\Omega}^{-1}\boldsymbol{b}(\hat{\boldsymbol{d}}) \\ \boldsymbol{q}_2(\hat{\boldsymbol{d}})=-((\boldsymbol{A}(\hat{\boldsymbol{d}}))^{\mathrm{T}}\boldsymbol{\Omega}^{-1}\boldsymbol{A}(\hat{\boldsymbol{d}}))^{-1}(\boldsymbol{A}(\hat{\boldsymbol{d}}))^{\mathrm{T}}\boldsymbol{\Omega}^{-1}\boldsymbol{1}_{M\times 1} \end{cases} \tag{7.17}$$

利用式（7.16）仍无法获得向量$\begin{bmatrix}\boldsymbol{s}^{(\mathrm{u})}\\ \rho^{(\mathrm{u})}\end{bmatrix}$的估计值，这是因为式（7.16）中的辅助变量$\phi$是未知的。庆幸的是，结合$\phi$的定义及式（7.16）可以建立关于$\phi$的一元二次方程，即

$$\phi=(\boldsymbol{q}_1(\hat{\boldsymbol{d}})+\boldsymbol{q}_2(\hat{\boldsymbol{d}})\phi)^{\mathrm{T}}\boldsymbol{\Sigma}(\boldsymbol{q}_1(\hat{\boldsymbol{d}})+\boldsymbol{q}_2(\hat{\boldsymbol{d}})\phi) \tag{7.18}$$

式中，

$$\boldsymbol{\Sigma}=\begin{bmatrix}-1 & 0 & 0\\ 0 & -1 & 0\\ 0 & 0 & 1\end{bmatrix} \tag{7.19}$$

最后，将式（7.18）写成一元二次方程的标准形式为

$$(\boldsymbol{q}_2(\hat{\boldsymbol{d}}))^{\mathrm{T}}\boldsymbol{\Sigma}\boldsymbol{q}_2(\hat{\boldsymbol{d}})\phi^2+(2(\boldsymbol{q}_1(\hat{\boldsymbol{d}}))^{\mathrm{T}}\boldsymbol{\Sigma}\boldsymbol{q}_2(\hat{\boldsymbol{d}})-1)\phi+(\boldsymbol{q}_1(\hat{\boldsymbol{d}}))^{\mathrm{T}}\boldsymbol{\Sigma}\boldsymbol{q}_1(\hat{\boldsymbol{d}})=0 \tag{7.20}$$

式（7.20）的根存在以下 3 种形式：

（1）若$(\boldsymbol{q}_2(\hat{\boldsymbol{d}}))^{\mathrm{T}}\boldsymbol{\Sigma}\boldsymbol{q}_2(\hat{\boldsymbol{d}})=0$①，则有

$$\hat{\phi}_{\mathrm{root}}=\frac{(\boldsymbol{q}_1(\hat{\boldsymbol{d}}))^{\mathrm{T}}\boldsymbol{\Sigma}\boldsymbol{q}_1(\hat{\boldsymbol{d}})}{1-2(\boldsymbol{q}_1(\hat{\boldsymbol{d}}))^{\mathrm{T}}\boldsymbol{\Sigma}\boldsymbol{q}_2(\hat{\boldsymbol{d}})} \tag{7.21}$$

（2）若$(\boldsymbol{q}_2(\hat{\boldsymbol{d}}))^{\mathrm{T}}\boldsymbol{\Sigma}\boldsymbol{q}_2(\hat{\boldsymbol{d}})\neq 0$，并且$(2(\boldsymbol{q}_1(\hat{\boldsymbol{d}}))^{\mathrm{T}}\boldsymbol{\Sigma}\boldsymbol{q}_2(\hat{\boldsymbol{d}})-1)^2-4(\boldsymbol{q}_2(\hat{\boldsymbol{d}}))^{\mathrm{T}}\boldsymbol{\Sigma}\boldsymbol{q}_2(\hat{\boldsymbol{d}})\times(\boldsymbol{q}_1(\hat{\boldsymbol{d}}))^{\mathrm{T}}\boldsymbol{\Sigma}\boldsymbol{q}_1(\hat{\boldsymbol{d}})=0$②，则有

$$\hat{\phi}_{\mathrm{root}}=\frac{1-2(\boldsymbol{q}_1(\hat{\boldsymbol{d}}))^{\mathrm{T}}\boldsymbol{\Sigma}\boldsymbol{q}_2(\hat{\boldsymbol{d}})}{2(\boldsymbol{q}_2(\hat{\boldsymbol{d}}))^{\mathrm{T}}\boldsymbol{\Sigma}\boldsymbol{q}_2(\hat{\boldsymbol{d}})} \tag{7.22}$$

① 此时式（7.20）退化为一元一次方程。

② 此时式（7.20）具有唯一的重根。

（3）若 $(\boldsymbol{q}_2(\hat{\boldsymbol{d}}))^{\mathrm{T}}\boldsymbol{\Sigma}\boldsymbol{q}_2(\hat{\boldsymbol{d}})\neq 0$，并且 $(2(\boldsymbol{q}_1(\hat{\boldsymbol{d}}))^{\mathrm{T}}\boldsymbol{\Sigma}\boldsymbol{q}_2(\hat{\boldsymbol{d}})-1)^2-4(\boldsymbol{q}_2(\hat{\boldsymbol{d}}))^{\mathrm{T}}\boldsymbol{\Sigma}\boldsymbol{q}_2(\hat{\boldsymbol{d}})\times(\boldsymbol{q}_1(\hat{\boldsymbol{d}}))^{\mathrm{T}}\boldsymbol{\Sigma}\boldsymbol{q}_1(\hat{\boldsymbol{d}})>0$ ①，则有

$$\hat{\phi}_{\mathrm{root}}=\frac{1-2(\boldsymbol{q}_1(\hat{\boldsymbol{d}}))^{\mathrm{T}}\boldsymbol{\Sigma}\boldsymbol{q}_2(\hat{\boldsymbol{d}})\pm\sqrt{(2(\boldsymbol{q}_1(\hat{\boldsymbol{d}}))^{\mathrm{T}}\boldsymbol{\Sigma}\boldsymbol{q}_2(\hat{\boldsymbol{d}})-1)^2-4(\boldsymbol{q}_2(\hat{\boldsymbol{d}}))^{\mathrm{T}}\boldsymbol{\Sigma}\boldsymbol{q}_2(\hat{\boldsymbol{d}})(\boldsymbol{q}_1(\hat{\boldsymbol{d}}))^{\mathrm{T}}\boldsymbol{\Sigma}\boldsymbol{q}_1(\hat{\boldsymbol{d}})}}{2(\boldsymbol{q}_2(\hat{\boldsymbol{d}}))^{\mathrm{T}}\boldsymbol{\Sigma}\boldsymbol{q}_2(\hat{\boldsymbol{d}})} \tag{7.23}$$

将式（7.20）的根 $\hat{\phi}_{\mathrm{root}}$ 代入式（7.16）即可得到向量 $\begin{bmatrix}\boldsymbol{s}^{(\mathrm{u})}\\ \rho^{(\mathrm{u})}\end{bmatrix}$ 的估计值，即

$$\begin{bmatrix}\hat{\boldsymbol{s}}^{(\mathrm{u})}_{\mathrm{lwls\text{-}root}}\\ \hat{\rho}^{(\mathrm{u})}_{\mathrm{lwls\text{-}root}}\end{bmatrix}=\boldsymbol{q}_1(\hat{\boldsymbol{d}})+\boldsymbol{q}_2(\hat{\boldsymbol{d}})\hat{\phi}_{\mathrm{root}} \tag{7.24}$$

【注记 7.1】 由式（7.14）可知，加权矩阵 $\boldsymbol{\Omega}^{-1}$ 与向量 $\begin{bmatrix}\boldsymbol{s}^{(\mathrm{u})}\\ \rho^{(\mathrm{u})}\end{bmatrix}$ 有关，此时即使假设 ϕ 与向量 $\begin{bmatrix}\boldsymbol{s}^{(\mathrm{u})}\\ \rho^{(\mathrm{u})}\end{bmatrix}$ 无关，式（7.15）中的目标函数 $J(\boldsymbol{s}^{(\mathrm{u})},\rho^{(\mathrm{u})})$ 也不是关于向量 $\begin{bmatrix}\boldsymbol{s}^{(\mathrm{u})}\\ \rho^{(\mathrm{u})}\end{bmatrix}$ 的二次函数。庆幸的是，该问题并不难解决：首先，将 $\boldsymbol{\Omega}^{-1}$ 设为单位矩阵，从而获得关于向量 $\begin{bmatrix}\boldsymbol{s}^{(\mathrm{u})}\\ \rho^{(\mathrm{u})}\end{bmatrix}$ 的初始值；然后，重新计算加权矩阵 $\boldsymbol{\Omega}^{-1}$，并再次得到向量 $\begin{bmatrix}\boldsymbol{s}^{(\mathrm{u})}\\ \rho^{(\mathrm{u})}\end{bmatrix}$ 的估计值，重复此过程 3～5 次，即可取得预期的估计精度。加权矩阵 $\boldsymbol{\Omega}^{-1}$ 还与无误差的距离观测向量 $\boldsymbol{d}$ 有关，可以直接利用含有误差的距离观测向量 $\hat{\boldsymbol{d}}$ 进行计算。理论分析表明，在一阶误差分析理论框架下，加权矩阵 $\boldsymbol{\Omega}^{-1}$ 中的扰动误差并不会实质影响估计值 $\begin{bmatrix}\hat{\boldsymbol{s}}^{(\mathrm{u})}_{\mathrm{lwls\text{-}root}}\\ \hat{\rho}^{(\mathrm{u})}_{\mathrm{lwls\text{-}root}}\end{bmatrix}$ 的统计性能。

【注记 7.2】 式（7.23）会产生两个根，从而得到两个解。可以利用非线性加权最小二乘估计准则确定正确的解，即

① 此时式（7.20）具有两个不同的根。

$$\min_{j\in\{1,2\}}\{(\hat{\boldsymbol{d}}-\boldsymbol{f}_{\text{toa}}(\hat{\boldsymbol{s}}_{\text{lwls-root}}^{(\text{u})}(j),\hat{\rho}_{\text{lwls-root}}^{(\text{u})}(j)))^{\text{T}}(\boldsymbol{E}^{(\text{t})})^{-1}(\hat{\boldsymbol{d}}-\boldsymbol{f}_{\text{toa}}(\hat{\boldsymbol{s}}_{\text{lwls-root}}^{(\text{u})}(j),\hat{\rho}_{\text{lwls-root}}^{(\text{u})}(j)))\}$$

（7.25）

式中，$\hat{\boldsymbol{s}}_{\text{lwls-root}}^{(\text{u})}(j)$ 和 $\hat{\rho}_{\text{lwls-root}}^{(\text{u})}(j)$ 表示由第 j 个根得到的估计结果。

图 7.1 给出了本章第 I 类定位方法的流程图。

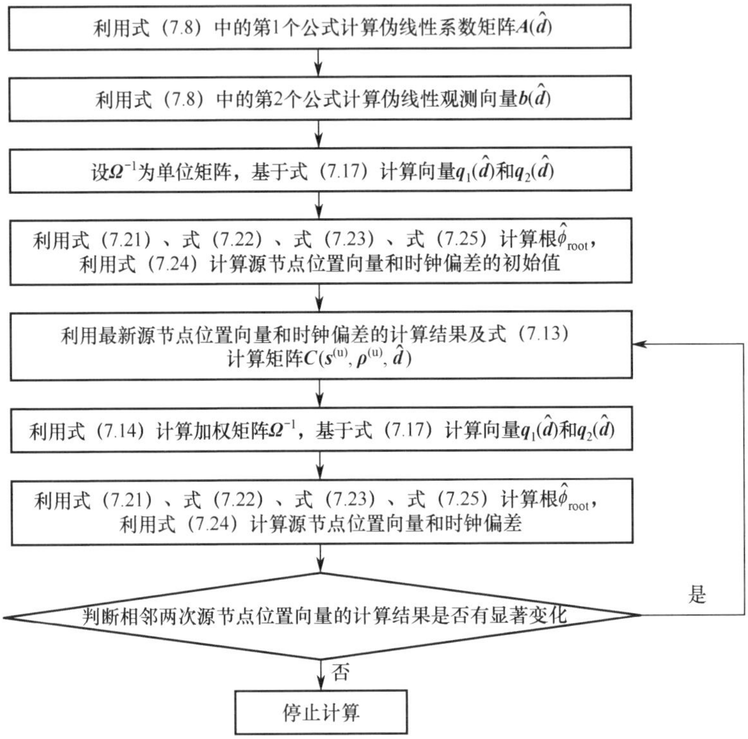

图 7.1　本章第 I 类定位方法的流程图

7.2.3　理论性能分析

本节将推导估计值 $\begin{bmatrix}\hat{\boldsymbol{s}}_{\text{lwls-root}}^{(\text{u})}\\ \hat{\rho}_{\text{lwls-root}}^{(\text{u})}\end{bmatrix}$ 的理论性能，即推导估计均方误差，并将其与相应的 CRB 进行比较。这里采用的性能分析方法是一阶误差分析方法，即忽略观测误差向量 $\boldsymbol{\varepsilon}^{(\text{t})}$ 的二阶及以上各阶项。

首先，将估计值$\begin{bmatrix}\hat{\boldsymbol{s}}_{\text{lwls-root}}^{(\text{u})}\\ \hat{\rho}_{\text{lwls-root}}^{(\text{u})}\end{bmatrix}$中的估计误差记为$\begin{bmatrix}\Delta\boldsymbol{s}_{\text{lwls-root}}^{(\text{u})}\\ \Delta\rho_{\text{lwls-root}}^{(\text{u})}\end{bmatrix}=\begin{bmatrix}\hat{\boldsymbol{s}}_{\text{lwls-root}}^{(\text{u})}-\boldsymbol{s}^{(\text{u})}\\ \hat{\rho}_{\text{lwls-root}}^{(\text{u})}-\rho^{(\text{u})}\end{bmatrix}$，将一元二次方程根$\hat{\phi}_{\text{root}}$的估计误差记为$\Delta\phi_{\text{root}}=\hat{\phi}_{\text{root}}-\phi$。由式（7.24）可知

$$\begin{bmatrix}\Delta\boldsymbol{s}_{\text{lwls-root}}^{(\text{u})}\\ \Delta\rho_{\text{lwls-root}}^{(\text{u})}\end{bmatrix}\approx\Delta\boldsymbol{q}_1+\Delta\boldsymbol{q}_2\phi+\boldsymbol{q}_2(\boldsymbol{d})\Delta\phi_{\text{root}} \tag{7.26}$$

式中，$\Delta\boldsymbol{q}_1=\boldsymbol{q}_1(\hat{\boldsymbol{d}})-\boldsymbol{q}_1(\boldsymbol{d})$；$\Delta\boldsymbol{q}_2=\boldsymbol{q}_2(\hat{\boldsymbol{d}})-\boldsymbol{q}_2(\boldsymbol{d})$。

然后，基于式（7.20）可以推得

$$\begin{aligned}&2(\boldsymbol{q}_2(\boldsymbol{d}))^{\text{T}}\boldsymbol{\Sigma}\Delta\boldsymbol{q}_2\phi^2+2((\boldsymbol{q}_2(\boldsymbol{d}))^{\text{T}}\boldsymbol{\Sigma}\Delta\boldsymbol{q}_1+(\boldsymbol{q}_1(\boldsymbol{d}))^{\text{T}}\boldsymbol{\Sigma}\Delta\boldsymbol{q}_2)\phi+2(\boldsymbol{q}_1(\boldsymbol{d}))^{\text{T}}\boldsymbol{\Sigma}\Delta\boldsymbol{q}_1+\\&2(\boldsymbol{q}_2(\boldsymbol{d}))^{\text{T}}\boldsymbol{\Sigma}\boldsymbol{q}_2(\boldsymbol{d})\phi\Delta\phi_{\text{root}}+(2(\boldsymbol{q}_1(\boldsymbol{d}))^{\text{T}}\boldsymbol{\Sigma}\boldsymbol{q}_2(\boldsymbol{d})-1)\Delta\phi_{\text{root}}\approx 0\\ \Rightarrow\ &\Delta\phi_{\text{root}}\approx\frac{2(\boldsymbol{q}_2(\boldsymbol{d}))^{\text{T}}\boldsymbol{\Sigma}(\Delta\boldsymbol{q}_1+\Delta\boldsymbol{q}_2\phi)\phi+2(\boldsymbol{q}_1(\boldsymbol{d}))^{\text{T}}\boldsymbol{\Sigma}(\Delta\boldsymbol{q}_1+\Delta\boldsymbol{q}_2\phi)}{1-2(\boldsymbol{q}_2(\boldsymbol{d}))^{\text{T}}\boldsymbol{\Sigma}(\boldsymbol{q}_1(\boldsymbol{d})+\boldsymbol{q}_2(\boldsymbol{d})\phi)}\\ &=\frac{2(\boldsymbol{q}_1(\boldsymbol{d})+\boldsymbol{q}_2(\boldsymbol{d})\phi)^{\text{T}}\boldsymbol{\Sigma}(\Delta\boldsymbol{q}_1+\Delta\boldsymbol{q}_2\phi)}{1-2(\boldsymbol{q}_2(\boldsymbol{d}))^{\text{T}}\boldsymbol{\Sigma}(\boldsymbol{q}_1(\boldsymbol{d})+\boldsymbol{q}_2(\boldsymbol{d})\phi)}\end{aligned} \tag{7.27}$$

由于

$$\boldsymbol{q}_1(\boldsymbol{d})+\boldsymbol{q}_2(\boldsymbol{d})\phi=\begin{bmatrix}\boldsymbol{s}^{(\text{u})}\\ \rho^{(\text{u})}\end{bmatrix} \tag{7.28}$$

将式（7.19）和式（7.28）代入式（7.27）可知

$$\Delta\phi_{\text{root}}\approx\frac{\begin{bmatrix}-2\boldsymbol{s}^{(\text{u})}\\ 2\rho^{(\text{u})}\end{bmatrix}^{\text{T}}(\Delta\boldsymbol{q}_1+\Delta\boldsymbol{q}_2\phi)}{1-(\boldsymbol{q}_2(\boldsymbol{d}))^{\text{T}}\begin{bmatrix}-2\boldsymbol{s}^{(\text{u})}\\ 2\rho^{(\text{u})}\end{bmatrix}}=\frac{\boldsymbol{\eta}^{\text{T}}(\Delta\boldsymbol{q}_1+\Delta\boldsymbol{q}_2\phi)}{1-(\boldsymbol{q}_2(\boldsymbol{d}))^{\text{T}}\boldsymbol{\eta}} \tag{7.29}$$

式中，$\boldsymbol{\eta}=\begin{bmatrix}-2\boldsymbol{s}^{(\text{u})}\\ 2\rho^{(\text{u})}\end{bmatrix}$。

最后，将式（7.29）代入式（7.26）可得

$$\begin{bmatrix} \Delta \boldsymbol{s}_{\text{lwls-root}}^{(\text{u})} \\ \Delta \rho_{\text{lwls-root}}^{(\text{u})} \end{bmatrix} \approx \left(\boldsymbol{I}_3 + \frac{\boldsymbol{q}_2(\boldsymbol{d})\boldsymbol{\eta}^{\text{T}}}{1-(\boldsymbol{q}_2(\boldsymbol{d}))^{\text{T}}\boldsymbol{\eta}} \right)(\Delta \boldsymbol{q}_1 + \Delta \boldsymbol{q}_2 \phi) \tag{7.30}$$

下面推导 $\Delta \boldsymbol{q}_1 + \Delta \boldsymbol{q}_2 \phi$ 的表达式。基于式（7.16）和注记 7.1 中的讨论可知

$$(\boldsymbol{A}(\hat{\boldsymbol{d}}))^{\text{T}} \hat{\boldsymbol{\Omega}}^{-1} \boldsymbol{A}(\hat{\boldsymbol{d}})(\boldsymbol{q}_1(\boldsymbol{d}) + \boldsymbol{q}_2(\boldsymbol{d})\phi + \Delta \boldsymbol{q}_1 + \Delta \boldsymbol{q}_2 \phi) = (\boldsymbol{A}(\hat{\boldsymbol{d}}))^{\text{T}} \hat{\boldsymbol{\Omega}}^{-1} (\boldsymbol{b}(\hat{\boldsymbol{d}}) - \boldsymbol{I}_{M\times 1}\phi) \tag{7.31}$$

式中，$\hat{\boldsymbol{\Omega}}$ 表示 $\boldsymbol{\Omega}$ 的近似估计值。在一阶误差分析理论框架下，利用式（7.31）可以进一步推得

$$\begin{aligned}
&(\Delta \boldsymbol{A})^{\text{T}} \boldsymbol{\Omega}^{-1} \boldsymbol{A}(\boldsymbol{d})(\boldsymbol{q}_1(\boldsymbol{d}) + \boldsymbol{q}_2(\boldsymbol{d})\phi) + (\boldsymbol{A}(\boldsymbol{d}))^{\text{T}} \boldsymbol{\Omega}^{-1} \Delta \boldsymbol{A}(\boldsymbol{q}_1(\boldsymbol{d}) + \boldsymbol{q}_2(\boldsymbol{d})\phi) + \\
&(\boldsymbol{A}(\boldsymbol{d}))^{\text{T}} \Delta \boldsymbol{\Xi} \boldsymbol{A}(\boldsymbol{d})(\boldsymbol{q}_1(\boldsymbol{d}) + \boldsymbol{q}_2(\boldsymbol{d})\phi) + (\boldsymbol{A}(\boldsymbol{d}))^{\text{T}} \boldsymbol{\Omega}^{-1} \boldsymbol{A}(\boldsymbol{d})(\Delta \boldsymbol{q}_1 + \Delta \boldsymbol{q}_2 \phi) \\
&\approx (\Delta \boldsymbol{A})^{\text{T}} \boldsymbol{\Omega}^{-1} (\boldsymbol{b}(\boldsymbol{d}) - \boldsymbol{I}_{M\times 1}\phi) + (\boldsymbol{A}(\boldsymbol{d}))^{\text{T}} \boldsymbol{\Omega}^{-1} \Delta \boldsymbol{b} + (\boldsymbol{A}(\boldsymbol{d}))^{\text{T}} \Delta \boldsymbol{\Xi} (\boldsymbol{b}(\boldsymbol{d}) - \boldsymbol{I}_{M\times 1}\phi) \\
&\Rightarrow (\boldsymbol{A}(\boldsymbol{d}))^{\text{T}} \boldsymbol{\Omega}^{-1} \boldsymbol{A}(\boldsymbol{d})(\Delta \boldsymbol{q}_1 + \Delta \boldsymbol{q}_2 \phi) \approx (\boldsymbol{A}(\boldsymbol{d}))^{\text{T}} \boldsymbol{\Omega}^{-1} (\Delta \boldsymbol{b} - \Delta \boldsymbol{A}(\boldsymbol{q}_1(\boldsymbol{d}) + \boldsymbol{q}_2(\boldsymbol{d})\phi)) \\
&= (\boldsymbol{A}(\boldsymbol{d}))^{\text{T}} \boldsymbol{\Omega}^{-1} \left(\Delta \boldsymbol{b} - \Delta \boldsymbol{A} \begin{bmatrix} \boldsymbol{s}^{(\text{u})} \\ \rho^{(\text{u})} \end{bmatrix} \right) = (\boldsymbol{A}(\boldsymbol{d}))^{\text{T}} \boldsymbol{\Omega}^{-1} \boldsymbol{\xi} \\
&\Rightarrow \Delta \boldsymbol{q}_1 + \Delta \boldsymbol{q}_2 \phi \approx ((\boldsymbol{A}(\boldsymbol{d}))^{\text{T}} \boldsymbol{\Omega}^{-1} \boldsymbol{A}(\boldsymbol{d}))^{-1} (\boldsymbol{A}(\boldsymbol{d}))^{\text{T}} \boldsymbol{\Omega}^{-1} \boldsymbol{\xi}
\end{aligned} \tag{7.32}$$

式中，$\Delta \boldsymbol{\Xi} = \hat{\boldsymbol{\Omega}}^{-1} - \boldsymbol{\Omega}^{-1}$，表示矩阵 $\hat{\boldsymbol{\Omega}}^{-1}$ 中的扰动误差。在式（7.32）的推导过程中还利用了等式 $\boldsymbol{A}(\boldsymbol{d})(\boldsymbol{q}_1(\boldsymbol{d}) + \boldsymbol{q}_2(\boldsymbol{d})\phi) = \boldsymbol{b}(\boldsymbol{d}) - \boldsymbol{I}_{M\times 1}\phi$。将式（7.32）代入式（7.30）可知

$$\begin{bmatrix} \Delta \boldsymbol{s}_{\text{lwls-root}}^{(\text{u})} \\ \Delta \rho_{\text{lwls-root}}^{(\text{u})} \end{bmatrix} \approx \left(\boldsymbol{I}_3 + \frac{\boldsymbol{q}_2(\boldsymbol{d})\boldsymbol{\eta}^{\text{T}}}{1-(\boldsymbol{q}_2(\boldsymbol{d}))^{\text{T}}\boldsymbol{\eta}} \right)((\boldsymbol{A}(\boldsymbol{d}))^{\text{T}} \boldsymbol{\Omega}^{-1} \boldsymbol{A}(\boldsymbol{d}))^{-1} (\boldsymbol{A}(\boldsymbol{d}))^{\text{T}} \boldsymbol{\Omega}^{-1} \boldsymbol{\xi} \tag{7.33}$$

由式（7.33）可知，误差向量 $\begin{bmatrix} \Delta \boldsymbol{s}_{\text{lwls-root}}^{(\text{u})} \\ \Delta \rho_{\text{lwls-root}}^{(\text{u})} \end{bmatrix}$ 渐近服从零均值的高斯分布，因此估计值 $\begin{bmatrix} \hat{\boldsymbol{s}}_{\text{lwls-root}}^{(\text{u})} \\ \hat{\rho}_{\text{lwls-root}}^{(\text{u})} \end{bmatrix}$ 是渐近无偏估计，均方误差矩阵为

$$\mathbf{MSE}\left(\begin{bmatrix}\hat{\boldsymbol{s}}_{\text{lwls-root}}^{(\text{u})}\\ \hat{\rho}_{\text{lwls-root}}^{(\text{u})}\end{bmatrix}\right)=E\left(\begin{bmatrix}\hat{\boldsymbol{s}}_{\text{lwls-root}}^{(\text{u})}-\boldsymbol{s}^{(\text{u})}\\ \hat{\rho}_{\text{lwls-root}}^{(\text{u})}-\rho^{(\text{u})}\end{bmatrix}\begin{bmatrix}\hat{\boldsymbol{s}}_{\text{lwls-root}}^{(\text{u})}-\boldsymbol{s}^{(\text{u})}\\ \hat{\rho}_{\text{lwls-root}}^{(\text{u})}-\rho^{(\text{u})}\end{bmatrix}^{\mathrm{T}}\right)=E\left(\begin{bmatrix}\Delta\boldsymbol{s}_{\text{lwls-root}}^{(\text{u})}\\ \Delta\rho_{\text{lwls-root}}^{(\text{u})}\end{bmatrix}\begin{bmatrix}\Delta\boldsymbol{s}_{\text{lwls-root}}^{(\text{u})}\\ \Delta\rho_{\text{lwls-root}}^{(\text{u})}\end{bmatrix}^{\mathrm{T}}\right)$$
$$=\left(\boldsymbol{I}_3+\frac{\boldsymbol{q}_2(\boldsymbol{d})\boldsymbol{\eta}^{\mathrm{T}}}{1-(\boldsymbol{q}_2(\boldsymbol{d}))^{\mathrm{T}}\boldsymbol{\eta}}\right)((\boldsymbol{A}(\boldsymbol{d}))^{\mathrm{T}}\boldsymbol{\Omega}^{-1}\boldsymbol{A}(\boldsymbol{d}))^{-1}(\boldsymbol{A}(\boldsymbol{d}))^{\mathrm{T}}\boldsymbol{\Omega}^{-1}E[\boldsymbol{\xi}\boldsymbol{\xi}^{\mathrm{T}}]\times$$
$$\boldsymbol{\Omega}^{-1}\boldsymbol{A}(\boldsymbol{d})((\boldsymbol{A}(\boldsymbol{d}))^{\mathrm{T}}\boldsymbol{\Omega}^{-1}\boldsymbol{A}(\boldsymbol{d}))^{-1}\left(\boldsymbol{I}_3+\frac{\boldsymbol{\eta}(\boldsymbol{q}_2(\boldsymbol{d}))^{\mathrm{T}}}{1-(\boldsymbol{q}_2(\boldsymbol{d}))^{\mathrm{T}}\boldsymbol{\eta}}\right)$$
$$=\left(\boldsymbol{I}_3+\frac{\boldsymbol{q}_2(\boldsymbol{d})\boldsymbol{\eta}^{\mathrm{T}}}{1-(\boldsymbol{q}_2(\boldsymbol{d}))^{\mathrm{T}}\boldsymbol{\eta}}\right)((\boldsymbol{A}(\boldsymbol{d}))^{\mathrm{T}}\boldsymbol{\Omega}^{-1}\boldsymbol{A}(\boldsymbol{d}))^{-1}\left(\boldsymbol{I}_3+\frac{\boldsymbol{\eta}(\boldsymbol{q}_2(\boldsymbol{d}))^{\mathrm{T}}}{1-(\boldsymbol{q}_2(\boldsymbol{d}))^{\mathrm{T}}\boldsymbol{\eta}}\right) \tag{7.34}$$

由 7.2.2 节中的讨论可知，估计值$\begin{bmatrix}\hat{\boldsymbol{s}}_{\text{lwls-root}}^{(\text{u})}\\ \hat{\rho}_{\text{lwls-root}}^{(\text{u})}\end{bmatrix}$的计算过程比较简单，然而该估计值并不具有渐近统计最优性，也就是其估计均方误差未能达到相应的 CRB，具体可见如下命题。

【命题 7.1】在一阶误差分析理论框架下满足

$$\mathbf{MSE}\left(\begin{bmatrix}\hat{\boldsymbol{s}}_{\text{lwls-root}}^{(\text{u})}\\ \hat{\rho}_{\text{lwls-root}}^{(\text{u})}\end{bmatrix}\right)\geqslant\mathbf{CRB}_{\text{toa-p}}\left(\begin{bmatrix}\boldsymbol{s}^{(\text{u})}\\ \rho^{(\text{u})}\end{bmatrix}\right)$$

【证明】首先，由类似于第 3 章中命题 3.1 的证明过程可得

$$\mathbf{CRB}_{\text{toa-p}}\left(\begin{bmatrix}\boldsymbol{s}^{(\text{u})}\\ \rho^{(\text{u})}\end{bmatrix}\right)$$
$$=\left(\left[\frac{\partial\boldsymbol{f}_{\text{toa}}(\boldsymbol{s}^{(\text{u})},\rho^{(\text{u})})}{\partial(\boldsymbol{s}^{(\text{u})})^{\mathrm{T}}}\,\middle|\,\frac{\partial\boldsymbol{f}_{\text{toa}}(\boldsymbol{s}^{(\text{u})},\rho^{(\text{u})})}{\partial\rho^{(\text{u})}}\right]^{\mathrm{T}}(\boldsymbol{E}^{(\text{t})})^{-1}\left[\frac{\partial\boldsymbol{f}_{\text{toa}}(\boldsymbol{s}^{(\text{u})},\rho^{(\text{u})})}{\partial(\boldsymbol{s}^{(\text{u})})^{\mathrm{T}}}\,\middle|\,\frac{\partial\boldsymbol{f}_{\text{toa}}(\boldsymbol{s}^{(\text{u})},\rho^{(\text{u})})}{\partial\rho^{(\text{u})}}\right]\right)^{-1} \tag{7.35}$$

式中，

$$\begin{cases}\dfrac{\partial\boldsymbol{f}_{\text{toa}}(\boldsymbol{s}^{(\text{u})},\rho^{(\text{u})})}{\partial(\boldsymbol{s}^{(\text{u})})^{\mathrm{T}}}=\left[\dfrac{\boldsymbol{s}^{(\text{u})}-\boldsymbol{s}_1^{(\text{a})}}{\|\boldsymbol{s}^{(\text{u})}-\boldsymbol{s}_1^{(\text{a})}\|_2}\ \ \dfrac{\boldsymbol{s}^{(\text{u})}-\boldsymbol{s}_2^{(\text{a})}}{\|\boldsymbol{s}^{(\text{u})}-\boldsymbol{s}_2^{(\text{a})}\|_2}\ \cdots\ \dfrac{\boldsymbol{s}^{(\text{u})}-\boldsymbol{s}_M^{(\text{a})}}{\|\boldsymbol{s}^{(\text{u})}-\boldsymbol{s}_M^{(\text{a})}\|_2}\right]^{\mathrm{T}}\in\mathbf{R}^{M\times 2}\\ \dfrac{\partial\boldsymbol{f}_{\text{toa}}(\boldsymbol{s}^{(\text{u})},\rho^{(\text{u})})}{\partial\rho^{(\text{u})}}=\boldsymbol{I}_{M\times 1}\in\mathbf{R}^{M\times 1}\end{cases} \tag{7.36}$$

然后，将等式 $\boldsymbol{d}=\boldsymbol{f}_{\mathrm{toa}}(\boldsymbol{s}^{(\mathrm{u})},\rho^{(\mathrm{u})})$ 和 $\phi=(\rho^{(\mathrm{u})})^2-\|\boldsymbol{s}^{(\mathrm{u})}\|_2^2$ 代入伪线性观测方程，即式（7.7）中可知

$$\boldsymbol{A}(\boldsymbol{f}_{\mathrm{toa}}(\boldsymbol{s}^{(\mathrm{u})},\rho^{(\mathrm{u})}))\begin{bmatrix}\boldsymbol{s}^{(\mathrm{u})}\\ \rho^{(\mathrm{u})}\end{bmatrix}+\boldsymbol{1}_{M\times 1}((\rho^{(\mathrm{u})})^2-\|\boldsymbol{s}^{(\mathrm{u})}\|_2^2)=\boldsymbol{b}(\boldsymbol{f}_{\mathrm{toa}}(\boldsymbol{s}^{(\mathrm{u})},\rho^{(\mathrm{u})})) \tag{7.37}$$

由于式（7.37）是关于向量 $\begin{bmatrix}\boldsymbol{s}^{(\mathrm{u})}\\ \rho^{(\mathrm{u})}\end{bmatrix}$ 的恒等式，因此将式（7.37）的等号两边对向量 $\begin{bmatrix}\boldsymbol{s}^{(\mathrm{u})}\\ \rho^{(\mathrm{u})}\end{bmatrix}$ 求导可得

$$\begin{aligned}&\left[\dot{\boldsymbol{A}}_{d_1}(\boldsymbol{d})\begin{bmatrix}\boldsymbol{s}^{(\mathrm{u})}\\ \rho^{(\mathrm{u})}\end{bmatrix}\;\middle|\;\dot{\boldsymbol{A}}_{d_2}(\boldsymbol{d})\begin{bmatrix}\boldsymbol{s}^{(\mathrm{u})}\\ \rho^{(\mathrm{u})}\end{bmatrix}\;\middle|\;\cdots\;\middle|\;\dot{\boldsymbol{A}}_{d_M}(\boldsymbol{d})\begin{bmatrix}\boldsymbol{s}^{(\mathrm{u})}\\ \rho^{(\mathrm{u})}\end{bmatrix}\right]\left[\frac{\partial\boldsymbol{f}_{\mathrm{toa}}(\boldsymbol{s}^{(\mathrm{u})},\rho^{(\mathrm{u})})}{\partial(\boldsymbol{s}^{(\mathrm{u})})^{\mathrm{T}}}\;\middle|\;\frac{\partial\boldsymbol{f}_{\mathrm{toa}}(\boldsymbol{s}^{(\mathrm{u})},\rho^{(\mathrm{u})})}{\partial\rho^{(\mathrm{u})}}\right]+\\&\boldsymbol{A}(\boldsymbol{d})+\boldsymbol{1}_{M\times 1}\boldsymbol{\eta}^{\mathrm{T}}\\&=\boldsymbol{B}(\boldsymbol{d})\left[\frac{\partial\boldsymbol{f}_{\mathrm{toa}}(\boldsymbol{s}^{(\mathrm{u})},\rho^{(\mathrm{u})})}{\partial(\boldsymbol{s}^{(\mathrm{u})})^{\mathrm{T}}}\;\middle|\;\frac{\partial\boldsymbol{f}_{\mathrm{toa}}(\boldsymbol{s}^{(\mathrm{u})},\rho^{(\mathrm{u})})}{\partial\rho^{(\mathrm{u})}}\right]\\&\Rightarrow\boldsymbol{A}(\boldsymbol{d})+\boldsymbol{1}_{M\times 1}\boldsymbol{\eta}^{\mathrm{T}}=\boldsymbol{C}(\boldsymbol{s}^{(\mathrm{u})},\rho^{(\mathrm{u})},\boldsymbol{d})\left[\frac{\partial\boldsymbol{f}_{\mathrm{toa}}(\boldsymbol{s}^{(\mathrm{u})},\rho^{(\mathrm{u})})}{\partial(\boldsymbol{s}^{(\mathrm{u})})^{\mathrm{T}}}\;\middle|\;\frac{\partial\boldsymbol{f}_{\mathrm{toa}}(\boldsymbol{s}^{(\mathrm{u})},\rho^{(\mathrm{u})})}{\partial\rho^{(\mathrm{u})}}\right]\\&\Rightarrow\left[\frac{\partial\boldsymbol{f}_{\mathrm{toa}}(\boldsymbol{s}^{(\mathrm{u})},\rho^{(\mathrm{u})})}{\partial(\boldsymbol{s}^{(\mathrm{u})})^{\mathrm{T}}}\;\middle|\;\frac{\partial\boldsymbol{f}_{\mathrm{toa}}(\boldsymbol{s}^{(\mathrm{u})},\rho^{(\mathrm{u})})}{\partial\rho^{(\mathrm{u})}}\right]=(\boldsymbol{C}(\boldsymbol{s}^{(\mathrm{u})},\rho^{(\mathrm{u})},\boldsymbol{d}))^{-1}(\boldsymbol{A}(\boldsymbol{d})+\boldsymbol{1}_{M\times 1}\boldsymbol{\eta}^{\mathrm{T}})\end{aligned} \tag{7.38}$$

将式（7.38）代入式（7.35），并利用式（7.14）可知

$$\begin{aligned}\left(\mathbf{CRB}_{\text{toa-p}}\left(\begin{bmatrix}\boldsymbol{s}^{(\mathrm{u})}\\ \rho^{(\mathrm{u})}\end{bmatrix}\right)\right)^{-1}&=(\boldsymbol{A}(\boldsymbol{d})+\boldsymbol{1}_{M\times 1}\boldsymbol{\eta}^{\mathrm{T}})^{\mathrm{T}}(\boldsymbol{C}(\boldsymbol{s}^{(\mathrm{u})},\rho^{(\mathrm{u})},\boldsymbol{d}))^{-\mathrm{T}}(\boldsymbol{E}^{(\mathrm{t})})^{-1}\times\\&\quad(\boldsymbol{C}(\boldsymbol{s}^{(\mathrm{u})},\rho^{(\mathrm{u})},\boldsymbol{d}))^{-1}(\boldsymbol{A}(\boldsymbol{d})+\boldsymbol{1}_{M\times 1}\boldsymbol{\eta}^{\mathrm{T}})\\&=(\boldsymbol{A}(\boldsymbol{d})+\boldsymbol{1}_{M\times 1}\boldsymbol{\eta}^{\mathrm{T}})^{\mathrm{T}}\boldsymbol{\Omega}^{-1}(\boldsymbol{A}(\boldsymbol{d})+\boldsymbol{1}_{M\times 1}\boldsymbol{\eta}^{\mathrm{T}})\\&=(\boldsymbol{A}(\boldsymbol{d}))^{\mathrm{T}}\boldsymbol{\Omega}^{-1}\boldsymbol{A}(\boldsymbol{d})+(\boldsymbol{A}(\boldsymbol{d}))^{\mathrm{T}}\boldsymbol{\Omega}^{-1}\boldsymbol{1}_{M\times 1}\boldsymbol{\eta}^{\mathrm{T}}+\\&\quad\boldsymbol{\eta}\boldsymbol{1}_{1\times M}\boldsymbol{\Omega}^{-1}\boldsymbol{A}(\boldsymbol{d})+\boldsymbol{\eta}\boldsymbol{1}_{1\times M}\boldsymbol{\Omega}^{-1}\boldsymbol{1}_{M\times 1}\boldsymbol{\eta}^{\mathrm{T}}\end{aligned} \tag{7.39}$$

由式（2.5）可得

$$\begin{cases}\left(\boldsymbol{I}_3+\dfrac{\boldsymbol{q}_2(\boldsymbol{d})\boldsymbol{\eta}^{\mathrm{T}}}{1-(\boldsymbol{q}_2(\boldsymbol{d}))^{\mathrm{T}}\boldsymbol{\eta}}\right)^{-1}=\boldsymbol{I}_3-\boldsymbol{q}_2(\boldsymbol{d})\boldsymbol{\eta}^{\mathrm{T}}\\ \left(\boldsymbol{I}_3+\dfrac{\boldsymbol{\eta}(\boldsymbol{q}_2(\boldsymbol{d}))^{\mathrm{T}}}{1-(\boldsymbol{q}_2(\boldsymbol{d}))^{\mathrm{T}}\boldsymbol{\eta}}\right)^{-1}=\boldsymbol{I}_3-\boldsymbol{\eta}(\boldsymbol{q}_2(\boldsymbol{d}))^{\mathrm{T}}\end{cases} \tag{7.40}$$

结合式（7.34）和式（7.40）可知

$$\begin{aligned}\left(\mathbf{MSE}\left(\begin{bmatrix}\hat{\boldsymbol{s}}_{\text{lwls-root}}^{(\text{u})}\\ \hat{\rho}_{\text{lwls-root}}^{(\text{u})}\end{bmatrix}\right)\right)^{-1}&=(\boldsymbol{I}_3-\boldsymbol{\eta}(\boldsymbol{q}_2(\boldsymbol{d}))^{\mathrm{T}})(\boldsymbol{A}(\boldsymbol{d}))^{\mathrm{T}}\boldsymbol{\Omega}^{-1}\boldsymbol{A}(\boldsymbol{d})(\boldsymbol{I}_3-\boldsymbol{q}_2(\boldsymbol{d})\boldsymbol{\eta}^{\mathrm{T}})\\ &=(\boldsymbol{A}(\boldsymbol{d}))^{\mathrm{T}}\boldsymbol{\Omega}^{-1}\boldsymbol{A}(\boldsymbol{d})-(\boldsymbol{A}(\boldsymbol{d}))^{\mathrm{T}}\boldsymbol{\Omega}^{-1}\boldsymbol{A}(\boldsymbol{d})\boldsymbol{q}_2(\boldsymbol{d})\boldsymbol{\eta}^{\mathrm{T}}-\\ &\quad\ \boldsymbol{\eta}(\boldsymbol{q}_2(\boldsymbol{d}))^{\mathrm{T}}(\boldsymbol{A}(\boldsymbol{d}))^{\mathrm{T}}\boldsymbol{\Omega}^{-1}\boldsymbol{A}(\boldsymbol{d})+\\ &\quad\ \boldsymbol{\eta}(\boldsymbol{q}_2(\boldsymbol{d}))^{\mathrm{T}}(\boldsymbol{A}(\boldsymbol{d}))^{\mathrm{T}}\boldsymbol{\Omega}^{-1}\boldsymbol{A}(\boldsymbol{d})\boldsymbol{q}_2(\boldsymbol{d})\boldsymbol{\eta}^{\mathrm{T}}\end{aligned} \tag{7.41}$$

最后，将等式$\boldsymbol{q}_2(\boldsymbol{d})=-((\boldsymbol{A}(\boldsymbol{d}))^{\mathrm{T}}\boldsymbol{\Omega}^{-1}\boldsymbol{A}(\boldsymbol{d}))^{-1}(\boldsymbol{A}(\boldsymbol{d}))^{\mathrm{T}}\boldsymbol{\Omega}^{-1}\boldsymbol{1}_{M\times 1}$代入式（7.41）可得

$$\begin{aligned}\left(\mathbf{MSE}\left(\begin{bmatrix}\hat{\boldsymbol{s}}_{\text{lwls-root}}^{(\text{u})}\\ \hat{\rho}_{\text{lwls-root}}^{(\text{u})}\end{bmatrix}\right)\right)^{-1}&=(\boldsymbol{A}(\boldsymbol{d}))^{\mathrm{T}}\boldsymbol{\Omega}^{-1}\boldsymbol{A}(\boldsymbol{d})+(\boldsymbol{A}(\boldsymbol{d}))^{\mathrm{T}}\boldsymbol{\Omega}^{-1}\boldsymbol{1}_{M\times 1}\boldsymbol{\eta}^{\mathrm{T}}+\boldsymbol{\eta}\boldsymbol{1}_{1\times M}\boldsymbol{\Omega}^{-1}\boldsymbol{A}(\boldsymbol{d})+\\ &\quad\ \boldsymbol{\eta}\boldsymbol{1}_{1\times M}\boldsymbol{\Omega}^{-1}\boldsymbol{A}(\boldsymbol{d})((\boldsymbol{A}(\boldsymbol{d}))^{\mathrm{T}}\boldsymbol{\Omega}^{-1}\boldsymbol{A}(\boldsymbol{d}))^{-1}(\boldsymbol{A}(\boldsymbol{d}))^{\mathrm{T}}\boldsymbol{\Omega}^{-1}\boldsymbol{1}_{M\times 1}\boldsymbol{\eta}^{\mathrm{T}}\end{aligned} \tag{7.42}$$

利用式（2.24）和正交投影矩阵的半正定性（见第2章中的命题2.7）可知

$$\begin{aligned}&\boldsymbol{\Omega}^{-1}-\boldsymbol{\Omega}^{-1}\boldsymbol{A}(\boldsymbol{d})((\boldsymbol{A}(\boldsymbol{d}))^{\mathrm{T}}\boldsymbol{\Omega}^{-1}\boldsymbol{A}(\boldsymbol{d}))^{-1}(\boldsymbol{A}(\boldsymbol{d}))^{\mathrm{T}}\boldsymbol{\Omega}^{-1}\\ &=\boldsymbol{\Omega}^{-1/2}\boldsymbol{\Pi}^{\perp}[\boldsymbol{\Omega}^{-1/2}\boldsymbol{A}(\boldsymbol{d})]\boldsymbol{\Omega}^{-1/2}\geqslant\boldsymbol{O}\end{aligned} \tag{7.43}$$

结合式（7.39）、式（7.42）及式（7.43）可得

$$\begin{aligned}&\left(\mathbf{CRB}_{\text{toa-p}}\left(\begin{bmatrix}\boldsymbol{s}^{(\text{u})}\\ \rho^{(\text{u})}\end{bmatrix}\right)\right)^{-1}-\left(\mathbf{MSE}\left(\begin{bmatrix}\hat{\boldsymbol{s}}_{\text{lwls-root}}^{(\text{u})}\\ \hat{\rho}_{\text{lwls-root}}^{(\text{u})}\end{bmatrix}\right)\right)^{-1}\\ &=\boldsymbol{\eta}\boldsymbol{1}_{1\times M}\boldsymbol{\Omega}^{-1}\boldsymbol{1}_{M\times 1}\boldsymbol{\eta}^{\mathrm{T}}-\boldsymbol{\eta}\boldsymbol{1}_{1\times M}\boldsymbol{\Omega}^{-1}\boldsymbol{A}(\boldsymbol{d})((\boldsymbol{A}(\boldsymbol{d}))^{\mathrm{T}}\boldsymbol{\Omega}^{-1}\boldsymbol{A}(\boldsymbol{d}))^{-1}(\boldsymbol{A}(\boldsymbol{d}))^{\mathrm{T}}\boldsymbol{\Omega}^{-1}\boldsymbol{1}_{M\times 1}\boldsymbol{\eta}^{\mathrm{T}}\\ &=\boldsymbol{\eta}\boldsymbol{1}_{1\times M}\boldsymbol{\Omega}^{-1/2}\boldsymbol{\Pi}^{\perp}[\boldsymbol{\Omega}^{-1/2}\boldsymbol{A}(\boldsymbol{d})]\boldsymbol{\Omega}^{-1/2}\boldsymbol{1}_{M\times 1}\boldsymbol{\eta}^{\mathrm{T}}\geqslant\boldsymbol{O}\end{aligned} \tag{7.44}$$

由此可知，$\mathbf{MSE}\left(\begin{bmatrix}\hat{\boldsymbol{s}}_{\text{lwls-root}}^{(\text{u})}\\ \hat{\rho}_{\text{lwls-root}}^{(\text{u})}\end{bmatrix}\right)\geqslant\mathbf{CRB}_{\text{toa-p}}\left(\begin{bmatrix}\boldsymbol{s}^{(\text{u})}\\ \rho^{(\text{u})}\end{bmatrix}\right)$。

证毕。

7.2.4 数值实验

假设利用 8 个锚节点获得 TOA 信息，并对源节点进行定位。锚节点和源节点的空间位置分布示意图如图 7.2 所示。8 个锚节点位于二维平面中的一个圆周上，该圆周的圆心为坐标系原点，半径为 3km；源节点的位置向量为 $\boldsymbol{u}=[-l\ \ l]^{\text{T}}$（km），由时钟偏差引起的距离偏差 $\rho^{(\text{u})}=0.1\,\text{km}$。距离观测误差向量 $\boldsymbol{\varepsilon}^{(\text{t})}$ 服从均值为零、协方差矩阵 $\boldsymbol{E}^{(\text{t})}=\sigma^2\boldsymbol{I}_8$ 的高斯分布。

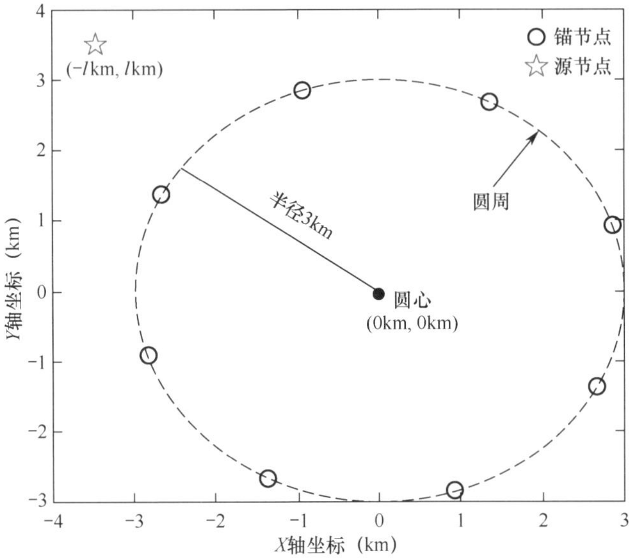

图 7.2 锚节点和源节点的空间位置分布示意图

首先，将 l 设为 3km，标准差 σ 设为 0.001km。图 7.3 给出了定位结果散布图与定位误差椭圆曲线。

然后，将 l 设为 2.5km，改变标准差 σ 的数值。图 7.4 给出了源节点位置估计均方根误差随着标准差 σ 的变化曲线；图 7.5 给出了源节点时钟偏差①估计均方根误差随着标准差 σ 的变化曲线；图 7.6 给出了定位成功概率随着标准

① 由于这里是对参数 $\rho^{(\text{u})}$ 进行估计的，因此单位为 km。

差 σ 的变化曲线。注意：图 7.6 中的理论值由式（3.25）和式（3.32）计算得到，其中，$\delta = 0.003\,\text{km}$。

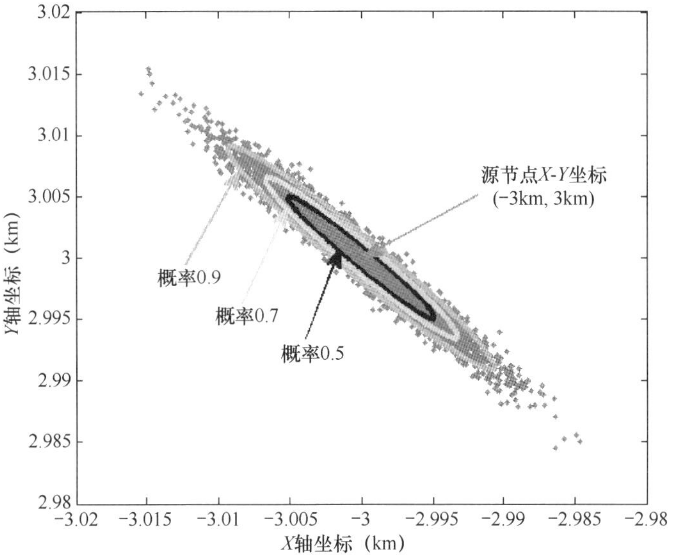

图 7.3　定位结果散布图与定位误差椭圆曲线

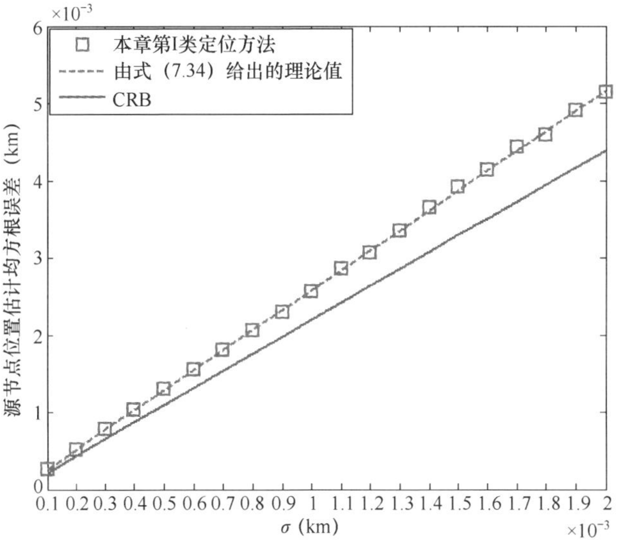

图 7.4　源节点位置估计均方根误差随着标准差 σ 的变化曲线

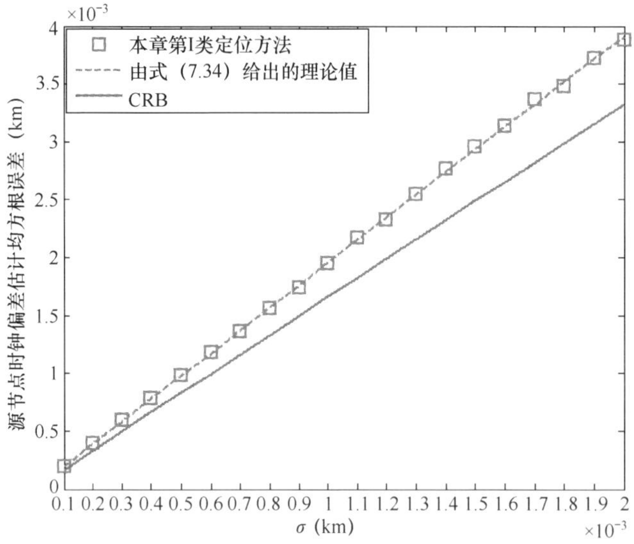

图 7.5　源节点时钟偏差估计均方根误差随着标准差 σ 的变化曲线

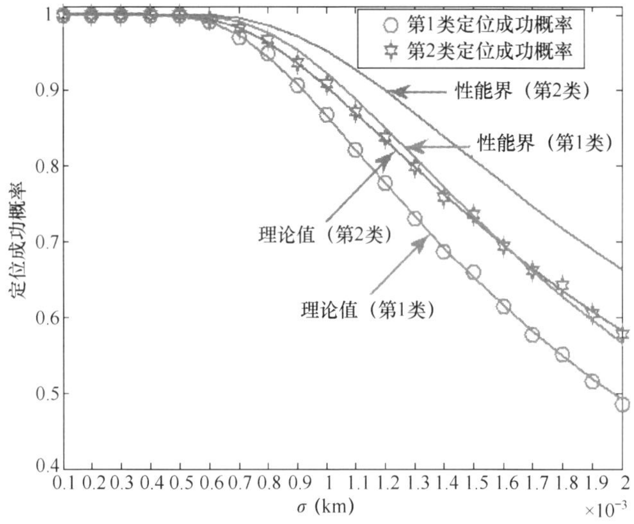

图 7.6　定位成功概率随着标准差 σ 的变化曲线

最后，将标准差 σ 设为 0.001km，改变 l 的数值。图 7.7 给出了源节点位置估计均方根误差随着 l 的变化曲线；图 7.8 给出了源节点时钟偏差估计均方根误差随着 l 的变化曲线；图 7.9 给出了定位成功概率随着 l 的变化曲线。

注意：图 7.9 中的理论值由式（3.25）和式（3.32）计算得到，其中，$\delta = 0.003\,\text{km}$。

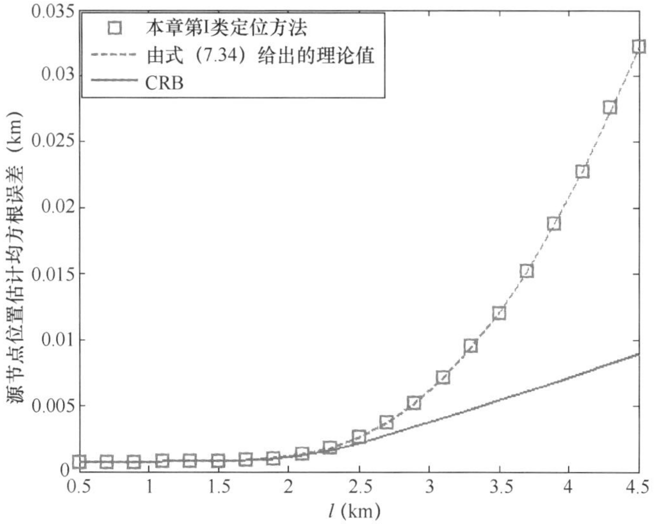

图 7.7　源节点位置估计均方根误差随着 l 的变化曲线

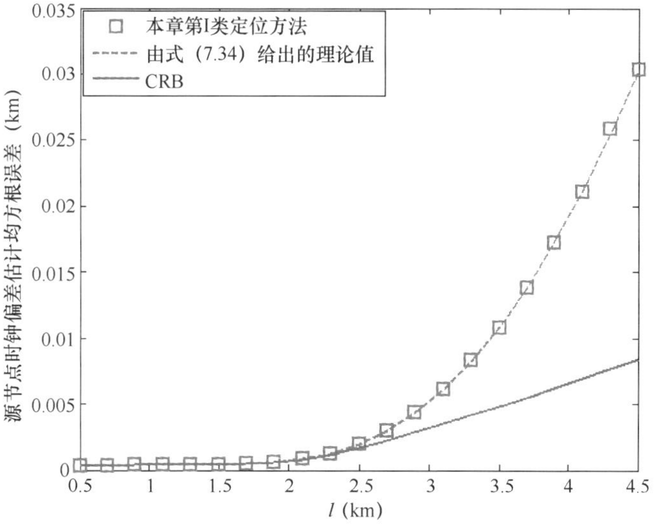

图 7.8　源节点时钟偏差估计均方根误差随着 l 的变化曲线

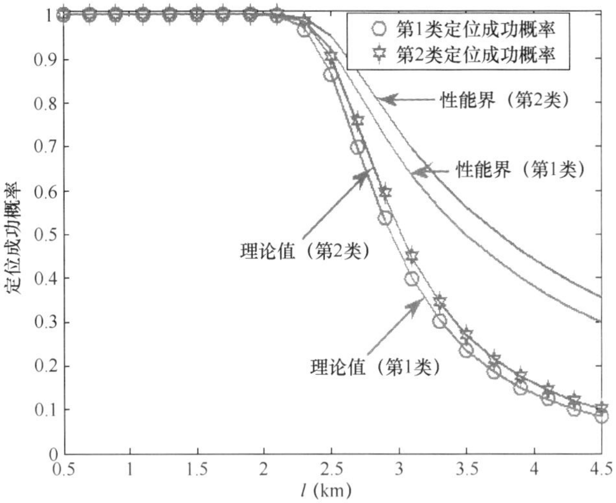

图 7.9　定位成功概率随着 l 的变化曲线

由图 7.4～图 7.9 可知：

（1）本章第 I 类定位方法的参数估计均方根误差与式（7.34）给出的理论性能吻合较好，验证了 7.2.3 节理论性能分析的有效性。

（2）随着源节点与锚节点距离的增加（l 的增加），本章第 I 类定位方法的参数估计精度会逐渐降低（见图 7.7～图 7.9），并且其性能会逐渐偏离相应的 CRB。由此可知，该方法并不具有渐近统计最优性，验证了 7.2.3 节理论性能分析的有效性。

（3）两类定位成功概率的理论值和仿真值互相吻合，并且在相同条件下第 2 类定位成功概率高于第 1 类定位成功概率（见图 7.6 和图 7.9），验证了 3.2 节理论性能分析的有效性。

7.3　第 II 类定位方法——两步线性加权最小二乘定位方法

7.3.1　伪线性观测方程

定义扩维参数向量 $\boldsymbol{\beta}_{\mathrm{f}}=[(\boldsymbol{s}^{(\mathrm{u})})^{\mathrm{T}} \mid \rho^{(\mathrm{u})} \mid (\rho^{(\mathrm{u})})^2-\|\boldsymbol{s}^{(\mathrm{u})}\|_2^2]^{\mathrm{T}} \in \mathbf{R}^{4\times 1}$，此时可以将式（7.6）写成矩阵形式，即

$$\boldsymbol{A}_{\mathrm{f}}(\boldsymbol{d})\boldsymbol{\beta}_{\mathrm{f}}=\boldsymbol{b}_{\mathrm{f}}(\boldsymbol{d}) \tag{7.45}$$

式中，

$$\begin{cases} \boldsymbol{A}_{\mathrm{f}}(\boldsymbol{d})=\begin{bmatrix} 2(\boldsymbol{s}_1^{(\mathrm{a})})^{\mathrm{T}} & -2d_1 & 1 \\ 2(\boldsymbol{s}_2^{(\mathrm{a})})^{\mathrm{T}} & -2d_2 & 1 \\ \vdots & \vdots & \vdots \\ 2(\boldsymbol{s}_M^{(\mathrm{a})})^{\mathrm{T}} & -2d_M & 1 \end{bmatrix} \in \mathbf{R}^{M\times 4} \\ \boldsymbol{b}_{\mathrm{f}}(\boldsymbol{d})=\begin{bmatrix} \|\boldsymbol{s}_1^{(\mathrm{a})}\|_2^2-d_1^2 \\ \|\boldsymbol{s}_2^{(\mathrm{a})}\|_2^2-d_2^2 \\ \vdots \\ \|\boldsymbol{s}_M^{(\mathrm{a})}\|_2^2-d_M^2 \end{bmatrix} \in \mathbf{R}^{M\times 1} \end{cases} \tag{7.46}$$

式（7.45）即为本章第 II 类定位方法建立的伪线性观测方程。其中，$\boldsymbol{A}_{\mathrm{f}}(\boldsymbol{d})$ 表示伪线性系数矩阵，由式（7.46）中的第 1 个公式可知，$\boldsymbol{A}_{\mathrm{f}}(\boldsymbol{d})$ 与向量 $\boldsymbol{d}$ 有关；$\boldsymbol{b}_{\mathrm{f}}(\boldsymbol{d})$ 表示伪线性观测向量，由式（7.46）中的第 2 个公式可知，$\boldsymbol{b}_{\mathrm{f}}(\boldsymbol{d})$ 同样与向量 $\boldsymbol{d}$ 有关。

【注记 7.3】向量 $\boldsymbol{\beta}_{\mathrm{f}}$ 中的第 4 个元素 $(\rho^{(\mathrm{u})})^2-\|\boldsymbol{s}^{(\mathrm{u})}\|_2^2$ 可被视为辅助变量。

7.3.2　第 1 步线性加权最小二乘估计准则及其最优闭式解

根据式（7.45）可以将向量 $\boldsymbol{\beta}_{\mathrm{f}}$ 表示为

$$\boldsymbol{\beta}_{\mathrm{f}}=(\boldsymbol{A}_{\mathrm{f}}(\boldsymbol{d}))^{\dagger}\boldsymbol{b}_{\mathrm{f}}(\boldsymbol{d})=((\boldsymbol{A}_{\mathrm{f}}(\boldsymbol{d}))^{\mathrm{T}}\boldsymbol{A}_{\mathrm{f}}(\boldsymbol{d}))^{-1}(\boldsymbol{A}_{\mathrm{f}}(\boldsymbol{d}))^{\mathrm{T}}\boldsymbol{b}_{\mathrm{f}}(\boldsymbol{d}) \tag{7.47}$$

然而，在实际应用中无法获得无误差的距离观测向量 $\boldsymbol{d}$，只能得到含有误差的距离观测向量 $\hat{\boldsymbol{d}}$。此时需要设计线性加权最小二乘估计准则，用于抑制观测误差向量 $\boldsymbol{\varepsilon}^{(\mathrm{t})}$ 的影响。

定义误差向量为

$$\boldsymbol{\xi}_{\mathrm{f}}=\boldsymbol{b}_{\mathrm{f}}(\hat{\boldsymbol{d}})-\boldsymbol{A}_{\mathrm{f}}(\hat{\boldsymbol{d}})\boldsymbol{\beta}_{\mathrm{f}}=\Delta\boldsymbol{b}_{\mathrm{f}}-\Delta\boldsymbol{A}_{\mathrm{f}}\boldsymbol{\beta}_{\mathrm{f}} \tag{7.48}$$

式中，$\Delta\boldsymbol{b}_{\mathrm{f}}=\boldsymbol{b}_{\mathrm{f}}(\hat{\boldsymbol{d}})-\boldsymbol{b}_{\mathrm{f}}(\boldsymbol{d})$；$\Delta\boldsymbol{A}_{\mathrm{f}}=\boldsymbol{A}_{\mathrm{f}}(\hat{\boldsymbol{d}})-\boldsymbol{A}_{\mathrm{f}}(\boldsymbol{d})$。利用一阶误差分析可得

$$\begin{cases} \Delta\boldsymbol{b}_{\mathrm{f}}\approx\boldsymbol{B}_{\mathrm{f}}(\boldsymbol{d})(\hat{\boldsymbol{d}}-\boldsymbol{d})=\boldsymbol{B}_{\mathrm{f}}(\boldsymbol{d})\boldsymbol{\varepsilon}^{(\mathrm{t})} \\ \Delta\boldsymbol{A}_{\mathrm{f}}\boldsymbol{\beta}_{\mathrm{f}}\approx[\dot{\boldsymbol{A}}_{\mathrm{f},d_1}\boldsymbol{\beta}_{\mathrm{f}}\ \ \dot{\boldsymbol{A}}_{\mathrm{f},d_2}\boldsymbol{\beta}_{\mathrm{f}}\ \ \cdots\ \ \dot{\boldsymbol{A}}_{\mathrm{f},d_M}\boldsymbol{\beta}_{\mathrm{f}}](\hat{\boldsymbol{d}}-\boldsymbol{d})=[\dot{\boldsymbol{A}}_{\mathrm{f},d_1}\boldsymbol{\beta}_{\mathrm{f}}\ \ \dot{\boldsymbol{A}}_{\mathrm{f},d_2}\boldsymbol{\beta}_{\mathrm{f}}\ \ \cdots\ \ \dot{\boldsymbol{A}}_{\mathrm{f},d_M}\boldsymbol{\beta}_{\mathrm{f}}]\boldsymbol{\varepsilon}^{(\mathrm{t})} \end{cases} \tag{7.49}$$

式中，

$$
\begin{aligned}
&\boldsymbol{B}_{\mathrm{f}}(\boldsymbol{d})=\frac{\partial \boldsymbol{b}_{\mathrm{f}}(\boldsymbol{d})}{\partial \boldsymbol{d}^{\mathrm{T}}}=-2\mathrm{diag}[\boldsymbol{d}]\in \mathbf{R}^{M\times M}\\
&\dot{\boldsymbol{A}}_{\mathrm{f},d_m}=\frac{\partial \boldsymbol{A}_{\mathrm{f}}(\boldsymbol{d})}{\partial d_m}=[\boldsymbol{O}_{M\times 2}\ \vdots\ -2\boldsymbol{i}_M^{(m)}\ \vdots\ \boldsymbol{O}_{M\times 1}]\in \mathbf{R}^{M\times 4}\quad (1\leqslant m\leqslant M)
\end{aligned}
\tag{7.50}
$$

将式（7.49）代入式（7.48）可知

$$
\boldsymbol{\xi}_{\mathrm{f}}\approx \boldsymbol{B}_{\mathrm{f}}(\boldsymbol{d})\boldsymbol{\varepsilon}^{(\mathrm{t})}-[\dot{\boldsymbol{A}}_{\mathrm{f},d_1}\boldsymbol{\beta}_{\mathrm{f}}\ \ \dot{\boldsymbol{A}}_{\mathrm{f},d_2}\boldsymbol{\beta}_{\mathrm{f}}\ \ \cdots\ \ \dot{\boldsymbol{A}}_{\mathrm{f},d_M}\boldsymbol{\beta}_{\mathrm{f}}]\boldsymbol{\varepsilon}^{(\mathrm{t})}=\boldsymbol{C}_{\mathrm{f}}(\boldsymbol{\beta}_{\mathrm{f}},\boldsymbol{d})\boldsymbol{\varepsilon}^{(\mathrm{t})} \tag{7.51}
$$

式中，

$$
\boldsymbol{C}_{\mathrm{f}}(\boldsymbol{\beta}_{\mathrm{f}},\boldsymbol{d})=\boldsymbol{B}_{\mathrm{f}}(\boldsymbol{d})-[\dot{\boldsymbol{A}}_{\mathrm{f},d_1}\boldsymbol{\beta}_{\mathrm{f}}\ \ \dot{\boldsymbol{A}}_{\mathrm{f},d_2}\boldsymbol{\beta}_{\mathrm{f}}\ \ \cdots\ \ \dot{\boldsymbol{A}}_{\mathrm{f},d_M}\boldsymbol{\beta}_{\mathrm{f}}]\in \mathbf{R}^{M\times M} \tag{7.52}
$$

需要指出的是，$\boldsymbol{C}_{\mathrm{f}}(\boldsymbol{\beta}_{\mathrm{f}},\boldsymbol{d})$通常是可逆矩阵。由式（7.51）可知，误差向量$\boldsymbol{\xi}_{\mathrm{f}}$渐近服从零均值的高斯分布，协方差矩阵为

$$
\begin{aligned}
\boldsymbol{\Omega}_{\mathrm{f}}&=E[\boldsymbol{\xi}_{\mathrm{f}}\boldsymbol{\xi}_{\mathrm{f}}^{\mathrm{T}}]=\boldsymbol{C}_{\mathrm{f}}(\boldsymbol{\beta}_{\mathrm{f}},\boldsymbol{d})E[\boldsymbol{\varepsilon}^{(\mathrm{t})}(\boldsymbol{\varepsilon}^{(\mathrm{t})})^{\mathrm{T}}](\boldsymbol{C}_{\mathrm{f}}(\boldsymbol{\beta}_{\mathrm{f}},\boldsymbol{d}))^{\mathrm{T}}\\
&=\boldsymbol{C}_{\mathrm{f}}(\boldsymbol{\beta}_{\mathrm{f}},\boldsymbol{d})\boldsymbol{E}^{(\mathrm{t})}(\boldsymbol{C}_{\mathrm{f}}(\boldsymbol{\beta}_{\mathrm{f}},\boldsymbol{d}))^{\mathrm{T}}\in \mathbf{R}^{M\times M}
\end{aligned}
\tag{7.53}
$$

结合式（7.48）和式（7.53）可以建立线性加权最小二乘估计准则，即

$$
\min_{\boldsymbol{\beta}_{\mathrm{f}}}\{J_{\mathrm{f}}(\boldsymbol{\beta}_{\mathrm{f}})\}=\min_{\boldsymbol{\beta}_{\mathrm{f}}}\{(\boldsymbol{b}_{\mathrm{f}}(\hat{\boldsymbol{d}})-\boldsymbol{A}_{\mathrm{f}}(\hat{\boldsymbol{d}})\boldsymbol{\beta}_{\mathrm{f}})^{\mathrm{T}}\boldsymbol{\Omega}_{\mathrm{f}}^{-1}(\boldsymbol{b}_{\mathrm{f}}(\hat{\boldsymbol{d}})-\boldsymbol{A}_{\mathrm{f}}(\hat{\boldsymbol{d}})\boldsymbol{\beta}_{\mathrm{f}})\} \tag{7.54}
$$

式中，$\boldsymbol{\Omega}_{\mathrm{f}}^{-1}$可被视为加权矩阵，其作用是抑制观测误差向量$\boldsymbol{\varepsilon}^{(\mathrm{t})}$的影响。根据式（2.39）可知，式（7.54）的最优闭式解为

$$
\hat{\boldsymbol{\beta}}_{\mathrm{f}}=((\boldsymbol{A}_{\mathrm{f}}(\hat{\boldsymbol{d}}))^{\mathrm{T}}\boldsymbol{\Omega}_{\mathrm{f}}^{-1}\boldsymbol{A}_{\mathrm{f}}(\hat{\boldsymbol{d}}))^{-1}(\boldsymbol{A}_{\mathrm{f}}(\hat{\boldsymbol{d}}))^{\mathrm{T}}\boldsymbol{\Omega}_{\mathrm{f}}^{-1}\boldsymbol{b}_{\mathrm{f}}(\hat{\boldsymbol{d}}) \tag{7.55}
$$

【注记 7.4】由式（7.53）可知，加权矩阵$\boldsymbol{\Omega}_{\mathrm{f}}^{-1}$与参数向量$\boldsymbol{\beta}_{\mathrm{f}}$有关。因此，严格来说，式（7.54）中的目标函数$J_{\mathrm{f}}(\boldsymbol{\beta}_{\mathrm{f}})$并不是关于向量$\boldsymbol{\beta}_{\mathrm{f}}$的二次函数。庆幸的是，该问题并不难解决：首先，将$\boldsymbol{\Omega}_{\mathrm{f}}^{-1}$设为单位矩阵，从而获得关于向量$\boldsymbol{\beta}_{\mathrm{f}}$的初始值；然后，重新计算加权矩阵$\boldsymbol{\Omega}_{\mathrm{f}}^{-1}$，并再次得到向量$\boldsymbol{\beta}_{\mathrm{f}}$的估计值，重复此过程 3～5 次，即可取得预期的估计精度。加权矩阵$\boldsymbol{\Omega}_{\mathrm{f}}^{-1}$还与无误差的

距离观测向量 $\boldsymbol{d}$ 有关，可以直接利用含有误差的距离观测向量 $\hat{\boldsymbol{d}}$ 进行计算。理论分析表明，在一阶误差分析理论框架下，加权矩阵 $\boldsymbol{\Omega}_{\mathrm{f}}^{-1}$ 中的扰动误差并不会实质影响估计值 $\hat{\boldsymbol{\beta}}_{\mathrm{f}}$ 的统计性能。

【注记 7.5】将估计值 $\hat{\boldsymbol{\beta}}_{\mathrm{f}}$ 中的估计误差记为 $\Delta\boldsymbol{\beta}_{\mathrm{f}}=\hat{\boldsymbol{\beta}}_{\mathrm{f}}-\boldsymbol{\beta}_{\mathrm{f}}$，由类似于 4.2.3 节中的一阶误差分析方法可知，误差向量 $\Delta\boldsymbol{\beta}_{\mathrm{f}}$ 渐近服从零均值的高斯分布，可近似表示为

$$\Delta\boldsymbol{\beta}_{\mathrm{f}}\approx((\boldsymbol{A}_{\mathrm{f}}(\boldsymbol{d}))^{\mathrm{T}}\boldsymbol{\Omega}_{\mathrm{f}}^{-1}\boldsymbol{A}_{\mathrm{f}}(\boldsymbol{d}))^{-1}(\boldsymbol{A}_{\mathrm{f}}(\boldsymbol{d}))^{\mathrm{T}}\boldsymbol{\Omega}_{\mathrm{f}}^{-1}\boldsymbol{\xi}_{\mathrm{f}} \tag{7.56}$$

由此可知，估计值 $\hat{\boldsymbol{\beta}}_{\mathrm{f}}$ 是渐近无偏估计值，均方误差矩阵为

$$\mathbf{MSE}(\hat{\boldsymbol{\beta}}_{\mathrm{f}})=E[(\hat{\boldsymbol{\beta}}_{\mathrm{f}}-\boldsymbol{\beta}_{\mathrm{f}})(\hat{\boldsymbol{\beta}}_{\mathrm{f}}-\boldsymbol{\beta}_{\mathrm{f}})^{\mathrm{T}}]=E[\Delta\boldsymbol{\beta}_{\mathrm{f}}(\Delta\boldsymbol{\beta}_{\mathrm{f}})^{\mathrm{T}}]=((\boldsymbol{A}_{\mathrm{f}}(\boldsymbol{d}))^{\mathrm{T}}\boldsymbol{\Omega}_{\mathrm{f}}^{-1}\boldsymbol{A}_{\mathrm{f}}(\boldsymbol{d}))^{-1} \tag{7.57}$$

由向量 $\boldsymbol{\beta}_{\mathrm{f}}$ 的定义可知，从估计值 $\hat{\boldsymbol{\beta}}_{\mathrm{f}}$ 中可以很容易获得 $\boldsymbol{s}^{(\mathrm{u})}$ 和 $\rho^{(\mathrm{u})}$ 的估计值（分别记为 $\hat{\boldsymbol{s}}^{(\mathrm{u})}$ 和 $\hat{\rho}^{(\mathrm{u})}$），即

$$\begin{bmatrix}\hat{\boldsymbol{s}}^{(\mathrm{u})}\\ \hat{\rho}^{(\mathrm{u})}\end{bmatrix}=[\boldsymbol{I}_3\ \ \boldsymbol{O}_{3\times1}]\hat{\boldsymbol{\beta}}_{\mathrm{f}} \tag{7.58}$$

该估计值的均方误差矩阵为

$$\begin{aligned}\mathbf{MSE}\left(\begin{bmatrix}\hat{\boldsymbol{s}}^{(\mathrm{u})}\\ \hat{\rho}^{(\mathrm{u})}\end{bmatrix}\right)&=E\left(\begin{bmatrix}\hat{\boldsymbol{s}}^{(\mathrm{u})}-\boldsymbol{s}^{(\mathrm{u})}\\ \hat{\rho}^{(\mathrm{u})}-\rho^{(\mathrm{u})}\end{bmatrix}\begin{bmatrix}\hat{\boldsymbol{s}}^{(\mathrm{u})}-\boldsymbol{s}^{(\mathrm{u})}\\ \hat{\rho}^{(\mathrm{u})}-\rho^{(\mathrm{u})}\end{bmatrix}^{\mathrm{T}}\right)=[\boldsymbol{I}_3\ \ \boldsymbol{O}_{3\times1}]\mathbf{MSE}(\hat{\boldsymbol{\beta}}_{\mathrm{f}})\begin{bmatrix}\boldsymbol{I}_3\\ \boldsymbol{O}_{1\times3}\end{bmatrix}\\&=[\boldsymbol{I}_3\ \ \boldsymbol{O}_{3\times1}]((\boldsymbol{A}_{\mathrm{f}}(\boldsymbol{d}))^{\mathrm{T}}\boldsymbol{\Omega}_{\mathrm{f}}^{-1}\boldsymbol{A}_{\mathrm{f}}(\boldsymbol{d}))^{-1}\begin{bmatrix}\boldsymbol{I}_3\\ \boldsymbol{O}_{1\times3}\end{bmatrix}\end{aligned} \tag{7.59}$$

将式（7.53）代入式（7.59）可得

$$\mathbf{MSE}\left(\begin{bmatrix}\hat{\boldsymbol{s}}^{(\mathrm{u})}\\ \hat{\rho}^{(\mathrm{u})}\end{bmatrix}\right)=[\boldsymbol{I}_3\ \ \boldsymbol{O}_{3\times1}]((\boldsymbol{A}_{\mathrm{f}}(\boldsymbol{d}))^{\mathrm{T}}(\boldsymbol{C}_{\mathrm{f}}(\boldsymbol{\beta}_{\mathrm{f}},\boldsymbol{d}))^{-\mathrm{T}}(\boldsymbol{E}^{(\mathrm{t})})^{-1}(\boldsymbol{C}_{\mathrm{f}}(\boldsymbol{\beta}_{\mathrm{f}},\boldsymbol{d}))^{-1}\boldsymbol{A}_{\mathrm{f}}(\boldsymbol{d}))^{-1}\begin{bmatrix}\boldsymbol{I}_3\\ \boldsymbol{O}_{1\times3}\end{bmatrix} \tag{7.60}$$

需要指出的是，由于第 1 步线性加权最小二乘估计准则并未利用向量 $\boldsymbol{\beta}_{\mathrm{f}}$ 中的第 4 个元素与前 3 个元素之间的代数关系，因此，估计值 $\begin{bmatrix}\hat{\boldsymbol{s}}^{(\mathrm{u})}\\ \hat{\rho}^{(\mathrm{u})}\end{bmatrix}$ 的均方误差难以达到相应的 CRB，具体可见如下命题。

【命题 7.2】在一阶误差分析理论框架下满足

$$\mathbf{MSE}\left(\begin{bmatrix}\hat{\boldsymbol{s}}^{(\mathrm{u})}\\ \hat{\rho}^{(\mathrm{u})}\end{bmatrix}\right)\geqslant \mathbf{CRB}_{\text{toa-p}}\left(\begin{bmatrix}\boldsymbol{s}^{(\mathrm{u})}\\ \rho^{(\mathrm{u})}\end{bmatrix}\right)$$

【证明】首先，将等式 $\boldsymbol{d}=\boldsymbol{f}_{\text{toa}}(\boldsymbol{s}^{(\mathrm{u})},\rho^{(\mathrm{u})})$ 和 $\boldsymbol{\beta}_{\mathrm{f}}=[(\boldsymbol{s}^{(\mathrm{u})})^{\mathrm{T}} \mid \rho^{(\mathrm{u})} \mid (\rho^{(\mathrm{u})})^2-\|\boldsymbol{s}^{(\mathrm{u})}\|_2^2]^{\mathrm{T}}$ 代入式（7.45）可知

$$\boldsymbol{A}_{\mathrm{f}}(\boldsymbol{f}_{\text{toa}}(\boldsymbol{s}^{(\mathrm{u})},\rho^{(\mathrm{u})}))\boldsymbol{\beta}_{\mathrm{f}}=\boldsymbol{A}_{\mathrm{f}}(\boldsymbol{f}_{\text{toa}}(\boldsymbol{s}^{(\mathrm{u})},\rho^{(\mathrm{u})}))\begin{bmatrix}\boldsymbol{s}^{(\mathrm{u})}\\ \rho^{(\mathrm{u})}\\ (\rho^{(\mathrm{u})})^2-\|\boldsymbol{s}^{(\mathrm{u})}\|_2^2\end{bmatrix}=\boldsymbol{b}_{\mathrm{f}}(\boldsymbol{f}_{\text{toa}}(\boldsymbol{s}^{(\mathrm{u})},\rho^{(\mathrm{u})})) \tag{7.61}$$

由于式（7.61）是关于向量 $\begin{bmatrix}\boldsymbol{s}^{(\mathrm{u})}\\ \rho^{(\mathrm{u})}\end{bmatrix}$ 的恒等式，因此将式（7.61）的等号两边对向量 $\begin{bmatrix}\boldsymbol{s}^{(\mathrm{u})}\\ \rho^{(\mathrm{u})}\end{bmatrix}$ 求导可得

$$\begin{aligned}
&[\dot{\boldsymbol{A}}_{\mathrm{f},d_1}(\boldsymbol{d})\boldsymbol{\beta}_{\mathrm{f}}\ \ \dot{\boldsymbol{A}}_{\mathrm{f},d_2}(\boldsymbol{d})\boldsymbol{\beta}_{\mathrm{f}}\ \cdots\ \dot{\boldsymbol{A}}_{\mathrm{f},d_M}(\boldsymbol{d})\boldsymbol{\beta}_{\mathrm{f}}]\left[\frac{\partial \boldsymbol{f}_{\text{toa}}(\boldsymbol{s}^{(\mathrm{u})},\rho^{(\mathrm{u})})}{\partial(\boldsymbol{s}^{(\mathrm{u})})^{\mathrm{T}}}\ \middle|\ \frac{\partial \boldsymbol{f}_{\text{toa}}(\boldsymbol{s}^{(\mathrm{u})},\rho^{(\mathrm{u})})}{\partial\rho^{(\mathrm{u})}}\right]+\\
&\boldsymbol{A}_{\mathrm{f}}(\boldsymbol{d})\left[\frac{\partial\boldsymbol{\beta}_{\mathrm{f}}}{\partial(\boldsymbol{s}^{(\mathrm{u})})^{\mathrm{T}}}\ \middle|\ \frac{\partial\boldsymbol{\beta}_{\mathrm{f}}}{\partial\rho^{(\mathrm{u})}}\right]\\
&=\boldsymbol{B}_{\mathrm{f}}(\boldsymbol{d})\left[\frac{\partial \boldsymbol{f}_{\text{toa}}(\boldsymbol{s}^{(\mathrm{u})},\rho^{(\mathrm{u})})}{\partial(\boldsymbol{s}^{(\mathrm{u})})^{\mathrm{T}}}\ \middle|\ \frac{\partial \boldsymbol{f}_{\text{toa}}(\boldsymbol{s}^{(\mathrm{u})},\rho^{(\mathrm{u})})}{\partial\rho^{(\mathrm{u})}}\right]\\
&\Rightarrow \boldsymbol{A}_{\mathrm{f}}(\boldsymbol{d})\left[\frac{\partial\boldsymbol{\beta}_{\mathrm{f}}}{\partial(\boldsymbol{s}^{(\mathrm{u})})^{\mathrm{T}}}\ \middle|\ \frac{\partial\boldsymbol{\beta}_{\mathrm{f}}}{\partial\rho^{(\mathrm{u})}}\right]=\boldsymbol{C}_{\mathrm{f}}(\boldsymbol{\beta}_{\mathrm{f}},\boldsymbol{d})\left[\frac{\partial \boldsymbol{f}_{\text{toa}}(\boldsymbol{s}^{(\mathrm{u})},\rho^{(\mathrm{u})})}{\partial(\boldsymbol{s}^{(\mathrm{u})})^{\mathrm{T}}}\ \middle|\ \frac{\partial \boldsymbol{f}_{\text{toa}}(\boldsymbol{s}^{(\mathrm{u})},\rho^{(\mathrm{u})})}{\partial\rho^{(\mathrm{u})}}\right]\\
&\Rightarrow \left[\frac{\partial \boldsymbol{f}_{\text{toa}}(\boldsymbol{s}^{(\mathrm{u})},\rho^{(\mathrm{u})})}{\partial(\boldsymbol{s}^{(\mathrm{u})})^{\mathrm{T}}}\ \middle|\ \frac{\partial \boldsymbol{f}_{\text{toa}}(\boldsymbol{s}^{(\mathrm{u})},\rho^{(\mathrm{u})})}{\partial\rho^{(\mathrm{u})}}\right]=(\boldsymbol{C}_{\mathrm{f}}(\boldsymbol{\beta}_{\mathrm{f}},\boldsymbol{d}))^{-1}\boldsymbol{A}_{\mathrm{f}}(\boldsymbol{d})\left[\frac{\partial\boldsymbol{\beta}_{\mathrm{f}}}{\partial(\boldsymbol{s}^{(\mathrm{u})})^{\mathrm{T}}}\ \middle|\ \frac{\partial\boldsymbol{\beta}_{\mathrm{f}}}{\partial\rho^{(\mathrm{u})}}\right]
\end{aligned} \tag{7.62}$$

式中，

$$\left[\frac{\partial\boldsymbol{\beta}_{\mathrm{f}}}{\partial(\boldsymbol{s}^{(\mathrm{u})})^{\mathrm{T}}}\ \vdots\ \frac{\partial\boldsymbol{\beta}_{\mathrm{f}}}{\partial\rho^{(\mathrm{u})}}\right]=\left[\begin{array}{c:c}\multicolumn{2}{c}{\boldsymbol{I}_3}\\ \hdashline -2(\boldsymbol{s}^{(\mathrm{u})})^{\mathrm{T}} & 2\rho^{(\mathrm{u})}\end{array}\right]\in\mathbf{R}^{4\times3} \tag{7.63}$$

然后，将式（7.62）代入式（7.35）可知

$$\begin{aligned}\mathbf{CRB}_{\text{toa-p}}\left(\begin{bmatrix}\boldsymbol{s}^{(\mathrm{u})}\\ \rho^{(\mathrm{u})}\end{bmatrix}\right)=&\left(\left[\frac{\partial\boldsymbol{\beta}_{\mathrm{f}}}{\partial(\boldsymbol{s}^{(\mathrm{u})})^{\mathrm{T}}}\ \vdots\ \frac{\partial\boldsymbol{\beta}_{\mathrm{f}}}{\partial\rho^{(\mathrm{u})}}\right]^{\mathrm{T}}(\boldsymbol{A}_{\mathrm{f}}(\boldsymbol{d}))^{\mathrm{T}}(\boldsymbol{C}_{\mathrm{f}}(\boldsymbol{\beta}_{\mathrm{f}},\boldsymbol{d}))^{-\mathrm{T}}\times\right.\\ &\left.(\boldsymbol{E}^{(\mathrm{t})})^{-1}(\boldsymbol{C}_{\mathrm{f}}(\boldsymbol{\beta}_{\mathrm{f}},\boldsymbol{d}))^{-1}\boldsymbol{A}_{\mathrm{f}}(\boldsymbol{d})\left[\frac{\partial\boldsymbol{\beta}_{\mathrm{f}}}{\partial(\boldsymbol{s}^{(\mathrm{u})})^{\mathrm{T}}}\ \vdots\ \frac{\partial\boldsymbol{\beta}_{\mathrm{f}}}{\partial\rho^{(\mathrm{u})}}\right]\right)^{-1}\end{aligned} \tag{7.64}$$

由式（7.63）可以验证

$$[\boldsymbol{I}_3\ \ \boldsymbol{O}_{3\times1}]\left[\frac{\partial\boldsymbol{\beta}_{\mathrm{f}}}{\partial(\boldsymbol{s}^{(\mathrm{u})})^{\mathrm{T}}}\ \vdots\ \frac{\partial\boldsymbol{\beta}_{\mathrm{f}}}{\partial\rho^{(\mathrm{u})}}\right]=\boldsymbol{I}_3 \tag{7.65}$$

最后，将 $\mathbf{CRB}_{\text{toa-p}}\left(\begin{bmatrix}\boldsymbol{s}^{(\mathrm{u})}\\ \rho^{(\mathrm{u})}\end{bmatrix}\right)$ 进一步表示为

$$\begin{aligned}\mathbf{CRB}_{\text{toa-p}}\left(\begin{bmatrix}\boldsymbol{s}^{(\mathrm{u})}\\ \rho^{(\mathrm{u})}\end{bmatrix}\right)=&[\boldsymbol{I}_3\ \ \boldsymbol{O}_{3\times1}]\left[\frac{\partial\boldsymbol{\beta}_{\mathrm{f}}}{\partial(\boldsymbol{s}^{(\mathrm{u})})^{\mathrm{T}}}\ \vdots\ \frac{\partial\boldsymbol{\beta}_{\mathrm{f}}}{\partial\rho^{(\mathrm{u})}}\right]\times\\ &\left(\left[\frac{\partial\boldsymbol{\beta}_{\mathrm{f}}}{\partial(\boldsymbol{s}^{(\mathrm{u})})^{\mathrm{T}}}\ \vdots\ \frac{\partial\boldsymbol{\beta}_{\mathrm{f}}}{\partial\rho^{(\mathrm{u})}}\right]^{\mathrm{T}}(\boldsymbol{A}_{\mathrm{f}}(\boldsymbol{d}))^{\mathrm{T}}(\boldsymbol{C}_{\mathrm{f}}(\boldsymbol{\beta}_{\mathrm{f}},\boldsymbol{d}))^{-\mathrm{T}}(\boldsymbol{E}^{(\mathrm{t})})^{-1}(\boldsymbol{C}_{\mathrm{f}}(\boldsymbol{\beta}_{\mathrm{f}},\boldsymbol{d}))^{-1}\boldsymbol{A}_{\mathrm{f}}(\boldsymbol{d})\times\right.\\ &\left.\left[\frac{\partial\boldsymbol{\beta}_{\mathrm{f}}}{\partial(\boldsymbol{s}^{(\mathrm{u})})^{\mathrm{T}}}\ \vdots\ \frac{\partial\boldsymbol{\beta}_{\mathrm{f}}}{\partial\rho^{(\mathrm{u})}}\right]\right)^{-1}\left[\frac{\partial\boldsymbol{\beta}_{\mathrm{f}}}{\partial(\boldsymbol{s}^{(\mathrm{u})})^{\mathrm{T}}}\ \vdots\ \frac{\partial\boldsymbol{\beta}_{\mathrm{f}}}{\partial\rho^{(\mathrm{u})}}\right]^{\mathrm{T}}\begin{bmatrix}\boldsymbol{I}_3\\ \boldsymbol{O}_{1\times3}\end{bmatrix}\end{aligned} \tag{7.66}$$

由式（2.28）可知

$$\begin{aligned}\mathbf{CRB}_{\text{toa-p}}\left(\begin{bmatrix}\boldsymbol{s}^{(\mathrm{u})}\\ \rho^{(\mathrm{u})}\end{bmatrix}\right)&\leqslant[\boldsymbol{I}_3\ \ \boldsymbol{O}_{3\times1}]((\boldsymbol{A}_{\mathrm{f}}(\boldsymbol{d}))^{\mathrm{T}}(\boldsymbol{C}_{\mathrm{f}}(\boldsymbol{\beta}_{\mathrm{f}},\boldsymbol{d}))^{-\mathrm{T}}(\boldsymbol{E}^{(\mathrm{t})})^{-1}(\boldsymbol{C}_{\mathrm{f}}(\boldsymbol{\beta}_{\mathrm{f}},\boldsymbol{d}))^{-1}\boldsymbol{A}_{\mathrm{f}}(\boldsymbol{d}))^{-1}\begin{bmatrix}\boldsymbol{I}_3\\ \boldsymbol{O}_{1\times3}\end{bmatrix}\\ &=\mathbf{MSE}\left(\begin{bmatrix}\hat{\boldsymbol{s}}^{(\mathrm{u})}\\ \hat{\rho}^{(\mathrm{u})}\end{bmatrix}\right)\end{aligned} \tag{7.67}$$

证毕。

由命题 7.2 可知，向量$\begin{bmatrix}\hat{\boldsymbol{s}}^{(\mathrm{u})}\\ \hat{\rho}^{(\mathrm{u})}\end{bmatrix}$并不是关于向量$\begin{bmatrix}\boldsymbol{s}^{(\mathrm{u})}\\ \rho^{(\mathrm{u})}\end{bmatrix}$的渐近统计最优估计值，还需要通过第 2 步线性加权最小二乘定位方法来提高精度。

7.3.3 第 2 步线性加权最小二乘估计准则及其最优闭式解

本节将利用向量$\boldsymbol{\beta}_{\mathrm{f}}$中的第 4 个元素与前 3 个元素之间的代数关系建立线性加权最小二乘估计准则。为此，需要定义另一个参数向量$\boldsymbol{\beta}_{\mathrm{s}}=\begin{bmatrix}\boldsymbol{s}^{(\mathrm{u})}\odot\boldsymbol{s}^{(\mathrm{u})}\\ (\rho^{(\mathrm{u})})^2\end{bmatrix}\in\mathbf{R}^{3\times1}$。根据向量$\boldsymbol{\beta}_{\mathrm{s}}$与$\boldsymbol{\beta}_{\mathrm{f}}$的定义可以获得

$$\boldsymbol{b}_{\mathrm{s}}(\boldsymbol{\beta}_{\mathrm{f}})=\begin{bmatrix}<\boldsymbol{\beta}_{\mathrm{f}}>_1^2\\ <\boldsymbol{\beta}_{\mathrm{f}}>_2^2\\ <\boldsymbol{\beta}_{\mathrm{f}}>_3^2\\ <\boldsymbol{\beta}_{\mathrm{f}}>_4\end{bmatrix}=\begin{bmatrix}1&0&0\\0&1&0\\0&0&1\\-1&-1&1\end{bmatrix}\boldsymbol{\beta}_{\mathrm{s}}=\boldsymbol{A}_{\mathrm{s}}\boldsymbol{\beta}_{\mathrm{s}}\tag{7.68}$$

式中，

$$\boldsymbol{A}_{\mathrm{s}}=\begin{bmatrix}1&0&0\\0&1&0\\0&0&1\\-1&-1&1\end{bmatrix}\in\mathbf{R}^{4\times3}\tag{7.69}$$

【注记 7.6】虽然从参数向量$\boldsymbol{\beta}_{\mathrm{s}}$和$\boldsymbol{\beta}_{\mathrm{f}}$中均可直接获得$\boldsymbol{s}^{(\mathrm{u})}$和$\rho^{(\mathrm{u})}$的解，但是$\boldsymbol{\beta}_{\mathrm{s}}$与$\boldsymbol{\beta}_{\mathrm{f}}$之间存在本质区别，主要体现在向量$\boldsymbol{\beta}_{\mathrm{s}}$是三维的，维度与未知参数的个数（个数为 3）相等。因此利用向量$\boldsymbol{\beta}_{\mathrm{s}}$求解$\boldsymbol{s}^{(\mathrm{u})}$和$\rho^{(\mathrm{u})}$的过程可被视为解方程的过程，其中并无信息损失。

根据式（7.68）可以将向量$\boldsymbol{\beta}_{\mathrm{s}}$表示为

$$\boldsymbol{\beta}_{\mathrm{s}}=\boldsymbol{A}_{\mathrm{s}}^{\dagger}\boldsymbol{b}_{\mathrm{s}}(\boldsymbol{\beta}_{\mathrm{f}})=(\boldsymbol{A}_{\mathrm{s}}^{\mathrm{T}}\boldsymbol{A}_{\mathrm{s}})^{-1}\boldsymbol{A}_{\mathrm{s}}^{\mathrm{T}}\boldsymbol{b}_{\mathrm{s}}(\boldsymbol{\beta}_{\mathrm{f}})\tag{7.70}$$

然而，在实际应用中无法获得参数向量 $\boldsymbol{\beta}_{\mathrm{f}}$ 的真实值，仅能利用第 1 步获得的估计值 $\hat{\boldsymbol{\beta}}_{\mathrm{f}}$ 进行替代，其中含有估计误差。此时需要设计线性加权最小二乘估计准则，用于抑制第 1 步估计误差 $\Delta\boldsymbol{\beta}_{\mathrm{f}}$ 的影响。

首先，定义误差向量为

$$\boldsymbol{\xi}_{\mathrm{s}}=\boldsymbol{b}_{\mathrm{s}}(\hat{\boldsymbol{\beta}}_{\mathrm{f}})-\boldsymbol{A}_{\mathrm{s}}\boldsymbol{\beta}_{\mathrm{s}}=\Delta\boldsymbol{b}_{\mathrm{s}} \tag{7.71}$$

式中，$\Delta\boldsymbol{b}_{\mathrm{s}}=\boldsymbol{b}_{\mathrm{s}}(\hat{\boldsymbol{\beta}}_{\mathrm{f}})-\boldsymbol{b}_{\mathrm{s}}(\boldsymbol{\beta}_{\mathrm{f}})$。利用一阶误差分析可得

$$\Delta\boldsymbol{b}_{\mathrm{s}}\approx\boldsymbol{B}_{\mathrm{s}}(\boldsymbol{\beta}_{\mathrm{f}})(\hat{\boldsymbol{\beta}}_{\mathrm{f}}-\boldsymbol{\beta}_{\mathrm{f}})=\boldsymbol{B}_{\mathrm{s}}(\boldsymbol{\beta}_{\mathrm{f}})\Delta\boldsymbol{\beta}_{\mathrm{f}} \tag{7.72}$$

式中，

$$\boldsymbol{B}_{\mathrm{s}}(\boldsymbol{\beta}_{\mathrm{f}})=\frac{\partial\boldsymbol{b}_{\mathrm{s}}(\boldsymbol{\beta}_{\mathrm{f}})}{\partial\boldsymbol{\beta}_{\mathrm{f}}^{\mathrm{T}}}=\begin{bmatrix}2<\boldsymbol{\beta}_{\mathrm{f}}>_1 & 0 & 0 & 0\\ 0 & 2<\boldsymbol{\beta}_{\mathrm{f}}>_2 & 0 & 0\\ 0 & 0 & 2<\boldsymbol{\beta}_{\mathrm{f}}>_3 & 0\\ 0 & 0 & 0 & 1\end{bmatrix}\in\mathbf{R}^{4\times4} \tag{7.73}$$

然后，将式（7.72）代入式（7.71）可知

$$\boldsymbol{\xi}_{\mathrm{s}}\approx\boldsymbol{B}_{\mathrm{s}}(\boldsymbol{\beta}_{\mathrm{f}})\Delta\boldsymbol{\beta}_{\mathrm{f}}=\boldsymbol{C}_{\mathrm{s}}(\boldsymbol{\beta}_{\mathrm{f}})\Delta\boldsymbol{\beta}_{\mathrm{f}} \tag{7.74}$$

式中，$\boldsymbol{C}_{\mathrm{s}}(\boldsymbol{\beta}_{\mathrm{f}})=\boldsymbol{B}_{\mathrm{s}}(\boldsymbol{\beta}_{\mathrm{f}})\in\mathbf{R}^{4\times4}$，从式（7.73）中可以看出该矩阵是可逆的。由式（7.74）可知，误差向量 $\boldsymbol{\xi}_{\mathrm{s}}$ 渐近服从零均值的高斯分布，协方差矩阵为

$$\begin{aligned}\boldsymbol{\Omega}_{\mathrm{s}}&=E[\boldsymbol{\xi}_{\mathrm{s}}\boldsymbol{\xi}_{\mathrm{s}}^{\mathrm{T}}]=\boldsymbol{C}_{\mathrm{s}}(\boldsymbol{\beta}_{\mathrm{f}})E[\Delta\boldsymbol{\beta}_{\mathrm{f}}(\Delta\boldsymbol{\beta}_{\mathrm{f}})^{\mathrm{T}}](\boldsymbol{C}_{\mathrm{s}}(\boldsymbol{\beta}_{\mathrm{f}}))^{\mathrm{T}}\\&=\boldsymbol{C}_{\mathrm{s}}(\boldsymbol{\beta}_{\mathrm{f}})\mathbf{MSE}(\hat{\boldsymbol{\beta}}_{\mathrm{f}})(\boldsymbol{C}_{\mathrm{s}}(\boldsymbol{\beta}_{\mathrm{f}}))^{\mathrm{T}}\in\mathbf{R}^{4\times4}\end{aligned} \tag{7.75}$$

最后，结合式（7.71）和式（7.75）可以建立线性加权最小二乘估计准则，即

$$\min_{\boldsymbol{\beta}_{\mathrm{s}}}\{J_{\mathrm{s}}(\boldsymbol{\beta}_{\mathrm{s}})\}=\min_{\boldsymbol{\beta}_{\mathrm{s}}}\{(\boldsymbol{b}_{\mathrm{s}}(\hat{\boldsymbol{\beta}}_{\mathrm{f}})-\boldsymbol{A}_{\mathrm{s}}\boldsymbol{\beta}_{\mathrm{s}})^{\mathrm{T}}\boldsymbol{\Omega}_{\mathrm{s}}^{-1}(\boldsymbol{b}_{\mathrm{s}}(\hat{\boldsymbol{\beta}}_{\mathrm{f}})-\boldsymbol{A}_{\mathrm{s}}\boldsymbol{\beta}_{\mathrm{s}})\} \tag{7.76}$$

式中，$\boldsymbol{\Omega}_{\mathrm{s}}^{-1}$可被视为加权矩阵，其作用是抑制第 1 步估计误差$\Delta\boldsymbol{\beta}_{\mathrm{f}}$的影响。根据式（2.39）可知，式（7.76）的最优闭式解为

$$\hat{\boldsymbol{\beta}}_{\mathrm{s}}=(\boldsymbol{A}_{\mathrm{s}}^{\mathrm{T}}\boldsymbol{\Omega}_{\mathrm{s}}^{-1}\boldsymbol{A}_{\mathrm{s}})^{-1}\boldsymbol{A}_{\mathrm{s}}^{\mathrm{T}}\boldsymbol{\Omega}_{\mathrm{s}}^{-1}\boldsymbol{b}_{\mathrm{s}}(\hat{\boldsymbol{\beta}}_{\mathrm{f}}) \tag{7.77}$$

【注记 7.7】由式（7.75）可知，加权矩阵$\boldsymbol{\Omega}_{\mathrm{s}}^{-1}$与参数向量$\boldsymbol{\beta}_{\mathrm{f}}$有关，可以直接利用第 1 步的估计值$\hat{\boldsymbol{\beta}}_{\mathrm{f}}$进行计算。此外，加权矩阵$\boldsymbol{\Omega}_{\mathrm{s}}^{-1}$还与均方误差矩阵$\mathbf{MSE}(\hat{\boldsymbol{\beta}}_{\mathrm{f}})$有关，由式（7.53）和式（7.57）可知，该矩阵与参数向量$\boldsymbol{\beta}_{\mathrm{f}}$和距离观测向量$\boldsymbol{d}$有关，可以直接利用第 1 步的估计值$\hat{\boldsymbol{\beta}}_{\mathrm{f}}$和观测值$\hat{\boldsymbol{d}}$进行计算。理论分析表明，在一阶误差分析理论框架下，加权矩阵$\boldsymbol{\Omega}_{\mathrm{s}}^{-1}$中的扰动误差并不会实质影响估计值$\hat{\boldsymbol{\beta}}_{\mathrm{s}}$的统计性能。

【注记 7.8】根据向量$\boldsymbol{\beta}_{\mathrm{s}}$的定义，可以很容易从估计值$\hat{\boldsymbol{\beta}}_{\mathrm{s}}$中直接获得$\boldsymbol{s}^{(\mathrm{u})}$和$\rho^{(\mathrm{u})}$的估计值，即

$$\begin{bmatrix}\hat{\boldsymbol{s}}_{\mathrm{tlwls}}^{(\mathrm{u})}\\ \hat{\rho}_{\mathrm{tlwls}}^{(\mathrm{u})}\end{bmatrix}=\begin{bmatrix}\pm\sqrt{<\hat{\boldsymbol{\beta}}_{\mathrm{s}}>_1}\\ \pm\sqrt{<\hat{\boldsymbol{\beta}}_{\mathrm{s}}>_2}\\ \pm\sqrt{<\hat{\boldsymbol{\beta}}_{\mathrm{s}}>_3}\end{bmatrix} \tag{7.78}$$

由式（7.78）可知，由于正负符号的不同将会产生 8 种组合，因此可得到 8 个解。利用非线性加权最小二乘估计准则可确定正确的解，即

$$\min_{1\leqslant j\leqslant 8}\{(\hat{\boldsymbol{d}}-\boldsymbol{f}_{\mathrm{toa}}(\hat{\boldsymbol{s}}_{\mathrm{tlwls}}^{(\mathrm{u})}(j),\hat{\rho}_{\mathrm{tlwls}}^{(\mathrm{u})}(j)))^{\mathrm{T}}(\boldsymbol{E}^{(\mathrm{t})})^{-1}(\hat{\boldsymbol{d}}-\boldsymbol{f}_{\mathrm{toa}}(\hat{\boldsymbol{s}}_{\mathrm{tlwls}}^{(\mathrm{u})}(j),\hat{\rho}_{\mathrm{tlwls}}^{(\mathrm{u})}(j)))\} \tag{7.79}$$

式中，$\hat{\boldsymbol{s}}_{\mathrm{tlwls}}^{(\mathrm{u})}(j)$和$\hat{\rho}_{\mathrm{tlwls}}^{(\mathrm{u})}(j)$表示由第$j$种组合得到的解。

图 7.10 给出了本章第 II 类定位方法的流程图。

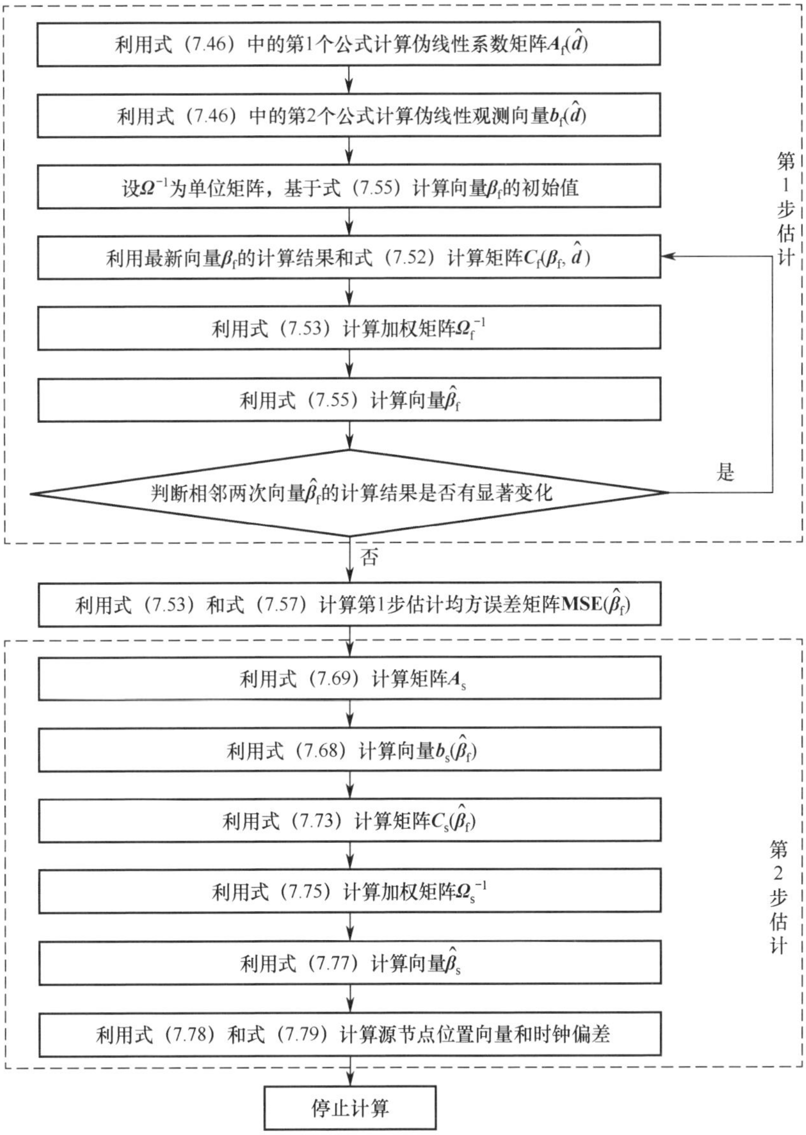

图 7.10　本章第 II 类定位方法的流程图

7.3.4　理论性能分析

本节将推导估计值$\begin{bmatrix}\hat{\boldsymbol{s}}_{\text{tlwls}}^{(\text{u})}\\ \hat{\rho}_{\text{tlwls}}^{(\text{u})}\end{bmatrix}$的理论性能，即推导估计均方误差，并将其与相应的 CRB 进行比较，从而证明其渐近统计最优性。这里采用的性能分析方

法是一阶误差分析方法，即忽略观测误差向量$\boldsymbol{\varepsilon}^{(\mathrm{t})}$的二阶及以上各阶项。

将估计值$\hat{\boldsymbol{\beta}}_{\mathrm{s}}$中的估计误差记为$\Delta\boldsymbol{\beta}_{\mathrm{s}}=\hat{\boldsymbol{\beta}}_{\mathrm{s}}-\boldsymbol{\beta}_{\mathrm{s}}$。基于式（7.77）和注记 7.7 中的讨论可知

$$\boldsymbol{A}_{\mathrm{s}}^{\mathrm{T}}\hat{\boldsymbol{\Omega}}_{\mathrm{s}}^{-1}\boldsymbol{A}_{\mathrm{s}}(\boldsymbol{\beta}_{\mathrm{s}}+\Delta\boldsymbol{\beta}_{\mathrm{s}})=\boldsymbol{A}_{\mathrm{s}}^{\mathrm{T}}\hat{\boldsymbol{\Omega}}_{\mathrm{s}}^{-1}\boldsymbol{b}_{\mathrm{s}}(\hat{\boldsymbol{\beta}}_{\mathrm{f}}) \tag{7.80}$$

式中，$\hat{\boldsymbol{\Omega}}_{\mathrm{s}}$表示$\boldsymbol{\Omega}_{\mathrm{s}}$的近似估计值。在一阶误差分析理论框架下，利用式（7.80）可以进一步推得

$$\begin{aligned}&\boldsymbol{A}_{\mathrm{s}}^{\mathrm{T}}\Delta\boldsymbol{\Xi}_{\mathrm{s}}\boldsymbol{A}_{\mathrm{s}}\boldsymbol{\beta}_{\mathrm{s}}+\boldsymbol{A}_{\mathrm{s}}^{\mathrm{T}}\boldsymbol{\Omega}_{\mathrm{s}}^{-1}\boldsymbol{A}_{\mathrm{s}}\Delta\boldsymbol{\beta}_{\mathrm{s}}\approx\boldsymbol{A}_{\mathrm{s}}^{\mathrm{T}}\boldsymbol{\Omega}_{\mathrm{s}}^{-1}\Delta\boldsymbol{b}_{\mathrm{s}}+\boldsymbol{A}_{\mathrm{s}}^{\mathrm{T}}\Delta\boldsymbol{\Xi}_{\mathrm{s}}\boldsymbol{b}_{\mathrm{s}}(\boldsymbol{\beta}_{\mathrm{f}})\\ \Rightarrow\ &\Delta\boldsymbol{\beta}_{\mathrm{s}}\approx(\boldsymbol{A}_{\mathrm{s}}^{\mathrm{T}}\boldsymbol{\Omega}_{\mathrm{s}}^{-1}\boldsymbol{A}_{\mathrm{s}})^{-1}\boldsymbol{A}_{\mathrm{s}}^{\mathrm{T}}\boldsymbol{\Omega}_{\mathrm{s}}^{-1}\Delta\boldsymbol{b}_{\mathrm{s}}=(\boldsymbol{A}_{\mathrm{s}}^{\mathrm{T}}\boldsymbol{\Omega}_{\mathrm{s}}^{-1}\boldsymbol{A}_{\mathrm{s}})^{-1}\boldsymbol{A}_{\mathrm{s}}^{\mathrm{T}}\boldsymbol{\Omega}_{\mathrm{s}}^{-1}\boldsymbol{\xi}_{\mathrm{s}}\end{aligned} \tag{7.81}$$

式中，$\Delta\boldsymbol{\Xi}_{\mathrm{s}}=\hat{\boldsymbol{\Omega}}_{\mathrm{s}}^{-1}-\boldsymbol{\Omega}_{\mathrm{s}}^{-1}$，表示矩阵$\hat{\boldsymbol{\Omega}}_{\mathrm{s}}^{-1}$中的扰动误差。由式（7.81）可知，误差向量$\Delta\boldsymbol{\beta}_{\mathrm{s}}$渐近服从零均值的高斯分布，因此估计值$\hat{\boldsymbol{\beta}}_{\mathrm{s}}$是渐近无偏估计，均方误差矩阵为

$$\begin{aligned}&\mathbf{MSE}(\hat{\boldsymbol{\beta}}_{\mathrm{s}})=E[(\hat{\boldsymbol{\beta}}_{\mathrm{s}}-\boldsymbol{\beta}_{\mathrm{s}})(\hat{\boldsymbol{\beta}}_{\mathrm{s}}-\boldsymbol{\beta}_{\mathrm{s}})^{\mathrm{T}}]=E[\Delta\boldsymbol{\beta}_{\mathrm{s}}(\Delta\boldsymbol{\beta}_{\mathrm{s}})^{\mathrm{T}}]\\&=(\boldsymbol{A}_{\mathrm{s}}^{\mathrm{T}}\boldsymbol{\Omega}_{\mathrm{s}}^{-1}\boldsymbol{A}_{\mathrm{s}})^{-1}\boldsymbol{A}_{\mathrm{s}}^{\mathrm{T}}\boldsymbol{\Omega}_{\mathrm{s}}^{-1}E[\boldsymbol{\xi}_{\mathrm{s}}\boldsymbol{\xi}_{\mathrm{s}}^{\mathrm{T}}]\boldsymbol{\Omega}_{\mathrm{s}}^{-1}\boldsymbol{A}_{\mathrm{s}}(\boldsymbol{A}_{\mathrm{s}}^{\mathrm{T}}\boldsymbol{\Omega}_{\mathrm{s}}^{-1}\boldsymbol{A}_{\mathrm{s}})^{-1}=(\boldsymbol{A}_{\mathrm{s}}^{\mathrm{T}}\boldsymbol{\Omega}_{\mathrm{s}}^{-1}\boldsymbol{A}_{\mathrm{s}})^{-1}\end{aligned} \tag{7.82}$$

【注记 7.9】式（7.81）中的推导过程表明，在一阶误差分析理论框架下，矩阵$\hat{\boldsymbol{\Omega}}_{\mathrm{s}}^{-1}$中的扰动误差$\Delta\boldsymbol{\Xi}_{\mathrm{s}}$并不会实质影响估计值$\hat{\boldsymbol{\beta}}_{\mathrm{s}}$的统计性能。

首先，将式（7.75）代入式（7.82）可得

$$\mathbf{MSE}(\hat{\boldsymbol{\beta}}_{\mathrm{s}})=(\boldsymbol{A}_{\mathrm{s}}^{\mathrm{T}}(\boldsymbol{C}_{\mathrm{s}}(\boldsymbol{\beta}_{\mathrm{f}}))^{-\mathrm{T}}(\mathbf{MSE}(\hat{\boldsymbol{\beta}}_{\mathrm{f}}))^{-1}(\boldsymbol{C}_{\mathrm{s}}(\boldsymbol{\beta}_{\mathrm{f}}))^{-1}\boldsymbol{A}_{\mathrm{s}})^{-1} \tag{7.83}$$

然后，将式（7.53）和式（7.57）代入式（7.83）可知

$$\begin{aligned}\mathbf{MSE}(\hat{\boldsymbol{\beta}}_{\mathrm{s}})&=(\boldsymbol{A}_{\mathrm{s}}^{\mathrm{T}}(\boldsymbol{C}_{\mathrm{s}}(\boldsymbol{\beta}_{\mathrm{f}}))^{-\mathrm{T}}(\boldsymbol{A}_{\mathrm{f}}(\boldsymbol{d}))^{\mathrm{T}}\boldsymbol{\Omega}_{\mathrm{f}}^{-1}\boldsymbol{A}_{\mathrm{f}}(\boldsymbol{d})(\boldsymbol{C}_{\mathrm{s}}(\boldsymbol{\beta}_{\mathrm{f}}))^{-1}\boldsymbol{A}_{\mathrm{s}})^{-1}\\&=(\boldsymbol{A}_{\mathrm{s}}^{\mathrm{T}}(\boldsymbol{C}_{\mathrm{s}}(\boldsymbol{\beta}_{\mathrm{f}}))^{-\mathrm{T}}(\boldsymbol{A}_{\mathrm{f}}(\boldsymbol{d}))^{\mathrm{T}}(\boldsymbol{C}_{\mathrm{f}}(\boldsymbol{\beta}_{\mathrm{f}},\boldsymbol{d}))^{-\mathrm{T}}(\boldsymbol{E}^{(\mathrm{t})})^{-1}(\boldsymbol{C}_{\mathrm{f}}(\boldsymbol{\beta}_{\mathrm{f}},\boldsymbol{d}))^{-1}\times\\&\quad\ \boldsymbol{A}_{\mathrm{f}}(\boldsymbol{d})(\boldsymbol{C}_{\mathrm{s}}(\boldsymbol{\beta}_{\mathrm{f}}))^{-1}\boldsymbol{A}_{\mathrm{s}})^{-1}\end{aligned} \tag{7.84}$$

将估计值$\begin{bmatrix}\hat{\boldsymbol{s}}_{\mathrm{tlwls}}^{(\mathrm{u})}\\ \hat{\rho}_{\mathrm{tlwls}}^{(\mathrm{u})}\end{bmatrix}$中的估计误差记为$\begin{bmatrix}\Delta\boldsymbol{s}_{\mathrm{tlwls}}^{(\mathrm{u})}\\ \Delta\rho_{\mathrm{tlwls}}^{(\mathrm{u})}\end{bmatrix}=\begin{bmatrix}\hat{\boldsymbol{s}}_{\mathrm{tlwls}}^{(\mathrm{u})}-\boldsymbol{s}^{(\mathrm{u})}\\ \hat{\rho}_{\mathrm{tlwls}}^{(\mathrm{u})}-\rho^{(\mathrm{u})}\end{bmatrix}$，则由向量$\boldsymbol{\beta}_{\mathrm{s}}$

的定义可得

$$\Delta\boldsymbol{\beta}_{\mathrm{s}} \approx \frac{\partial\boldsymbol{\beta}_{\mathrm{s}}}{\partial(\boldsymbol{s}^{(\mathrm{u})})^{\mathrm{T}}}\Delta\boldsymbol{s}_{\mathrm{tlwls}}^{(\mathrm{u})} + \frac{\partial\boldsymbol{\beta}_{\mathrm{s}}}{\partial\rho^{(\mathrm{u})}}\Delta\rho_{\mathrm{tlwls}}^{(\mathrm{u})} = \left[\frac{\partial\boldsymbol{\beta}_{\mathrm{s}}}{\partial(\boldsymbol{s}^{(\mathrm{u})})^{\mathrm{T}}} \;\vdots\; \frac{\partial\boldsymbol{\beta}_{\mathrm{s}}}{\partial\rho^{(\mathrm{u})}}\right]\begin{bmatrix}\Delta\boldsymbol{s}_{\mathrm{tlwls}}^{(\mathrm{u})} \\ \Delta\rho_{\mathrm{tlwls}}^{(\mathrm{u})}\end{bmatrix}$$
$$\Rightarrow \begin{bmatrix}\Delta\boldsymbol{s}_{\mathrm{tlwls}}^{(\mathrm{u})} \\ \Delta\rho_{\mathrm{tlwls}}^{(\mathrm{u})}\end{bmatrix} \approx \left[\frac{\partial\boldsymbol{\beta}_{\mathrm{s}}}{\partial(\boldsymbol{s}^{(\mathrm{u})})^{\mathrm{T}}} \;\vdots\; \frac{\partial\boldsymbol{\beta}_{\mathrm{s}}}{\partial\rho^{(\mathrm{u})}}\right]^{-1}\Delta\boldsymbol{\beta}_{\mathrm{s}} \tag{7.85}$$

式中，

$$\left[\frac{\partial\boldsymbol{\beta}_{\mathrm{s}}}{\partial(\boldsymbol{s}^{(\mathrm{u})})^{\mathrm{T}}} \;\vdots\; \frac{\partial\boldsymbol{\beta}_{\mathrm{s}}}{\partial\rho^{(\mathrm{u})}}\right] = \begin{bmatrix}2\mathrm{diag}[\boldsymbol{s}^{(\mathrm{u})}] & \boldsymbol{O}_{2\times 1} \\ \boldsymbol{O}_{1\times 2} & 2\rho^{(\mathrm{u})}\end{bmatrix} \in \mathbf{R}^{3\times 3} \tag{7.86}$$

最后，结合式（7.84）和式（7.85）可知

$$\begin{aligned}
&\mathbf{MSE}\left(\begin{bmatrix}\hat{\boldsymbol{s}}_{\mathrm{tlwls}}^{(\mathrm{u})} \\ \hat{\rho}_{\mathrm{tlwls}}^{(\mathrm{u})}\end{bmatrix}\right) = E\left(\begin{bmatrix}\Delta\boldsymbol{s}_{\mathrm{tlwls}}^{(\mathrm{u})} \\ \Delta\rho_{\mathrm{tlwls}}^{(\mathrm{u})}\end{bmatrix}\begin{bmatrix}\Delta\boldsymbol{s}_{\mathrm{tlwls}}^{(\mathrm{u})} \\ \Delta\rho_{\mathrm{tlwls}}^{(\mathrm{u})}\end{bmatrix}^{\mathrm{T}}\right) = \left[\frac{\partial\boldsymbol{\beta}_{\mathrm{s}}}{\partial(\boldsymbol{s}^{(\mathrm{u})})^{\mathrm{T}}} \;\vdots\; \frac{\partial\boldsymbol{\beta}_{\mathrm{s}}}{\partial\rho^{(\mathrm{u})}}\right]^{-1}\mathbf{MSE}(\hat{\boldsymbol{\beta}}_{\mathrm{s}})\left[\frac{\partial\boldsymbol{\beta}_{\mathrm{s}}}{\partial(\boldsymbol{s}^{(\mathrm{u})})^{\mathrm{T}}} \;\vdots\; \frac{\partial\boldsymbol{\beta}_{\mathrm{s}}}{\partial\rho^{(\mathrm{u})}}\right]^{-\mathrm{T}} \\
&= \left[\frac{\partial\boldsymbol{\beta}_{\mathrm{s}}}{\partial(\boldsymbol{s}^{(\mathrm{u})})^{\mathrm{T}}} \;\vdots\; \frac{\partial\boldsymbol{\beta}_{\mathrm{s}}}{\partial\rho^{(\mathrm{u})}}\right]^{-1}(\boldsymbol{A}_{\mathrm{s}}^{\mathrm{T}}(\boldsymbol{C}_{\mathrm{s}}(\boldsymbol{\beta}_{\mathrm{f}}))^{-\mathrm{T}}(\boldsymbol{A}_{\mathrm{f}}(\boldsymbol{d}))^{\mathrm{T}}(\boldsymbol{C}_{\mathrm{f}}(\boldsymbol{\beta}_{\mathrm{f}},\boldsymbol{d}))^{-\mathrm{T}}(\boldsymbol{E}^{(\mathrm{t})})^{-1}\times \\
&\quad(\boldsymbol{C}_{\mathrm{f}}(\boldsymbol{\beta}_{\mathrm{f}},\boldsymbol{d}))^{-1}\boldsymbol{A}_{\mathrm{f}}(\boldsymbol{d})(\boldsymbol{C}_{\mathrm{s}}(\boldsymbol{\beta}_{\mathrm{f}}))^{-1}\boldsymbol{A}_{\mathrm{s}})^{-1}\left[\frac{\partial\boldsymbol{\beta}_{\mathrm{s}}}{\partial(\boldsymbol{s}^{(\mathrm{u})})^{\mathrm{T}}} \;\vdots\; \frac{\partial\boldsymbol{\beta}_{\mathrm{s}}}{\partial\rho^{(\mathrm{u})}}\right]^{-\mathrm{T}} \\
&= \left(\left[\frac{\partial\boldsymbol{\beta}_{\mathrm{s}}}{\partial(\boldsymbol{s}^{(\mathrm{u})})^{\mathrm{T}}} \;\vdots\; \frac{\partial\boldsymbol{\beta}_{\mathrm{s}}}{\partial\rho^{(\mathrm{u})}}\right]^{\mathrm{T}}\boldsymbol{A}_{\mathrm{s}}^{\mathrm{T}}(\boldsymbol{C}_{\mathrm{s}}(\boldsymbol{\beta}_{\mathrm{f}}))^{-\mathrm{T}}(\boldsymbol{A}_{\mathrm{f}}(\boldsymbol{d}))^{\mathrm{T}}(\boldsymbol{C}_{\mathrm{f}}(\boldsymbol{\beta}_{\mathrm{f}},\boldsymbol{d}))^{-\mathrm{T}}\times\right. \\
&\quad\left.(\boldsymbol{E}^{(\mathrm{t})})^{-1}(\boldsymbol{C}_{\mathrm{f}}(\boldsymbol{\beta}_{\mathrm{f}},\boldsymbol{d}))^{-1}\boldsymbol{A}_{\mathrm{f}}(\boldsymbol{d})(\boldsymbol{C}_{\mathrm{s}}(\boldsymbol{\beta}_{\mathrm{f}}))^{-1}\boldsymbol{A}_{\mathrm{s}}\left[\frac{\partial\boldsymbol{\beta}_{\mathrm{s}}}{\partial(\boldsymbol{s}^{(\mathrm{u})})^{\mathrm{T}}} \;\vdots\; \frac{\partial\boldsymbol{\beta}_{\mathrm{s}}}{\partial\rho^{(\mathrm{u})}}\right]\right)^{-1}
\end{aligned} \tag{7.87}$$

下面证明估计值$\begin{bmatrix}\hat{\boldsymbol{s}}_{\mathrm{tlwls}}^{(\mathrm{u})} \\ \hat{\rho}_{\mathrm{tlwls}}^{(\mathrm{u})}\end{bmatrix}$具有渐近统计最优性，也就是证明其估计均方误差可以渐近逼近相应的 CRB，具体可见如下命题。

【命题 7.3】 在一阶误差分析理论框架下满足

$$\mathbf{MSE}\left(\begin{bmatrix}\hat{\boldsymbol{s}}_{\text{tlwls}}^{(\text{u})}\\ \hat{\rho}_{\text{tlwls}}^{(\text{u})}\end{bmatrix}\right)=\mathbf{CRB}_{\text{toa-p}}\left(\begin{bmatrix}\boldsymbol{s}^{(\text{u})}\\ \rho^{(\text{u})}\end{bmatrix}\right)$$

【证明】首先，根据式（7.62）可知

$$\left[\frac{\partial \boldsymbol{f}_{\text{toa}}(\boldsymbol{s}^{(\text{u})},\rho^{(\text{u})})}{\partial(\boldsymbol{s}^{(\text{u})})^{\text{T}}}\ \vdots\ \frac{\partial \boldsymbol{f}_{\text{toa}}(\boldsymbol{s}^{(\text{u})},\rho^{(\text{u})})}{\partial\rho^{(\text{u})}}\right]=(\boldsymbol{C}_{\text{f}}(\boldsymbol{\beta}_{\text{f}},\boldsymbol{d}))^{-1}\boldsymbol{A}_{\text{f}}(\boldsymbol{d})\left[\frac{\partial\boldsymbol{\beta}_{\text{f}}}{\partial(\boldsymbol{s}^{(\text{u})})^{\text{T}}}\ \vdots\ \frac{\partial\boldsymbol{\beta}_{\text{f}}}{\partial\rho^{(\text{u})}}\right] \tag{7.88}$$

然后，将等式 $\boldsymbol{\beta}_{\text{s}}=\begin{bmatrix}\boldsymbol{s}^{(\text{u})}\odot\boldsymbol{s}^{(\text{u})}\\ (\rho^{(\text{u})})^2\end{bmatrix}$ 和 $\boldsymbol{\beta}_{\text{f}}=[(\boldsymbol{s}^{(\text{u})})^{\text{T}}\ \vdots\ \rho^{(\text{u})}\ \vdots\ (\rho^{(\text{u})})^2-\|\boldsymbol{s}^{(\text{u})}\|_2^2]^{\text{T}}$ 代入式（7.68）可得

$$\boldsymbol{b}_{\text{s}}(\boldsymbol{\beta}_{\text{f}})=\boldsymbol{b}_{\text{s}}\left(\begin{bmatrix}\boldsymbol{s}^{(\text{u})}\\ \rho^{(\text{u})}\\ (\rho^{(\text{u})})^2-\|\boldsymbol{s}^{(\text{u})}\|_2^2\end{bmatrix}\right)=\boldsymbol{A}_{\text{s}}\boldsymbol{\beta}_{\text{s}}=\boldsymbol{A}_{\text{s}}\begin{bmatrix}\boldsymbol{s}^{(\text{u})}\odot\boldsymbol{s}^{(\text{u})}\\ (\rho^{(\text{u})})^2\end{bmatrix} \tag{7.89}$$

由于式（7.89）是关于向量 $\begin{bmatrix}\boldsymbol{s}^{(\text{u})}\\ \rho^{(\text{u})}\end{bmatrix}$ 的恒等式，因此将式（7.89）的等式两边对向量 $\begin{bmatrix}\boldsymbol{s}^{(\text{u})}\\ \rho^{(\text{u})}\end{bmatrix}$ 求导可知

$$\begin{aligned}\boldsymbol{B}_{\text{s}}(\boldsymbol{\beta}_{\text{f}})\left[\frac{\partial\boldsymbol{\beta}_{\text{f}}}{\partial(\boldsymbol{s}^{(\text{u})})^{\text{T}}}\ \vdots\ \frac{\partial\boldsymbol{\beta}_{\text{f}}}{\partial\rho^{(\text{u})}}\right]&=\boldsymbol{A}_{\text{s}}\left[\frac{\partial\boldsymbol{\beta}_{\text{s}}}{\partial(\boldsymbol{s}^{(\text{u})})^{\text{T}}}\ \vdots\ \frac{\partial\boldsymbol{\beta}_{\text{s}}}{\partial\rho^{(\text{u})}}\right]\\ \Rightarrow\left[\frac{\partial\boldsymbol{\beta}_{\text{f}}}{\partial(\boldsymbol{s}^{(\text{u})})^{\text{T}}}\ \vdots\ \frac{\partial\boldsymbol{\beta}_{\text{f}}}{\partial\rho^{(\text{u})}}\right]&=(\boldsymbol{B}_{\text{s}}(\boldsymbol{\beta}_{\text{f}}))^{-1}\boldsymbol{A}_{\text{s}}\left[\frac{\partial\boldsymbol{\beta}_{\text{s}}}{\partial(\boldsymbol{s}^{(\text{u})})^{\text{T}}}\ \vdots\ \frac{\partial\boldsymbol{\beta}_{\text{s}}}{\partial\rho^{(\text{u})}}\right]\\ &=(\boldsymbol{C}_{\text{s}}(\boldsymbol{\beta}_{\text{f}}))^{-1}\boldsymbol{A}_{\text{s}}\left[\frac{\partial\boldsymbol{\beta}_{\text{s}}}{\partial(\boldsymbol{s}^{(\text{u})})^{\text{T}}}\ \vdots\ \frac{\partial\boldsymbol{\beta}_{\text{s}}}{\partial\rho^{(\text{u})}}\right]\end{aligned} \tag{7.90}$$

将式（7.90）代入式（7.88）可得

$$\left[\frac{\partial \boldsymbol{f}_{\text{toa}}(\boldsymbol{s}^{(\text{u})},\rho^{(\text{u})})}{\partial(\boldsymbol{s}^{(\text{u})})^{\text{T}}}\ \vdots\ \frac{\partial \boldsymbol{f}_{\text{toa}}(\boldsymbol{s}^{(\text{u})},\rho^{(\text{u})})}{\partial\rho^{(\text{u})}}\right]=(\boldsymbol{C}_{\text{f}}(\boldsymbol{\beta}_{\text{f}},\boldsymbol{d}))^{-1}\boldsymbol{A}_{\text{f}}(\boldsymbol{d})(\boldsymbol{C}_{\text{s}}(\boldsymbol{\beta}_{\text{f}}))^{-1}\boldsymbol{A}_{\text{s}}\left[\frac{\partial\boldsymbol{\beta}_{\text{s}}}{\partial(\boldsymbol{s}^{(\text{u})})^{\text{T}}}\ \vdots\ \frac{\partial\boldsymbol{\beta}_{\text{s}}}{\partial\rho^{(\text{u})}}\right] \tag{7.91}$$

最后，将式（7.91）代入式（7.87）可知

$$\mathbf{MSE}\left(\begin{bmatrix}\hat{\boldsymbol{s}}_{\text{tlwls}}^{(\text{u})}\\ \hat{\rho}_{\text{tlwls}}^{(\text{u})}\end{bmatrix}\right)=\left(\left[\frac{\partial \boldsymbol{f}_{\text{toa}}(\boldsymbol{s}^{(\text{u})},\rho^{(\text{u})})}{\partial (\boldsymbol{s}^{(\text{u})})^{\text{T}}}\,\vdots\,\frac{\partial \boldsymbol{f}_{\text{toa}}(\boldsymbol{s}^{(\text{u})},\rho^{(\text{u})})}{\partial \rho^{(\text{u})}}\right]^{\text{T}}(\boldsymbol{E}^{(\text{t})})^{-1}\left[\frac{\partial \boldsymbol{f}_{\text{toa}}(\boldsymbol{s}^{(\text{u})},\rho^{(\text{u})})}{\partial (\boldsymbol{s}^{(\text{u})})^{\text{T}}}\,\vdots\,\frac{\partial \boldsymbol{f}_{\text{toa}}(\boldsymbol{s}^{(\text{u})},\rho^{(\text{u})})}{\partial \rho^{(\text{u})}}\right]\right)^{-1}$$
$$=\mathbf{CRB}_{\text{toa-p}}\left(\begin{bmatrix}\boldsymbol{s}^{(\text{u})}\\ \rho^{(\text{u})}\end{bmatrix}\right) \tag{7.92}$$

证毕。

7.3.5　数值实验

假设利用 8 个锚节点获得 TOA 信息，并对源节点进行定位。锚节点和源节点的空间位置分布示意图如图 7.11 所示。将源节点位置向量设为两种情形：第 1 种情形为源节点 A，$\boldsymbol{u}=[-1.5\ \ -0.5]^{\text{T}}$（km）；第 2 种情形为源节点 B，$\boldsymbol{u}=[3.5\ \ 0.5]^{\text{T}}$（km）。距离观测误差向量 $\boldsymbol{\varepsilon}^{(\text{t})}$ 服从均值为零、协方差矩阵 $\boldsymbol{E}^{(\text{t})}=\sigma^2\boldsymbol{I}_8$ 的高斯分布。

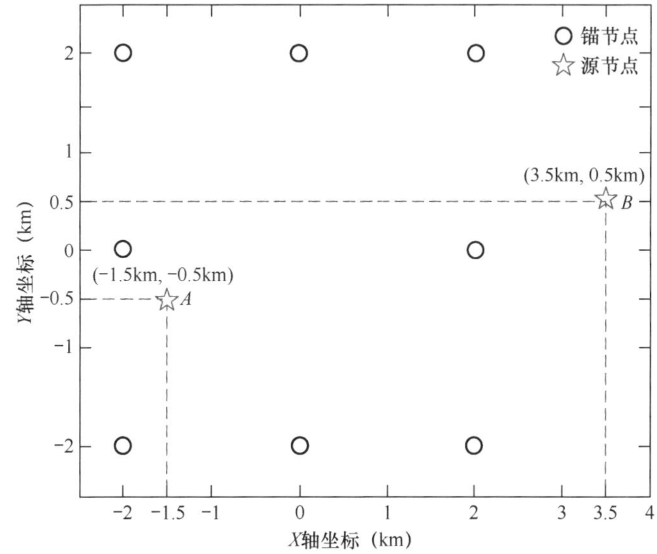

图 7.11　锚节点和源节点的空间位置分布示意图

首先，将由时钟偏差引起的距离偏差设为 $\rho^{(\text{u})}=0.2\,\text{km}$，标准差 σ 设为 $0.0015\,\text{km}$。图 7.12 给出了源节点 A 和源节点 B 的定位结果散布图与定位误差椭圆曲线。

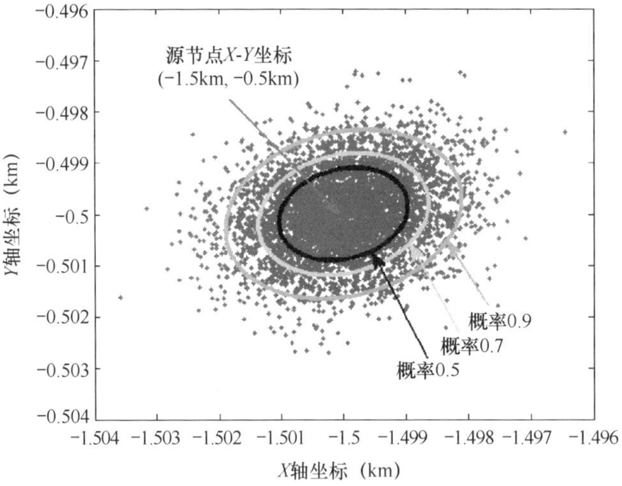

(a) 源节点A

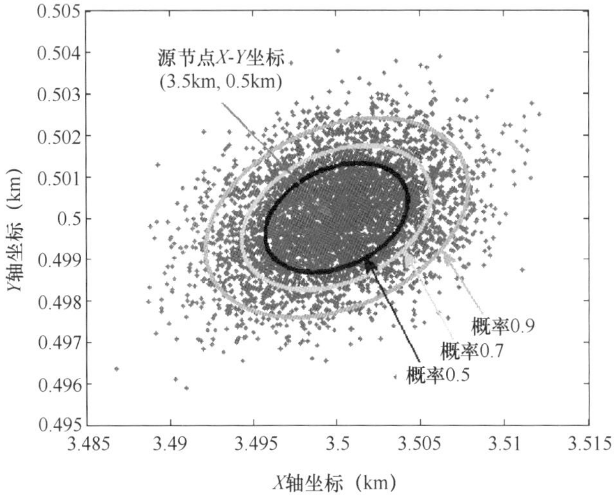

(b) 源节点B

图 7.12 源节点 A 和源节点 B 的定位结果散布图与定位误差椭圆曲线

然后，将由时钟偏差引起的距离偏差设为 $\rho^{(u)}=0.2\,\text{km}$，改变标准差 σ 的数值。图 7.13 给出了源节点位置估计均方根误差随着标准差 σ 的变化曲线；图 7.14 给出了源节点时钟偏差估计均方根误差随着标准差 σ 的变化曲线；图 7.15 给出了定位成功概率随着标准差 σ 的变化曲线。注意：图 7.15 中的理论值由式（3.25）和式（3.32）计算所得，其中，$\delta=0.002\,\text{km}$。

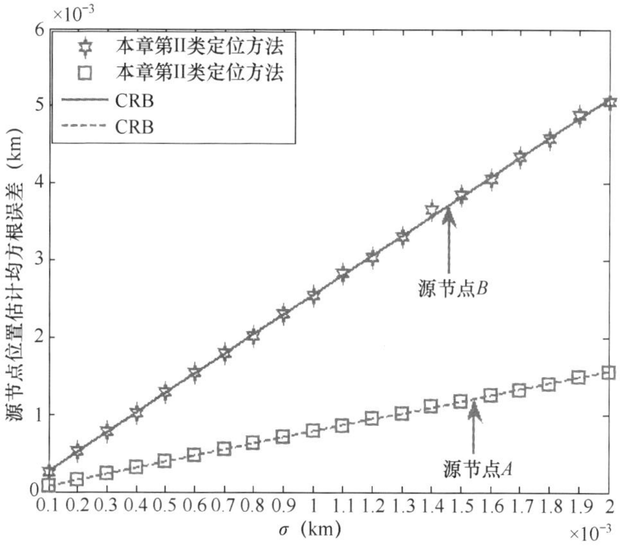

图 7.13　源节点位置估计均方根误差随着标准差 σ 的变化曲线

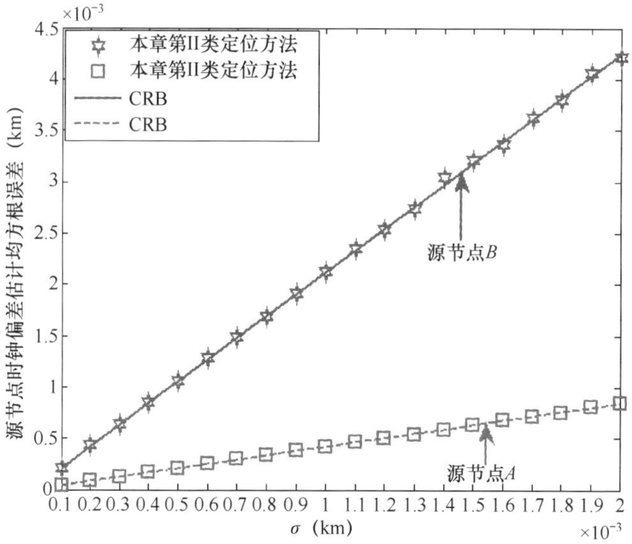

图 7.14　源节点时钟偏差估计均方根误差随着标准差 σ 的变化曲线

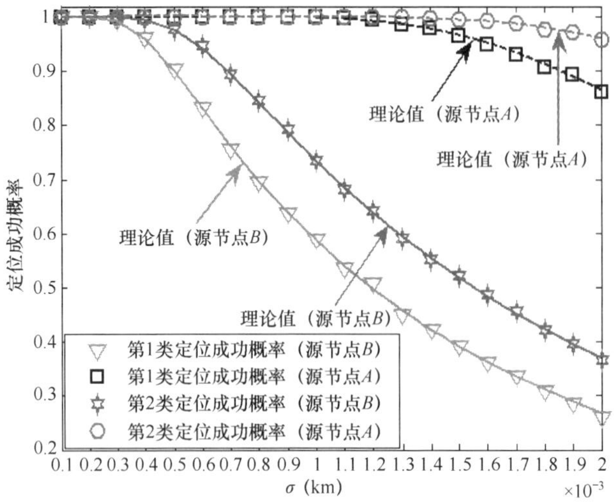

图 7.15　定位成功概率随着标准差 σ 的变化曲线

最后，将标准差 σ 设为 0.0015km，改变距离偏差 $\rho^{(\mathrm{u})}$ 的数值。图 7.16 给出了源节点位置估计均方根误差随着参数 $\rho^{(\mathrm{u})}$ 的变化曲线；图 7.17 给出了源节点时钟偏差估计均方根误差随着参数 $\rho^{(\mathrm{u})}$ 的变化曲线；图 7.18 给出了定位成功概率随着参数 $\rho^{(\mathrm{u})}$ 的变化曲线。注意：图 7.18 中的理论值由式(3.25)和式(3.32)计算得到，其中，$\delta = 0.002\,\mathrm{km}$。

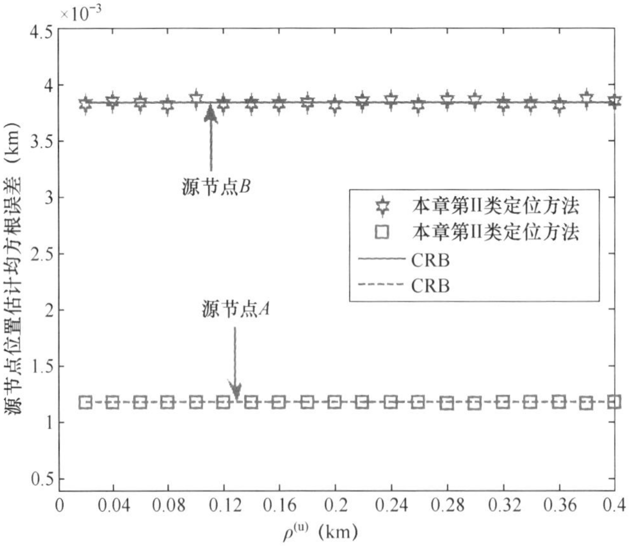

图 7.16　源节点位置估计均方根误差随着参数 $\rho^{(\mathrm{u})}$ 的变化曲线

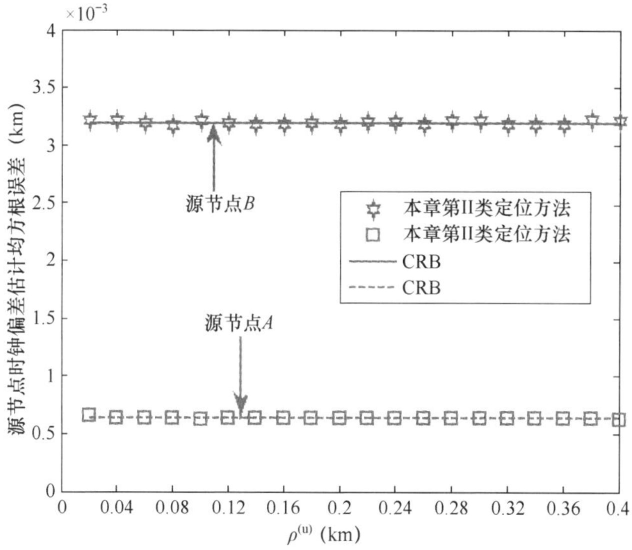

图 7.17　源节点时钟偏差估计均方根误差随着参数 $\rho^{(u)}$ 的变化曲线

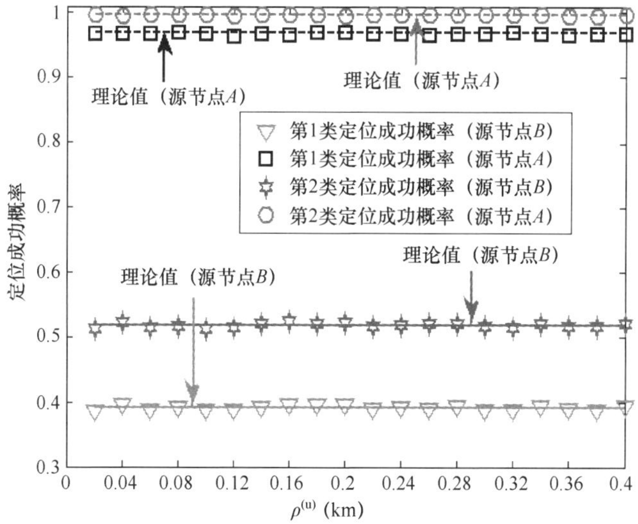

图 7.18　定位成功概率随着参数 $\rho^{(u)}$ 的变化曲线

由图 7.13～图 7.18 可知：

（1）本章第 II 类定位方法的参数估计均方根误差可以达到相应的 CRB（见图 7.13、图 7.14、图 7.16、图 7.17），验证了 7.3.4 节理论性能分析的有效性。

（2）本章第 II 类定位方法对源节点 A 的定位精度明显高于对源节点 B 的

定位精度，这是因为源节点 A 更接近锚节点。

（3）本章第 II 类定位方法的参数估计精度与参数 $\rho^{(\mathrm{u})}$ 的大小无关（见图 7.16～图 7.18），该结论也可以通过观察 CRB 表达式得出。

（4）两类定位成功概率的理论值和仿真值互相吻合，并且在相同条件下，第 2 类定位成功概率高于第 1 类定位成功概率（见图 7.15 和图 7.18），验证了 3.2 节理论性能分析的有效性。

第 8 章 基于 TOA 观测量的闭式定位方法：多个源节点协同定位方法

在无线传感网系统中，除了锚节点与源节点之间会互相通信，多个源节点之间也会互相通信，此时可以对多个源节点进行协同定位，以提高整体的定位精度。这里的协同定位是指将多个源节点的位置向量合并成一个具有更高维度的位置向量，并对其进行估计。本章将描述基于 TOA 观测量的多个源节点协同定位方法。该方法依据源节点是否与锚节点进行通信，将源节点分成两组，并利用两个阶段（共 6 个计算步骤）实现对全部源节点的协同定位，其中的每个计算步骤均以闭式解的形式给出。此外，本章还利用一阶误差分析方法证明该定位方法的性能可以渐近逼近相应的 CRB，通过数值实验验证了该方法的渐近统计最优性。

8.1 TOA 观测模型与问题描述

本章定位场景示意图如图 8.1 所示。在二维平面中存在一个精确同步的无线传感网系统。该系统包含 M 个锚节点，它们的位置向量精确已知。其中，将第 m 个锚节点的位置向量记为 $\boldsymbol{s}_m^{(\mathrm{a})}$ $(1 \leqslant m \leqslant M)$。该系统还包含 N 个待定位的源节点，依据源节点与锚节点之间是否进行通信连接[①]（下文简称连接），可以将源节点分成两组，分别称为 U 组和 W 组：在 U 组中，每个源节点至少与一个锚节点建立连接，共包含 K 个源节点，将其中第 k 个源节点的位置向量记为 $\boldsymbol{s}_k^{(\mathrm{u})}$ $(1 \leqslant k \leqslant K)$；在 W 组中，每个源节点都未与任何锚节点建立连接，共

① 这里的“连接”是指两个节点之间的物理环境（包括距离、障碍物等）满足通信要求，可互相通信，从而获得 TOA 信息。

包含 L 个源节点，将其中第 l 个源节点的位置向量记为 $\boldsymbol{s}_l^{(\mathrm{w})}$ $(1\leqslant l\leqslant L)$。显然，$N=K+L$。

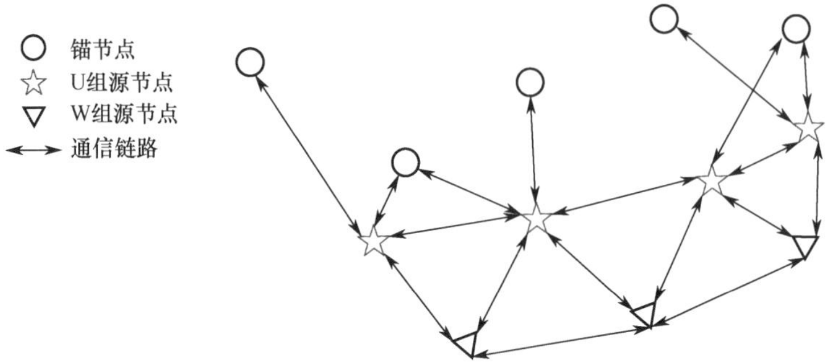

图 8.1　本章定位场景示意图

由于 TOA 信息可以等价为距离信息，为了方便起见，本章将直接利用距离观测量进行建模和分析。基于图 8.1 描绘的定位场景，可以将距离观测量分成 4 类。下面分别加以描述。

8.1.1　第 1 类：锚节点与 U 组源节点之间的距离观测量

针对 U 组中的第 k 个源节点，假设与其建立连接的锚节点个数为 M_k，将这些锚节点的序号记为 $k_1,k_2,\cdots,k_{M_k}$，相应的距离观测量为

$$\hat{\boldsymbol{d}}_k^{(\mathrm{au})}=\boldsymbol{d}_k^{(\mathrm{au})}+\boldsymbol{\varepsilon}_k^{(\mathrm{au})}=\begin{bmatrix}\hat{d}_{k_1}^{(\mathrm{au})}\\ \hat{d}_{k_2}^{(\mathrm{au})}\\ \vdots\\ \hat{d}_{k_{M_k}}^{(\mathrm{au})}\end{bmatrix}=\begin{bmatrix}d_{k_1}^{(\mathrm{au})}\\ d_{k_2}^{(\mathrm{au})}\\ \vdots\\ d_{k_{M_k}}^{(\mathrm{au})}\end{bmatrix}+\begin{bmatrix}\varepsilon_{k_1}^{(\mathrm{au})}\\ \varepsilon_{k_2}^{(\mathrm{au})}\\ \vdots\\ \varepsilon_{k_{M_k}}^{(\mathrm{au})}\end{bmatrix}=\begin{bmatrix}\|\boldsymbol{s}_{k_1}^{(\mathrm{a})}-\boldsymbol{s}_k^{(\mathrm{u})}\|_2\\ \|\boldsymbol{s}_{k_2}^{(\mathrm{a})}-\boldsymbol{s}_k^{(\mathrm{u})}\|_2\\ \vdots\\ \|\boldsymbol{s}_{k_{M_k}}^{(\mathrm{a})}-\boldsymbol{s}_k^{(\mathrm{u})}\|_2\end{bmatrix}+\begin{bmatrix}\varepsilon_{k_1}^{(\mathrm{au})}\\ \varepsilon_{k_2}^{(\mathrm{au})}\\ \vdots\\ \varepsilon_{k_{M_k}}^{(\mathrm{au})}\end{bmatrix}$$
$$=\boldsymbol{f}_{\mathrm{toa},k}^{(\mathrm{au})}(\boldsymbol{s}_k^{(\mathrm{u})})+\boldsymbol{\varepsilon}_k^{(\mathrm{au})}\quad(1\leqslant k\leqslant K)\tag{8.1}$$

式中，

$$\begin{cases}\hat{\boldsymbol{d}}_k^{(\mathrm{au})}=[\hat{d}_{k_1}^{(\mathrm{au})}\ \ \hat{d}_{k_2}^{(\mathrm{au})}\ \ \cdots\ \ \hat{d}_{k_{M_k}}^{(\mathrm{au})}]^{\mathrm{T}}\\ \boldsymbol{d}_k^{(\mathrm{au})}=\boldsymbol{f}_{\mathrm{toa},k}^{(\mathrm{au})}(\boldsymbol{s}_k^{(\mathrm{u})})=[d_{k_1}^{(\mathrm{au})}\ \ d_{k_2}^{(\mathrm{au})}\ \ \cdots\ \ d_{k_{M_k}}^{(\mathrm{au})}]^{\mathrm{T}}\\ \boldsymbol{\varepsilon}_k^{(\mathrm{au})}=[\varepsilon_{k_1}^{(\mathrm{au})}\ \ \varepsilon_{k_2}^{(\mathrm{au})}\ \ \cdots\ \ \varepsilon_{k_{M_k}}^{(\mathrm{au})}]^{\mathrm{T}}\end{cases}\tag{8.2}$$

$$\begin{cases} \hat{d}_{k_m}^{(\mathrm{au})} = d_{k_m}^{(\mathrm{au})} + \varepsilon_{k_m}^{(\mathrm{au})} \\ d_{k_m}^{(\mathrm{au})} = \| \boldsymbol{s}_{k_m}^{(\mathrm{a})} - \boldsymbol{s}_k^{(\mathrm{u})} \|_2 \quad (1 \leqslant m \leqslant M_k) \end{cases} \tag{8.3}$$

式（8.1）中的$\boldsymbol{\varepsilon}_k^{(\mathrm{au})}$表示观测误差向量。将式（8.1）中的$K$个观测方程合并可得第 1 类距离观测量，即

$$\hat{\boldsymbol{d}}^{(\mathrm{au})} = \boldsymbol{d}^{(\mathrm{au})} + \boldsymbol{\varepsilon}^{(\mathrm{au})} = \boldsymbol{f}_{\mathrm{toa}}^{(\mathrm{au})}(\boldsymbol{s}^{(\mathrm{u})}) + \boldsymbol{\varepsilon}^{(\mathrm{au})} \in \mathbf{R}^{\tilde{M}_K \times 1} \tag{8.4}$$

式中，

$$\begin{cases} \hat{\boldsymbol{d}}^{(\mathrm{au})} = [(\hat{\boldsymbol{d}}_1^{(\mathrm{au})})^{\mathrm{T}} \ \ (\hat{\boldsymbol{d}}_2^{(\mathrm{au})})^{\mathrm{T}} \ \ \cdots \ \ (\hat{\boldsymbol{d}}_K^{(\mathrm{au})})^{\mathrm{T}}]^{\mathrm{T}} \\ \boldsymbol{d}^{(\mathrm{au})} = \boldsymbol{f}_{\mathrm{toa}}^{(\mathrm{au})}(\boldsymbol{s}^{(\mathrm{u})}) = [(\boldsymbol{d}_1^{(\mathrm{au})})^{\mathrm{T}} \ \ (\boldsymbol{d}_2^{(\mathrm{au})})^{\mathrm{T}} \ \ \cdots \ \ (\boldsymbol{d}_K^{(\mathrm{au})})^{\mathrm{T}}]^{\mathrm{T}} \\ \boldsymbol{\varepsilon}^{(\mathrm{au})} = [(\boldsymbol{\varepsilon}_1^{(\mathrm{au})})^{\mathrm{T}} \ \ (\boldsymbol{\varepsilon}_2^{(\mathrm{au})})^{\mathrm{T}} \ \ \cdots \ \ (\boldsymbol{\varepsilon}_K^{(\mathrm{au})})^{\mathrm{T}}]^{\mathrm{T}} \\ \boldsymbol{s}^{(\mathrm{u})} = [(\boldsymbol{s}_1^{(\mathrm{u})})^{\mathrm{T}} \ \ (\boldsymbol{s}_2^{(\mathrm{u})})^{\mathrm{T}} \ \ \cdots \ \ (\boldsymbol{s}_K^{(\mathrm{u})})^{\mathrm{T}}]^{\mathrm{T}} \\ \boldsymbol{f}_{\mathrm{toa}}^{(\mathrm{au})}(\boldsymbol{s}^{(\mathrm{u})}) = [(\boldsymbol{f}_{\mathrm{toa},1}^{(\mathrm{au})}(\boldsymbol{s}_1^{(\mathrm{u})}))^{\mathrm{T}} \ \ (\boldsymbol{f}_{\mathrm{toa},2}^{(\mathrm{au})}(\boldsymbol{s}_2^{(\mathrm{u})}))^{\mathrm{T}} \ \ \cdots \ \ (\boldsymbol{f}_{\mathrm{toa},K}^{(\mathrm{au})}(\boldsymbol{s}_K^{(\mathrm{u})}))^{\mathrm{T}}]^{\mathrm{T}} \\ \tilde{M}_K = \sum_{k=1}^{K} M_k \end{cases} \tag{8.5}$$

假设观测误差向量$\boldsymbol{\varepsilon}^{(\mathrm{au})}$服从零均值的高斯分布，协方差矩阵为$\boldsymbol{E}^{(\mathrm{au})} = E[\boldsymbol{\varepsilon}^{(\mathrm{au})}(\boldsymbol{\varepsilon}^{(\mathrm{au})})^{\mathrm{T}}]$。假设不同源节点的距离观测误差互相独立，可以将矩阵$\boldsymbol{E}^{(\mathrm{au})}$表示为

$$\boldsymbol{E}^{(\mathrm{au})} = \mathrm{blkdiag}\{\boldsymbol{E}_1^{(\mathrm{au})}, \boldsymbol{E}_2^{(\mathrm{au})}, \cdots, \boldsymbol{E}_K^{(\mathrm{au})}\} \tag{8.6}$$

式中，$\boldsymbol{E}_k^{(\mathrm{au})} = E[\boldsymbol{\varepsilon}_k^{(\mathrm{au})}(\boldsymbol{\varepsilon}_k^{(\mathrm{au})})^{\mathrm{T}}]$（$1 \leqslant k \leqslant K$）。本章将$\hat{\boldsymbol{d}}^{(\mathrm{au})}$称为含有误差的第 1 类距离观测向量，将$\boldsymbol{d}^{(\mathrm{au})}$称为无误差的第 1 类距离观测向量。

【注记 8.1】距离观测向量$\boldsymbol{d}^{(\mathrm{au})}$中最多包含$MK$个元素（$\tilde{M}_K \leqslant MK$）。当$\tilde{M}_K = MK$时，意味着 U 组中的每个源节点与所有锚节点均建立连接。

8.1.2　第 2 类：U 组源节点之间的距离观测量

为了便于描述观测模型，这里定义连接矩阵$\boldsymbol{U}$，该矩阵具备如下特点：列

数等于 2，行数等于 U 组建立连接的节点对数（记为 $\tilde{K}$ ）；每一行中的两个元素表示建立连接的两个节点序号数，其中小序号数放在第 1 列，大序号数放在第 2 列。举例：假设 U 组包含 5 个源节点（节点序号数为 1、2、3、4、5），共有 6（$\tilde{K}=6$）对节点建立连接，建立连接的两个节点序号数为 1 和 3、1 和 4、2 和 3、2 和 5、3 和 5、4 和 5。此时矩阵 $\boldsymbol{U}$ 中的元素应为

$$\boldsymbol{U}=\begin{bmatrix} u_{11} & u_{12} \\ u_{21} & u_{22} \\ u_{31} & u_{32} \\ u_{41} & u_{42} \\ u_{51} & u_{52} \\ u_{61} & u_{62} \end{bmatrix}=\begin{bmatrix} 1 & 3 \\ 1 & 4 \\ 2 & 3 \\ 2 & 5 \\ 3 & 5 \\ 4 & 5 \end{bmatrix}\in \mathbf{R}^{6\times 2} \tag{8.7}$$

式中，u_{ij} 表示矩阵 $\boldsymbol{U}$ 中的第 i 行、第 j 列元素。

第 2 类距离观测量可以表示为

$$\begin{aligned}\hat{\boldsymbol{d}}^{(\mathrm{uu})}&=\boldsymbol{d}^{(\mathrm{uu})}+\boldsymbol{\varepsilon}^{(\mathrm{uu})}=\begin{bmatrix} \hat{d}_1^{(\mathrm{uu})} \\ \hat{d}_2^{(\mathrm{uu})} \\ \vdots \\ \hat{d}_{\tilde{K}}^{(\mathrm{uu})} \end{bmatrix}=\begin{bmatrix} d_1^{(\mathrm{uu})} \\ d_2^{(\mathrm{uu})} \\ \vdots \\ d_{\tilde{K}}^{(\mathrm{uu})} \end{bmatrix}+\begin{bmatrix} \varepsilon_1^{(\mathrm{uu})} \\ \varepsilon_2^{(\mathrm{uu})} \\ \vdots \\ \varepsilon_{\tilde{K}}^{(\mathrm{uu})} \end{bmatrix}=\begin{bmatrix} \|\boldsymbol{s}_{u_{11}}^{(\mathrm{u})}-\boldsymbol{s}_{u_{12}}^{(\mathrm{u})}\|_2 \\ \|\boldsymbol{s}_{u_{21}}^{(\mathrm{u})}-\boldsymbol{s}_{u_{22}}^{(\mathrm{u})}\|_2 \\ \vdots \\ \|\boldsymbol{s}_{u_{\tilde{K}1}}^{(\mathrm{u})}-\boldsymbol{s}_{u_{\tilde{K}2}}^{(\mathrm{u})}\|_2 \end{bmatrix}+\begin{bmatrix} \varepsilon_1^{(\mathrm{uu})} \\ \varepsilon_2^{(\mathrm{uu})} \\ \vdots \\ \varepsilon_{\tilde{K}}^{(\mathrm{uu})} \end{bmatrix} \\ &=\boldsymbol{f}_{\mathrm{toa}}^{(\mathrm{uu})}(\boldsymbol{s}^{(\mathrm{u})})+\boldsymbol{\varepsilon}^{(\mathrm{uu})}\in \mathbf{R}^{\tilde{K}\times 1}\end{aligned} \tag{8.8}$$

式中，

$$\begin{cases} \hat{\boldsymbol{d}}^{(\mathrm{uu})}=[\hat{d}_1^{(\mathrm{uu})}\ \ \hat{d}_2^{(\mathrm{uu})}\ \ \cdots\ \ \hat{d}_{\tilde{K}}^{(\mathrm{uu})}]^{\mathrm{T}} \\ \boldsymbol{d}^{(\mathrm{uu})}=\boldsymbol{f}_{\mathrm{toa}}^{(\mathrm{uu})}(\boldsymbol{s}^{(\mathrm{u})})=[d_1^{(\mathrm{uu})}\ \ d_2^{(\mathrm{uu})}\ \ \cdots\ \ d_{\tilde{K}}^{(\mathrm{uu})}]^{\mathrm{T}} \\ \boldsymbol{\varepsilon}^{(\mathrm{uu})}=[\varepsilon_1^{(\mathrm{uu})}\ \ \varepsilon_2^{(\mathrm{uu})}\ \ \cdots\ \ \varepsilon_{\tilde{K}}^{(\mathrm{uu})}]^{\mathrm{T}} \end{cases} \tag{8.9}$$

假设观测误差向量 $\boldsymbol{\varepsilon}^{(\mathrm{uu})}$ 服从零均值的高斯分布，协方差矩阵为 $\boldsymbol{E}^{(\mathrm{uu})}=E[\boldsymbol{\varepsilon}^{(\mathrm{uu})}(\boldsymbol{\varepsilon}^{(\mathrm{uu})})^{\mathrm{T}}]$。本章将 $\hat{\boldsymbol{d}}^{(\mathrm{uu})}$ 称为含有误差的第 2 类距离观测向量，将 $\boldsymbol{d}^{(\mathrm{uu})}$ 称为无误差的第 2 类距离观测向量。

【注记 8.2】距离观测向量$\boldsymbol{d}^{(\mathrm{uu})}$最多包含$K(K-1)/2$个元素［$\tilde{K} \leqslant K(K-1)/2$］，当$\tilde{K}=K(K-1)/2$时，意味着U组中的每个源节点之间均建立连接。

8.1.3 第3类：U组源节点与W组源节点之间的距离观测量

针对W组中的第l个源节点，假设与其建立连接的U组源节点个数为K_l，将这些源节点序号记为$l_1, l_2, \cdots, l_{K_l}$，相应的距离观测量为

$$\hat{\boldsymbol{d}}_l^{(\mathrm{uw})} = \boldsymbol{d}_l^{(\mathrm{uw})} + \boldsymbol{\varepsilon}_l^{(\mathrm{uw})} = \begin{bmatrix} \hat{d}_{l_1}^{(\mathrm{uw})} \\ \hat{d}_{l_2}^{(\mathrm{uw})} \\ \vdots \\ \hat{d}_{l_{K_l}}^{(\mathrm{uw})} \end{bmatrix} = \begin{bmatrix} d_{l_1}^{(\mathrm{uw})} \\ d_{l_2}^{(\mathrm{uw})} \\ \vdots \\ d_{l_{K_l}}^{(\mathrm{uw})} \end{bmatrix} + \begin{bmatrix} \varepsilon_{l_1}^{(\mathrm{uw})} \\ \varepsilon_{l_2}^{(\mathrm{uw})} \\ \vdots \\ \varepsilon_{l_{K_l}}^{(\mathrm{uw})} \end{bmatrix} = \begin{bmatrix} \| \boldsymbol{s}_{l_1}^{(\mathrm{u})} - \boldsymbol{s}_l^{(\mathrm{w})} \|_2 \\ \| \boldsymbol{s}_{l_2}^{(\mathrm{u})} - \boldsymbol{s}_l^{(\mathrm{w})} \|_2 \\ \vdots \\ \| \boldsymbol{s}_{l_{K_l}}^{(\mathrm{u})} - \boldsymbol{s}_l^{(\mathrm{w})} \|_2 \end{bmatrix} + \begin{bmatrix} \varepsilon_{l_1}^{(\mathrm{uw})} \\ \varepsilon_{l_2}^{(\mathrm{uw})} \\ \vdots \\ \varepsilon_{l_{K_l}}^{(\mathrm{uw})} \end{bmatrix}$$

$$= \boldsymbol{f}_{\mathrm{toa},l}^{(\mathrm{uw})}(\boldsymbol{s}^{(\mathrm{u})}, \boldsymbol{s}_l^{(\mathrm{w})}) + \boldsymbol{\varepsilon}_l^{(\mathrm{uw})} \quad (1 \leqslant l \leqslant L) \tag{8.10}$$

式中，

$$\begin{cases} \hat{\boldsymbol{d}}_l^{(\mathrm{uw})} = [\hat{d}_{l_1}^{(\mathrm{uw})} \ \ \hat{d}_{l_2}^{(\mathrm{uw})} \ \ \cdots \ \ \hat{d}_{l_{K_l}}^{(\mathrm{uw})}]^{\mathrm{T}} \\ \boldsymbol{d}_l^{(\mathrm{uw})} = \boldsymbol{f}_{\mathrm{toa},l}^{(\mathrm{uw})}(\boldsymbol{s}^{(\mathrm{u})}, \boldsymbol{s}_l^{(\mathrm{w})}) = [d_{l_1}^{(\mathrm{uw})} \ \ d_{l_2}^{(\mathrm{uw})} \ \ \cdots \ \ d_{l_{K_l}}^{(\mathrm{uw})}]^{\mathrm{T}} \\ \boldsymbol{\varepsilon}_l^{(\mathrm{uw})} = [\varepsilon_{l_1}^{(\mathrm{uw})} \ \ \varepsilon_{l_2}^{(\mathrm{uw})} \ \ \cdots \ \ \varepsilon_{l_{K_l}}^{(\mathrm{uw})}]^{\mathrm{T}} \end{cases} \tag{8.11}$$

$$\begin{cases} \hat{d}_{l_k}^{(\mathrm{uw})} = d_{l_k}^{(\mathrm{uw})} + \varepsilon_{l_k}^{(\mathrm{uw})} \\ d_{l_k}^{(\mathrm{uw})} = \| \boldsymbol{s}_{l_k}^{(\mathrm{u})} - \boldsymbol{s}_l^{(\mathrm{w})} \|_2 \quad (1 \leqslant k \leqslant K_l) \end{cases} \tag{8.12}$$

式（8.10）中的$\boldsymbol{\varepsilon}_l^{(\mathrm{uw})}$表示观测误差向量。将式（8.10）中的$L$个观测方程合并可得第3类距离观测量，即

$$\hat{\boldsymbol{d}}^{(\mathrm{uw})} = \boldsymbol{d}^{(\mathrm{uw})} + \boldsymbol{\varepsilon}^{(\mathrm{uw})} = \boldsymbol{f}_{\mathrm{toa}}^{(\mathrm{uw})}(\boldsymbol{s}^{(\mathrm{u})}, \boldsymbol{s}^{(\mathrm{w})}) + \boldsymbol{\varepsilon}^{(\mathrm{uw})} \in \mathbf{R}^{\tilde{K}_L \times 1} \tag{8.13}$$

式中，

$$\begin{cases}\hat{\boldsymbol{d}}^{(\mathrm{uw})}=[(\hat{\boldsymbol{d}}_1^{(\mathrm{uw})})^{\mathrm{T}}\ (\hat{\boldsymbol{d}}_2^{(\mathrm{uw})})^{\mathrm{T}}\ \cdots\ (\hat{\boldsymbol{d}}_L^{(\mathrm{uw})})^{\mathrm{T}}]^{\mathrm{T}} \\ \boldsymbol{d}^{(\mathrm{uw})}=\boldsymbol{f}_{\mathrm{toa}}^{(\mathrm{uw})}(\boldsymbol{s}^{(\mathrm{u})},\boldsymbol{s}^{(\mathrm{w})})=[(\boldsymbol{d}_1^{(\mathrm{uw})})^{\mathrm{T}}\ (\boldsymbol{d}_2^{(\mathrm{uw})})^{\mathrm{T}}\ \cdots\ (\boldsymbol{d}_L^{(\mathrm{uw})})^{\mathrm{T}}]^{\mathrm{T}} \\ \boldsymbol{\varepsilon}^{(\mathrm{uw})}=[(\boldsymbol{\varepsilon}_1^{(\mathrm{uw})})^{\mathrm{T}}\ (\boldsymbol{\varepsilon}_2^{(\mathrm{uw})})^{\mathrm{T}}\ \cdots\ (\boldsymbol{\varepsilon}_L^{(\mathrm{uw})})^{\mathrm{T}}]^{\mathrm{T}} \\ \boldsymbol{s}^{(\mathrm{w})}=[(\boldsymbol{s}_1^{(\mathrm{w})})^{\mathrm{T}}\ (\boldsymbol{s}_2^{(\mathrm{w})})^{\mathrm{T}}\ \cdots\ (\boldsymbol{s}_L^{(\mathrm{w})})^{\mathrm{T}}]^{\mathrm{T}} \\ \boldsymbol{f}_{\mathrm{toa}}^{(\mathrm{uw})}(\boldsymbol{s}^{(\mathrm{u})},\boldsymbol{s}^{(\mathrm{w})})=[(\boldsymbol{f}_{\mathrm{toa},1}^{(\mathrm{uw})}(\boldsymbol{s}^{(\mathrm{u})},\boldsymbol{s}_1^{(\mathrm{w})}))^{\mathrm{T}}\ (\boldsymbol{f}_{\mathrm{toa},2}^{(\mathrm{uw})}(\boldsymbol{s}^{(\mathrm{u})},\boldsymbol{s}_2^{(\mathrm{w})}))^{\mathrm{T}}\ \cdots\ (\boldsymbol{f}_{\mathrm{toa},L}^{(\mathrm{uw})}(\boldsymbol{s}^{(\mathrm{u})},\boldsymbol{s}_L^{(\mathrm{w})}))^{\mathrm{T}}]^{\mathrm{T}} \\ \tilde{K}_L=\sum_{l=1}^{L}K_l \end{cases}$$

（8.14）

假设观测误差向量 $\boldsymbol{\varepsilon}^{(\mathrm{uw})}$ 服从零均值的高斯分布，协方差矩阵为 $\boldsymbol{E}^{(\mathrm{uw})}=E[\boldsymbol{\varepsilon}^{(\mathrm{uw})}(\boldsymbol{\varepsilon}^{(\mathrm{uw})})^{\mathrm{T}}]$。假设不同源节点的距离观测误差互相独立，此时可以将矩阵 $\boldsymbol{E}^{(\mathrm{uw})}$ 表示为

$$\boldsymbol{E}^{(\mathrm{uw})}=\mathrm{blkdiag}\{\boldsymbol{E}_1^{(\mathrm{uw})},\boldsymbol{E}_2^{(\mathrm{uw})},\cdots,\boldsymbol{E}_L^{(\mathrm{uw})}\} \tag{8.15}$$

式中，$\boldsymbol{E}_l^{(\mathrm{uw})}=E[\boldsymbol{\varepsilon}_l^{(\mathrm{uw})}(\boldsymbol{\varepsilon}_l^{(\mathrm{uw})})^{\mathrm{T}}]$ $(1\leqslant l\leqslant L)$。本章将 $\hat{\boldsymbol{d}}^{(\mathrm{uw})}$ 称为含有误差的第 3 类距离观测向量，将 $\boldsymbol{d}^{(\mathrm{uw})}$ 称为无误差的第 3 类距离观测向量。

【注记 8.3】距离观测向量 $\boldsymbol{d}^{(\mathrm{uw})}$ 最多包含 KL 个元素（$\tilde{K}_L\leqslant KL$）。当 $\tilde{K}_L=KL$ 时，意味着 U 组中的每个源节点与 W 组中的每个源节点之间均建立连接。

8.1.4　第 4 类：W 组源节点之间的距离观测量

为了便于描述观测模型，这里定义连接矩阵 $\boldsymbol{W}$。该矩阵具备如下特点：列数等于 2，行数等于 W 组建立连接的节点对数（记为 $\tilde{L}$）；每一行中的两个元素表示建立连接的两个节点序号数，其中小序号数放在第 1 列，大序号数放在第 2 列。举例：假设 W 组包含 4 个源节点（节点序号数为 1、2、3、4），共有 5（$\tilde{L}=5$）对节点建立连接，建立连接的两个节点序号数为 1 和 2、1 和 3、2 和 3、2 和 4、3 和 4。此时矩阵 $\boldsymbol{W}$ 中的元素为

$$\boldsymbol{W}=\begin{bmatrix} w_{11} & w_{12} \\ w_{21} & w_{22} \\ w_{31} & w_{32} \\ w_{41} & w_{42} \\ w_{51} & w_{52} \end{bmatrix}=\begin{bmatrix} 1 & 2 \\ 1 & 3 \\ 2 & 3 \\ 2 & 4 \\ 3 & 4 \end{bmatrix}\in\mathbf{R}^{5\times 2} \tag{8.16}$$

式中，w_{ij} 表示矩阵 $\boldsymbol{W}$ 中的第 i 行、第 j 列元素。

第 4 类距离观测量可以表示为

$$\hat{\boldsymbol{d}}^{(\mathrm{ww})}=\boldsymbol{d}^{(\mathrm{ww})}+\boldsymbol{\varepsilon}^{(\mathrm{ww})}=\begin{bmatrix}\hat{d}_1^{(\mathrm{ww})}\\ \hat{d}_2^{(\mathrm{ww})}\\ \vdots\\ \hat{d}_{\tilde{L}}^{(\mathrm{ww})}\end{bmatrix}=\begin{bmatrix}d_1^{(\mathrm{ww})}\\ d_2^{(\mathrm{ww})}\\ \vdots\\ d_{\tilde{L}}^{(\mathrm{ww})}\end{bmatrix}+\begin{bmatrix}\varepsilon_1^{(\mathrm{ww})}\\ \varepsilon_2^{(\mathrm{ww})}\\ \vdots\\ \varepsilon_{\tilde{L}}^{(\mathrm{ww})}\end{bmatrix}=\begin{bmatrix}\|\boldsymbol{s}_{w_{11}}^{(\mathrm{w})}-\boldsymbol{s}_{w_{12}}^{(\mathrm{w})}\|_2\\ \|\boldsymbol{s}_{w_{21}}^{(\mathrm{w})}-\boldsymbol{s}_{w_{22}}^{(\mathrm{w})}\|_2\\ \vdots\\ \|\boldsymbol{s}_{w_{\tilde{L}1}}^{(\mathrm{w})}-\boldsymbol{s}_{w_{\tilde{L}2}}^{(\mathrm{w})}\|_2\end{bmatrix}+\begin{bmatrix}\varepsilon_1^{(\mathrm{ww})}\\ \varepsilon_2^{(\mathrm{ww})}\\ \vdots\\ \varepsilon_{\tilde{L}}^{(\mathrm{ww})}\end{bmatrix}$$
$$=\boldsymbol{f}_{\mathrm{toa}}^{(\mathrm{ww})}(\boldsymbol{s}^{(\mathrm{w})})+\boldsymbol{\varepsilon}^{(\mathrm{ww})}\in\mathbf{R}^{\tilde{L}\times 1}\tag{8.17}$$

式中，

$$\begin{cases}\hat{\boldsymbol{d}}^{(\mathrm{ww})}=[\hat{d}_1^{(\mathrm{ww})}\ \ \hat{d}_2^{(\mathrm{ww})}\ \ \cdots\ \ \hat{d}_{\tilde{L}}^{(\mathrm{ww})}]^{\mathrm{T}}\\ \boldsymbol{d}^{(\mathrm{ww})}=\boldsymbol{f}_{\mathrm{toa}}^{(\mathrm{ww})}(\boldsymbol{s}^{(\mathrm{w})})=[d_1^{(\mathrm{ww})}\ \ d_2^{(\mathrm{ww})}\ \ \cdots\ \ d_{\tilde{L}}^{(\mathrm{ww})}]^{\mathrm{T}}\\ \boldsymbol{\varepsilon}^{(\mathrm{ww})}=[\varepsilon_1^{(\mathrm{ww})}\ \ \varepsilon_2^{(\mathrm{ww})}\ \ \cdots\ \ \varepsilon_{\tilde{L}}^{(\mathrm{ww})}]^{\mathrm{T}}\end{cases}\tag{8.18}$$

假设观测误差向量 $\boldsymbol{\varepsilon}^{(\mathrm{ww})}$ 服从零均值的高斯分布，协方差矩阵为 $\boldsymbol{E}^{(\mathrm{ww})}=E[\boldsymbol{\varepsilon}^{(\mathrm{ww})}(\boldsymbol{\varepsilon}^{(\mathrm{ww})})^{\mathrm{T}}]$。本章将 $\hat{\boldsymbol{d}}^{(\mathrm{ww})}$ 称为含有误差的第 4 类距离观测向量，将 $\boldsymbol{d}^{(\mathrm{ww})}$ 称为无误差的第 4 类距离观测向量。

【注记 8.4】 距离观测向量 $\hat{\boldsymbol{d}}^{(\mathrm{ww})}$ 最多包含 $L(L-1)/2$ 个元素［$\tilde{L}\leqslant L(L-1)/2$］。当 $\tilde{L}=L(L-1)/2$ 时，意味着 W 组中的每个源节点之间均建立连接。

【注记 8.5】 由于不同源节点的距离观测误差互相独立，因此观测误差向量 $\boldsymbol{\varepsilon}^{(\mathrm{au})}$、$\boldsymbol{\varepsilon}^{(\mathrm{uu})}$、$\boldsymbol{\varepsilon}^{(\mathrm{uw})}$ 及 $\boldsymbol{\varepsilon}^{(\mathrm{ww})}$ 之间互相统计独立。

下面的问题在于：如何利用 4 类距离观测向量 $\hat{\boldsymbol{d}}^{(\mathrm{au})}$、$\hat{\boldsymbol{d}}^{(\mathrm{uu})}$、$\hat{\boldsymbol{d}}^{(\mathrm{uw})}$ 及 $\hat{\boldsymbol{d}}^{(\mathrm{ww})}$，尽可能准确估计 U 组中的源节点位置向量 $\boldsymbol{s}^{(\mathrm{u})}$ 和 W 组中的源节点位置向量 $\boldsymbol{s}^{(\mathrm{w})}$。本章将给出一种闭式定位方法。该方法包含两个阶段。每个阶段含有 3 个计算步骤。

8.2 闭式定位方法及其理论性能分析

本章的闭式定位方法包含两个阶段：阶段 1，利用距离观测向量 $\hat{\boldsymbol{d}}^{(\mathrm{au})}$ 和 $\hat{\boldsymbol{d}}^{(\mathrm{uu})}$ 对 U 组中的源节点进行协同定位；阶段 2，利用距离观测向量 $\hat{\boldsymbol{d}}^{(\mathrm{uw})}$、$\hat{\boldsymbol{d}}^{(\mathrm{ww})}$ 及由阶段 1 所获得的估计值对 U 组和 W 组中的源节点进行协同定位。两个阶段均需要 3 个计算步骤，每个步骤均以闭式解的形式呈现，每个阶段的估计均方误差都能达到与之相对应的 CRB。

8.2.1 阶段 1 的计算步骤及其理论性能分析

阶段 1 共包含 3 个计算步骤：步骤 1-a、步骤 1-b 及步骤 1-c。下面分别描述每个步骤的计算原理，并给出相应的理论性能分析。

1. 步骤 1-a 的计算原理及其理论性能分析

步骤 1-a 利用距离观测向量 $\hat{\boldsymbol{d}}^{(\mathrm{au})}$ 对 U 组中的源节点进行定位。针对 U 组中的第 k 个源节点，与其位置向量 $\boldsymbol{s}_k^{(\mathrm{u})}$ 相关的距离观测向量为 $\hat{\boldsymbol{d}}_k^{(\mathrm{au})}$。下面利用 $\hat{\boldsymbol{d}}_k^{(\mathrm{au})}$ 对位置向量 $\boldsymbol{s}_k^{(\mathrm{u})}$ 进行估计。需要指出的是，由于 K 个距离观测向量 $\{\hat{\boldsymbol{d}}_k^{(\mathrm{au})}\}_{1\leqslant k\leqslant K}$ 互相独立，因此这里暂时可以对 K 个源节点进行独立定位，无须协同处理。

为了获得闭式解，需要得到伪线性观测方程。根据式（8.3）中的第 2 个公式可得

$$\begin{aligned}&d_{k_m}^{(\mathrm{au})}=\|\boldsymbol{s}_{k_m}^{(\mathrm{a})}-\boldsymbol{s}_k^{(\mathrm{u})}\|_2\Rightarrow(d_{k_m}^{(\mathrm{au})})^2=\|\boldsymbol{s}_{k_m}^{(\mathrm{a})}\|_2^2-2(\boldsymbol{s}_{k_m}^{(\mathrm{a})})^{\mathrm{T}}\boldsymbol{s}_k^{(\mathrm{u})}+\|\boldsymbol{s}_k^{(\mathrm{u})}\|_2^2\\&\Rightarrow-(\boldsymbol{s}_{k_m}^{(\mathrm{a})})^{\mathrm{T}}\boldsymbol{s}_k^{(\mathrm{u})}+\frac{1}{2}\|\boldsymbol{s}_k^{(\mathrm{u})}\|_2^2=\frac{1}{2}((d_{k_m}^{(\mathrm{au})})^2-\|\boldsymbol{s}_{k_m}^{(\mathrm{a})}\|_2^2)\quad(1\leqslant m\leqslant M_k)\end{aligned}\tag{8.19}$$

定义扩维参数向量 $\boldsymbol{\beta}_{\mathrm{a},k}^{(\mathrm{u})}=[(\boldsymbol{s}_k^{(\mathrm{u})})^{\mathrm{T}}\;\vdots\;\|\boldsymbol{s}_k^{(\mathrm{u})}\|_2^2]^{\mathrm{T}}\in\mathbf{R}^{3\times1}$，其中的第 3 个元素 $\|\boldsymbol{s}_k^{(\mathrm{u})}\|_2^2$ 可被视为辅助变量。此时可以将式（8.19）表示成如下矩阵形式，即

$$\boldsymbol{A}_{\mathrm{a},k}^{(\mathrm{u})}\boldsymbol{\beta}_{\mathrm{a},k}^{(\mathrm{u})}=\boldsymbol{b}_{\mathrm{a},k}^{(\mathrm{u})}(\boldsymbol{d}_k^{(\mathrm{au})})\tag{8.20}$$

式中，

$$\begin{cases} \boldsymbol{A}_{\mathrm{a},k}^{(\mathrm{u})}=\left[\begin{array}{c:c} -(\boldsymbol{s}_{k_1}^{(\mathrm{a})})^{\mathrm{T}} & 1/2 \\ -(\boldsymbol{s}_{k_2}^{(\mathrm{a})})^{\mathrm{T}} & 1/2 \\ \vdots & \vdots \\ -(\boldsymbol{s}_{k_{M_k}}^{(\mathrm{a})})^{\mathrm{T}} & 1/2 \end{array}\right]\in\mathbf{R}^{M_k\times 3} \\ \boldsymbol{b}_{\mathrm{a},k}^{(\mathrm{u})}(\boldsymbol{d}_k^{(\mathrm{au})})=\begin{bmatrix} \frac{1}{2}((d_{k_1}^{(\mathrm{au})})^2-\|\boldsymbol{s}_{k_1}^{(\mathrm{a})}\|_2^2) \\ \frac{1}{2}((d_{k_2}^{(\mathrm{au})})^2-\|\boldsymbol{s}_{k_2}^{(\mathrm{a})}\|_2^2) \\ \vdots \\ \frac{1}{2}((d_{k_{M_k}}^{(\mathrm{au})})^2-\|\boldsymbol{s}_{k_{M_k}}^{(\mathrm{a})}\|_2^2) \end{bmatrix}\in\mathbf{R}^{M_k\times 1} \end{cases} \tag{8.21}$$

式（8.20）即为步骤 1-a 建立的伪线性观测方程。其中，$\boldsymbol{A}_{\mathrm{a},k}^{(\mathrm{u})}$ 表示伪线性系数矩阵，由式（8.21）中的第 1 个公式可知，$\boldsymbol{A}_{\mathrm{a},k}^{(\mathrm{u})}$ 为常数矩阵；$\boldsymbol{b}_{\mathrm{a},k}^{(\mathrm{u})}(\boldsymbol{d}_k^{(\mathrm{au})})$ 表示伪线性观测向量，由式（8.21）中的第 2 个公式可知，$\boldsymbol{b}_{\mathrm{a},k}^{(\mathrm{u})}(\boldsymbol{d}_k^{(\mathrm{au})})$ 与向量 $\boldsymbol{d}_k^{(\mathrm{au})}$ 有关。

根据式（8.20）可以将向量 $\boldsymbol{\beta}_{\mathrm{a},k}^{(\mathrm{u})}$ 表示为

$$\boldsymbol{\beta}_{\mathrm{a},k}^{(\mathrm{u})}=(\boldsymbol{A}_{\mathrm{a},k}^{(\mathrm{u})})^{\dagger}\,\boldsymbol{b}_{\mathrm{a},k}^{(\mathrm{u})}(\boldsymbol{d}_k^{(\mathrm{au})})=((\boldsymbol{A}_{\mathrm{a},k}^{(\mathrm{u})})^{\mathrm{T}}\boldsymbol{A}_{\mathrm{a},k}^{(\mathrm{u})})^{-1}(\boldsymbol{A}_{\mathrm{a},k}^{(\mathrm{u})})^{\mathrm{T}}\boldsymbol{b}_{\mathrm{a},k}^{(\mathrm{u})}(\boldsymbol{d}_k^{(\mathrm{au})}) \tag{8.22}$$

在实际中无法获得无误差的距离观测向量 $\boldsymbol{d}_k^{(\mathrm{au})}$，只能得到含有误差的距离观测向量 $\hat{\boldsymbol{d}}_k^{(\mathrm{au})}$，此时需要设计线性加权最小二乘估计准则，用于抑制观测误差向量 $\boldsymbol{\varepsilon}_k^{(\mathrm{au})}$ 的影响。

定义误差向量为

$$\boldsymbol{\xi}_{\mathrm{a},k}^{(\mathrm{u})}=\boldsymbol{b}_{\mathrm{a},k}^{(\mathrm{u})}(\hat{\boldsymbol{d}}_k^{(\mathrm{au})})-\boldsymbol{A}_{\mathrm{a},k}^{(\mathrm{u})}\boldsymbol{\beta}_{\mathrm{a},k}^{(\mathrm{u})}=\Delta\boldsymbol{b}_{\mathrm{a},k}^{(\mathrm{u})} \tag{8.23}$$

式中，$\Delta\boldsymbol{b}_{\mathrm{a},k}^{(\mathrm{u})}=\boldsymbol{b}_{\mathrm{a},k}^{(\mathrm{u})}(\hat{\boldsymbol{d}}_k^{(\mathrm{au})})-\boldsymbol{b}_{\mathrm{a},k}^{(\mathrm{u})}(\boldsymbol{d}_k^{(\mathrm{au})})$。利用一阶误差分析可知

$$\Delta\boldsymbol{b}_{\mathrm{a},k}^{(\mathrm{u})}\approx\boldsymbol{B}_{\mathrm{a},k}^{(\mathrm{u})}(\boldsymbol{d}_k^{(\mathrm{au})})(\hat{\boldsymbol{d}}_k^{(\mathrm{au})}-\boldsymbol{d}_k^{(\mathrm{au})})=\boldsymbol{B}_{\mathrm{a},k}^{(\mathrm{u})}(\boldsymbol{d}_k^{(\mathrm{au})})\boldsymbol{\varepsilon}_k^{(\mathrm{au})} \tag{8.24}$$

式中，

$$\boldsymbol{B}_{\mathrm{a},k}^{(\mathrm{u})}(\boldsymbol{d}_k^{(\mathrm{au})})=\frac{\partial\boldsymbol{b}_{\mathrm{a},k}^{(\mathrm{u})}(\boldsymbol{d}_k^{(\mathrm{au})})}{\partial(\boldsymbol{d}_k^{(\mathrm{au})})^{\mathrm{T}}}=\mathrm{diag}[\boldsymbol{d}_k^{(\mathrm{au})}]\in\mathbf{R}^{M_k\times M_k} \tag{8.25}$$

将式（8.24）代入式（8.23）可得

$$\boldsymbol{\xi}_{\mathrm{a},k}^{(\mathrm{u})} \approx \boldsymbol{B}_{\mathrm{a},k}^{(\mathrm{u})}(\boldsymbol{d}_k^{(\mathrm{au})})\boldsymbol{\varepsilon}_k^{(\mathrm{au})} = \boldsymbol{C}_{\mathrm{a},k}^{(\mathrm{u})}(\boldsymbol{d}_k^{(\mathrm{au})})\boldsymbol{\varepsilon}_k^{(\mathrm{au})} \tag{8.26}$$

式中，$\boldsymbol{C}_{\mathrm{a},k}^{(\mathrm{u})}(\boldsymbol{d}_k^{(\mathrm{au})}) = \boldsymbol{B}_{\mathrm{a},k}^{(\mathrm{u})}(\boldsymbol{d}_k^{(\mathrm{au})}) \in \mathbf{R}^{M_k \times M_k}$。由式（8.26）可知，误差向量$\boldsymbol{\xi}_{\mathrm{a},k}^{(\mathrm{u})}$渐近服从零均值的高斯分布，协方差矩阵为

$$\begin{aligned}\boldsymbol{\Omega}_{\mathrm{a},k}^{(\mathrm{u})} &= E[\boldsymbol{\xi}_{\mathrm{a},k}^{(\mathrm{u})}(\boldsymbol{\xi}_{\mathrm{a},k}^{(\mathrm{u})})^{\mathrm{T}}] = \boldsymbol{C}_{\mathrm{a},k}^{(\mathrm{u})}(\boldsymbol{d}_k^{(\mathrm{au})})E[\boldsymbol{\varepsilon}_k^{(\mathrm{au})}(\boldsymbol{\varepsilon}_k^{(\mathrm{au})})^{\mathrm{T}}](\boldsymbol{C}_{\mathrm{a},k}^{(\mathrm{u})}(\boldsymbol{d}_k^{(\mathrm{au})}))^{\mathrm{T}} \\ &= \boldsymbol{C}_{\mathrm{a},k}^{(\mathrm{u})}(\boldsymbol{d}_k^{(\mathrm{au})})\boldsymbol{E}_k^{(\mathrm{au})}(\boldsymbol{C}_{\mathrm{a},k}^{(\mathrm{u})}(\boldsymbol{d}_k^{(\mathrm{au})}))^{\mathrm{T}} \in \mathbf{R}^{M_k \times M_k}\end{aligned} \tag{8.27}$$

结合式（8.23）和式（8.27）可以建立线性加权最小二乘估计准则，即

$$\min_{\boldsymbol{\beta}_{\mathrm{a},k}^{(\mathrm{u})}}\{J_{\mathrm{a},k}^{(\mathrm{u})}(\boldsymbol{\beta}_{\mathrm{a},k}^{(\mathrm{u})})\} = \min_{\boldsymbol{\beta}_{\mathrm{a},k}^{(\mathrm{u})}}\{(\boldsymbol{b}_{\mathrm{a},k}^{(\mathrm{u})}(\hat{\boldsymbol{d}}_k^{(\mathrm{au})}) - \boldsymbol{A}_{\mathrm{a},k}^{(\mathrm{u})}\boldsymbol{\beta}_{\mathrm{a},k}^{(\mathrm{u})})^{\mathrm{T}}(\boldsymbol{\Omega}_{\mathrm{a},k}^{(\mathrm{u})})^{-1}(\boldsymbol{b}_{\mathrm{a},k}^{(\mathrm{u})}(\hat{\boldsymbol{d}}_k^{(\mathrm{au})}) - \boldsymbol{A}_{\mathrm{a},k}^{(\mathrm{u})}\boldsymbol{\beta}_{\mathrm{a},k}^{(\mathrm{u})})\} \tag{8.28}$$

式中，$(\boldsymbol{\Omega}_{\mathrm{a},k}^{(\mathrm{u})})^{-1}$可被视为加权矩阵，其作用在于抑制观测误差$\boldsymbol{\varepsilon}_k^{(\mathrm{au})}$的影响。根据式（2.39）可知，式（8.28）的最优闭式解为

$$\hat{\boldsymbol{\beta}}_{\mathrm{a},k}^{(\mathrm{u})} = ((\boldsymbol{A}_{\mathrm{a},k}^{(\mathrm{u})})^{\mathrm{T}}(\boldsymbol{\Omega}_{\mathrm{a},k}^{(\mathrm{u})})^{-1}\boldsymbol{A}_{\mathrm{a},k}^{(\mathrm{u})})^{-1}(\boldsymbol{A}_{\mathrm{a},k}^{(\mathrm{u})})^{\mathrm{T}}(\boldsymbol{\Omega}_{\mathrm{a},k}^{(\mathrm{u})})^{-1}\boldsymbol{b}_{\mathrm{a},k}^{(\mathrm{u})}(\hat{\boldsymbol{d}}_k^{(\mathrm{au})}) \tag{8.29}$$

【注记 8.6】由式（8.27）可知，加权矩阵$(\boldsymbol{\Omega}_{\mathrm{a},k}^{(\mathrm{u})})^{-1}$与距离观测向量$\boldsymbol{d}_k^{(\mathrm{au})}$有关，可以直接利用观测值$\hat{\boldsymbol{d}}_k^{(\mathrm{au})}$进行计算。理论分析表明，在一阶误差分析理论框架下，加权矩阵$(\boldsymbol{\Omega}_{\mathrm{a},k}^{(\mathrm{u})})^{-1}$中的扰动误差并不会实质影响估计值$\hat{\boldsymbol{\beta}}_{\mathrm{a},k}^{(\mathrm{u})}$的统计性能。

【注记 8.7】将估计值$\hat{\boldsymbol{\beta}}_{\mathrm{a},k}^{(\mathrm{u})}$中的估计误差记为$\Delta\boldsymbol{\beta}_{\mathrm{a},k}^{(\mathrm{u})} = \hat{\boldsymbol{\beta}}_{\mathrm{a},k}^{(\mathrm{u})} - \boldsymbol{\beta}_{\mathrm{a},k}^{(\mathrm{u})}$。由 4.2.3 节中的一阶误差分析方法可知，误差向量$\Delta\boldsymbol{\beta}_{\mathrm{a},k}^{(\mathrm{u})}$渐近服从零均值的高斯分布，并且可以近似表示为

$$\Delta\boldsymbol{\beta}_{\mathrm{a},k}^{(\mathrm{u})} \approx ((\boldsymbol{A}_{\mathrm{a},k}^{(\mathrm{u})})^{\mathrm{T}}(\boldsymbol{\Omega}_{\mathrm{a},k}^{(\mathrm{u})})^{-1}\boldsymbol{A}_{\mathrm{a},k}^{(\mathrm{u})})^{-1}(\boldsymbol{A}_{\mathrm{a},k}^{(\mathrm{u})})^{\mathrm{T}}(\boldsymbol{\Omega}_{\mathrm{a},k}^{(\mathrm{u})})^{-1}\boldsymbol{\xi}_{\mathrm{a},k}^{(\mathrm{u})} \tag{8.30}$$

由此可知，估计值$\hat{\boldsymbol{\beta}}_{\mathrm{a},k}^{(\mathrm{u})}$是渐近无偏估计，均方误差矩阵为

$$\begin{aligned}\mathbf{MSE}(\hat{\boldsymbol{\beta}}_{\mathrm{a},k}^{(\mathrm{u})}) &= E[(\hat{\boldsymbol{\beta}}_{\mathrm{a},k}^{(\mathrm{u})}-\boldsymbol{\beta}_{\mathrm{a},k}^{(\mathrm{u})})(\hat{\boldsymbol{\beta}}_{\mathrm{a},k}^{(\mathrm{u})}-\boldsymbol{\beta}_{\mathrm{a},k}^{(\mathrm{u})})^{\mathrm{T}}] \\ &= E[\Delta\boldsymbol{\beta}_{\mathrm{a},k}^{(\mathrm{u})}(\Delta\boldsymbol{\beta}_{\mathrm{a},k}^{(\mathrm{u})})^{\mathrm{T}}] = ((\boldsymbol{A}_{\mathrm{a},k}^{(\mathrm{u})})^{\mathrm{T}}(\boldsymbol{\Omega}_{\mathrm{a},k}^{(\mathrm{u})})^{-1}\boldsymbol{A}_{\mathrm{a},k}^{(\mathrm{u})})^{-1}\end{aligned} \tag{8.31}$$

根据向量 $\boldsymbol{\beta}_{\mathrm{a},k}^{(\mathrm{u})}$ 的定义可知，估计值 $\hat{\boldsymbol{\beta}}_{\mathrm{a},k}^{(\mathrm{u})}$ 中的前两个元素虽可作为位置向量 $\boldsymbol{s}_k^{(\mathrm{u})}$ 的估计值，但是由此获得的估计精度并不高，步骤 1-b 将利用向量 $\boldsymbol{\beta}_{\mathrm{a},k}^{(\mathrm{u})}$ 中的第 3 个元素（辅助变量）与前两个元素之间的代数关系提高估计精度。

2．步骤 1-b 的计算原理及其理论性能分析

这里将利用向量 $\boldsymbol{\beta}_{\mathrm{a},k}^{(\mathrm{u})}$ 中的第 3 个元素与前两个元素之间的代数关系建立线性加权最小二乘估计准则。为此，需要定义一个参数向量 $\boldsymbol{\beta}_{\mathrm{b},k}^{(\mathrm{u})}=\boldsymbol{s}_k^{(\mathrm{u})}\odot\boldsymbol{s}_k^{(\mathrm{u})}\in\mathbf{R}^{2\times 1}$，根据向量 $\boldsymbol{\beta}_{\mathrm{b},k}^{(\mathrm{u})}$ 与 $\boldsymbol{\beta}_{\mathrm{a},k}^{(\mathrm{u})}$ 的定义可以获得如下关系式，即

$$\boldsymbol{b}_{\mathrm{b},k}^{(\mathrm{u})}(\boldsymbol{\beta}_{\mathrm{a},k}^{(\mathrm{u})})=\begin{bmatrix}<\boldsymbol{\beta}_{\mathrm{a},k}^{(\mathrm{u})}>_1^2\\<\boldsymbol{\beta}_{\mathrm{a},k}^{(\mathrm{u})}>_2^2\\<\boldsymbol{\beta}_{\mathrm{a},k}^{(\mathrm{u})}>_3\end{bmatrix}=\begin{bmatrix}1&0\\0&1\\1&1\end{bmatrix}\boldsymbol{\beta}_{\mathrm{b},k}^{(\mathrm{u})}=\boldsymbol{A}_{\mathrm{b},k}^{(\mathrm{u})}\boldsymbol{\beta}_{\mathrm{b},k}^{(\mathrm{u})} \tag{8.32}$$

式中，

$$\boldsymbol{A}_{\mathrm{b},k}^{(\mathrm{u})}=\begin{bmatrix}1&0\\0&1\\1&1\end{bmatrix}\in\mathbf{R}^{3\times 2} \tag{8.33}$$

【注记 8.8】 虽然从参数向量 $\boldsymbol{\beta}_{\mathrm{b},k}^{(\mathrm{u})}$ 和 $\boldsymbol{\beta}_{\mathrm{a},k}^{(\mathrm{u})}$ 中均可直接获得向量 $\boldsymbol{s}_k^{(\mathrm{u})}$ 的解，但是 $\boldsymbol{\beta}_{\mathrm{b},k}^{(\mathrm{u})}$ 与 $\boldsymbol{\beta}_{\mathrm{a},k}^{(\mathrm{u})}$ 之间存在本质区别，主要体现在向量 $\boldsymbol{\beta}_{\mathrm{b},k}^{(\mathrm{u})}$ 是二维的，维度与未知参数个数（个数为 2）相等，因此利用向量 $\boldsymbol{\beta}_{\mathrm{b},k}^{(\mathrm{u})}$ 求解 $\boldsymbol{s}_k^{(\mathrm{u})}$ 的过程可被视为解方程的过程，其中并无信息损失。

利用式（8.32）可将向量 $\boldsymbol{\beta}_{\mathrm{b},k}^{(\mathrm{u})}$ 表示为

$$\boldsymbol{\beta}_{\mathrm{b},k}^{(\mathrm{u})}=(\boldsymbol{A}_{\mathrm{b},k}^{(\mathrm{u})})^{\dagger}\boldsymbol{b}_{\mathrm{b},k}^{(\mathrm{u})}(\boldsymbol{\beta}_{\mathrm{a},k}^{(\mathrm{u})})=((\boldsymbol{A}_{\mathrm{b},k}^{(\mathrm{u})})^{\mathrm{T}}\boldsymbol{A}_{\mathrm{b},k}^{(\mathrm{u})})^{-1}(\boldsymbol{A}_{\mathrm{b},k}^{(\mathrm{u})})^{\mathrm{T}}\boldsymbol{b}_{\mathrm{b},k}^{(\mathrm{u})}(\boldsymbol{\beta}_{\mathrm{a},k}^{(\mathrm{u})}) \tag{8.34}$$

在实际中无法获得参数向量 $\boldsymbol{\beta}_{\mathrm{b},k}^{(\mathrm{u})}$ 的真实值，仅能利用步骤 1-a 获得的估计值 $\hat{\boldsymbol{\beta}}_{\mathrm{a},k}^{(\mathrm{u})}$ 来进行替代（含有估计误差）。此时需要设计线性加权最小二乘估计准

则，用于抑制步骤 1-a 中估计误差 $\Delta\boldsymbol{\beta}_{\mathrm{a},k}^{(\mathrm{u})}$ 的影响。

定义误差向量为

$$\boldsymbol{\xi}_{\mathrm{b},k}^{(\mathrm{u})}=\boldsymbol{b}_{\mathrm{b},k}^{(\mathrm{u})}(\hat{\boldsymbol{\beta}}_{\mathrm{a},k}^{(\mathrm{u})})-\boldsymbol{A}_{\mathrm{b},k}^{(\mathrm{u})}\boldsymbol{\beta}_{\mathrm{b},k}^{(\mathrm{u})}=\Delta\boldsymbol{b}_{\mathrm{b},k}^{(\mathrm{u})} \tag{8.35}$$

式中，$\Delta\boldsymbol{b}_{\mathrm{b},k}^{(\mathrm{u})}=\boldsymbol{b}_{\mathrm{b},k}^{(\mathrm{u})}(\hat{\boldsymbol{\beta}}_{\mathrm{a},k}^{(\mathrm{u})})-\boldsymbol{b}_{\mathrm{b},k}^{(\mathrm{u})}(\boldsymbol{\beta}_{\mathrm{a},k}^{(\mathrm{u})})$。利用一阶误差分析可知

$$\Delta\boldsymbol{b}_{\mathrm{b},k}^{(\mathrm{u})}\approx\boldsymbol{B}_{\mathrm{b},k}^{(\mathrm{u})}(\boldsymbol{\beta}_{\mathrm{a},k}^{(\mathrm{u})})(\hat{\boldsymbol{\beta}}_{\mathrm{a},k}^{(\mathrm{u})}-\boldsymbol{\beta}_{\mathrm{a},k}^{(\mathrm{u})})=\boldsymbol{B}_{\mathrm{b},k}^{(\mathrm{u})}(\boldsymbol{\beta}_{\mathrm{a},k}^{(\mathrm{u})})\Delta\boldsymbol{\beta}_{\mathrm{a},k}^{(\mathrm{u})} \tag{8.36}$$

式中，

$$\boldsymbol{B}_{\mathrm{b},k}^{(\mathrm{u})}(\boldsymbol{\beta}_{\mathrm{a},k}^{(\mathrm{u})})=\frac{\partial\boldsymbol{b}_{\mathrm{b},k}^{(\mathrm{u})}(\boldsymbol{\beta}_{\mathrm{a},k}^{(\mathrm{u})})}{\partial(\boldsymbol{\beta}_{\mathrm{a},k}^{(\mathrm{u})})^{\mathrm{T}}}=\begin{bmatrix}2<\boldsymbol{\beta}_{\mathrm{a},k}^{(\mathrm{u})}>_1 & 0 & 0\\ 0 & 2<\boldsymbol{\beta}_{\mathrm{a},k}^{(\mathrm{u})}>_2 & 0\\ 0 & 0 & 1\end{bmatrix}\in\mathbf{R}^{3\times3} \tag{8.37}$$

将式（8.36）代入式（8.35）可得

$$\boldsymbol{\xi}_{\mathrm{b},k}^{(\mathrm{u})}\approx\boldsymbol{B}_{\mathrm{b},k}^{(\mathrm{u})}(\boldsymbol{\beta}_{\mathrm{a},k}^{(\mathrm{u})})\Delta\boldsymbol{\beta}_{\mathrm{a},k}^{(\mathrm{u})}=\boldsymbol{C}_{\mathrm{b},k}^{(\mathrm{u})}(\boldsymbol{\beta}_{\mathrm{a},k}^{(\mathrm{u})})\Delta\boldsymbol{\beta}_{\mathrm{a},k}^{(\mathrm{u})} \tag{8.38}$$

式中，$\boldsymbol{C}_{\mathrm{b},k}^{(\mathrm{u})}(\boldsymbol{\beta}_{\mathrm{a},k}^{(\mathrm{u})})=\boldsymbol{B}_{\mathrm{b},k}^{(\mathrm{u})}(\boldsymbol{\beta}_{\mathrm{a},k}^{(\mathrm{u})})\in\mathbf{R}^{3\times3}$。由式（8.38）可知，误差向量 $\boldsymbol{\xi}_{\mathrm{b},k}^{(\mathrm{u})}$ 渐近服从零均值的高斯分布，协方差矩阵为

$$\begin{aligned}\boldsymbol{\Omega}_{\mathrm{b},k}^{(\mathrm{u})}&=E[\boldsymbol{\xi}_{\mathrm{b},k}^{(\mathrm{u})}(\boldsymbol{\xi}_{\mathrm{b},k}^{(\mathrm{u})})^{\mathrm{T}}]=\boldsymbol{C}_{\mathrm{b},k}^{(\mathrm{u})}(\boldsymbol{\beta}_{\mathrm{a},k}^{(\mathrm{u})})E[\Delta\boldsymbol{\beta}_{\mathrm{a},k}^{(\mathrm{u})}(\Delta\boldsymbol{\beta}_{\mathrm{a},k}^{(\mathrm{u})})^{\mathrm{T}}](\boldsymbol{C}_{\mathrm{b},k}^{(\mathrm{u})}(\boldsymbol{\beta}_{\mathrm{a},k}^{(\mathrm{u})}))^{\mathrm{T}}\\&=\boldsymbol{C}_{\mathrm{b},k}^{(\mathrm{u})}(\boldsymbol{\beta}_{\mathrm{a},k}^{(\mathrm{u})})\mathbf{MSE}(\hat{\boldsymbol{\beta}}_{\mathrm{a},k}^{(\mathrm{u})})(\boldsymbol{C}_{\mathrm{b},k}^{(\mathrm{u})}(\boldsymbol{\beta}_{\mathrm{a},k}^{(\mathrm{u})}))^{\mathrm{T}}\in\mathbf{R}^{3\times3}\end{aligned} \tag{8.39}$$

结合式（8.35）和式（8.39）可以建立线性加权最小二乘估计准则为

$$\min_{\boldsymbol{\beta}_{\mathrm{b},k}^{(\mathrm{u})}}\{J_{\mathrm{b},k}^{(\mathrm{u})}(\boldsymbol{\beta}_{\mathrm{b},k}^{(\mathrm{u})})\}=\min_{\boldsymbol{\beta}_{\mathrm{b},k}^{(\mathrm{u})}}\{(\boldsymbol{b}_{\mathrm{b},k}^{(\mathrm{u})}(\hat{\boldsymbol{\beta}}_{\mathrm{a},k}^{(\mathrm{u})})-\boldsymbol{A}_{\mathrm{b},k}^{(\mathrm{u})}\boldsymbol{\beta}_{\mathrm{b},k}^{(\mathrm{u})})^{\mathrm{T}}(\boldsymbol{\Omega}_{\mathrm{b},k}^{(\mathrm{u})})^{-1}(\boldsymbol{b}_{\mathrm{b},k}^{(\mathrm{u})}(\hat{\boldsymbol{\beta}}_{\mathrm{a},k}^{(\mathrm{u})})-\boldsymbol{A}_{\mathrm{b},k}^{(\mathrm{u})}\boldsymbol{\beta}_{\mathrm{b},k}^{(\mathrm{u})})\} \tag{8.40}$$

式中，$(\boldsymbol{\Omega}_{\mathrm{b},k}^{(\mathrm{u})})^{-1}$ 可被视为加权矩阵，其作用在于抑制步骤 1-a 中估计误差 $\Delta\boldsymbol{\beta}_{\mathrm{a},k}^{(\mathrm{u})}$ 的影响。根据式（2.39）可知，式（8.40）的最优闭式解为

$$\hat{\boldsymbol{\beta}}_{\mathrm{b},k}^{(\mathrm{u})}=((\boldsymbol{A}_{\mathrm{b},k}^{(\mathrm{u})})^{\mathrm{T}}(\boldsymbol{\Omega}_{\mathrm{b},k}^{(\mathrm{u})})^{-1}\boldsymbol{A}_{\mathrm{b},k}^{(\mathrm{u})})^{-1}(\boldsymbol{A}_{\mathrm{b},k}^{(\mathrm{u})})^{\mathrm{T}}(\boldsymbol{\Omega}_{\mathrm{b},k}^{(\mathrm{u})})^{-1}\boldsymbol{b}_{\mathrm{b},k}^{(\mathrm{u})}(\hat{\boldsymbol{\beta}}_{\mathrm{a},k}^{(\mathrm{u})}) \tag{8.41}$$

【注记 8.9】由式（8.39）可知，加权矩阵 $(\boldsymbol{\Omega}_{\mathrm{b},k}^{(\mathrm{u})})^{-1}$ 与参数向量 $\boldsymbol{\beta}_{\mathrm{a},k}^{(\mathrm{u})}$ 有关，可直接利用步骤 1-a 获得的估计值 $\hat{\boldsymbol{\beta}}_{\mathrm{a},k}^{(\mathrm{u})}$ 进行计算。此外，加权矩阵 $(\boldsymbol{\Omega}_{\mathrm{b},k}^{(\mathrm{u})})^{-1}$ 还与均方误差矩阵 $\mathbf{MSE}(\hat{\boldsymbol{\beta}}_{\mathrm{a},k}^{(\mathrm{u})})$ 有关，由式（8.27）和式（8.31）可知，该矩阵与距离观测向量 $\boldsymbol{d}_k^{(\mathrm{au})}$ 有关，可直接利用观测值 $\hat{\boldsymbol{d}}_k^{(\mathrm{au})}$ 进行计算。理论分析表明，在一阶误差分析理论框架下，加权矩阵 $(\boldsymbol{\Omega}_{\mathrm{b},k}^{(\mathrm{u})})^{-1}$ 中的扰动误差并不会实质影响估计值 $\hat{\boldsymbol{\beta}}_{\mathrm{b},k}^{(\mathrm{u})}$ 的统计性能。

【注记 8.10】根据向量 $\boldsymbol{\beta}_{\mathrm{b},k}^{(\mathrm{u})}$ 的定义，可以很容易地从估计值 $\hat{\boldsymbol{\beta}}_{\mathrm{b},k}^{(\mathrm{u})}$ 中直接获得向量 $\boldsymbol{s}_k^{(\mathrm{u})}$ 的估计值，即

$$\hat{\boldsymbol{s}}_k^{(\mathrm{u})}=\begin{bmatrix}\pm\sqrt{<\hat{\boldsymbol{\beta}}_{\mathrm{b},k}^{(\mathrm{u})}>_1}\\ \pm\sqrt{<\hat{\boldsymbol{\beta}}_{\mathrm{b},k}^{(\mathrm{u})}>_2}\end{bmatrix} \tag{8.42}$$

由式（8.42）可知，由于正负符号的不同将会产生 4 种组合，从而得到 4 个解，可利用非线性加权最小二乘估计准则确定正确的解，即

$$\min_{1\leqslant j\leqslant 4}\{(\hat{\boldsymbol{d}}_k^{(\mathrm{au})}-\boldsymbol{f}_{\mathrm{toa},k}^{(\mathrm{au})}(\hat{\boldsymbol{s}}_k^{(\mathrm{u})}(j)))^{\mathrm{T}}(\boldsymbol{E}_k^{(\mathrm{au})})^{-1}(\hat{\boldsymbol{d}}_k^{(\mathrm{au})}-\boldsymbol{f}_{\mathrm{toa},k}^{(\mathrm{au})}(\hat{\boldsymbol{s}}_k^{(\mathrm{u})}(j)))\} \tag{8.43}$$

式中，$\hat{\boldsymbol{s}}_k^{(\mathrm{u})}(j)$ 表示由第 j 种组合得到的解。

【注记 8.11】将估计值 $\hat{\boldsymbol{\beta}}_{\mathrm{b},k}^{(\mathrm{u})}$ 中的估计误差记为 $\Delta\boldsymbol{\beta}_{\mathrm{b},k}^{(\mathrm{u})}=\hat{\boldsymbol{\beta}}_{\mathrm{b},k}^{(\mathrm{u})}-\boldsymbol{\beta}_{\mathrm{b},k}^{(\mathrm{u})}$。由 7.3.4 节中的一阶误差分析方法可知，误差向量 $\Delta\boldsymbol{\beta}_{\mathrm{b},k}^{(\mathrm{u})}$ 渐近服从零均值的高斯分布，并且可近似表示为

$$\Delta\boldsymbol{\beta}_{\mathrm{b},k}^{(\mathrm{u})}\approx((\boldsymbol{A}_{\mathrm{b},k}^{(\mathrm{u})})^{\mathrm{T}}(\boldsymbol{\Omega}_{\mathrm{b},k}^{(\mathrm{u})})^{-1}\boldsymbol{A}_{\mathrm{b},k}^{(\mathrm{u})})^{-1}(\boldsymbol{A}_{\mathrm{b},k}^{(\mathrm{u})})^{\mathrm{T}}(\boldsymbol{\Omega}_{\mathrm{b},k}^{(\mathrm{u})})^{-1}\boldsymbol{\xi}_{\mathrm{b},k}^{(\mathrm{u})} \tag{8.44}$$

由此可知，估计值 $\hat{\boldsymbol{\beta}}_{\mathrm{b},k}^{(\mathrm{u})}$ 是渐近无偏估计，均方误差矩阵为

$$\begin{aligned}\mathbf{MSE}(\hat{\boldsymbol{\beta}}_{\mathrm{b},k}^{(\mathrm{u})})&=E[(\hat{\boldsymbol{\beta}}_{\mathrm{b},k}^{(\mathrm{u})}-\boldsymbol{\beta}_{\mathrm{b},k}^{(\mathrm{u})})(\hat{\boldsymbol{\beta}}_{\mathrm{b},k}^{(\mathrm{u})}-\boldsymbol{\beta}_{\mathrm{b},k}^{(\mathrm{u})})^{\mathrm{T}}]=E[\Delta\boldsymbol{\beta}_{\mathrm{b},k}^{(\mathrm{u})}(\Delta\boldsymbol{\beta}_{\mathrm{b},k}^{(\mathrm{u})})^{\mathrm{T}}]\\&=((\boldsymbol{A}_{\mathrm{b},k}^{(\mathrm{u})})^{\mathrm{T}}(\boldsymbol{\Omega}_{\mathrm{b},k}^{(\mathrm{u})})^{-1}\boldsymbol{A}_{\mathrm{b},k}^{(\mathrm{u})})^{-1}\end{aligned} \tag{8.45}$$

将估计值 $\hat{\boldsymbol{s}}_k^{(\mathrm{u})}$ 中的估计误差记为 $\Delta\boldsymbol{s}_k^{(\mathrm{u})}=\hat{\boldsymbol{s}}_k^{(\mathrm{u})}-\boldsymbol{s}_k^{(\mathrm{u})}$，则由向量 $\boldsymbol{\beta}_{\mathrm{b},k}^{(\mathrm{u})}$ 的定义可得

$$\Delta\boldsymbol{\beta}_{\mathrm{b},k}^{(\mathrm{u})} \approx \frac{\partial\boldsymbol{\beta}_{\mathrm{b},k}^{(\mathrm{u})}}{\partial(\boldsymbol{s}_k^{(\mathrm{u})})^{\mathrm{T}}}\Delta\boldsymbol{s}_k^{(\mathrm{u})} \Rightarrow \Delta\boldsymbol{s}_k^{(\mathrm{u})} \approx \left(\frac{\partial\boldsymbol{\beta}_{\mathrm{b},k}^{(\mathrm{u})}}{\partial(\boldsymbol{s}_k^{(\mathrm{u})})^{\mathrm{T}}}\right)^{-1}\Delta\boldsymbol{\beta}_{\mathrm{b},k}^{(\mathrm{u})} \tag{8.46}$$

式中，

$$\frac{\partial\boldsymbol{\beta}_{\mathrm{b},k}^{(\mathrm{u})}}{\partial(\boldsymbol{s}_k^{(\mathrm{u})})^{\mathrm{T}}} = 2\mathrm{diag}[\boldsymbol{s}_k^{(\mathrm{u})}] \in \mathbf{R}^{2\times 2} \tag{8.47}$$

结合式（8.45）和式（8.46）可知

$$\mathbf{MSE}(\hat{\boldsymbol{s}}_k^{(\mathrm{u})}) = E[\Delta\boldsymbol{s}_k^{(\mathrm{u})}(\Delta\boldsymbol{s}_k^{(\mathrm{u})})^{\mathrm{T}}] = \left(\frac{\partial\boldsymbol{\beta}_{\mathrm{b},k}^{(\mathrm{u})}}{\partial(\boldsymbol{s}_k^{(\mathrm{u})})^{\mathrm{T}}}\right)^{-1}\mathbf{MSE}(\hat{\boldsymbol{\beta}}_{\mathrm{b},k}^{(\mathrm{u})})\left(\frac{\partial\boldsymbol{\beta}_{\mathrm{b},k}^{(\mathrm{u})}}{\partial(\boldsymbol{s}_k^{(\mathrm{u})})^{\mathrm{T}}}\right)^{-\mathrm{T}} \tag{8.48}$$

除了式（8.48），关于估计值 $\hat{\boldsymbol{s}}_k^{(\mathrm{u})}$ 的均方误差矩阵 $\mathbf{MSE}(\hat{\boldsymbol{s}}_k^{(\mathrm{u})})$ 还存在另一种表达式，具体可见如下命题。

【命题 8.1】在一阶误差分析理论框架下满足①

$$\mathbf{MSE}(\hat{\boldsymbol{s}}_k^{(\mathrm{u})}) = ((\boldsymbol{F}_{\mathrm{toa},k}^{(\mathrm{au})}(\boldsymbol{s}_k^{(\mathrm{u})}))^{\mathrm{T}}(\boldsymbol{E}_k^{(\mathrm{au})})^{-1}\boldsymbol{F}_{\mathrm{toa},k}^{(\mathrm{au})}(\boldsymbol{s}_k^{(\mathrm{u})}))^{-1} \tag{8.49}$$

式中，$\boldsymbol{F}_{\mathrm{toa},k}^{(\mathrm{au})}(\boldsymbol{s}_k^{(\mathrm{u})}) = \dfrac{\partial\boldsymbol{f}_{\mathrm{toa},k}^{(\mathrm{au})}(\boldsymbol{s}_k^{(\mathrm{u})})}{\partial(\boldsymbol{s}_k^{(\mathrm{u})})^{\mathrm{T}}} \in \mathbf{R}^{M_k\times 2}$，该 Jacobian 矩阵的表达式见附录 D.1。

【证明】首先，将式（8.39）和式（8.45）代入式（8.48）可得

$$\begin{aligned}\mathbf{MSE}(\hat{\boldsymbol{s}}_k^{(\mathrm{u})}) &= \left(\left(\frac{\partial\boldsymbol{\beta}_{\mathrm{b},k}^{(\mathrm{u})}}{\partial(\boldsymbol{s}_k^{(\mathrm{u})})^{\mathrm{T}}}\right)^{\mathrm{T}}(\boldsymbol{A}_{\mathrm{b},k}^{(\mathrm{u})})^{\mathrm{T}}(\boldsymbol{\Omega}_{\mathrm{b},k}^{(\mathrm{u})})^{-1}\boldsymbol{A}_{\mathrm{b},k}^{(\mathrm{u})}\frac{\partial\boldsymbol{\beta}_{\mathrm{b},k}^{(\mathrm{u})}}{\partial(\boldsymbol{s}_k^{(\mathrm{u})})^{\mathrm{T}}}\right)^{-1}\\ &= \left(\left(\frac{\partial\boldsymbol{\beta}_{\mathrm{b},k}^{(\mathrm{u})}}{\partial(\boldsymbol{s}_k^{(\mathrm{u})})^{\mathrm{T}}}\right)^{\mathrm{T}}(\boldsymbol{A}_{\mathrm{b},k}^{(\mathrm{u})})^{\mathrm{T}}(\boldsymbol{C}_{\mathrm{b},k}^{(\mathrm{u})}(\boldsymbol{\beta}_{\mathrm{a},k}^{(\mathrm{u})}))^{-\mathrm{T}}(\mathbf{MSE}(\hat{\boldsymbol{\beta}}_{\mathrm{a},k}^{(\mathrm{u})}))^{-1}(\boldsymbol{C}_{\mathrm{b},k}^{(\mathrm{u})}(\boldsymbol{\beta}_{\mathrm{a},k}^{(\mathrm{u})}))^{-1}\boldsymbol{A}_{\mathrm{b},k}^{(\mathrm{u})}\frac{\partial\boldsymbol{\beta}_{\mathrm{b},k}^{(\mathrm{u})}}{\partial(\boldsymbol{s}_k^{(\mathrm{u})})^{\mathrm{T}}}\right)^{-1}\end{aligned} \tag{8.50}$$

① 式（8.49）中等号右侧表示仅利用距离观测向量 $\hat{\boldsymbol{d}}_k^{(\mathrm{au})}$ 对位置向量 $\boldsymbol{s}_k^{(\mathrm{u})}$ 进行估计时的 CRB。

然后，将式（8.27）和式（8.31）代入式（8.50）可知

$$\mathbf{MSE}(\hat{\boldsymbol{s}}_k^{(\mathrm{u})})=\left(\left(\frac{\partial\boldsymbol{\beta}_{\mathrm{b},k}^{(\mathrm{u})}}{\partial(\boldsymbol{s}_k^{(\mathrm{u})})^{\mathrm{T}}}\right)^{\mathrm{T}}(\boldsymbol{A}_{\mathrm{b},k}^{(\mathrm{u})})^{\mathrm{T}}(\boldsymbol{C}_{\mathrm{b},k}^{(\mathrm{u})}(\boldsymbol{\beta}_{\mathrm{a},k}^{(\mathrm{u})}))^{-\mathrm{T}}(\boldsymbol{A}_{\mathrm{a},k}^{(\mathrm{u})})^{\mathrm{T}}(\boldsymbol{\Omega}_{\mathrm{a},k}^{(\mathrm{u})})^{-1}\boldsymbol{A}_{\mathrm{a},k}^{(\mathrm{u})}(\boldsymbol{C}_{\mathrm{b},k}^{(\mathrm{u})}(\boldsymbol{\beta}_{\mathrm{a},k}^{(\mathrm{u})}))^{-1}\boldsymbol{A}_{\mathrm{b},k}^{(\mathrm{u})}\frac{\partial\boldsymbol{\beta}_{\mathrm{b},k}^{(\mathrm{u})}}{\partial(\boldsymbol{s}_k^{(\mathrm{u})})^{\mathrm{T}}}\right)^{-1}$$

$$=\left(\left(\frac{\partial\boldsymbol{\beta}_{\mathrm{b},k}^{(\mathrm{u})}}{\partial(\boldsymbol{s}_k^{(\mathrm{u})})^{\mathrm{T}}}\right)^{\mathrm{T}}(\boldsymbol{A}_{\mathrm{b},k}^{(\mathrm{u})})^{\mathrm{T}}(\boldsymbol{C}_{\mathrm{b},k}^{(\mathrm{u})}(\boldsymbol{\beta}_{\mathrm{a},k}^{(\mathrm{u})}))^{-\mathrm{T}}(\boldsymbol{A}_{\mathrm{a},k}^{(\mathrm{u})})^{\mathrm{T}}(\boldsymbol{C}_{\mathrm{a},k}^{(\mathrm{u})}(\boldsymbol{d}_k^{(\mathrm{au})}))^{-\mathrm{T}}\times\right.$$

$$\left.(\boldsymbol{E}_k^{(\mathrm{au})})^{-1}(\boldsymbol{C}_{\mathrm{a},k}^{(\mathrm{u})}(\boldsymbol{d}_k^{(\mathrm{au})}))^{-1}\boldsymbol{A}_{\mathrm{a},k}^{(\mathrm{u})}(\boldsymbol{C}_{\mathrm{b},k}^{(\mathrm{u})}(\boldsymbol{\beta}_{\mathrm{a},k}^{(\mathrm{u})}))^{-1}\boldsymbol{A}_{\mathrm{b},k}^{(\mathrm{u})}\frac{\partial\boldsymbol{\beta}_{\mathrm{b},k}^{(\mathrm{u})}}{\partial(\boldsymbol{s}_k^{(\mathrm{u})})^{\mathrm{T}}}\right)^{-1}$$

（8.51）

将等式 $\boldsymbol{d}_k^{(\mathrm{au})}=\boldsymbol{f}_{\mathrm{toa},k}^{(\mathrm{au})}(\boldsymbol{s}_k^{(\mathrm{u})})$ 和 $\boldsymbol{\beta}_{\mathrm{a},k}^{(\mathrm{u})}=[(\boldsymbol{s}_k^{(\mathrm{u})})^{\mathrm{T}}\ \vdots\ \|\boldsymbol{s}_k^{(\mathrm{u})}\|_2^2]^{\mathrm{T}}$ 代入式（8.20）可得

$$\boldsymbol{A}_{\mathrm{a},k}^{(\mathrm{u})}\boldsymbol{\beta}_{\mathrm{a},k}^{(\mathrm{u})}=\boldsymbol{A}_{\mathrm{a},k}^{(\mathrm{u})}\begin{bmatrix}\boldsymbol{s}_k^{(\mathrm{u})}\\ \|\boldsymbol{s}_k^{(\mathrm{u})}\|_2^2\end{bmatrix}=\boldsymbol{b}_{\mathrm{a},k}^{(\mathrm{u})}(\boldsymbol{f}_{\mathrm{toa},k}^{(\mathrm{au})}(\boldsymbol{s}_k^{(\mathrm{u})}))\tag{8.52}$$

由于式（8.52）是关于向量 $\boldsymbol{s}_k^{(\mathrm{u})}$ 的恒等式，因此将该式两边对向量 $\boldsymbol{s}_k^{(\mathrm{u})}$ 求导可知

$$\boldsymbol{A}_{\mathrm{a},k}^{(\mathrm{u})}\frac{\partial\boldsymbol{\beta}_{\mathrm{a},k}^{(\mathrm{u})}}{\partial(\boldsymbol{s}_k^{(\mathrm{u})})^{\mathrm{T}}}=\boldsymbol{B}_{\mathrm{a},k}^{(\mathrm{u})}(\boldsymbol{d}_k^{(\mathrm{au})})\boldsymbol{F}_{\mathrm{toa},k}^{(\mathrm{au})}(\boldsymbol{s}_k^{(\mathrm{u})})\Rightarrow\boldsymbol{A}_{\mathrm{a},k}^{(\mathrm{u})}\frac{\partial\boldsymbol{\beta}_{\mathrm{a},k}^{(\mathrm{u})}}{\partial(\boldsymbol{s}_k^{(\mathrm{u})})^{\mathrm{T}}}=\boldsymbol{C}_{\mathrm{a},k}^{(\mathrm{u})}(\boldsymbol{d}_k^{(\mathrm{au})})\boldsymbol{F}_{\mathrm{toa},k}^{(\mathrm{au})}(\boldsymbol{s}_k^{(\mathrm{u})})$$

$$\Rightarrow\boldsymbol{F}_{\mathrm{toa},k}^{(\mathrm{au})}(\boldsymbol{s}_k^{(\mathrm{u})})=(\boldsymbol{C}_{\mathrm{a},k}^{(\mathrm{u})}(\boldsymbol{d}_k^{(\mathrm{au})}))^{-1}\boldsymbol{A}_{\mathrm{a},k}^{(\mathrm{u})}\frac{\partial\boldsymbol{\beta}_{\mathrm{a},k}^{(\mathrm{u})}}{\partial(\boldsymbol{s}_k^{(\mathrm{u})})^{\mathrm{T}}}$$

（8.53）

式中，

$$\frac{\partial\boldsymbol{\beta}_{\mathrm{a},k}^{(\mathrm{u})}}{\partial(\boldsymbol{s}_k^{(\mathrm{u})})^{\mathrm{T}}}=\begin{bmatrix}\boldsymbol{I}_2\\ \hline 2(\boldsymbol{s}_k^{(\mathrm{u})})^{\mathrm{T}}\end{bmatrix}\in\mathbf{R}^{3\times 2}\tag{8.54}$$

接着，将等式 $\boldsymbol{\beta}_{\mathrm{b},k}^{(\mathrm{u})}=\boldsymbol{s}_k^{(\mathrm{u})}\odot\boldsymbol{s}_k^{(\mathrm{u})}$ 和 $\boldsymbol{\beta}_{\mathrm{a},k}^{(\mathrm{u})}=[(\boldsymbol{s}_k^{(\mathrm{u})})^{\mathrm{T}}\ \vdots\ \|\boldsymbol{s}_k^{(\mathrm{u})}\|_2^2]^{\mathrm{T}}$ 代入式（8.32）可得

$$\boldsymbol{b}_{\mathrm{b},k}^{(\mathrm{u})}(\boldsymbol{\beta}_{\mathrm{a},k}^{(\mathrm{u})})=\boldsymbol{b}_{\mathrm{b},k}^{(\mathrm{u})}\left(\begin{bmatrix}\boldsymbol{s}_k^{(\mathrm{u})}\\ \|\boldsymbol{s}_k^{(\mathrm{u})}\|_2^2\end{bmatrix}\right)=\boldsymbol{A}_{\mathrm{b},k}^{(\mathrm{u})}\boldsymbol{\beta}_{\mathrm{b},k}^{(\mathrm{u})}=\boldsymbol{A}_{\mathrm{b},k}^{(\mathrm{u})}(\boldsymbol{s}_k^{(\mathrm{u})}\odot\boldsymbol{s}_k^{(\mathrm{u})})\tag{8.55}$$

由于式（8.55）是关于向量$\boldsymbol{s}_k^{(\mathrm{u})}$的恒等式，因此将该式两边对向量$\boldsymbol{s}_k^{(\mathrm{u})}$求导可知

$$\boldsymbol{B}_{\mathrm{b},k}^{(\mathrm{u})}(\boldsymbol{\beta}_{\mathrm{a},k}^{(\mathrm{u})})\frac{\partial\boldsymbol{\beta}_{\mathrm{a},k}^{(\mathrm{u})}}{\partial(\boldsymbol{s}_k^{(\mathrm{u})})^{\mathrm{T}}}=\boldsymbol{A}_{\mathrm{b},k}^{(\mathrm{u})}\frac{\partial\boldsymbol{\beta}_{\mathrm{b},k}^{(\mathrm{u})}}{\partial(\boldsymbol{s}_k^{(\mathrm{u})})^{\mathrm{T}}}\Rightarrow\boldsymbol{C}_{\mathrm{b},k}^{(\mathrm{u})}(\boldsymbol{\beta}_{\mathrm{a},k}^{(\mathrm{u})})\frac{\partial\boldsymbol{\beta}_{\mathrm{a},k}^{(\mathrm{u})}}{\partial(\boldsymbol{s}_k^{(\mathrm{u})})^{\mathrm{T}}}=\boldsymbol{A}_{\mathrm{b},k}^{(\mathrm{u})}\frac{\partial\boldsymbol{\beta}_{\mathrm{b},k}^{(\mathrm{u})}}{\partial(\boldsymbol{s}_k^{(\mathrm{u})})^{\mathrm{T}}}$$
$$\Rightarrow\frac{\partial\boldsymbol{\beta}_{\mathrm{a},k}^{(\mathrm{u})}}{\partial(\boldsymbol{s}_k^{(\mathrm{u})})^{\mathrm{T}}}=(\boldsymbol{C}_{\mathrm{b},k}^{(\mathrm{u})}(\boldsymbol{\beta}_{\mathrm{a},k}^{(\mathrm{u})}))^{-1}\boldsymbol{A}_{\mathrm{b},k}^{(\mathrm{u})}\frac{\partial\boldsymbol{\beta}_{\mathrm{b},k}^{(\mathrm{u})}}{\partial(\boldsymbol{s}_k^{(\mathrm{u})})^{\mathrm{T}}}\tag{8.56}$$

将式（8.56）代入式（8.53）可得

$$\boldsymbol{F}_{\mathrm{toa},k}^{(\mathrm{au})}(\boldsymbol{s}_k^{(\mathrm{u})})=(\boldsymbol{C}_{\mathrm{a},k}^{(\mathrm{u})}(\boldsymbol{d}_k^{(\mathrm{au})}))^{-1}\boldsymbol{A}_{\mathrm{a},k}^{(\mathrm{u})}(\boldsymbol{C}_{\mathrm{b},k}^{(\mathrm{u})}(\boldsymbol{\beta}_{\mathrm{a},k}^{(\mathrm{u})}))^{-1}\boldsymbol{A}_{\mathrm{b},k}^{(\mathrm{u})}\frac{\partial\boldsymbol{\beta}_{\mathrm{b},k}^{(\mathrm{u})}}{\partial(\boldsymbol{s}_k^{(\mathrm{u})})^{\mathrm{T}}}\tag{8.57}$$

最后，将式（8.57）代入式（8.51）可知式（8.49）成立。

证毕。

命题8.1表明，当仅利用距离观测向量$\hat{\boldsymbol{d}}_k^{(\mathrm{au})}$对位置向量$\boldsymbol{s}_k^{(\mathrm{u})}$进行估计时，步骤1-b给出估计值$\hat{\boldsymbol{s}}_k^{(\mathrm{u})}$的均方误差可以达到相应的CRB。然而，估计值$\hat{\boldsymbol{s}}_k^{(\mathrm{u})}$并不是阶段1的最终结果，还可以利用U组中$K$个源节点之间的距离观测向量$\hat{\boldsymbol{d}}^{(\mathrm{uu})}$进一步提高估计精度。此时需要进行协同定位，具体可见步骤1-c。

3. 步骤1-c的计算原理及其理论性能分析

步骤1-c将利用距离观测向量$\hat{\boldsymbol{d}}^{(\mathrm{uu})}$进行协同定位，以进一步提高对U组源节点的定位精度。这里的协同定位是指对包含K个源节点位置向量的高维位置向量$\boldsymbol{s}^{(\mathrm{u})}=[(\boldsymbol{s}_1^{(\mathrm{u})})^{\mathrm{T}}\ \ (\boldsymbol{s}_2^{(\mathrm{u})})^{\mathrm{T}}\ \ \cdots\ \ (\boldsymbol{s}_K^{(\mathrm{u})})^{\mathrm{T}}]^{\mathrm{T}}$进行估计，为此需要将步骤1-b给出的估计值$\{\hat{\boldsymbol{s}}_k^{(\mathrm{u})}\}_{1\leqslant k\leqslant K}$作为向量$\boldsymbol{s}^{(\mathrm{u})}$的先验估计值①，即

$$\hat{\boldsymbol{s}}_{\mathrm{pri}}^{(\mathrm{u})}=[(\hat{\boldsymbol{s}}_1^{(\mathrm{u})})^{\mathrm{T}}\ \ (\hat{\boldsymbol{s}}_2^{(\mathrm{u})})^{\mathrm{T}}\ \ \cdots\ \ (\hat{\boldsymbol{s}}_K^{(\mathrm{u})})^{\mathrm{T}}]^{\mathrm{T}}\tag{8.58}$$

由于不同源节点的距离观测误差互相独立，因此有

① 下标pri表示先验（Prior）。

$$\mathbf{MSE}(\hat{\boldsymbol{s}}_{\mathrm{pri}}^{(\mathrm{u})})=\mathrm{blkdiag}\{\mathbf{MSE}(\hat{\boldsymbol{s}}_1^{(\mathrm{u})}),\mathbf{MSE}(\hat{\boldsymbol{s}}_2^{(\mathrm{u})}),\cdots,\mathbf{MSE}(\hat{\boldsymbol{s}}_K^{(\mathrm{u})})\} \tag{8.59}$$

由于已经获得了关于向量 $\boldsymbol{s}^{(\mathrm{u})}$ 的先验估计值及其统计特性，因此可以利用贝叶斯估计理论提高定位精度。

首先，将式（8.8）在向量 $\hat{\boldsymbol{s}}_{\mathrm{pri}}^{(\mathrm{u})}$ 处进行一阶 Taylor 级数展开，即

$$\begin{aligned}\hat{\boldsymbol{d}}^{(\mathrm{uu})}&\approx\boldsymbol{f}_{\mathrm{toa}}^{(\mathrm{uu})}(\hat{\boldsymbol{s}}_{\mathrm{pri}}^{(\mathrm{u})})+\boldsymbol{F}_{\mathrm{toa}}^{(\mathrm{uu})}(\hat{\boldsymbol{s}}_{\mathrm{pri}}^{(\mathrm{u})})(\boldsymbol{s}^{(\mathrm{u})}-\hat{\boldsymbol{s}}_{\mathrm{pri}}^{(\mathrm{u})})+\boldsymbol{\varepsilon}^{(\mathrm{uu})}\\&=\boldsymbol{f}_{\mathrm{toa}}^{(\mathrm{uu})}(\hat{\boldsymbol{s}}_{\mathrm{pri}}^{(\mathrm{u})})-\boldsymbol{F}_{\mathrm{toa}}^{(\mathrm{uu})}(\hat{\boldsymbol{s}}_{\mathrm{pri}}^{(\mathrm{u})})\Delta\boldsymbol{s}_{\mathrm{pri}}^{(\mathrm{u})}+\boldsymbol{\varepsilon}^{(\mathrm{uu})}\\&\Rightarrow\boldsymbol{f}_{\mathrm{toa}}^{(\mathrm{uu})}(\hat{\boldsymbol{s}}_{\mathrm{pri}}^{(\mathrm{u})})-\hat{\boldsymbol{d}}^{(\mathrm{uu})}\approx\boldsymbol{F}_{\mathrm{toa}}^{(\mathrm{uu})}(\hat{\boldsymbol{s}}_{\mathrm{pri}}^{(\mathrm{u})})\Delta\boldsymbol{s}_{\mathrm{pri}}^{(\mathrm{u})}-\boldsymbol{\varepsilon}^{(\mathrm{uu})}\end{aligned} \tag{8.60}$$

式中，$\boldsymbol{F}_{\mathrm{toa}}^{(\mathrm{uu})}(\boldsymbol{s}^{(\mathrm{u})})=\dfrac{\partial\boldsymbol{f}_{\mathrm{toa}}^{(\mathrm{uu})}(\boldsymbol{s}^{(\mathrm{u})})}{\partial(\boldsymbol{s}^{(\mathrm{u})})^{\mathrm{T}}}\in\mathbf{R}^{\tilde{K}\times 2K}$，该 Jacobian 矩阵的表达式见附录 D.1。$\Delta\boldsymbol{s}_{\mathrm{pri}}^{(\mathrm{u})}=\hat{\boldsymbol{s}}_{\mathrm{pri}}^{(\mathrm{u})}-\boldsymbol{s}^{(\mathrm{u})}$，表示先验估计值 $\hat{\boldsymbol{s}}_{\mathrm{pri}}^{(\mathrm{u})}$ 中的估计误差，渐近服从零均值的高斯分布，协方差矩阵为 $\mathbf{MSE}(\hat{\boldsymbol{s}}_{\mathrm{pri}}^{(\mathrm{u})})$。由于式（8.60）可被近似为关于随机变量 $\Delta\boldsymbol{s}_{\mathrm{pri}}^{(\mathrm{u})}$ 的线性观测模型，因此可以利用贝叶斯线性最小均方误差估计器对向量 $\Delta\boldsymbol{s}_{\mathrm{pri}}^{(\mathrm{u})}$ 进行估计。根据贝叶斯线性最小均方误差估计理论[53]可知，向量 $\Delta\boldsymbol{s}_{\mathrm{pri}}^{(\mathrm{u})}$ 的最小均方误差估计值为

$$\begin{aligned}\Delta\hat{\boldsymbol{s}}_{\mathrm{pri}}^{(\mathrm{u})}=&((\mathbf{MSE}(\hat{\boldsymbol{s}}_{\mathrm{pri}}^{(\mathrm{u})}))^{-1}+(\boldsymbol{F}_{\mathrm{toa}}^{(\mathrm{uu})}(\hat{\boldsymbol{s}}_{\mathrm{pri}}^{(\mathrm{u})}))^{\mathrm{T}}(\boldsymbol{E}^{(\mathrm{uu})})^{-1}\times\\&\boldsymbol{F}_{\mathrm{toa}}^{(\mathrm{uu})}(\hat{\boldsymbol{s}}_{\mathrm{pri}}^{(\mathrm{u})}))^{-1}(\boldsymbol{F}_{\mathrm{toa}}^{(\mathrm{uu})}(\hat{\boldsymbol{s}}_{\mathrm{pri}}^{(\mathrm{u})}))^{\mathrm{T}}(\boldsymbol{E}^{(\mathrm{uu})})^{-1}(\boldsymbol{f}_{\mathrm{toa}}^{(\mathrm{uu})}(\hat{\boldsymbol{s}}_{\mathrm{pri}}^{(\mathrm{u})})-\hat{\boldsymbol{d}}^{(\mathrm{uu})})\end{aligned} \tag{8.61}$$

均方误差矩阵为

$$\begin{aligned}\mathbf{MSE}(\Delta\hat{\boldsymbol{s}}_{\mathrm{pri}}^{(\mathrm{u})})&=E[(\Delta\hat{\boldsymbol{s}}_{\mathrm{pri}}^{(\mathrm{u})}-\Delta\boldsymbol{s}_{\mathrm{pri}}^{(\mathrm{u})})(\Delta\hat{\boldsymbol{s}}_{\mathrm{pri}}^{(\mathrm{u})}-\Delta\boldsymbol{s}_{\mathrm{pri}}^{(\mathrm{u})})^{\mathrm{T}}]\\&=((\mathbf{MSE}(\hat{\boldsymbol{s}}_{\mathrm{pri}}^{(\mathrm{u})}))^{-1}+(\boldsymbol{F}_{\mathrm{toa}}^{(\mathrm{uu})}(\boldsymbol{s}^{(\mathrm{u})}))^{\mathrm{T}}(\boldsymbol{E}^{(\mathrm{uu})})^{-1}\boldsymbol{F}_{\mathrm{toa}}^{(\mathrm{uu})}(\boldsymbol{s}^{(\mathrm{u})}))^{-1}\end{aligned} \tag{8.62}$$

然后，利用估计值 $\Delta\hat{\boldsymbol{s}}_{\mathrm{pri}}^{(\mathrm{u})}$ 可获得位置向量 $\boldsymbol{s}^{(\mathrm{u})}$ 在阶段 1 的最终估计值，如下式所示①，即

① 下标 sta1 表示阶段 1（stage 1）。

$$\begin{aligned}\hat{\boldsymbol{s}}_{\text{sta1}}^{(\text{u})}&=\hat{\boldsymbol{s}}_{\text{pri}}^{(\text{u})}-\Delta\hat{\boldsymbol{s}}_{\text{pri}}^{(\text{u})}\\&=\hat{\boldsymbol{s}}_{\text{pri}}^{(\text{u})}-((\mathbf{MSE}(\hat{\boldsymbol{s}}_{\text{pri}}^{(\text{u})}))^{-1}+(\boldsymbol{F}_{\text{toa}}^{(\text{uu})}(\hat{\boldsymbol{s}}_{\text{pri}}^{(\text{u})}))^{\text{T}}(\boldsymbol{E}^{(\text{uu})})^{-1}\times\\&\quad\boldsymbol{F}_{\text{toa}}^{(\text{uu})}(\hat{\boldsymbol{s}}_{\text{pri}}^{(\text{u})}))^{-1}(\boldsymbol{F}_{\text{toa}}^{(\text{uu})}(\hat{\boldsymbol{s}}_{\text{pri}}^{(\text{u})}))^{\text{T}}(\boldsymbol{E}^{(\text{uu})})^{-1}(\boldsymbol{f}_{\text{toa}}^{(\text{uu})}(\hat{\boldsymbol{s}}_{\text{pri}}^{(\text{u})})-\hat{\boldsymbol{d}}^{(\text{uu})})\end{aligned}\tag{8.63}$$

其估计误差为

$$\Delta\boldsymbol{s}_{\text{sta1}}^{(\text{u})}=\hat{\boldsymbol{s}}_{\text{sta1}}^{(\text{u})}-\boldsymbol{s}^{(\text{u})}=\hat{\boldsymbol{s}}_{\text{pri}}^{(\text{u})}-\boldsymbol{s}^{(\text{u})}-\Delta\hat{\boldsymbol{s}}_{\text{pri}}^{(\text{u})}=\Delta\boldsymbol{s}_{\text{pri}}^{(\text{u})}-\Delta\hat{\boldsymbol{s}}_{\text{pri}}^{(\text{u})}\tag{8.64}$$

结合式（8.62）和式（8.64）可知，估计值 $\hat{\boldsymbol{s}}_{\text{sta1}}^{(\text{u})}$ 的均方误差矩阵为

$$\begin{aligned}\mathbf{MSE}(\hat{\boldsymbol{s}}_{\text{sta1}}^{(\text{u})})&=E[(\hat{\boldsymbol{s}}_{\text{sta1}}^{(\text{u})}-\boldsymbol{s}^{(\text{u})})(\hat{\boldsymbol{s}}_{\text{sta1}}^{(\text{u})}-\boldsymbol{s}^{(\text{u})})^{\text{T}}]=E[\Delta\boldsymbol{s}_{\text{sta1}}^{(\text{u})}(\Delta\boldsymbol{s}_{\text{sta1}}^{(\text{u})})^{\text{T}}]=\mathbf{MSE}(\Delta\hat{\boldsymbol{s}}_{\text{pri}}^{(\text{u})})\\&=((\mathbf{MSE}(\hat{\boldsymbol{s}}_{\text{pri}}^{(\text{u})}))^{-1}+(\boldsymbol{F}_{\text{toa}}^{(\text{uu})}(\boldsymbol{s}^{(\text{u})}))^{\text{T}}(\boldsymbol{E}^{(\text{uu})})^{-1}\boldsymbol{F}_{\text{toa}}^{(\text{uu})}(\boldsymbol{s}^{(\text{u})}))^{-1}\end{aligned}\tag{8.65}$$

最后，将式（8.49）和式（8.59）代入式（8.65）可得[①]

$$\begin{aligned}\mathbf{MSE}(\hat{\boldsymbol{s}}_{\text{sta1}}^{(\text{u})})=&((\boldsymbol{F}_{\text{toa}}^{(\text{au})}(\boldsymbol{s}^{(\text{u})}))^{\text{T}}(\boldsymbol{E}^{(\text{au})})^{-1}\boldsymbol{F}_{\text{toa}}^{(\text{au})}(\boldsymbol{s}^{(\text{u})})+\\&(\boldsymbol{F}_{\text{toa}}^{(\text{uu})}(\boldsymbol{s}^{(\text{u})}))^{\text{T}}(\boldsymbol{E}^{(\text{uu})})^{-1}\boldsymbol{F}_{\text{toa}}^{(\text{uu})}(\boldsymbol{s}^{(\text{u})}))^{-1}\end{aligned}\tag{8.66}$$

式中，

$$\begin{aligned}\boldsymbol{F}_{\text{toa}}^{(\text{au})}(\boldsymbol{s}^{(\text{u})})&=\frac{\partial\boldsymbol{f}_{\text{toa}}^{(\text{au})}(\boldsymbol{s}^{(\text{u})})}{\partial(\boldsymbol{s}^{(\text{u})})^{\text{T}}}\\&=\text{blkdiag}\{\boldsymbol{F}_{\text{toa},1}^{(\text{au})}(\boldsymbol{s}_1^{(\text{u})}),\boldsymbol{F}_{\text{toa},2}^{(\text{au})}(\boldsymbol{s}_2^{(\text{u})}),\cdots,\boldsymbol{F}_{\text{toa},K}^{(\text{au})}(\boldsymbol{s}_K^{(\text{u})})\}\in\mathbf{R}^{\tilde{M}_K\times 2K}\end{aligned}\tag{8.67}$$

【注记 8.12】 式（8.66）表明，当利用距离观测向量 $\hat{\boldsymbol{d}}^{(\text{au})}$ 和 $\hat{\boldsymbol{d}}^{(\text{uu})}$ 对位置向量 $\boldsymbol{s}^{(\text{u})}$ 进行估计时，由阶段 1 给出估计值 $\hat{\boldsymbol{s}}_{\text{sta1}}^{(\text{u})}$ 的均方误差可以达到相应的 CRB。

图 8.2 给出了本章定位方法阶段 1 的流程图。

---

① 式（8.66）中的等号右侧表示利用距离观测向量 $\hat{\boldsymbol{d}}^{(\text{au})}$ 和 $\hat{\boldsymbol{d}}^{(\text{uu})}$ 对位置向量 $\boldsymbol{s}^{(\text{u})}$ 进行估计时的 CRB。

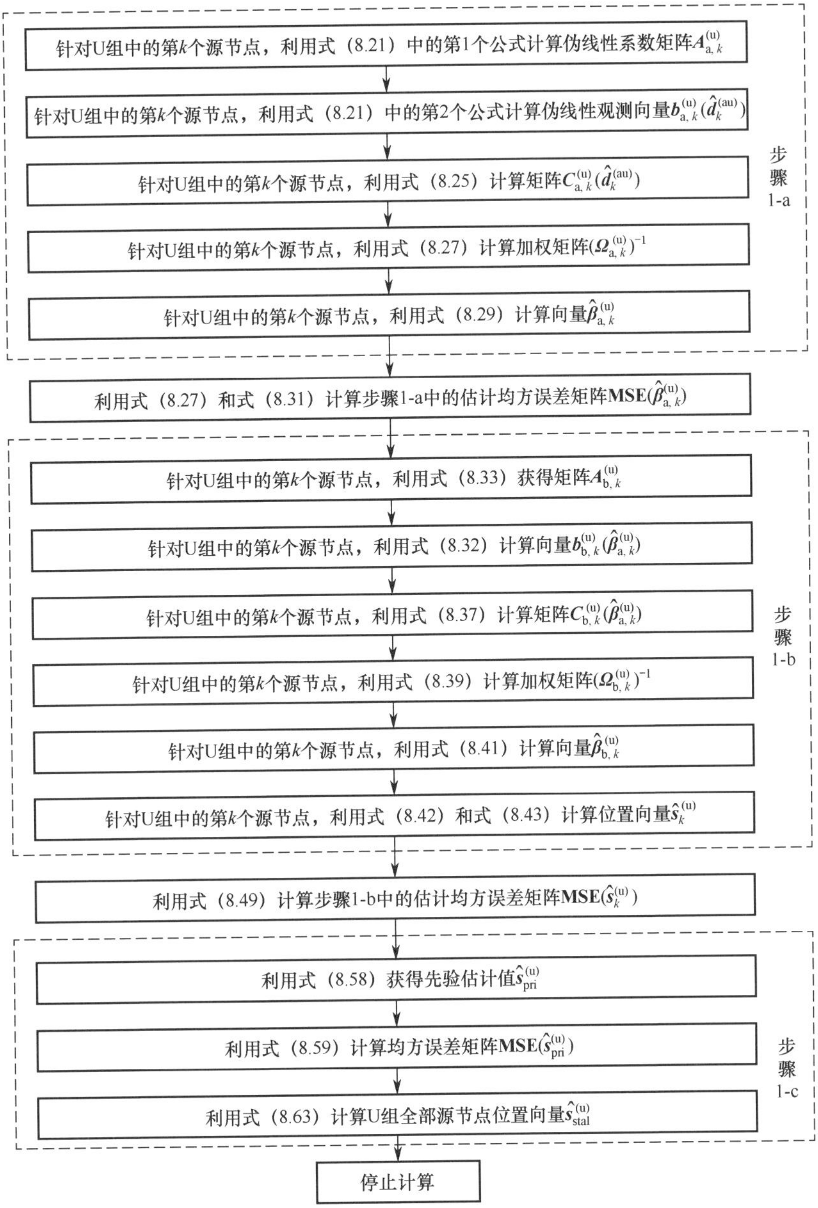

图 8.2　本章定位方法阶段 1 的流程图

8.2.2　阶段 2 的计算步骤及其理论性能分析

阶段 1 只是对 U 组源节点进行定位，尚未对 W 组源节点进行定位，并且仅利用了距离观测向量 $\hat{\boldsymbol{d}}^{(\mathrm{au})}$ 和 $\hat{\boldsymbol{d}}^{(\mathrm{uu})}$。阶段 2 将联合距离观测向量 $\hat{\boldsymbol{d}}^{(\mathrm{uw})}$、$\hat{\boldsymbol{d}}^{(\mathrm{ww})}$ 及由阶段 1 获得的估计值 $\hat{\boldsymbol{s}}_{\mathrm{sta1}}^{(\mathrm{u})}$ 对 W 组源节点进行定位，与此同时还能进一步提升对 U 组源节点的定位精度（相对于阶段 1 而言）。阶段 2 也包含 3 个计算步骤：步骤 2-a、步骤 2-b 及步骤 2-c。下面分别描述每个步骤的计算原理，并给出相应的理论性能分析。

1．步骤 2-a 的计算原理及其理论性能分析

步骤 2-a 利用距离观测向量 $\hat{\boldsymbol{d}}^{(\mathrm{uw})}$ 和阶段 1 给出的估计值 $\hat{\boldsymbol{s}}_{\mathrm{sta1}}^{(\mathrm{u})}$ 对 U 组和 W 组中的源节点进行联合估计。

首先，为了获得闭式解，需要得到伪线性观测方程，根据式（8.12）中的第 2 个公式可得

$$
\begin{aligned}
& d_{l_k}^{(\mathrm{uw})}=\|\boldsymbol{s}_{l_k}^{(\mathrm{u})}-\boldsymbol{s}_l^{(\mathrm{w})}\|_2 \Rightarrow (d_{l_k}^{(\mathrm{uw})})^2=\|\boldsymbol{s}_{l_k}^{(\mathrm{u})}\|_2^2-2(\boldsymbol{s}_{l_k}^{(\mathrm{u})})^{\mathrm{T}}\boldsymbol{s}_l^{(\mathrm{w})}+\|\boldsymbol{s}_l^{(\mathrm{w})}\|_2^2 \\
& \Rightarrow -(\boldsymbol{s}_{l_k}^{(\mathrm{u})})^{\mathrm{T}}\boldsymbol{s}_l^{(\mathrm{w})}+\frac{1}{2}\|\boldsymbol{s}_l^{(\mathrm{w})}\|_2^2=\frac{1}{2}((d_{l_k}^{(\mathrm{uw})})^2-\|\boldsymbol{s}_{l_k}^{(\mathrm{u})}\|_2^2) \quad (1 \leqslant k \leqslant K_l)
\end{aligned} \tag{8.68}
$$

定义扩维参数向量 $\boldsymbol{\beta}_{\mathrm{a},l}^{(\mathrm{w})}=[(\boldsymbol{s}_l^{(\mathrm{w})})^{\mathrm{T}} \;\vdots\; \|\boldsymbol{s}_l^{(\mathrm{w})}\|_2^2]^{\mathrm{T}} \in \mathbf{R}^{3\times 1}$，其中，$\|\boldsymbol{s}_l^{(\mathrm{w})}\|_2^2$ 可被视为辅助变量，此时可将式（8.68）写成矩阵形式，即

$$
\boldsymbol{A}_{\mathrm{a},l}^{(\mathrm{w})}(\boldsymbol{s}^{(\mathrm{u})})\boldsymbol{\beta}_{\mathrm{a},l}^{(\mathrm{w})}=\boldsymbol{b}_{\mathrm{a},l}^{(\mathrm{w})}(\boldsymbol{d}_l^{(\mathrm{uw})},\boldsymbol{s}^{(\mathrm{u})}) \quad (1 \leqslant l \leqslant L) \tag{8.69}
$$

式中，

$$
\begin{cases}
\boldsymbol{A}_{\mathrm{a},l}^{(\mathrm{w})}(\boldsymbol{s}^{(\mathrm{u})})=\begin{bmatrix} -(\boldsymbol{s}_{l_1}^{(\mathrm{u})})^{\mathrm{T}} & 1/2 \\ -(\boldsymbol{s}_{l_2}^{(\mathrm{u})})^{\mathrm{T}} & 1/2 \\ \vdots & \vdots \\ -(\boldsymbol{s}_{l_{K_l}}^{(\mathrm{u})})^{\mathrm{T}} & 1/2 \end{bmatrix} \in \mathbf{R}^{K_l\times 3} \\
\boldsymbol{b}_{\mathrm{a},l}^{(\mathrm{w})}(\boldsymbol{d}_l^{(\mathrm{uw})},\boldsymbol{s}^{(\mathrm{u})})=\begin{bmatrix} \frac{1}{2}((d_{l_1}^{(\mathrm{uw})})^2-\|\boldsymbol{s}_{l_1}^{(\mathrm{u})}\|_2^2) \\ \frac{1}{2}((d_{l_2}^{(\mathrm{uw})})^2-\|\boldsymbol{s}_{l_2}^{(\mathrm{u})}\|_2^2) \\ \vdots \\ \frac{1}{2}((d_{l_{K_l}}^{(\mathrm{uw})})^2-\|\boldsymbol{s}_{l_{K_l}}^{(\mathrm{u})}\|_2^2) \end{bmatrix} \in \mathbf{R}^{K_l\times 1}
\end{cases} \tag{8.70}
$$

然后，将式（8.69）中的 L 个方程合并，可得

$$\boldsymbol{A}_{\mathrm{a}}^{(\mathrm{w})}(\boldsymbol{s}^{(\mathrm{u})})\boldsymbol{\beta}_{\mathrm{a}}^{(\mathrm{w})}=\boldsymbol{b}_{\mathrm{a}}^{(\mathrm{w})}(\boldsymbol{d}^{(\mathrm{uw})},\boldsymbol{s}^{(\mathrm{u})}) \tag{8.71}$$

式中，

$$\begin{cases}\boldsymbol{A}_{\mathrm{a}}^{(\mathrm{w})}(\boldsymbol{s}^{(\mathrm{u})})=\mathrm{blkdiag}\{\boldsymbol{A}_{\mathrm{a},1}^{(\mathrm{w})}(\boldsymbol{s}^{(\mathrm{u})}),\boldsymbol{A}_{\mathrm{a},2}^{(\mathrm{w})}(\boldsymbol{s}^{(\mathrm{u})}),\cdots,\boldsymbol{A}_{\mathrm{a},L}^{(\mathrm{w})}(\boldsymbol{s}^{(\mathrm{u})})\}\in\mathbf{R}^{\tilde{K}_L\times 3L}\\ \boldsymbol{b}_{\mathrm{a}}^{(\mathrm{w})}(\boldsymbol{d}^{(\mathrm{uw})},\boldsymbol{s}^{(\mathrm{u})})=[(\boldsymbol{b}_{\mathrm{a},1}^{(\mathrm{w})}(\boldsymbol{d}_1^{(\mathrm{uw})},\boldsymbol{s}^{(\mathrm{u})}))^{\mathrm{T}}\ \ (\boldsymbol{b}_{\mathrm{a},2}^{(\mathrm{w})}(\boldsymbol{d}_2^{(\mathrm{uw})},\boldsymbol{s}^{(\mathrm{u})}))^{\mathrm{T}}\ \cdots\ (\boldsymbol{b}_{\mathrm{a},L}^{(\mathrm{w})}(\boldsymbol{d}_L^{(\mathrm{uw})},\boldsymbol{s}^{(\mathrm{u})}))^{\mathrm{T}}]^{\mathrm{T}}\in\mathbf{R}^{\tilde{K}_L\times 1}\\ \boldsymbol{\beta}_{\mathrm{a}}^{(\mathrm{w})}=[(\boldsymbol{\beta}_{\mathrm{a},1}^{(\mathrm{w})})^{\mathrm{T}}\ \ (\boldsymbol{\beta}_{\mathrm{a},2}^{(\mathrm{w})})^{\mathrm{T}}\ \cdots\ (\boldsymbol{\beta}_{\mathrm{a},L}^{(\mathrm{w})})^{\mathrm{T}}]^{\mathrm{T}}\in\mathbf{R}^{3L\times 1}\end{cases} \tag{8.72}$$

式（8.71）即为步骤 2-a 所建立的伪线性观测方程，其中的 $\boldsymbol{A}_{\mathrm{a}}^{(\mathrm{w})}(\boldsymbol{s}^{(\mathrm{u})})$ 表示伪线性系数矩阵，由式（8.70）中的第 1 个公式和式（8.72）中的第 1 个公式可知，$\boldsymbol{A}_{\mathrm{a}}^{(\mathrm{w})}(\boldsymbol{s}^{(\mathrm{u})})$ 与向量 $\boldsymbol{s}^{(\mathrm{u})}$ 有关；$\boldsymbol{b}_{\mathrm{a}}^{(\mathrm{w})}(\boldsymbol{d}^{(\mathrm{uw})},\boldsymbol{s}^{(\mathrm{u})})$ 表示伪线性观测向量，由式（8.70）中的第 2 个公式和式（8.72）中的第 2 个公式可知，$\boldsymbol{b}_{\mathrm{a}}^{(\mathrm{w})}(\boldsymbol{d}^{(\mathrm{uw})},\boldsymbol{s}^{(\mathrm{u})})$ 同时与向量 $\boldsymbol{d}^{(\mathrm{uw})}$ 和 $\boldsymbol{s}^{(\mathrm{u})}$ 有关。

根据式（8.69）和式（8.71）将向量 $\boldsymbol{\beta}_{\mathrm{a},l}^{(\mathrm{w})}$ 和 $\boldsymbol{\beta}_{\mathrm{a}}^{(\mathrm{w})}$ 表示为

$$\begin{cases}\boldsymbol{\beta}_{\mathrm{a},l}^{(\mathrm{w})}=(\boldsymbol{A}_{\mathrm{a},l}^{(\mathrm{w})}(\boldsymbol{s}^{(\mathrm{u})}))^{\dagger}\boldsymbol{b}_{\mathrm{a},l}^{(\mathrm{w})}(\boldsymbol{d}_l^{(\mathrm{uw})},\boldsymbol{s}^{(\mathrm{u})})\\ \quad\ =((\boldsymbol{A}_{\mathrm{a},l}^{(\mathrm{w})}(\boldsymbol{s}^{(\mathrm{u})}))^{\mathrm{T}}\boldsymbol{A}_{\mathrm{a},l}^{(\mathrm{w})}(\boldsymbol{s}^{(\mathrm{u})}))^{-1}(\boldsymbol{A}_{\mathrm{a},l}^{(\mathrm{w})}(\boldsymbol{s}^{(\mathrm{u})}))^{\mathrm{T}}\boldsymbol{b}_{\mathrm{a},l}^{(\mathrm{w})}(\boldsymbol{d}_l^{(\mathrm{uw})},\boldsymbol{s}^{(\mathrm{u})})\\ \boldsymbol{\beta}_{\mathrm{a}}^{(\mathrm{w})}=(\boldsymbol{A}_{\mathrm{a}}^{(\mathrm{w})}(\boldsymbol{s}^{(\mathrm{u})}))^{\dagger}\boldsymbol{b}_{\mathrm{a}}^{(\mathrm{w})}(\boldsymbol{d}^{(\mathrm{uw})},\boldsymbol{s}^{(\mathrm{u})})\\ \quad\ =((\boldsymbol{A}_{\mathrm{a}}^{(\mathrm{w})}(\boldsymbol{s}^{(\mathrm{u})}))^{\mathrm{T}}\boldsymbol{A}_{\mathrm{a}}^{(\mathrm{w})}(\boldsymbol{s}^{(\mathrm{u})}))^{-1}(\boldsymbol{A}_{\mathrm{a}}^{(\mathrm{w})}(\boldsymbol{s}^{(\mathrm{u})}))^{\mathrm{T}}\boldsymbol{b}_{\mathrm{a}}^{(\mathrm{w})}(\boldsymbol{d}^{(\mathrm{uw})},\boldsymbol{s}^{(\mathrm{u})})\end{cases} \tag{8.73}$$

在实际中无法获得无误差的距离观测向量 $\boldsymbol{d}^{(\mathrm{uw})}$ 和 U 组源节点位置向量 $\boldsymbol{s}^{(\mathrm{u})}$，只能得到含有误差的距离观测向量 $\hat{\boldsymbol{d}}^{(\mathrm{uw})}$ 和位置估计向量 $\hat{\boldsymbol{s}}_{\mathrm{sta1}}^{(\mathrm{u})}$。此时需要设计线性加权最小二乘估计准则，用于抑制观测误差 $\boldsymbol{\varepsilon}^{(\mathrm{uw})}$ 和估计误差 $\Delta\boldsymbol{s}_{\mathrm{sta1}}^{(\mathrm{u})}$ 的影响。

定义误差向量为

$$\boldsymbol{\xi}_{\mathrm{a},l}^{(\mathrm{w})}=\boldsymbol{b}_{\mathrm{a},l}^{(\mathrm{w})}(\hat{\boldsymbol{d}}_l^{(\mathrm{uw})},\hat{\boldsymbol{s}}_{\mathrm{sta1}}^{(\mathrm{u})})-\boldsymbol{A}_{\mathrm{a},l}^{(\mathrm{w})}(\hat{\boldsymbol{s}}_{\mathrm{sta1}}^{(\mathrm{u})})\boldsymbol{\beta}_{\mathrm{a},l}^{(\mathrm{w})}=\Delta\boldsymbol{b}_{\mathrm{a},l}^{(\mathrm{w})}-\Delta\boldsymbol{A}_{\mathrm{a},l}^{(\mathrm{w})}\boldsymbol{\beta}_{\mathrm{a},l}^{(\mathrm{w})}\quad(1\leqslant l\leqslant L) \tag{8.74}$$

式中，$\Delta\boldsymbol{b}_{\mathrm{a},l}^{(\mathrm{w})}=\boldsymbol{b}_{\mathrm{a},l}^{(\mathrm{w})}(\hat{\boldsymbol{d}}_l^{(\mathrm{uw})},\hat{\boldsymbol{s}}_{\mathrm{sta1}}^{(\mathrm{u})})-\boldsymbol{b}_{\mathrm{a},l}^{(\mathrm{w})}(\boldsymbol{d}_l^{(\mathrm{uw})},\boldsymbol{s}^{(\mathrm{u})})$；$\Delta\boldsymbol{A}_{\mathrm{a},l}^{(\mathrm{w})}=\boldsymbol{A}_{\mathrm{a},l}^{(\mathrm{w})}(\hat{\boldsymbol{s}}_{\mathrm{sta1}}^{(\mathrm{u})})-\boldsymbol{A}_{\mathrm{a},l}^{(\mathrm{w})}(\boldsymbol{s}^{(\mathrm{u})})$。

利用一阶误差分析可得

$$\begin{cases}\Delta \boldsymbol{b}_{\mathrm{a},l}^{(\mathrm{w})} \approx \bar{\boldsymbol{B}}_{\mathrm{a},l}^{(\mathrm{w})}(\boldsymbol{d}_l^{(\mathrm{uw})})(\hat{\boldsymbol{d}}_l^{(\mathrm{uw})}-\boldsymbol{d}_l^{(\mathrm{uw})})+\tilde{\boldsymbol{B}}_{\mathrm{a},l}^{(\mathrm{w})}(\boldsymbol{s}^{(\mathrm{u})})(\hat{\boldsymbol{s}}_{\mathrm{sta1}}^{(\mathrm{u})}-\boldsymbol{s}^{(\mathrm{u})}) \\ \qquad =\bar{\boldsymbol{B}}_{\mathrm{a},l}^{(\mathrm{w})}(\boldsymbol{d}_l^{(\mathrm{uw})})\boldsymbol{\varepsilon}_l^{(\mathrm{uw})}+\tilde{\boldsymbol{B}}_{\mathrm{a},l}^{(\mathrm{w})}(\boldsymbol{s}^{(\mathrm{u})})\Delta \boldsymbol{s}_{\mathrm{sta1}}^{(\mathrm{u})} \\ \Delta \boldsymbol{A}_{\mathrm{a},l}^{(\mathrm{w})}\boldsymbol{\beta}_{\mathrm{a},l}^{(\mathrm{w})}=\tilde{\boldsymbol{A}}_{\mathrm{a},l}^{(\mathrm{w})}(\boldsymbol{\beta}_{\mathrm{a},l}^{(\mathrm{w})})\Delta \boldsymbol{s}_{\mathrm{sta1}}^{(\mathrm{u})}\end{cases} \tag{8.75}$$

式中，

$$\bar{\boldsymbol{B}}_{\mathrm{a},l}^{(\mathrm{w})}(\boldsymbol{d}_l^{(\mathrm{uw})})=\frac{\partial \boldsymbol{b}_{\mathrm{a},l}^{(\mathrm{w})}(\boldsymbol{d}_l^{(\mathrm{uw})},\boldsymbol{s}^{(\mathrm{u})})}{\partial (\boldsymbol{d}_l^{(\mathrm{uw})})^{\mathrm{T}}}=\mathrm{diag}[\boldsymbol{d}_l^{(\mathrm{uw})}]\in \mathbf{R}^{K_l\times K_l} \tag{8.76}$$

$$\tilde{\boldsymbol{B}}_{\mathrm{a},l}^{(\mathrm{w})}(\boldsymbol{s}^{(\mathrm{u})})=\frac{\partial \boldsymbol{b}_{\mathrm{a},l}^{(\mathrm{w})}(\boldsymbol{d}_l^{(\mathrm{uw})},\boldsymbol{s}^{(\mathrm{u})})}{\partial (\boldsymbol{s}^{(\mathrm{u})})^{\mathrm{T}}}=\begin{bmatrix}-(\boldsymbol{i}_K^{(l_1)}\otimes \boldsymbol{s}_{l_1}^{(\mathrm{u})})^{\mathrm{T}} \\ -(\boldsymbol{i}_K^{(l_2)}\otimes \boldsymbol{s}_{l_2}^{(\mathrm{u})})^{\mathrm{T}} \\ \vdots \\ -(\boldsymbol{i}_K^{(l_{K_l})}\otimes \boldsymbol{s}_{l_{K_l}}^{(\mathrm{u})})^{\mathrm{T}}\end{bmatrix}\in \mathbf{R}^{K_l\times 2K} \tag{8.77}$$

$$\tilde{\boldsymbol{A}}_{\mathrm{a},l}^{(\mathrm{w})}(\boldsymbol{\beta}_{\mathrm{a},l}^{(\mathrm{w})})=\begin{bmatrix}-(\boldsymbol{\beta}_{\mathrm{a},l}^{(\mathrm{w})})^{\mathrm{T}}\begin{bmatrix}\boldsymbol{I}_2 \\ \boldsymbol{O}_{1\times 2}\end{bmatrix}((\boldsymbol{i}_K^{(l_1)})^{\mathrm{T}}\otimes \boldsymbol{I}_2) \\ -(\boldsymbol{\beta}_{\mathrm{a},l}^{(\mathrm{w})})^{\mathrm{T}}\begin{bmatrix}\boldsymbol{I}_2 \\ \boldsymbol{O}_{1\times 2}\end{bmatrix}((\boldsymbol{i}_K^{(l_2)})^{\mathrm{T}}\otimes \boldsymbol{I}_2) \\ \vdots \\ -(\boldsymbol{\beta}_{\mathrm{a},l}^{(\mathrm{w})})^{\mathrm{T}}\begin{bmatrix}\boldsymbol{I}_2 \\ \boldsymbol{O}_{1\times 2}\end{bmatrix}((\boldsymbol{i}_K^{(l_{K_l})})^{\mathrm{T}}\otimes \boldsymbol{I}_2)\end{bmatrix}\in \mathbf{R}^{K_l\times 2K} \tag{8.78}$$

将式（8.75）代入式（8.74）可知

$$\begin{aligned}\boldsymbol{\xi}_{\mathrm{a},l}^{(\mathrm{w})} &\approx \bar{\boldsymbol{B}}_{\mathrm{a},l}^{(\mathrm{w})}(\boldsymbol{d}_l^{(\mathrm{uw})})\boldsymbol{\varepsilon}_l^{(\mathrm{uw})}+\tilde{\boldsymbol{B}}_{\mathrm{a},l}^{(\mathrm{w})}(\boldsymbol{s}^{(\mathrm{u})})\Delta \boldsymbol{s}_{\mathrm{sta1}}^{(\mathrm{u})}-\tilde{\boldsymbol{A}}_{\mathrm{a},l}^{(\mathrm{w})}(\boldsymbol{\beta}_{\mathrm{a},l}^{(\mathrm{w})})\Delta \boldsymbol{s}_{\mathrm{sta1}}^{(\mathrm{u})} \\ &=\bar{\boldsymbol{C}}_{\mathrm{a},l}^{(\mathrm{w})}(\boldsymbol{d}_l^{(\mathrm{uw})})\boldsymbol{\varepsilon}_l^{(\mathrm{uw})}+\tilde{\boldsymbol{C}}_{\mathrm{a},l}^{(\mathrm{w})}(\boldsymbol{s}^{(\mathrm{u})},\boldsymbol{\beta}_{\mathrm{a},l}^{(\mathrm{w})})\Delta \boldsymbol{s}_{\mathrm{sta1}}^{(\mathrm{u})}\quad (1\leqslant l\leqslant L)\end{aligned} \tag{8.79}$$

式中，$\bar{\boldsymbol{C}}_{\mathrm{a},l}^{(\mathrm{w})}(\boldsymbol{d}_l^{(\mathrm{uw})})=\bar{\boldsymbol{B}}_{\mathrm{a},l}^{(\mathrm{w})}(\boldsymbol{d}_l^{(\mathrm{uw})})\in \mathbf{R}^{K_l\times K_l}$；$\tilde{\boldsymbol{C}}_{\mathrm{a},l}^{(\mathrm{w})}(\boldsymbol{s}^{(\mathrm{u})},\boldsymbol{\beta}_{\mathrm{a},l}^{(\mathrm{w})})=\tilde{\boldsymbol{B}}_{\mathrm{a},l}^{(\mathrm{w})}(\boldsymbol{s}^{(\mathrm{u})})-\tilde{\boldsymbol{A}}_{\mathrm{a},l}^{(\mathrm{w})}(\boldsymbol{\beta}_{\mathrm{a},l}^{(\mathrm{w})})\in \mathbf{R}^{K_l\times 2K}$。由式（8.79）可知，误差向量$\boldsymbol{\xi}_{\mathrm{a},l}^{(\mathrm{w})}$渐近服从零均值的高斯分布，协方差矩阵为

$$\begin{aligned}\boldsymbol{\Omega}_{\mathrm{a},l}^{(\mathrm{w})}&=E[\boldsymbol{\xi}_{\mathrm{a},l}^{(\mathrm{w})}(\boldsymbol{\xi}_{\mathrm{a},l}^{(\mathrm{w})})^{\mathrm{T}}]=\bar{\boldsymbol{C}}_{\mathrm{a},l}^{(\mathrm{w})}(\boldsymbol{d}_l^{(\mathrm{uw})})E[\boldsymbol{\varepsilon}_l^{(\mathrm{uw})}(\boldsymbol{\varepsilon}_l^{(\mathrm{uw})})^{\mathrm{T}}](\bar{\boldsymbol{C}}_{\mathrm{a},l}^{(\mathrm{w})}(\boldsymbol{d}_l^{(\mathrm{uw})}))^{\mathrm{T}}+\\&\quad\tilde{\boldsymbol{C}}_{\mathrm{a},l}^{(\mathrm{w})}(\boldsymbol{s}^{(\mathrm{u})},\boldsymbol{\beta}_{\mathrm{a},l}^{(\mathrm{w})})E[\Delta\boldsymbol{s}_{\mathrm{sta1}}^{(\mathrm{u})}(\Delta\boldsymbol{s}_{\mathrm{sta1}}^{(\mathrm{u})})^{\mathrm{T}}](\tilde{\boldsymbol{C}}_{\mathrm{a},l}^{(\mathrm{w})}(\boldsymbol{s}^{(\mathrm{u})},\boldsymbol{\beta}_{\mathrm{a},l}^{(\mathrm{w})}))^{\mathrm{T}}\\&=\bar{\boldsymbol{C}}_{\mathrm{a},l}^{(\mathrm{w})}(\boldsymbol{d}_l^{(\mathrm{uw})})\boldsymbol{E}_l^{(\mathrm{uw})}(\bar{\boldsymbol{C}}_{\mathrm{a},l}^{(\mathrm{w})}(\boldsymbol{d}_l^{(\mathrm{uw})}))^{\mathrm{T}}+\\&\quad\tilde{\boldsymbol{C}}_{\mathrm{a},l}^{(\mathrm{w})}(\boldsymbol{s}^{(\mathrm{u})},\boldsymbol{\beta}_{\mathrm{a},l}^{(\mathrm{w})})\mathbf{MSE}(\hat{\boldsymbol{s}}_{\mathrm{sta1}}^{(\mathrm{u})})(\tilde{\boldsymbol{C}}_{\mathrm{a},l}^{(\mathrm{w})}(\boldsymbol{s}^{(\mathrm{u})},\boldsymbol{\beta}_{\mathrm{a},l}^{(\mathrm{w})}))^{\mathrm{T}}\in\mathbf{R}^{K_l\times K_l}\end{aligned}\tag{8.80}$$

将式（8.79）中的 L 个误差向量合并，并基于式（8.74）可以得到高维误差向量为

$$\begin{aligned}\boldsymbol{\xi}_{\mathrm{a}}^{(\mathrm{w})}&=[(\boldsymbol{\xi}_{\mathrm{a},1}^{(\mathrm{w})})^{\mathrm{T}}\ \ (\boldsymbol{\xi}_{\mathrm{a},2}^{(\mathrm{w})})^{\mathrm{T}}\ \ \cdots\ \ (\boldsymbol{\xi}_{\mathrm{a},L}^{(\mathrm{w})})^{\mathrm{T}}]^{\mathrm{T}}\\&=\boldsymbol{b}_{\mathrm{a}}^{(\mathrm{w})}(\hat{\boldsymbol{d}}^{(\mathrm{uw})},\hat{\boldsymbol{s}}_{\mathrm{sta1}}^{(\mathrm{u})})-\boldsymbol{A}_{\mathrm{a}}^{(\mathrm{w})}(\hat{\boldsymbol{s}}_{\mathrm{sta1}}^{(\mathrm{u})})\boldsymbol{\beta}_{\mathrm{a}}^{(\mathrm{w})}\\&\approx\bar{\boldsymbol{C}}_{\mathrm{a}}^{(\mathrm{w})}(\boldsymbol{d}^{(\mathrm{uw})})\boldsymbol{\varepsilon}^{(\mathrm{uw})}+\tilde{\boldsymbol{C}}_{\mathrm{a}}^{(\mathrm{w})}(\boldsymbol{s}^{(\mathrm{u})},\boldsymbol{\beta}_{\mathrm{a}}^{(\mathrm{w})})\Delta\boldsymbol{s}_{\mathrm{sta1}}^{(\mathrm{u})}\end{aligned}\tag{8.81}$$

式中，

$$\begin{cases}\bar{\boldsymbol{C}}_{\mathrm{a}}^{(\mathrm{w})}(\boldsymbol{d}^{(\mathrm{uw})})=\mathrm{blkdiag}\{\bar{\boldsymbol{C}}_{\mathrm{a},1}^{(\mathrm{w})}(\boldsymbol{d}_1^{(\mathrm{uw})}),\bar{\boldsymbol{C}}_{\mathrm{a},2}^{(\mathrm{w})}(\boldsymbol{d}_2^{(\mathrm{uw})}),\cdots,\bar{\boldsymbol{C}}_{\mathrm{a},L}^{(\mathrm{w})}(\boldsymbol{d}_L^{(\mathrm{uw})})\}\in\mathbf{R}^{\tilde{K}_L\times\tilde{K}_L}\\\tilde{\boldsymbol{C}}_{\mathrm{a}}^{(\mathrm{w})}(\boldsymbol{s}^{(\mathrm{u})},\boldsymbol{\beta}_{\mathrm{a}}^{(\mathrm{w})})=[(\tilde{\boldsymbol{C}}_{\mathrm{a},1}^{(\mathrm{w})}(\boldsymbol{s}^{(\mathrm{u})},\boldsymbol{\beta}_{\mathrm{a},1}^{(\mathrm{w})}))^{\mathrm{T}}\ \ (\tilde{\boldsymbol{C}}_{\mathrm{a},2}^{(\mathrm{w})}(\boldsymbol{s}^{(\mathrm{u})},\boldsymbol{\beta}_{\mathrm{a},2}^{(\mathrm{w})}))^{\mathrm{T}}\ \ \cdots\ \ (\tilde{\boldsymbol{C}}_{\mathrm{a},L}^{(\mathrm{w})}(\boldsymbol{s}^{(\mathrm{u})},\boldsymbol{\beta}_{\mathrm{a},L}^{(\mathrm{w})}))^{\mathrm{T}}]^{\mathrm{T}}\in\mathbf{R}^{\tilde{K}_L\times 2K}\end{cases}\tag{8.82}$$

由式（8.81）可知，误差向量 $\boldsymbol{\xi}_{\mathrm{a}}^{(\mathrm{w})}$ 渐近服从零均值的高斯分布，协方差矩阵为

$$\begin{aligned}\boldsymbol{\Omega}_{\mathrm{a}}^{(\mathrm{w})}&=E[\boldsymbol{\xi}_{\mathrm{a}}^{(\mathrm{w})}(\boldsymbol{\xi}_{\mathrm{a}}^{(\mathrm{w})})^{\mathrm{T}}]\\&=\bar{\boldsymbol{C}}_{\mathrm{a}}^{(\mathrm{w})}(\boldsymbol{d}^{(\mathrm{uw})})E[\boldsymbol{\varepsilon}^{(\mathrm{uw})}(\boldsymbol{\varepsilon}^{(\mathrm{uw})})^{\mathrm{T}}](\bar{\boldsymbol{C}}_{\mathrm{a}}^{(\mathrm{w})}(\boldsymbol{d}^{(\mathrm{uw})}))^{\mathrm{T}}+\\&\quad\tilde{\boldsymbol{C}}_{\mathrm{a}}^{(\mathrm{w})}(\boldsymbol{s}^{(\mathrm{u})},\boldsymbol{\beta}_{\mathrm{a}}^{(\mathrm{w})})E[\Delta\boldsymbol{s}_{\mathrm{sta1}}^{(\mathrm{u})}(\Delta\boldsymbol{s}_{\mathrm{sta1}}^{(\mathrm{u})})^{\mathrm{T}}](\tilde{\boldsymbol{C}}_{\mathrm{a}}^{(\mathrm{w})}(\boldsymbol{s}^{(\mathrm{u})},\boldsymbol{\beta}_{\mathrm{a}}^{(\mathrm{w})}))^{\mathrm{T}}\\&=\bar{\boldsymbol{C}}_{\mathrm{a}}^{(\mathrm{w})}(\boldsymbol{d}^{(\mathrm{uw})})\boldsymbol{E}^{(\mathrm{uw})}(\bar{\boldsymbol{C}}_{\mathrm{a}}^{(\mathrm{w})}(\boldsymbol{d}^{(\mathrm{uw})}))^{\mathrm{T}}+\\&\quad\tilde{\boldsymbol{C}}_{\mathrm{a}}^{(\mathrm{w})}(\boldsymbol{s}^{(\mathrm{u})},\boldsymbol{\beta}_{\mathrm{a}}^{(\mathrm{w})})\mathbf{MSE}(\hat{\boldsymbol{s}}_{\mathrm{sta1}}^{(\mathrm{u})})(\tilde{\boldsymbol{C}}_{\mathrm{a}}^{(\mathrm{w})}(\boldsymbol{s}^{(\mathrm{u})},\boldsymbol{\beta}_{\mathrm{a}}^{(\mathrm{w})}))^{\mathrm{T}}\in\mathbf{R}^{\tilde{K}_L\times\tilde{K}_L}\end{aligned}\tag{8.83}$$

为了对 U 组源节点位置向量和 W 组源节点位置向量进行联合估计，需要结合式（8.63）和式（8.81）构造扩维的观测误差向量为

$$\begin{aligned}\boldsymbol{\xi}_{\mathrm{a}}^{(\mathrm{uw})}&=\begin{bmatrix}\boldsymbol{b}_{\mathrm{a}}^{(\mathrm{w})}(\hat{\boldsymbol{d}}^{(\mathrm{uw})},\hat{\boldsymbol{s}}_{\mathrm{sta1}}^{(\mathrm{u})})-\boldsymbol{A}_{\mathrm{a}}^{(\mathrm{w})}(\hat{\boldsymbol{s}}_{\mathrm{sta1}}^{(\mathrm{u})})\boldsymbol{\beta}_{\mathrm{a}}^{(\mathrm{w})}\\\hat{\boldsymbol{s}}_{\mathrm{sta1}}^{(\mathrm{u})}-\boldsymbol{s}^{(\mathrm{u})}\end{bmatrix}\\&=\begin{bmatrix}\boldsymbol{b}_{\mathrm{a}}^{(\mathrm{w})}(\hat{\boldsymbol{d}}^{(\mathrm{uw})},\hat{\boldsymbol{s}}_{\mathrm{sta1}}^{(\mathrm{u})})\\\hat{\boldsymbol{s}}_{\mathrm{sta1}}^{(\mathrm{u})}\end{bmatrix}-\begin{bmatrix}\boldsymbol{A}_{\mathrm{a}}^{(\mathrm{w})}(\hat{\boldsymbol{s}}_{\mathrm{sta1}}^{(\mathrm{u})})&\boldsymbol{O}_{\tilde{K}_L\times 2K}\\\boldsymbol{O}_{2K\times 3L}&\boldsymbol{I}_{2K}\end{bmatrix}\boldsymbol{\beta}_{\mathrm{a}}^{(\mathrm{uw})}=\begin{bmatrix}\boldsymbol{\xi}_{\mathrm{a}}^{(\mathrm{w})}\\\Delta\boldsymbol{s}_{\mathrm{sta1}}^{(\mathrm{u})}\end{bmatrix}\end{aligned}\tag{8.84}$$

式中，$\boldsymbol{\beta}_{\mathrm{a}}^{(\mathrm{uw})}=\begin{bmatrix}\boldsymbol{\beta}_{\mathrm{a}}^{(\mathrm{w})}\\ \boldsymbol{s}^{(\mathrm{u})}\end{bmatrix}\in\mathbf{R}^{(3L+2K)\times 1}$。将式（8.81）代入式（8.84）可得

$$\boldsymbol{\xi}_{\mathrm{a}}^{(\mathrm{uw})}\approx\begin{bmatrix}\bar{\boldsymbol{C}}_{\mathrm{a}}^{(\mathrm{w})}(\boldsymbol{d}^{(\mathrm{uw})})\boldsymbol{\varepsilon}^{(\mathrm{uw})}+\tilde{\boldsymbol{C}}_{\mathrm{a}}^{(\mathrm{w})}(\boldsymbol{s}^{(\mathrm{u})},\boldsymbol{\beta}_{\mathrm{a}}^{(\mathrm{w})})\Delta\boldsymbol{s}_{\mathrm{sta1}}^{(\mathrm{u})}\\ \Delta\boldsymbol{s}_{\mathrm{sta1}}^{(\mathrm{u})}\end{bmatrix}\tag{8.85}$$

由式（8.85）可知，误差向量$\boldsymbol{\xi}_{\mathrm{a}}^{(\mathrm{uw})}$渐近服从零均值的高斯分布，协方差矩阵为

$$\begin{aligned}\boldsymbol{\Omega}_{\mathrm{a}}^{(\mathrm{uw})}&=E[\boldsymbol{\xi}_{\mathrm{a}}^{(\mathrm{uw})}(\boldsymbol{\xi}_{\mathrm{a}}^{(\mathrm{uw})})^{\mathrm{T}}]\\&=\left[\begin{array}{c|c}\begin{matrix}\tilde{\boldsymbol{C}}_{\mathrm{a}}^{(\mathrm{w})}(\boldsymbol{s}^{(\mathrm{u})},\boldsymbol{\beta}_{\mathrm{a}}^{(\mathrm{w})})\mathbf{MSE}(\hat{\boldsymbol{s}}_{\mathrm{sta1}}^{(\mathrm{u})})(\tilde{\boldsymbol{C}}_{\mathrm{a}}^{(\mathrm{w})}(\boldsymbol{s}^{(\mathrm{u})},\boldsymbol{\beta}_{\mathrm{a}}^{(\mathrm{w})}))^{\mathrm{T}}+\\ \bar{\boldsymbol{C}}_{\mathrm{a}}^{(\mathrm{w})}(\boldsymbol{d}^{(\mathrm{uw})})\boldsymbol{E}^{(\mathrm{uw})}(\bar{\boldsymbol{C}}_{\mathrm{a}}^{(\mathrm{w})}(\boldsymbol{d}^{(\mathrm{uw})}))^{\mathrm{T}}\end{matrix} & \tilde{\boldsymbol{C}}_{\mathrm{a}}^{(\mathrm{w})}(\boldsymbol{s}^{(\mathrm{u})},\boldsymbol{\beta}_{\mathrm{a}}^{(\mathrm{w})})\mathbf{MSE}(\hat{\boldsymbol{s}}_{\mathrm{sta1}}^{(\mathrm{u})})\\ \hline \mathbf{MSE}(\hat{\boldsymbol{s}}_{\mathrm{sta1}}^{(\mathrm{u})})(\tilde{\boldsymbol{C}}_{\mathrm{a}}^{(\mathrm{w})}(\boldsymbol{s}^{(\mathrm{u})},\boldsymbol{\beta}_{\mathrm{a}}^{(\mathrm{w})}))^{\mathrm{T}} & \mathbf{MSE}(\hat{\boldsymbol{s}}_{\mathrm{sta1}}^{(\mathrm{u})})\end{array}\right]\\&\in\mathbf{R}^{(\tilde{K}_L+2K)\times(\tilde{K}_L+2K)}\end{aligned}\tag{8.86}$$

结合式（8.84）和式（8.86）可以建立线性加权最小二乘估计准则为

$$\begin{aligned}&\min_{\boldsymbol{\beta}_{\mathrm{a}}^{(\mathrm{uw})}}\{J_{\mathrm{a}}^{(\mathrm{uw})}(\boldsymbol{\beta}_{\mathrm{a}}^{(\mathrm{uw})})\}\\&=\min_{\boldsymbol{\beta}_{\mathrm{a}}^{(\mathrm{uw})}}\left\{\left(\begin{bmatrix}\boldsymbol{b}_{\mathrm{a}}^{(\mathrm{w})}(\hat{\boldsymbol{d}}^{(\mathrm{uw})},\hat{\boldsymbol{s}}_{\mathrm{sta1}}^{(\mathrm{u})})\\ \hat{\boldsymbol{s}}_{\mathrm{sta1}}^{(\mathrm{u})}\end{bmatrix}-\begin{bmatrix}\boldsymbol{A}_{\mathrm{a}}^{(\mathrm{w})}(\hat{\boldsymbol{s}}_{\mathrm{sta1}}^{(\mathrm{u})}) & \boldsymbol{O}_{\tilde{K}_L\times 2K}\\ \boldsymbol{O}_{2K\times 3L} & \boldsymbol{I}_{2K}\end{bmatrix}\boldsymbol{\beta}_{\mathrm{a}}^{(\mathrm{uw})}\right)^{\mathrm{T}}\times\right.\\&\quad\left.(\boldsymbol{\Omega}_{\mathrm{a}}^{(\mathrm{uw})})^{-1}\left(\begin{bmatrix}\boldsymbol{b}_{\mathrm{a}}^{(\mathrm{w})}(\hat{\boldsymbol{d}}^{(\mathrm{uw})},\hat{\boldsymbol{s}}_{\mathrm{sta1}}^{(\mathrm{u})})\\ \hat{\boldsymbol{s}}_{\mathrm{sta1}}^{(\mathrm{u})}\end{bmatrix}-\begin{bmatrix}\boldsymbol{A}_{\mathrm{a}}^{(\mathrm{w})}(\hat{\boldsymbol{s}}_{\mathrm{sta1}}^{(\mathrm{u})}) & \boldsymbol{O}_{\tilde{K}_L\times 2K}\\ \boldsymbol{O}_{2K\times 3L} & \boldsymbol{I}_{2K}\end{bmatrix}\boldsymbol{\beta}_{\mathrm{a}}^{(\mathrm{uw})}\right)\right\}\end{aligned}\tag{8.87}$$

式中，$(\boldsymbol{\Omega}_{\mathrm{a}}^{(\mathrm{uw})})^{-1}$可被视为加权矩阵，其作用在于抑制观测误差$\boldsymbol{\varepsilon}^{(\mathrm{uw})}$和估计误差$\Delta\boldsymbol{s}_{\mathrm{sta1}}^{(\mathrm{u})}$的影响。根据式（2.39）可知，式（8.87）的最优闭式解为

$$\begin{aligned}\hat{\boldsymbol{\beta}}_{\mathrm{a}}^{(\mathrm{uw})}=&\left(\begin{bmatrix}(\boldsymbol{A}_{\mathrm{a}}^{(\mathrm{w})}(\hat{\boldsymbol{s}}_{\mathrm{sta1}}^{(\mathrm{u})}))^{\mathrm{T}} & \boldsymbol{O}_{3L\times 2K}\\ \boldsymbol{O}_{2K\times\tilde{K}_L} & \boldsymbol{I}_{2K}\end{bmatrix}(\boldsymbol{\Omega}_{\mathrm{a}}^{(\mathrm{uw})})^{-1}\begin{bmatrix}\boldsymbol{A}_{\mathrm{a}}^{(\mathrm{w})}(\hat{\boldsymbol{s}}_{\mathrm{sta1}}^{(\mathrm{u})}) & \boldsymbol{O}_{\tilde{K}_L\times 2K}\\ \boldsymbol{O}_{2K\times 3L} & \boldsymbol{I}_{2K}\end{bmatrix}\right)^{-1}\times\\&\begin{bmatrix}(\boldsymbol{A}_{\mathrm{a}}^{(\mathrm{w})}(\hat{\boldsymbol{s}}_{\mathrm{sta1}}^{(\mathrm{u})}))^{\mathrm{T}} & \boldsymbol{O}_{3L\times 2K}\\ \boldsymbol{O}_{2K\times\tilde{K}_L} & \boldsymbol{I}_{2K}\end{bmatrix}(\boldsymbol{\Omega}_{\mathrm{a}}^{(\mathrm{uw})})^{-1}\begin{bmatrix}\boldsymbol{b}_{\mathrm{a}}^{(\mathrm{w})}(\hat{\boldsymbol{d}}^{(\mathrm{uw})},\hat{\boldsymbol{s}}_{\mathrm{sta1}}^{(\mathrm{u})})\\ \hat{\boldsymbol{s}}_{\mathrm{sta1}}^{(\mathrm{u})}\end{bmatrix}\end{aligned}\tag{8.88}$$

【注记 8.13】由式（8.86）可知，加权矩阵 $(\boldsymbol{\Omega}_{\mathrm{a}}^{(\mathrm{uw})})^{-1}$ 与 U 组源节点位置向量 $\boldsymbol{s}^{(\mathrm{u})}$ 和参数向量 $\boldsymbol{\beta}_{\mathrm{a}}^{(\mathrm{w})}$ 有关。因此，严格来说，式（8.87）中的目标函数 $J_{\mathrm{a}}^{(\mathrm{uw})}(\boldsymbol{\beta}_{\mathrm{a}}^{(\mathrm{uw})})$ 并不是关于向量 $\boldsymbol{\beta}_{\mathrm{a}}^{(\mathrm{uw})}$ 的二次函数。庆幸的是，该问题并不难解决：首先，将 $(\boldsymbol{\Omega}_{\mathrm{a}}^{(\mathrm{uw})})^{-1}$ 设为单位矩阵，从而获得关于向量 $\boldsymbol{\beta}_{\mathrm{a}}^{(\mathrm{uw})}$ 的初始值；然后，重新计算加权矩阵 $(\boldsymbol{\Omega}_{\mathrm{a}}^{(\mathrm{uw})})^{-1}$，并再次得到向量 $\boldsymbol{\beta}_{\mathrm{a}}^{(\mathrm{uw})}$ 的估计值，重复此过程 3～5 次，即可取得预期的估计精度。加权矩阵 $(\boldsymbol{\Omega}_{\mathrm{a}}^{(\mathrm{uw})})^{-1}$ 还与距离观测向量 $\boldsymbol{d}^{(\mathrm{uw})}$ 有关，可以直接利用观测值 $\hat{\boldsymbol{d}}^{(\mathrm{uw})}$ 进行计算。理论分析表明，在一阶误差分析理论框架下，加权矩阵 $(\boldsymbol{\Omega}_{\mathrm{a}}^{(\mathrm{uw})})^{-1}$ 中的扰动误差并不会实质影响估计值 $\hat{\boldsymbol{\beta}}_{\mathrm{a}}^{(\mathrm{uw})}$ 的统计性能。

【注记 8.14】将估计值 $\hat{\boldsymbol{\beta}}_{\mathrm{a}}^{(\mathrm{uw})}$ 中的估计误差记为 $\Delta\boldsymbol{\beta}_{\mathrm{a}}^{(\mathrm{uw})}=\hat{\boldsymbol{\beta}}_{\mathrm{a}}^{(\mathrm{uw})}-\boldsymbol{\beta}_{\mathrm{a}}^{(\mathrm{uw})}$，由 6.3.3 节中的一阶误差分析方法可知，误差向量 $\Delta\boldsymbol{\beta}_{\mathrm{a}}^{(\mathrm{uw})}$ 渐近服从零均值的高斯分布，并且可被近似表示为

$$\Delta\boldsymbol{\beta}_{\mathrm{a}}^{(\mathrm{uw})}\approx\left(\begin{bmatrix}(\boldsymbol{A}_{\mathrm{a}}^{(\mathrm{w})}(\boldsymbol{s}^{(\mathrm{u})}))^{\mathrm{T}} & \boldsymbol{O}_{3L\times 2K}\\ \boldsymbol{O}_{2K\times\tilde{K}_L} & \boldsymbol{I}_{2K}\end{bmatrix}(\boldsymbol{\Omega}_{\mathrm{a}}^{(\mathrm{uw})})^{-1}\begin{bmatrix}\boldsymbol{A}_{\mathrm{a}}^{(\mathrm{w})}(\boldsymbol{s}^{(\mathrm{u})}) & \boldsymbol{O}_{\tilde{K}_L\times 2K}\\ \boldsymbol{O}_{2K\times 3L} & \boldsymbol{I}_{2K}\end{bmatrix}\right)^{-1}\times \\ \begin{bmatrix}(\boldsymbol{A}_{\mathrm{a}}^{(\mathrm{w})}(\boldsymbol{s}^{(\mathrm{u})}))^{\mathrm{T}} & \boldsymbol{O}_{3L\times 2K}\\ \boldsymbol{O}_{2K\times\tilde{K}_L} & \boldsymbol{I}_{2K}\end{bmatrix}(\boldsymbol{\Omega}_{\mathrm{a}}^{(\mathrm{uw})})^{-1}\boldsymbol{\xi}_{\mathrm{a}}^{(\mathrm{uw})} \tag{8.89}$$

由此可知，估计值 $\hat{\boldsymbol{\beta}}_{\mathrm{a}}^{(\mathrm{uw})}$ 是渐近无偏估计，均方误差矩阵为

$$\begin{aligned}\mathbf{MSE}(\hat{\boldsymbol{\beta}}_{\mathrm{a}}^{(\mathrm{uw})})&=E[(\hat{\boldsymbol{\beta}}_{\mathrm{a}}^{(\mathrm{uw})}-\boldsymbol{\beta}_{\mathrm{a}}^{(\mathrm{uw})})(\hat{\boldsymbol{\beta}}_{\mathrm{a}}^{(\mathrm{uw})}-\boldsymbol{\beta}_{\mathrm{a}}^{(\mathrm{uw})})^{\mathrm{T}}]=E[\Delta\boldsymbol{\beta}_{\mathrm{a}}^{(\mathrm{uw})}(\Delta\boldsymbol{\beta}_{\mathrm{a}}^{(\mathrm{uw})})^{\mathrm{T}}]\\&=\left(\begin{bmatrix}(\boldsymbol{A}_{\mathrm{a}}^{(\mathrm{w})}(\boldsymbol{s}^{(\mathrm{u})}))^{\mathrm{T}} & \boldsymbol{O}_{3L\times 2K}\\ \boldsymbol{O}_{2K\times\tilde{K}_L} & \boldsymbol{I}_{2K}\end{bmatrix}(\boldsymbol{\Omega}_{\mathrm{a}}^{(\mathrm{uw})})^{-1}\begin{bmatrix}\boldsymbol{A}_{\mathrm{a}}^{(\mathrm{w})}(\boldsymbol{s}^{(\mathrm{u})}) & \boldsymbol{O}_{\tilde{K}_L\times 2K}\\ \boldsymbol{O}_{2K\times 3L} & \boldsymbol{I}_{2K}\end{bmatrix}\right)^{-1}\end{aligned} \tag{8.90}$$

根据向量 $\boldsymbol{\beta}_{\mathrm{a}}^{(\mathrm{uw})}$ 的定义可知，估计值 $\hat{\boldsymbol{\beta}}_{\mathrm{a}}^{(\mathrm{uw})}$ 中的前 $3L$ 个元素可作为向量 $\boldsymbol{\beta}_{\mathrm{a}}^{(\mathrm{w})}$ 的估计值（记为 $\hat{\boldsymbol{\beta}}_{\mathrm{a}}^{(\mathrm{w})}=[(\hat{\boldsymbol{\beta}}_{\mathrm{a},1}^{(\mathrm{w})})^{\mathrm{T}}\ \ (\hat{\boldsymbol{\beta}}_{\mathrm{a},2}^{(\mathrm{w})})^{\mathrm{T}}\ \ \cdots\ \ (\hat{\boldsymbol{\beta}}_{\mathrm{a},L}^{(\mathrm{w})})^{\mathrm{T}}]^{\mathrm{T}}$），而估计值 $\hat{\boldsymbol{\beta}}_{\mathrm{a}}^{(\mathrm{w})}$ 中的第 $3l-2$ 个元素和第 $3l-1(1\leqslant l\leqslant L)$ 个元素又可以构成位置向量 $\boldsymbol{s}^{(\mathrm{w})}$ 的估计值。此外，估计值 $\hat{\boldsymbol{\beta}}_{\mathrm{a}}^{(\mathrm{uw})}$ 中的后 $2K$ 个元素可作为位置向量 $\boldsymbol{s}^{(\mathrm{u})}$ 的估计值（记为 $\hat{\boldsymbol{s}}_{\mathrm{a}}^{(\mathrm{u})}$）。然而，由此获得的定位精度尚无法达到相应的 CRB。步骤 2-b 将利用向量 $\boldsymbol{\beta}_{\mathrm{a}}^{(\mathrm{uw})}$ 中的第 $3l$ 个元素与第 $3l-2$ 个元素和第 $3l-1(1\leqslant l\leqslant L)$ 个元素之间的代数关系提高估计精度。

2. 步骤 2-b 的计算原理及其理论性能分析

这里将利用向量 $\boldsymbol{\beta}_{\mathrm{a}}^{(\mathrm{uw})}$ 中的第 $3l$ 个元素与第 $3l-2$ 个元素和第 $3l-1$（$1 \leqslant l \leqslant L$）个元素之间的代数关系建立线性加权最小二乘估计准则。

首先，定义参数向量 $\boldsymbol{\beta}_{\mathrm{b},l}^{(\mathrm{w})} = \boldsymbol{s}_l^{(\mathrm{w})} \odot \boldsymbol{s}_l^{(\mathrm{w})} \in \mathbf{R}^{2\times 1}$，根据向量 $\boldsymbol{\beta}_{\mathrm{b},l}^{(\mathrm{w})}$ 与 $\boldsymbol{\beta}_{\mathrm{a},l}^{(\mathrm{w})}$ 的定义可获得如下关系式，即

$$\boldsymbol{b}_{\mathrm{b},l}^{(\mathrm{w})}(\boldsymbol{\beta}_{\mathrm{a},l}^{(\mathrm{w})}) = \begin{bmatrix} <\boldsymbol{\beta}_{\mathrm{a},l}^{(\mathrm{w})}>_1^2 \\ <\boldsymbol{\beta}_{\mathrm{a},l}^{(\mathrm{w})}>_2^2 \\ <\boldsymbol{\beta}_{\mathrm{a},l}^{(\mathrm{w})}>_3 \end{bmatrix} = \begin{bmatrix} 1 & 0 \\ 0 & 1 \\ 1 & 1 \end{bmatrix} \boldsymbol{\beta}_{\mathrm{b},l}^{(\mathrm{w})} = \boldsymbol{A}_{\mathrm{b},l}^{(\mathrm{w})} \boldsymbol{\beta}_{\mathrm{b},l}^{(\mathrm{w})} \quad (1 \leqslant l \leqslant L) \tag{8.91}$$

式中，

$$\boldsymbol{A}_{\mathrm{b},l}^{(\mathrm{w})} = \begin{bmatrix} 1 & 0 \\ 0 & 1 \\ 1 & 1 \end{bmatrix} \in \mathbf{R}^{3\times 2} \tag{8.92}$$

然后，将式（8.91）中的 L 个方程合并可得

$$\boldsymbol{A}_{\mathrm{b}}^{(\mathrm{w})} \boldsymbol{\beta}_{\mathrm{b}}^{(\mathrm{w})} = \boldsymbol{b}_{\mathrm{b}}^{(\mathrm{w})}(\boldsymbol{\beta}_{\mathrm{a}}^{(\mathrm{w})}) \tag{8.93}$$

式中，

$$\begin{cases} \boldsymbol{A}_{\mathrm{b}}^{(\mathrm{w})} = \mathrm{blkdiag}\{\boldsymbol{A}_{\mathrm{b},1}^{(\mathrm{w})}, \boldsymbol{A}_{\mathrm{b},2}^{(\mathrm{w})}, \cdots, \boldsymbol{A}_{\mathrm{b},L}^{(\mathrm{w})}\} \in \mathbf{R}^{3L\times 2L} \\ \boldsymbol{b}_{\mathrm{b}}^{(\mathrm{w})}(\boldsymbol{\beta}_{\mathrm{a}}^{(\mathrm{w})}) = [(\boldsymbol{b}_{\mathrm{b},1}^{(\mathrm{w})}(\boldsymbol{\beta}_{\mathrm{a},1}^{(\mathrm{w})}))^{\mathrm{T}} \ (\boldsymbol{b}_{\mathrm{b},2}^{(\mathrm{w})}(\boldsymbol{\beta}_{\mathrm{a},2}^{(\mathrm{w})}))^{\mathrm{T}} \ \cdots \ (\boldsymbol{b}_{\mathrm{b},L}^{(\mathrm{w})}(\boldsymbol{\beta}_{\mathrm{a},L}^{(\mathrm{w})}))^{\mathrm{T}}]^{\mathrm{T}} \in \mathbf{R}^{3L\times 1} \\ \boldsymbol{\beta}_{\mathrm{b}}^{(\mathrm{w})} = [(\boldsymbol{\beta}_{\mathrm{b},1}^{(\mathrm{w})})^{\mathrm{T}} \ (\boldsymbol{\beta}_{\mathrm{b},2}^{(\mathrm{w})})^{\mathrm{T}} \ \cdots \ (\boldsymbol{\beta}_{\mathrm{b},L}^{(\mathrm{w})})^{\mathrm{T}}]^{\mathrm{T}} \in \mathbf{R}^{2L\times 1} \end{cases} \tag{8.94}$$

根据式（8.91）和式（8.93）可以将向量 $\boldsymbol{\beta}_{\mathrm{b},l}^{(\mathrm{w})}$ 和 $\boldsymbol{\beta}_{\mathrm{b}}^{(\mathrm{w})}$ 表示为

$$\begin{cases} \boldsymbol{\beta}_{\mathrm{b},l}^{(\mathrm{w})} = (\boldsymbol{A}_{\mathrm{b},l}^{(\mathrm{w})})^{\dagger} \boldsymbol{b}_{\mathrm{b},l}^{(\mathrm{w})}(\boldsymbol{\beta}_{\mathrm{a},l}^{(\mathrm{w})}) = ((\boldsymbol{A}_{\mathrm{b},l}^{(\mathrm{w})})^{\mathrm{T}} \boldsymbol{A}_{\mathrm{b},l}^{(\mathrm{w})})^{-1} (\boldsymbol{A}_{\mathrm{b},l}^{(\mathrm{w})})^{\mathrm{T}} \boldsymbol{b}_{\mathrm{b},l}^{(\mathrm{w})}(\boldsymbol{\beta}_{\mathrm{a},l}^{(\mathrm{w})}) \\ \boldsymbol{\beta}_{\mathrm{b}}^{(\mathrm{w})} = (\boldsymbol{A}_{\mathrm{b}}^{(\mathrm{w})})^{\dagger} \boldsymbol{b}_{\mathrm{b}}^{(\mathrm{w})}(\boldsymbol{\beta}_{\mathrm{a}}^{(\mathrm{w})}) = ((\boldsymbol{A}_{\mathrm{b}}^{(\mathrm{w})})^{\mathrm{T}} \boldsymbol{A}_{\mathrm{b}}^{(\mathrm{w})})^{-1} (\boldsymbol{A}_{\mathrm{b}}^{(\mathrm{w})})^{\mathrm{T}} \boldsymbol{b}_{\mathrm{b}}^{(\mathrm{w})}(\boldsymbol{\beta}_{\mathrm{a}}^{(\mathrm{w})}) \end{cases} \tag{8.95}$$

然而，在实际中无法获得参数向量 $\boldsymbol{\beta}_{\mathrm{a}}^{(\mathrm{w})}$ 的真实值，仅能利用步骤 2-a 获得的估计值 $\hat{\boldsymbol{\beta}}_{\mathrm{a}}^{(\mathrm{w})}$ 来进行替代（含有估计误差）。此时需要设计线性加权最小二乘估计准则，用于抑制步骤 2-a 中估计误差 $\Delta\boldsymbol{\beta}_{\mathrm{a}}^{(\mathrm{w})} = \hat{\boldsymbol{\beta}}_{\mathrm{a}}^{(\mathrm{w})} - \boldsymbol{\beta}_{\mathrm{a}}^{(\mathrm{w})}$ 的影响。

定义误差向量为

$$\boldsymbol{\xi}_{\mathrm{b},l}^{(\mathrm{w})}=\boldsymbol{b}_{\mathrm{b},l}^{(\mathrm{w})}(\hat{\boldsymbol{\beta}}_{\mathrm{a},l}^{(\mathrm{w})})-\boldsymbol{A}_{\mathrm{b},l}^{(\mathrm{w})}\boldsymbol{\beta}_{\mathrm{b},l}^{(\mathrm{w})}=\Delta\boldsymbol{b}_{\mathrm{b},l}^{(\mathrm{w})}\quad(1\leqslant l\leqslant L)\tag{8.96}$$

式中，$\Delta\boldsymbol{b}_{\mathrm{b},l}^{(\mathrm{w})}=\boldsymbol{b}_{\mathrm{b},l}^{(\mathrm{w})}(\hat{\boldsymbol{\beta}}_{\mathrm{a},l}^{(\mathrm{w})})-\boldsymbol{b}_{\mathrm{b},l}^{(\mathrm{w})}(\boldsymbol{\beta}_{\mathrm{a},l}^{(\mathrm{w})})$。利用一阶误差分析可知

$$\Delta\boldsymbol{b}_{\mathrm{b},l}^{(\mathrm{w})}\approx\boldsymbol{B}_{\mathrm{b},l}^{(\mathrm{w})}(\boldsymbol{\beta}_{\mathrm{a},l}^{(\mathrm{w})})(\hat{\boldsymbol{\beta}}_{\mathrm{a},l}^{(\mathrm{w})}-\boldsymbol{\beta}_{\mathrm{a},l}^{(\mathrm{w})})=\boldsymbol{B}_{\mathrm{b},l}^{(\mathrm{w})}(\boldsymbol{\beta}_{\mathrm{a},l}^{(\mathrm{w})})\Delta\boldsymbol{\beta}_{\mathrm{a},l}^{(\mathrm{w})}\tag{8.97}$$

式中，

$$\begin{cases}\boldsymbol{B}_{\mathrm{b},l}^{(\mathrm{w})}(\boldsymbol{\beta}_{\mathrm{a},l}^{(\mathrm{w})})=\dfrac{\partial\boldsymbol{b}_{\mathrm{b},l}^{(\mathrm{w})}(\boldsymbol{\beta}_{\mathrm{a},l}^{(\mathrm{w})})}{\partial(\boldsymbol{\beta}_{\mathrm{a},l}^{(\mathrm{w})})^{\mathrm{T}}}=\begin{bmatrix}2<\boldsymbol{\beta}_{\mathrm{a},l}^{(\mathrm{w})}>_1 & 0 & 0\\ 0 & 2<\boldsymbol{\beta}_{\mathrm{a},l}^{(\mathrm{w})}>_2 & 0\\ 0 & 0 & 1\end{bmatrix}\in\mathbf{R}^{3\times3}\\ \Delta\boldsymbol{\beta}_{\mathrm{a},l}^{(\mathrm{w})}=\hat{\boldsymbol{\beta}}_{\mathrm{a},l}^{(\mathrm{w})}-\boldsymbol{\beta}_{\mathrm{a},l}^{(\mathrm{w})}\end{cases}\tag{8.98}$$

将式（8.97）代入式（8.96）可得

$$\boldsymbol{\xi}_{\mathrm{b},l}^{(\mathrm{w})}\approx\boldsymbol{B}_{\mathrm{b},l}^{(\mathrm{w})}(\boldsymbol{\beta}_{\mathrm{a},l}^{(\mathrm{w})})\Delta\boldsymbol{\beta}_{\mathrm{a},l}^{(\mathrm{w})}=\boldsymbol{C}_{\mathrm{b},l}^{(\mathrm{w})}(\boldsymbol{\beta}_{\mathrm{a},l}^{(\mathrm{w})})\Delta\boldsymbol{\beta}_{\mathrm{a},l}^{(\mathrm{w})}\quad(1\leqslant l\leqslant L)\tag{8.99}$$

式中，$\boldsymbol{C}_{\mathrm{b},l}^{(\mathrm{w})}(\boldsymbol{\beta}_{\mathrm{a},l}^{(\mathrm{w})})=\boldsymbol{B}_{\mathrm{b},l}^{(\mathrm{w})}(\boldsymbol{\beta}_{\mathrm{a},l}^{(\mathrm{w})})\in\mathbf{R}^{3\times3}$。由式（8.99）可知，误差向量$\boldsymbol{\xi}_{\mathrm{b},l}^{(\mathrm{w})}$渐近服从零均值的高斯分布，协方差矩阵为

$$\begin{aligned}\boldsymbol{\Omega}_{\mathrm{b},l}^{(\mathrm{w})}&=E[\boldsymbol{\xi}_{\mathrm{b},l}^{(\mathrm{w})}(\boldsymbol{\xi}_{\mathrm{b},l}^{(\mathrm{w})})^{\mathrm{T}}]=\boldsymbol{C}_{\mathrm{b},l}^{(\mathrm{w})}(\boldsymbol{\beta}_{\mathrm{a},l}^{(\mathrm{w})})E[\Delta\boldsymbol{\beta}_{\mathrm{a},l}^{(\mathrm{w})}(\Delta\boldsymbol{\beta}_{\mathrm{a},l}^{(\mathrm{w})})^{\mathrm{T}}](\boldsymbol{C}_{\mathrm{b},l}^{(\mathrm{w})}(\boldsymbol{\beta}_{\mathrm{a},l}^{(\mathrm{w})}))^{\mathrm{T}}\\&=\boldsymbol{C}_{\mathrm{b},l}^{(\mathrm{w})}(\boldsymbol{\beta}_{\mathrm{a},l}^{(\mathrm{w})})\mathbf{MSE}(\hat{\boldsymbol{\beta}}_{\mathrm{a},l}^{(\mathrm{w})})(\boldsymbol{C}_{\mathrm{b},l}^{(\mathrm{w})}(\boldsymbol{\beta}_{\mathrm{a},l}^{(\mathrm{w})}))^{\mathrm{T}}\in\mathbf{R}^{3\times3}\end{aligned}\tag{8.100}$$

将式（8.99）中的L个误差向量合并，并利用式（8.96）可以得到如下高维误差向量，即

$$\boldsymbol{\xi}_{\mathrm{b}}^{(\mathrm{w})}=[(\boldsymbol{\xi}_{\mathrm{b},1}^{(\mathrm{w})})^{\mathrm{T}}\ \ (\boldsymbol{\xi}_{\mathrm{b},2}^{(\mathrm{w})})^{\mathrm{T}}\ \ \cdots\ \ (\boldsymbol{\xi}_{\mathrm{b},L}^{(\mathrm{w})})^{\mathrm{T}}]^{\mathrm{T}}=\boldsymbol{b}_{\mathrm{b}}^{(\mathrm{w})}(\hat{\boldsymbol{\beta}}_{\mathrm{a}}^{(\mathrm{w})})-\boldsymbol{A}_{\mathrm{b}}^{(\mathrm{w})}\boldsymbol{\beta}_{\mathrm{b}}^{(\mathrm{w})}\approx\boldsymbol{C}_{\mathrm{b}}^{(\mathrm{w})}(\boldsymbol{\beta}_{\mathrm{a}}^{(\mathrm{w})})\Delta\boldsymbol{\beta}_{\mathrm{a}}^{(\mathrm{w})}\tag{8.101}$$

式中，

$$\begin{cases}\boldsymbol{C}_{\mathrm{b}}^{(\mathrm{w})}(\boldsymbol{\beta}_{\mathrm{a}}^{(\mathrm{w})})=\mathrm{blkdiag}\{\boldsymbol{C}_{\mathrm{b},1}^{(\mathrm{w})}(\boldsymbol{\beta}_{\mathrm{a},1}^{(\mathrm{w})}),\boldsymbol{C}_{\mathrm{b},2}^{(\mathrm{w})}(\boldsymbol{\beta}_{\mathrm{a},2}^{(\mathrm{w})}),\cdots,\boldsymbol{C}_{\mathrm{b},L}^{(\mathrm{w})}(\boldsymbol{\beta}_{\mathrm{a},L}^{(\mathrm{w})})\}\in\mathbf{R}^{3L\times3L}\\ \Delta\boldsymbol{\beta}_{\mathrm{a}}^{(\mathrm{w})}=\hat{\boldsymbol{\beta}}_{\mathrm{a}}^{(\mathrm{w})}-\boldsymbol{\beta}_{\mathrm{a}}^{(\mathrm{w})}=[(\Delta\boldsymbol{\beta}_{\mathrm{a},1}^{(\mathrm{w})})^{\mathrm{T}}\ \ (\Delta\boldsymbol{\beta}_{\mathrm{a},2}^{(\mathrm{w})})^{\mathrm{T}}\ \ \cdots\ \ (\Delta\boldsymbol{\beta}_{\mathrm{a},L}^{(\mathrm{w})})^{\mathrm{T}}]^{\mathrm{T}}\end{cases}\tag{8.102}$$

由式（8.101）可知，误差向量$\boldsymbol{\xi}_{\mathrm{b}}^{(\mathrm{w})}$渐近服从零均值的高斯分布，协方差矩阵为

$$\begin{aligned}\boldsymbol{\Omega}_{\mathrm{b}}^{(\mathrm{w})}&=E[\boldsymbol{\xi}_{\mathrm{b}}^{(\mathrm{w})}(\boldsymbol{\xi}_{\mathrm{b}}^{(\mathrm{w})})^{\mathrm{T}}]=\boldsymbol{C}_{\mathrm{b}}^{(\mathrm{w})}(\boldsymbol{\beta}_{\mathrm{a}}^{(\mathrm{w})})E[\Delta\boldsymbol{\beta}_{\mathrm{a}}^{(\mathrm{w})}(\Delta\boldsymbol{\beta}_{\mathrm{a}}^{(\mathrm{w})})^{\mathrm{T}}](\boldsymbol{C}_{\mathrm{b}}^{(\mathrm{w})}(\boldsymbol{\beta}_{\mathrm{a}}^{(\mathrm{w})}))^{\mathrm{T}}\\&=\boldsymbol{C}_{\mathrm{b}}^{(\mathrm{w})}(\boldsymbol{\beta}_{\mathrm{a}}^{(\mathrm{w})})\mathbf{MSE}(\hat{\boldsymbol{\beta}}_{\mathrm{a}}^{(\mathrm{w})})(\boldsymbol{C}_{\mathrm{b}}^{(\mathrm{w})}(\boldsymbol{\beta}_{\mathrm{a}}^{(\mathrm{w})}))^{\mathrm{T}}\in\mathbf{R}^{3L\times 3L}\end{aligned}\tag{8.103}$$

为了在步骤 2-a 的基础上提高对 U 组源节点位置向量和 W 组源节点位置向量的联合估计精度，需要构造如下扩维的观测误差向量，即

$$\begin{aligned}\boldsymbol{\xi}_{\mathrm{b}}^{(\mathrm{uw})}&=\begin{bmatrix}\boldsymbol{b}_{\mathrm{b}}^{(\mathrm{w})}(\hat{\boldsymbol{\beta}}_{\mathrm{a}}^{(\mathrm{w})})-\boldsymbol{A}_{\mathrm{b}}^{(\mathrm{w})}\boldsymbol{\beta}_{\mathrm{b}}^{(\mathrm{w})}\\ \hat{\boldsymbol{s}}_{\mathrm{a}}^{(\mathrm{u})}-\boldsymbol{s}^{(\mathrm{u})}\end{bmatrix}\\&=\begin{bmatrix}\boldsymbol{b}_{\mathrm{b}}^{(\mathrm{w})}(\hat{\boldsymbol{\beta}}_{\mathrm{a}}^{(\mathrm{w})})\\ \hat{\boldsymbol{s}}_{\mathrm{a}}^{(\mathrm{u})}\end{bmatrix}-\begin{bmatrix}\boldsymbol{A}_{\mathrm{b}}^{(\mathrm{w})}&\boldsymbol{O}_{3L\times 2K}\\ \boldsymbol{O}_{2K\times 2L}&\boldsymbol{I}_{2K}\end{bmatrix}\boldsymbol{\beta}_{\mathrm{b}}^{(\mathrm{uw})}=\begin{bmatrix}\boldsymbol{\xi}_{\mathrm{b}}^{(\mathrm{w})}\\ \Delta\boldsymbol{s}_{\mathrm{a}}^{(\mathrm{u})}\end{bmatrix}\end{aligned}\tag{8.104}$$

式中，$\boldsymbol{\beta}_{\mathrm{b}}^{(\mathrm{uw})}=\begin{bmatrix}\boldsymbol{\beta}_{\mathrm{b}}^{(\mathrm{w})}\\ \boldsymbol{s}^{(\mathrm{u})}\end{bmatrix}\in\mathbf{R}^{(2L+2K)\times 1}$；$\Delta\boldsymbol{s}_{\mathrm{a}}^{(\mathrm{u})}=\hat{\boldsymbol{s}}_{\mathrm{a}}^{(\mathrm{u})}-\boldsymbol{s}^{(\mathrm{u})}$。将式（8.101）代入式（8.104）可得

$$\begin{aligned}\boldsymbol{\xi}_{\mathrm{b}}^{(\mathrm{uw})}&\approx\begin{bmatrix}\boldsymbol{C}_{\mathrm{b}}^{(\mathrm{w})}(\boldsymbol{\beta}_{\mathrm{a}}^{(\mathrm{w})})\Delta\boldsymbol{\beta}_{\mathrm{a}}^{(\mathrm{w})}\\ \Delta\boldsymbol{s}_{\mathrm{a}}^{(\mathrm{u})}\end{bmatrix}=\begin{bmatrix}\boldsymbol{C}_{\mathrm{b}}^{(\mathrm{w})}(\boldsymbol{\beta}_{\mathrm{a}}^{(\mathrm{w})})&\boldsymbol{O}_{3L\times 2K}\\ \boldsymbol{O}_{2K\times 3L}&\boldsymbol{I}_{2K}\end{bmatrix}\begin{bmatrix}\Delta\boldsymbol{\beta}_{\mathrm{a}}^{(\mathrm{w})}\\ \Delta\boldsymbol{s}_{\mathrm{a}}^{(\mathrm{u})}\end{bmatrix}\\&=\begin{bmatrix}\boldsymbol{C}_{\mathrm{b}}^{(\mathrm{w})}(\boldsymbol{\beta}_{\mathrm{a}}^{(\mathrm{w})})&\boldsymbol{O}_{3L\times 2K}\\ \boldsymbol{O}_{2K\times 3L}&\boldsymbol{I}_{2K}\end{bmatrix}\Delta\boldsymbol{\beta}_{\mathrm{a}}^{(\mathrm{uw})}\end{aligned}\tag{8.105}$$

式中，$\Delta\boldsymbol{\beta}_{\mathrm{a}}^{(\mathrm{uw})}=\begin{bmatrix}\Delta\boldsymbol{\beta}_{\mathrm{a}}^{(\mathrm{w})}\\ \Delta\boldsymbol{s}_{\mathrm{a}}^{(\mathrm{u})}\end{bmatrix}$。由式（8.105）可知，误差向量$\boldsymbol{\xi}_{\mathrm{b}}^{(\mathrm{uw})}$渐近服从零均值的高斯分布，协方差矩阵为

$$\begin{aligned}\boldsymbol{\Omega}_{\mathrm{b}}^{(\mathrm{uw})}&=E[\boldsymbol{\xi}_{\mathrm{b}}^{(\mathrm{uw})}(\boldsymbol{\xi}_{\mathrm{b}}^{(\mathrm{uw})})^{\mathrm{T}}]\\&=\begin{bmatrix}\boldsymbol{C}_{\mathrm{b}}^{(\mathrm{w})}(\boldsymbol{\beta}_{\mathrm{a}}^{(\mathrm{w})})&\boldsymbol{O}_{3L\times 2K}\\ \boldsymbol{O}_{2K\times 3L}&\boldsymbol{I}_{2K}\end{bmatrix}\mathbf{MSE}(\hat{\boldsymbol{\beta}}_{\mathrm{a}}^{(\mathrm{uw})})\begin{bmatrix}(\boldsymbol{C}_{\mathrm{b}}^{(\mathrm{w})}(\boldsymbol{\beta}_{\mathrm{a}}^{(\mathrm{w})}))^{\mathrm{T}}&\boldsymbol{O}_{3L\times 2K}\\ \boldsymbol{O}_{2K\times 3L}&\boldsymbol{I}_{2K}\end{bmatrix}\\&\in\mathbf{R}^{(3L+2K)\times(3L+2K)}\end{aligned}\tag{8.106}$$

结合式（8.104）和式（8.106）可以建立线性加权最小二乘估计准则为

$$\begin{aligned}&\min_{\boldsymbol{\beta}_{\mathrm{b}}^{(\mathrm{uw})}}\{J_{\mathrm{b}}^{(\mathrm{uw})}(\boldsymbol{\beta}_{\mathrm{b}}^{(\mathrm{uw})})\}\\&=\min_{\boldsymbol{\beta}_{\mathrm{b}}^{(\mathrm{uw})}}\left\{\left(\begin{bmatrix}\boldsymbol{b}_{\mathrm{b}}^{(\mathrm{w})}(\hat{\boldsymbol{\beta}}_{\mathrm{a}}^{(\mathrm{w})})\\\hat{\boldsymbol{s}}_{\mathrm{a}}^{(\mathrm{u})}\end{bmatrix}-\begin{bmatrix}\boldsymbol{A}_{\mathrm{b}}^{(\mathrm{w})}&\boldsymbol{O}_{3L\times2K}\\\boldsymbol{O}_{2K\times2L}&\boldsymbol{I}_{2K}\end{bmatrix}\boldsymbol{\beta}_{\mathrm{b}}^{(\mathrm{uw})}\right)^{\mathrm{T}}\times\right.\\&\left.(\boldsymbol{\Omega}_{\mathrm{b}}^{(\mathrm{uw})})^{-1}\left(\begin{bmatrix}\boldsymbol{b}_{\mathrm{b}}^{(\mathrm{w})}(\hat{\boldsymbol{\beta}}_{\mathrm{a}}^{(\mathrm{w})})\\\hat{\boldsymbol{s}}_{\mathrm{a}}^{(\mathrm{u})}\end{bmatrix}-\begin{bmatrix}\boldsymbol{A}_{\mathrm{b}}^{(\mathrm{w})}&\boldsymbol{O}_{3L\times2K}\\\boldsymbol{O}_{2K\times2L}&\boldsymbol{I}_{2K}\end{bmatrix}\boldsymbol{\beta}_{\mathrm{b}}^{(\mathrm{uw})}\right)\right\}\end{aligned}\tag{8.107}$$

式中，$(\boldsymbol{\Omega}_{\mathrm{b}}^{(\mathrm{uw})})^{-1}$ 可被视为加权矩阵，其作用在于抑制步骤 2-a 中估计误差 $\Delta\boldsymbol{\beta}_{\mathrm{a}}^{(\mathrm{uw})}$ 的影响。根据式（2.39）可知，式（8.107）的最优闭式解为

$$\begin{aligned}\hat{\boldsymbol{\beta}}_{\mathrm{b}}^{(\mathrm{uw})}=&\left(\begin{bmatrix}(\boldsymbol{A}_{\mathrm{b}}^{(\mathrm{w})})^{\mathrm{T}}&\boldsymbol{O}_{2L\times2K}\\\boldsymbol{O}_{2K\times3L}&\boldsymbol{I}_{2K}\end{bmatrix}(\boldsymbol{\Omega}_{\mathrm{b}}^{(\mathrm{uw})})^{-1}\begin{bmatrix}\boldsymbol{A}_{\mathrm{b}}^{(\mathrm{w})}&\boldsymbol{O}_{3L\times2K}\\\boldsymbol{O}_{2K\times2L}&\boldsymbol{I}_{2K}\end{bmatrix}\right)^{-1}\times\\&\begin{bmatrix}(\boldsymbol{A}_{\mathrm{b}}^{(\mathrm{w})})^{\mathrm{T}}&\boldsymbol{O}_{2L\times2K}\\\boldsymbol{O}_{2K\times3L}&\boldsymbol{I}_{2K}\end{bmatrix}(\boldsymbol{\Omega}_{\mathrm{b}}^{(\mathrm{uw})})^{-1}\begin{bmatrix}\boldsymbol{b}_{\mathrm{b}}^{(\mathrm{w})}(\hat{\boldsymbol{\beta}}_{\mathrm{a}}^{(\mathrm{w})})\\\hat{\boldsymbol{s}}_{\mathrm{a}}^{(\mathrm{u})}\end{bmatrix}\end{aligned}\tag{8.108}$$

【注记 8.15】由式（8.106）可知，加权矩阵 $(\boldsymbol{\Omega}_{\mathrm{b}}^{(\mathrm{uw})})^{-1}$ 与参数向量 $\boldsymbol{\beta}_{\mathrm{a}}^{(\mathrm{w})}$ 有关，可以直接利用步骤 2-a 给出的估计值 $\hat{\boldsymbol{\beta}}_{\mathrm{a}}^{(\mathrm{w})}$ 进行计算。此外，加权矩阵 $(\boldsymbol{\Omega}_{\mathrm{b}}^{(\mathrm{uw})})^{-1}$ 还与均方误差矩阵 $\mathbf{MSE}(\hat{\boldsymbol{\beta}}_{\mathrm{a}}^{(\mathrm{uw})})$ 有关，其中涉及的未知量可利用观测值或估计值来替代。理论分析表明，在一阶误差分析理论框架下，加权矩阵 $(\boldsymbol{\Omega}_{\mathrm{b}}^{(\mathrm{uw})})^{-1}$ 中的扰动误差并不会实质影响估计值 $\hat{\boldsymbol{\beta}}_{\mathrm{b}}^{(\mathrm{uw})}$ 的统计性能。

【注记 8.16】根据向量 $\boldsymbol{\beta}_{\mathrm{b}}^{(\mathrm{uw})}$ 的定义可知，估计值 $\hat{\boldsymbol{\beta}}_{\mathrm{b}}^{(\mathrm{uw})}$ 中的后 $2K$ 个元素可作为位置向量 $\boldsymbol{s}^{(\mathrm{u})}$ 的估计值（记为 $\hat{\boldsymbol{s}}_{\mathrm{b}}^{(\mathrm{u})}$），而估计值 $\hat{\boldsymbol{\beta}}_{\mathrm{b}}^{(\mathrm{uw})}$ 中的前 $2L$ 个元素可作为向量 $\boldsymbol{\beta}_{\mathrm{b}}^{(\mathrm{w})}$ 的估计值（记为 $\hat{\boldsymbol{\beta}}_{\mathrm{b}}^{(\mathrm{w})}$），并且很容易从估计值 $\hat{\boldsymbol{\beta}}_{\mathrm{b}}^{(\mathrm{w})}$ 中直接获得 $\boldsymbol{s}^{(\mathrm{w})}$ 的估计值（记为 $\hat{\boldsymbol{s}}_{\mathrm{b}}^{(\mathrm{w})}=[(\hat{\boldsymbol{s}}_{\mathrm{b},1}^{(\mathrm{w})})^{\mathrm{T}}\ \ (\hat{\boldsymbol{s}}_{\mathrm{b},2}^{(\mathrm{w})})^{\mathrm{T}}\ \ \cdots\ \ (\hat{\boldsymbol{s}}_{\mathrm{b},L}^{(\mathrm{w})})^{\mathrm{T}}]^{\mathrm{T}}$），即

$$\hat{\boldsymbol{s}}_{\mathrm{b}}^{(\mathrm{w})}=\begin{bmatrix}\hat{\boldsymbol{s}}_{\mathrm{b},1}^{(\mathrm{w})}\\\hat{\boldsymbol{s}}_{\mathrm{b},2}^{(\mathrm{w})}\\\vdots\\\hat{\boldsymbol{s}}_{\mathrm{b},L}^{(\mathrm{w})}\end{bmatrix}=\begin{bmatrix}\pm\sqrt{<\hat{\boldsymbol{\beta}}_{\mathrm{b}}^{(\mathrm{w})}>_1}\\\pm\sqrt{<\hat{\boldsymbol{\beta}}_{\mathrm{b}}^{(\mathrm{w})}>_2}\\\hdashline\pm\sqrt{<\hat{\boldsymbol{\beta}}_{\mathrm{b}}^{(\mathrm{w})}>_3}\\\pm\sqrt{<\hat{\boldsymbol{\beta}}_{\mathrm{b}}^{(\mathrm{w})}>_4}\\\hdashline\vdots\\\hdashline\pm\sqrt{<\hat{\boldsymbol{\beta}}_{\mathrm{b}}^{(\mathrm{w})}>_{2L-1}}\\\pm\sqrt{<\hat{\boldsymbol{\beta}}_{\mathrm{b}}^{(\mathrm{w})}>_{2L}}\end{bmatrix}\tag{8.109}$$

由式（8.109）可知，对每个估计值$\hat{\boldsymbol{s}}_{\mathrm{b},l}^{(\mathrm{w})}$而言，由于正负符号的不同将会产生 4 种组合，从而得到 4 个解，可以利用非线性加权最小二乘估计准则确定正确的解，即

$$\min_{1\leqslant j\leqslant 4}\{(\hat{\boldsymbol{d}}_l^{(\mathrm{uw})}-\boldsymbol{f}_{\mathrm{toa},l}^{(\mathrm{uw})}(\hat{\boldsymbol{s}}_{\mathrm{b}}^{(\mathrm{u})},\hat{\boldsymbol{s}}_{\mathrm{b},l}^{(\mathrm{w})}(j)))^{\mathrm{T}}(\boldsymbol{E}_l^{(\mathrm{uw})})^{-1}(\hat{\boldsymbol{d}}_l^{(\mathrm{uw})}-\boldsymbol{f}_{\mathrm{toa},l}^{(\mathrm{uw})}(\hat{\boldsymbol{s}}_{\mathrm{b}}^{(\mathrm{u})},\hat{\boldsymbol{s}}_{\mathrm{b},l}^{(\mathrm{w})}(j)))\}\quad(1\leqslant l\leqslant L) \tag{8.110}$$

式中，$\hat{\boldsymbol{s}}_{\mathrm{b},l}^{(\mathrm{w})}(j)$表示由第$j$种组合所得到的解。

【注记 8.17】将估计值$\hat{\boldsymbol{\beta}}_{\mathrm{b}}^{(\mathrm{uw})}$中的估计误差记为$\Delta\boldsymbol{\beta}_{\mathrm{b}}^{(\mathrm{uw})}=\hat{\boldsymbol{\beta}}_{\mathrm{b}}^{(\mathrm{uw})}-\boldsymbol{\beta}_{\mathrm{b}}^{(\mathrm{uw})}$，由 7.3.4 节中的一阶误差分析方法可知，误差向量$\Delta\boldsymbol{\beta}_{\mathrm{b}}^{(\mathrm{uw})}$渐近服从零均值的高斯分布，并且可近似表示为

$$\begin{aligned}\Delta\boldsymbol{\beta}_{\mathrm{b}}^{(\mathrm{uw})}\approx&\left(\begin{bmatrix}(\boldsymbol{A}_{\mathrm{b}}^{(\mathrm{w})})^{\mathrm{T}} & \boldsymbol{O}_{2L\times 2K}\\ \boldsymbol{O}_{2K\times 3L} & \boldsymbol{I}_{2K}\end{bmatrix}(\boldsymbol{\Omega}_{\mathrm{b}}^{(\mathrm{uw})})^{-1}\begin{bmatrix}\boldsymbol{A}_{\mathrm{b}}^{(\mathrm{w})} & \boldsymbol{O}_{3L\times 2K}\\ \boldsymbol{O}_{2K\times 2L} & \boldsymbol{I}_{2K}\end{bmatrix}\right)^{-1}\times\\ &\begin{bmatrix}(\boldsymbol{A}_{\mathrm{b}}^{(\mathrm{w})})^{\mathrm{T}} & \boldsymbol{O}_{2L\times 2K}\\ \boldsymbol{O}_{2K\times 3L} & \boldsymbol{I}_{2K}\end{bmatrix}(\boldsymbol{\Omega}_{\mathrm{b}}^{(\mathrm{uw})})^{-1}\boldsymbol{\xi}_{\mathrm{b}}^{(\mathrm{uw})}\end{aligned} \tag{8.111}$$

由此可知，估计值$\hat{\boldsymbol{\beta}}_{\mathrm{b}}^{(\mathrm{uw})}$是渐近无偏估计，均方误差矩阵为

$$\begin{aligned}\mathbf{MSE}(\hat{\boldsymbol{\beta}}_{\mathrm{b}}^{(\mathrm{uw})})&=E[(\hat{\boldsymbol{\beta}}_{\mathrm{b}}^{(\mathrm{uw})}-\boldsymbol{\beta}_{\mathrm{b}}^{(\mathrm{uw})})(\hat{\boldsymbol{\beta}}_{\mathrm{b}}^{(\mathrm{uw})}-\boldsymbol{\beta}_{\mathrm{b}}^{(\mathrm{uw})})^{\mathrm{T}}]=E[\Delta\boldsymbol{\beta}_{\mathrm{b}}^{(\mathrm{uw})}(\Delta\boldsymbol{\beta}_{\mathrm{b}}^{(\mathrm{uw})})^{\mathrm{T}}]\\ &=\left(\begin{bmatrix}(\boldsymbol{A}_{\mathrm{b}}^{(\mathrm{w})})^{\mathrm{T}} & \boldsymbol{O}_{2L\times 2K}\\ \boldsymbol{O}_{2K\times 3L} & \boldsymbol{I}_{2K}\end{bmatrix}(\boldsymbol{\Omega}_{\mathrm{b}}^{(\mathrm{uw})})^{-1}\begin{bmatrix}\boldsymbol{A}_{\mathrm{b}}^{(\mathrm{w})} & \boldsymbol{O}_{3L\times 2K}\\ \boldsymbol{O}_{2K\times 2L} & \boldsymbol{I}_{2K}\end{bmatrix}\right)^{-1}\end{aligned} \tag{8.112}$$

将估计值$\hat{\boldsymbol{s}}_{\mathrm{b}}^{(\mathrm{u})}$和$\hat{\boldsymbol{s}}_{\mathrm{b}}^{(\mathrm{w})}$中的估计误差分别记为$\Delta\boldsymbol{s}_{\mathrm{b}}^{(\mathrm{u})}=\hat{\boldsymbol{s}}_{\mathrm{b}}^{(\mathrm{u})}-\boldsymbol{s}^{(\mathrm{u})}$和$\Delta\boldsymbol{s}_{\mathrm{b}}^{(\mathrm{w})}=\hat{\boldsymbol{s}}_{\mathrm{b}}^{(\mathrm{w})}-\boldsymbol{s}^{(\mathrm{w})}$，根据向量$\boldsymbol{\beta}_{\mathrm{b}}^{(\mathrm{uw})}$的定义可得

$$\begin{aligned}&\Delta\boldsymbol{\beta}_{\mathrm{b}}^{(\mathrm{uw})}\approx\frac{\partial\boldsymbol{\beta}_{\mathrm{b}}^{(\mathrm{uw})}}{\partial(\boldsymbol{s}^{(\mathrm{u})})^{\mathrm{T}}}\Delta\boldsymbol{s}_{\mathrm{b}}^{(\mathrm{u})}+\frac{\partial\boldsymbol{\beta}_{\mathrm{b}}^{(\mathrm{uw})}}{\partial(\boldsymbol{s}^{(\mathrm{w})})^{\mathrm{T}}}\Delta\boldsymbol{s}_{\mathrm{b}}^{(\mathrm{w})}=\left[\frac{\partial\boldsymbol{\beta}_{\mathrm{b}}^{(\mathrm{uw})}}{\partial(\boldsymbol{s}^{(\mathrm{u})})^{\mathrm{T}}}\;\vdots\;\frac{\partial\boldsymbol{\beta}_{\mathrm{b}}^{(\mathrm{uw})}}{\partial(\boldsymbol{s}^{(\mathrm{w})})^{\mathrm{T}}}\right]\begin{bmatrix}\Delta\boldsymbol{s}_{\mathrm{b}}^{(\mathrm{u})}\\ \Delta\boldsymbol{s}_{\mathrm{b}}^{(\mathrm{w})}\end{bmatrix}\\ &\Rightarrow\begin{bmatrix}\Delta\boldsymbol{s}_{\mathrm{b}}^{(\mathrm{u})}\\ \Delta\boldsymbol{s}_{\mathrm{b}}^{(\mathrm{w})}\end{bmatrix}\approx\left[\frac{\partial\boldsymbol{\beta}_{\mathrm{b}}^{(\mathrm{uw})}}{\partial(\boldsymbol{s}^{(\mathrm{u})})^{\mathrm{T}}}\;\vdots\;\frac{\partial\boldsymbol{\beta}_{\mathrm{b}}^{(\mathrm{uw})}}{\partial(\boldsymbol{s}^{(\mathrm{w})})^{\mathrm{T}}}\right]^{-1}\Delta\boldsymbol{\beta}_{\mathrm{b}}^{(\mathrm{uw})}\end{aligned} \tag{8.113}$$

式中，

$$\frac{\partial \boldsymbol{\beta}_{\mathrm{b}}^{(\mathrm{uw})}}{\partial (\boldsymbol{s}^{(\mathrm{u})})^{\mathrm{T}}}=\begin{bmatrix}\dfrac{\partial \boldsymbol{\beta}_{\mathrm{b}}^{(\mathrm{w})}}{\partial (\boldsymbol{s}^{(\mathrm{u})})^{\mathrm{T}}} \\ \hdashline \dfrac{\partial \boldsymbol{s}^{(\mathrm{u})}}{\partial (\boldsymbol{s}^{(\mathrm{u})})^{\mathrm{T}}}\end{bmatrix}=\begin{bmatrix}\boldsymbol{O}_{2L\times 2K} \\ \boldsymbol{I}_{2K}\end{bmatrix}\in \mathbf{R}^{(2L+2K)\times 2K} \tag{8.114}$$

$$\frac{\partial \boldsymbol{\beta}_{\mathrm{b}}^{(\mathrm{uw})}}{\partial (\boldsymbol{s}^{(\mathrm{w})})^{\mathrm{T}}}=\begin{bmatrix}\dfrac{\partial \boldsymbol{\beta}_{\mathrm{b}}^{(\mathrm{w})}}{\partial (\boldsymbol{s}^{(\mathrm{w})})^{\mathrm{T}}} \\ \hdashline \dfrac{\partial \boldsymbol{s}^{(\mathrm{u})}}{\partial (\boldsymbol{s}^{(\mathrm{w})})^{\mathrm{T}}}\end{bmatrix}=\begin{bmatrix}\mathrm{blkdiag}\{2\mathrm{diag}[\boldsymbol{s}_1^{(\mathrm{w})}],2\mathrm{diag}[\boldsymbol{s}_2^{(\mathrm{w})}],\cdots,2\mathrm{diag}[\boldsymbol{s}_L^{(\mathrm{w})}]\} \\ \boldsymbol{O}_{2K\times 2L}\end{bmatrix}$$
$$\in \mathbf{R}^{(2L+2K)\times 2L} \tag{8.115}$$

结合式（8.112）和式（8.113）可知

$$\begin{aligned}\mathbf{MSE}\left(\begin{bmatrix}\hat{\boldsymbol{s}}_{\mathrm{b}}^{(\mathrm{u})} \\ \hat{\boldsymbol{s}}_{\mathrm{b}}^{(\mathrm{w})}\end{bmatrix}\right)&=E\left(\begin{bmatrix}\Delta\boldsymbol{s}_{\mathrm{b}}^{(\mathrm{u})} \\ \Delta\boldsymbol{s}_{\mathrm{b}}^{(\mathrm{w})}\end{bmatrix}\begin{bmatrix}\Delta\boldsymbol{s}_{\mathrm{b}}^{(\mathrm{u})} \\ \Delta\boldsymbol{s}_{\mathrm{b}}^{(\mathrm{w})}\end{bmatrix}^{\mathrm{T}}\right) \\ &=\left[\frac{\partial \boldsymbol{\beta}_{\mathrm{b}}^{(\mathrm{uw})}}{\partial (\boldsymbol{s}^{(\mathrm{u})})^{\mathrm{T}}}\ \vdots\ \frac{\partial \boldsymbol{\beta}_{\mathrm{b}}^{(\mathrm{uw})}}{\partial (\boldsymbol{s}^{(\mathrm{w})})^{\mathrm{T}}}\right]^{-1}\mathbf{MSE}(\hat{\boldsymbol{\beta}}_{\mathrm{b}}^{(\mathrm{uw})})\left[\frac{\partial \boldsymbol{\beta}_{\mathrm{b}}^{(\mathrm{uw})}}{\partial (\boldsymbol{s}^{(\mathrm{u})})^{\mathrm{T}}}\ \vdots\ \frac{\partial \boldsymbol{\beta}_{\mathrm{b}}^{(\mathrm{uw})}}{\partial (\boldsymbol{s}^{(\mathrm{w})})^{\mathrm{T}}}\right]^{-\mathrm{T}}\end{aligned} \tag{8.116}$$

除了式（8.116），关于估计值$\begin{bmatrix}\hat{\boldsymbol{s}}_{\mathrm{b}}^{(\mathrm{u})} \\ \hat{\boldsymbol{s}}_{\mathrm{b}}^{(\mathrm{w})}\end{bmatrix}$的均方误差矩阵$\mathbf{MSE}\left(\begin{bmatrix}\hat{\boldsymbol{s}}_{\mathrm{b}}^{(\mathrm{u})} \\ \hat{\boldsymbol{s}}_{\mathrm{b}}^{(\mathrm{w})}\end{bmatrix}\right)$还存在另一种表达式，具体可见如下命题。

【命题 8.2】在一阶误差分析理论框架下满足[①]

$$\mathbf{MSE}\left(\begin{bmatrix}\hat{\boldsymbol{s}}_{\mathrm{b}}^{(\mathrm{u})} \\ \hat{\boldsymbol{s}}_{\mathrm{b}}^{(\mathrm{w})}\end{bmatrix}\right) \tag{8.117}$$
$$=\left[\begin{array}{c:c}\begin{array}{l}(\boldsymbol{F}_{\mathrm{toa}}^{(\mathrm{au})}(\boldsymbol{s}^{(\mathrm{u})}))^{\mathrm{T}}(\boldsymbol{E}^{(\mathrm{au})})^{-1}\boldsymbol{F}_{\mathrm{toa}}^{(\mathrm{au})}(\boldsymbol{s}^{(\mathrm{u})})+ \\ (\boldsymbol{F}_{\mathrm{toa}}^{(\mathrm{uu})}(\boldsymbol{s}^{(\mathrm{u})}))^{\mathrm{T}}(\boldsymbol{E}^{(\mathrm{uu})})^{-1}\boldsymbol{F}_{\mathrm{toa}}^{(\mathrm{uu})}(\boldsymbol{s}^{(\mathrm{u})})+ \\ (\tilde{\boldsymbol{F}}_{\mathrm{toa}}^{(\mathrm{uw})}(\boldsymbol{s}^{(\mathrm{u})},\boldsymbol{s}^{(\mathrm{w})}))^{\mathrm{T}}(\boldsymbol{E}^{(\mathrm{uw})})^{-1}\tilde{\boldsymbol{F}}_{\mathrm{toa}}^{(\mathrm{uw})}(\boldsymbol{s}^{(\mathrm{u})},\boldsymbol{s}^{(\mathrm{w})})\end{array} & (\tilde{\boldsymbol{F}}_{\mathrm{toa}}^{(\mathrm{uw})}(\boldsymbol{s}^{(\mathrm{u})},\boldsymbol{s}^{(\mathrm{w})}))^{\mathrm{T}}(\boldsymbol{E}^{(\mathrm{uw})})^{-1}\bar{\boldsymbol{F}}_{\mathrm{toa}}^{(\mathrm{uw})}(\boldsymbol{s}^{(\mathrm{u})},\boldsymbol{s}^{(\mathrm{w})}) \\ \hdashline (\bar{\boldsymbol{F}}_{\mathrm{toa}}^{(\mathrm{uw})}(\boldsymbol{s}^{(\mathrm{u})},\boldsymbol{s}^{(\mathrm{w})}))^{\mathrm{T}}(\boldsymbol{E}^{(\mathrm{uw})})^{-1}\tilde{\boldsymbol{F}}_{\mathrm{toa}}^{(\mathrm{uw})}(\boldsymbol{s}^{(\mathrm{u})},\boldsymbol{s}^{(\mathrm{w})}) & (\bar{\boldsymbol{F}}_{\mathrm{toa}}^{(\mathrm{uw})}(\boldsymbol{s}^{(\mathrm{u})},\boldsymbol{s}^{(\mathrm{w})}))^{\mathrm{T}}(\boldsymbol{E}^{(\mathrm{uw})})^{-1}\bar{\boldsymbol{F}}_{\mathrm{toa}}^{(\mathrm{uw})}(\boldsymbol{s}^{(\mathrm{u})},\boldsymbol{s}^{(\mathrm{w})})\end{array}\right]^{-1}$$

---

① 式（8.117）中等号右侧表示利用距离观测向量 $\hat{\boldsymbol{d}}^{(\mathrm{au})}$ 、$\hat{\boldsymbol{d}}^{(\mathrm{uu})}$ 及 $\hat{\boldsymbol{d}}^{(\mathrm{uw})}$ 对位置向量 $\boldsymbol{s}^{(\mathrm{u})}$ 和 $\boldsymbol{s}^{(\mathrm{w})}$ 进行联合估计时的 CRB（证明见附录 D.2）。

式中，$\tilde{\boldsymbol{F}}_{\text{toa}}^{(\text{uw})}(\boldsymbol{s}^{(\text{u})},\boldsymbol{s}^{(\text{w})})=\dfrac{\partial \boldsymbol{f}_{\text{toa}}^{(\text{uw})}(\boldsymbol{s}^{(\text{u})},\boldsymbol{s}^{(\text{w})})}{\partial (\boldsymbol{s}^{(\text{u})})^{\text{T}}}\in\mathbf{R}^{\tilde{K}_L\times 2K}$；$\bar{\boldsymbol{F}}_{\text{toa}}^{(\text{uw})}(\boldsymbol{s}^{(\text{u})},\boldsymbol{s}^{(\text{w})})=\dfrac{\partial \boldsymbol{f}_{\text{toa}}^{(\text{uw})}(\boldsymbol{s}^{(\text{u})},\boldsymbol{s}^{(\text{w})})}{\partial (\boldsymbol{s}^{(\text{w})})^{\text{T}}}\in$ $\mathbf{R}^{\tilde{K}_L\times 2L}$。这两个 Jacobian 矩阵的表达式见附录 D.1。

【证明】首先，将式（8.106）和式（8.112）代入式（8.116）可知

$$\begin{aligned}\mathbf{MSE}\left(\begin{bmatrix}\hat{\boldsymbol{s}}_{\text{b}}^{(\text{u})}\\ \hat{\boldsymbol{s}}_{\text{b}}^{(\text{w})}\end{bmatrix}\right)&=\left(\left[\frac{\partial \boldsymbol{\beta}_{\text{b}}^{(\text{uw})}}{\partial (\boldsymbol{s}^{(\text{u})})^{\text{T}}}\ \vdots\ \frac{\partial \boldsymbol{\beta}_{\text{b}}^{(\text{uw})}}{\partial (\boldsymbol{s}^{(\text{w})})^{\text{T}}}\right]^{\text{T}}\begin{bmatrix}(\boldsymbol{A}_{\text{b}}^{(\text{w})})^{\text{T}} & \boldsymbol{O}_{2L\times 2K}\\ \boldsymbol{O}_{2K\times 3L} & \boldsymbol{I}_{2K}\end{bmatrix}\times\right.\\
&\qquad\left.(\boldsymbol{\varOmega}_{\text{b}}^{(\text{uw})})^{-1}\begin{bmatrix}\boldsymbol{A}_{\text{b}}^{(\text{w})} & \boldsymbol{O}_{3L\times 2K}\\ \boldsymbol{O}_{2K\times 2L} & \boldsymbol{I}_{2K}\end{bmatrix}\left[\frac{\partial \boldsymbol{\beta}_{\text{b}}^{(\text{uw})}}{\partial (\boldsymbol{s}^{(\text{u})})^{\text{T}}}\ \vdots\ \frac{\partial \boldsymbol{\beta}_{\text{b}}^{(\text{uw})}}{\partial (\boldsymbol{s}^{(\text{w})})^{\text{T}}}\right]\right)^{-1}\\
&=\left(\begin{gathered}\left[\frac{\partial \boldsymbol{\beta}_{\text{b}}^{(\text{uw})}}{\partial (\boldsymbol{s}^{(\text{u})})^{\text{T}}}\ \vdots\ \frac{\partial \boldsymbol{\beta}_{\text{b}}^{(\text{uw})}}{\partial (\boldsymbol{s}^{(\text{w})})^{\text{T}}}\right]^{\text{T}}\begin{bmatrix}(\boldsymbol{A}_{\text{b}}^{(\text{w})})^{\text{T}}(\boldsymbol{C}_{\text{b}}^{(\text{w})}(\boldsymbol{\beta}_{\text{a}}^{(\text{w})}))^{-\text{T}} & \boldsymbol{O}_{2L\times 2K}\\ \boldsymbol{O}_{2K\times 3L} & \boldsymbol{I}_{2K}\end{bmatrix}\\
(\mathbf{MSE}(\hat{\boldsymbol{\beta}}_{\text{a}}^{(\text{uw})}))^{-1}\begin{bmatrix}(\boldsymbol{C}_{\text{b}}^{(\text{w})}(\boldsymbol{\beta}_{\text{a}}^{(\text{w})}))^{-1}\boldsymbol{A}_{\text{b}}^{(\text{w})} & \boldsymbol{O}_{3L\times 2K}\\ \boldsymbol{O}_{2K\times 2L} & \boldsymbol{I}_{2K}\end{bmatrix}\times\\
\left[\frac{\partial \boldsymbol{\beta}_{\text{b}}^{(\text{uw})}}{\partial (\boldsymbol{s}^{(\text{u})})^{\text{T}}}\ \vdots\ \frac{\partial \boldsymbol{\beta}_{\text{b}}^{(\text{uw})}}{\partial (\boldsymbol{s}^{(\text{w})})^{\text{T}}}\right]\end{gathered}\right)^{-1}\end{aligned}\tag{8.118}$$

结合式（8.114）和式（8.115）可得

$$\left[\frac{\partial \boldsymbol{\beta}_{\text{b}}^{(\text{uw})}}{\partial (\boldsymbol{s}^{(\text{u})})^{\text{T}}}\ \vdots\ \frac{\partial \boldsymbol{\beta}_{\text{b}}^{(\text{uw})}}{\partial (\boldsymbol{s}^{(\text{w})})^{\text{T}}}\right]=\begin{bmatrix}\boldsymbol{O}_{2L\times 2K} & \dfrac{\partial \boldsymbol{\beta}_{\text{b}}^{(\text{w})}}{\partial (\boldsymbol{s}^{(\text{w})})^{\text{T}}}\\ \boldsymbol{I}_{2K} & \boldsymbol{O}_{2K\times 2L}\end{bmatrix}\in\mathbf{R}^{(2L+2K)\times(2L+2K)}\tag{8.119}$$

将式（8.119）代入式（8.118）可知

$$\begin{aligned}\mathbf{MSE}\left(\begin{bmatrix}\hat{\boldsymbol{s}}_{\text{b}}^{(\text{u})}\\ \hat{\boldsymbol{s}}_{\text{b}}^{(\text{w})}\end{bmatrix}\right)&=\left(\begin{bmatrix}\boldsymbol{O}_{2K\times 3L} & \boldsymbol{I}_{2K}\\ \left(\dfrac{\partial \boldsymbol{\beta}_{\text{b}}^{(\text{w})}}{\partial (\boldsymbol{s}^{(\text{w})})^{\text{T}}}\right)^{\text{T}}(\boldsymbol{A}_{\text{b}}^{(\text{w})})^{\text{T}}(\boldsymbol{C}_{\text{b}}^{(\text{w})}(\boldsymbol{\beta}_{\text{a}}^{(\text{w})}))^{-\text{T}} & \boldsymbol{O}_{2L\times 2K}\end{bmatrix}\times\right.\\
&\qquad\left.(\mathbf{MSE}(\hat{\boldsymbol{\beta}}_{\text{a}}^{(\text{uw})}))^{-1}\begin{bmatrix}\boldsymbol{O}_{3L\times 2K} & (\boldsymbol{C}_{\text{b}}^{(\text{w})}(\boldsymbol{\beta}_{\text{a}}^{(\text{w})}))^{-1}\boldsymbol{A}_{\text{b}}^{(\text{w})}\dfrac{\partial \boldsymbol{\beta}_{\text{b}}^{(\text{w})}}{\partial (\boldsymbol{s}^{(\text{w})})^{\text{T}}}\\ \boldsymbol{I}_{2K} & \boldsymbol{O}_{2K\times 2L}\end{bmatrix}\right)^{-1}\end{aligned}\tag{8.120}$$

然后，将式（8.90）代入式（8.120）可得

$$
\begin{aligned}
&\mathbf{MSE}\left(\begin{bmatrix}\hat{\boldsymbol{s}}_{\mathrm{b}}^{(\mathrm{u})}\\ \hat{\boldsymbol{s}}_{\mathrm{b}}^{(\mathrm{w})}\end{bmatrix}\right)\\
&=\left(\begin{bmatrix}\boldsymbol{O}_{2K\times\tilde{K}_L} & \boldsymbol{I}_{2K}\\ \left(\dfrac{\partial\boldsymbol{\beta}_{\mathrm{b}}^{(\mathrm{w})}}{\partial(\boldsymbol{s}^{(\mathrm{w})})^{\mathrm{T}}}\right)^{\mathrm{T}}(\boldsymbol{A}_{\mathrm{b}}^{(\mathrm{w})})^{\mathrm{T}}(\boldsymbol{C}_{\mathrm{b}}^{(\mathrm{w})}(\boldsymbol{\beta}_{\mathrm{a}}^{(\mathrm{w})}))^{-\mathrm{T}}(\boldsymbol{A}_{\mathrm{a}}^{(\mathrm{w})}(\boldsymbol{s}^{(\mathrm{u})}))^{\mathrm{T}} & \boldsymbol{O}_{2L\times 2K}\end{bmatrix}\times\right.\qquad(8.121)\\
&\left.(\boldsymbol{\Omega}_{\mathrm{a}}^{(\mathrm{uw})})^{-1}\begin{bmatrix}\boldsymbol{O}_{\tilde{K}_L\times 2K} & \boldsymbol{A}_{\mathrm{a}}^{(\mathrm{w})}(\boldsymbol{s}^{(\mathrm{u})})(\boldsymbol{C}_{\mathrm{b}}^{(\mathrm{w})}(\boldsymbol{\beta}_{\mathrm{a}}^{(\mathrm{w})}))^{-1}\boldsymbol{A}_{\mathrm{b}}^{(\mathrm{w})}\dfrac{\partial\boldsymbol{\beta}_{\mathrm{b}}^{(\mathrm{w})}}{\partial(\boldsymbol{s}^{(\mathrm{w})})^{\mathrm{T}}}\\ \boldsymbol{I}_{2K} & \boldsymbol{O}_{2K\times 2L}\end{bmatrix}\right)^{-1}
\end{aligned}
$$

结合式（2.7）和式（8.86）可得

$$
(\boldsymbol{\Omega}_{\mathrm{a}}^{(\mathrm{uw})})^{-1}=\begin{bmatrix}\boldsymbol{X}_1 & \boldsymbol{X}_2\\ \boldsymbol{X}_2^{\mathrm{T}} & \boldsymbol{X}_3\end{bmatrix}\qquad(8.122)
$$

式中，

$$
\left\{\begin{aligned}
&\boldsymbol{X}_1=(\bar{\boldsymbol{C}}_{\mathrm{a}}^{(\mathrm{w})}(\boldsymbol{d}^{(\mathrm{uw})}))^{-\mathrm{T}}(\boldsymbol{E}^{(\mathrm{uw})})^{-1}(\bar{\boldsymbol{C}}_{\mathrm{a}}^{(\mathrm{w})}(\boldsymbol{d}^{(\mathrm{uw})}))^{-1};\\
&\boldsymbol{X}_2=-(\bar{\boldsymbol{C}}_{\mathrm{a}}^{(\mathrm{w})}(\boldsymbol{d}^{(\mathrm{uw})}))^{-\mathrm{T}}(\boldsymbol{E}^{(\mathrm{uw})})^{-1}(\bar{\boldsymbol{C}}_{\mathrm{a}}^{(\mathrm{w})}(\boldsymbol{d}^{(\mathrm{uw})}))^{-1}\tilde{\boldsymbol{C}}_{\mathrm{a}}^{(\mathrm{w})}(\boldsymbol{s}^{(\mathrm{u})},\boldsymbol{\beta}_{\mathrm{a}}^{(\mathrm{w})})\\
&\boldsymbol{X}_3=\begin{pmatrix}\mathbf{MSE}(\hat{\boldsymbol{s}}_{\mathrm{sta1}}^{(\mathrm{u})})-\mathbf{MSE}(\hat{\boldsymbol{s}}_{\mathrm{sta1}}^{(\mathrm{u})})(\tilde{\boldsymbol{C}}_{\mathrm{a}}^{(\mathrm{w})}(\boldsymbol{s}^{(\mathrm{u})},\boldsymbol{\beta}_{\mathrm{a}}^{(\mathrm{w})}))^{\mathrm{T}}\times\\ \begin{pmatrix}\tilde{\boldsymbol{C}}_{\mathrm{a}}^{(\mathrm{w})}(\boldsymbol{s}^{(\mathrm{u})},\boldsymbol{\beta}_{\mathrm{a}}^{(\mathrm{w})})\mathbf{MSE}(\hat{\boldsymbol{s}}_{\mathrm{sta1}}^{(\mathrm{u})})(\tilde{\boldsymbol{C}}_{\mathrm{a}}^{(\mathrm{w})}(\boldsymbol{s}^{(\mathrm{u})},\boldsymbol{\beta}_{\mathrm{a}}^{(\mathrm{w})}))^{\mathrm{T}}+\\ \bar{\boldsymbol{C}}_{\mathrm{a}}^{(\mathrm{w})}(\boldsymbol{d}^{(\mathrm{uw})})\boldsymbol{E}^{(\mathrm{uw})}(\bar{\boldsymbol{C}}_{\mathrm{a}}^{(\mathrm{w})}(\boldsymbol{d}^{(\mathrm{uw})}))^{\mathrm{T}}\end{pmatrix}^{-1}\times\\ \tilde{\boldsymbol{C}}_{\mathrm{a}}^{(\mathrm{w})}(\boldsymbol{s}^{(\mathrm{u})},\boldsymbol{\beta}_{\mathrm{a}}^{(\mathrm{w})})\mathbf{MSE}(\hat{\boldsymbol{s}}_{\mathrm{sta1}}^{(\mathrm{u})})\end{pmatrix}^{-1}\\
&\quad=\begin{pmatrix}\mathbf{MSE}(\hat{\boldsymbol{s}}_{\mathrm{sta1}}^{(\mathrm{u})})-\mathbf{MSE}(\hat{\boldsymbol{s}}_{\mathrm{sta1}}^{(\mathrm{u})})(\tilde{\boldsymbol{C}}_{\mathrm{a}}^{(\mathrm{w})}(\boldsymbol{s}^{(\mathrm{u})},\boldsymbol{\beta}_{\mathrm{a}}^{(\mathrm{w})}))^{\mathrm{T}}(\bar{\boldsymbol{C}}_{\mathrm{a}}^{(\mathrm{w})}(\boldsymbol{d}^{(\mathrm{uw})}))^{-\mathrm{T}}\times\\ \begin{pmatrix}\boldsymbol{E}^{(\mathrm{uw})}+(\bar{\boldsymbol{C}}_{\mathrm{a}}^{(\mathrm{w})}(\boldsymbol{d}^{(\mathrm{uw})}))^{-1}\tilde{\boldsymbol{C}}_{\mathrm{a}}^{(\mathrm{w})}(\boldsymbol{s}^{(\mathrm{u})},\boldsymbol{\beta}_{\mathrm{a}}^{(\mathrm{w})})\mathbf{MSE}(\hat{\boldsymbol{s}}_{\mathrm{sta1}}^{(\mathrm{u})})\times\\ (\tilde{\boldsymbol{C}}_{\mathrm{a}}^{(\mathrm{w})}(\boldsymbol{s}^{(\mathrm{u})},\boldsymbol{\beta}_{\mathrm{a}}^{(\mathrm{w})}))^{\mathrm{T}}(\bar{\boldsymbol{C}}_{\mathrm{a}}^{(\mathrm{w})}(\boldsymbol{d}^{(\mathrm{uw})}))^{-\mathrm{T}}\end{pmatrix}^{-1}\times\\ (\bar{\boldsymbol{C}}_{\mathrm{a}}^{(\mathrm{w})}(\boldsymbol{d}^{(\mathrm{uw})}))^{-1}\tilde{\boldsymbol{C}}_{\mathrm{a}}^{(\mathrm{w})}(\boldsymbol{s}^{(\mathrm{u})},\boldsymbol{\beta}_{\mathrm{a}}^{(\mathrm{w})})\mathbf{MSE}(\hat{\boldsymbol{s}}_{\mathrm{sta1}}^{(\mathrm{u})})\end{pmatrix}^{-1}
\end{aligned}\right.\qquad(8.123)
$$

利用式（2.5）可知

$$\boldsymbol{X}_3=(\mathbf{MSE}(\hat{\boldsymbol{s}}_{\mathrm{sta1}}^{(\mathrm{u})}))^{-1}+(\tilde{\boldsymbol{C}}_{\mathrm{a}}^{(\mathrm{w})}(\boldsymbol{s}^{(\mathrm{u})},\boldsymbol{\beta}_{\mathrm{a}}^{(\mathrm{w})}))^{\mathrm{T}}(\bar{\boldsymbol{C}}_{\mathrm{a}}^{(\mathrm{w})}(\boldsymbol{d}^{(\mathrm{uw})}))^{-\mathrm{T}}\times \\ (\boldsymbol{E}^{(\mathrm{uw})})^{-1}(\bar{\boldsymbol{C}}_{\mathrm{a}}^{(\mathrm{w})}(\boldsymbol{d}^{(\mathrm{uw})}))^{-1}\tilde{\boldsymbol{C}}_{\mathrm{a}}^{(\mathrm{w})}(\boldsymbol{s}^{(\mathrm{u})},\boldsymbol{\beta}_{\mathrm{a}}^{(\mathrm{w})}) \tag{8.124}$$

将式（8.122）~式（8.124）代入式（8.121）可得

$$\mathbf{MSE}\left(\begin{bmatrix}\hat{\boldsymbol{s}}_{\mathrm{b}}^{(\mathrm{u})}\\ \hat{\boldsymbol{s}}_{\mathrm{b}}^{(\mathrm{w})}\end{bmatrix}\right)=\begin{bmatrix}\boldsymbol{Y}_1 & \boldsymbol{Y}_2\\ \boldsymbol{Y}_2^{\mathrm{T}} & \boldsymbol{Y}_3\end{bmatrix}^{-1} \tag{8.125}$$

式中，

$$\boldsymbol{Y}_1=\boldsymbol{X}_3=(\mathbf{MSE}(\hat{\boldsymbol{s}}_{\mathrm{sta1}}^{(\mathrm{u})}))^{-1}+(\tilde{\boldsymbol{C}}_{\mathrm{a}}^{(\mathrm{w})}(\boldsymbol{s}^{(\mathrm{u})},\boldsymbol{\beta}_{\mathrm{a}}^{(\mathrm{w})}))^{\mathrm{T}}(\bar{\boldsymbol{C}}_{\mathrm{a}}^{(\mathrm{w})}(\boldsymbol{d}^{(\mathrm{uw})}))^{-\mathrm{T}}\times \\ (\boldsymbol{E}^{(\mathrm{uw})})^{-1}(\bar{\boldsymbol{C}}_{\mathrm{a}}^{(\mathrm{w})}(\boldsymbol{d}^{(\mathrm{uw})}))^{-1}\tilde{\boldsymbol{C}}_{\mathrm{a}}^{(\mathrm{w})}(\boldsymbol{s}^{(\mathrm{u})},\boldsymbol{\beta}_{\mathrm{a}}^{(\mathrm{w})}) \tag{8.126}$$

$$\begin{aligned}\boldsymbol{Y}_2&=\boldsymbol{X}_2^{\mathrm{T}}\boldsymbol{A}_{\mathrm{a}}^{(\mathrm{w})}(\boldsymbol{s}^{(\mathrm{u})})(\boldsymbol{C}_{\mathrm{b}}^{(\mathrm{w})}(\boldsymbol{\beta}_{\mathrm{a}}^{(\mathrm{w})}))^{-1}\boldsymbol{A}_{\mathrm{b}}^{(\mathrm{w})}\frac{\partial\boldsymbol{\beta}_{\mathrm{b}}^{(\mathrm{w})}}{\partial(\boldsymbol{s}^{(\mathrm{w})})^{\mathrm{T}}}\\&=-(\tilde{\boldsymbol{C}}_{\mathrm{a}}^{(\mathrm{w})}(\boldsymbol{s}^{(\mathrm{u})},\boldsymbol{\beta}_{\mathrm{a}}^{(\mathrm{w})}))^{\mathrm{T}}(\bar{\boldsymbol{C}}_{\mathrm{a}}^{(\mathrm{w})}(\boldsymbol{d}^{(\mathrm{uw})}))^{-\mathrm{T}}(\boldsymbol{E}^{(\mathrm{uw})})^{-1}\times\\&\quad(\bar{\boldsymbol{C}}_{\mathrm{a}}^{(\mathrm{w})}(\boldsymbol{d}^{(\mathrm{uw})}))^{-1}\boldsymbol{A}_{\mathrm{a}}^{(\mathrm{w})}(\boldsymbol{s}^{(\mathrm{u})})(\boldsymbol{C}_{\mathrm{b}}^{(\mathrm{w})}(\boldsymbol{\beta}_{\mathrm{a}}^{(\mathrm{w})}))^{-1}\boldsymbol{A}_{\mathrm{b}}^{(\mathrm{w})}\frac{\partial\boldsymbol{\beta}_{\mathrm{b}}^{(\mathrm{w})}}{\partial(\boldsymbol{s}^{(\mathrm{w})})^{\mathrm{T}}}\end{aligned} \tag{8.127}$$

$$\begin{aligned}\boldsymbol{Y}_3&=\left(\frac{\partial\boldsymbol{\beta}_{\mathrm{b}}^{(\mathrm{w})}}{\partial(\boldsymbol{s}^{(\mathrm{w})})^{\mathrm{T}}}\right)^{\mathrm{T}}(\boldsymbol{A}_{\mathrm{b}}^{(\mathrm{w})})^{\mathrm{T}}(\boldsymbol{C}_{\mathrm{b}}^{(\mathrm{w})}(\boldsymbol{\beta}_{\mathrm{a}}^{(\mathrm{w})}))^{-\mathrm{T}}(\boldsymbol{A}_{\mathrm{a}}^{(\mathrm{w})}(\boldsymbol{s}^{(\mathrm{u})}))^{\mathrm{T}}\times\\&\quad\boldsymbol{X}_1\boldsymbol{A}_{\mathrm{a}}^{(\mathrm{w})}(\boldsymbol{s}^{(\mathrm{u})})(\boldsymbol{C}_{\mathrm{b}}^{(\mathrm{w})}(\boldsymbol{\beta}_{\mathrm{a}}^{(\mathrm{w})}))^{-1}\boldsymbol{A}_{\mathrm{b}}^{(\mathrm{w})}\frac{\partial\boldsymbol{\beta}_{\mathrm{b}}^{(\mathrm{w})}}{\partial(\boldsymbol{s}^{(\mathrm{w})})^{\mathrm{T}}}\\&=\left(\frac{\partial\boldsymbol{\beta}_{\mathrm{b}}^{(\mathrm{w})}}{\partial(\boldsymbol{s}^{(\mathrm{w})})^{\mathrm{T}}}\right)^{\mathrm{T}}(\boldsymbol{A}_{\mathrm{b}}^{(\mathrm{w})})^{\mathrm{T}}(\boldsymbol{C}_{\mathrm{b}}^{(\mathrm{w})}(\boldsymbol{\beta}_{\mathrm{a}}^{(\mathrm{w})}))^{-\mathrm{T}}(\boldsymbol{A}_{\mathrm{a}}^{(\mathrm{w})}(\boldsymbol{s}^{(\mathrm{u})}))^{\mathrm{T}}\times\\&\quad(\bar{\boldsymbol{C}}_{\mathrm{a}}^{(\mathrm{w})}(\boldsymbol{d}^{(\mathrm{uw})}))^{-\mathrm{T}}(\boldsymbol{E}^{(\mathrm{uw})})^{-1}(\bar{\boldsymbol{C}}_{\mathrm{a}}^{(\mathrm{w})}(\boldsymbol{d}^{(\mathrm{uw})}))^{-1}\boldsymbol{A}_{\mathrm{a}}^{(\mathrm{w})}(\boldsymbol{s}^{(\mathrm{u})})\times\\&\quad(\boldsymbol{C}_{\mathrm{b}}^{(\mathrm{w})}(\boldsymbol{\beta}_{\mathrm{a}}^{(\mathrm{w})}))^{-1}\boldsymbol{A}_{\mathrm{b}}^{(\mathrm{w})}\frac{\partial\boldsymbol{\beta}_{\mathrm{b}}^{(\mathrm{w})}}{\partial(\boldsymbol{s}^{(\mathrm{w})})^{\mathrm{T}}}\end{aligned} \tag{8.128}$$

将等式 $\boldsymbol{d}_l^{(\mathrm{uw})}=\boldsymbol{f}_{\mathrm{toa},l}^{(\mathrm{uw})}(\boldsymbol{s}^{(\mathrm{u})},\boldsymbol{s}_l^{(\mathrm{w})})$ 和 $\boldsymbol{\beta}_{\mathrm{a},l}^{(\mathrm{w})}=[(\boldsymbol{s}_l^{(\mathrm{w})})^{\mathrm{T}} \mid \|\boldsymbol{s}_l^{(\mathrm{w})}\|_2^2]^{\mathrm{T}}$ 代入式（8.69）可知

$$\begin{aligned}\boldsymbol{A}_{\mathrm{a},l}^{(\mathrm{w})}(\boldsymbol{s}^{(\mathrm{u})})\boldsymbol{\beta}_{\mathrm{a},l}^{(\mathrm{w})} &= \boldsymbol{A}_{\mathrm{a},l}^{(\mathrm{w})}(\boldsymbol{s}^{(\mathrm{u})})\begin{bmatrix}\boldsymbol{s}_l^{(\mathrm{w})}\\ \|\boldsymbol{s}_l^{(\mathrm{w})}\|_2^2\end{bmatrix}\\ &= \boldsymbol{b}_{\mathrm{a},l}^{(\mathrm{w})}(\boldsymbol{f}_{\mathrm{toa},l}^{(\mathrm{uw})}(\boldsymbol{s}^{(\mathrm{u})},\boldsymbol{s}_l^{(\mathrm{w})}),\boldsymbol{s}^{(\mathrm{u})}) \quad (1\leqslant l\leqslant L)\end{aligned} \tag{8.129}$$

由于式(8.129)是关于向量 $\boldsymbol{s}_l^{(\mathrm{w})}$ 和 $\boldsymbol{s}^{(\mathrm{u})}$ 的恒等式，因此将该式两边对向量 $\boldsymbol{s}_l^{(\mathrm{w})}$ 和 $\boldsymbol{s}^{(\mathrm{u})}$ 求导可得

$$\begin{aligned}\boldsymbol{A}_{\mathrm{a},l}^{(\mathrm{w})}(\boldsymbol{s}^{(\mathrm{u})})\frac{\partial\boldsymbol{\beta}_{\mathrm{a},l}^{(\mathrm{w})}}{\partial(\boldsymbol{s}_l^{(\mathrm{w})})^{\mathrm{T}}} &= \bar{\boldsymbol{B}}_{\mathrm{a},l}^{(\mathrm{w})}(\boldsymbol{d}_l^{(\mathrm{uw})})\bar{\boldsymbol{F}}_{\mathrm{toa},l}^{(\mathrm{uw})}(\boldsymbol{s}^{(\mathrm{u})},\boldsymbol{s}_l^{(\mathrm{w})}) \Rightarrow \boldsymbol{A}_{\mathrm{a},l}^{(\mathrm{w})}(\boldsymbol{s}^{(\mathrm{u})})\frac{\partial\boldsymbol{\beta}_{\mathrm{a},l}^{(\mathrm{w})}}{\partial(\boldsymbol{s}_l^{(\mathrm{w})})^{\mathrm{T}}}\\ &= \bar{\boldsymbol{C}}_{\mathrm{a},l}^{(\mathrm{w})}(\boldsymbol{d}_l^{(\mathrm{uw})})\bar{\boldsymbol{F}}_{\mathrm{toa},l}^{(\mathrm{uw})}(\boldsymbol{s}^{(\mathrm{u})},\boldsymbol{s}_l^{(\mathrm{w})}) \quad (1\leqslant l\leqslant L)\end{aligned} \tag{8.130}$$

$$\begin{aligned}\tilde{\boldsymbol{A}}_{\mathrm{a},l}^{(\mathrm{w})}(\boldsymbol{\beta}_{\mathrm{a},l}^{(\mathrm{w})}) = \bar{\boldsymbol{B}}_{\mathrm{a},l}^{(\mathrm{w})}(\boldsymbol{d}_l^{(\mathrm{uw})})\tilde{\boldsymbol{F}}_{\mathrm{toa},l}^{(\mathrm{uw})}(\boldsymbol{s}^{(\mathrm{u})},\boldsymbol{s}_l^{(\mathrm{w})}) + \tilde{\boldsymbol{B}}_{\mathrm{a},l}^{(\mathrm{w})}(\boldsymbol{s}^{(\mathrm{u})}) &\Rightarrow \bar{\boldsymbol{C}}_{\mathrm{a},l}^{(\mathrm{w})}(\boldsymbol{d}_l^{(\mathrm{uw})})\tilde{\boldsymbol{F}}_{\mathrm{toa},l}^{(\mathrm{uw})}(\boldsymbol{s}^{(\mathrm{u})},\boldsymbol{s}_l^{(\mathrm{w})})\\ &= -\tilde{\boldsymbol{C}}_{\mathrm{a},l}^{(\mathrm{w})}(\boldsymbol{s}^{(\mathrm{u})},\boldsymbol{\beta}_{\mathrm{a},l}^{(\mathrm{w})}) \quad (1\leqslant l\leqslant L)\end{aligned} \tag{8.131}$$

式中，

$$\begin{cases}\bar{\boldsymbol{F}}_{\mathrm{toa},l}^{(\mathrm{uw})}(\boldsymbol{s}^{(\mathrm{u})},\boldsymbol{s}_l^{(\mathrm{w})}) = \dfrac{\partial\boldsymbol{f}_{\mathrm{toa},l}^{(\mathrm{uw})}(\boldsymbol{s}^{(\mathrm{u})},\boldsymbol{s}_l^{(\mathrm{w})})}{\partial(\boldsymbol{s}_l^{(\mathrm{w})})^{\mathrm{T}}} \in \mathbf{R}^{K_l\times 2}\\ \tilde{\boldsymbol{F}}_{\mathrm{toa},l}^{(\mathrm{uw})}(\boldsymbol{s}^{(\mathrm{u})},\boldsymbol{s}_l^{(\mathrm{w})}) = \dfrac{\partial\boldsymbol{f}_{\mathrm{toa},l}^{(\mathrm{uw})}(\boldsymbol{s}^{(\mathrm{u})},\boldsymbol{s}_l^{(\mathrm{w})})}{\partial(\boldsymbol{s}^{(\mathrm{u})})^{\mathrm{T}}} \in \mathbf{R}^{K_l\times 2K}\end{cases} \tag{8.132}$$

$$\frac{\partial\boldsymbol{\beta}_{\mathrm{a},l}^{(\mathrm{w})}}{\partial(\boldsymbol{s}_l^{(\mathrm{w})})^{\mathrm{T}}} = \begin{bmatrix}\boldsymbol{I}_2\\ \hdashline 2(\boldsymbol{s}_l^{(\mathrm{w})})^{\mathrm{T}}\end{bmatrix} \in \mathbf{R}^{3\times 2} \tag{8.133}$$

Jacobian 矩阵 $\bar{\boldsymbol{F}}_{\mathrm{toa},l}^{(\mathrm{uw})}(\boldsymbol{s}^{(\mathrm{u})},\boldsymbol{s}_l^{(\mathrm{w})})$ 和 $\tilde{\boldsymbol{F}}_{\mathrm{toa},l}^{(\mathrm{uw})}(\boldsymbol{s}^{(\mathrm{u})},\boldsymbol{s}_l^{(\mathrm{w})})$ 的表达式见附录 D.1。将式（8.130）中的 L 个等式和式（8.131）中的 L 个等式合并可知

$$\begin{aligned}\boldsymbol{A}_{\mathrm{a}}^{(\mathrm{w})}(\boldsymbol{s}^{(\mathrm{u})})\frac{\partial \boldsymbol{\beta}_{\mathrm{a}}^{(\mathrm{w})}}{\partial(\boldsymbol{s}^{(\mathrm{w})})^{\mathrm{T}}}=\bar{\boldsymbol{C}}_{\mathrm{a}}^{(\mathrm{w})}(\boldsymbol{d}^{(\mathrm{uw})})\bar{\boldsymbol{F}}_{\mathrm{toa}}^{(\mathrm{uw})}(\boldsymbol{s}^{(\mathrm{u})},\boldsymbol{s}^{(\mathrm{w})})\Rightarrow \bar{\boldsymbol{F}}_{\mathrm{toa}}^{(\mathrm{uw})}(\boldsymbol{s}^{(\mathrm{u})},\boldsymbol{s}^{(\mathrm{w})})\\ =(\bar{\boldsymbol{C}}_{\mathrm{a}}^{(\mathrm{w})}(\boldsymbol{d}^{(\mathrm{uw})}))^{-1}\boldsymbol{A}_{\mathrm{a}}^{(\mathrm{w})}(\boldsymbol{s}^{(\mathrm{u})})\frac{\partial \boldsymbol{\beta}_{\mathrm{a}}^{(\mathrm{w})}}{\partial(\boldsymbol{s}^{(\mathrm{w})})^{\mathrm{T}}}\end{aligned}\quad (8.134)$$

$$\begin{aligned}\bar{\boldsymbol{C}}_{\mathrm{a}}^{(\mathrm{w})}(\boldsymbol{d}^{(\mathrm{uw})})\tilde{\boldsymbol{F}}_{\mathrm{toa}}^{(\mathrm{uw})}(\boldsymbol{s}^{(\mathrm{u})},\boldsymbol{s}^{(\mathrm{w})})=-\tilde{\boldsymbol{C}}_{\mathrm{a}}^{(\mathrm{w})}(\boldsymbol{s}^{(\mathrm{u})},\boldsymbol{\beta}_{\mathrm{a}}^{(\mathrm{w})})\Rightarrow \tilde{\boldsymbol{F}}_{\mathrm{toa}}^{(\mathrm{uw})}(\boldsymbol{s}^{(\mathrm{u})},\boldsymbol{s}^{(\mathrm{w})})\\ =-(\bar{\boldsymbol{C}}_{\mathrm{a}}^{(\mathrm{w})}(\boldsymbol{d}^{(\mathrm{uw})}))^{-1}\tilde{\boldsymbol{C}}_{\mathrm{a}}^{(\mathrm{w})}(\boldsymbol{s}^{(\mathrm{u})},\boldsymbol{\beta}_{\mathrm{a}}^{(\mathrm{w})})\end{aligned}\quad (8.135)$$

式中，

$$\begin{cases}\bar{\boldsymbol{F}}_{\mathrm{toa}}^{(\mathrm{uw})}(\boldsymbol{s}^{(\mathrm{u})},\boldsymbol{s}^{(\mathrm{w})})=\dfrac{\partial \boldsymbol{f}_{\mathrm{toa}}^{(\mathrm{uw})}(\boldsymbol{s}^{(\mathrm{u})},\boldsymbol{s}^{(\mathrm{w})})}{\partial(\boldsymbol{s}^{(\mathrm{w})})^{\mathrm{T}}}\\ \qquad =\mathrm{blkdiag}\{\bar{\boldsymbol{F}}_{\mathrm{toa},1}^{(\mathrm{uw})}(\boldsymbol{s}^{(\mathrm{u})},\boldsymbol{s}_1^{(\mathrm{w})}),\bar{\boldsymbol{F}}_{\mathrm{toa},2}^{(\mathrm{uw})}(\boldsymbol{s}^{(\mathrm{u})},\boldsymbol{s}_2^{(\mathrm{w})}),\cdots,\bar{\boldsymbol{F}}_{\mathrm{toa},L}^{(\mathrm{uw})}(\boldsymbol{s}^{(\mathrm{u})},\boldsymbol{s}_L^{(\mathrm{w})})\}\in\mathbf{R}^{\tilde{K}_L\times 2L}\\ \tilde{\boldsymbol{F}}_{\mathrm{toa}}^{(\mathrm{uw})}(\boldsymbol{s}^{(\mathrm{u})},\boldsymbol{s}^{(\mathrm{w})})=\dfrac{\partial \boldsymbol{f}_{\mathrm{toa}}^{(\mathrm{uw})}(\boldsymbol{s}^{(\mathrm{u})},\boldsymbol{s}^{(\mathrm{w})})}{\partial(\boldsymbol{s}^{(\mathrm{u})})^{\mathrm{T}}}\\ \qquad =[(\tilde{\boldsymbol{F}}_{\mathrm{toa},1}^{(\mathrm{uw})}(\boldsymbol{s}^{(\mathrm{u})},\boldsymbol{s}_1^{(\mathrm{w})}))^{\mathrm{T}}\ (\tilde{\boldsymbol{F}}_{\mathrm{toa},2}^{(\mathrm{uw})}(\boldsymbol{s}^{(\mathrm{u})},\boldsymbol{s}_2^{(\mathrm{w})}))^{\mathrm{T}}\ \cdots\ (\tilde{\boldsymbol{F}}_{\mathrm{toa},L}^{(\mathrm{uw})}(\boldsymbol{s}^{(\mathrm{u})},\boldsymbol{s}_L^{(\mathrm{w})}))^{\mathrm{T}}]^{\mathrm{T}}\in\mathbf{R}^{\tilde{K}_L\times 2K}\\ \dfrac{\partial \boldsymbol{\beta}_{\mathrm{a}}^{(\mathrm{w})}}{\partial(\boldsymbol{s}^{(\mathrm{w})})^{\mathrm{T}}}=\mathrm{blkdiag}\left\{\dfrac{\partial \boldsymbol{\beta}_{\mathrm{a},1}^{(\mathrm{w})}}{\partial(\boldsymbol{s}_1^{(\mathrm{w})})^{\mathrm{T}}},\dfrac{\partial \boldsymbol{\beta}_{\mathrm{a},2}^{(\mathrm{w})}}{\partial(\boldsymbol{s}_2^{(\mathrm{w})})^{\mathrm{T}}},\cdots,\dfrac{\partial \boldsymbol{\beta}_{\mathrm{a},L}^{(\mathrm{w})}}{\partial(\boldsymbol{s}_L^{(\mathrm{w})})^{\mathrm{T}}}\right\}\in\mathbf{R}^{3L\times 2L}\end{cases}$$

（8.136）

将等式 $\boldsymbol{\beta}_{\mathrm{b},l}^{(\mathrm{w})}=\boldsymbol{s}_l^{(\mathrm{w})}\odot\boldsymbol{s}_l^{(\mathrm{w})}$ 和 $\boldsymbol{\beta}_{\mathrm{a},l}^{(\mathrm{w})}=[(\boldsymbol{s}_l^{(\mathrm{w})})^{\mathrm{T}}\ \vdots\ \|\boldsymbol{s}_l^{(\mathrm{w})}\|_2^2]^{\mathrm{T}}$ 代入式（8.91）可得

$$\boldsymbol{b}_{\mathrm{b},l}^{(\mathrm{w})}(\boldsymbol{\beta}_{\mathrm{a},l}^{(\mathrm{w})})=\boldsymbol{b}_{\mathrm{b},l}^{(\mathrm{w})}\left(\begin{bmatrix}\boldsymbol{s}_l^{(\mathrm{w})}\\ \|\boldsymbol{s}_l^{(\mathrm{w})}\|_2^2\end{bmatrix}\right)=\boldsymbol{A}_{\mathrm{b},l}^{(\mathrm{w})}\boldsymbol{\beta}_{\mathrm{b},l}^{(\mathrm{w})}=\boldsymbol{A}_{\mathrm{b},l}^{(\mathrm{w})}(\boldsymbol{s}_l^{(\mathrm{w})}\odot\boldsymbol{s}_l^{(\mathrm{w})})\quad(1\leqslant l\leqslant L)$$

（8.137）

由于式（8.137）是关于向量 $\boldsymbol{s}_l^{(\mathrm{w})}$ 的恒等式，因此将该式两边对向量 $\boldsymbol{s}_l^{(\mathrm{w})}$ 求导可知

$$\begin{aligned}\boldsymbol{B}_{\mathrm{b},l}^{(\mathrm{w})}(\boldsymbol{\beta}_{\mathrm{a},l}^{(\mathrm{w})})\frac{\partial \boldsymbol{\beta}_{\mathrm{a},l}^{(\mathrm{w})}}{\partial(\boldsymbol{s}_l^{(\mathrm{w})})^{\mathrm{T}}}=\boldsymbol{A}_{\mathrm{b},l}^{(\mathrm{w})}\frac{\partial \boldsymbol{\beta}_{\mathrm{b},l}^{(\mathrm{w})}}{\partial(\boldsymbol{s}_l^{(\mathrm{w})})^{\mathrm{T}}}\Rightarrow \boldsymbol{C}_{\mathrm{b},l}^{(\mathrm{w})}(\boldsymbol{\beta}_{\mathrm{a},l}^{(\mathrm{w})})\frac{\partial \boldsymbol{\beta}_{\mathrm{a},l}^{(\mathrm{w})}}{\partial(\boldsymbol{s}_l^{(\mathrm{w})})^{\mathrm{T}}}\\ =\boldsymbol{A}_{\mathrm{b},l}^{(\mathrm{w})}\frac{\partial \boldsymbol{\beta}_{\mathrm{b},l}^{(\mathrm{w})}}{\partial(\boldsymbol{s}_l^{(\mathrm{w})})^{\mathrm{T}}}\quad(1\leqslant l\leqslant L)\end{aligned}\quad (8.138)$$

式中，

$$\frac{\partial \boldsymbol{\beta}_{\mathrm{b},l}^{(\mathrm{w})}}{\partial (\boldsymbol{s}_l^{(\mathrm{w})})^{\mathrm{T}}} = 2\mathrm{diag}[\boldsymbol{s}_l^{(\mathrm{w})}] \in \mathbf{R}^{2\times 2} \tag{8.139}$$

将式（8.138）中的 L 个等式合并可得

$$\begin{aligned} \boldsymbol{C}_{\mathrm{b}}^{(\mathrm{w})}(\boldsymbol{\beta}_{\mathrm{a}}^{(\mathrm{w})})\frac{\partial \boldsymbol{\beta}_{\mathrm{a}}^{(\mathrm{w})}}{\partial (\boldsymbol{s}^{(\mathrm{w})})^{\mathrm{T}}} = \boldsymbol{A}_{\mathrm{b}}^{(\mathrm{w})}\frac{\partial \boldsymbol{\beta}_{\mathrm{b}}^{(\mathrm{w})}}{\partial (\boldsymbol{s}^{(\mathrm{w})})^{\mathrm{T}}} \Rightarrow \frac{\partial \boldsymbol{\beta}_{\mathrm{a}}^{(\mathrm{w})}}{\partial (\boldsymbol{s}^{(\mathrm{w})})^{\mathrm{T}}} \\ = (\boldsymbol{C}_{\mathrm{b}}^{(\mathrm{w})}(\boldsymbol{\beta}_{\mathrm{a}}^{(\mathrm{w})}))^{-1}\boldsymbol{A}_{\mathrm{b}}^{(\mathrm{w})}\frac{\partial \boldsymbol{\beta}_{\mathrm{b}}^{(\mathrm{w})}}{\partial (\boldsymbol{s}^{(\mathrm{w})})^{\mathrm{T}}} \end{aligned} \tag{8.140}$$

将式（8.140）代入式（8.134）可知

$$\bar{\boldsymbol{F}}_{\mathrm{toa}}^{(\mathrm{uw})}(\boldsymbol{s}^{(\mathrm{u})},\boldsymbol{s}^{(\mathrm{w})}) = (\bar{\boldsymbol{C}}_{\mathrm{a}}^{(\mathrm{w})}(\boldsymbol{d}^{(\mathrm{uw})}))^{-1}\boldsymbol{A}_{\mathrm{a}}^{(\mathrm{w})}(\boldsymbol{s}^{(\mathrm{u})})(\boldsymbol{C}_{\mathrm{b}}^{(\mathrm{w})}(\boldsymbol{\beta}_{\mathrm{a}}^{(\mathrm{w})}))^{-1}\boldsymbol{A}_{\mathrm{b}}^{(\mathrm{w})}\frac{\partial \boldsymbol{\beta}_{\mathrm{b}}^{(\mathrm{w})}}{\partial (\boldsymbol{s}^{(\mathrm{w})})^{\mathrm{T}}} \tag{8.141}$$

最后，将式（8.66）、式（8.135）、式（8.141）代入式（8.125）～式（8.128）可知式（8.117）成立。

证毕。

命题 8.2 表明，当利用距离观测向量 $\hat{\boldsymbol{d}}^{(\mathrm{au})}$、$\hat{\boldsymbol{d}}^{(\mathrm{uu})}$ 及 $\hat{\boldsymbol{d}}^{(\mathrm{uw})}$ 对位置向量 $\boldsymbol{s}^{(\mathrm{u})}$ 和 $\boldsymbol{s}^{(\mathrm{w})}$ 进行联合估计时，步骤 2-b 给出的估计值 $\hat{\boldsymbol{s}}_{\mathrm{b}}^{(\mathrm{u})}$ 和 $\hat{\boldsymbol{s}}_{\mathrm{b}}^{(\mathrm{w})}$ 的均方误差可以达到相应的 CRB。然而，估计值 $\hat{\boldsymbol{s}}_{\mathrm{b}}^{(\mathrm{u})}$ 和 $\hat{\boldsymbol{s}}_{\mathrm{b}}^{(\mathrm{w})}$ 并不是阶段 2 的最终结果，还可以利用 W 组中 L 个源节点之间的距离观测向量 $\hat{\boldsymbol{d}}^{(\mathrm{ww})}$ 进一步提高估计精度，具体可见步骤 2-c。

3. 步骤 2-c 的计算原理及其理论性能分析

步骤 2-c 将利用距离观测向量 $\hat{\boldsymbol{d}}^{(\mathrm{ww})}$ 进一步提高对 U 组源节点和 W 组源节点的协同定位精度。需要指出的是，虽然距离观测向量 $\hat{\boldsymbol{d}}^{(\mathrm{ww})}$ 仅与 W 组源节点的位置向量 $\boldsymbol{s}^{(\mathrm{w})}$ 有关，但由于步骤 2-b 给出的估计值 $\hat{\boldsymbol{s}}_{\mathrm{b}}^{(\mathrm{u})}$ 和 $\hat{\boldsymbol{s}}_{\mathrm{b}}^{(\mathrm{w})}$ 是统计相关的，因此利用距离观测向量 $\hat{\boldsymbol{d}}^{(\mathrm{ww})}$ 不仅可以提高对 W 组源节点的定位精度，

还能够提高对 U 组源节点的定位精度，只是 W 组源节点的定位精度提升更为明显。

与步骤 1-c 类似，步骤 2-c 同样利用贝叶斯估计理论提高定位精度。向量 $\hat{\boldsymbol{s}}_{\mathrm{b}}^{(\mathrm{u})}$ 和 $\hat{\boldsymbol{s}}_{\mathrm{b}}^{(\mathrm{w})}$ 可被视为关于 $\boldsymbol{s}^{(\mathrm{u})}$ 和 $\boldsymbol{s}^{(\mathrm{w})}$ 的先验估计值，将式（8.17）在向量 $\hat{\boldsymbol{s}}_{\mathrm{b}}^{(\mathrm{u})}$ 和 $\hat{\boldsymbol{s}}_{\mathrm{b}}^{(\mathrm{w})}$ 处进行一阶 Taylor 级数展开，即

$$\begin{aligned}\hat{\boldsymbol{d}}^{(\mathrm{ww})} &\approx \boldsymbol{f}_{\mathrm{toa}}^{(\mathrm{ww})}(\hat{\boldsymbol{s}}_{\mathrm{b}}^{(\mathrm{w})}) + \boldsymbol{F}_{\mathrm{toa}}^{(\mathrm{ww})}(\hat{\boldsymbol{s}}_{\mathrm{b}}^{(\mathrm{w})})(\boldsymbol{s}^{(\mathrm{w})} - \hat{\boldsymbol{s}}_{\mathrm{b}}^{(\mathrm{w})}) + \boldsymbol{\varepsilon}^{(\mathrm{ww})} \\ &= \boldsymbol{f}_{\mathrm{toa}}^{(\mathrm{ww})}(\hat{\boldsymbol{s}}_{\mathrm{b}}^{(\mathrm{w})}) - \boldsymbol{F}_{\mathrm{toa}}^{(\mathrm{ww})}(\hat{\boldsymbol{s}}_{\mathrm{b}}^{(\mathrm{w})})\Delta\boldsymbol{s}_{\mathrm{b}}^{(\mathrm{w})} + \boldsymbol{\varepsilon}^{(\mathrm{ww})} \\ &\Rightarrow \boldsymbol{f}_{\mathrm{toa}}^{(\mathrm{ww})}(\hat{\boldsymbol{s}}_{\mathrm{b}}^{(\mathrm{w})}) - \hat{\boldsymbol{d}}^{(\mathrm{ww})} \approx [\boldsymbol{O}_{\tilde{L}\times 2K} \quad \boldsymbol{F}_{\mathrm{toa}}^{(\mathrm{ww})}(\hat{\boldsymbol{s}}_{\mathrm{b}}^{(\mathrm{w})})]\begin{bmatrix}\Delta\boldsymbol{s}_{\mathrm{b}}^{(\mathrm{u})} \\ \Delta\boldsymbol{s}_{\mathrm{b}}^{(\mathrm{w})}\end{bmatrix} - \boldsymbol{\varepsilon}^{(\mathrm{ww})}\end{aligned} \tag{8.142}$$

式中，$\boldsymbol{F}_{\mathrm{toa}}^{(\mathrm{ww})}(\boldsymbol{s}^{(\mathrm{w})}) = \dfrac{\partial \boldsymbol{f}_{\mathrm{toa}}^{(\mathrm{ww})}(\boldsymbol{s}^{(\mathrm{w})})}{\partial (\boldsymbol{s}^{(\mathrm{w})})^{\mathrm{T}}} \in \mathbf{R}^{\tilde{L}\times 2L}$，该 Jacobian 矩阵的表达式见附录 D.1。$\begin{bmatrix}\Delta\boldsymbol{s}_{\mathrm{b}}^{(\mathrm{u})} \\ \Delta\boldsymbol{s}_{\mathrm{b}}^{(\mathrm{w})}\end{bmatrix}$ 表示误差向量，渐近服从零均值的高斯分布，协方差矩阵为 $\mathbf{MSE}\left(\begin{bmatrix}\hat{\boldsymbol{s}}_{\mathrm{b}}^{(\mathrm{u})} \\ \hat{\boldsymbol{s}}_{\mathrm{b}}^{(\mathrm{w})}\end{bmatrix}\right)$。显然，式（8.142）可被近似看成是关于随机变量 $\begin{bmatrix}\Delta\boldsymbol{s}_{\mathrm{b}}^{(\mathrm{u})} \\ \Delta\boldsymbol{s}_{\mathrm{b}}^{(\mathrm{w})}\end{bmatrix}$ 的线性观测模型，可以利用贝叶斯线性最小均方误差估计器对 $\begin{bmatrix}\Delta\boldsymbol{s}_{\mathrm{b}}^{(\mathrm{u})} \\ \Delta\boldsymbol{s}_{\mathrm{b}}^{(\mathrm{w})}\end{bmatrix}$ 进行估计。根据贝叶斯线性最小均方误差估计理论[53]可知，关于向量 $\begin{bmatrix}\Delta\boldsymbol{s}_{\mathrm{b}}^{(\mathrm{u})} \\ \Delta\boldsymbol{s}_{\mathrm{b}}^{(\mathrm{w})}\end{bmatrix}$ 的最小均方误差估计值为

$$\begin{bmatrix}\Delta\hat{\boldsymbol{s}}_{\mathrm{b}}^{(\mathrm{u})} \\ \Delta\hat{\boldsymbol{s}}_{\mathrm{b}}^{(\mathrm{w})}\end{bmatrix} = \left(\left(\mathbf{MSE}\left(\begin{bmatrix}\hat{\boldsymbol{s}}_{\mathrm{b}}^{(\mathrm{u})} \\ \hat{\boldsymbol{s}}_{\mathrm{b}}^{(\mathrm{w})}\end{bmatrix}\right)\right)^{-1} + \begin{bmatrix}\boldsymbol{O}_{2K\times 2K} & \boldsymbol{O}_{2K\times 2L} \\ \boldsymbol{O}_{2L\times 2K} & (\boldsymbol{F}_{\mathrm{toa}}^{(\mathrm{ww})}(\hat{\boldsymbol{s}}_{\mathrm{b}}^{(\mathrm{w})}))^{\mathrm{T}}(\boldsymbol{E}^{(\mathrm{ww})})^{-1}\boldsymbol{F}_{\mathrm{toa}}^{(\mathrm{ww})}(\hat{\boldsymbol{s}}_{\mathrm{b}}^{(\mathrm{w})})\end{bmatrix}\right)^{-1} \times \begin{bmatrix}\boldsymbol{O}_{2K\times\tilde{L}} \\ (\boldsymbol{F}_{\mathrm{toa}}^{(\mathrm{ww})}(\hat{\boldsymbol{s}}_{\mathrm{b}}^{(\mathrm{w})}))^{\mathrm{T}}(\boldsymbol{E}^{(\mathrm{ww})})^{-1}\end{bmatrix}(\boldsymbol{f}_{\mathrm{toa}}^{(\mathrm{ww})}(\hat{\boldsymbol{s}}_{\mathrm{b}}^{(\mathrm{w})}) - \hat{\boldsymbol{d}}^{(\mathrm{ww})}) \tag{8.143}$$

均方误差矩阵为

$$\mathbf{MSE}\left(\begin{bmatrix}\Delta\hat{\boldsymbol{s}}_{\mathrm{b}}^{(\mathrm{u})}\\ \Delta\hat{\boldsymbol{s}}_{\mathrm{b}}^{(\mathrm{w})}\end{bmatrix}\right)=E\left(\begin{bmatrix}\Delta\hat{\boldsymbol{s}}_{\mathrm{b}}^{(\mathrm{u})}-\Delta\boldsymbol{s}_{\mathrm{b}}^{(\mathrm{u})}\\ \Delta\hat{\boldsymbol{s}}_{\mathrm{b}}^{(\mathrm{w})}-\Delta\boldsymbol{s}_{\mathrm{b}}^{(\mathrm{w})}\end{bmatrix}\begin{bmatrix}\Delta\hat{\boldsymbol{s}}_{\mathrm{b}}^{(\mathrm{u})}-\Delta\boldsymbol{s}_{\mathrm{b}}^{(\mathrm{u})}\\ \Delta\hat{\boldsymbol{s}}_{\mathrm{b}}^{(\mathrm{w})}-\Delta\boldsymbol{s}_{\mathrm{b}}^{(\mathrm{w})}\end{bmatrix}^{\mathrm{T}}\right)$$
$$=\left(\left(\mathbf{MSE}\left(\begin{bmatrix}\hat{\boldsymbol{s}}_{\mathrm{b}}^{(\mathrm{u})}\\ \hat{\boldsymbol{s}}_{\mathrm{b}}^{(\mathrm{w})}\end{bmatrix}\right)\right)^{-1}+\begin{bmatrix}\boldsymbol{O}_{2K\times 2K} & \boldsymbol{O}_{2K\times 2L}\\ \boldsymbol{O}_{2L\times 2K} & (\boldsymbol{F}_{\mathrm{toa}}^{(\mathrm{ww})}(\boldsymbol{s}^{(\mathrm{w})}))^{\mathrm{T}}(\boldsymbol{E}^{(\mathrm{ww})})^{-1}\boldsymbol{F}_{\mathrm{toa}}^{(\mathrm{ww})}(\boldsymbol{s}^{(\mathrm{w})})\end{bmatrix}\right)^{-1} \tag{8.144}$$

利用估计值$\begin{bmatrix}\Delta\hat{\boldsymbol{s}}_{\mathrm{b}}^{(\mathrm{u})}\\ \Delta\hat{\boldsymbol{s}}_{\mathrm{b}}^{(\mathrm{w})}\end{bmatrix}$即可获得位置向量$\begin{bmatrix}\boldsymbol{s}^{(\mathrm{u})}\\ \boldsymbol{s}^{(\mathrm{w})}\end{bmatrix}$在阶段 2 的最终估计值，如下式所示①，即

$$\begin{bmatrix}\hat{\boldsymbol{s}}_{\mathrm{sta2}}^{(\mathrm{u})}\\ \hat{\boldsymbol{s}}_{\mathrm{sta2}}^{(\mathrm{w})}\end{bmatrix}=\begin{bmatrix}\hat{\boldsymbol{s}}_{\mathrm{b}}^{(\mathrm{u})}\\ \hat{\boldsymbol{s}}_{\mathrm{b}}^{(\mathrm{w})}\end{bmatrix}-\begin{bmatrix}\Delta\hat{\boldsymbol{s}}_{\mathrm{b}}^{(\mathrm{u})}\\ \Delta\hat{\boldsymbol{s}}_{\mathrm{b}}^{(\mathrm{w})}\end{bmatrix}$$
$$=\begin{bmatrix}\hat{\boldsymbol{s}}_{\mathrm{b}}^{(\mathrm{u})}\\ \hat{\boldsymbol{s}}_{\mathrm{b}}^{(\mathrm{w})}\end{bmatrix}-\left(\left(\mathbf{MSE}\left(\begin{bmatrix}\hat{\boldsymbol{s}}_{\mathrm{b}}^{(\mathrm{u})}\\ \hat{\boldsymbol{s}}_{\mathrm{b}}^{(\mathrm{w})}\end{bmatrix}\right)\right)^{-1}+\begin{bmatrix}\boldsymbol{O}_{2K\times 2K} & \boldsymbol{O}_{2K\times 2L}\\ \boldsymbol{O}_{2L\times 2K} & (\boldsymbol{F}_{\mathrm{toa}}^{(\mathrm{ww})}(\hat{\boldsymbol{s}}_{\mathrm{b}}^{(\mathrm{w})}))^{\mathrm{T}}(\boldsymbol{E}^{(\mathrm{ww})})^{-1}\boldsymbol{F}_{\mathrm{toa}}^{(\mathrm{ww})}(\hat{\boldsymbol{s}}_{\mathrm{b}}^{(\mathrm{w})})\end{bmatrix}\right)^{-1}\times$$
$$\begin{bmatrix}\boldsymbol{O}_{2K\times\tilde{L}}\\ (\boldsymbol{F}_{\mathrm{toa}}^{(\mathrm{ww})}(\hat{\boldsymbol{s}}_{\mathrm{b}}^{(\mathrm{w})}))^{\mathrm{T}}(\boldsymbol{E}^{(\mathrm{ww})})^{-1}\end{bmatrix}(\boldsymbol{f}_{\mathrm{toa}}^{(\mathrm{ww})}(\hat{\boldsymbol{s}}_{\mathrm{b}}^{(\mathrm{w})})-\hat{\boldsymbol{d}}^{(\mathrm{ww})}) \tag{8.145}$$

估计误差为

$$\begin{aligned}\begin{bmatrix}\Delta\boldsymbol{s}_{\mathrm{sta2}}^{(\mathrm{u})}\\ \Delta\boldsymbol{s}_{\mathrm{sta2}}^{(\mathrm{w})}\end{bmatrix}&=\begin{bmatrix}\hat{\boldsymbol{s}}_{\mathrm{sta2}}^{(\mathrm{u})}\\ \hat{\boldsymbol{s}}_{\mathrm{sta2}}^{(\mathrm{w})}\end{bmatrix}-\begin{bmatrix}\boldsymbol{s}^{(\mathrm{u})}\\ \boldsymbol{s}^{(\mathrm{w})}\end{bmatrix}\\ &=\begin{bmatrix}\hat{\boldsymbol{s}}_{\mathrm{b}}^{(\mathrm{u})}\\ \hat{\boldsymbol{s}}_{\mathrm{b}}^{(\mathrm{w})}\end{bmatrix}-\begin{bmatrix}\boldsymbol{s}^{(\mathrm{u})}\\ \boldsymbol{s}^{(\mathrm{w})}\end{bmatrix}-\begin{bmatrix}\Delta\hat{\boldsymbol{s}}_{\mathrm{b}}^{(\mathrm{u})}\\ \Delta\hat{\boldsymbol{s}}_{\mathrm{b}}^{(\mathrm{w})}\end{bmatrix}=\begin{bmatrix}\Delta\boldsymbol{s}_{\mathrm{b}}^{(\mathrm{u})}-\Delta\hat{\boldsymbol{s}}_{\mathrm{b}}^{(\mathrm{u})}\\ \Delta\boldsymbol{s}_{\mathrm{b}}^{(\mathrm{w})}-\Delta\hat{\boldsymbol{s}}_{\mathrm{b}}^{(\mathrm{w})}\end{bmatrix}\end{aligned} \tag{8.146}$$

结合式（8.144）和式（8.146）可知，估计值$\begin{bmatrix}\hat{\boldsymbol{s}}_{\mathrm{sta2}}^{(\mathrm{u})}\\ \hat{\boldsymbol{s}}_{\mathrm{sta2}}^{(\mathrm{w})}\end{bmatrix}$的均方误差矩阵为

① 下标 sta2 表示阶段 2（stage 2）。

$$\begin{aligned}\mathbf{MSE}\left(\begin{bmatrix}\hat{\boldsymbol{s}}_{\text{sta2}}^{(\text{u})}\\ \hat{\boldsymbol{s}}_{\text{sta2}}^{(\text{w})}\end{bmatrix}\right)&=E\left(\begin{bmatrix}\hat{\boldsymbol{s}}_{\text{sta2}}^{(\text{u})}-\boldsymbol{s}^{(\text{u})}\\ \hat{\boldsymbol{s}}_{\text{sta2}}^{(\text{w})}-\boldsymbol{s}^{(\text{w})}\end{bmatrix}\begin{bmatrix}\hat{\boldsymbol{s}}_{\text{sta2}}^{(\text{u})}-\boldsymbol{s}^{(\text{u})}\\ \hat{\boldsymbol{s}}_{\text{sta2}}^{(\text{w})}-\boldsymbol{s}^{(\text{w})}\end{bmatrix}^{\text{T}}\right)\\&=E\left(\begin{bmatrix}\Delta\boldsymbol{s}_{\text{sta2}}^{(\text{u})}\\ \Delta\boldsymbol{s}_{\text{sta2}}^{(\text{w})}\end{bmatrix}\begin{bmatrix}\Delta\boldsymbol{s}_{\text{sta2}}^{(\text{u})}\\ \Delta\boldsymbol{s}_{\text{sta2}}^{(\text{w})}\end{bmatrix}^{\text{T}}\right)=\mathbf{MSE}\left(\begin{bmatrix}\Delta\hat{\boldsymbol{s}}_{\text{b}}^{(\text{u})}\\ \Delta\hat{\boldsymbol{s}}_{\text{b}}^{(\text{w})}\end{bmatrix}\right)\\&=\left(\left(\mathbf{MSE}\left(\begin{bmatrix}\hat{\boldsymbol{s}}_{\text{b}}^{(\text{u})}\\ \hat{\boldsymbol{s}}_{\text{b}}^{(\text{w})}\end{bmatrix}\right)\right)^{-1}+\begin{bmatrix}\boldsymbol{O}_{2K\times 2K} & \boldsymbol{O}_{2K\times 2L}\\ \boldsymbol{O}_{2L\times 2K} & (\boldsymbol{F}_{\text{toa}}^{(\text{ww})}(\boldsymbol{s}^{(\text{w})}))^{\text{T}}(\boldsymbol{E}^{(\text{ww})})^{-1}\boldsymbol{F}_{\text{toa}}^{(\text{ww})}(\boldsymbol{s}^{(\text{w})})\end{bmatrix}\right)^{-1}\end{aligned}\tag{8.147}$$

将式（8.117）代入式（8.147）可得[①]

$$\mathbf{MSE}\left(\begin{bmatrix}\hat{\boldsymbol{s}}_{\text{sta2}}^{(\text{u})}\\ \hat{\boldsymbol{s}}_{\text{sta2}}^{(\text{w})}\end{bmatrix}\right)=\left[\begin{array}{c:c}\begin{matrix}(\boldsymbol{F}_{\text{toa}}^{(\text{au})}(\boldsymbol{s}^{(\text{u})}))^{\text{T}}(\boldsymbol{E}^{(\text{au})})^{-1}\boldsymbol{F}_{\text{toa}}^{(\text{au})}(\boldsymbol{s}^{(\text{u})})+\\(\boldsymbol{F}_{\text{toa}}^{(\text{uu})}(\boldsymbol{s}^{(\text{u})}))^{\text{T}}(\boldsymbol{E}^{(\text{uu})})^{-1}\boldsymbol{F}_{\text{toa}}^{(\text{uu})}(\boldsymbol{s}^{(\text{u})})+\\(\tilde{\boldsymbol{F}}_{\text{toa}}^{(\text{uw})}(\boldsymbol{s}^{(\text{u})},\boldsymbol{s}^{(\text{w})}))^{\text{T}}(\boldsymbol{E}^{(\text{uw})})^{-1}\tilde{\boldsymbol{F}}_{\text{toa}}^{(\text{uw})}(\boldsymbol{s}^{(\text{u})},\boldsymbol{s}^{(\text{w})})\end{matrix} & \begin{matrix}(\tilde{\boldsymbol{F}}_{\text{toa}}^{(\text{uw})}(\boldsymbol{s}^{(\text{u})},\boldsymbol{s}^{(\text{w})}))^{\text{T}}\times\\(\boldsymbol{E}^{(\text{uw})})^{-1}\bar{\boldsymbol{F}}_{\text{toa}}^{(\text{uw})}(\boldsymbol{s}^{(\text{u})},\boldsymbol{s}^{(\text{w})})\end{matrix}\\ \hdashline (\bar{\boldsymbol{F}}_{\text{toa}}^{(\text{uw})}(\boldsymbol{s}^{(\text{u})},\boldsymbol{s}^{(\text{w})}))^{\text{T}}(\boldsymbol{E}^{(\text{uw})})^{-1}\tilde{\boldsymbol{F}}_{\text{toa}}^{(\text{uw})}(\boldsymbol{s}^{(\text{u})},\boldsymbol{s}^{(\text{w})}) & \begin{matrix}(\bar{\boldsymbol{F}}_{\text{toa}}^{(\text{uw})}(\boldsymbol{s}^{(\text{u})},\boldsymbol{s}^{(\text{w})}))^{\text{T}}\times\\(\boldsymbol{E}^{(\text{uw})})^{-1}\bar{\boldsymbol{F}}_{\text{toa}}^{(\text{uw})}(\boldsymbol{s}^{(\text{u})},\boldsymbol{s}^{(\text{w})})+\\(\boldsymbol{F}_{\text{toa}}^{(\text{ww})}(\boldsymbol{s}^{(\text{w})}))^{\text{T}}(\boldsymbol{E}^{(\text{ww})})^{-1}\boldsymbol{F}_{\text{toa}}^{(\text{ww})}(\boldsymbol{s}^{(\text{w})})\end{matrix}\end{array}\right]^{-1}\tag{8.148}$$

【注记 8.18】式（8.148）表明，当利用距离观测向量 $\hat{\boldsymbol{d}}^{(\text{au})}$、$\hat{\boldsymbol{d}}^{(\text{uu})}$、$\hat{\boldsymbol{d}}^{(\text{uw})}$ 及 $\hat{\boldsymbol{d}}^{(\text{ww})}$ 对位置向量 $\boldsymbol{s}^{(\text{u})}$ 和 $\boldsymbol{s}^{(\text{w})}$ 进行联合估计时，阶段 2 给出的估计值 $\begin{bmatrix}\hat{\boldsymbol{s}}_{\text{sta2}}^{(\text{u})}\\ \hat{\boldsymbol{s}}_{\text{sta2}}^{(\text{w})}\end{bmatrix}$ 的均方误差可以达到相应的 CRB。

图 8.3 给出了本章定位方法阶段 2 的流程图。

① 式（8.148）中等号右侧表示利用距离观测向量 $\hat{\boldsymbol{d}}^{(\text{au})}$、$\hat{\boldsymbol{d}}^{(\text{uu})}$、$\hat{\boldsymbol{d}}^{(\text{uw})}$ 及 $\hat{\boldsymbol{d}}^{(\text{ww})}$ 对位置向量 $\boldsymbol{s}^{(\text{u})}$ 和 $\boldsymbol{s}^{(\text{w})}$ 进行联合估计时的 CRB（证明见附录 D.3）。

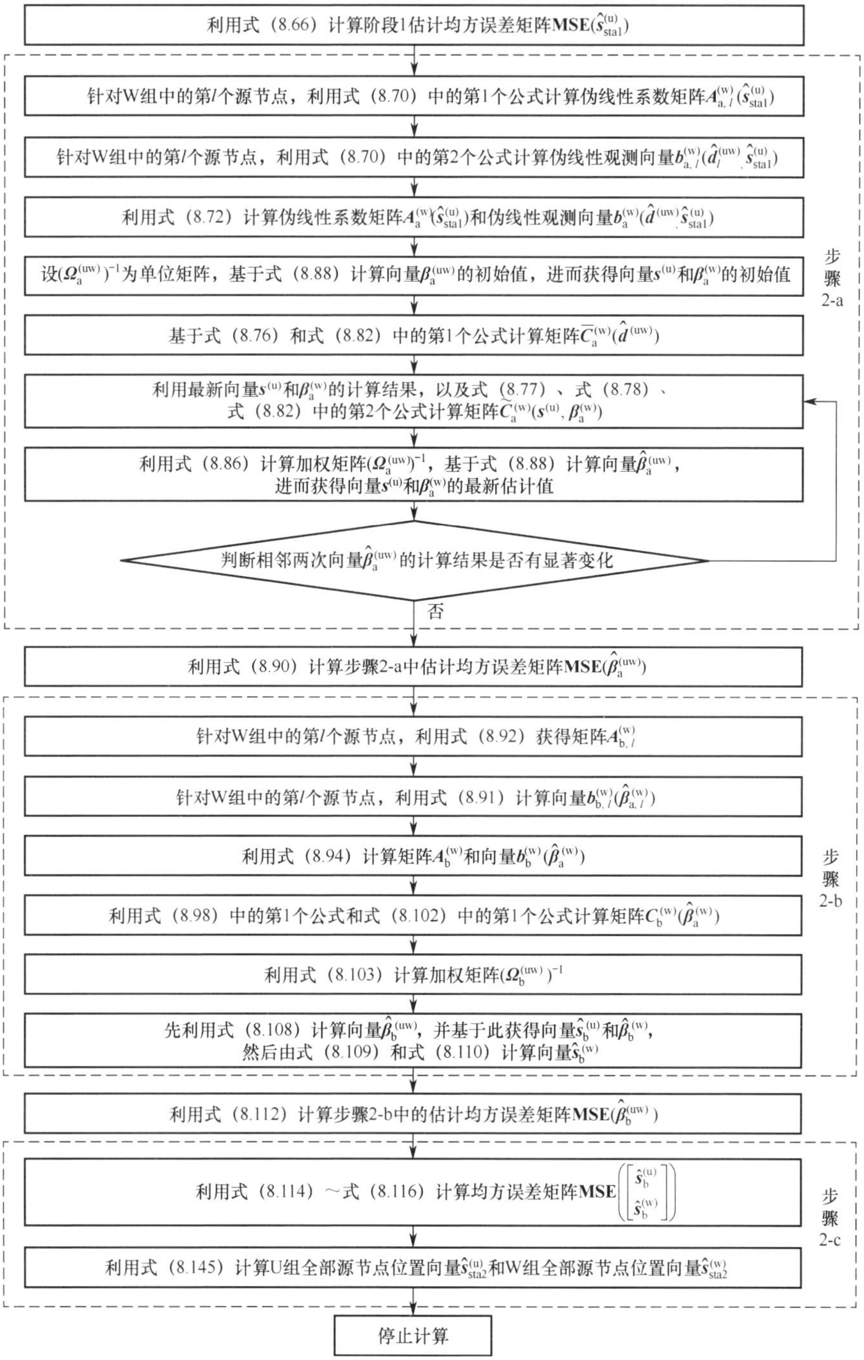

图 8.3　本章定位方法阶段 2 的流程图

将图 8.2 和图 8.3 合并就形成了本章定位方法的完整流程图。

8.3 数值实验

假设无线传感网系统含有 5 个锚节点和 8 个源节点。其中，U 组和 W 组各包含 4 个源节点，锚节点和源节点的空间位置分布示意图如图 8.4 所示。表 8.1 给出了锚节点与 U 组源节点之间的连接关系；表 8.2 给出了 U 组源节点内部之间的连接关系；表 8.3 给出了 W 组源节点与 U 组源节点之间的连接关系；表 8.4 给出了 W 组源节点内部之间的连接关系。由表 8.1～表 8.4 给出的连接关系可知，$\tilde{M}_K=15$，$\tilde{K}=4$，$\tilde{K}_L=14$，$\tilde{L}=4$。此外，观测误差向量 $\boldsymbol{\varepsilon}^{(\mathrm{au})}$ 服从均值为零、协方差矩阵为 $\boldsymbol{E}^{(\mathrm{au})}=\sigma^2\boldsymbol{I}_{15}$ 的高斯分布；观测误差向量 $\boldsymbol{\varepsilon}^{(\mathrm{uu})}$ 服从均值为零、协方差矩阵为 $\boldsymbol{E}^{(\mathrm{uu})}=\sigma^2\boldsymbol{I}_4$ 的高斯分布；观测误差向量 $\boldsymbol{\varepsilon}^{(\mathrm{uw})}$ 服从均值为零、协方差矩阵为 $\boldsymbol{E}^{(\mathrm{uw})}=\sigma^2\boldsymbol{I}_{14}$ 的高斯分布；观测误差向量 $\boldsymbol{\varepsilon}^{(\mathrm{ww})}$ 服从均值为零、协方差矩阵为 $\boldsymbol{E}^{(\mathrm{ww})}=\sigma^2\boldsymbol{I}_4$ 的高斯分布。此外，观测误差向量 $\boldsymbol{\varepsilon}^{(\mathrm{au})}$、$\boldsymbol{\varepsilon}^{(\mathrm{uu})}$、$\boldsymbol{\varepsilon}^{(\mathrm{uw})}$ 及 $\boldsymbol{\varepsilon}^{(\mathrm{ww})}$ 之间互相统计独立。

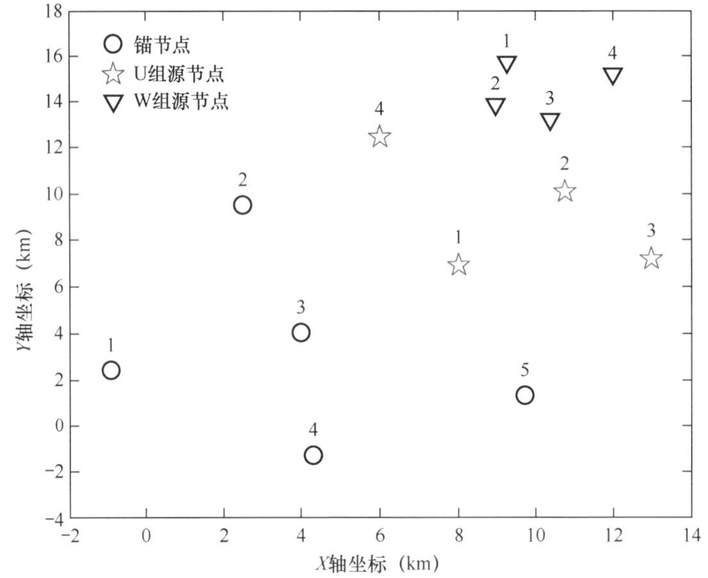

图 8.4 锚节点和源节点的空间位置分布示意图

表 8.1　锚节点与 U 组源节点之间的连接关系

U 组源节点序号	建立连接的锚节点序号
1	1、2、3、4、5
2	2、3、4、5
3	3、4、5
4	1、2、3

表 8.2　U 组源节点内部之间的连接关系

U 组源节点序号	建立连接的 U 组源节点序号
1	2、3、4
2	1、3
3	1、2
4	1

表 8.3　W 组源节点与 U 组源节点之间的连接关系

W 组源节点序号	建立连接的 U 组源节点序号
1	1、2、4
2	1、2、3、4
3	1、2、3、4
4	1、2、3

表 8.4　W 组源节点内部之间的连接关系

W 组源节点序号	建立连接的 W 组源节点序号
1	2、3
2	1、3
3	1、2、4
4	3

首先，将标准差 σ 设为 0.05km。图 8.5 给出了本章定位方法的最终定位结果散布图与定位误差椭圆曲线。

然后，改变标准差 σ 的数值，将步骤 1-b 和步骤 1-c 给出的定位结果进行比较，用于验证是否可以通过利用距离观测向量 $\hat{\boldsymbol{d}}^{(\mathrm{uu})}$ 进行协同定位来有效提升对 U 组源节点的定位精度。图 8.6 给出了 U 组全部源节点位置估计均方根误差随着标准差 σ 的变化曲线；图 8.7 给出了 U 组源节点 1 位置估计均方根误差随着标准差 σ 的变化曲线；图 8.8 给出了 U 组源节点 4 位置估计均方根误差随着标准差 σ 的变化曲线；图 8.9 给出了 U 组源节点 1 定位成功概率随着标准差 σ

的变化曲线；图 8.10 给出了 U 组源节点 4 定位成功概率随着标准差 σ 的变化曲线。注意：图 8.9 和图 8.10 中的理论值由式（3.25）和式（3.32）计算所得，其中 $\delta = 0.08\,\text{km}$。

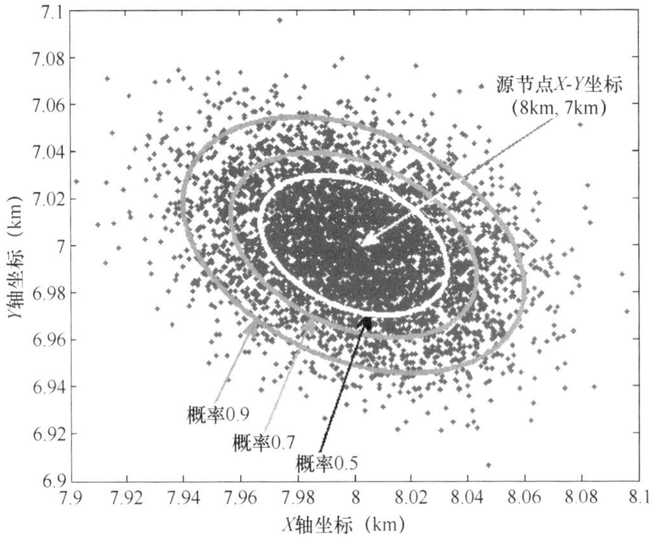

(a) U组源节点1

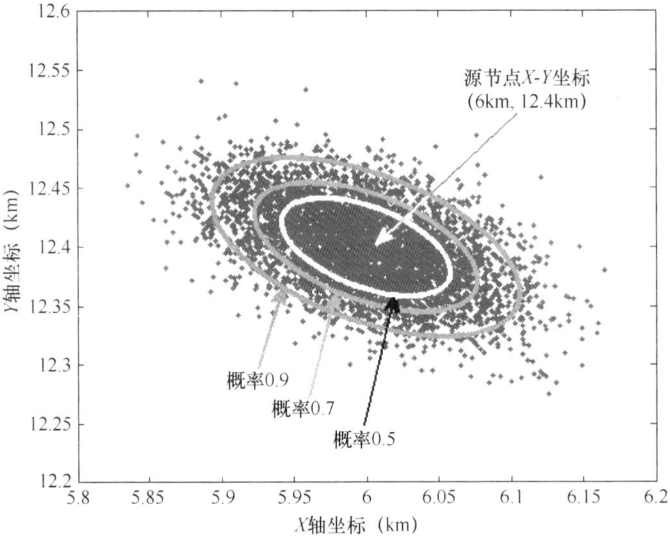

(b) U组源节点4

图 8.5　本章定位方法的最终定位结果散布图与定位误差椭圆曲线

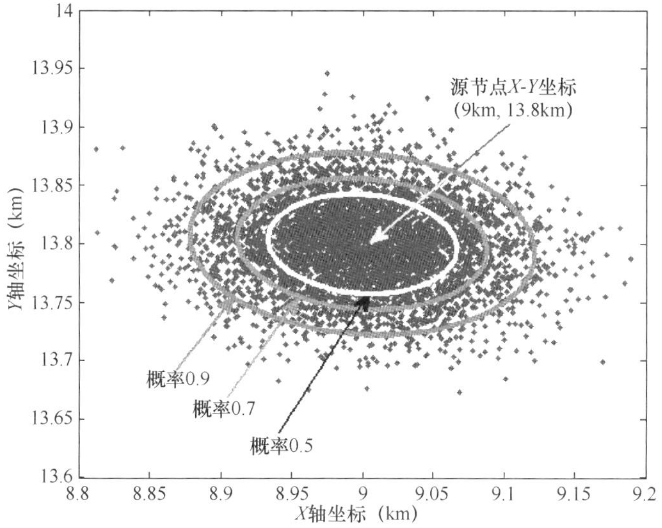

（c）W组源节点2

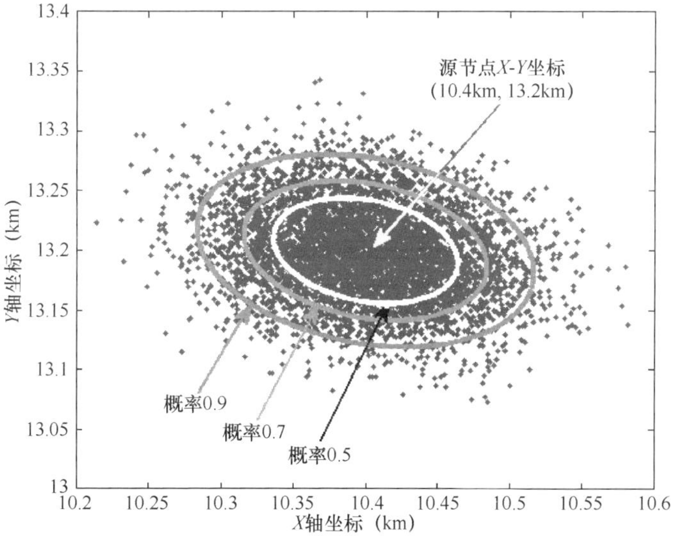

（d）W组源节点3

图 8.5　本章定位方法的最终定位结果散布图与定位误差椭圆曲线（续）

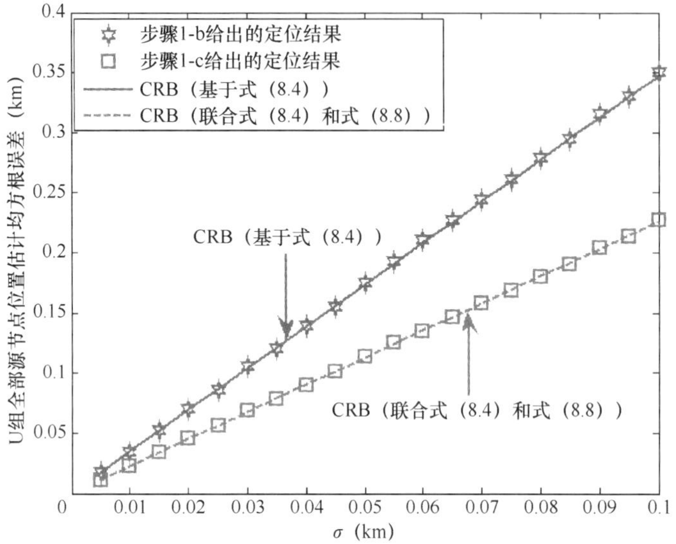

图 8.6　U 组全部源节点位置估计均方根误差随着标准差 σ 的变化曲线

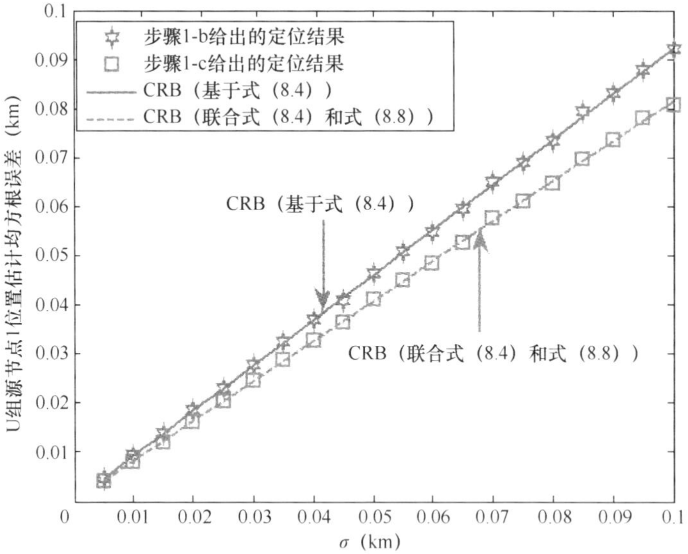

图 8.7　U 组源节点 1 位置估计均方根误差随着标准差 σ 的变化曲线

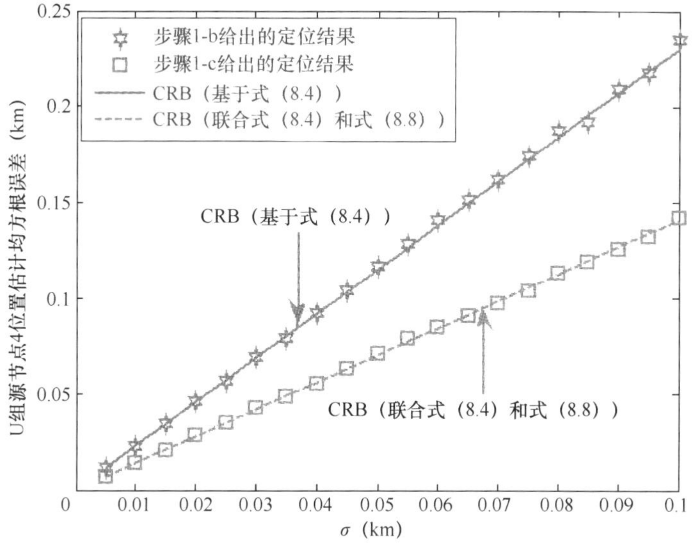

图 8.8 U 组源节点 4 位置估计均方根误差随着标准差 σ 的变化曲线

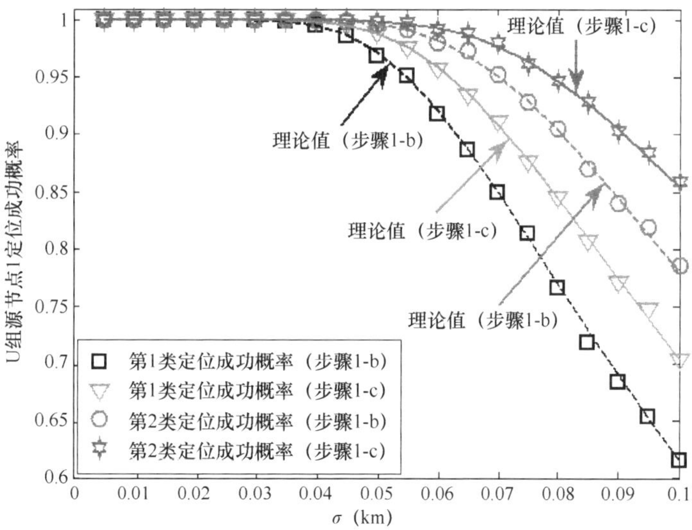

图 8.9 U 组源节点 1 定位成功概率随着标准差 σ 的变化曲线

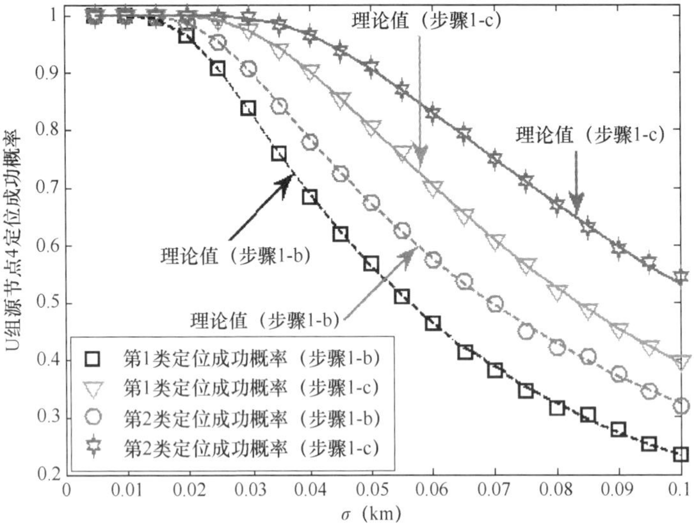

图 8.10　U 组源节点 4 定位成功概率随着标准差 σ 的变化曲线

由图 8.6～图 8.10 可知：

（1）步骤 1-b 的位置估计均方根误差可以达到由式（8.4）确定的 CRB（见图 8.6～图 8.8），步骤 1-c 的位置估计均方根误差可以达到由式（8.4）和式（8.8）联合确定的 CRB（见图 8.6～图 8.8），验证了 8.2.1 节理论性能分析的有效性。

（2）步骤 1-c 对 U 组源节点的定位精度明显高于步骤 1-b 对 U 组源节点的定位精度，验证了利用距离观测向量 $\hat{\boldsymbol{d}}^{(\mathrm{uu})}$ 进行协同定位可以有效提升对 U 组源节点的定位精度。

（3）两类定位成功概率的理论值和仿真值互相吻合，在相同条件下，第 2 类定位成功概率高于第 1 类定位成功概率（见图 8.9 和图 8.10），验证了 3.2 节理论性能分析的有效性。

最后，改变标准差 σ 的数值，将步骤 1-c、步骤 2-b 及步骤 2-c 给出的定位结果进行比较，用于验证：

（1）通过利用距离观测向量 $\hat{\boldsymbol{d}}^{(\mathrm{uw})}$ 进行协同定位可以有效提升对 U 组源节点

点的定位精度。

（2）通过利用距离观测向量 $\hat{\boldsymbol{d}}^{(\mathrm{ww})}$ 进行协同定位可以有效提升对 W 组源节点的定位精度。

图 8.11 给出了 U 组全部源节点位置估计均方根误差随着标准差 σ 的变化曲线；图 8.12 给出了 U 组源节点 1 位置估计均方根误差随着标准差 σ 的变化曲线；图 8.13 给出了 U 组源节点 4 位置估计均方根误差随着标准差 σ 的变化曲线；图 8.14 给出了 W 组全部源节点位置估计均方根误差随着标准差 σ 的变化曲线；图 8.15 给出了 W 组源节点 2 位置估计均方根误差随着标准差 σ 的变化曲线；图 8.16 给出了 W 组源节点 3 位置估计均方根误差随着标准差 σ 的变化曲线；图 8.17 给出了 U 组源节点 1 定位成功概率随着标准差 σ 的变化曲线；图 8.18 给出了 U 组源节点 4 定位成功概率随着标准差 σ 的变化曲线；图 8.19 给出了 W 组源节点 2 定位成功概率随着标准差 σ 的变化曲线；图 8.20 给出了 W 组源节点 3 定位成功概率随着标准差 σ 的变化曲线。注意：图 8.17～图 8.20 中的理论值由式（3.25）和式（3.32）计算所得，其中 $\delta = 0.08\,\mathrm{km}$。

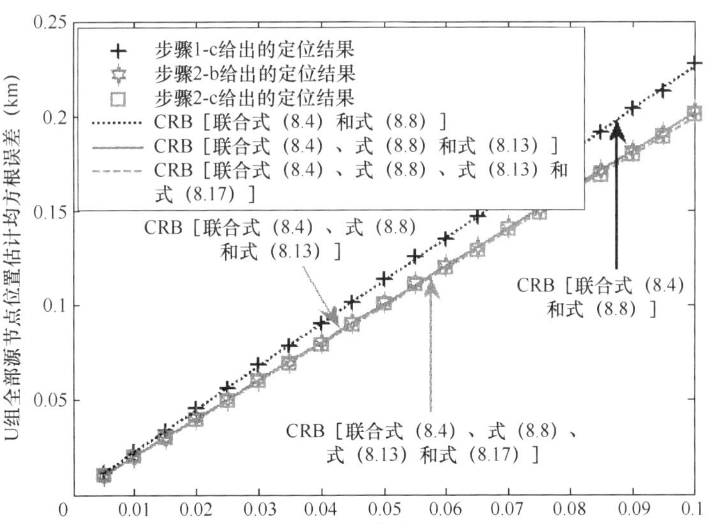

图 8.11　U 组全部源节点位置估计均方根误差随着标准差 σ 的变化曲线

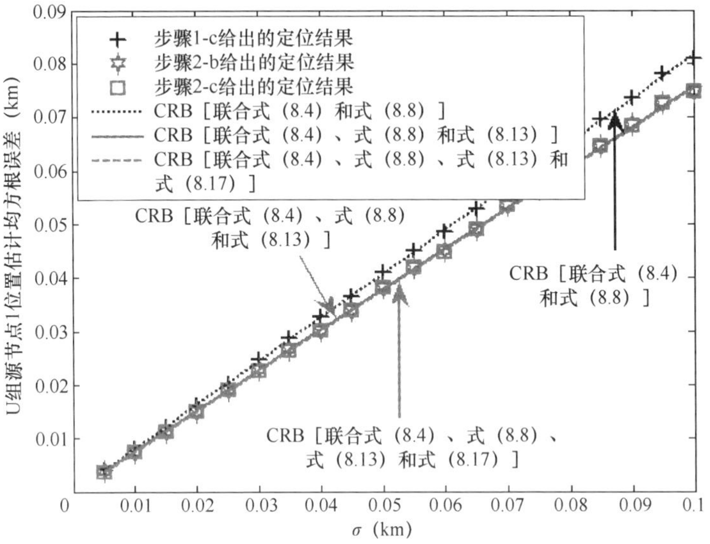

图 8.12　U 组源节点 1 位置估计均方根误差随着标准差 σ 的变化曲线

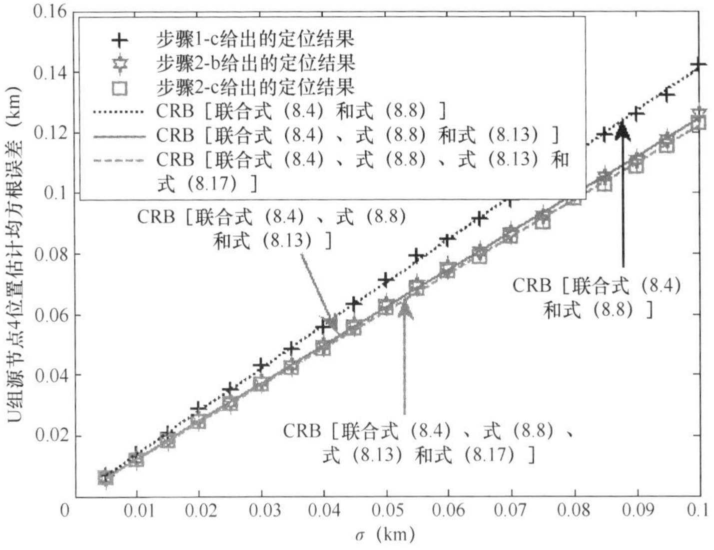

图 8.13　U 组源节点 4 位置估计均方根误差随着标准差 σ 的变化曲线

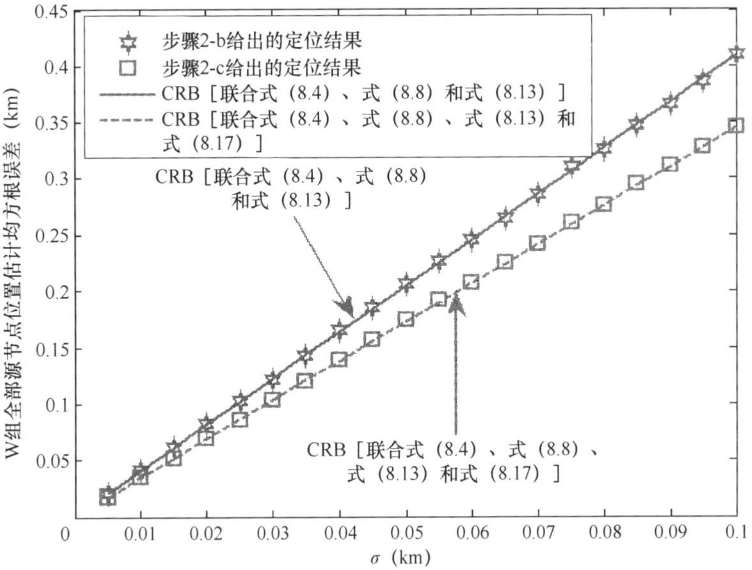

图8.14 W组全部源节点位置估计均方根误差随着标准差σ的变化曲线

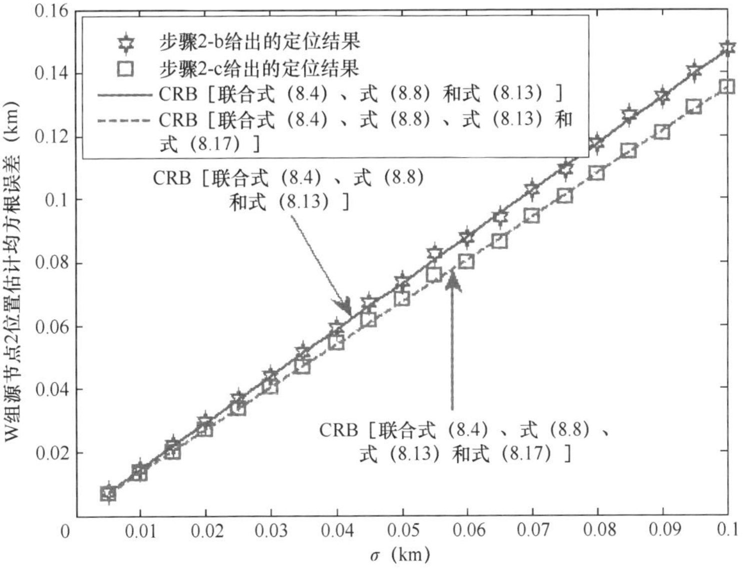

图8.15 W组源节点2位置估计均方根误差随着标准差σ的变化曲线

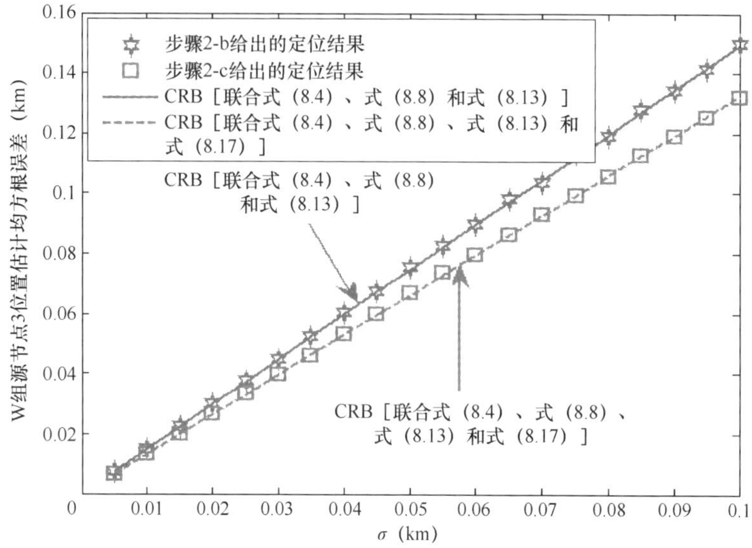

图 8.16　W 组源节点 3 位置估计均方根误差随着标准差 σ 的变化曲线

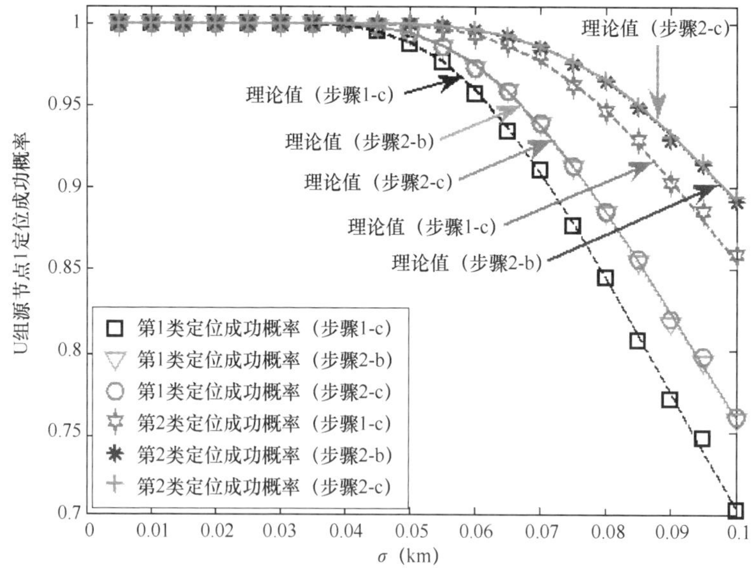

图 8.17　U 组源节点 1 定位成功概率随着标准差 σ 的变化曲线

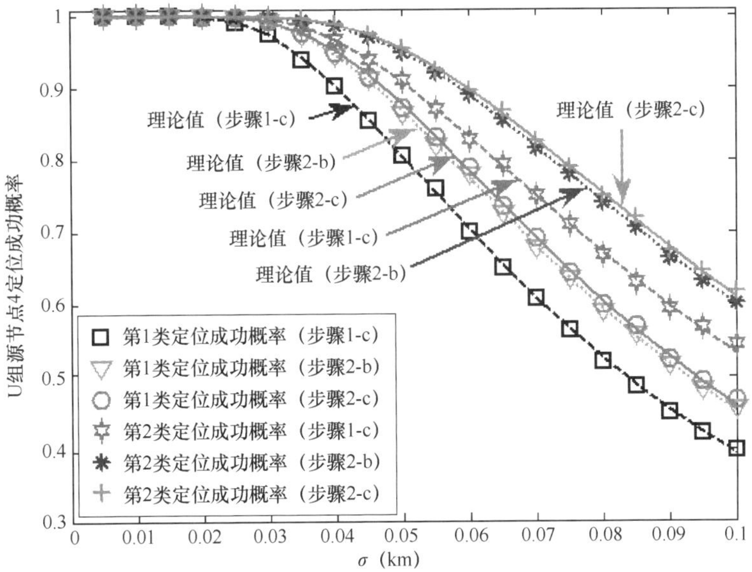

图 8.18　U 组源节点 4 定位成功概率随着标准差 σ 的变化曲线

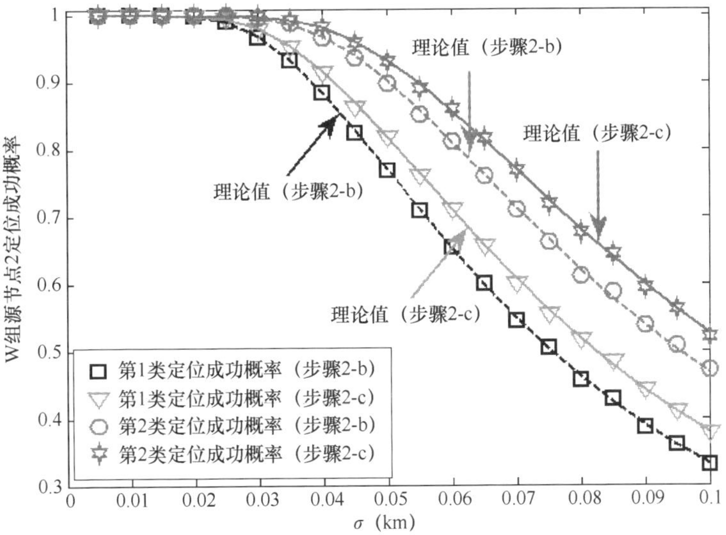

图 8.19　W 组源节点 2 定位成功概率随着标准差 σ 的变化曲线

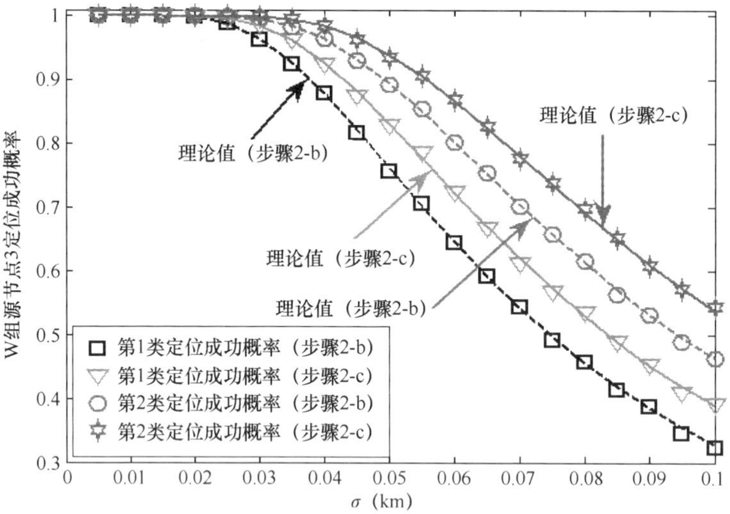

图 8.20　W 组源节点 3 定位成功概率随着标准差 σ 的变化曲线

由图 8.11～图 8.20 可知：

（1）步骤 2-b 的位置估计均方根误差可以达到由式（8.4）、式（8.8）及式（8.13）联合确定的 CRB（见图 8.11～图 8.16），步骤 2-c 的位置估计均方根误差可以达到由式（8.4）、式（8.8）、式（8.13）及式（8.17）联合确定的 CRB（见图 8.11～图 8.16），验证了 8.2.2 节理论性能分析的有效性。

（2）步骤 2-b 对 U 组源节点的定位精度高于步骤 1-c 对 U 组源节点的定位精度，验证了利用距离观测向量 $\hat{\boldsymbol{d}}^{(\mathrm{uw})}$ 进行协同定位可以有效提升对 U 组源节点的定位精度，步骤 2-c 对 W 组源节点的定位精度高于步骤 2-b 对 W 组源节点的定位精度，验证了利用距离观测向量 $\hat{\boldsymbol{d}}^{(\mathrm{ww})}$ 进行协同定位可以有效提升对 W 组源节点的定位精度。

（3）两类定位成功概率的理论值和仿真值互相吻合，且在相同条件下，第 2 类定位成功概率高于第 1 类定位成功概率（见图 8.17～图 8.20），验证了 3.2 节理论性能分析的有效性。

第 9 章 基于 TOA 观测量的闭式定位方法：分布式 MIMO 雷达定位方法

众所周知，MIMO 雷达系统是利用多个发射单元（或称发射天线）发送定制的波形信号，采用多个接收单元（或称接收天线）对回波信号进行联合处理。依据雷达阵元的布阵方式，MIMO 雷达系统可分为集中式 MIMO 雷达系统和分布式 MIMO 雷达系统。其中，分布式 MIMO 雷达系统应用了 MIMO 雷达系统多个收发通道不相关的特点，能够从不同的角度照射目标，可实现空间分集增益，取得了广泛的应用。

本章考虑分布式 MIMO 雷达系统的定位场景，TOA 观测量是该场景中频繁使用的定位参数。与前面各章讨论的辐射源定位场景有所不同。这里的 TOA 观测量对应于信号从发射单元经目标反射后到达接收单元的传播距离之和①。本章给出了一种两步线性加权最小二乘定位方法，与 7.3 节中的两步线性加权最小二乘定位方法有所不同。这里需要构造“归零”矩阵，以获得定位问题的闭式解。此外，本章还利用一阶误差分析方法证明该方法的性能可以渐近逼近相应的 CRB。数值实验验证了本章定位方法的渐近统计最优性。

9.1 TOA 观测模型与问题描述

考虑某个分布式 MIMO 雷达系统，其中有 N 个发射单元和 M 个接收单元分布在三维空间。假设第 n 个发射单元的位置向量为 $\boldsymbol{w}_n$ $(1\leqslant n\leqslant N)$，并精确已知，第 m 个接收单元的位置向量为 $\boldsymbol{s}_m$ $(1\leqslant m\leqslant M)$，也精确已知，目标的位置向量为 $\boldsymbol{u}$。发射单元的信号经过目标反射后到达接收单元，因此接收端获得

① 也称为双基地距离。

的 TOA 观测量由两部分构成：第 1 部分是指信号从发射单元到达目标的时延；第 2 部分是指信号从目标反射后到达接收单元的时延。因此，在信号传播速度已知的情况下，TOA 信息可以等价为距离和信息。为了方便起见，本章直接利用距离和观测量进行建模和分析。

第 n 个发射单元和第 m 个接收单元之间的距离和可以表示为

$$r_{nm} = d_n^{(\mathrm{w})} + d_m^{(\mathrm{s})} = \| \boldsymbol{u} - \boldsymbol{w}_n \|_2 + \| \boldsymbol{u} - \boldsymbol{s}_m \|_2 \quad (1 \leqslant n \leqslant N; 1 \leqslant m \leqslant M) \tag{9.1}$$

式中，$d_n^{(\mathrm{w})} = \| \boldsymbol{u} - \boldsymbol{w}_n \|_2$，表示目标与第 n 个发射单元之间的距离；$d_m^{(\mathrm{s})} = \| \boldsymbol{u} - \boldsymbol{s}_m \|_2$，表示目标与第 m 个接收单元之间的距离。实际获得的距离和观测量是含有误差的，可以表示为

$$\hat{r}_{nm} = r_{nm} + \varepsilon_{nm}^{(\mathrm{t})} \quad (1 \leqslant n \leqslant N; 1 \leqslant m \leqslant M) \tag{9.2}$$

式中，$\varepsilon_{nm}^{(\mathrm{t})}$ 表示距离和观测误差。将式（9.2）写成向量形式可得

$$\hat{\boldsymbol{r}} = \boldsymbol{r} + \boldsymbol{\varepsilon}^{(\mathrm{t})} = \boldsymbol{f}_{\mathrm{toa}}(\boldsymbol{u}) + \boldsymbol{\varepsilon}^{(\mathrm{t})} \tag{9.3}$$

$$\begin{cases} \hat{\boldsymbol{r}} = [\hat{\boldsymbol{r}}_1^{\mathrm{T}} \;\; \hat{\boldsymbol{r}}_2^{\mathrm{T}} \;\; \cdots \;\; \hat{\boldsymbol{r}}_M^{\mathrm{T}}]^{\mathrm{T}} \\ \boldsymbol{r} = \boldsymbol{f}_{\mathrm{toa}}(\boldsymbol{u}) = [\boldsymbol{r}_1^{\mathrm{T}} \;\; \boldsymbol{r}_2^{\mathrm{T}} \;\; \cdots \;\; \boldsymbol{r}_M^{\mathrm{T}}]^{\mathrm{T}} \\ \boldsymbol{\varepsilon}^{(\mathrm{t})} = [(\boldsymbol{\varepsilon}_1^{(\mathrm{t})})^{\mathrm{T}} \;\; (\boldsymbol{\varepsilon}_2^{(\mathrm{t})})^{\mathrm{T}} \;\; \cdots \;\; (\boldsymbol{\varepsilon}_M^{(\mathrm{t})})^{\mathrm{T}}]^{\mathrm{T}} \end{cases} \tag{9.4}$$

式中，

$$\begin{cases} \hat{\boldsymbol{r}}_m = [\hat{r}_{1m} \;\; \hat{r}_{2m} \;\; \cdots \;\; \hat{r}_{Nm}]^{\mathrm{T}} \\ \boldsymbol{r}_m = [r_{1m} \;\; r_{2m} \;\; \cdots \;\; r_{Nm}]^{\mathrm{T}} \\ \boldsymbol{\varepsilon}_m^{(\mathrm{t})} = [\varepsilon_{1m} \;\; \varepsilon_{2m} \;\; \cdots \;\; \varepsilon_{Nm}]^{\mathrm{T}} \quad (1 \leqslant m \leqslant M) \end{cases} \tag{9.5}$$

假设观测误差向量 $\boldsymbol{\varepsilon}^{(\mathrm{t})}$ 服从零均值的高斯分布，协方差矩阵为 $\boldsymbol{E}^{(\mathrm{t})} = E[\boldsymbol{\varepsilon}^{(\mathrm{t})}(\boldsymbol{\varepsilon}^{(\mathrm{t})})^{\mathrm{T}}]$。本章将 $\hat{\boldsymbol{r}}$ 称为含有误差的距离和观测向量，将 $\boldsymbol{r}$ 称为无误差的距离和观测向量。

下面的问题在于：如何利用距离和观测向量 $\hat{\boldsymbol{r}}$，尽可能准确估计目标位置向量 $\boldsymbol{u}$。本章采用的定位方法是两步线性加权最小二乘定位方法。该方法能够给出目标位置向量的闭式解。需要指出的是，这里的定位方法与 7.3 节中的两

步线性加权最小二乘定位方法的原理不尽相同。

9.2　伪线性观测方程

由于式（9.3）中的 $\boldsymbol{f}_{\text{toa}}(\boldsymbol{u})$ 是关于向量 $\boldsymbol{u}$ 的非线性函数，因此为了获得闭式解，需要先推导伪线性观测方程。由式（9.1）可得

$$
\begin{aligned}
& r_{nm} = \|\boldsymbol{u}-\boldsymbol{w}_n\|_2 + \|\boldsymbol{u}-\boldsymbol{s}_m\|_2 \Rightarrow (r_{nm} - \|\boldsymbol{u}-\boldsymbol{s}_m\|_2)^2 = \|\boldsymbol{u}-\boldsymbol{w}_n\|_2^2 \\
& \Rightarrow 2(\boldsymbol{s}_m-\boldsymbol{w}_n)^{\mathrm{T}}\boldsymbol{u} + 2r_{nm}\|\boldsymbol{u}-\boldsymbol{s}_m\|_2 = r_{nm}^2 + \|\boldsymbol{s}_m\|_2^2 - \|\boldsymbol{w}_n\|_2^2 \\
& \Rightarrow 2(\boldsymbol{s}_m-\boldsymbol{w}_n)^{\mathrm{T}}\boldsymbol{u} + 2r_{nm}d_m^{(\mathrm{s})} = r_{nm}^2 + \|\boldsymbol{s}_m\|_2^2 - \|\boldsymbol{w}_n\|_2^2 \quad (1 \leqslant n \leqslant N;\ 1 \leqslant m \leqslant M)
\end{aligned} \tag{9.6}
$$

将式（9.6）合并写成矩阵形式可知

$$
\boldsymbol{A}\boldsymbol{u} + \boldsymbol{G}(\boldsymbol{r})\boldsymbol{d}^{(\mathrm{s})} = \boldsymbol{b}(\boldsymbol{r}) \tag{9.7}
$$

$$
\begin{cases}
\boldsymbol{G}(\boldsymbol{r}) = \mathrm{blkdiag}\{2\boldsymbol{r}_1, 2\boldsymbol{r}_2, \cdots, 2\boldsymbol{r}_M\} \in \mathbf{R}^{MN \times M} \\
\boldsymbol{d}^{(\mathrm{s})} = [d_1^{(\mathrm{s})} \ \ d_2^{(\mathrm{s})} \ \ \cdots \ \ d_M^{(\mathrm{s})}]^{\mathrm{T}} \in \mathbf{R}^{M \times 1} \\
\boldsymbol{A} = [\boldsymbol{A}_1^{\mathrm{T}} \ \ \boldsymbol{A}_2^{\mathrm{T}} \ \ \cdots \ \ \boldsymbol{A}_M^{\mathrm{T}}]^{\mathrm{T}} \in \mathbf{R}^{MN \times 3} \\
\boldsymbol{b}(\boldsymbol{r}) = [(\boldsymbol{b}_1(\boldsymbol{r}_1))^{\mathrm{T}} \ \ (\boldsymbol{b}_2(\boldsymbol{r}_2))^{\mathrm{T}} \ \ \cdots \ \ (\boldsymbol{b}_M(\boldsymbol{r}_M))^{\mathrm{T}}]^{\mathrm{T}} \in \mathbf{R}^{MN \times 1}
\end{cases} \tag{9.8}
$$

式中，

$$
\boldsymbol{A}_m = \begin{bmatrix} 2(\boldsymbol{s}_m-\boldsymbol{w}_1)^{\mathrm{T}} \\ 2(\boldsymbol{s}_m-\boldsymbol{w}_2)^{\mathrm{T}} \\ \vdots \\ 2(\boldsymbol{s}_m-\boldsymbol{w}_N)^{\mathrm{T}} \end{bmatrix} \in \mathbf{R}^{N \times 3};\ \ \boldsymbol{b}_m(\boldsymbol{r}_m) = \begin{bmatrix} r_{1m}^2 + \|\boldsymbol{s}_m\|_2^2 - \|\boldsymbol{w}_1\|_2^2 \\ r_{2m}^2 + \|\boldsymbol{s}_m\|_2^2 - \|\boldsymbol{w}_2\|_2^2 \\ \vdots \\ r_{Nm}^2 + \|\boldsymbol{s}_m\|_2^2 - \|\boldsymbol{w}_N\|_2^2 \end{bmatrix} \in \mathbf{R}^{N \times 1} \quad (1 \leqslant m \leqslant M) \tag{9.9}
$$

式（9.7）即为本节建立的第 1 种伪线性观测方程。其中，$\boldsymbol{A}$ 表示伪线性系数矩阵，由式（9.8）中的第 3 个公式和式（9.9）中的第 1 个公式可知，$\boldsymbol{A}$ 是常数矩阵；$\boldsymbol{b}(\boldsymbol{r})$ 表示伪线性观测向量，由式（9.8）中的第 4 个公式和式（9.9）

中的第 2 个公式可知，$\boldsymbol{b}(\boldsymbol{r})$ 与向量 $\boldsymbol{r}$ 有关；$\boldsymbol{G}(\boldsymbol{r})\boldsymbol{d}^{(\mathrm{s})}$ 表示控制项，其与向量 $\boldsymbol{u}$ 有关，呈现非线性关系。

针对式（9.7）中的控制项 $\boldsymbol{G}(\boldsymbol{r})\boldsymbol{d}^{(\mathrm{s})}$，一种有效的处理方式是将向量 $\boldsymbol{d}^{(\mathrm{s})}$ 作为辅助变量来看待，并将其与向量 $\boldsymbol{u}$ 进行合并，以形成扩维参数向量①。这里采用另一种处理方式：通过构造"归零"矩阵，直接消除控制项的影响。

"归零"矩阵的构造方式为

$$\boldsymbol{Z}(\boldsymbol{r})=(\boldsymbol{I}_M\otimes[\boldsymbol{I}_{N-1}\ \vdots\ -\boldsymbol{1}_{(N-1)\times 1}])\mathrm{blkdiag}\{\boldsymbol{R}_1^{-1},\boldsymbol{R}_2^{-1},\cdots,\boldsymbol{R}_M^{-1}\}\in\mathbf{R}^{M(N-1)\times MN} \tag{9.10}$$

式中，$\boldsymbol{R}_m=\mathrm{diag}[\boldsymbol{r}_m](1\leqslant m\leqslant M)$。由式（9.10）可知，矩阵 $\boldsymbol{Z}(\boldsymbol{r})$ 与向量 $\boldsymbol{r}$ 有关，并且满足如下关系式，即

$$\boldsymbol{Z}(\boldsymbol{r})\boldsymbol{G}(\boldsymbol{r})=\boldsymbol{O}_{M(N-1)\times M} \tag{9.11}$$

将矩阵 $\boldsymbol{Z}(\boldsymbol{r})$ 乘以式（9.7）等号两侧，并且利用式（9.11）可得

$$\boldsymbol{Z}(\boldsymbol{r})\boldsymbol{A}\boldsymbol{u}=\tilde{\boldsymbol{A}}(\boldsymbol{r})\boldsymbol{u}=\boldsymbol{Z}(\boldsymbol{r})\boldsymbol{b}(\boldsymbol{r})=\tilde{\boldsymbol{b}}(\boldsymbol{r}) \tag{9.12}$$

式中，

$$\begin{cases}\tilde{\boldsymbol{A}}(\boldsymbol{r})=\boldsymbol{Z}(\boldsymbol{r})\boldsymbol{A}\in\mathbf{R}^{M(N-1)\times 3}\\ \tilde{\boldsymbol{b}}(\boldsymbol{r})=\boldsymbol{Z}(\boldsymbol{r})\boldsymbol{b}(\boldsymbol{r})\in\mathbf{R}^{M(N-1)\times 1}\end{cases} \tag{9.13}$$

式（9.12）即为本节建立的第 2 种伪线性观测方程。其中，$\tilde{\boldsymbol{A}}(\boldsymbol{r})$ 表示伪线性系数矩阵，由式（9.13）中的第 1 个公式可知，$\tilde{\boldsymbol{A}}(\boldsymbol{r})$ 与向量 $\boldsymbol{r}$ 有关；$\tilde{\boldsymbol{b}}(\boldsymbol{r})$ 表示伪线性观测向量，由式（9.13）中的第 2 个公式可知，$\tilde{\boldsymbol{b}}(\boldsymbol{r})$ 同样与向量 $\boldsymbol{r}$ 有关。

【注记 9.1】相对于式（9.7），虽然式（9.12）消除了控制项 $\boldsymbol{G}(\boldsymbol{r})\boldsymbol{d}^{(\mathrm{s})}$ 的影响，但是方程个数已由 MN 降至 $M(N-1)$，意味着观测信息有所损失。

---

① 这也是第 7 章和第 8 章采取的处理方式。

9.3 第 1 步线性加权最小二乘估计准则及其理论性能分析

本节将基于式（9.12）获得目标位置向量 $\boldsymbol{u}$ 的闭式解。实际中无法获得无误差的距离和观测向量 $\boldsymbol{r}$ ，只能得到含有误差的距离和观测向量 $\hat{\boldsymbol{r}}$ 。此时需要设计线性加权最小二乘估计准则，用于抑制观测误差 $\boldsymbol{\varepsilon}^{(\mathrm{t})}$ 的影响。

首先，定义如下误差向量，即

$$\tilde{\boldsymbol{\xi}}=\tilde{\boldsymbol{b}}(\hat{\boldsymbol{r}})-\tilde{\boldsymbol{A}}(\hat{\boldsymbol{r}})\boldsymbol{u}=\Delta\tilde{\boldsymbol{b}}-\Delta\tilde{\boldsymbol{A}}\boldsymbol{u} \tag{9.14}$$

式中，$\Delta\tilde{\boldsymbol{b}}=\tilde{\boldsymbol{b}}(\hat{\boldsymbol{r}})-\tilde{\boldsymbol{b}}(\boldsymbol{r})$ 和 $\Delta\tilde{\boldsymbol{A}}=\tilde{\boldsymbol{A}}(\hat{\boldsymbol{r}})-\tilde{\boldsymbol{A}}(\boldsymbol{r})$ 。利用一阶误差分析可知

$$\begin{cases}\Delta\tilde{\boldsymbol{b}}\approx\tilde{\boldsymbol{B}}(\boldsymbol{r})(\hat{\boldsymbol{r}}-\boldsymbol{r})=\tilde{\boldsymbol{B}}(\boldsymbol{r})\boldsymbol{\varepsilon}^{(\mathrm{t})}\\ \Delta\tilde{\boldsymbol{A}}\boldsymbol{u}\approx[\dot{\tilde{\boldsymbol{A}}}_{r_{11}}(\boldsymbol{r})\boldsymbol{u}\ \cdots\ \dot{\tilde{\boldsymbol{A}}}_{r_{N1}}(\boldsymbol{r})\boldsymbol{u}\mid\dot{\tilde{\boldsymbol{A}}}_{r_{12}}(\boldsymbol{r})\boldsymbol{u}\ \cdots\ \dot{\tilde{\boldsymbol{A}}}_{r_{N2}}(\boldsymbol{r})\boldsymbol{u}\mid\cdots\mid\dot{\tilde{\boldsymbol{A}}}_{r_{1M}}(\boldsymbol{r})\boldsymbol{u}\ \cdots\ \dot{\tilde{\boldsymbol{A}}}_{r_{NM}}(\boldsymbol{r})\boldsymbol{u}](\hat{\boldsymbol{r}}-\boldsymbol{r})\\ =[\dot{\tilde{\boldsymbol{A}}}_{r_{11}}(\boldsymbol{r})\boldsymbol{u}\ \cdots\ \dot{\tilde{\boldsymbol{A}}}_{r_{N1}}(\boldsymbol{r})\boldsymbol{u}\mid\dot{\tilde{\boldsymbol{A}}}_{r_{12}}(\boldsymbol{r})\boldsymbol{u}\ \cdots\ \dot{\tilde{\boldsymbol{A}}}_{r_{N2}}(\boldsymbol{r})\boldsymbol{u}\mid\cdots\mid\dot{\tilde{\boldsymbol{A}}}_{r_{1M}}(\boldsymbol{r})\boldsymbol{u}\ \cdots\ \dot{\tilde{\boldsymbol{A}}}_{r_{NM}}(\boldsymbol{r})\boldsymbol{u}]\boldsymbol{\varepsilon}^{(\mathrm{t})}\end{cases} \tag{9.15}$$

$$\begin{aligned}\tilde{\boldsymbol{B}}(\boldsymbol{r})&=\frac{\partial\tilde{\boldsymbol{b}}(\boldsymbol{r})}{\partial\boldsymbol{r}^{\mathrm{T}}}=\boldsymbol{Z}(\boldsymbol{r})\boldsymbol{B}(\boldsymbol{r})+\\&[\dot{\boldsymbol{Z}}_{r_{11}}(\boldsymbol{r})\boldsymbol{b}(\boldsymbol{r})\ \cdots\ \dot{\boldsymbol{Z}}_{r_{N1}}(\boldsymbol{r})\boldsymbol{b}(\boldsymbol{r})\mid\dot{\boldsymbol{Z}}_{r_{12}}(\boldsymbol{r})\boldsymbol{b}(\boldsymbol{r})\ \cdots\ \dot{\boldsymbol{Z}}_{r_{N2}}(\boldsymbol{r})\boldsymbol{b}(\boldsymbol{r})\mid\cdots\mid\dot{\boldsymbol{Z}}_{r_{1M}}(\boldsymbol{r})\boldsymbol{b}(\boldsymbol{r})\ \cdots\ \dot{\boldsymbol{Z}}_{r_{NM}}(\boldsymbol{r})\boldsymbol{b}(\boldsymbol{r})]\\&\in\mathbf{R}^{M(N-1)\times MN}\end{aligned} \tag{9.16}$$

$$\dot{\tilde{\boldsymbol{A}}}_{r_{nm}}(\boldsymbol{r})=\frac{\partial\tilde{\boldsymbol{A}}(\boldsymbol{r})}{\partial r_{nm}}=\dot{\boldsymbol{Z}}_{r_{nm}}(\boldsymbol{r})\boldsymbol{A}\in\mathbf{R}^{M(N-1)\times 3}\quad(1\leqslant n\leqslant N;\ 1\leqslant m\leqslant M) \tag{9.17}$$

式中，

$$\boldsymbol{B}(\boldsymbol{r})=\frac{\partial\boldsymbol{b}(\boldsymbol{r})}{\partial\boldsymbol{r}^{\mathrm{T}}}=\mathrm{blkdiag}\left\{\frac{\partial\boldsymbol{b}_1(\boldsymbol{r}_1)}{\partial\boldsymbol{r}_1^{\mathrm{T}}},\frac{\partial\boldsymbol{b}_2(\boldsymbol{r}_2)}{\partial\boldsymbol{r}_2^{\mathrm{T}}},\cdots,\frac{\partial\boldsymbol{b}_M(\boldsymbol{r}_M)}{\partial\boldsymbol{r}_M^{\mathrm{T}}}\right\}=2\mathrm{diag}[\boldsymbol{r}]\in\mathbf{R}^{MN\times MN} \tag{9.18}$$

$$\dot{Z}_{r_{nm}}(\boldsymbol{r})=\frac{\partial \boldsymbol{Z}(\boldsymbol{r})}{\partial r_{nm}}$$
$$=-\frac{1}{r_{nm}^{2}}((\boldsymbol{i}_M^{(m)}(\boldsymbol{i}_M^{(m)})^{\mathrm{T}})\otimes([\boldsymbol{I}_{N-1}\ \vdots\ -\boldsymbol{1}_{(N-1)\times 1}]\boldsymbol{i}_N^{(n)}(\boldsymbol{i}_N^{(n)})^{\mathrm{T}}))\in\mathbf{R}^{M(N-1)\times MN} \tag{9.19}$$
$$(1\leqslant n\leqslant N;1\leqslant m\leqslant M)$$

然后，将式（9.15）代入式（9.14）可得

$$\tilde{\boldsymbol{\xi}}\approx\tilde{\boldsymbol{B}}(\boldsymbol{r})\boldsymbol{\varepsilon}^{(\mathrm{t})}-[\dot{\tilde{\boldsymbol{A}}}_{r_{11}}(\boldsymbol{r})\boldsymbol{u}\ \cdots\ \dot{\tilde{\boldsymbol{A}}}_{r_{N1}}(\boldsymbol{r})\boldsymbol{u}\ \vdots\ \dot{\tilde{\boldsymbol{A}}}_{r_{12}}(\boldsymbol{r})\boldsymbol{u}\ \cdots\ \dot{\tilde{\boldsymbol{A}}}_{r_{N2}}(\boldsymbol{r})\boldsymbol{u}\ \vdots\cdots\vdots\ \dot{\tilde{\boldsymbol{A}}}_{r_{1M}}(\boldsymbol{r})\boldsymbol{u}\ \cdots\ \dot{\tilde{\boldsymbol{A}}}_{r_{NM}}(\boldsymbol{r})\boldsymbol{u}]\boldsymbol{\varepsilon}^{(\mathrm{t})}$$
$$=\tilde{\boldsymbol{C}}(\boldsymbol{u},\boldsymbol{r})\boldsymbol{\varepsilon}^{(\mathrm{t})} \tag{9.20}$$

式中，

$$\tilde{\boldsymbol{C}}(\boldsymbol{u},\boldsymbol{r})=\tilde{\boldsymbol{B}}(\boldsymbol{r})-[\dot{\tilde{\boldsymbol{A}}}_{r_{11}}(\boldsymbol{r})\boldsymbol{u}\ \cdots\ \dot{\tilde{\boldsymbol{A}}}_{r_{N1}}(\boldsymbol{r})\boldsymbol{u}\ \vdots\ \dot{\tilde{\boldsymbol{A}}}_{r_{12}}(\boldsymbol{r})\boldsymbol{u}\ \cdots\ \dot{\tilde{\boldsymbol{A}}}_{r_{N2}}(\boldsymbol{r})\boldsymbol{u}\ \vdots\cdots\vdots\ \dot{\tilde{\boldsymbol{A}}}_{r_{1M}}(\boldsymbol{r})\boldsymbol{u}\ \cdots\ \dot{\tilde{\boldsymbol{A}}}_{r_{NM}}(\boldsymbol{r})\boldsymbol{u}]$$
$$\in\mathbf{R}^{M(N-1)\times MN} \tag{9.21}$$

由式（9.20）可知，误差向量$\tilde{\boldsymbol{\xi}}$渐近服从零均值的高斯分布，协方差矩阵为

$$\begin{aligned}\tilde{\boldsymbol{\Omega}}&=E[\tilde{\boldsymbol{\xi}}\tilde{\boldsymbol{\xi}}^{\mathrm{T}}]=\tilde{\boldsymbol{C}}(\boldsymbol{u},\boldsymbol{r})E[\boldsymbol{\varepsilon}^{(\mathrm{t})}(\boldsymbol{\varepsilon}^{(\mathrm{t})})^{\mathrm{T}}](\tilde{\boldsymbol{C}}(\boldsymbol{u},\boldsymbol{r}))^{\mathrm{T}}\\&=\tilde{\boldsymbol{C}}(\boldsymbol{u},\boldsymbol{r})\boldsymbol{E}^{(\mathrm{t})}(\tilde{\boldsymbol{C}}(\boldsymbol{u},\boldsymbol{r}))^{\mathrm{T}}\in\mathbf{R}^{M(N-1)\times M(N-1)}\end{aligned} \tag{9.22}$$

结合式（9.14）和式（9.22）可以建立线性加权最小二乘估计准则，即

$$\min_{\boldsymbol{u}}\{\tilde{J}(\boldsymbol{u})\}=\min_{\boldsymbol{u}}\{(\tilde{\boldsymbol{b}}(\hat{\boldsymbol{r}})-\tilde{\boldsymbol{A}}(\hat{\boldsymbol{r}})\boldsymbol{u})^{\mathrm{T}}\tilde{\boldsymbol{\Omega}}^{-1}(\tilde{\boldsymbol{b}}(\hat{\boldsymbol{r}})-\tilde{\boldsymbol{A}}(\hat{\boldsymbol{r}})\boldsymbol{u})\} \tag{9.23}$$

式中，$\tilde{\boldsymbol{\Omega}}^{-1}$可被视为加权矩阵，其作用在于抑制观测误差$\boldsymbol{\varepsilon}^{(\mathrm{t})}$的影响。根据式（2.39）可知，式（9.23）的最优闭式解为

$$\hat{\boldsymbol{u}}_{\mathrm{f}}=((\tilde{\boldsymbol{A}}(\hat{\boldsymbol{r}}))^{\mathrm{T}}\tilde{\boldsymbol{\Omega}}^{-1}\tilde{\boldsymbol{A}}(\hat{\boldsymbol{r}}))^{-1}(\tilde{\boldsymbol{A}}(\hat{\boldsymbol{r}}))^{\mathrm{T}}\tilde{\boldsymbol{\Omega}}^{-1}\tilde{\boldsymbol{b}}(\hat{\boldsymbol{r}}) \tag{9.24}$$

【注记 9.2】由式（9.23）可知，加权矩阵$\tilde{\boldsymbol{\Omega}}^{-1}$与目标位置向量$\boldsymbol{u}$有关。因此，严格来说，式（9.23）中的目标函数$\tilde{J}(\boldsymbol{u})$并不是关于向量$\boldsymbol{u}$的二次函数。

庆幸的是，该问题并不难解决：首先，将 $\tilde{\boldsymbol{\Omega}}^{-1}$ 设为单位矩阵，从而获得关于向量 $\boldsymbol{u}$ 的初始值；然后，重新计算加权矩阵 $\tilde{\boldsymbol{\Omega}}^{-1}$，并再次得到向量 $\boldsymbol{u}$ 的估计值，重复此过程 3～5 次，即可取得预期的估计精度。加权矩阵 $\tilde{\boldsymbol{\Omega}}^{-1}$ 还与距离和观测向量 $\boldsymbol{r}$ 有关，可以直接利用其观测值 $\hat{\boldsymbol{r}}$ 进行计算。理论分析表明，在一阶误差分析理论框架下，加权矩阵 $\tilde{\boldsymbol{\Omega}}^{-1}$ 中的扰动误差并不会实质影响估计值 $\hat{\boldsymbol{u}}_{\mathrm{f}}$ 的统计性能。

【注记 9.3】将估计值 $\hat{\boldsymbol{u}}_{\mathrm{f}}$ 中的估计误差记为 $\Delta\boldsymbol{u}_{\mathrm{f}}=\hat{\boldsymbol{u}}_{\mathrm{f}}-\boldsymbol{u}$，由类似于 4.2.3 节中的一阶误差分析方法可知，误差向量 $\Delta\boldsymbol{u}_{\mathrm{f}}$ 渐近服从零均值的高斯分布，并且可以近似表示为

$$\Delta\boldsymbol{u}_{\mathrm{f}}\approx((\tilde{\boldsymbol{A}}(\boldsymbol{r}))^{\mathrm{T}}\tilde{\boldsymbol{\Omega}}^{-1}\tilde{\boldsymbol{A}}(\boldsymbol{r}))^{-1}(\tilde{\boldsymbol{A}}(\boldsymbol{r}))^{\mathrm{T}}\tilde{\boldsymbol{\Omega}}^{-1}\tilde{\boldsymbol{\xi}} \tag{9.25}$$

由此可知，估计值 $\hat{\boldsymbol{u}}_{\mathrm{f}}$ 是渐近无偏估计，均方误差矩阵为

$$\mathbf{MSE}(\hat{\boldsymbol{u}}_{\mathrm{f}})=E[(\hat{\boldsymbol{u}}_{\mathrm{f}}-\boldsymbol{u})(\hat{\boldsymbol{u}}_{\mathrm{f}}-\boldsymbol{u})^{\mathrm{T}}]=E[\Delta\boldsymbol{u}_{\mathrm{f}}(\Delta\boldsymbol{u}_{\mathrm{f}})^{\mathrm{T}}]=((\tilde{\boldsymbol{A}}(\boldsymbol{r}))^{\mathrm{T}}\tilde{\boldsymbol{\Omega}}^{-1}\tilde{\boldsymbol{A}}(\boldsymbol{r}))^{-1} \tag{9.26}$$

需要指出的是，第 1 步线性加权最小二乘定位方法是基于伪线性观测方程式（9.12）推导出来的。该式中的方程个数仅为 $M(N-1)$，小于距离和观测量个数 MN，也就是说，观测信息是有损失的，这将导致估计值 $\hat{\boldsymbol{u}}_{\mathrm{f}}$ 的均方误差难以达到相应的 CRB，具体可见如下命题。

【命题 9.1】在一阶误差分析理论框架下满足 $\mathbf{MSE}(\hat{\boldsymbol{u}}_{\mathrm{f}})\geqslant\mathbf{CRB}_{\text{toa-p}}(\boldsymbol{u})$。

【证明】首先，由命题 3.1 的推导方法可得

$$\mathbf{CRB}_{\text{toa-p}}(\boldsymbol{u})=((\boldsymbol{F}_{\text{toa}}(\boldsymbol{u}))^{\mathrm{T}}(\boldsymbol{E}^{(\mathrm{t})})^{-1}\boldsymbol{F}_{\text{toa}}(\boldsymbol{u}))^{-1} \tag{9.27}$$

式中，$\boldsymbol{F}_{\text{toa}}(\boldsymbol{u})=\dfrac{\partial\boldsymbol{f}_{\text{toa}}(\boldsymbol{u})}{\partial\boldsymbol{u}^{\mathrm{T}}}\in\mathbf{R}^{MN\times 3}$。该 Jacobian 矩阵的表达式见附录 E。

然后，将式（9.22）代入式（9.26）可知

$$\mathbf{MSE}(\hat{\boldsymbol{u}}_{\mathrm{f}})=((\tilde{\boldsymbol{A}}(\boldsymbol{r}))^{\mathrm{T}}(\tilde{\boldsymbol{C}}(\boldsymbol{u},\boldsymbol{r})\boldsymbol{E}^{(\mathrm{t})}(\tilde{\boldsymbol{C}}(\boldsymbol{u},\boldsymbol{r}))^{\mathrm{T}})^{-1}\tilde{\boldsymbol{A}}(\boldsymbol{r}))^{-1} \tag{9.28}$$

接着，将等式 $\boldsymbol{r}=\boldsymbol{f}_{\text{toa}}(\boldsymbol{u})$ 代入式（9.12）可得

$$\tilde{\boldsymbol{A}}(\boldsymbol{f}_{\text{toa}}(\boldsymbol{u}))\boldsymbol{u}=\tilde{\boldsymbol{b}}(\boldsymbol{f}_{\text{toa}}(\boldsymbol{u})) \tag{9.29}$$

由于式（9.29）是关于向量$\boldsymbol{u}$的恒等式，因此将该式两边对向量$\boldsymbol{u}$求导可知

$$\begin{aligned}&[\dot{\tilde{\boldsymbol{A}}}_{r_{11}}(\boldsymbol{r})\boldsymbol{u}\ \cdots\ \dot{\tilde{\boldsymbol{A}}}_{r_{N1}}(\boldsymbol{r})\boldsymbol{u}\ \vdots\ \dot{\tilde{\boldsymbol{A}}}_{r_{12}}(\boldsymbol{r})\boldsymbol{u}\ \cdots\ \dot{\tilde{\boldsymbol{A}}}_{r_{N2}}(\boldsymbol{r})\boldsymbol{u}\ \vdots\ \cdots\ \vdots\ \dot{\tilde{\boldsymbol{A}}}_{r_{1M}}(\boldsymbol{r})\boldsymbol{u}\ \cdots\ \dot{\tilde{\boldsymbol{A}}}_{r_{NM}}(\boldsymbol{r})\boldsymbol{u}]\boldsymbol{F}_{\text{toa}}(\boldsymbol{u})+\tilde{\boldsymbol{A}}(\boldsymbol{r})\\&=\tilde{\boldsymbol{B}}(\boldsymbol{r})\boldsymbol{F}_{\text{toa}}(\boldsymbol{u})\Rightarrow\tilde{\boldsymbol{A}}(\boldsymbol{r})=\tilde{\boldsymbol{C}}(\boldsymbol{u},\boldsymbol{r})\boldsymbol{F}_{\text{toa}}(\boldsymbol{u})\end{aligned} \tag{9.30}$$

将式（9.30）代入式（9.28）可得

$$\mathbf{MSE}(\hat{\boldsymbol{u}}_{\text{f}})=((\boldsymbol{F}_{\text{toa}}(\boldsymbol{u}))^{\text{T}}(\tilde{\boldsymbol{C}}(\boldsymbol{u},\boldsymbol{r}))^{\text{T}}(\tilde{\boldsymbol{C}}(\boldsymbol{u},\boldsymbol{r})\boldsymbol{E}^{(\text{t})}(\tilde{\boldsymbol{C}}(\boldsymbol{u},\boldsymbol{r}))^{\text{T}})^{-1}\tilde{\boldsymbol{C}}(\boldsymbol{u},\boldsymbol{r})\boldsymbol{F}_{\text{toa}}(\boldsymbol{u}))^{-1} \tag{9.31}$$

最后，结合式（9.27）和式（9.31），并利用式（2.24）可知

$$\begin{aligned}&(\mathbf{CRB}_{\text{toa-p}}(\boldsymbol{u}))^{-1}-(\mathbf{MSE}(\hat{\boldsymbol{u}}_{\text{f}}))^{-1}\\&=(\boldsymbol{F}_{\text{toa}}(\boldsymbol{u}))^{\text{T}}(\boldsymbol{E}^{(\text{t})})^{-1/2}(\boldsymbol{I}_{MN}-(\boldsymbol{E}^{(\text{t})})^{1/2}(\tilde{\boldsymbol{C}}(\boldsymbol{u},\boldsymbol{r}))^{\text{T}}(\tilde{\boldsymbol{C}}(\boldsymbol{u},\boldsymbol{r})\boldsymbol{E}^{(\text{t})}\times\\&(\tilde{\boldsymbol{C}}(\boldsymbol{u},\boldsymbol{r}))^{\text{T}})^{-1}\tilde{\boldsymbol{C}}(\boldsymbol{u},\boldsymbol{r})(\boldsymbol{E}^{(\text{t})})^{1/2})(\boldsymbol{E}^{(\text{t})})^{-1/2}\boldsymbol{F}_{\text{toa}}(\boldsymbol{u})\\&=(\boldsymbol{F}_{\text{toa}}(\boldsymbol{u}))^{\text{T}}(\boldsymbol{E}^{(\text{t})})^{-1/2}\boldsymbol{\Pi}^{\perp}[(\boldsymbol{E}^{(\text{t})})^{1/2}(\tilde{\boldsymbol{C}}(\boldsymbol{u},\boldsymbol{r}))^{\text{T}}](\boldsymbol{E}^{(\text{t})})^{-1/2}\boldsymbol{F}_{\text{toa}}(\boldsymbol{u})\end{aligned} \tag{9.32}$$

利用正交投影矩阵的半正定性（见命题 2.7）可得$(\mathbf{CRB}_{\text{toa-p}}(\boldsymbol{u}))^{-1}\geqslant(\mathbf{MSE}(\hat{\boldsymbol{u}}_{\text{f}}))^{-1}$，由此可知$\mathbf{MSE}(\hat{\boldsymbol{u}}_{\text{f}})\geqslant\mathbf{CRB}_{\text{toa-p}}(\boldsymbol{u})$。

证毕。

由命题 9.1 可知，向量$\hat{\boldsymbol{u}}_{\text{f}}$并不是关于目标位置向量$\boldsymbol{u}$的渐近统计最优估计值，还需要通过第 2 步线性加权最小二乘估计准则来提高精度。

9.4 第 2 步线性加权最小二乘估计准则及其理论性能分析

为了得到渐近统计最优的定位结果，还需要利用式（9.7）给出向量$\boldsymbol{u}$的估计值。这是因为该式含有的方程个数为MN，与距离和观测量个数相等，并没

有损失任何观测信息。

由向量 $\boldsymbol{d}^{(\mathrm{s})}$ 的定义可知，它是向量 $\boldsymbol{u}$ 的非线性函数，因此，严格来说，式（9.7）并不是关于向量 $\boldsymbol{u}$ 的线性观测方程，难以直接获闭式解。庆幸的是，该问题能够得到有效解决，因为第 1 步线性加权最小二乘估计准则已经给出了关于向量 $\boldsymbol{u}$ 的估计值 $\hat{\boldsymbol{u}}_{\mathrm{f}}$ 及其均方误差矩阵 $\mathbf{MSE}(\hat{\boldsymbol{u}}_{\mathrm{f}})$，利用此估计值可以获得向量 $\boldsymbol{d}^{(\mathrm{s})}$ 的近似值，即

$$\hat{\boldsymbol{d}}^{(\mathrm{s})}=[\hat{d}_1^{(\mathrm{s})}\ \ \hat{d}_2^{(\mathrm{s})}\ \ \cdots\ \ \hat{d}_M^{(\mathrm{s})}]^{\mathrm{T}}=[\|\hat{\boldsymbol{u}}_{\mathrm{f}}-\boldsymbol{s}_1\|_2\ \ \|\hat{\boldsymbol{u}}_{\mathrm{f}}-\boldsymbol{s}_2\|_2\ \ \cdots\ \ \|\hat{\boldsymbol{u}}_{\mathrm{f}}-\boldsymbol{s}_M\|_2]^{\mathrm{T}} \tag{9.33}$$

这就意味着可以将式（9.7）中的向量 $\boldsymbol{d}^{(\mathrm{s})}$ 视为含有误差的已知量，此时可以将式（9.7）视为关于向量 $\boldsymbol{u}$ 的线性观测方程，但是需要设计线性加权最小二乘估计准则，用于抑制观测误差 $\boldsymbol{\varepsilon}^{(\mathrm{t})}$ 和估计误差 $\Delta\boldsymbol{u}_{\mathrm{f}}$ 的影响。

首先，定义如下误差向量，即

$$\boldsymbol{\xi}=\boldsymbol{b}(\hat{\boldsymbol{r}})-\boldsymbol{G}(\hat{\boldsymbol{r}})\hat{\boldsymbol{d}}^{(\mathrm{s})}-\boldsymbol{A}\boldsymbol{u}\approx\Delta\boldsymbol{b}-\Delta\boldsymbol{G}\boldsymbol{d}^{(\mathrm{s})}-\boldsymbol{G}(\boldsymbol{r})\Delta\boldsymbol{d}^{(\mathrm{s})} \tag{9.34}$$

式中，$\Delta\boldsymbol{b}=\boldsymbol{b}(\hat{\boldsymbol{r}})-\boldsymbol{b}(\boldsymbol{r})$；$\Delta\boldsymbol{G}=\boldsymbol{G}(\hat{\boldsymbol{r}})-\boldsymbol{G}(\boldsymbol{r})$；$\Delta\boldsymbol{d}^{(\mathrm{s})}=\hat{\boldsymbol{d}}^{(\mathrm{s})}-\boldsymbol{d}^{(\mathrm{s})}$。

利用一阶误差分析可知

$$\begin{cases}\Delta\boldsymbol{b}\approx\boldsymbol{B}(\boldsymbol{r})(\hat{\boldsymbol{r}}-\boldsymbol{r})=\boldsymbol{B}(\boldsymbol{r})\boldsymbol{\varepsilon}^{(\mathrm{t})}\\ \Delta\boldsymbol{G}\boldsymbol{d}^{(\mathrm{s})}\approx[\dot{\boldsymbol{G}}_{r_{11}}\boldsymbol{d}^{(\mathrm{s})}\ \cdots\ \dot{\boldsymbol{G}}_{r_{N1}}\boldsymbol{d}^{(\mathrm{s})}\ |\ \dot{\boldsymbol{G}}_{r_{12}}\boldsymbol{d}^{(\mathrm{s})}\ \cdots\ \dot{\boldsymbol{G}}_{r_{N2}}\boldsymbol{d}^{(\mathrm{s})}\ |\ \cdots\ |\ \dot{\boldsymbol{G}}_{r_{1M}}\boldsymbol{d}^{(\mathrm{s})}\ \cdots\ \dot{\boldsymbol{G}}_{r_{NM}}\boldsymbol{d}^{(\mathrm{s})}](\hat{\boldsymbol{r}}-\boldsymbol{r})\\ =[\dot{\boldsymbol{G}}_{r_{11}}\boldsymbol{d}^{(\mathrm{s})}\ \cdots\ \dot{\boldsymbol{G}}_{r_{N1}}\boldsymbol{d}^{(\mathrm{s})}\ |\ \dot{\boldsymbol{G}}_{r_{12}}\boldsymbol{d}^{(\mathrm{s})}\ \cdots\ \dot{\boldsymbol{G}}_{r_{N2}}\boldsymbol{d}^{(\mathrm{s})}\ |\ \cdots\ |\ \dot{\boldsymbol{G}}_{r_{1M}}\boldsymbol{d}^{(\mathrm{s})}\ \cdots\ \dot{\boldsymbol{G}}_{r_{NM}}\boldsymbol{d}^{(\mathrm{s})}]\boldsymbol{\varepsilon}^{(\mathrm{t})}\\ \Delta\boldsymbol{d}^{(\mathrm{s})}\approx\left[\dfrac{\boldsymbol{u}-\boldsymbol{s}_1}{\|\boldsymbol{u}-\boldsymbol{s}_1\|_2}\ \ \dfrac{\boldsymbol{u}-\boldsymbol{s}_2}{\|\boldsymbol{u}-\boldsymbol{s}_2\|_2}\ \ \cdots\ \ \dfrac{\boldsymbol{u}-\boldsymbol{s}_M}{\|\boldsymbol{u}-\boldsymbol{s}_M\|_2}\right]^{\mathrm{T}}\Delta\boldsymbol{u}_{\mathrm{f}}=\boldsymbol{T}(\boldsymbol{u})\Delta\boldsymbol{u}_{\mathrm{f}}\end{cases} \tag{9.35}$$

式中，

$$\begin{cases}\boldsymbol{T}(\boldsymbol{u})=\left[\dfrac{\boldsymbol{u}-\boldsymbol{s}_1}{\|\boldsymbol{u}-\boldsymbol{s}_1\|_2}\ \ \dfrac{\boldsymbol{u}-\boldsymbol{s}_2}{\|\boldsymbol{u}-\boldsymbol{s}_2\|_2}\ \ \cdots\ \ \dfrac{\boldsymbol{u}-\boldsymbol{s}_M}{\|\boldsymbol{u}-\boldsymbol{s}_M\|_2}\right]^{\mathrm{T}}\in\mathbf{R}^{M\times 3}\\ \dot{\boldsymbol{G}}_{r_{nm}}=2((\boldsymbol{i}_M^{(m)}(\boldsymbol{i}_M^{(m)})^{\mathrm{T}})\otimes\boldsymbol{i}_N^{(n)})\in\mathbf{R}^{MN\times M}\quad(1\leqslant n\leqslant N;1\leqslant m\leqslant M)\end{cases} \tag{9.36}$$

将式（9.35）代入式（9.34）可得

$$\boldsymbol{\xi} \approx \boldsymbol{B}(\boldsymbol{r})\boldsymbol{\varepsilon}^{(\mathrm{t})} - [\dot{\boldsymbol{G}}_{r_{11}}\boldsymbol{d}^{(\mathrm{s})} \ \cdots \ \dot{\boldsymbol{G}}_{r_{N1}}\boldsymbol{d}^{(\mathrm{s})} \mid \dot{\boldsymbol{G}}_{r_{12}}\boldsymbol{d}^{(\mathrm{s})} \ \cdots \ \dot{\boldsymbol{G}}_{r_{N2}}\boldsymbol{d}^{(\mathrm{s})} \mid \cdots \mid \dot{\boldsymbol{G}}_{r_{1M}}\boldsymbol{d}^{(\mathrm{s})} \ \cdots \ \dot{\boldsymbol{G}}_{r_{NM}}\boldsymbol{d}^{(\mathrm{s})}]\boldsymbol{\varepsilon}^{(\mathrm{t})} - \boldsymbol{G}(\boldsymbol{r})\boldsymbol{T}(\boldsymbol{u})\Delta\boldsymbol{u}_{\mathrm{f}} = \boldsymbol{C}(\boldsymbol{u},\boldsymbol{r})\boldsymbol{\varepsilon}^{(\mathrm{t})} - \boldsymbol{G}(\boldsymbol{r})\boldsymbol{T}(\boldsymbol{u})\Delta\boldsymbol{u}_{\mathrm{f}} \tag{9.37}$$

式中，

$$\boldsymbol{C}(\boldsymbol{u},\boldsymbol{r}) = \boldsymbol{B}(\boldsymbol{r}) - [\dot{\boldsymbol{G}}_{r_{11}}\boldsymbol{d}^{(\mathrm{s})} \ \cdots \ \dot{\boldsymbol{G}}_{r_{N1}}\boldsymbol{d}^{(\mathrm{s})} \mid \dot{\boldsymbol{G}}_{r_{12}}\boldsymbol{d}^{(\mathrm{s})} \ \cdots \ \dot{\boldsymbol{G}}_{r_{N2}}\boldsymbol{d}^{(\mathrm{s})} \mid \cdots \mid \dot{\boldsymbol{G}}_{r_{1M}}\boldsymbol{d}^{(\mathrm{s})} \ \cdots \ \dot{\boldsymbol{G}}_{r_{NM}}\boldsymbol{d}^{(\mathrm{s})}] \in \mathbf{R}^{MN \times MN} \tag{9.38}$$

需要指出的是，$\boldsymbol{C}(\boldsymbol{u},\boldsymbol{r})$ 通常是可逆矩阵。

然后，结合式（9.20）和式（9.25）可知

$$\Delta\boldsymbol{u}_{\mathrm{f}} \approx ((\tilde{\boldsymbol{A}}(\boldsymbol{r}))^{\mathrm{T}}\tilde{\boldsymbol{\Omega}}^{-1}\tilde{\boldsymbol{A}}(\boldsymbol{r}))^{-1}(\tilde{\boldsymbol{A}}(\boldsymbol{r}))^{\mathrm{T}}\tilde{\boldsymbol{\Omega}}^{-1}\tilde{\boldsymbol{C}}(\boldsymbol{u},\boldsymbol{r})\boldsymbol{\varepsilon}^{(\mathrm{t})} = \boldsymbol{H}(\boldsymbol{u},\boldsymbol{r})\boldsymbol{\varepsilon}^{(\mathrm{t})} \tag{9.39}$$

式中，

$$\boldsymbol{H}(\boldsymbol{u},\boldsymbol{r}) = ((\tilde{\boldsymbol{A}}(\boldsymbol{r}))^{\mathrm{T}}\tilde{\boldsymbol{\Omega}}^{-1}\tilde{\boldsymbol{A}}(\boldsymbol{r}))^{-1}(\tilde{\boldsymbol{A}}(\boldsymbol{r}))^{\mathrm{T}}\tilde{\boldsymbol{\Omega}}^{-1}\tilde{\boldsymbol{C}}(\boldsymbol{u},\boldsymbol{r}) \in \mathbf{R}^{3 \times MN} \tag{9.40}$$

将式（9.39）代入式（9.37）可得

$$\boldsymbol{\xi} \approx \boldsymbol{C}(\boldsymbol{u},\boldsymbol{r})\boldsymbol{\varepsilon}^{(\mathrm{t})} - \boldsymbol{G}(\boldsymbol{r})\boldsymbol{T}(\boldsymbol{u})\boldsymbol{H}(\boldsymbol{u},\boldsymbol{r})\boldsymbol{\varepsilon}^{(\mathrm{t})} = \boldsymbol{P}(\boldsymbol{u},\boldsymbol{r})\boldsymbol{\varepsilon}^{(\mathrm{t})} \tag{9.41}$$

式中，

$$\begin{aligned}\boldsymbol{P}(\boldsymbol{u},\boldsymbol{r}) &= \boldsymbol{C}(\boldsymbol{u},\boldsymbol{r}) - \boldsymbol{G}(\boldsymbol{r})\boldsymbol{T}(\boldsymbol{u})\boldsymbol{H}(\boldsymbol{u},\boldsymbol{r}) \\ &= \boldsymbol{C}(\boldsymbol{u},\boldsymbol{r}) - \boldsymbol{G}(\boldsymbol{r})\boldsymbol{T}(\boldsymbol{u})((\tilde{\boldsymbol{A}}(\boldsymbol{r}))^{\mathrm{T}}\tilde{\boldsymbol{\Omega}}^{-1}\tilde{\boldsymbol{A}}(\boldsymbol{r}))^{-1}(\tilde{\boldsymbol{A}}(\boldsymbol{r}))^{\mathrm{T}}\tilde{\boldsymbol{\Omega}}^{-1}\tilde{\boldsymbol{C}}(\boldsymbol{u},\boldsymbol{r}) \in \mathbf{R}^{MN \times MN}\end{aligned} \tag{9.42}$$

需要指出的是，$\boldsymbol{P}(\boldsymbol{u},\boldsymbol{r})$ 通常也是可逆矩阵。由式（9.41）可知，误差向量 $\boldsymbol{\xi}$ 渐近服从零均值的高斯分布，协方差矩阵为

$$\boldsymbol{\Omega} = E[\boldsymbol{\xi}\boldsymbol{\xi}^{\mathrm{T}}] = \boldsymbol{P}(\boldsymbol{u},\boldsymbol{r})E[\boldsymbol{\varepsilon}^{(\mathrm{t})}(\boldsymbol{\varepsilon}^{(\mathrm{t})})^{\mathrm{T}}](\boldsymbol{P}(\boldsymbol{u},\boldsymbol{r}))^{\mathrm{T}} = \boldsymbol{P}(\boldsymbol{u},\boldsymbol{r})\boldsymbol{E}^{(\mathrm{t})}(\boldsymbol{P}(\boldsymbol{u},\boldsymbol{r}))^{\mathrm{T}} \in \mathbf{R}^{MN \times MN} \tag{9.43}$$

结合式（9.34）和式（9.43）可以建立线性加权最小二乘估计准则，即

$$\min_{\boldsymbol{u}}\{J(\boldsymbol{u})\}=\min_{\boldsymbol{u}}\{(\boldsymbol{b}(\hat{\boldsymbol{r}})-\boldsymbol{G}(\hat{\boldsymbol{r}})\hat{\boldsymbol{d}}^{(\mathrm{s})}-\boldsymbol{A}\boldsymbol{u})^{\mathrm{T}}\boldsymbol{\varOmega}^{-1}(\boldsymbol{b}(\hat{\boldsymbol{r}})-\boldsymbol{G}(\hat{\boldsymbol{r}})\hat{\boldsymbol{d}}^{(\mathrm{s})}-\boldsymbol{A}\boldsymbol{u})\} \quad (9.44)$$

式中，$\boldsymbol{\varOmega}^{-1}$ 可被视为加权矩阵，其作用在于抑制观测误差 $\boldsymbol{\varepsilon}^{(\mathrm{t})}$ 的影响。根据式（2.39）可知，式（9.44）的最优闭式解为

$$\hat{\boldsymbol{u}}_{\mathrm{tlwls}}=(\boldsymbol{A}^{\mathrm{T}}\boldsymbol{\varOmega}^{-1}\boldsymbol{A})^{-1}\boldsymbol{A}^{\mathrm{T}}\boldsymbol{\varOmega}^{-1}(\boldsymbol{b}(\hat{\boldsymbol{r}})-\boldsymbol{G}(\hat{\boldsymbol{r}})\hat{\boldsymbol{d}}^{(\mathrm{s})}) \quad (9.45)$$

式（9.45）即为目标位置向量 $\boldsymbol{u}$ 的最终估计值。

【注记 9.4】 由式（9.43）可知，加权矩阵 $\boldsymbol{\varOmega}^{-1}$ 与目标位置向量 $\boldsymbol{u}$ 有关。因此，严格来说，式（9.44）中的目标函数 $J(\boldsymbol{u})$ 并不是关于向量 $\boldsymbol{u}$ 的二次函数。庆幸的是，该问题并不难解决：首先，利用第 1 步估计值 $\hat{\boldsymbol{u}}_{\mathrm{f}}$ 计算加权矩阵 $\boldsymbol{\varOmega}^{-1}$，并由此获得向量 $\boldsymbol{u}$ 的估计值；然后，利用此估计值重新计算加权矩阵 $\boldsymbol{\varOmega}^{-1}$，并再次得到向量 $\boldsymbol{u}$ 的估计值，重复此过程 3～5 次，即可取得预期的估计精度。加权矩阵 $\boldsymbol{\varOmega}^{-1}$ 还与距离和观测向量 $\boldsymbol{r}$ 有关，可以直接利用观测值 $\hat{\boldsymbol{r}}$ 进行计算。理论分析表明，在一阶误差分析理论框架下，加权矩阵 $\boldsymbol{\varOmega}^{-1}$ 中的扰动误差并不会实质影响估计值 $\hat{\boldsymbol{u}}_{\mathrm{tlwls}}$ 的统计性能。

【注记 9.5】 将估计值 $\hat{\boldsymbol{u}}_{\mathrm{tlwls}}$ 中的估计误差记为 $\Delta\boldsymbol{u}_{\mathrm{tlwls}}=\hat{\boldsymbol{u}}_{\mathrm{tlwls}}-\boldsymbol{u}$，由类似于 4.2.3 节中的一阶误差分析方法可知，误差向量 $\Delta\boldsymbol{u}_{\mathrm{tlwls}}$ 渐近服从零均值的高斯分布，并且可以近似表示为

$$\Delta\boldsymbol{u}_{\mathrm{tlwls}}\approx(\boldsymbol{A}^{\mathrm{T}}\boldsymbol{\varOmega}^{-1}\boldsymbol{A})^{-1}\boldsymbol{A}^{\mathrm{T}}\boldsymbol{\varOmega}^{-1}\boldsymbol{\xi} \quad (9.46)$$

由此可知，估计值 $\hat{\boldsymbol{u}}_{\mathrm{tlwls}}$ 是渐近无偏估计，均方误差矩阵为

$$\begin{aligned}\mathbf{MSE}(\hat{\boldsymbol{u}}_{\mathrm{tlwls}})&=E[(\hat{\boldsymbol{u}}_{\mathrm{tlwls}}-\boldsymbol{u})(\hat{\boldsymbol{u}}_{\mathrm{tlwls}}-\boldsymbol{u})^{\mathrm{T}}]\\&=E[\Delta\boldsymbol{u}_{\mathrm{tlwls}}(\Delta\boldsymbol{u}_{\mathrm{tlwls}})^{\mathrm{T}}]=(\boldsymbol{A}^{\mathrm{T}}\boldsymbol{\varOmega}^{-1}\boldsymbol{A})^{-1}\end{aligned} \quad (9.47)$$

下面证明估计值 $\hat{\boldsymbol{u}}_{\mathrm{tlwls}}$ 具有渐近统计最优性，也就是证明其估计均方误差可以渐近逼近相应的 CRB，具体可见如下命题。

【命题 9.2】 在一阶误差分析理论框架下满足 $\mathbf{MSE}(\hat{\boldsymbol{u}}_{\mathrm{tlwls}})=\mathbf{CRB}_{\mathrm{toa\text{-}p}}(\boldsymbol{u})$。

【证明】 首先，将式（9.43）代入式（9.47）可得

$$\mathbf{MSE}(\hat{\boldsymbol{u}}_{\mathrm{tlwls}})=(\boldsymbol{A}^{\mathrm{T}}(\boldsymbol{P}(\boldsymbol{u},\boldsymbol{r}))^{-\mathrm{T}}(\boldsymbol{E}^{(\mathrm{t})})^{-1}(\boldsymbol{P}(\boldsymbol{u},\boldsymbol{r}))^{-1}\boldsymbol{A})^{-1} \quad (9.48)$$

结合式（9.42）和式（2.1）可知

$$(\boldsymbol{P}(\boldsymbol{u},\boldsymbol{r}))^{-1}=(\boldsymbol{C}(\boldsymbol{u},\boldsymbol{r}))^{-1}+(\boldsymbol{C}(\boldsymbol{u},\boldsymbol{r}))^{-1}\boldsymbol{G}(\boldsymbol{r})\boldsymbol{T}(\boldsymbol{u})((\tilde{\boldsymbol{A}}(\boldsymbol{r}))^{\mathrm{T}}\tilde{\boldsymbol{\Omega}}^{-1}\tilde{\boldsymbol{A}}(\boldsymbol{r})-\\(\tilde{\boldsymbol{A}}(\boldsymbol{r}))^{\mathrm{T}}\tilde{\boldsymbol{\Omega}}^{-1}\tilde{\boldsymbol{C}}(\boldsymbol{u},\boldsymbol{r})(\boldsymbol{C}(\boldsymbol{u},\boldsymbol{r}))^{-1}\boldsymbol{G}(\boldsymbol{r})\boldsymbol{T}(\boldsymbol{u}))^{-1}\times\\(\tilde{\boldsymbol{A}}(\boldsymbol{r}))^{\mathrm{T}}\tilde{\boldsymbol{\Omega}}^{-1}\tilde{\boldsymbol{C}}(\boldsymbol{u},\boldsymbol{r})(\boldsymbol{C}(\boldsymbol{u},\boldsymbol{r}))^{-1} \tag{9.49}$$

于是有

$$(\boldsymbol{P}(\boldsymbol{u},\boldsymbol{r}))^{-1}\boldsymbol{A}=(\boldsymbol{C}(\boldsymbol{u},\boldsymbol{r}))^{-1}\boldsymbol{A}+(\boldsymbol{C}(\boldsymbol{u},\boldsymbol{r}))^{-1}\boldsymbol{G}(\boldsymbol{r})\boldsymbol{T}(\boldsymbol{u})((\tilde{\boldsymbol{A}}(\boldsymbol{r}))^{\mathrm{T}}\tilde{\boldsymbol{\Omega}}^{-1}\tilde{\boldsymbol{A}}(\boldsymbol{r})-\\(\tilde{\boldsymbol{A}}(\boldsymbol{r}))^{\mathrm{T}}\tilde{\boldsymbol{\Omega}}^{-1}\tilde{\boldsymbol{C}}(\boldsymbol{u},\boldsymbol{r})(\boldsymbol{C}(\boldsymbol{u},\boldsymbol{r}))^{-1}\boldsymbol{G}(\boldsymbol{r})\boldsymbol{T}(\boldsymbol{u}))^{-1}\times\\(\tilde{\boldsymbol{A}}(\boldsymbol{r}))^{\mathrm{T}}\tilde{\boldsymbol{\Omega}}^{-1}\tilde{\boldsymbol{C}}(\boldsymbol{u},\boldsymbol{r})(\boldsymbol{C}(\boldsymbol{u},\boldsymbol{r}))^{-1}\boldsymbol{A} \tag{9.50}$$

然后，将等式 $\boldsymbol{r}=\boldsymbol{f}_{\mathrm{toa}}(\boldsymbol{u})$ 代入式（9.7）可得

$$\boldsymbol{A}\boldsymbol{u}+\boldsymbol{G}(\boldsymbol{f}_{\mathrm{toa}}(\boldsymbol{u}))\boldsymbol{d}^{(\mathrm{s})}=\boldsymbol{b}(\boldsymbol{f}_{\mathrm{toa}}(\boldsymbol{u})) \tag{9.51}$$

由于式（9.51）是关于向量 $\boldsymbol{u}$ 的恒等式，因此将该式两边对向量 $\boldsymbol{u}$ 求导可知

$$\begin{aligned}&\boldsymbol{A}+[\dot{\boldsymbol{G}}_{r_{11}}\boldsymbol{d}^{(\mathrm{s})}\ \cdots\ \dot{\boldsymbol{G}}_{r_{N1}}\boldsymbol{d}^{(\mathrm{s})}\ |\ \dot{\boldsymbol{G}}_{r_{12}}\boldsymbol{d}^{(\mathrm{s})}\ \cdots\ \dot{\boldsymbol{G}}_{r_{N2}}\boldsymbol{d}^{(\mathrm{s})}\ |\cdots|\ \dot{\boldsymbol{G}}_{r_{1M}}\boldsymbol{d}^{(\mathrm{s})}\ \cdots\ \dot{\boldsymbol{G}}_{r_{NM}}\boldsymbol{d}^{(\mathrm{s})}]\boldsymbol{F}_{\mathrm{toa}}(\boldsymbol{u})+\boldsymbol{G}(\boldsymbol{r})\boldsymbol{T}(\boldsymbol{u})\\&=\boldsymbol{B}(\boldsymbol{r})\boldsymbol{F}_{\mathrm{toa}}(\boldsymbol{u})\Rightarrow\boldsymbol{C}(\boldsymbol{u},\boldsymbol{r})\boldsymbol{F}_{\mathrm{toa}}(\boldsymbol{u})=\boldsymbol{A}+\boldsymbol{G}(\boldsymbol{r})\boldsymbol{T}(\boldsymbol{u})\\&\Rightarrow\boldsymbol{F}_{\mathrm{toa}}(\boldsymbol{u})=(\boldsymbol{C}(\boldsymbol{u},\boldsymbol{r}))^{-1}\boldsymbol{A}+(\boldsymbol{C}(\boldsymbol{u},\boldsymbol{r}))^{-1}\boldsymbol{G}(\boldsymbol{r})\boldsymbol{T}(\boldsymbol{u})\end{aligned} \tag{9.52}$$

结合式（9.30）和式（9.52）可得

$$\begin{aligned}&(\tilde{\boldsymbol{A}}(\boldsymbol{r}))^{\mathrm{T}}\tilde{\boldsymbol{\Omega}}^{-1}\tilde{\boldsymbol{A}}(\boldsymbol{r})=(\tilde{\boldsymbol{A}}(\boldsymbol{r}))^{\mathrm{T}}\tilde{\boldsymbol{\Omega}}^{-1}\tilde{\boldsymbol{C}}(\boldsymbol{u},\boldsymbol{r})\boldsymbol{F}_{\mathrm{toa}}(\boldsymbol{u})\\&=(\tilde{\boldsymbol{A}}(\boldsymbol{r}))^{\mathrm{T}}\tilde{\boldsymbol{\Omega}}^{-1}\tilde{\boldsymbol{C}}(\boldsymbol{u},\boldsymbol{r})(\boldsymbol{C}(\boldsymbol{u},\boldsymbol{r}))^{-1}\boldsymbol{A}+(\tilde{\boldsymbol{A}}(\boldsymbol{r}))^{\mathrm{T}}\tilde{\boldsymbol{\Omega}}^{-1}\tilde{\boldsymbol{C}}(\boldsymbol{u},\boldsymbol{r})(\boldsymbol{C}(\boldsymbol{u},\boldsymbol{r}))^{-1}\boldsymbol{G}(\boldsymbol{r})\boldsymbol{T}(\boldsymbol{u})\\&\Rightarrow(\tilde{\boldsymbol{A}}(\boldsymbol{r}))^{\mathrm{T}}\tilde{\boldsymbol{\Omega}}^{-1}\tilde{\boldsymbol{A}}(\boldsymbol{r})-(\tilde{\boldsymbol{A}}(\boldsymbol{r}))^{\mathrm{T}}\tilde{\boldsymbol{\Omega}}^{-1}\tilde{\boldsymbol{C}}(\boldsymbol{u},\boldsymbol{r})(\boldsymbol{C}(\boldsymbol{u},\boldsymbol{r}))^{-1}\boldsymbol{G}(\boldsymbol{r})\boldsymbol{T}(\boldsymbol{u})\\&=(\tilde{\boldsymbol{A}}(\boldsymbol{r}))^{\mathrm{T}}\tilde{\boldsymbol{\Omega}}^{-1}\tilde{\boldsymbol{C}}(\boldsymbol{u},\boldsymbol{r})(\boldsymbol{C}(\boldsymbol{u},\boldsymbol{r}))^{-1}\boldsymbol{A}\end{aligned} \tag{9.53}$$

联合式（9.50）和式（9.53）可知

$$(\boldsymbol{P}(\boldsymbol{u},\boldsymbol{r}))^{-1}\boldsymbol{A}=(\boldsymbol{C}(\boldsymbol{u},\boldsymbol{r}))^{-1}\boldsymbol{A}+(\boldsymbol{C}(\boldsymbol{u},\boldsymbol{r}))^{-1}\boldsymbol{G}(\boldsymbol{r})\boldsymbol{T}(\boldsymbol{u})=\boldsymbol{F}_{\mathrm{toa}}(\boldsymbol{u}) \tag{9.54}$$

式中，第 2 个等号利用了式（9.52）。

最后，将式（9.54）代入式（9.48）可得

$$\mathbf{MSE}(\hat{\boldsymbol{u}}_{\text{tlwls}})=((\boldsymbol{F}_{\text{toa}}(\boldsymbol{u}))^{\text{T}}(\boldsymbol{E}^{(\text{t})})^{-1}\boldsymbol{F}_{\text{toa}}(\boldsymbol{u}))^{-1}=\mathbf{CRB}_{\text{toa-p}}(\boldsymbol{u}) \tag{9.55}$$

证毕。

图 9.1 给出了本章定位方法的流程图。

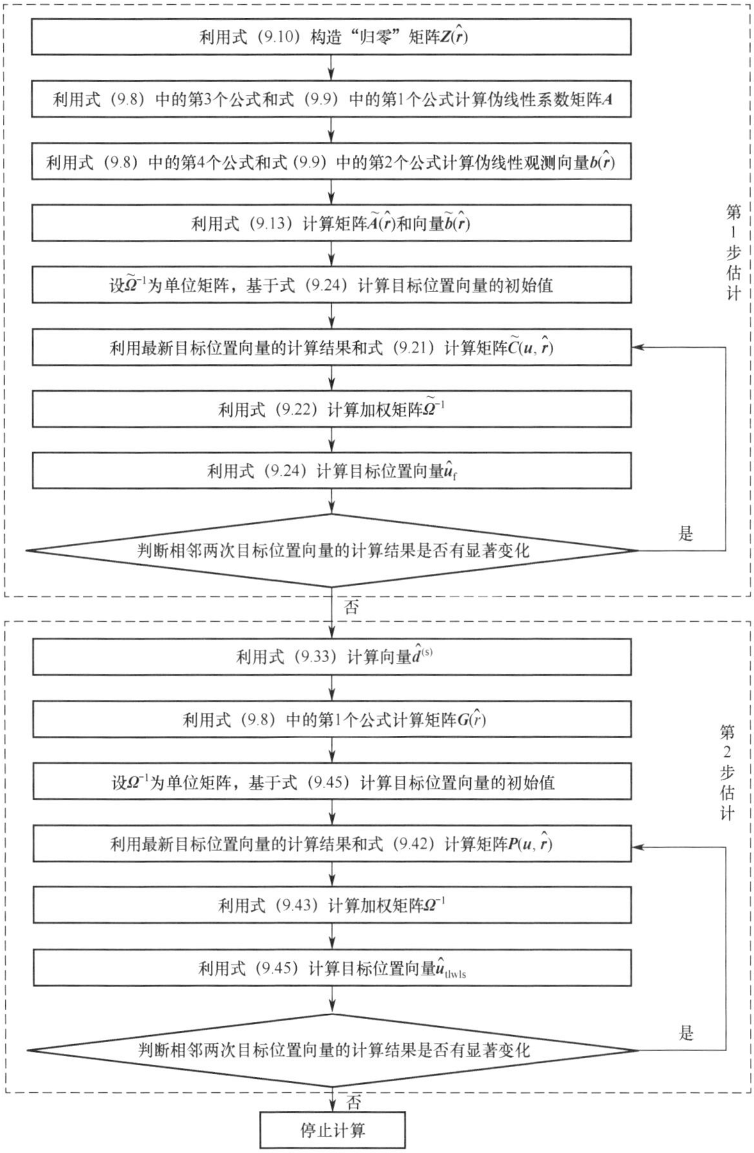

图 9.1　本章定位方法的流程图

9.5 数值实验

假设有个 4 发-5 收的 MIMO 雷达系统，发射天线的三维位置坐标见表 9.1，接收天线的三维位置坐标见表 9.2。距离和观测误差 $\boldsymbol{\varepsilon}^{(\mathrm{t})}$ 服从均值为零、协方差矩阵为 $\boldsymbol{E}^{(\mathrm{t})}=\sigma^2\boldsymbol{I}_{20}$ 的高斯分布。

表 9.1　发射天线的三维位置坐标（单位：m）

发射天线序号 n	1	2	3	4
$<\boldsymbol{w}_n>_1$	−2000	−2000	2000	2000
$<\boldsymbol{w}_n>_2$	−3000	3000	−3000	3000
$<\boldsymbol{w}_n>_3$	1500	1200	1600	1700

表 9.2　接收天线的三维位置坐标（单位：m）

接收天线序号 m	1	2	3	4	5
$<\boldsymbol{s}_m>_1$	0	6000	−6000	0	0
$<\boldsymbol{s}_m>_2$	6000	0	0	−6000	0
$<\boldsymbol{s}_m>_3$	1600	1200	1500	1700	1300

首先，将目标位置向量 $\boldsymbol{u}$ 设为 $[5000\ \ -5000\ \ 1800]^{\mathrm{T}}$（m），标准差 σ 设为 1m。图 9.2 给出了定位结果散布图与定位误差椭圆曲线。

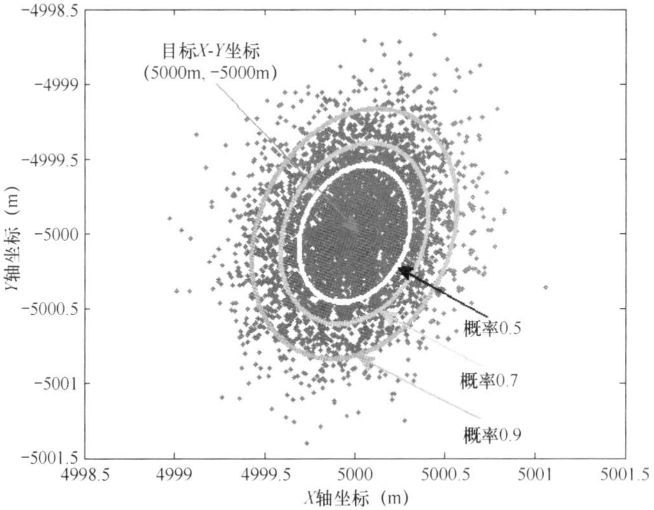

(a) X-Y坐标平面

图 9.2　定位结果散布图与定位误差椭圆曲线

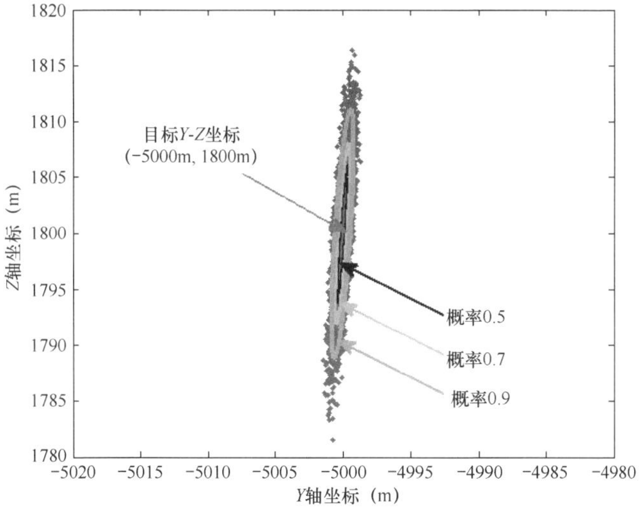

（b） Y-Z坐标平面

图 9.2　定位结果散布图与定位误差椭圆曲线（续）

然后，将目标位置向量 $\boldsymbol{u}$ 设为 $[5000\ \ -5000\ \ 1800]^{\mathrm{T}}$（m），改变标准差 σ 的数值。图 9.3 给出了目标位置估计均方根误差随着标准差 σ 的变化曲线；图 9.4 给出了定位成功概率随着标准差 σ 的变化曲线。注意：图 9.4 中的理论值由式（3.25）和式（3.32）计算得到，其中 $\delta = 10\,\mathrm{m}$。

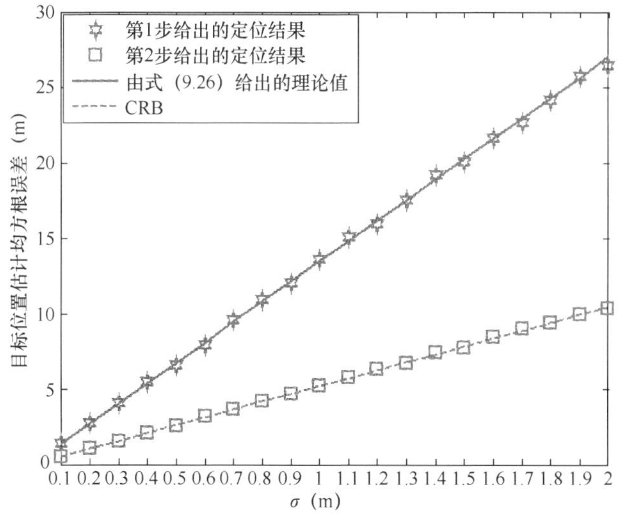

图 9.3　目标位置估计均方根误差随着标准差 σ 的变化曲线

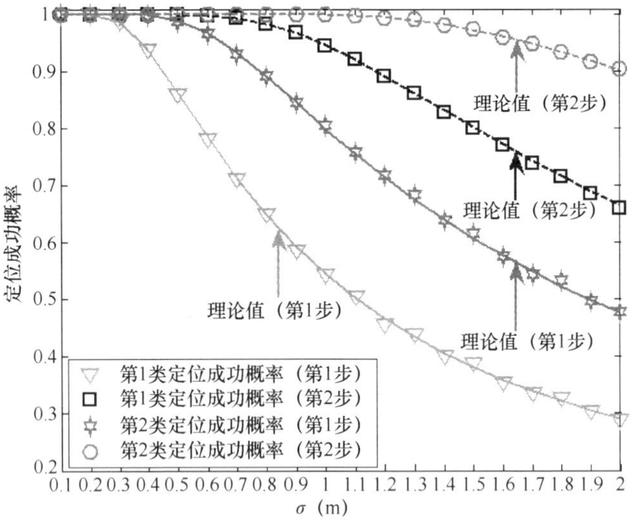

图 9.4　定位成功概率随着标准差 σ 的变化曲线

接着，将标准差 σ 设为 1（m），目标位置向量 $\boldsymbol{u}$ 设为 $[l_x\ \ -5000\ \ 1800]^{\mathrm{T}}$（m），改变 l_x 的数值。图 9.5 给出了目标位置估计均方根误差随着 l_x 的变化曲线；图 9.6 给出了定位成功概率随着 l_x 的变化曲线。注意：图 9.6 中的理论值由式（3.25）和式（3.32）计算得到，其中 $\delta = 10\,\mathrm{m}$。

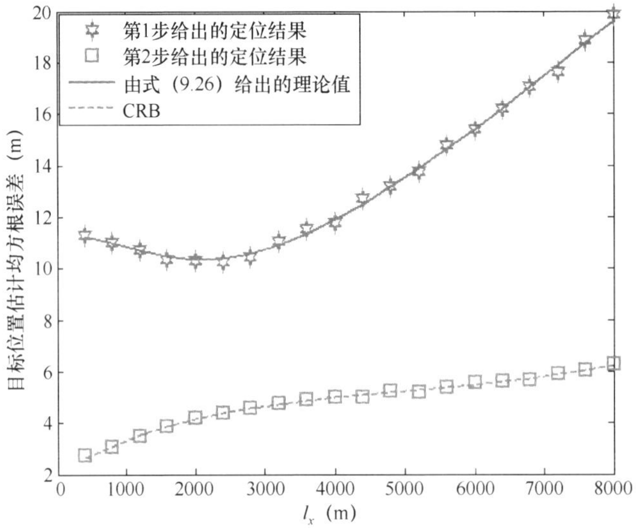

图 9.5　目标位置估计均方根误差随着 l_x 的变化曲线

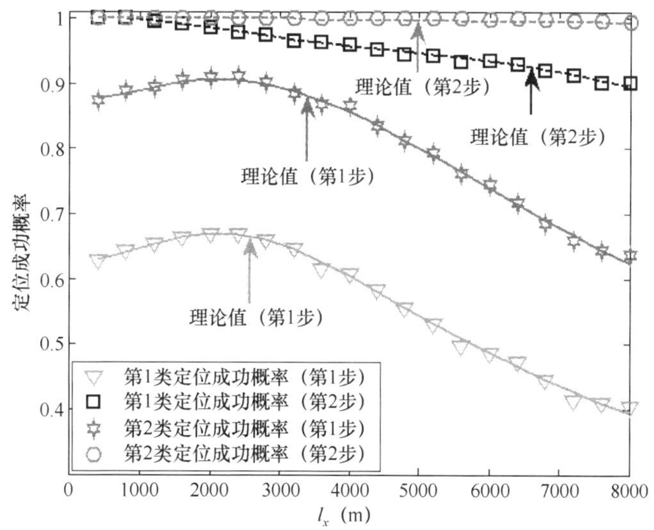

图 9.6　定位成功概率随着 l_x 的变化曲线

再将标准差 σ 设为 1（m），目标位置向量 $\boldsymbol{u}$ 设为 $[5000\ \ -l_y\ \ 1800]^{\mathrm{T}}$（m），改变 l_y 的数值。图 9.7 给出了目标位置估计均方根误差随着 l_y 的变化曲线；图 9.8 给出了定位成功概率随着 l_y 的变化曲线。注意：图 9.8 中的理论值由式（3.25）和式（3.32）计算得到，其中 $\delta = 10\,\mathrm{m}$。

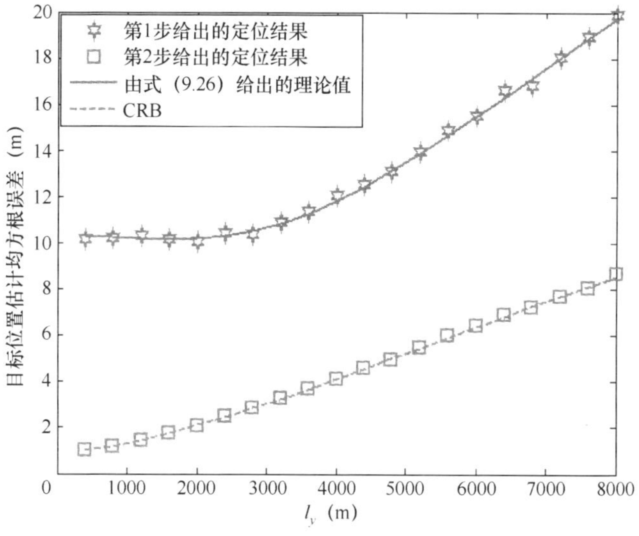

图 9.7　目标位置估计均方根误差随着 l_y 的变化曲线

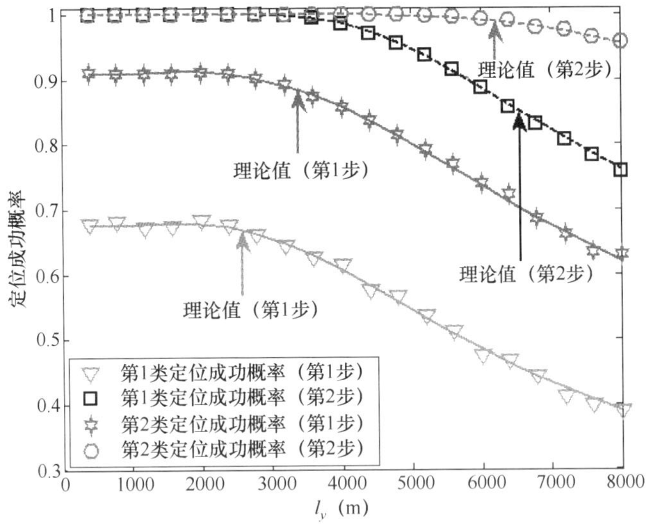

图 9.8　定位成功概率随着 l_y 的变化曲线

最后，将标准差 σ 设为 1（m），目标位置向量 $\boldsymbol{u}$ 设为 $[5000\ \ -5000\ \ l_z]^{\mathrm{T}}$（m），改变 l_z 的数值。图 9.9 给出了目标位置估计均方根误差随着 l_z 的变化曲线；图 9.10 给出了定位成功概率随着 l_z 的变化曲线。注意：图 9.10 中的理论值由式（3.25）和式（3.32）计算所得，其中 $\delta = 10\,\mathrm{m}$。

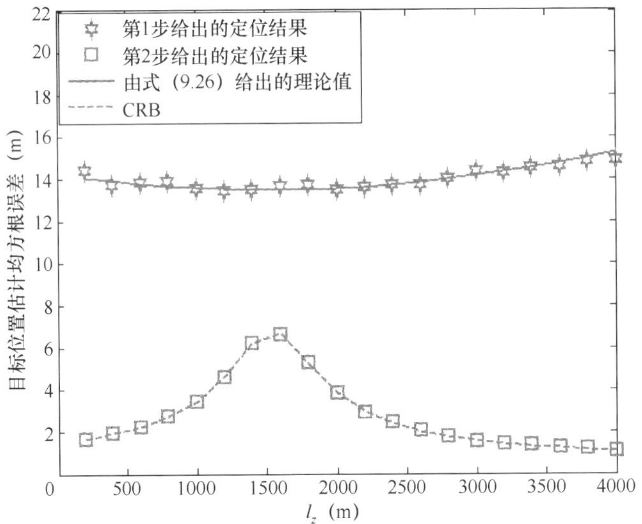

图 9.9　目标位置估计均方根误差随着 l_z 的变化曲线

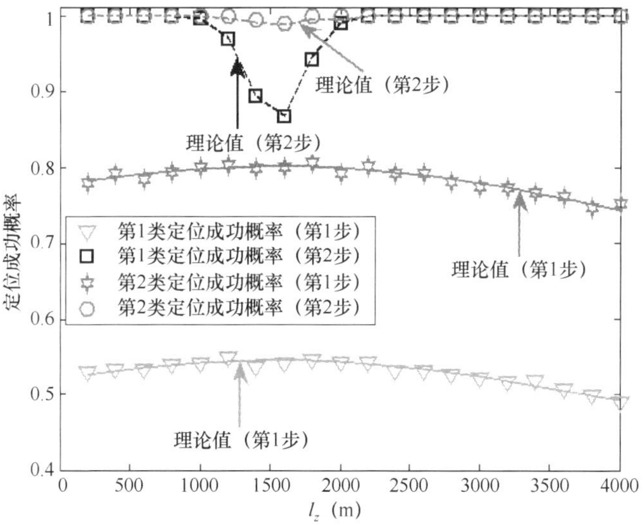

图 9.10　定位成功概率随着 l_z 的变化曲线

由图 9.3～图 9.10 可知：

（1）本章定位方法第 1 步对目标位置估计均方根误差与式（9.26）给出的理论性能吻合较好（见图 9.3、图 9.5、图 9.7 及图 9.9），验证了 9.3 节理论性能分析的有效性。

（2）本章定位方法第 2 步对目标位置估计均方根误差可以达到相应的 CRB（见图 9.3、图 9.5、图 9.7 及图 9.9），验证了 9.4 节理论性能分析的有效性。

（3）相比于第 1 步给出的定位结果，第 2 步给出的定位结果具有更高的估计精度。

（4）两类定位成功概率的理论值和仿真值相互吻合，在相同条件下，第 2 类定位成功概率高于第 1 类定位成功概率（见图 9.4、图 9.6、图 9.8 及图 9.10），验证了 3.2 节理论性能分析的有效性。

第 10 章

基于 TOA 观测量的闭式定位方法：在信号传播速度未知条件下的定位方法

众所周知，海洋是地球表面最为广阔的区域，其对于各个濒海国家的发展具有举足轻重的作用。对于海上权益的维护和资源的控制，较为关键的是对水下信息的获取及利用。早期的海上声呐系统主要是发射站和接收站合并在一起的单基地声呐系统。这种系统的缺点是容易暴露自己的位置，隐蔽性较差。多基地声呐系统可以较好地解决该问题，该系统利用多个声源发射声波信号，多个配置在不同位置的声呐接收站接收目标回波信号，其优势在于发射站和接收站可以远距离分离，不仅提高了对目标的定位精度，还具有较强的隐蔽性能，因而受到了国内外学者的广泛关注。

本章考虑多基地声呐定位场景，TOA 观测量是该场景中频繁使用的定位参数。与前面各章讨论的定位场景有所不同，这里考虑了声波信号在水下传播速度的不确定性，借鉴参考文献[28]中的处理方式，将信号传播速度建模成未知参数。本章给出了一种两步估计方法：第 1 步采用线性加权最小二乘定位方法；第 2 步构建第 1 步估计误差所服从的线性等式约束，并且通过求解约束优化模型以获得第 1 步估计误差的估计值，利用该估计值能够对第 1 步估计结果进行更新，以获得最终的定位结果。此外，本章还利用一阶误差分析方法证明该方法的性能可渐近逼近相应的 CRB。数值实验验证了本章定位方法的渐近统计最优性。

需要指出的是，虽然声波和无线电波的特性不同，但是目标位置的计算方法却是相通的，因此本章的定位方法可被视为无线信号定位方法的推广应用。

10.1　TOA 观测模型与问题描述

考虑某个多基地声呐定位系统，其中有 N 个发射站和 M 个接收站分布在不同的位置[①]，假设第 n 个发射站的位置向量为 $\boldsymbol{w}_n$（$1 \leqslant n \leqslant N$），其精确已知，第 m 个接收站的位置向量为 $\boldsymbol{s}_m$（$1 \leqslant m \leqslant M$），其也精确已知，目标的位置向量为 $\boldsymbol{u}$ 。发射站发射声波信号，信号经过目标反射后到达接收站，通过收发基地同步后，接收站可以获得 TOA 信息，即

$$t_{nm} = t_n^{(\mathrm{w})} + t_m^{(\mathrm{s})} = \frac{1}{c}(\|\boldsymbol{u}-\boldsymbol{w}_n\|_2 + \|\boldsymbol{u}-\boldsymbol{s}_m\|_2) \quad (1 \leqslant n \leqslant N; 1 \leqslant m \leqslant M) \tag{10.1}$$

式中，c 表示声波信号传播速度，借鉴参考文献[28]中的处理方式，这里将其建模为未知参数；$t_n^{(\mathrm{w})} = \frac{1}{c}\|\boldsymbol{u}-\boldsymbol{w}_n\|_2$，表示声波信号从第 n 个发射站到达目标的时延；$t_m^{(\mathrm{s})} = \frac{1}{c}\|\boldsymbol{u}-\boldsymbol{s}_m\|_2$，表示声波信号由目标反射后到达第 m 个接收站的时延。

实际获得的 TOA 观测量是含有误差的，可表示为

$$\hat{t}_{nm} = t_{nm} + \varepsilon_{nm}^{(\mathrm{t})} \quad (1 \leqslant n \leqslant N; 1 \leqslant m \leqslant M) \tag{10.2}$$

式中，$\varepsilon_{nm}^{(\mathrm{t})}$ 表示 TOA 观测误差。将式（10.2）写成向量形式可得

$$\hat{\boldsymbol{t}} = \boldsymbol{t} + \boldsymbol{\varepsilon}^{(\mathrm{t})} = \boldsymbol{f}_{\mathrm{toa}}(\boldsymbol{u},c) + \boldsymbol{\varepsilon}^{(\mathrm{t})} \tag{10.3}$$

式中，

$$\begin{cases} \hat{\boldsymbol{t}} = [\hat{\boldsymbol{t}}_1^{\mathrm{T}} \ \ \hat{\boldsymbol{t}}_2^{\mathrm{T}} \ \ \cdots \ \ \hat{\boldsymbol{t}}_M^{\mathrm{T}}]^{\mathrm{T}} \\ \boldsymbol{t} = \boldsymbol{f}_{\mathrm{toa}}(\boldsymbol{u},c) = [\boldsymbol{t}_1^{\mathrm{T}} \ \ \boldsymbol{t}_2^{\mathrm{T}} \ \ \cdots \ \ \boldsymbol{t}_M^{\mathrm{T}}]^{\mathrm{T}} \\ \boldsymbol{\varepsilon}^{(\mathrm{t})} = [(\boldsymbol{\varepsilon}_1^{(\mathrm{t})})^{\mathrm{T}} \ \ (\boldsymbol{\varepsilon}_2^{(\mathrm{t})})^{\mathrm{T}} \ \ \cdots \ \ (\boldsymbol{\varepsilon}_M^{(\mathrm{t})})^{\mathrm{T}}]^{\mathrm{T}} \end{cases} \tag{10.4}$$

① 不失一般性，本章考虑二维平面定位，此时位置向量含有两个坐标。

式中，

$$\begin{cases}\hat{\boldsymbol{t}}_m=[\hat{t}_{1m}\ \ \hat{t}_{2m}\ \ \cdots\ \ \hat{t}_{Nm}]^{\mathrm{T}}\\ \boldsymbol{t}_m=[t_{1m}\ \ t_{2m}\ \ \cdots\ \ t_{Nm}]^{\mathrm{T}}\\ \boldsymbol{\varepsilon}_m^{(\mathrm{t})}=[\varepsilon_{1m}\ \ \varepsilon_{2m}\ \ \cdots\ \ \varepsilon_{Nm}]^{\mathrm{T}}\quad(1\leqslant m\leqslant M)\end{cases}\tag{10.5}$$

假设观测误差向量 $\boldsymbol{\varepsilon}^{(\mathrm{t})}$ 服从零均值的高斯分布，并且其协方差矩阵为 $\boldsymbol{E}^{(\mathrm{t})}=E[\boldsymbol{\varepsilon}^{(\mathrm{t})}(\boldsymbol{\varepsilon}^{(\mathrm{t})})^{\mathrm{T}}]$。本章将 $\hat{\boldsymbol{t}}$ 称为含有误差的 TOA 观测向量；将 $\boldsymbol{t}$ 称为无误差的 TOA 观测向量。

下面的问题在于：如何利用 TOA 观测向量 $\hat{\boldsymbol{t}}$，尽可能准确地联合估计目标位置向量 $\boldsymbol{u}$ 和信号传播速度 c。本章给出一种两步估计方法，能够给出目标位置向量和信号传播速度的闭式解。

10.2 伪线性观测方程

由于式（10.3）中的 $\boldsymbol{f}_{\mathrm{toa}}(\boldsymbol{u},c)$ 是关于 $\boldsymbol{u}$ 和 c 的非线性函数，因此为了获得其闭式解，需要先推导伪线性观测方程。由式（10.1）可得

$$\begin{aligned}&ct_{nm}=\|\boldsymbol{u}-\boldsymbol{w}_n\|_2+\|\boldsymbol{u}-\boldsymbol{s}_m\|_2\Rightarrow(ct_{nm}-\|\boldsymbol{u}-\boldsymbol{s}_m\|_2)^2=\|\boldsymbol{u}-\boldsymbol{w}_n\|_2^2\\&\Rightarrow 2(\boldsymbol{s}_m-\boldsymbol{w}_n)^{\mathrm{T}}\boldsymbol{u}-c^2t_{nm}^2+2ct_{nm}\|\boldsymbol{u}-\boldsymbol{s}_m\|_2=\|\boldsymbol{s}_m\|_2^2-\|\boldsymbol{w}_n\|_2^2\\&\Rightarrow 2(\boldsymbol{s}_m-\boldsymbol{w}_n)^{\mathrm{T}}\boldsymbol{u}-c^2t_{nm}^2+2ct_{nm}d_m^{(\mathrm{s})}=\|\boldsymbol{s}_m\|_2^2-\|\boldsymbol{w}_n\|_2^2\quad(1\leqslant n\leqslant N;1\leqslant m\leqslant M)\end{aligned}\tag{10.6}$$

式中，$d_m^{(\mathrm{s})}=\|\boldsymbol{u}-\boldsymbol{s}_m\|_2$，表示目标与第 m 个接收站之间的距离。

定义扩维参数向量 $\boldsymbol{u}_c=[\boldsymbol{u}^{\mathrm{T}}\ \vert\ c^2\ \vert\ c(\boldsymbol{d}^{(\mathrm{s})})^{\mathrm{T}}]^{\mathrm{T}}\in\mathbf{R}^{(M+3)\times 1}$，其中 $\boldsymbol{d}^{(\mathrm{s})}=[d_1^{(\mathrm{s})}\ \ d_2^{(\mathrm{s})}\ \ \cdots\ \ d_M^{(\mathrm{s})}]^{\mathrm{T}}\in\mathbf{R}^{M\times 1}$，此时可将式（10.6）写成矩阵形式，即

$$\boldsymbol{A}(\boldsymbol{t})\boldsymbol{u}_c=\boldsymbol{b}\tag{10.7}$$

$$
\begin{cases}
\boldsymbol{A}(\boldsymbol{t})=\left[\begin{array}{c:c:ccccc}
\boldsymbol{A}_1 & -(\boldsymbol{t}_1\odot\boldsymbol{t}_1) & 2\boldsymbol{t}_1 & \boldsymbol{O}_{N\times1} & \cdots & \boldsymbol{O}_{N\times1}\\
\boldsymbol{A}_2 & -(\boldsymbol{t}_2\odot\boldsymbol{t}_2) & \boldsymbol{O}_{N\times1} & 2\boldsymbol{t}_2 & \ddots & \vdots\\
\vdots & \vdots & \vdots & \ddots & \ddots & \boldsymbol{O}_{N\times1}\\
\boldsymbol{A}_M & -(\boldsymbol{t}_M\odot\boldsymbol{t}_M) & \boldsymbol{O}_{N\times1} & \cdots & \boldsymbol{O}_{N\times1} & 2\boldsymbol{t}_M
\end{array}\right]\in\mathbf{R}^{MN\times(M+3)}\\
\boldsymbol{b}=\begin{bmatrix}\boldsymbol{b}_1\\ \boldsymbol{b}_2\\ \vdots\\ \boldsymbol{b}_M\end{bmatrix}\in\mathbf{R}^{MN\times1}
\end{cases}
\tag{10.8}
$$

式中，

$$
\begin{cases}
\boldsymbol{A}_m=\begin{bmatrix}2(\boldsymbol{s}_m-\boldsymbol{w}_1)^{\mathrm{T}}\\ 2(\boldsymbol{s}_m-\boldsymbol{w}_2)^{\mathrm{T}}\\ \vdots\\ 2(\boldsymbol{s}_m-\boldsymbol{w}_N)^{\mathrm{T}}\end{bmatrix}\in\mathbf{R}^{N\times2}\\
\boldsymbol{b}_m=\begin{bmatrix}\|\boldsymbol{s}_m\|_2^2-\|\boldsymbol{w}_1\|_2^2\\ \|\boldsymbol{s}_m\|_2^2-\|\boldsymbol{w}_2\|_2^2\\ \vdots\\ \|\boldsymbol{s}_m\|_2^2-\|\boldsymbol{w}_N\|_2^2\end{bmatrix}\in\mathbf{R}^{N\times1}\quad(1\leqslant m\leqslant M)
\end{cases}
\tag{10.9}
$$

式（10.7）即为本节建立的伪线性观测方程，其中 $\boldsymbol{A}(\boldsymbol{t})$ 表示伪线性系数矩阵，由式（10.8）中的第 1 个公式可知，$\boldsymbol{A}(\boldsymbol{t})$ 与向量 $\boldsymbol{t}$ 有关；$\boldsymbol{b}$ 表示伪线性观测向量，由式（10.8）中的第 2 个公式和式（10.9）中的第 2 个公式可知，$\boldsymbol{b}$ 是精确已知的常数向量。

10.3　第 1 步定位原理与计算方法

根据式（10.7）可将向量 $\boldsymbol{u}_c$ 表示为

$$
\boldsymbol{u}_c=(\boldsymbol{A}(\boldsymbol{t}))^{\dagger}\boldsymbol{b}=((\boldsymbol{A}(\boldsymbol{t}))^{\mathrm{T}}\boldsymbol{A}(\boldsymbol{t}))^{-1}(\boldsymbol{A}(\boldsymbol{t}))^{\mathrm{T}}\boldsymbol{b}
\tag{10.10}
$$

然而，在实际中无法获得无误差的 TOA 观测向量 $\boldsymbol{t}$，只能得到含有误差的 TOA 观测向量 $\hat{\boldsymbol{t}}$。此时需要设计线性加权最小二乘估计准则，用于抑制观测误差 $\boldsymbol{\varepsilon}^{(\mathrm{t})}$

的影响。

定义误差向量，即

$$\boldsymbol{\xi}=\boldsymbol{b}-\boldsymbol{A}(\hat{\boldsymbol{t}})\boldsymbol{u}_c=-\Delta\boldsymbol{A}\boldsymbol{u}_c \tag{10.11}$$

式中，$\Delta\boldsymbol{A}=\boldsymbol{A}(\hat{\boldsymbol{t}})-\boldsymbol{A}(\boldsymbol{t})$。

利用一阶误差分析可知

$$\begin{aligned}\Delta\boldsymbol{A}\boldsymbol{u}_c&\approx[\dot{\boldsymbol{A}}_{t_{11}}(\boldsymbol{t})\boldsymbol{u}_c\ \cdots\ \dot{\boldsymbol{A}}_{t_{N1}}(\boldsymbol{t})\boldsymbol{u}_c\ \vert\ \dot{\boldsymbol{A}}_{t_{12}}(\boldsymbol{t})\boldsymbol{u}_c\ \cdots\ \dot{\boldsymbol{A}}_{t_{N2}}(\boldsymbol{t})\boldsymbol{u}_c\ \vert\cdots\vert\ \dot{\boldsymbol{A}}_{t_{1M}}(\boldsymbol{t})\boldsymbol{u}_c\ \cdots\ \dot{\boldsymbol{A}}_{t_{NM}}(\boldsymbol{t})\boldsymbol{u}_c](\hat{\boldsymbol{t}}-\boldsymbol{t})\\&=[\dot{\boldsymbol{A}}_{t_{11}}(\boldsymbol{t})\boldsymbol{u}_c\ \cdots\ \dot{\boldsymbol{A}}_{t_{N1}}(\boldsymbol{t})\boldsymbol{u}_c\ \vert\ \dot{\boldsymbol{A}}_{t_{12}}(\boldsymbol{t})\boldsymbol{u}_c\ \cdots\ \dot{\boldsymbol{A}}_{t_{N2}}(\boldsymbol{t})\boldsymbol{u}_c\ \vert\cdots\vert\ \dot{\boldsymbol{A}}_{t_{1M}}(\boldsymbol{t})\boldsymbol{u}_c\ \cdots\ \dot{\boldsymbol{A}}_{t_{NM}}(\boldsymbol{t})\boldsymbol{u}_c]\boldsymbol{\varepsilon}^{(\mathrm{t})}\end{aligned} \tag{10.12}$$

式中，

$$\dot{\boldsymbol{A}}_{t_{nm}}(\boldsymbol{t})=\frac{\partial\boldsymbol{A}(\boldsymbol{t})}{\partial t_{nm}}=[\boldsymbol{O}_{MN\times2}\ \vert\ -2t_{nm}(\boldsymbol{i}_M^{(m)}\otimes\boldsymbol{i}_N^{(n)})\ \vert\ 2(\boldsymbol{i}_M^{(m)}(\boldsymbol{i}_M^{(m)})^{\mathrm{T}})\otimes\boldsymbol{i}_N^{(n)}]\in\mathbf{R}^{MN\times(M+3)}$$
$$(1\leqslant n\leqslant N;\ 1\leqslant m\leqslant M) \tag{10.13}$$

将式（10.12）代入式（10.11）可得

$$\begin{aligned}\boldsymbol{\xi}&\approx-[\dot{\boldsymbol{A}}_{t_{11}}(\boldsymbol{t})\boldsymbol{u}_c\ \cdots\ \dot{\boldsymbol{A}}_{t_{N1}}(\boldsymbol{t})\boldsymbol{u}_c\ \vert\ \dot{\boldsymbol{A}}_{t_{12}}(\boldsymbol{t})\boldsymbol{u}_c\ \cdots\ \dot{\boldsymbol{A}}_{t_{N2}}(\boldsymbol{t})\boldsymbol{u}_c\ \vert\cdots\vert\ \dot{\boldsymbol{A}}_{t_{1M}}(\boldsymbol{t})\boldsymbol{u}_c\ \cdots\ \dot{\boldsymbol{A}}_{t_{NM}}(\boldsymbol{t})\boldsymbol{u}_c]\boldsymbol{\varepsilon}^{(\mathrm{t})}\\&=\boldsymbol{C}(\boldsymbol{u}_c,\boldsymbol{t})\boldsymbol{\varepsilon}^{(\mathrm{t})}\end{aligned} \tag{10.14}$$

式中，

$$\begin{aligned}\boldsymbol{C}(\boldsymbol{u}_c,\boldsymbol{t})=&-[\dot{\boldsymbol{A}}_{t_{11}}(\boldsymbol{t})\boldsymbol{u}_c\ \cdots\ \dot{\boldsymbol{A}}_{t_{N1}}(\boldsymbol{t})\boldsymbol{u}_c\ \vert\ \dot{\boldsymbol{A}}_{t_{12}}(\boldsymbol{t})\boldsymbol{u}_c\ \cdots\ \dot{\boldsymbol{A}}_{t_{N2}}(\boldsymbol{t})\boldsymbol{u}_c\ \vert\cdots\vert\ \dot{\boldsymbol{A}}_{t_{1M}}(\boldsymbol{t})\boldsymbol{u}_c\ \cdots\ \dot{\boldsymbol{A}}_{t_{NM}}(\boldsymbol{t})\boldsymbol{u}_c]\\&\in\mathbf{R}^{MN\times MN}\end{aligned} \tag{10.15}$$

需要指出的是，$\boldsymbol{C}(\boldsymbol{u}_c,\boldsymbol{t})$通常是可逆矩阵。由式（10.14）可知，误差向量$\boldsymbol{\xi}$渐近服从零均值的高斯分布，并且其协方差矩阵为

$$\boldsymbol{\Omega}=E[\boldsymbol{\xi}\boldsymbol{\xi}^{\mathrm{T}}]=\boldsymbol{C}(\boldsymbol{u}_c,\boldsymbol{t})E[\boldsymbol{\varepsilon}^{(\mathrm{t})}(\boldsymbol{\varepsilon}^{(\mathrm{t})})^{\mathrm{T}}](\boldsymbol{C}(\boldsymbol{u}_c,\boldsymbol{t}))^{\mathrm{T}}=\boldsymbol{C}(\boldsymbol{u}_c,\boldsymbol{t})\boldsymbol{E}^{(\mathrm{t})}(\boldsymbol{C}(\boldsymbol{u}_c,\boldsymbol{t}))^{\mathrm{T}}\in\mathbf{R}^{MN\times MN} \tag{10.16}$$

结合式（10.11）和式（10.16）可以建立线性加权最小二乘估计准则，即

$$\min_{\boldsymbol{u}_c}\{J(\boldsymbol{u}_c)\}=\min_{\boldsymbol{u}_c}\{(\boldsymbol{b}-\boldsymbol{A}(\hat{\boldsymbol{t}})\boldsymbol{u}_c)^{\mathrm{T}}\boldsymbol{\Omega}^{-1}(\boldsymbol{b}-\boldsymbol{A}(\hat{\boldsymbol{t}})\boldsymbol{u}_c)\} \tag{10.17}$$

式中，$\boldsymbol{\Omega}^{-1}$可被视为加权矩阵，其作用在于抑制观测误差$\boldsymbol{\varepsilon}^{(\mathrm{t})}$的影响。根据式（2.39）可知，式（10.17）的最优闭式解为

$$\hat{\boldsymbol{u}}_c=((\boldsymbol{A}(\hat{\boldsymbol{t}}))^{\mathrm{T}}\boldsymbol{\Omega}^{-1}\boldsymbol{A}(\hat{\boldsymbol{t}}))^{-1}(\boldsymbol{A}(\hat{\boldsymbol{t}}))^{\mathrm{T}}\boldsymbol{\Omega}^{-1}\boldsymbol{b} \tag{10.18}$$

【注记 10.1】由式（10.16）可知，加权矩阵$\boldsymbol{\Omega}^{-1}$与参数向量$\boldsymbol{u}_c$有关，因此，严格来说，式（10.17）中的目标函数$J(\boldsymbol{u}_c)$并不是关于向量$\boldsymbol{u}_c$的二次函数。庆幸的是，该问题并不难解决：首先，将$\boldsymbol{\Omega}^{-1}$设为单位矩阵，从而获得关于向量$\boldsymbol{u}_c$的初始值；然后，重新计算加权矩阵$\boldsymbol{\Omega}^{-1}$，并再次得到向量$\boldsymbol{u}_c$的估计值，重复此过程3～5次，即可取得预期的估计精度。加权矩阵$\boldsymbol{\Omega}^{-1}$还与TOA观测向量$\boldsymbol{t}$有关，可直接利用其观测值$\hat{\boldsymbol{t}}$进行计算。理论分析表明，在一阶误差分析理论框架下，加权矩阵$\boldsymbol{\Omega}^{-1}$中的扰动误差并不会实质影响估计值$\hat{\boldsymbol{u}}_c$的统计性能。

【注记 10.2】将估计值$\hat{\boldsymbol{u}}_c$中的估计误差记为$\Delta\boldsymbol{u}_c=\hat{\boldsymbol{u}}_c-\boldsymbol{u}$，由类似于4.2.3节中的一阶误差分析方法可知，误差向量$\Delta\boldsymbol{u}_c$渐近服从零均值的高斯分布，并且其可以近似表示为

$$\Delta\boldsymbol{u}_c\approx((\boldsymbol{A}(\boldsymbol{t}))^{\mathrm{T}}\boldsymbol{\Omega}^{-1}\boldsymbol{A}(\boldsymbol{t}))^{-1}(\boldsymbol{A}(\boldsymbol{t}))^{\mathrm{T}}\boldsymbol{\Omega}^{-1}\boldsymbol{\xi} \tag{10.19}$$

由此可知，估计值$\hat{\boldsymbol{u}}_c$是渐近无偏估计，并且其均方误差矩阵为

$$\mathbf{MSE}(\hat{\boldsymbol{u}}_c)=E[(\hat{\boldsymbol{u}}_c-\boldsymbol{u})(\hat{\boldsymbol{u}}_c-\boldsymbol{u})^{\mathrm{T}}]=E[\Delta\boldsymbol{u}_c(\Delta\boldsymbol{u}_c)^{\mathrm{T}}]=((\boldsymbol{A}(\boldsymbol{t}))^{\mathrm{T}}\boldsymbol{\Omega}^{-1}\boldsymbol{A}(\boldsymbol{t}))^{-1} \tag{10.20}$$

根据向量$\boldsymbol{u}_c$的定义可知，从估计值$\hat{\boldsymbol{u}}_c$中可以很容易获得参数向量$\begin{bmatrix}\boldsymbol{u}\\ c\end{bmatrix}$的

估计值（记为$\begin{bmatrix}\hat{\boldsymbol{u}}_{\mathrm{f}}\\ \hat{c}_{\mathrm{f}}\end{bmatrix}$），即

$$\begin{bmatrix}\hat{\boldsymbol{u}}_{\mathrm{f}}\\ \hat{c}_{\mathrm{f}}\end{bmatrix}=\begin{bmatrix}<\hat{\boldsymbol{u}}_c>_1\\ <\hat{\boldsymbol{u}}_c>_2\\ \sqrt{<\hat{\boldsymbol{u}}_c>_3}\end{bmatrix} \tag{10.21}$$

将估计值$\begin{bmatrix}\hat{\boldsymbol{u}}_{\mathrm{f}}\\ \hat{c}_{\mathrm{f}}\end{bmatrix}$中的估计误差记为$\begin{bmatrix}\Delta\boldsymbol{u}_{\mathrm{f}}\\ \Delta c_{\mathrm{f}}\end{bmatrix}=\begin{bmatrix}\hat{\boldsymbol{u}}_{\mathrm{f}}-\boldsymbol{u}\\ \hat{c}_{\mathrm{f}}-c\end{bmatrix}$，由式（10.21）可得

$$\begin{bmatrix}\Delta\boldsymbol{u}_{\mathrm{f}}\\ \Delta c_{\mathrm{f}}\end{bmatrix}\approx\begin{bmatrix}<\Delta\boldsymbol{u}_c>_1\\ <\Delta\boldsymbol{u}_c>_2\\ \dfrac{1}{2\sqrt{<\boldsymbol{u}_c>_3}}<\Delta\boldsymbol{u}_c>_3\end{bmatrix}=\begin{bmatrix}<\Delta\boldsymbol{u}_c>_1\\ <\Delta\boldsymbol{u}_c>_2\\ \dfrac{1}{2c}<\Delta\boldsymbol{u}_c>_3\end{bmatrix}=\begin{bmatrix}\boldsymbol{I}_2 & \boldsymbol{O}_{2\times1} & \boldsymbol{O}_{2\times M}\\ \boldsymbol{O}_{1\times2} & 1/(2c) & \boldsymbol{O}_{1\times M}\end{bmatrix}\Delta\boldsymbol{u}_c \tag{10.22}$$

由此可知，估计值$\begin{bmatrix}\hat{\boldsymbol{u}}_{\mathrm{f}}\\ \hat{c}_{\mathrm{f}}\end{bmatrix}$是渐近无偏估计，并且其均方误差矩阵为

$$\begin{aligned}\mathbf{MSE}\left(\begin{bmatrix}\hat{\boldsymbol{u}}_{\mathrm{f}}\\ \hat{c}_{\mathrm{f}}\end{bmatrix}\right)&=E\left(\begin{bmatrix}\hat{\boldsymbol{u}}_{\mathrm{f}}-\boldsymbol{u}\\ \hat{c}_{\mathrm{f}}-c\end{bmatrix}\begin{bmatrix}\hat{\boldsymbol{u}}_{\mathrm{f}}-\boldsymbol{u}\\ \hat{c}_{\mathrm{f}}-c\end{bmatrix}^{\mathrm{T}}\right)=E\left(\begin{bmatrix}\Delta\boldsymbol{u}_{\mathrm{f}}\\ \Delta c_{\mathrm{f}}\end{bmatrix}\begin{bmatrix}\Delta\boldsymbol{u}_{\mathrm{f}}\\ \Delta c_{\mathrm{f}}\end{bmatrix}^{\mathrm{T}}\right)\\ &=\begin{bmatrix}\boldsymbol{I}_2 & \boldsymbol{O}_{2\times1} & \boldsymbol{O}_{2\times M}\\ \boldsymbol{O}_{1\times2} & 1/(2c) & \boldsymbol{O}_{1\times M}\end{bmatrix}\mathbf{MSE}(\hat{\boldsymbol{u}}_c)\begin{bmatrix}\boldsymbol{I}_2 & \boldsymbol{O}_{2\times1}\\ \boldsymbol{O}_{1\times2} & 1/(2c)\\ \boldsymbol{O}_{M\times2} & \boldsymbol{O}_{M\times1}\end{bmatrix}\\ &=\begin{bmatrix}\boldsymbol{I}_2 & \boldsymbol{O}_{2\times1} & \boldsymbol{O}_{2\times M}\\ \boldsymbol{O}_{1\times2} & 1/(2c) & \boldsymbol{O}_{1\times M}\end{bmatrix}((\boldsymbol{A}(\boldsymbol{t}))^{\mathrm{T}}\boldsymbol{\Omega}^{-1}\boldsymbol{A}(\boldsymbol{t}))^{-1}\begin{bmatrix}\boldsymbol{I}_2 & \boldsymbol{O}_{2\times1}\\ \boldsymbol{O}_{1\times2} & 1/(2c)\\ \boldsymbol{O}_{M\times2} & \boldsymbol{O}_{M\times1}\end{bmatrix}\end{aligned} \tag{10.23}$$

式中，第 4 个等号利用了式（10.20）。

需要指出的是，由于第 1 步线性加权最小二乘估计准则并未利用向量$\boldsymbol{u}_c$中后M个元素与前 3 个元素之间的代数关系，因此估计值$\begin{bmatrix}\hat{\boldsymbol{u}}_{\mathrm{f}}\\ \hat{c}_{\mathrm{f}}\end{bmatrix}$的均方误差难以

达到相应的 CRB，具体可见如下命题。

【命题 10.1】在一阶误差分析理论框架下满足

$$\mathbf{MSE}\left(\begin{bmatrix}\hat{\boldsymbol{u}}_{\mathrm{f}}\\ \hat{c}_{\mathrm{f}}\end{bmatrix}\right)\geqslant\mathbf{CRB}_{\text{toa-p}}\left(\begin{bmatrix}\boldsymbol{u}\\ c\end{bmatrix}\right)$$

【证明】首先，根据式（3.2）可得

$$\mathbf{CRB}_{\text{toa-p}}\left(\begin{bmatrix}\boldsymbol{u}\\ c\end{bmatrix}\right)=\left(\begin{bmatrix}(\boldsymbol{F}_{\text{toa}}^{(\mathrm{u})}(\boldsymbol{u},c))^{\mathrm{T}}\\ (\boldsymbol{F}_{\text{toa}}^{(\mathrm{c})}(\boldsymbol{u},c))^{\mathrm{T}}\end{bmatrix}(\boldsymbol{E}^{(\mathrm{t})})^{-1}[\boldsymbol{F}_{\text{toa}}^{(\mathrm{u})}(\boldsymbol{u},c)\;\vdots\;\boldsymbol{F}_{\text{toa}}^{(\mathrm{c})}(\boldsymbol{u},c)]\right)^{-1}\tag{10.24}$$

式中，$\boldsymbol{F}_{\text{toa}}^{(\mathrm{u})}(\boldsymbol{u},c)=\dfrac{\partial\boldsymbol{f}_{\text{toa}}(\boldsymbol{u},c)}{\partial\boldsymbol{u}^{\mathrm{T}}}\in\mathbf{R}^{MN\times 2}$；$\boldsymbol{F}_{\text{toa}}^{(\mathrm{c})}(\boldsymbol{u},c)=\dfrac{\partial\boldsymbol{f}_{\text{toa}}(\boldsymbol{u},c)}{\partial c}\in\mathbf{R}^{MN\times 1}$。这两个 Jacobian 矩阵的表达式见附录 F.1。

然后，将等式 $\boldsymbol{t}=\boldsymbol{f}_{\text{toa}}(\boldsymbol{u},c)$ 代入式（10.7）可知

$$\boldsymbol{A}(\boldsymbol{f}_{\text{toa}}(\boldsymbol{u},c))\boldsymbol{u}_c=\boldsymbol{b}\tag{10.25}$$

由于式（10.25）是关于向量$\begin{bmatrix}\boldsymbol{u}\\ c\end{bmatrix}$的恒等式，因此将该式两边对向量$\begin{bmatrix}\boldsymbol{u}\\ c\end{bmatrix}$求导可得

$$\begin{aligned}&[\dot{\boldsymbol{A}}_{t_{11}}(\boldsymbol{t})\boldsymbol{u}_c\;\cdots\;\dot{\boldsymbol{A}}_{t_{N1}}(\boldsymbol{t})\boldsymbol{u}_c\;\vdots\;\dot{\boldsymbol{A}}_{t_{12}}(\boldsymbol{t})\boldsymbol{u}_c\;\cdots\;\dot{\boldsymbol{A}}_{t_{N2}}(\boldsymbol{t})\boldsymbol{u}_c\;\vdots\;\cdots\;\vdots\;\dot{\boldsymbol{A}}_{t_{1M}}(\boldsymbol{t})\boldsymbol{u}_c\;\cdots\;\dot{\boldsymbol{A}}_{t_{NM}}(\boldsymbol{t})\boldsymbol{u}_c]\times\\&[\boldsymbol{F}_{\text{toa}}^{(\mathrm{u})}(\boldsymbol{u},c)\;\vdots\;\boldsymbol{F}_{\text{toa}}^{(\mathrm{c})}(\boldsymbol{u},c)]+\boldsymbol{A}(\boldsymbol{t})\left[\frac{\partial\boldsymbol{u}_c}{\partial\boldsymbol{u}^{\mathrm{T}}}\;\vdots\;\frac{\partial\boldsymbol{u}_c}{\partial c}\right]=\boldsymbol{O}_{MN\times 3}\\&\Rightarrow\boldsymbol{A}(\boldsymbol{t})\left[\frac{\partial\boldsymbol{u}_c}{\partial\boldsymbol{u}^{\mathrm{T}}}\;\vdots\;\frac{\partial\boldsymbol{u}_c}{\partial c}\right]=\boldsymbol{C}(\boldsymbol{u}_c,\boldsymbol{t})[\boldsymbol{F}_{\text{toa}}^{(\mathrm{u})}(\boldsymbol{u},c)\;\vdots\;\boldsymbol{F}_{\text{toa}}^{(\mathrm{c})}(\boldsymbol{u},c)]\\&\Rightarrow[\boldsymbol{F}_{\text{toa}}^{(\mathrm{u})}(\boldsymbol{u},c)\;\vdots\;\boldsymbol{F}_{\text{toa}}^{(\mathrm{c})}(\boldsymbol{u},c)]=(\boldsymbol{C}(\boldsymbol{u}_c,\boldsymbol{t}))^{-1}\boldsymbol{A}(\boldsymbol{t})\left[\frac{\partial\boldsymbol{u}_c}{\partial\boldsymbol{u}^{\mathrm{T}}}\;\vdots\;\frac{\partial\boldsymbol{u}_c}{\partial c}\right]\end{aligned}\tag{10.26}$$

式中，

$$\left[\frac{\partial \boldsymbol{u}_c}{\partial \boldsymbol{u}^{\mathrm{T}}} \;\middle|\; \frac{\partial \boldsymbol{u}_c}{\partial c}\right]=\left[\begin{array}{c:c} \boldsymbol{I}_2 & \boldsymbol{O}_{2\times 1} \\ \hdashline \boldsymbol{O}_{1\times 2} & 2c \\ \hdashline \dfrac{c(\boldsymbol{u}-\boldsymbol{s}_1)^{\mathrm{T}}}{\|\boldsymbol{u}-\boldsymbol{s}_1\|_2} & d_1^{(\mathrm{s})} \\ \dfrac{c(\boldsymbol{u}-\boldsymbol{s}_2)^{\mathrm{T}}}{\|\boldsymbol{u}-\boldsymbol{s}_2\|_2} & d_2^{(\mathrm{s})} \\ \vdots & \vdots \\ \dfrac{c(\boldsymbol{u}-\boldsymbol{s}_M)^{\mathrm{T}}}{\|\boldsymbol{u}-\boldsymbol{s}_M\|_2} & d_M^{(\mathrm{s})} \end{array}\right]\in \mathbf{R}^{(M+3)\times 3} \tag{10.27}$$

将式（10.26）代入式（10.24），并利用式（10.16）可知

$$\begin{aligned} \mathbf{CRB}_{\text{toa-p}}\left(\begin{bmatrix}\boldsymbol{u}\\ c\end{bmatrix}\right) &= \left(\begin{bmatrix}\left(\dfrac{\partial \boldsymbol{u}_c}{\partial \boldsymbol{u}^{\mathrm{T}}}\right)^{\mathrm{T}} \\ \left(\dfrac{\partial \boldsymbol{u}_c}{\partial c}\right)^{\mathrm{T}}\end{bmatrix}(\boldsymbol{A}(\boldsymbol{t}))^{\mathrm{T}}(\boldsymbol{C}(\boldsymbol{u}_c,\boldsymbol{t}))^{-\mathrm{T}}(\boldsymbol{E}^{(\mathrm{t})})^{-1}(\boldsymbol{C}(\boldsymbol{u}_c,\boldsymbol{t}))^{-1}\boldsymbol{A}(\boldsymbol{t})\left[\frac{\partial \boldsymbol{u}_c}{\partial \boldsymbol{u}^{\mathrm{T}}} \;\middle|\; \frac{\partial \boldsymbol{u}_c}{\partial c}\right]\right)^{-1} \\ &= \left(\begin{bmatrix}\left(\dfrac{\partial \boldsymbol{u}_c}{\partial \boldsymbol{u}^{\mathrm{T}}}\right)^{\mathrm{T}} \\ \left(\dfrac{\partial \boldsymbol{u}_c}{\partial c}\right)^{\mathrm{T}}\end{bmatrix}(\boldsymbol{A}(\boldsymbol{t}))^{\mathrm{T}}\boldsymbol{\Omega}^{-1}\boldsymbol{A}(\boldsymbol{t})\left[\frac{\partial \boldsymbol{u}_c}{\partial \boldsymbol{u}^{\mathrm{T}}} \;\middle|\; \frac{\partial \boldsymbol{u}_c}{\partial c}\right]\right)^{-1} \end{aligned} \tag{10.28}$$

由式（10.27）可以验证

$$\begin{bmatrix}\boldsymbol{I}_2 & \boldsymbol{O}_{2\times 1} & \boldsymbol{O}_{2\times M} \\ \boldsymbol{O}_{1\times 2} & 1/(2c) & \boldsymbol{O}_{1\times M}\end{bmatrix}\left[\frac{\partial \boldsymbol{u}_c}{\partial \boldsymbol{u}^{\mathrm{T}}} \;\middle|\; \frac{\partial \boldsymbol{u}_c}{\partial c}\right]=\begin{bmatrix}\boldsymbol{I}_2 & \boldsymbol{O}_{2\times 1} & \boldsymbol{O}_{2\times M} \\ \boldsymbol{O}_{1\times 2} & 1/(2c) & \boldsymbol{O}_{1\times M}\end{bmatrix}\left[\begin{array}{c:c} \boldsymbol{I}_2 & \boldsymbol{O}_{2\times 1} \\ \hdashline \boldsymbol{O}_{1\times 2} & 2c \\ \hdashline \dfrac{c(\boldsymbol{u}-\boldsymbol{s}_1)^{\mathrm{T}}}{\|\boldsymbol{u}-\boldsymbol{s}_1\|_2} & d_1^{(\mathrm{s})} \\ \dfrac{c(\boldsymbol{u}-\boldsymbol{s}_2)^{\mathrm{T}}}{\|\boldsymbol{u}-\boldsymbol{s}_2\|_2} & d_2^{(\mathrm{s})} \\ \vdots & \vdots \\ \dfrac{c(\boldsymbol{u}-\boldsymbol{s}_M)^{\mathrm{T}}}{\|\boldsymbol{u}-\boldsymbol{s}_M\|_2} & d_M^{(\mathrm{s})} \end{array}\right]=\boldsymbol{I}_3 \tag{10.29}$$

可将 $\mathbf{CRB}_{\text{toa-p}}\left(\begin{bmatrix}\boldsymbol{u}\\c\end{bmatrix}\right)$ 进一步表示为

$$\begin{aligned}&\mathbf{CRB}_{\text{toa-p}}\left(\begin{bmatrix}\boldsymbol{u}\\c\end{bmatrix}\right)\\&=\begin{bmatrix}\boldsymbol{I}_2 & \boldsymbol{O}_{2\times1} & \boldsymbol{O}_{2\times M}\\ \boldsymbol{O}_{1\times2} & 1/(2c) & \boldsymbol{O}_{1\times M}\end{bmatrix}\left[\frac{\partial\boldsymbol{u}_c}{\partial\boldsymbol{u}^{\mathrm{T}}}\;\vdots\;\frac{\partial\boldsymbol{u}_c}{\partial c}\right]\left(\begin{bmatrix}\left(\dfrac{\partial\boldsymbol{u}_c}{\partial\boldsymbol{u}^{\mathrm{T}}}\right)^{\mathrm{T}}\\\left(\dfrac{\partial\boldsymbol{u}_c}{\partial c}\right)^{\mathrm{T}}\end{bmatrix}(\boldsymbol{A}(\boldsymbol{t}))^{\mathrm{T}}\boldsymbol{\Omega}^{-1}\boldsymbol{A}(\boldsymbol{t})\left[\frac{\partial\boldsymbol{u}_c}{\partial\boldsymbol{u}^{\mathrm{T}}}\;\vdots\;\frac{\partial\boldsymbol{u}_c}{\partial c}\right]\right)^{-1}\times\\&\quad\begin{bmatrix}\left(\dfrac{\partial\boldsymbol{u}_c}{\partial\boldsymbol{u}^{\mathrm{T}}}\right)^{\mathrm{T}}\\\left(\dfrac{\partial\boldsymbol{u}_c}{\partial c}\right)^{\mathrm{T}}\end{bmatrix}\begin{bmatrix}\boldsymbol{I}_2 & \boldsymbol{O}_{2\times1}\\ \boldsymbol{O}_{1\times2} & 1/(2c)\\ \boldsymbol{O}_{M\times2} & \boldsymbol{O}_{M\times1}\end{bmatrix}\end{aligned} \tag{10.30}$$

最后，利用式（2.28）可知

$$\begin{aligned}\mathbf{CRB}_{\text{toa-p}}\left(\begin{bmatrix}\boldsymbol{u}\\c\end{bmatrix}\right)&\leqslant\begin{bmatrix}\boldsymbol{I}_2 & \boldsymbol{O}_{2\times1} & \boldsymbol{O}_{2\times M}\\ \boldsymbol{O}_{1\times2} & 1/(2c) & \boldsymbol{O}_{1\times M}\end{bmatrix}((\boldsymbol{A}(\boldsymbol{t}))^{\mathrm{T}}\boldsymbol{\Omega}^{-1}\boldsymbol{A}(\boldsymbol{t}))^{-1}\begin{bmatrix}\boldsymbol{I}_2 & \boldsymbol{O}_{2\times1}\\ \boldsymbol{O}_{1\times2} & 1/(2c)\\ \boldsymbol{O}_{M\times2} & \boldsymbol{O}_{M\times1}\end{bmatrix}\\&=\mathbf{MSE}\left(\begin{bmatrix}\hat{\boldsymbol{u}}_{\mathrm{f}}\\\hat{c}_{\mathrm{f}}\end{bmatrix}\right)\end{aligned} \tag{10.31}$$

证毕。

由命题 10.1 可知，向量$\begin{bmatrix}\hat{\boldsymbol{u}}_{\mathrm{f}}\\\hat{c}_{\mathrm{f}}\end{bmatrix}$并不是关于参数向量$\begin{bmatrix}\boldsymbol{u}\\c\end{bmatrix}$的渐近统计最优估计值，还需要通过第 2 步来提高其精度。

10.4　第 2 步定位原理与计算方法

与第 7 章和第 9 章中的两步线性加权最小二乘定位方法不同的是，本章定位方法的第 2 步先构建第 1 步估计误差向量 $\Delta\boldsymbol{u}_c$ 所服从的等式约束，并基于此建立约束优化模型；通过求解该优化模型获得第 1 步估计误差向量 $\Delta\boldsymbol{u}_c$ 的估计值（记为 $\Delta\hat{\boldsymbol{u}}_c$）；利用该估计值对第 1 步估计结果 $\begin{bmatrix}\hat{\boldsymbol{u}}_{\mathrm{f}}\\ \hat{c}_{\mathrm{f}}\end{bmatrix}$ 进行更新，以获得最终的定位结果。

首先，推导第 1 步估计误差向量 $\Delta\boldsymbol{u}_c$ 所服从的等式约束。根据向量 $\boldsymbol{u}_c$ 中的第 $3+m\,(1\leqslant m\leqslant M)$ 个元素的定义可知

$$<\hat{\boldsymbol{u}}_c>_{3+m}=c\,\|\,\boldsymbol{u}-\boldsymbol{s}_m\,\|_2+<\Delta\boldsymbol{u}_c>_{3+m}\quad(1\leqslant m\leqslant M)\tag{10.32}$$

然后，将式（10.32）中的 $c\,\|\,\boldsymbol{u}-\boldsymbol{s}_m\,\|_2$ 在向量 $\hat{\boldsymbol{u}}_{\mathrm{f}}$ 和 $\hat{c}_{\mathrm{f}}$ 处进行一阶 Taylor 级数展开可得

$$\begin{aligned}
<\hat{\boldsymbol{u}}_c>_{3+m}&\approx\hat{c}_{\mathrm{f}}\,\|\,\hat{\boldsymbol{u}}_{\mathrm{f}}-\boldsymbol{s}_m\,\|_2-\frac{\hat{c}_{\mathrm{f}}(\hat{\boldsymbol{u}}_{\mathrm{f}}-\boldsymbol{s}_m)^{\mathrm{T}}}{\|\,\hat{\boldsymbol{u}}_{\mathrm{f}}-\boldsymbol{s}_m\,\|_2}\Delta\boldsymbol{u}_{\mathrm{f}}-\|\,\hat{\boldsymbol{u}}_{\mathrm{f}}-\boldsymbol{s}_m\,\|_2\,\Delta c_{\mathrm{f}}+<\Delta\boldsymbol{u}_c>_{3+m}\\
&\approx\hat{c}_{\mathrm{f}}\,\|\,\hat{\boldsymbol{u}}_{\mathrm{f}}-\boldsymbol{s}_m\,\|_2-\frac{\hat{c}_{\mathrm{f}}(\hat{\boldsymbol{u}}_{\mathrm{f}}-\boldsymbol{s}_m)^{\mathrm{T}}}{\|\,\hat{\boldsymbol{u}}_{\mathrm{f}}-\boldsymbol{s}_m\,\|_2}\begin{bmatrix}<\Delta\boldsymbol{u}_c>_1\\ <\Delta\boldsymbol{u}_c>_2\end{bmatrix}-\frac{\|\,\hat{\boldsymbol{u}}_{\mathrm{f}}-\boldsymbol{s}_m\,\|_2}{2\hat{c}_{\mathrm{f}}}<\Delta\boldsymbol{u}_c>_3+<\Delta\boldsymbol{u}_c>_{3+m}\\
&=\hat{c}_{\mathrm{f}}\,\|\,\hat{\boldsymbol{u}}_{\mathrm{f}}-\boldsymbol{s}_m\,\|_2+\left[-\frac{\hat{c}_{\mathrm{f}}(\hat{\boldsymbol{u}}_{\mathrm{f}}-\boldsymbol{s}_m)^{\mathrm{T}}}{\|\,\hat{\boldsymbol{u}}_{\mathrm{f}}-\boldsymbol{s}_m\,\|_2}\;\vdots\;-\frac{\|\,\hat{\boldsymbol{u}}_{\mathrm{f}}-\boldsymbol{s}_m\,\|_2}{2\hat{c}_{\mathrm{f}}}\;\vdots\;(\boldsymbol{i}_M^{(m)})^{\mathrm{T}}\right]\Delta\boldsymbol{u}_c\\
\Rightarrow&\left[-\frac{\hat{c}_{\mathrm{f}}(\hat{\boldsymbol{u}}_{\mathrm{f}}-\boldsymbol{s}_m)^{\mathrm{T}}}{\|\,\hat{\boldsymbol{u}}_{\mathrm{f}}-\boldsymbol{s}_m\,\|_2}\;\vdots\;-\frac{\|\,\hat{\boldsymbol{u}}_{\mathrm{f}}-\boldsymbol{s}_m\,\|_2}{2\hat{c}_{\mathrm{f}}}\;\vdots\;(\boldsymbol{i}_M^{(m)})^{\mathrm{T}}\right]\Delta\boldsymbol{u}_c\approx<\hat{\boldsymbol{u}}_c>_{3+m}-\hat{c}_{\mathrm{f}}\,\|\,\hat{\boldsymbol{u}}_{\mathrm{f}}-\boldsymbol{s}_m\,\|_2\\
&(1\leqslant m\leqslant M)
\end{aligned}\tag{10.33}$$

式（10.33）中的第 2 个约等号利用了式（10.22）。将式（10.33）写成矩阵形式可知

$$\hat{\boldsymbol{H}}\Delta\boldsymbol{u}_c=\hat{\boldsymbol{h}}\tag{10.34}$$

式中，

$$\begin{cases}\hat{\boldsymbol{H}}=\left[\begin{array}{c:c:c}-\dfrac{\hat{c}_{\mathrm{f}}(\hat{\boldsymbol{u}}_{\mathrm{f}}-\boldsymbol{s}_1)^{\mathrm{T}}}{\|\hat{\boldsymbol{u}}_{\mathrm{f}}-\boldsymbol{s}_1\|_2} & -\dfrac{\|\hat{\boldsymbol{u}}_{\mathrm{f}}-\boldsymbol{s}_1\|_2}{2\hat{c}_{\mathrm{f}}} & \\ -\dfrac{\hat{c}_{\mathrm{f}}(\hat{\boldsymbol{u}}_{\mathrm{f}}-\boldsymbol{s}_2)^{\mathrm{T}}}{\|\hat{\boldsymbol{u}}_{\mathrm{f}}-\boldsymbol{s}_2\|_2} & -\dfrac{\|\hat{\boldsymbol{u}}_{\mathrm{f}}-\boldsymbol{s}_2\|_2}{2\hat{c}_{\mathrm{f}}} & \boldsymbol{I}_M \\ \vdots & \vdots & \\ -\dfrac{\hat{c}_{\mathrm{f}}(\hat{\boldsymbol{u}}_{\mathrm{f}}-\boldsymbol{s}_M)^{\mathrm{T}}}{\|\hat{\boldsymbol{u}}_{\mathrm{f}}-\boldsymbol{s}_M\|_2} & -\dfrac{\|\hat{\boldsymbol{u}}_{\mathrm{f}}-\boldsymbol{s}_M\|_2}{2\hat{c}_{\mathrm{f}}} & \end{array}\right]\in\mathbf{R}^{M\times(M+3)} \\ \hat{\boldsymbol{h}}=\begin{bmatrix}<\hat{\boldsymbol{u}}_c>_{3+1}-\hat{c}_{\mathrm{f}}\|\hat{\boldsymbol{u}}_{\mathrm{f}}-\boldsymbol{s}_1\|_2 \\ <\hat{\boldsymbol{u}}_c>_{3+2}-\hat{c}_{\mathrm{f}}\|\hat{\boldsymbol{u}}_{\mathrm{f}}-\boldsymbol{s}_2\|_2 \\ \vdots \\ <\hat{\boldsymbol{u}}_c>_{3+M}-\hat{c}_{\mathrm{f}}\|\hat{\boldsymbol{u}}_{\mathrm{f}}-\boldsymbol{s}_M\|_2\end{bmatrix}\in\mathbf{R}^{M\times 1}\end{cases} \tag{10.35}$$

式（10.34）即为误差向量 $\Delta\boldsymbol{u}_c$ 应满足的等式约束，其是线性约束。基于误差向量 $\Delta\boldsymbol{u}_c$ 所服从的高斯分布特性，就可以建立估计误差向量 $\Delta\boldsymbol{u}_c$ 的约束优化模型，即

$$\begin{cases}\min\limits_{\Delta\boldsymbol{u}_c}\{(\Delta\boldsymbol{u}_c)^{\mathrm{T}}(\mathbf{MSE}(\hat{\boldsymbol{u}}_c))^{-1}\Delta\boldsymbol{u}_c\} \\ \text{s.t. } \hat{\boldsymbol{H}}\Delta\boldsymbol{u}_c=\hat{\boldsymbol{h}}\end{cases} \tag{10.36}$$

式（10.36）的最优闭式解为

$$\Delta\hat{\boldsymbol{u}}_c=\mathbf{MSE}(\hat{\boldsymbol{u}}_c)\hat{\boldsymbol{H}}^{\mathrm{T}}(\hat{\boldsymbol{H}}\mathbf{MSE}(\hat{\boldsymbol{u}}_c)\hat{\boldsymbol{H}}^{\mathrm{T}})^{-1}\hat{\boldsymbol{h}} \tag{10.37}$$

式（10.37）的证明见附录 F.2。将式（10.36）中的等式约束代入式（10.37）可得

$$\begin{aligned}\Delta\hat{\boldsymbol{u}}_c&=\mathbf{MSE}(\hat{\boldsymbol{u}}_c)\hat{\boldsymbol{H}}^{\mathrm{T}}(\hat{\boldsymbol{H}}\mathbf{MSE}(\hat{\boldsymbol{u}}_c)\hat{\boldsymbol{H}}^{\mathrm{T}})^{-1}\hat{\boldsymbol{H}}\Delta\boldsymbol{u}_c \\ &\approx\mathbf{MSE}(\hat{\boldsymbol{u}}_c)\boldsymbol{H}^{\mathrm{T}}(\boldsymbol{H}\mathbf{MSE}(\hat{\boldsymbol{u}}_c)\boldsymbol{H}^{\mathrm{T}})^{-1}\boldsymbol{H}\Delta\boldsymbol{u}_c\end{aligned} \tag{10.38}$$

式中，

$$\boldsymbol{H}=\hat{\boldsymbol{H}}\big|_{\boldsymbol{\varepsilon}^{(\mathrm{t})}=\boldsymbol{O}_{MN\times 1}}=\left[\begin{array}{c:c:c} -\dfrac{c(\boldsymbol{u}-\boldsymbol{s}_1)^{\mathrm{T}}}{\|\boldsymbol{u}-\boldsymbol{s}_1\|_2} & -\dfrac{\|\boldsymbol{u}-\boldsymbol{s}_1\|_2}{2c} & \\ -\dfrac{c(\boldsymbol{u}-\boldsymbol{s}_2)^{\mathrm{T}}}{\|\boldsymbol{u}-\boldsymbol{s}_2\|_2} & -\dfrac{\|\boldsymbol{u}-\boldsymbol{s}_2\|_2}{2c} & \boldsymbol{I}_M \\ \vdots & \vdots & \\ -\dfrac{c(\boldsymbol{u}-\boldsymbol{s}_M)^{\mathrm{T}}}{\|\boldsymbol{u}-\boldsymbol{s}_M\|_2} & -\dfrac{\|\boldsymbol{u}-\boldsymbol{s}_M\|_2}{2c} & \end{array}\right]\in\mathbf{R}^{M\times(M+3)} \tag{10.39}$$

由式（10.38）可知，估计值 $\Delta\hat{\boldsymbol{u}}_c$ 的均方误差矩阵为

$$\begin{aligned}\mathbf{MSE}(\Delta\hat{\boldsymbol{u}}_c)&=E[(\Delta\hat{\boldsymbol{u}}_c-\Delta\boldsymbol{u}_c)(\Delta\hat{\boldsymbol{u}}_c-\Delta\boldsymbol{u}_c)^{\mathrm{T}}]\\&=(\mathbf{MSE}(\hat{\boldsymbol{u}}_c)\boldsymbol{H}^{\mathrm{T}}(\boldsymbol{H}\mathbf{MSE}(\hat{\boldsymbol{u}}_c)\boldsymbol{H}^{\mathrm{T}})^{-1}\boldsymbol{H}-\boldsymbol{I}_{M+3})\mathbf{MSE}(\hat{\boldsymbol{u}}_c)\times\\&\quad(\mathbf{MSE}(\hat{\boldsymbol{u}}_c)\boldsymbol{H}^{\mathrm{T}}(\boldsymbol{H}\mathbf{MSE}(\hat{\boldsymbol{u}}_c)\boldsymbol{H}^{\mathrm{T}})^{-1}\boldsymbol{H}-\boldsymbol{I}_{M+3})^{\mathrm{T}}\\&=\mathbf{MSE}(\hat{\boldsymbol{u}}_c)-\mathbf{MSE}(\hat{\boldsymbol{u}}_c)\boldsymbol{H}^{\mathrm{T}}(\boldsymbol{H}\mathbf{MSE}(\hat{\boldsymbol{u}}_c)\boldsymbol{H}^{\mathrm{T}})^{-1}\boldsymbol{H}\mathbf{MSE}(\hat{\boldsymbol{u}}_c)\end{aligned} \tag{10.40}$$

最后，结合式（10.22）和式（10.37）可得误差向量 $\begin{bmatrix}\Delta\boldsymbol{u}_{\mathrm{f}}\\ \Delta c_{\mathrm{f}}\end{bmatrix}$ 的估计值为

$$\begin{aligned}\begin{bmatrix}\Delta\hat{\boldsymbol{u}}_{\mathrm{f}}\\ \Delta\hat{c}_{\mathrm{f}}\end{bmatrix}&=\begin{bmatrix}\boldsymbol{I}_2 & \boldsymbol{O}_{2\times 1} & \boldsymbol{O}_{2\times M}\\ \boldsymbol{O}_{1\times 2} & 1/(2\hat{c}_{\mathrm{f}}) & \boldsymbol{O}_{1\times M}\end{bmatrix}\Delta\hat{\boldsymbol{u}}_c\\&=\begin{bmatrix}\boldsymbol{I}_2 & \boldsymbol{O}_{2\times 1} & \boldsymbol{O}_{2\times M}\\ \boldsymbol{O}_{1\times 2} & 1/(2\hat{c}_{\mathrm{f}}) & \boldsymbol{O}_{1\times M}\end{bmatrix}\mathbf{MSE}(\hat{\boldsymbol{u}}_c)\hat{\boldsymbol{H}}^{\mathrm{T}}(\hat{\boldsymbol{H}}\mathbf{MSE}(\hat{\boldsymbol{u}}_c)\hat{\boldsymbol{H}}^{\mathrm{T}})^{-1}\hat{\boldsymbol{h}}\end{aligned} \tag{10.41}$$

由该式可以得到参数向量 $\begin{bmatrix}\boldsymbol{u}\\ c\end{bmatrix}$ 的最终估计值（记为 $\begin{bmatrix}\hat{\boldsymbol{u}}_{\mathrm{ts}}\\ \hat{c}_{\mathrm{ts}}\end{bmatrix}$），即

$$\begin{bmatrix}\hat{\boldsymbol{u}}_{\mathrm{ts}}\\ \hat{c}_{\mathrm{ts}}\end{bmatrix}=\begin{bmatrix}\hat{\boldsymbol{u}}_{\mathrm{f}}\\ \hat{c}_{\mathrm{f}}\end{bmatrix}-\begin{bmatrix}\Delta\hat{\boldsymbol{u}}_{\mathrm{f}}\\ \Delta\hat{c}_{\mathrm{f}}\end{bmatrix}=\begin{bmatrix}\hat{\boldsymbol{u}}_{\mathrm{f}}\\ \hat{c}_{\mathrm{f}}\end{bmatrix}-\begin{bmatrix}\boldsymbol{I}_2 & \boldsymbol{O}_{2\times 1} & \boldsymbol{O}_{2\times M}\\ \boldsymbol{O}_{1\times 2} & 1/(2\hat{c}_{\mathrm{f}}) & \boldsymbol{O}_{1\times M}\end{bmatrix}\times \mathbf{MSE}(\hat{\boldsymbol{u}}_c)\hat{\boldsymbol{H}}^{\mathrm{T}}(\hat{\boldsymbol{H}}\mathbf{MSE}(\hat{\boldsymbol{u}}_c)\hat{\boldsymbol{H}}^{\mathrm{T}})^{-1}\hat{\boldsymbol{h}} \tag{10.42}$$

图 10.1 给出了本章定位方法的流程图。

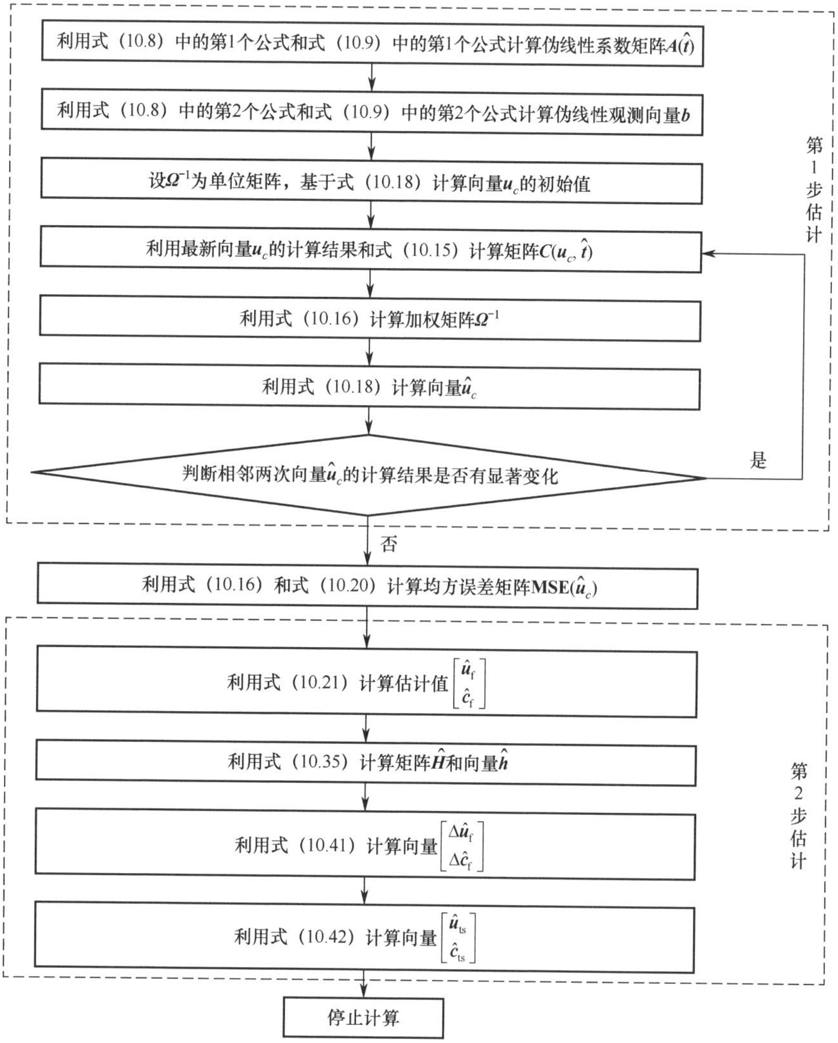

图 10.1　本章定位方法的流程图

10.5 理论性能分析

本节将推导估计值$\begin{bmatrix}\hat{\boldsymbol{u}}_{\text{ts}}\\ \hat{c}_{\text{ts}}\end{bmatrix}$的理论性能，主要是推导估计均方误差，并将其与相应的 CRB 进行比较，从而证明其渐近统计最优性。这里采用的性能分析方法是一阶误差分析方法，即忽略观测误差$\boldsymbol{\varepsilon}^{(\text{t})}$的二阶及其以上各阶项。

结合式（10.40）～式（10.42）可知，估计值$\begin{bmatrix}\hat{\boldsymbol{u}}_{\text{ts}}\\ \hat{c}_{\text{ts}}\end{bmatrix}$的均方误差矩阵为

$$\begin{aligned}\mathbf{MSE}\left(\begin{bmatrix}\hat{\boldsymbol{u}}_{\text{ts}}\\ \hat{c}_{\text{ts}}\end{bmatrix}\right)&=E\left(\begin{bmatrix}\hat{\boldsymbol{u}}_{\text{ts}}-\boldsymbol{u}\\ \hat{c}_{\text{ts}}-c\end{bmatrix}\begin{bmatrix}\hat{\boldsymbol{u}}_{\text{ts}}-\boldsymbol{u}\\ \hat{c}_{\text{ts}}-c\end{bmatrix}^{\text{T}}\right)=E\left(\begin{bmatrix}\hat{\boldsymbol{u}}_{\text{f}}-\Delta\hat{\boldsymbol{u}}_{\text{f}}-\boldsymbol{u}\\ \hat{c}_{\text{f}}-\Delta\hat{c}_{\text{f}}-c\end{bmatrix}\begin{bmatrix}\hat{\boldsymbol{u}}_{\text{f}}-\Delta\hat{\boldsymbol{u}}_{\text{f}}-\boldsymbol{u}\\ \hat{c}_{\text{f}}-\Delta\hat{c}_{\text{f}}-c\end{bmatrix}^{\text{T}}\right)\\&=E\left(\begin{bmatrix}\Delta\boldsymbol{u}_{\text{f}}-\Delta\hat{\boldsymbol{u}}_{\text{f}}\\ \Delta c_{\text{f}}-\Delta\hat{c}_{\text{f}}\end{bmatrix}\begin{bmatrix}\Delta c_{\text{f}}-\Delta\hat{c}_{\text{f}}\\ \Delta c_{\text{f}}-\Delta\hat{c}_{\text{f}}\end{bmatrix}^{\text{T}}\right)=\mathbf{MSE}\left(\begin{bmatrix}\Delta\hat{\boldsymbol{u}}_{\text{f}}\\ \Delta\hat{c}_{\text{f}}\end{bmatrix}\right)\\&\approx\begin{bmatrix}\boldsymbol{I}_2&\boldsymbol{O}_{2\times1}&\boldsymbol{O}_{2\times M}\\ \boldsymbol{O}_{1\times2}&1/(2c)&\boldsymbol{O}_{1\times M}\end{bmatrix}\mathbf{MSE}(\Delta\hat{\boldsymbol{u}}_c)\begin{bmatrix}\boldsymbol{I}_2&\boldsymbol{O}_{2\times1}\\ \boldsymbol{O}_{1\times2}&1/(2c)\\ \boldsymbol{O}_{M\times2}&\boldsymbol{O}_{M\times1}\end{bmatrix}\\&=\begin{bmatrix}\boldsymbol{I}_2&\boldsymbol{O}_{2\times1}&\boldsymbol{O}_{2\times M}\\ \boldsymbol{O}_{1\times2}&1/(2c)&\boldsymbol{O}_{1\times M}\end{bmatrix}(\mathbf{MSE}(\hat{\boldsymbol{u}}_c)-\mathbf{MSE}(\hat{\boldsymbol{u}}_c)\boldsymbol{H}^{\text{T}}(\boldsymbol{H}\mathbf{MSE}(\hat{\boldsymbol{u}}_c)\boldsymbol{H}^{\text{T}})^{-1}\times\\&\quad\boldsymbol{H}\mathbf{MSE}(\hat{\boldsymbol{u}}_c))\begin{bmatrix}\boldsymbol{I}_2&\boldsymbol{O}_{2\times1}\\ \boldsymbol{O}_{1\times2}&1/(2c)\\ \boldsymbol{O}_{M\times2}&\boldsymbol{O}_{M\times1}\end{bmatrix}\end{aligned}\tag{10.43}$$

下面证明估计值$\begin{bmatrix}\hat{\boldsymbol{u}}_{\text{ts}}\\ \hat{c}_{\text{ts}}\end{bmatrix}$具有渐近统计最优性，也就是证明其估计均方误差可以渐近逼近相应的 CRB，具体可见如下两个命题。

【命题 10.2】均方误差矩阵$\mathbf{MSE}\left(\begin{bmatrix}\hat{\boldsymbol{u}}_{\text{ts}}\\ \hat{c}_{\text{ts}}\end{bmatrix}\right)$的另一种表达式为

$$\mathbf{MSE}\left(\begin{bmatrix}\hat{\boldsymbol{u}}_{\text{ts}}\\ \hat{c}_{\text{ts}}\end{bmatrix}\right)=\left(\begin{bmatrix}\left(\dfrac{\partial \boldsymbol{u}_c}{\partial \boldsymbol{u}^{\text{T}}}\right)^{\text{T}}\\ \left(\dfrac{\partial \boldsymbol{u}_c}{\partial c}\right)^{\text{T}}\end{bmatrix}(\mathbf{MSE}(\hat{\boldsymbol{u}}_c))^{-1}\left[\frac{\partial \boldsymbol{u}_c}{\partial \boldsymbol{u}^{\text{T}}}\ \vdots\ \frac{\partial \boldsymbol{u}_c}{\partial c}\right]\right)^{-1} \tag{10.44}$$

【证明】首先，结合式（2.24）和式（10.43）可得

$$\begin{aligned}\mathbf{MSE}\left(\begin{bmatrix}\hat{\boldsymbol{u}}_{\text{ts}}\\ \hat{c}_{\text{ts}}\end{bmatrix}\right)=&\begin{bmatrix}\boldsymbol{I}_2 & \boldsymbol{O}_{2\times 1} & \boldsymbol{O}_{2\times M}\\ \boldsymbol{O}_{1\times 2} & 1/(2c) & \boldsymbol{O}_{1\times M}\end{bmatrix}(\mathbf{MSE}(\hat{\boldsymbol{u}}_c))^{1/2}\times\\ &\boldsymbol{\Pi}^{\perp}[(\mathbf{MSE}(\hat{\boldsymbol{u}}_c))^{1/2}\boldsymbol{H}^{\text{T}}](\mathbf{MSE}(\hat{\boldsymbol{u}}_c))^{1/2}\begin{bmatrix}\boldsymbol{I}_2 & \boldsymbol{O}_{2\times 1}\\ \boldsymbol{O}_{1\times 2} & 1/(2c)\\ \boldsymbol{O}_{M\times 2} & \boldsymbol{O}_{M\times 1}\end{bmatrix}\end{aligned} \tag{10.45}$$

考虑矩阵 $(\mathbf{MSE}(\hat{\boldsymbol{u}}_c))^{-1/2}\left[\dfrac{\partial \boldsymbol{u}_c}{\partial \boldsymbol{u}^{\text{T}}}\ \vdots\ \dfrac{\partial \boldsymbol{u}_c}{\partial c}\right]\in\mathbf{R}^{(M+3)\times 3}$ 和 $(\mathbf{MSE}(\hat{\boldsymbol{u}}_c))^{1/2}\boldsymbol{H}^{\text{T}}\in\mathbf{R}^{(M+3)\times M}$，这两个矩阵的列数之和等于 $M+3$，并且满足

$$\begin{aligned}&((\mathbf{MSE}(\hat{\boldsymbol{u}}_c))^{1/2}\boldsymbol{H}^{\text{T}})^{\text{T}}(\mathbf{MSE}(\hat{\boldsymbol{u}}_c))^{-1/2}\left[\frac{\partial \boldsymbol{u}_c}{\partial \boldsymbol{u}^{\text{T}}}\ \vdots\ \frac{\partial \boldsymbol{u}_c}{\partial c}\right]=\boldsymbol{H}\left[\frac{\partial \boldsymbol{u}_c}{\partial \boldsymbol{u}^{\text{T}}}\ \vdots\ \frac{\partial \boldsymbol{u}_c}{\partial c}\right]\\ &=\left[\begin{array}{c:c:c}-\dfrac{c(\boldsymbol{u}-\boldsymbol{s}_1)^{\text{T}}}{\|\boldsymbol{u}-\boldsymbol{s}_1\|_2} & -\dfrac{\|\boldsymbol{u}-\boldsymbol{s}_1\|_2}{2c} & \\ -\dfrac{c(\boldsymbol{u}-\boldsymbol{s}_2)^{\text{T}}}{\|\boldsymbol{u}-\boldsymbol{s}_2\|_2} & -\dfrac{\|\boldsymbol{u}-\boldsymbol{s}_2\|_2}{2c} & \boldsymbol{I}_M\\ \vdots & \vdots & \\ -\dfrac{c(\boldsymbol{u}-\boldsymbol{s}_M)^{\text{T}}}{\|\boldsymbol{u}-\boldsymbol{s}_M\|_2} & -\dfrac{\|\boldsymbol{u}-\boldsymbol{s}_M\|_2}{2c} & \end{array}\right]\left[\begin{array}{c:c}\boldsymbol{I}_2 & \boldsymbol{O}_{2\times 1}\\ \hdashline \boldsymbol{O}_{1\times 2} & 2c\\ \hdashline \dfrac{c(\boldsymbol{u}-\boldsymbol{s}_1)^{\text{T}}}{\|\boldsymbol{u}-\boldsymbol{s}_1\|_2} & d_1^{(\text{s})}\\ \dfrac{c(\boldsymbol{u}-\boldsymbol{s}_2)^{\text{T}}}{\|\boldsymbol{u}-\boldsymbol{s}_2\|_2} & d_2^{(\text{s})}\\ \vdots & \vdots\\ \dfrac{c(\boldsymbol{u}-\boldsymbol{s}_M)^{\text{T}}}{\|\boldsymbol{u}-\boldsymbol{s}_M\|_2} & d_M^{(\text{s})}\end{array}\right]=\boldsymbol{O}_{M\times 3}\end{aligned} \tag{10.46}$$

因此

$$\begin{cases}\text{range}\left\{(\mathbf{MSE}(\hat{\boldsymbol{u}}_c))^{-1/2}\left[\dfrac{\partial \boldsymbol{u}_c}{\partial \boldsymbol{u}^{\mathrm{T}}} \;\vdots\; \dfrac{\partial \boldsymbol{u}_c}{\partial c}\right]\right\} \perp \text{range}\{(\mathbf{MSE}(\hat{\boldsymbol{u}}_c))^{1/2}\boldsymbol{H}^{\mathrm{T}}\} \\ \text{range}\left\{(\mathbf{MSE}(\hat{\boldsymbol{u}}_c))^{-1/2}\left[\dfrac{\partial \boldsymbol{u}_c}{\partial \boldsymbol{u}^{\mathrm{T}}} \;\vdots\; \dfrac{\partial \boldsymbol{u}_c}{\partial c}\right]\right\} \cup \text{range}\{(\mathbf{MSE}(\hat{\boldsymbol{u}}_c))^{1/2}\boldsymbol{H}^{\mathrm{T}}\} = \mathbf{R}^{M+3}\end{cases} \tag{10.47}$$

由此可知

$$\begin{aligned}\boldsymbol{\Pi}^{\perp}[(\mathbf{MSE}(\hat{\boldsymbol{u}}_c))^{1/2}\boldsymbol{H}^{\mathrm{T}}] &= \boldsymbol{\Pi}\left[(\mathbf{MSE}(\hat{\boldsymbol{u}}_c))^{-1/2}\left[\frac{\partial \boldsymbol{u}_c}{\partial \boldsymbol{u}^{\mathrm{T}}} \;\vdots\; \frac{\partial \boldsymbol{u}_c}{\partial c}\right]\right] \\ &= (\mathbf{MSE}(\hat{\boldsymbol{u}}_c))^{-1/2}\left[\frac{\partial \boldsymbol{u}_c}{\partial \boldsymbol{u}^{\mathrm{T}}} \;\vdots\; \frac{\partial \boldsymbol{u}_c}{\partial c}\right]\times \\ &\quad \left(\begin{bmatrix}\left(\dfrac{\partial \boldsymbol{u}_c}{\partial \boldsymbol{u}^{\mathrm{T}}}\right)^{\mathrm{T}} \\ \left(\dfrac{\partial \boldsymbol{u}_c}{\partial c}\right)^{\mathrm{T}}\end{bmatrix}(\mathbf{MSE}(\hat{\boldsymbol{u}}_c))^{-1}\left[\frac{\partial \boldsymbol{u}_c}{\partial \boldsymbol{u}^{\mathrm{T}}} \;\vdots\; \frac{\partial \boldsymbol{u}_c}{\partial c}\right]\right)^{-1}\times \\ &\quad \begin{bmatrix}\left(\dfrac{\partial \boldsymbol{u}_c}{\partial \boldsymbol{u}^{\mathrm{T}}}\right)^{\mathrm{T}} \\ \left(\dfrac{\partial \boldsymbol{u}_c}{\partial c}\right)^{\mathrm{T}}\end{bmatrix}(\mathbf{MSE}(\hat{\boldsymbol{u}}_c))^{-1/2}\end{aligned} \tag{10.48}$$

然后，将式（10.48）代入式（10.45）可得

$$\begin{aligned}\mathbf{MSE}\left(\begin{bmatrix}\hat{\boldsymbol{u}}_{\mathrm{ts}} \\ \hat{c}_{\mathrm{ts}}\end{bmatrix}\right) &= \begin{bmatrix}\boldsymbol{I}_2 & \boldsymbol{O}_{2\times1} & \boldsymbol{O}_{2\times M} \\ \boldsymbol{O}_{1\times2} & 1/(2c) & \boldsymbol{O}_{1\times M}\end{bmatrix}(\mathbf{MSE}(\hat{\boldsymbol{u}}_c))^{1/2}(\mathbf{MSE}(\hat{\boldsymbol{u}}_c))^{-1/2}\left[\frac{\partial \boldsymbol{u}_c}{\partial \boldsymbol{u}^{\mathrm{T}}} \;\vdots\; \frac{\partial \boldsymbol{u}_c}{\partial c}\right]\times \\ &\quad \left(\begin{bmatrix}\left(\dfrac{\partial \boldsymbol{u}_c}{\partial \boldsymbol{u}^{\mathrm{T}}}\right)^{\mathrm{T}} \\ \left(\dfrac{\partial \boldsymbol{u}_c}{\partial c}\right)^{\mathrm{T}}\end{bmatrix}(\mathbf{MSE}(\hat{\boldsymbol{u}}_c))^{-1}\left[\frac{\partial \boldsymbol{u}_c}{\partial \boldsymbol{u}^{\mathrm{T}}} \;\vdots\; \frac{\partial \boldsymbol{u}_c}{\partial c}\right]\right)^{-1}\times \\ &\quad \begin{bmatrix}\left(\dfrac{\partial \boldsymbol{u}_c}{\partial \boldsymbol{u}^{\mathrm{T}}}\right)^{\mathrm{T}} \\ \left(\dfrac{\partial \boldsymbol{u}_c}{\partial c}\right)^{\mathrm{T}}\end{bmatrix}(\mathbf{MSE}(\hat{\boldsymbol{u}}_c))^{-1/2}(\mathbf{MSE}(\hat{\boldsymbol{u}}_c))^{1/2}\begin{bmatrix}\boldsymbol{I}_2 & \boldsymbol{O}_{2\times1} \\ \boldsymbol{O}_{1\times2} & 1/(2c) \\ \boldsymbol{O}_{M\times2} & \boldsymbol{O}_{M\times1}\end{bmatrix}\end{aligned}$$

$$=\begin{bmatrix} \boldsymbol{I}_2 & \boldsymbol{O}_{2\times1} & \boldsymbol{O}_{2\times M} \\ \boldsymbol{O}_{1\times2} & 1/(2c) & \boldsymbol{O}_{1\times M} \end{bmatrix}\left[\frac{\partial \boldsymbol{u}_c}{\partial \boldsymbol{u}^{\mathrm{T}}} \;\vdots\; \frac{\partial \boldsymbol{u}_c}{\partial c}\right]\left(\begin{bmatrix} \left(\dfrac{\partial \boldsymbol{u}_c}{\partial \boldsymbol{u}^{\mathrm{T}}}\right)^{\mathrm{T}} \\ \left(\dfrac{\partial \boldsymbol{u}_c}{\partial c}\right)^{\mathrm{T}} \end{bmatrix}(\mathbf{MSE}(\hat{\boldsymbol{u}}_c))^{-1}\left[\frac{\partial \boldsymbol{u}_c}{\partial \boldsymbol{u}^{\mathrm{T}}} \;\vdots\; \frac{\partial \boldsymbol{u}_c}{\partial c}\right]\right)^{-1} \times$$

$$\begin{bmatrix} \left(\dfrac{\partial \boldsymbol{u}_c}{\partial \boldsymbol{u}^{\mathrm{T}}}\right)^{\mathrm{T}} \\ \left(\dfrac{\partial \boldsymbol{u}_c}{\partial c}\right)^{\mathrm{T}} \end{bmatrix}\begin{bmatrix} \boldsymbol{I}_2 & \boldsymbol{O}_{2\times1} \\ \boldsymbol{O}_{1\times2} & 1/(2c) \\ \boldsymbol{O}_{M\times2} & \boldsymbol{O}_{M\times1} \end{bmatrix} \tag{10.49}$$

$$=\left(\begin{bmatrix} \left(\dfrac{\partial \boldsymbol{u}_c}{\partial \boldsymbol{u}^{\mathrm{T}}}\right)^{\mathrm{T}} \\ \left(\dfrac{\partial \boldsymbol{u}_c}{\partial c}\right)^{\mathrm{T}} \end{bmatrix}(\mathbf{MSE}(\hat{\boldsymbol{u}}_c))^{-1}\left[\frac{\partial \boldsymbol{u}_c}{\partial \boldsymbol{u}^{\mathrm{T}}} \;\vdots\; \frac{\partial \boldsymbol{u}_c}{\partial c}\right]\right)^{-1}$$

式中第 3 个等号利用了式（10.29）。

证毕。

【命题 10.3】在一阶误差分析理论框架下满足

$$\mathbf{MSE}\left(\begin{bmatrix} \hat{\boldsymbol{u}}_{\mathrm{ts}} \\ \hat{c}_{\mathrm{ts}} \end{bmatrix}\right)=\mathbf{CRB}_{\text{toa-p}}\left(\begin{bmatrix} \boldsymbol{u} \\ c \end{bmatrix}\right)$$

【证明】首先，将式（10.16）和式（10.20）代入式（10.44）可知

$$\mathbf{MSE}\left(\begin{bmatrix} \hat{\boldsymbol{u}}_{\mathrm{ts}} \\ \hat{c}_{\mathrm{ts}} \end{bmatrix}\right)=\left(\begin{bmatrix} \left(\dfrac{\partial \boldsymbol{u}_c}{\partial \boldsymbol{u}^{\mathrm{T}}}\right)^{\mathrm{T}} \\ \left(\dfrac{\partial \boldsymbol{u}_c}{\partial c}\right)^{\mathrm{T}} \end{bmatrix}(\boldsymbol{A}(\boldsymbol{t}))^{\mathrm{T}}\boldsymbol{\Omega}^{-1}\boldsymbol{A}(\boldsymbol{t})\left[\frac{\partial \boldsymbol{u}_c}{\partial \boldsymbol{u}^{\mathrm{T}}} \;\vdots\; \frac{\partial \boldsymbol{u}_c}{\partial c}\right]\right)^{-1}$$

$$=\left(\begin{bmatrix} \left(\dfrac{\partial \boldsymbol{u}_c}{\partial \boldsymbol{u}^{\mathrm{T}}}\right)^{\mathrm{T}} \\ \left(\dfrac{\partial \boldsymbol{u}_c}{\partial c}\right)^{\mathrm{T}} \end{bmatrix}(\boldsymbol{A}(\boldsymbol{t}))^{\mathrm{T}}(\boldsymbol{C}(\boldsymbol{u}_c,\boldsymbol{t}))^{-\mathrm{T}}(\boldsymbol{E}^{(\mathrm{t})})^{-1}(\boldsymbol{C}(\boldsymbol{u}_c,\boldsymbol{t}))^{-1}\boldsymbol{A}(\boldsymbol{t})\left[\frac{\partial \boldsymbol{u}_c}{\partial \boldsymbol{u}^{\mathrm{T}}} \;\vdots\; \frac{\partial \boldsymbol{u}_c}{\partial c}\right]\right)^{-1} \tag{10.50}$$

然后，将式（10.26）代入式（10.50）可得

$$\mathbf{MSE}\left(\begin{bmatrix}\hat{\boldsymbol{u}}_{\mathrm{ts}}\\ \hat{c}_{\mathrm{ts}}\end{bmatrix}\right)=\left(\begin{bmatrix}(\boldsymbol{F}_{\mathrm{toa}}^{(\mathrm{u})}(\boldsymbol{u},c))^{\mathrm{T}}\\ (\boldsymbol{F}_{\mathrm{toa}}^{(\mathrm{c})}(\boldsymbol{u},c))^{\mathrm{T}}\end{bmatrix}(\boldsymbol{E}^{(\mathrm{t})})^{-1}[\boldsymbol{F}_{\mathrm{toa}}^{(\mathrm{u})}(\boldsymbol{u},c)\ \vdots\ \boldsymbol{F}_{\mathrm{toa}}^{(\mathrm{c})}(\boldsymbol{u},c)]\right)^{-1}=\mathbf{CRB}_{\mathrm{toa\text{-}p}}\left(\begin{bmatrix}\boldsymbol{u}\\ c\end{bmatrix}\right) \tag{10.51}$$

证毕。

10.6 数值实验

假设有个 3 发-5 收的多基地声呐定位系统，发射站的二维坐标见表 10.1，接收站的二维坐标见表 10.2。参照参考文献[28]中的参数设置，将声波信号传播速度设置为 $c=1480$ （m/s）。TOA 观测误差 $\boldsymbol{\varepsilon}^{(\mathrm{t})}$ 服从均值为零、协方差矩阵为 $\boldsymbol{E}^{(\mathrm{t})}=\sigma^2\boldsymbol{I}_{15}$ 的高斯分布。

表 10.1　发射站的二维坐标（单位：m）

发射站序号 n	1	2	3
$<\boldsymbol{w}_n>_1$	1500	-900	-3000
$<\boldsymbol{w}_n>_2$	1500	4000	-4000

表 10.2　接收站的二维坐标（单位：m）

接收站序号 m	1	2	3	4	5
$<\boldsymbol{s}_m>_1$	-1000	2500	-3000	2000	-2000
$<\boldsymbol{s}_m>_2$	3000	-500	1000	-4000	-2000

首先，将目标位置向量 $\boldsymbol{u}$ 设为 $[0\ \ 2000]^{\mathrm{T}}$ （m），标准差 σ 设为 0.01s。图 10.2 给出了定位结果散布图与定位误差椭圆曲线。

然后，将目标位置向量 $\boldsymbol{u}$ 设为 $[0\ \ 2000]^{\mathrm{T}}$ （m），改变标准差 σ 的数值。图 10.3 给出了目标位置估计均方根误差随着标准差 σ 的变化曲线；图 10.4 给出了信号传播速度估计均方根误差随着标准差 σ 的变化曲线；图 10.5 给出了定位成功概率随着标准差 σ 的变化曲线。注意：图 10.5 中的理论值由式（3.25）和式（3.32）计算得出，其中 $\delta=15\,\mathrm{m}$。

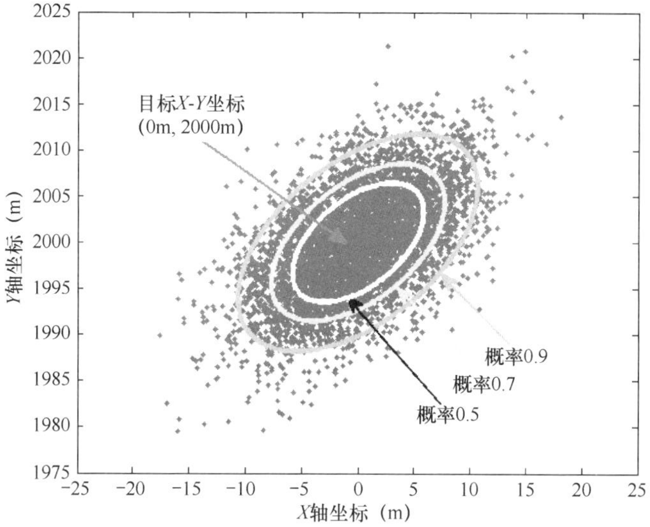

图 10.2　定位结果散布图与定位误差椭圆曲线

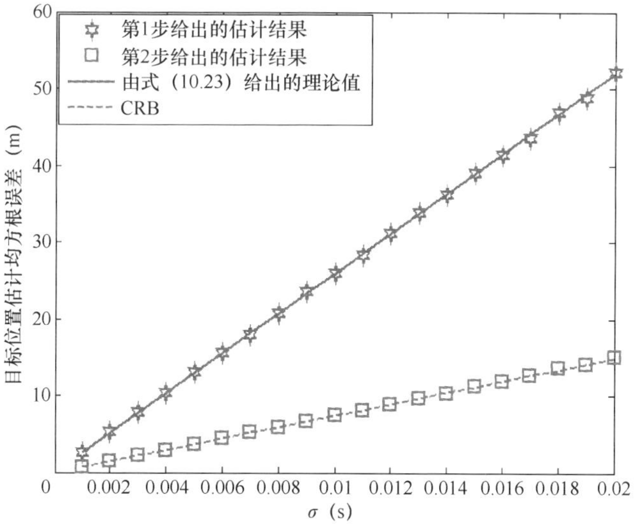

图 10.3　目标位置估计均方根误差随着标准差 σ 的变化曲线

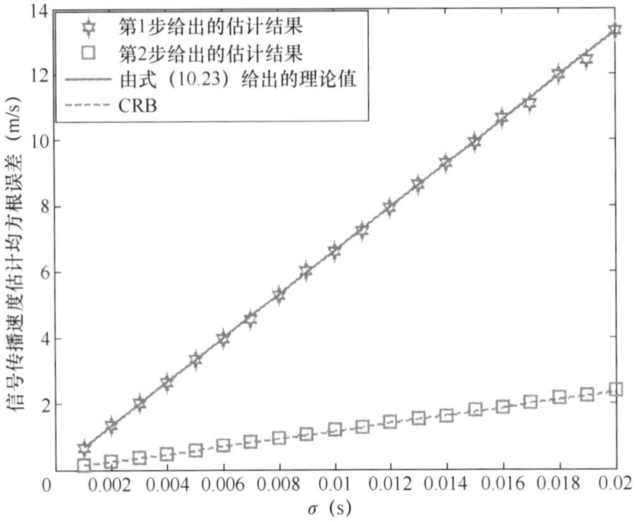

图 10.4　信号传播速度估计均方根误差随着标准差 σ 的变化曲线

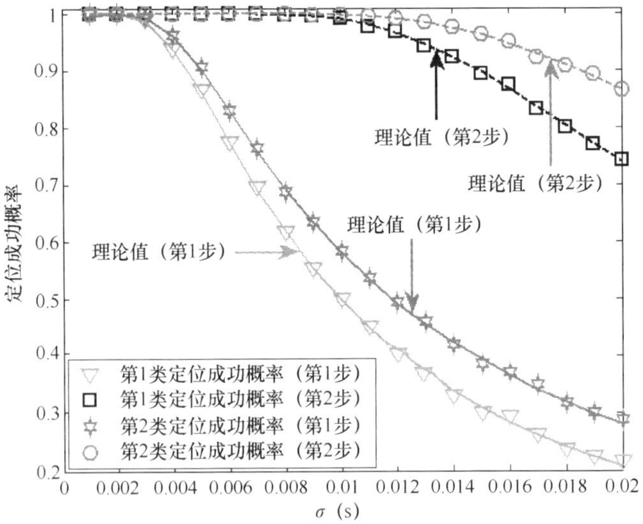

图 10.5　定位成功概率随着标准差 σ 的变化曲线

最后，将标准差σ设为 0.01s，将目标位置向量$\boldsymbol{u}$设为$[0\ \ l]^{\mathrm{T}}$（m），改变l的数值。图 10.6 给出了目标位置估计均方根误差随着l的变化曲线；图 10.7 给出了信号传播速度估计均方根误差随着l的变化曲线；图 10.8 给出了定位成功概率随着l的变化曲线。注意：图 10.8 中的理论值由式（3.25）和式（3.32）计算得出，其中$\delta = 15$ m。

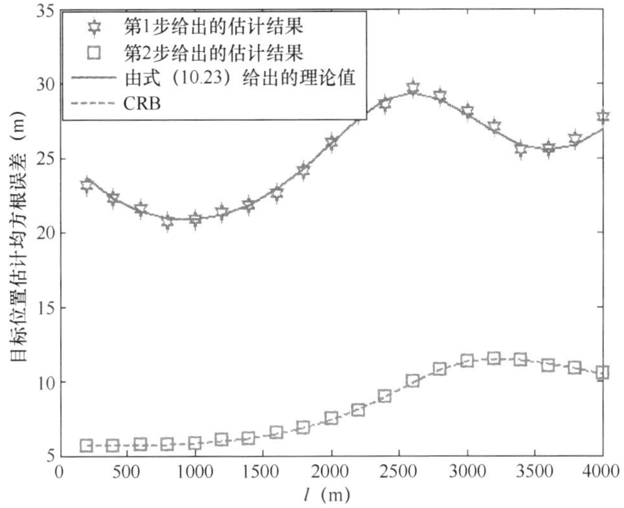

图 10.6　目标位置估计均方根误差随着l的变化曲线

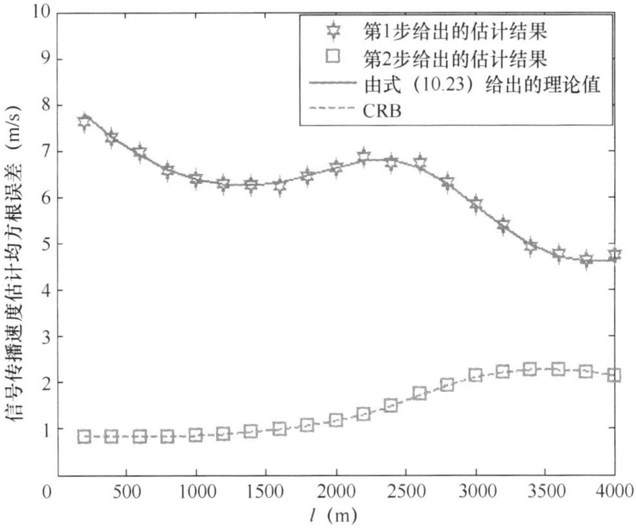

图 10.7　信号传播速度估计均方根误差随着l的变化曲线

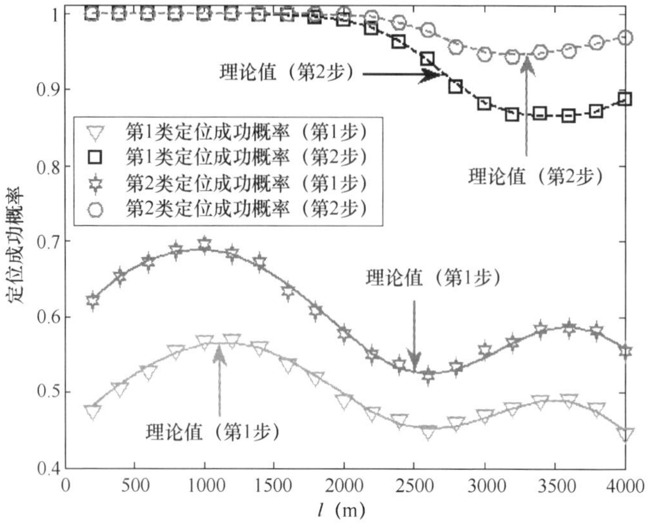

图 10.8 定位成功概率随着 l 的变化曲线

从图 10.3～图 10.8 中可以看出：

（1）由本章定位方法的第 1 步给出的参数估计均方根误差与式（10.23）给出的理论性能吻合较好（见图 10.3、图 10.4、图 10.6 及图 10.7），验证了 10.3 节理论性能分析的有效性。

（2）由本章定位方法的第 2 步给出的参数估计均方根误差可以达到相应的 CRB（见图 10.3、图 10.4、图 10.6 及图 10.7），验证了 10.5 节理论性能分析的有效性。

（3）相比于第 1 步给出的估计结果，第 2 步给出的估计结果具有更高的精度。

（4）两类定位成功概率的理论值和仿真值相互吻合，并且在相同条件下第 2 类定位成功概率高于第 1 类定位成功概率（见图 10.5 和图 10.8），验证了 3.2 节理论性能分析的有效性。

附录 A

A.1

下面将给出 Jacobian 矩阵 $\boldsymbol{F}_{\mathrm{aoa}}^{(\mathrm{u})}(\boldsymbol{u},\boldsymbol{s})=\dfrac{\partial \boldsymbol{f}_{\mathrm{aoa}}(\boldsymbol{u},\boldsymbol{s})}{\partial \boldsymbol{u}^{\mathrm{T}}}$ 和 $\boldsymbol{F}_{\mathrm{aoa}}^{(\mathrm{s})}(\boldsymbol{u},\boldsymbol{s})=\dfrac{\partial \boldsymbol{f}_{\mathrm{aoa}}(\boldsymbol{u},\boldsymbol{s})}{\partial \boldsymbol{s}^{\mathrm{T}}}$ 的表达式。

首先，有

$$\boldsymbol{F}_{\mathrm{aoa}}^{(\mathrm{u})}(\boldsymbol{u},\boldsymbol{s})=\frac{\partial \boldsymbol{f}_{\mathrm{aoa}}(\boldsymbol{u},\boldsymbol{s})}{\partial \boldsymbol{u}^{\mathrm{T}}}=\left[\begin{array}{c:c:c}
\dfrac{y_1^{(\mathrm{s})}-y^{(\mathrm{u})}}{\bar{d}_1^2} & \dfrac{x^{(\mathrm{u})}-x_1^{(\mathrm{s})}}{\bar{d}_1^2} & 0 \\
\dfrac{(x_1^{(\mathrm{s})}-x^{(\mathrm{u})})(z^{(\mathrm{u})}-z_1^{(\mathrm{s})})}{\bar{d}_1 d_1^2} & \dfrac{(y_1^{(\mathrm{s})}-y^{(\mathrm{u})})(z^{(\mathrm{u})}-z_1^{(\mathrm{s})})}{\bar{d}_1 d_1^2} & \dfrac{\bar{d}_1}{d_1^2} \\
\dfrac{y_2^{(\mathrm{s})}-y^{(\mathrm{u})}}{\bar{d}_2^2} & \dfrac{x^{(\mathrm{u})}-x_2^{(\mathrm{s})}}{\bar{d}_2^2} & 0 \\
\dfrac{(x_2^{(\mathrm{s})}-x^{(\mathrm{u})})(z^{(\mathrm{u})}-z_2^{(\mathrm{s})})}{\bar{d}_2 d_2^2} & \dfrac{(y_2^{(\mathrm{s})}-y^{(\mathrm{u})})(z^{(\mathrm{u})}-z_2^{(\mathrm{s})})}{\bar{d}_2 d_2^2} & \dfrac{\bar{d}_2}{d_2^2} \\
\vdots & \vdots & \vdots \\
\dfrac{y_M^{(\mathrm{s})}-y^{(\mathrm{u})}}{\bar{d}_M^2} & \dfrac{x^{(\mathrm{u})}-x_M^{(\mathrm{s})}}{\bar{d}_M^2} & 0 \\
\dfrac{(x_M^{(\mathrm{s})}-x^{(\mathrm{u})})(z^{(\mathrm{u})}-z_M^{(\mathrm{s})})}{\bar{d}_M d_M^2} & \dfrac{(y_M^{(\mathrm{s})}-y^{(\mathrm{u})})(z^{(\mathrm{u})}-z_M^{(\mathrm{s})})}{\bar{d}_M d_M^2} & \dfrac{\bar{d}_M}{d_M^2}
\end{array}\right]$$

$$\in \mathbf{R}^{2M\times 3} \tag{A.1}$$

式中，$d_m=\|\boldsymbol{u}-\boldsymbol{s}_m\|_2$；$\bar{d}_m=\|[\boldsymbol{I}_2\ \ \boldsymbol{O}_{2\times1}](\boldsymbol{u}-\boldsymbol{s}_m)\|_2$（$1\leqslant m\leqslant M$）。

然后，有

$$\begin{aligned}\boldsymbol{F}_{\text{aoa}}^{(\text{s})}(\boldsymbol{u},\boldsymbol{s})&=\frac{\partial \boldsymbol{f}_{\text{aoa}}(\boldsymbol{u},\boldsymbol{s})}{\partial \boldsymbol{s}^{\text{T}}}\\&=\text{blkdiag}\{\boldsymbol{F}_{\text{aoa},1}^{(\text{s})}(\boldsymbol{u},\boldsymbol{s}),\boldsymbol{F}_{\text{aoa},2}^{(\text{s})}(\boldsymbol{u},\boldsymbol{s}),\cdots,\boldsymbol{F}_{\text{aoa},M}^{(\text{s})}(\boldsymbol{u},\boldsymbol{s})\}\in\mathbf{R}^{2M\times3M}\end{aligned}\tag{A.2}$$

式中，

$$\boldsymbol{F}_{\text{aoa},m}^{(\text{s})}(\boldsymbol{u},\boldsymbol{s})=\left[\begin{array}{c|c|c}\dfrac{y^{(\text{u})}-y_m^{(\text{s})}}{\bar{d}_m^2} & \dfrac{x_m^{(\text{s})}-x^{(\text{u})}}{\bar{d}_m^2} & 0\\ \dfrac{(x^{(\text{u})}-x_m^{(\text{s})})(z^{(\text{u})}-z_m^{(\text{s})})}{\bar{d}_m d_m^2} & \dfrac{(y^{(\text{u})}-y_m^{(\text{s})})(z^{(\text{u})}-z_m^{(\text{s})})}{\bar{d}_m d_m^2} & -\dfrac{\bar{d}_m}{d_m^2}\end{array}\right]\in\mathbf{R}^{2M\times3}\quad(1\leqslant m\leqslant M)\tag{A.3}$$

A.2

在传感阵列位置存在观测误差的条件下，推导 4.2 节中的第 I 类定位方法的估计均方误差，证明其无法渐近逼近相应的 CRB[①]。为了避免符号混淆，需要将估计值 $\hat{\boldsymbol{u}}_{\text{lwls}}^{(\text{I})}$ 记为 $\hat{\boldsymbol{u}}_{\text{lwls-e}}^{(\text{I})}$。根据式（4.21）可得

$$\hat{\boldsymbol{u}}_{\text{lwls-e}}^{(\text{I})}=((\boldsymbol{A}(\hat{\boldsymbol{\omega}}))^{\text{T}}(\boldsymbol{\Omega}^{(\text{I})})^{-1}\boldsymbol{A}(\hat{\boldsymbol{\omega}}))^{-1}(\boldsymbol{A}(\hat{\boldsymbol{\omega}}))^{\text{T}}(\boldsymbol{\Omega}^{(\text{I})})^{-1}\boldsymbol{b}(\hat{\boldsymbol{\omega}},\hat{\boldsymbol{s}})\tag{A.4}$$

将向量 $\hat{\boldsymbol{u}}_{\text{lwls-e}}^{(\text{I})}$ 中的估计误差记为 $\Delta\boldsymbol{u}_{\text{lwls-e}}^{(\text{I})}=\hat{\boldsymbol{u}}_{\text{lwls-e}}^{(\text{I})}-\boldsymbol{u}$。基于式（A.4）和注记 4.1 中的讨论可知

$$(\boldsymbol{A}(\hat{\boldsymbol{\omega}}))^{\text{T}}(\hat{\boldsymbol{\Omega}}^{(\text{I})})^{-1}\boldsymbol{A}(\hat{\boldsymbol{\omega}})(\boldsymbol{u}+\Delta\boldsymbol{u}_{\text{lwls-e}}^{(\text{I})})=(\boldsymbol{A}(\hat{\boldsymbol{\omega}}))^{\text{T}}(\hat{\boldsymbol{\Omega}}^{(\text{I})})^{-1}\boldsymbol{b}(\hat{\boldsymbol{\omega}},\hat{\boldsymbol{s}})\tag{A.5}$$

① 特指传感阵列位置存在观测误差条件下的 CRB。

在一阶误差分析框架下，联合式（A.5）和式（4.23）可以进一步推得

$$\Delta \boldsymbol{u}_{\text{lwls-e}}^{(\text{I})} \approx ((\boldsymbol{A}(\boldsymbol{\omega}))^{\text{T}} (\boldsymbol{\Omega}^{(\text{I})})^{-1} \boldsymbol{A}(\boldsymbol{\omega}))^{-1} (\boldsymbol{A}(\boldsymbol{\omega}))^{\text{T}} (\boldsymbol{\Omega}^{(\text{I})})^{-1} \boldsymbol{\xi}_1^{(\text{II})} \tag{A.6}$$

式中，向量 $\boldsymbol{\xi}_1^{(\text{II})}$ 的表达式见式（4.31）。由式（A.6）可知，误差向量 $\Delta \boldsymbol{u}_{\text{lwls-e}}^{(\text{I})}$ 渐近服从零均值的高斯分布，因此，估计值 $\hat{\boldsymbol{u}}_{\text{lwls-e}}^{(\text{I})}$ 是渐近无偏估计，均方误差矩阵为

$$\begin{aligned}
\textbf{MSE}(\hat{\boldsymbol{u}}_{\text{lwls-e}}^{(\text{I})}) &= E[(\hat{\boldsymbol{u}}_{\text{lwls-e}}^{(\text{I})} - \boldsymbol{u})(\hat{\boldsymbol{u}}_{\text{lwls-e}}^{(\text{I})} - \boldsymbol{u})^{\text{T}}] = E[\Delta \boldsymbol{u}_{\text{lwls-e}}^{(\text{I})} (\Delta \boldsymbol{u}_{\text{lwls-e}}^{(\text{I})})^{\text{T}}] \\
&= ((\boldsymbol{A}(\boldsymbol{\omega}))^{\text{T}} (\boldsymbol{\Omega}^{(\text{I})})^{-1} \boldsymbol{A}(\boldsymbol{\omega}))^{-1} (\boldsymbol{A}(\boldsymbol{\omega}))^{\text{T}} (\boldsymbol{\Omega}^{(\text{I})})^{-1} E[\boldsymbol{\xi}_1^{(\text{II})} (\boldsymbol{\xi}_1^{(\text{II})})^{\text{T}}] \times \\
&\quad (\boldsymbol{\Omega}^{(\text{I})})^{-1} \boldsymbol{A}(\boldsymbol{\omega}) ((\boldsymbol{A}(\boldsymbol{\omega}))^{\text{T}} (\boldsymbol{\Omega}^{(\text{I})})^{-1} \boldsymbol{A}(\boldsymbol{\omega}))^{-1} \\
&= ((\boldsymbol{A}(\boldsymbol{\omega}))^{\text{T}} (\boldsymbol{\Omega}^{(\text{I})})^{-1} \boldsymbol{A}(\boldsymbol{\omega}))^{-1} + ((\boldsymbol{A}(\boldsymbol{\omega}))^{\text{T}} (\boldsymbol{\Omega}^{(\text{I})})^{-1} \boldsymbol{A}(\boldsymbol{\omega}))^{-1} (\boldsymbol{A}(\boldsymbol{\omega}))^{\text{T}} (\boldsymbol{\Omega}^{(\text{I})})^{-1} \times \\
&\quad \boldsymbol{C}^{(\text{s})}(\boldsymbol{\omega}) \boldsymbol{E}^{(\text{s})} (\boldsymbol{C}^{(\text{s})}(\boldsymbol{\omega}))^{\text{T}} (\boldsymbol{\Omega}^{(\text{I})})^{-1} \boldsymbol{A}(\boldsymbol{\omega}) ((\boldsymbol{A}(\boldsymbol{\omega}))^{\text{T}} (\boldsymbol{\Omega}^{(\text{I})})^{-1} \boldsymbol{A}(\boldsymbol{\omega}))^{-1}
\end{aligned} \tag{A.7}$$

式中第 4 个等号利用了式（4.36）。

将式（4.19）代入式（A.7）可得

$$\begin{aligned}
\textbf{MSE}(\hat{\boldsymbol{u}}_{\text{lwls-e}}^{(\text{I})}) = {} & ((\boldsymbol{A}(\boldsymbol{\omega}))^{\text{T}} (\boldsymbol{\Omega}^{(\text{I})})^{-1} \boldsymbol{A}(\boldsymbol{\omega}))^{-1} + ((\boldsymbol{A}(\boldsymbol{\omega}))^{\text{T}} (\boldsymbol{\Omega}^{(\text{I})})^{-1} \boldsymbol{A}(\boldsymbol{\omega}))^{-1} (\boldsymbol{A}(\boldsymbol{\omega}))^{\text{T}} \times \\
& (\boldsymbol{C}^{(\text{a})}(\boldsymbol{u}, \boldsymbol{\omega}, \boldsymbol{s}))^{-\text{T}} (\boldsymbol{E}^{(\text{a})})^{-1} (\boldsymbol{C}^{(\text{a})}(\boldsymbol{u}, \boldsymbol{\omega}, \boldsymbol{s}))^{-1} \boldsymbol{C}^{(\text{s})}(\boldsymbol{\omega}) \boldsymbol{E}^{(\text{s})} \times \\
& (\boldsymbol{C}^{(\text{s})}(\boldsymbol{\omega}))^{\text{T}} (\boldsymbol{C}^{(\text{a})}(\boldsymbol{u}, \boldsymbol{\omega}, \boldsymbol{s}))^{-\text{T}} (\boldsymbol{E}^{(\text{a})})^{-1} \times \\
& (\boldsymbol{C}^{(\text{a})}(\boldsymbol{u}, \boldsymbol{\omega}, \boldsymbol{s}))^{-1} \boldsymbol{A}(\boldsymbol{\omega}) ((\boldsymbol{A}(\boldsymbol{\omega}))^{\text{T}} (\boldsymbol{\Omega}^{(\text{I})})^{-1} \boldsymbol{A}(\boldsymbol{\omega}))^{-1}
\end{aligned} \tag{A.8}$$

将式（4.28）和式（4.47）代入式（A.8），并利用命题 4.1 中的结论可知

$$\begin{aligned}
\textbf{MSE}(\hat{\boldsymbol{u}}_{\text{lwls-e}}^{(\text{I})}) = {} & \textbf{CRB}_{\text{aoa-p}}(\boldsymbol{u}) + \textbf{CRB}_{\text{aoa-p}}(\boldsymbol{u}) (\boldsymbol{F}_{\text{aoa}}^{(\text{u})}(\boldsymbol{u}, \boldsymbol{s}))^{\text{T}} (\boldsymbol{E}^{(\text{a})})^{-1} \boldsymbol{F}_{\text{aoa}}^{(\text{s})}(\boldsymbol{u}, \boldsymbol{s}) \times \\
& \boldsymbol{E}^{(\text{s})} (\boldsymbol{F}_{\text{aoa}}^{(\text{s})}(\boldsymbol{u}, \boldsymbol{s}))^{\text{T}} (\boldsymbol{E}^{(\text{a})})^{-1} \boldsymbol{F}_{\text{aoa}}^{(\text{u})}(\boldsymbol{u}, \boldsymbol{s}) \textbf{CRB}_{\text{aoa-p}}(\boldsymbol{u})
\end{aligned} \tag{A.9}$$

由于

$$\boldsymbol{E}^{(\mathrm{s})} \geqslant ((\boldsymbol{E}^{(\mathrm{s})})^{-1} + (\boldsymbol{F}_{\mathrm{aoa}}^{(\mathrm{s})}(\boldsymbol{u},\boldsymbol{s}))^{\mathrm{T}} (\boldsymbol{E}^{(\mathrm{s})})^{-1/2} \boldsymbol{\Pi}^{\perp}[(\boldsymbol{E}^{(\mathrm{s})})^{-1/2} \boldsymbol{F}_{\mathrm{aoa}}^{(\mathrm{u})}(\boldsymbol{u},\boldsymbol{s})](\boldsymbol{E}^{(\mathrm{s})})^{-1/2} \boldsymbol{F}_{\mathrm{aoa}}^{(\mathrm{s})}(\boldsymbol{u},\boldsymbol{s}))^{-1} \tag{A.10}$$

利用式（A.10），并且对比式（A.9）和式（3.14）可得 $\mathbf{MSE}(\hat{\boldsymbol{u}}_{\mathrm{lwls\text{-}e}}^{(\mathrm{I})}) \geqslant \mathbf{CRB}_{\mathrm{aoa\text{-}q}}(\boldsymbol{u})$。由此可知，在传感阵列位置存在观测误差的条件下，4.2 节中的第 I 类定位方法的估计均方误差无法渐近逼近相应的 CRB。

附录 B

下面将推导式（5.40）中的 6 个矩阵函数表达式。根据式（5.20）中的第 2 个公式可得

$$\boldsymbol{\Psi}_1(\boldsymbol{Z}_1)=E[\boldsymbol{Z}_1\delta\boldsymbol{b}^{(2)}]=\boldsymbol{Z}_1\boldsymbol{B}^{(\mathrm{aa})}(\boldsymbol{\omega},\boldsymbol{s})E[\boldsymbol{\varepsilon}^{(\mathrm{aa})}]=\boldsymbol{Z}_1\boldsymbol{B}^{(\mathrm{aa})}(\boldsymbol{\omega},\boldsymbol{s})\boldsymbol{e}^{(\mathrm{aa})} \tag{B.1}$$

根据式（5.14）中的第 2 个公式可知

$$\begin{aligned}\boldsymbol{\Psi}_2(\boldsymbol{Z}_2,\boldsymbol{z}_2)&=E[\boldsymbol{Z}_2\delta\boldsymbol{A}^{(2)}\boldsymbol{z}_2]\\&=\frac{1}{2}\boldsymbol{Z}_2[\ddot{\boldsymbol{A}}_{\theta_1\theta_1}(\boldsymbol{\omega})\boldsymbol{z}_2\ \ \ddot{\boldsymbol{A}}_{\alpha_1\alpha_1}(\boldsymbol{\omega})\boldsymbol{z}_2\cdots\ddot{\boldsymbol{A}}_{\theta_M\theta_M}(\boldsymbol{\omega})\boldsymbol{z}_2\ \ \ddot{\boldsymbol{A}}_{\alpha_M\alpha_M}(\boldsymbol{\omega})\boldsymbol{z}_2\ \vdots\ 2\ddot{\boldsymbol{A}}_{\theta_1\alpha_1}(\boldsymbol{\omega})\boldsymbol{z}_2\cdots2\ddot{\boldsymbol{A}}_{\theta_M\alpha_M}(\boldsymbol{\omega})\boldsymbol{z}_2]E[\boldsymbol{\varepsilon}^{(\mathrm{aa})}]\\&=\frac{1}{2}\boldsymbol{Z}_2[\ddot{\boldsymbol{A}}_{\theta_1\theta_1}(\boldsymbol{\omega})\boldsymbol{z}_2\ \ \ddot{\boldsymbol{A}}_{\alpha_1\alpha_1}(\boldsymbol{\omega})\boldsymbol{z}_2\cdots\ddot{\boldsymbol{A}}_{\theta_M\theta_M}(\boldsymbol{\omega})\boldsymbol{z}_2\ \ \ddot{\boldsymbol{A}}_{\alpha_M\alpha_M}(\boldsymbol{\omega})\boldsymbol{z}_2\ \vdots\ 2\ddot{\boldsymbol{A}}_{\theta_1\alpha_1}(\boldsymbol{\omega})\boldsymbol{z}_2\cdots2\ddot{\boldsymbol{A}}_{\theta_M\alpha_M}(\boldsymbol{\omega})\boldsymbol{z}_2]\boldsymbol{e}^{(\mathrm{aa})}\end{aligned} \tag{B.2}$$

根据式（5.14）中的第 1 个公式和式（5.20）中的第 1 个公式可得：

$$\begin{aligned}\boldsymbol{\Psi}_3(\boldsymbol{Z}_{3\mathrm{a}},\boldsymbol{Z}_{3\mathrm{b}})&=E[\boldsymbol{Z}_{3\mathrm{a}}\delta\boldsymbol{A}^{(1)}\boldsymbol{Z}_{3\mathrm{b}}\delta\boldsymbol{b}^{(1)}]\\&=E\left[\boldsymbol{Z}_{3\mathrm{a}}\left(\sum_{m=1}^{M}\varepsilon_m^{(\mathrm{a1})}\dot{\boldsymbol{A}}_{\theta_m}(\boldsymbol{\omega})+\sum_{m=1}^{M}\varepsilon_m^{(\mathrm{a2})}\dot{\boldsymbol{A}}_{\alpha_m}(\boldsymbol{\omega})\right)\boldsymbol{Z}_{3\mathrm{b}}(\boldsymbol{B}^{(\mathrm{a})}(\boldsymbol{\omega},\boldsymbol{s})\boldsymbol{\varepsilon}^{(\mathrm{a})}+\boldsymbol{B}^{(\mathrm{s})}(\boldsymbol{\omega})\boldsymbol{\varepsilon}^{(\mathrm{s})})\right]\\&=\sum_{m=1}^{M}\boldsymbol{Z}_{3\mathrm{a}}\dot{\boldsymbol{A}}_{\theta_m}(\boldsymbol{\omega})\boldsymbol{Z}_{3\mathrm{b}}\boldsymbol{B}^{(\mathrm{a})}(\boldsymbol{\omega},\boldsymbol{s})E[\boldsymbol{\varepsilon}^{(\mathrm{a})}\varepsilon_m^{(\mathrm{a1})}]+\sum_{m=1}^{M}\boldsymbol{Z}_{3\mathrm{a}}\dot{\boldsymbol{A}}_{\alpha_m}(\boldsymbol{\omega})\boldsymbol{Z}_{3\mathrm{b}}\boldsymbol{B}^{(\mathrm{a})}(\boldsymbol{\omega},\boldsymbol{s})E[\boldsymbol{\varepsilon}^{(\mathrm{a})}\varepsilon_m^{(\mathrm{a2})}]\\&=\sum_{m=1}^{M}\boldsymbol{Z}_{3\mathrm{a}}\dot{\boldsymbol{A}}_{\theta_m}(\boldsymbol{\omega})\boldsymbol{Z}_{3\mathrm{b}}\boldsymbol{B}^{(\mathrm{a})}(\boldsymbol{\omega},\boldsymbol{s})\boldsymbol{E}^{(\mathrm{a})}\boldsymbol{i}_{2M}^{(2m-1)}+\sum_{m=1}^{M}\boldsymbol{Z}_{3\mathrm{a}}\dot{\boldsymbol{A}}_{\alpha_m}(\boldsymbol{\omega})\boldsymbol{Z}_{3\mathrm{b}}\boldsymbol{B}^{(\mathrm{a})}(\boldsymbol{\omega},\boldsymbol{s})\boldsymbol{E}^{(\mathrm{a})}\boldsymbol{i}_{2M}^{(2m)}\end{aligned} \tag{B.3}$$

根据式（5.14）中的第 1 个公式可知

$$\begin{aligned}
&\boldsymbol{\Psi}_4(\boldsymbol{Z}_{4\mathrm{a}},\boldsymbol{Z}_{4\mathrm{b}},\boldsymbol{z}_4)=E[\boldsymbol{Z}_{4\mathrm{a}}\boldsymbol{\delta A}^{(1)}\boldsymbol{Z}_{4\mathrm{b}}\boldsymbol{\delta A}^{(1)}\boldsymbol{z}_4]\\
&=E\left[\boldsymbol{Z}_{4\mathrm{a}}\left(\sum_{m=1}^{M}\varepsilon_m^{(\mathrm{a1})}\dot{\boldsymbol{A}}_{\theta_m}(\boldsymbol{\omega})+\sum_{m=1}^{M}\varepsilon_m^{(\mathrm{a2})}\dot{\boldsymbol{A}}_{\alpha_m}(\boldsymbol{\omega})\right)\boldsymbol{Z}_{4\mathrm{b}}\left(\sum_{m=1}^{M}\varepsilon_m^{(\mathrm{a1})}\dot{\boldsymbol{A}}_{\theta_m}(\boldsymbol{\omega})+\sum_{m=1}^{M}\varepsilon_m^{(\mathrm{a2})}\dot{\boldsymbol{A}}_{\alpha_m}(\boldsymbol{\omega})\right)\boldsymbol{z}_4\right]\\
&=\sum_{m_1=1}^{M}\sum_{m_2=1}^{M}\boldsymbol{Z}_{4\mathrm{a}}\dot{\boldsymbol{A}}_{\theta_{m_1}}(\boldsymbol{\omega})\boldsymbol{Z}_{4\mathrm{b}}\dot{\boldsymbol{A}}_{\theta_{m_2}}(\boldsymbol{\omega})\boldsymbol{z}_4E[\varepsilon_{m_1}^{(\mathrm{a1})}\varepsilon_{m_2}^{(\mathrm{a1})}]+\\
&\quad\sum_{m_1=1}^{M}\sum_{m_2=1}^{M}\boldsymbol{Z}_{4\mathrm{a}}\dot{\boldsymbol{A}}_{\theta_{m_1}}(\boldsymbol{\omega})\boldsymbol{Z}_{4\mathrm{b}}\dot{\boldsymbol{A}}_{\alpha_{m_2}}(\boldsymbol{\omega})\boldsymbol{z}_4E[\varepsilon_{m_1}^{(\mathrm{a1})}\varepsilon_{m_2}^{(\mathrm{a2})}]+\\
&\quad\sum_{m_1=1}^{M}\sum_{m_2=1}^{M}\boldsymbol{Z}_{4\mathrm{a}}\dot{\boldsymbol{A}}_{\alpha_{m_1}}(\boldsymbol{\omega})\boldsymbol{Z}_{4\mathrm{b}}\dot{\boldsymbol{A}}_{\theta_{m_2}}(\boldsymbol{\omega})\boldsymbol{z}_4E[\varepsilon_{m_1}^{(\mathrm{a2})}\varepsilon_{m_2}^{(\mathrm{a1})}]+\\
&\quad\sum_{m_1=1}^{M}\sum_{m_2=1}^{M}\boldsymbol{Z}_{4\mathrm{a}}\dot{\boldsymbol{A}}_{\alpha_{m_1}}(\boldsymbol{\omega})\boldsymbol{Z}_{4\mathrm{b}}\dot{\boldsymbol{A}}_{\alpha_{m_2}}(\boldsymbol{\omega})\boldsymbol{z}_4E[\varepsilon_{m_1}^{(\mathrm{a2})}\varepsilon_{m_2}^{(\mathrm{a2})}]\\
&=\sum_{m_1=1}^{M}\sum_{m_2=1}^{M}\boldsymbol{Z}_{4\mathrm{a}}\dot{\boldsymbol{A}}_{\theta_{m_1}}(\boldsymbol{\omega})\boldsymbol{Z}_{4\mathrm{b}}\dot{\boldsymbol{A}}_{\theta_{m_2}}(\boldsymbol{\omega})\boldsymbol{z}_4<\boldsymbol{E}^{(\mathrm{a})}>_{2m_1-1,2m_2-1}+\\
&\quad\sum_{m_1=1}^{M}\sum_{m_2=1}^{M}\boldsymbol{Z}_{4\mathrm{a}}\dot{\boldsymbol{A}}_{\theta_{m_1}}(\boldsymbol{\omega})\boldsymbol{Z}_{4\mathrm{b}}\dot{\boldsymbol{A}}_{\alpha_{m_2}}(\boldsymbol{\omega})\boldsymbol{z}_4<\boldsymbol{E}^{(\mathrm{a})}>_{2m_1-1,2m_2}+\\
&\quad\sum_{m_1=1}^{M}\sum_{m_2=1}^{M}\boldsymbol{Z}_{4\mathrm{a}}\dot{\boldsymbol{A}}_{\alpha_{m_1}}(\boldsymbol{\omega})\boldsymbol{Z}_{4\mathrm{b}}\dot{\boldsymbol{A}}_{\theta_{m_2}}(\boldsymbol{\omega})\boldsymbol{z}_4<\boldsymbol{E}^{(\mathrm{a})}>_{2m_1,2m_2-1}+\\
&\quad\sum_{m_1=1}^{M}\sum_{m_2=1}^{M}\boldsymbol{Z}_{4\mathrm{a}}\dot{\boldsymbol{A}}_{\alpha_{m_1}}(\boldsymbol{\omega})\boldsymbol{Z}_{4\mathrm{b}}\dot{\boldsymbol{A}}_{\alpha_{m_2}}(\boldsymbol{\omega})\boldsymbol{z}_4<\boldsymbol{E}^{(\mathrm{a})}>_{2m_1,2m_2}
\end{aligned}\tag{B.4}$$

根据式（5.14）中的第 1 个公式和式（5.20）中的第 1 个公式可得

$$\begin{aligned}
&\boldsymbol{\Psi}_5(\boldsymbol{Z}_{5\mathrm{a}},\boldsymbol{Z}_{5\mathrm{b}})=E[\boldsymbol{Z}_{5\mathrm{a}}(\boldsymbol{\delta A}^{(1)})^{\mathrm{T}}\boldsymbol{Z}_{5\mathrm{b}}\boldsymbol{\delta b}^{(1)}]\\
&=E\left[\boldsymbol{Z}_{5\mathrm{a}}\left(\sum_{m=1}^{M}\varepsilon_m^{(\mathrm{a1})}\dot{\boldsymbol{A}}_{\theta_m}(\boldsymbol{\omega})+\sum_{m=1}^{M}\varepsilon_m^{(\mathrm{a2})}\dot{\boldsymbol{A}}_{\alpha_m}(\boldsymbol{\omega})\right)^{\mathrm{T}}\boldsymbol{Z}_{5\mathrm{b}}(\boldsymbol{B}^{(\mathrm{a})}(\boldsymbol{\omega},\boldsymbol{s})\boldsymbol{\varepsilon}^{(\mathrm{a})}+\boldsymbol{B}^{(\mathrm{s})}(\boldsymbol{\omega})\boldsymbol{\varepsilon}^{(\mathrm{s})})\right]\\
&=\sum_{m=1}^{M}\boldsymbol{Z}_{5\mathrm{a}}(\dot{\boldsymbol{A}}_{\theta_m}(\boldsymbol{\omega}))^{\mathrm{T}}\boldsymbol{Z}_{5\mathrm{b}}\boldsymbol{B}^{(\mathrm{a})}(\boldsymbol{\omega},\boldsymbol{s})E[\boldsymbol{\varepsilon}^{(\mathrm{a})}\varepsilon_m^{(\mathrm{a1})}]+\sum_{m=1}^{M}\boldsymbol{Z}_{5\mathrm{a}}(\dot{\boldsymbol{A}}_{\alpha_m}(\boldsymbol{\omega}))^{\mathrm{T}}\boldsymbol{Z}_{5\mathrm{b}}\boldsymbol{B}^{(\mathrm{a})}(\boldsymbol{\omega},\boldsymbol{s})E[\boldsymbol{\varepsilon}^{(\mathrm{a})}\varepsilon_m^{(\mathrm{a2})}]\\
&=\sum_{m=1}^{M}\boldsymbol{Z}_{5\mathrm{a}}(\dot{\boldsymbol{A}}_{\theta_m}(\boldsymbol{\omega}))^{\mathrm{T}}\boldsymbol{Z}_{5\mathrm{b}}\boldsymbol{B}^{(\mathrm{a})}(\boldsymbol{\omega},\boldsymbol{s})\boldsymbol{E}^{(\mathrm{a})}\boldsymbol{i}_{2M}^{(2m-1)}+\sum_{m=1}^{M}\boldsymbol{Z}_{5\mathrm{a}}(\dot{\boldsymbol{A}}_{\alpha_m}(\boldsymbol{\omega}))^{\mathrm{T}}\boldsymbol{Z}_{5\mathrm{b}}\boldsymbol{B}^{(\mathrm{a})}(\boldsymbol{\omega},\boldsymbol{s})\boldsymbol{E}^{(\mathrm{a})}\boldsymbol{i}_{2M}^{(2m)}
\end{aligned}\tag{B.5}$$

根据式（5.14）中的第 1 个公式可知

$$
\begin{aligned}
&\boldsymbol{\Psi}_6(\boldsymbol{Z}_{6a},\boldsymbol{Z}_{6b},\boldsymbol{z}_6)=E[\boldsymbol{Z}_{6a}(\boldsymbol{\delta A}^{(1)})^{\mathrm{T}}\boldsymbol{Z}_{6b}\boldsymbol{\delta A}^{(1)}\boldsymbol{z}_6]\\
&=E\left[\boldsymbol{Z}_{6a}\left(\sum_{m=1}^{M}\varepsilon_m^{(a1)}\dot{\boldsymbol{A}}_{\theta_m}(\boldsymbol{\omega})+\sum_{m=1}^{M}\varepsilon_m^{(a2)}\dot{\boldsymbol{A}}_{\alpha_m}(\boldsymbol{\omega})\right)^{\mathrm{T}}\boldsymbol{Z}_{6b}\left(\sum_{m=1}^{M}\varepsilon_m^{(a1)}\dot{\boldsymbol{A}}_{\theta_m}(\boldsymbol{\omega})+\sum_{m=1}^{M}\varepsilon_m^{(a2)}\dot{\boldsymbol{A}}_{\alpha_m}(\boldsymbol{\omega})\right)\boldsymbol{z}_6\right]\\
&=\sum_{m_1=1}^{M}\sum_{m_2=1}^{M}\boldsymbol{Z}_{6a}(\dot{\boldsymbol{A}}_{\theta_{m_1}}(\boldsymbol{\omega}))^{\mathrm{T}}\boldsymbol{Z}_{6b}\dot{\boldsymbol{A}}_{\theta_{m_2}}(\boldsymbol{\omega})\boldsymbol{z}_6E[\varepsilon_{m_1}^{(a1)}\varepsilon_{m_2}^{(a1)}]+\\
&\quad\sum_{m_1=1}^{M}\sum_{m_2=1}^{M}\boldsymbol{Z}_{6a}(\dot{\boldsymbol{A}}_{\theta_{m_1}}(\boldsymbol{\omega}))^{\mathrm{T}}\boldsymbol{Z}_{6b}\dot{\boldsymbol{A}}_{\alpha_{m_2}}(\boldsymbol{\omega})\boldsymbol{z}_6E[\varepsilon_{m_1}^{(a1)}\varepsilon_{m_2}^{(a2)}]+\\
&\quad\sum_{m_1=1}^{M}\sum_{m_2=1}^{M}\boldsymbol{Z}_{6a}(\dot{\boldsymbol{A}}_{\alpha_{m_1}}(\boldsymbol{\omega}))^{\mathrm{T}}\boldsymbol{Z}_{6b}\dot{\boldsymbol{A}}_{\theta_{m_2}}(\boldsymbol{\omega})\boldsymbol{z}_6E[\varepsilon_{m_1}^{(a2)}\varepsilon_{m_2}^{(a1)}]+\\
&\quad\sum_{m_1=1}^{M}\sum_{m_2=1}^{M}\boldsymbol{Z}_{6a}(\dot{\boldsymbol{A}}_{\alpha_{m_1}}(\boldsymbol{\omega}))^{\mathrm{T}}\boldsymbol{Z}_{6b}\dot{\boldsymbol{A}}_{\alpha_{m_2}}(\boldsymbol{\omega})\boldsymbol{z}_6E[\varepsilon_{m_1}^{(a2)}\varepsilon_{m_2}^{(a2)}]\\
&=\sum_{m_1=1}^{M}\sum_{m_2=1}^{M}\boldsymbol{Z}_{6a}(\dot{\boldsymbol{A}}_{\theta_{m_1}}(\boldsymbol{\omega}))^{\mathrm{T}}\boldsymbol{Z}_{6b}\dot{\boldsymbol{A}}_{\theta_{m_2}}(\boldsymbol{\omega})\boldsymbol{z}_6<\boldsymbol{E}^{(a)}>_{2m_1-1,2m_2-1}+\\
&\quad\sum_{m_1=1}^{M}\sum_{m_2=1}^{M}\boldsymbol{Z}_{6a}(\dot{\boldsymbol{A}}_{\theta_{m_1}}(\boldsymbol{\omega}))^{\mathrm{T}}\boldsymbol{Z}_{6b}\dot{\boldsymbol{A}}_{\alpha_{m_2}}(\boldsymbol{\omega})\boldsymbol{z}_6<\boldsymbol{E}^{(a)}>_{2m_1-1,2m_2}+\\
&\quad\sum_{m_1=1}^{M}\sum_{m_2=1}^{M}\boldsymbol{Z}_{6a}(\dot{\boldsymbol{A}}_{\alpha_{m_1}}(\boldsymbol{\omega}))^{\mathrm{T}}\boldsymbol{Z}_{6b}\dot{\boldsymbol{A}}_{\theta_{m_2}}(\boldsymbol{\omega})\boldsymbol{z}_6<\boldsymbol{E}^{(a)}>_{2m_1,2m_2-1}+\\
&\quad\sum_{m_1=1}^{M}\sum_{m_2=1}^{M}\boldsymbol{Z}_{6a}(\dot{\boldsymbol{A}}_{\alpha_{m_1}}(\boldsymbol{\omega}))^{\mathrm{T}}\boldsymbol{Z}_{6b}\dot{\boldsymbol{A}}_{\alpha_{m_2}}(\boldsymbol{\omega})\boldsymbol{z}_6<\boldsymbol{E}^{(a)}>_{2m_1,2m_2}
\end{aligned}
\tag{B.6}
$$

附录 C

C.1

下面将推导式（6.20）和式（6.21）。根据式（6.18）可得

$$\boldsymbol{\xi}^{(\mathrm{I})}=\Delta\boldsymbol{W}^{(\mathrm{I})}\boldsymbol{\varphi}(\boldsymbol{u},\boldsymbol{s})=\mathrm{vec}(\Delta\boldsymbol{W}^{(\mathrm{I})}\boldsymbol{\varphi}(\boldsymbol{u},\boldsymbol{s}))=((\boldsymbol{\varphi}(\boldsymbol{u},\boldsymbol{s}))^{\mathrm{T}}\otimes\boldsymbol{I}_M)\mathrm{vec}(\Delta\boldsymbol{W}^{(\mathrm{I})}) \tag{C.1}$$

式中，第 3 个等号由式（2.34）得出。由式（6.19）可知

$$\mathrm{vec}(\Delta\boldsymbol{W}^{(\mathrm{I})})\approx(\boldsymbol{1}_{M\times1}\otimes\mathrm{diag}[\boldsymbol{d}]+\mathrm{diag}[\boldsymbol{d}]\otimes\boldsymbol{1}_{M\times1})\boldsymbol{\varepsilon}^{(\mathrm{t})} \tag{C.2}$$

将式（C.2）代入式（C.1）中，并利用式（2.31）可得

$$\begin{aligned}\boldsymbol{\xi}^{(\mathrm{I})}&\approx(((\boldsymbol{\varphi}(\boldsymbol{u},\boldsymbol{s}))^{\mathrm{T}}\boldsymbol{1}_{M\times1})\otimes\mathrm{diag}[\boldsymbol{d}]+((\boldsymbol{\varphi}(\boldsymbol{u},\boldsymbol{s}))^{\mathrm{T}}\mathrm{diag}[\boldsymbol{d}])\otimes\boldsymbol{1}_{M\times1})\boldsymbol{\varepsilon}^{(\mathrm{t})}\\&=(((\boldsymbol{\varphi}(\boldsymbol{u},\boldsymbol{s}))^{\mathrm{T}}\boldsymbol{1}_{M\times1})\mathrm{diag}[\boldsymbol{d}]+(\boldsymbol{\varphi}(\boldsymbol{u},\boldsymbol{s})\odot\boldsymbol{d})^{\mathrm{T}}\otimes\boldsymbol{1}_{M\times1})\boldsymbol{\varepsilon}^{(\mathrm{t})}\\&=(((\boldsymbol{\varphi}(\boldsymbol{u},\boldsymbol{s}))^{\mathrm{T}}\boldsymbol{1}_{M\times1})\mathrm{diag}[\boldsymbol{d}]+\boldsymbol{1}_{M\times1}(\boldsymbol{\varphi}(\boldsymbol{u},\boldsymbol{s})\odot\boldsymbol{d})^{\mathrm{T}})\boldsymbol{\varepsilon}^{(\mathrm{t})}\\&=\boldsymbol{C}^{(\mathrm{t})}(\boldsymbol{u},\boldsymbol{d},\boldsymbol{s})\boldsymbol{\varepsilon}^{(\mathrm{t})}\end{aligned} \tag{C.3}$$

式中，$\boldsymbol{C}^{(\mathrm{t})}(\boldsymbol{u},\boldsymbol{d},\boldsymbol{s})$ 的表达式见式（6.21）。

C.2

下面给出 Jacobian 矩阵 $\boldsymbol{F}_{\mathrm{toa}}^{(\mathrm{u})}(\boldsymbol{u},\boldsymbol{s})=\dfrac{\partial\boldsymbol{f}_{\mathrm{toa}}(\boldsymbol{u},\boldsymbol{s})}{\partial\boldsymbol{u}^{\mathrm{T}}}$ 和 $\boldsymbol{F}_{\mathrm{toa}}^{(\mathrm{s})}(\boldsymbol{u},\boldsymbol{s})=\dfrac{\partial\boldsymbol{f}_{\mathrm{toa}}(\boldsymbol{u},\boldsymbol{s})}{\partial\boldsymbol{s}^{\mathrm{T}}}$ 的表达式。

首先，有

$$\boldsymbol{F}_{\text{toa}}^{(\text{u})}(\boldsymbol{u},\boldsymbol{s})=\frac{\partial \boldsymbol{f}_{\text{toa}}(\boldsymbol{u},\boldsymbol{s})}{\partial \boldsymbol{u}^{\text{T}}}=\begin{bmatrix}\dfrac{\boldsymbol{u}-\boldsymbol{s}_1}{\|\boldsymbol{u}-\boldsymbol{s}_1\|_2} & \dfrac{\boldsymbol{u}-\boldsymbol{s}_2}{\|\boldsymbol{u}-\boldsymbol{s}_2\|_2} & \cdots & \dfrac{\boldsymbol{u}-\boldsymbol{s}_M}{\|\boldsymbol{u}-\boldsymbol{s}_M\|_2}\end{bmatrix}^{\text{T}}\in\mathbf{R}^{M\times 2} \tag{C.4}$$

然后，有

$$\boldsymbol{F}_{\text{toa}}^{(\text{s})}(\boldsymbol{u},\boldsymbol{s})=\frac{\partial \boldsymbol{f}_{\text{toa}}(\boldsymbol{u},\boldsymbol{s})}{\partial \boldsymbol{s}^{\text{T}}}=\text{blkdiag}\left\{\frac{(\boldsymbol{s}_1-\boldsymbol{u})^{\text{T}}}{\|\boldsymbol{u}-\boldsymbol{s}_1\|_2},\frac{(\boldsymbol{s}_2-\boldsymbol{u})^{\text{T}}}{\|\boldsymbol{u}-\boldsymbol{s}_2\|_2},\cdots,\frac{(\boldsymbol{s}_M-\boldsymbol{u})^{\text{T}}}{\|\boldsymbol{u}-\boldsymbol{s}_M\|_2}\right\}\in\mathbf{R}^{M\times 2M} \tag{C.5}$$

C.3

下面将在传感器位置存在观测误差的条件下，推导 6.2 节中的第 I 类定位方法的估计均方误差，并且证明其无法渐近逼近相应的 CRB①。为了避免符号混淆，需要将估计值 $\hat{\boldsymbol{u}}_{\text{wmds}}^{(\text{I})}$ 记为 $\hat{\boldsymbol{u}}_{\text{wmds-e}}^{(\text{I})}$，于是由式（6.26）可得

$$\begin{aligned}\hat{\boldsymbol{u}}_{\text{wmds-e}}^{(\text{I})}=&-((\boldsymbol{T}_2(\hat{\boldsymbol{s}}))^{\text{T}}(\boldsymbol{W}(\hat{\boldsymbol{d}},\hat{\boldsymbol{s}}))^{\text{T}}(\boldsymbol{\Omega}^{(\text{I})})^{-1}\boldsymbol{W}(\hat{\boldsymbol{d}},\hat{\boldsymbol{s}})\boldsymbol{T}_2(\hat{\boldsymbol{s}}))^{-1}(\boldsymbol{T}_2(\hat{\boldsymbol{s}}))^{\text{T}}\times\\&(\boldsymbol{W}(\hat{\boldsymbol{d}},\hat{\boldsymbol{s}}))^{\text{T}}(\boldsymbol{\Omega}^{(\text{I})})^{-1}\boldsymbol{W}(\hat{\boldsymbol{d}},\hat{\boldsymbol{s}})\boldsymbol{t}_1(\hat{\boldsymbol{s}})\end{aligned} \tag{C.6}$$

将向量 $\hat{\boldsymbol{u}}_{\text{wmds-e}}^{(\text{I})}$ 中的估计误差记为 $\Delta\boldsymbol{u}_{\text{wmds-e}}^{(\text{I})}=\hat{\boldsymbol{u}}_{\text{wmds-e}}^{(\text{I})}-\boldsymbol{u}$。基于式（C.6）和注记 6.1 中的讨论可知

$$\begin{aligned}&(\boldsymbol{T}_2(\hat{\boldsymbol{s}}))^{\text{T}}(\boldsymbol{W}(\hat{\boldsymbol{d}},\hat{\boldsymbol{s}}))^{\text{T}}(\hat{\boldsymbol{\Omega}}^{(\text{I})})^{-1}\boldsymbol{W}(\hat{\boldsymbol{d}},\hat{\boldsymbol{s}})\boldsymbol{T}_2(\hat{\boldsymbol{s}})(\boldsymbol{u}+\Delta\boldsymbol{u}_{\text{wmds-e}}^{(\text{I})})\\&=-(\boldsymbol{T}_2(\hat{\boldsymbol{s}}))^{\text{T}}(\boldsymbol{W}(\hat{\boldsymbol{d}},\hat{\boldsymbol{s}}))^{\text{T}}(\hat{\boldsymbol{\Omega}}^{(\text{I})})^{-1}\boldsymbol{W}(\hat{\boldsymbol{d}},\hat{\boldsymbol{s}})\boldsymbol{t}_1(\hat{\boldsymbol{s}})\end{aligned} \tag{C.7}$$

在一阶误差分析理论框架下，联合式（C.7）和式（6.28）可以推得

$$\begin{aligned}\Delta\boldsymbol{u}_{\text{wmds-e}}^{(\text{I})}\approx&-((\boldsymbol{T}_2(\boldsymbol{s}))^{\text{T}}(\boldsymbol{W}(\boldsymbol{d},\boldsymbol{s}))^{\text{T}}(\boldsymbol{\Omega}^{(\text{I})})^{-1}\boldsymbol{W}(\boldsymbol{d},\boldsymbol{s})\boldsymbol{T}_2(\boldsymbol{s}))^{-1}\times\\&(\boldsymbol{T}_2(\boldsymbol{s}))^{\text{T}}(\boldsymbol{W}(\boldsymbol{d},\boldsymbol{s}))^{\text{T}}(\boldsymbol{\Omega}^{(\text{I})})^{-1}\boldsymbol{\xi}_1^{(\text{II})}\end{aligned} \tag{C.8}$$

式中，向量 $\boldsymbol{\xi}_1^{(\text{II})}$ 的表达式见式（6.38）。由式（C.8）可知，误差向量 $\Delta\boldsymbol{u}_{\text{wmds-e}}^{(\text{I})}$ 渐近服从零均值的高斯分布，因此估计值 $\hat{\boldsymbol{u}}_{\text{wmds-e}}^{(\text{I})}$ 是渐近无偏估计，均方误差矩阵为

① 特指传感器位置存在观测误差条件下的 CRB。

$$\begin{aligned}\mathbf{MSE}(\hat{\boldsymbol{u}}_{\text{wmds-e}}^{(\text{I})}) &= E[(\hat{\boldsymbol{u}}_{\text{wmds-e}}^{(\text{I})}-\boldsymbol{u})(\hat{\boldsymbol{u}}_{\text{wmds-e}}^{(\text{I})}-\boldsymbol{u})^{\mathrm{T}}] = E[\Delta\boldsymbol{u}_{\text{wmds-e}}^{(\text{I})}(\Delta\boldsymbol{u}_{\text{wmds-e}}^{(\text{I})})^{\mathrm{T}}] \\ &= ((\boldsymbol{T}_2(\boldsymbol{s}))^{\mathrm{T}}(\boldsymbol{W}(\boldsymbol{d},\boldsymbol{s}))^{\mathrm{T}}(\boldsymbol{\Omega}^{(\text{I})})^{-1}\boldsymbol{W}(\boldsymbol{d},\boldsymbol{s})\boldsymbol{T}_2(\boldsymbol{s}))^{-1}(\boldsymbol{T}_2(\boldsymbol{s}))^{\mathrm{T}}(\boldsymbol{W}(\boldsymbol{d},\boldsymbol{s}))^{\mathrm{T}}\times \\ &\quad (\boldsymbol{\Omega}^{(\text{I})})^{-1}E[\boldsymbol{\xi}_1^{(\text{II})}(\boldsymbol{\xi}_1^{(\text{II})})^{\mathrm{T}}](\boldsymbol{\Omega}^{(\text{I})})^{-1}\boldsymbol{W}(\boldsymbol{d},\boldsymbol{s})\boldsymbol{T}_2(\boldsymbol{s})\times \\ &\quad ((\boldsymbol{T}_2(\boldsymbol{s}))^{\mathrm{T}}(\boldsymbol{W}(\boldsymbol{d},\boldsymbol{s}))^{\mathrm{T}}(\boldsymbol{\Omega}^{(\text{I})})^{-1}\boldsymbol{W}(\boldsymbol{d},\boldsymbol{s})\boldsymbol{T}_2(\boldsymbol{s}))^{-1} \\ &= ((\boldsymbol{T}_2(\boldsymbol{s}))^{\mathrm{T}}(\boldsymbol{W}(\boldsymbol{d},\boldsymbol{s}))^{\mathrm{T}}(\boldsymbol{\Omega}^{(\text{I})})^{-1}\boldsymbol{W}(\boldsymbol{d},\boldsymbol{s})\boldsymbol{T}_2(\boldsymbol{s}))^{-1}+((\boldsymbol{T}_2(\boldsymbol{s}))^{\mathrm{T}}(\boldsymbol{W}(\boldsymbol{d},\boldsymbol{s}))^{\mathrm{T}}\times \\ &\quad (\boldsymbol{\Omega}^{(\text{I})})^{-1}\boldsymbol{W}(\boldsymbol{d},\boldsymbol{s})\boldsymbol{T}_2(\boldsymbol{s}))^{-1}(\boldsymbol{T}_2(\boldsymbol{s}))^{\mathrm{T}}(\boldsymbol{W}(\boldsymbol{d},\boldsymbol{s}))^{\mathrm{T}}\times \\ &\quad (\boldsymbol{\Omega}^{(\text{I})})^{-1}\boldsymbol{C}^{(\text{s})}(\boldsymbol{u},\boldsymbol{d},\boldsymbol{s})\boldsymbol{E}^{(\text{s})}(\boldsymbol{C}^{(\text{s})}(\boldsymbol{u},\boldsymbol{d},\boldsymbol{s}))^{\mathrm{T}}(\boldsymbol{\Omega}^{(\text{I})})^{-1}\boldsymbol{W}(\boldsymbol{d},\boldsymbol{s})\boldsymbol{T}_2(\boldsymbol{s})\times \\ &\quad ((\boldsymbol{T}_2(\boldsymbol{s}))^{\mathrm{T}}(\boldsymbol{W}(\boldsymbol{d},\boldsymbol{s}))^{\mathrm{T}}(\boldsymbol{\Omega}^{(\text{I})})^{-1}\boldsymbol{W}(\boldsymbol{d},\boldsymbol{s})\boldsymbol{T}_2(\boldsymbol{s}))^{-1}\end{aligned} \tag{C.9}$$

式中，第 4 个等号由式（6.46）得出。将式（6.22）代入式（C.9）可得

$$\begin{aligned}\mathbf{MSE}(\hat{\boldsymbol{u}}_{\text{wmds-e}}^{(\text{I})}) &= ((\boldsymbol{T}_2(\boldsymbol{s}))^{\mathrm{T}}(\boldsymbol{W}(\boldsymbol{d},\boldsymbol{s}))^{\mathrm{T}}(\boldsymbol{\Omega}^{(\text{I})})^{-1}\boldsymbol{W}(\boldsymbol{d},\boldsymbol{s})\boldsymbol{T}_2(\boldsymbol{s}))^{-1}+((\boldsymbol{T}_2(\boldsymbol{s}))^{\mathrm{T}}\times \\ &\quad (\boldsymbol{W}(\boldsymbol{d},\boldsymbol{s}))^{\mathrm{T}}(\boldsymbol{\Omega}^{(\text{I})})^{-1}\boldsymbol{W}(\boldsymbol{d},\boldsymbol{s})\boldsymbol{T}_2(\boldsymbol{s}))^{-1}(\boldsymbol{T}_2(\boldsymbol{s}))^{\mathrm{T}}\times \\ &\quad (\boldsymbol{W}(\boldsymbol{d},\boldsymbol{s}))^{\mathrm{T}}(\boldsymbol{C}^{(\text{t})}(\boldsymbol{u},\boldsymbol{d},\boldsymbol{s}))^{-\mathrm{T}}(\boldsymbol{E}^{(\text{t})})^{-1}(\boldsymbol{C}^{(\text{t})}(\boldsymbol{u},\boldsymbol{d},\boldsymbol{s}))^{-1}\boldsymbol{C}^{(\text{s})}(\boldsymbol{u},\boldsymbol{d},\boldsymbol{s})\times \\ &\quad \boldsymbol{E}^{(\text{s})}(\boldsymbol{C}^{(\text{s})}(\boldsymbol{u},\boldsymbol{d},\boldsymbol{s}))^{\mathrm{T}}(\boldsymbol{C}^{(\text{t})}(\boldsymbol{u},\boldsymbol{d},\boldsymbol{s}))^{-\mathrm{T}}(\boldsymbol{E}^{(\text{t})})^{-1}(\boldsymbol{C}^{(\text{t})}(\boldsymbol{u},\boldsymbol{d},\boldsymbol{s}))^{-1}\times \\ &\quad \boldsymbol{W}(\boldsymbol{d},\boldsymbol{s})\boldsymbol{T}_2(\boldsymbol{s})((\boldsymbol{T}_2(\boldsymbol{s}))^{\mathrm{T}}(\boldsymbol{W}(\boldsymbol{d},\boldsymbol{s}))^{\mathrm{T}}(\boldsymbol{\Omega}^{(\text{I})})^{-1}\boldsymbol{W}(\boldsymbol{d},\boldsymbol{s})\boldsymbol{T}_2(\boldsymbol{s}))^{-1}\end{aligned} \tag{C.10}$$

将式（6.34）和式（6.59）代入式（C.10）中，并利用命题 6.2 中的结论可知

$$\begin{aligned}\mathbf{MSE}(\hat{\boldsymbol{u}}_{\text{wmds-e}}^{(\text{I})}) &= \mathbf{CRB}_{\text{toa-p}}(\boldsymbol{u})+\mathbf{CRB}_{\text{toa-p}}(\boldsymbol{u})(\boldsymbol{F}_{\text{toa}}^{(\text{u})}(\boldsymbol{u},\boldsymbol{s}))^{\mathrm{T}}(\boldsymbol{E}^{(\text{t})})^{-1}\times \\ &\quad \boldsymbol{F}_{\text{toa}}^{(\text{s})}(\boldsymbol{u},\boldsymbol{s})\boldsymbol{E}^{(\text{s})}(\boldsymbol{F}_{\text{toa}}^{(\text{s})}(\boldsymbol{u},\boldsymbol{s}))^{\mathrm{T}}(\boldsymbol{E}^{(\text{t})})^{-1}\boldsymbol{F}_{\text{toa}}^{(\text{u})}(\boldsymbol{u},\boldsymbol{s})\mathbf{CRB}_{\text{toa-p}}(\boldsymbol{u})\end{aligned} \tag{C.11}$$

由于

$$\boldsymbol{E}^{(\text{s})} \geqslant ((\boldsymbol{E}^{(\text{s})})^{-1}+(\boldsymbol{F}_{\text{toa}}^{(\text{s})}(\boldsymbol{u},\boldsymbol{s}))^{\mathrm{T}}(\boldsymbol{E}^{(\text{s})})^{-1/2}\boldsymbol{\Pi}^{\perp}[(\boldsymbol{E}^{(\text{s})})^{-1/2}\boldsymbol{F}_{\text{toa}}^{(\text{u})}(\boldsymbol{u},\boldsymbol{s})](\boldsymbol{E}^{(\text{s})})^{-1/2}\boldsymbol{F}_{\text{toa}}^{(\text{s})}(\boldsymbol{u},\boldsymbol{s}))^{-1} \tag{C.12}$$

基于式（C.12），并且对比式（C.11）和式（3.14）可得 $\mathbf{MSE}(\hat{\boldsymbol{u}}_{\text{wmds-e}}^{(\text{I})}) \geqslant \mathbf{CRB}_{\text{toa-q}}(\boldsymbol{u})$。由此可知，在传感器位置存在观测误差的条件下，6.2 节中的第 I 类定位方法的估计均方误差无法渐近逼近相应的 CRB。

C.4

下面将推导式（6.41）～式（6.45）。

首先，有

$$\Delta \boldsymbol{W}^{(\mathrm{II})}\boldsymbol{\varphi}(\boldsymbol{u},\boldsymbol{s})=\mathrm{vec}(\Delta \boldsymbol{W}^{(\mathrm{II})}\boldsymbol{\varphi}(\boldsymbol{u},\boldsymbol{s}))=((\boldsymbol{\varphi}(\boldsymbol{u},\boldsymbol{s}))^{\mathrm{T}}\otimes \boldsymbol{I}_M)\mathrm{vec}(\Delta \boldsymbol{W}^{(\mathrm{II})}) \tag{C.13}$$

式中，第 2 个等号由式（2.34）得出。联合式（6.39）和式（C.2）可知

$$\mathrm{vec}(\Delta \boldsymbol{W}^{(\mathrm{II})})\approx(\boldsymbol{1}_{M\times 1}\otimes \mathrm{diag}[\boldsymbol{d}]+\mathrm{diag}[\boldsymbol{d}]\otimes \boldsymbol{1}_{M\times 1})\boldsymbol{\varepsilon}^{(\mathrm{t})}+\boldsymbol{S}_{\mathrm{blk}}\boldsymbol{\varepsilon}^{(\mathrm{s})} \tag{C.14}$$

然后，将式（C.14）代入式（C.13）中，并结合式（C.3）可得

$$\Delta \boldsymbol{W}^{(\mathrm{II})}\boldsymbol{\varphi}(\boldsymbol{u},\boldsymbol{s})\approx \boldsymbol{C}^{(\mathrm{t})}(\boldsymbol{u},\boldsymbol{d},\boldsymbol{s})\boldsymbol{\varepsilon}^{(\mathrm{t})}+((\boldsymbol{\varphi}(\boldsymbol{u},\boldsymbol{s}))^{\mathrm{T}}\otimes \boldsymbol{I}_M)\boldsymbol{S}_{\mathrm{blk}}\boldsymbol{\varepsilon}^{(\mathrm{s})} \tag{C.15}$$

式中，$\boldsymbol{C}^{(\mathrm{t})}(\boldsymbol{u},\boldsymbol{d},\boldsymbol{s})$ 的表达式见式（6.21）。结合式（6.40）和式（6.44）可知

$$\begin{aligned}\boldsymbol{W}(\boldsymbol{d},\boldsymbol{s})\Delta \boldsymbol{T}^{(\mathrm{II})}\begin{bmatrix}1\\ \boldsymbol{u}\end{bmatrix}&\approx \boldsymbol{W}(\boldsymbol{d},\boldsymbol{s})\left([\boldsymbol{O}_{M\times 1}\ \ \Delta \boldsymbol{S}]-\boldsymbol{T}(\boldsymbol{s})\begin{bmatrix}0 & \boldsymbol{1}_{1\times M}\Delta \boldsymbol{S}\\ (\Delta \boldsymbol{S})^{\mathrm{T}}\boldsymbol{1}_{M\times 1} & (\Delta \boldsymbol{S})^{\mathrm{T}}\boldsymbol{S}+\boldsymbol{S}^{\mathrm{T}}\Delta \boldsymbol{S}\end{bmatrix}\right)\begin{bmatrix}\alpha_1(\boldsymbol{u},\boldsymbol{s})\\ \boldsymbol{\alpha}_2(\boldsymbol{u},\boldsymbol{s})\end{bmatrix}\\ &=\boldsymbol{W}(\boldsymbol{d},\boldsymbol{s})\left(\Delta \boldsymbol{S}\boldsymbol{\alpha}_2(\boldsymbol{u},\boldsymbol{s})-\boldsymbol{T}(\boldsymbol{s})\begin{bmatrix}\boldsymbol{1}_{1\times M}\Delta \boldsymbol{S}\boldsymbol{\alpha}_2(\boldsymbol{u},\boldsymbol{s})\\ (\Delta \boldsymbol{S})^{\mathrm{T}}[\boldsymbol{1}_{M\times 1}\ \ \boldsymbol{S}]\boldsymbol{\alpha}(\boldsymbol{u},\boldsymbol{s})+\boldsymbol{S}^{\mathrm{T}}\Delta \boldsymbol{S}\boldsymbol{\alpha}_2(\boldsymbol{u},\boldsymbol{s})\end{bmatrix}\right)\end{aligned} \tag{C.16}$$

由于

$$\Delta \boldsymbol{S}\boldsymbol{\alpha}_2(\boldsymbol{u},\boldsymbol{s})=\begin{bmatrix}(\boldsymbol{\alpha}_2(\boldsymbol{u},\boldsymbol{s}))^{\mathrm{T}}\boldsymbol{\varepsilon}_1^{(\mathrm{s})}\\ (\boldsymbol{\alpha}_2(\boldsymbol{u},\boldsymbol{s}))^{\mathrm{T}}\boldsymbol{\varepsilon}_2^{(\mathrm{s})}\\ \vdots\\ (\boldsymbol{\alpha}_2(\boldsymbol{u},\boldsymbol{s}))^{\mathrm{T}}\boldsymbol{\varepsilon}_M^{(\mathrm{s})}\end{bmatrix}=(\boldsymbol{I}_M\otimes(\boldsymbol{\alpha}_2(\boldsymbol{u},\boldsymbol{s}))^{\mathrm{T}})\boldsymbol{\varepsilon}^{(\mathrm{s})}=\boldsymbol{H}_1(\boldsymbol{u},\boldsymbol{s})\boldsymbol{\varepsilon}^{(\mathrm{s})} \tag{C.17}$$

$$(\Delta \boldsymbol{S})^{\mathrm{T}}[\boldsymbol{1}_{M\times 1}\ \ \boldsymbol{S}]\boldsymbol{\alpha}(\boldsymbol{u},\boldsymbol{s})=(([\boldsymbol{1}_{M\times 1}\ \ \boldsymbol{S}]\boldsymbol{\alpha}(\boldsymbol{u},\boldsymbol{s}))^{\mathrm{T}}\otimes \boldsymbol{I}_2)\boldsymbol{\varepsilon}^{(\mathrm{s})}=\boldsymbol{H}_2(\boldsymbol{u},\boldsymbol{s})\boldsymbol{\varepsilon}^{(\mathrm{s})} \tag{C.18}$$

将式（C.17）和式（C.18）代入式（C.16）可得

$$W(d,s)\Delta T^{(\mathrm{II})}\begin{bmatrix}1\\ u\end{bmatrix}\approx W(d,s)\left(H_1(u,s)-T(s)\begin{bmatrix}I_{1\times M}H_1(u,s)\\ S^{\mathrm{T}}H_1(u,s)+H_2(u,s)\end{bmatrix}\right)\varepsilon^{(\mathrm{s})} \quad (\mathrm{C}.19)$$

最后，将式（C.15）和式（C.19）代入式（6.38）可知

$$\begin{aligned}\xi_1^{(\mathrm{II})}&\approx C^{(\mathrm{t})}(u,d,s)\varepsilon^{(\mathrm{t})}+\left(W(d,s)\left(H_1(u,s)-T(s)\begin{bmatrix}I_{1\times M}H_1(u,s)\\ S^{\mathrm{T}}H_1(u,s)+H_2(u,s)\end{bmatrix}\right)+((\varphi(u,s))^{\mathrm{T}}\otimes I_M)S_{\mathrm{blk}}\right)\varepsilon^{(\mathrm{s})}\\&=C^{(\mathrm{t})}(u,d,s)\varepsilon^{(\mathrm{t})}+C^{(\mathrm{s})}(u,d,s)\varepsilon^{(\mathrm{s})}\end{aligned} \quad (\mathrm{C}.20)$$

式中，$C^{(\mathrm{s})}(u,d,s)$的表达式见式（6.42）。

附录 D

D.1

下面依次给出 Jacobian 矩阵 $\boldsymbol{F}_{\mathrm{toa},k}^{(\mathrm{au})}(\boldsymbol{s}_k^{(\mathrm{u})})=\dfrac{\partial \boldsymbol{f}_{\mathrm{toa},k}^{(\mathrm{au})}(\boldsymbol{s}_k^{(\mathrm{u})})}{\partial (\boldsymbol{s}_k^{(\mathrm{u})})^{\mathrm{T}}}$（$1\leqslant k\leqslant K$）、$\boldsymbol{F}_{\mathrm{toa}}^{(\mathrm{uu})}(\boldsymbol{s}^{(\mathrm{u})})=\dfrac{\partial \boldsymbol{f}_{\mathrm{toa}}^{(\mathrm{uu})}(\boldsymbol{s}^{(\mathrm{u})})}{\partial (\boldsymbol{s}^{(\mathrm{u})})^{\mathrm{T}}}$、$\bar{\boldsymbol{F}}_{\mathrm{toa},l}^{(\mathrm{uw})}(\boldsymbol{s}^{(\mathrm{u})},\boldsymbol{s}_l^{(\mathrm{w})})=\dfrac{\partial \boldsymbol{f}_{\mathrm{toa},l}^{(\mathrm{uw})}(\boldsymbol{s}^{(\mathrm{u})},\boldsymbol{s}_l^{(\mathrm{w})})}{\partial (\boldsymbol{s}_l^{(\mathrm{w})})^{\mathrm{T}}}$（$1\leqslant l\leqslant L$）、$\tilde{\boldsymbol{F}}_{\mathrm{toa},l}^{(\mathrm{uw})}(\boldsymbol{s}^{(\mathrm{u})},\boldsymbol{s}_l^{(\mathrm{w})})=\dfrac{\partial \boldsymbol{f}_{\mathrm{toa},l}^{(\mathrm{uw})}(\boldsymbol{s}^{(\mathrm{u})},\boldsymbol{s}_l^{(\mathrm{w})})}{\partial (\boldsymbol{s}^{(\mathrm{u})})^{\mathrm{T}}}$（$1\leqslant l\leqslant L$）、$\tilde{\boldsymbol{F}}_{\mathrm{toa}}^{(\mathrm{uw})}(\boldsymbol{s}^{(\mathrm{u})},\boldsymbol{s}^{(\mathrm{w})})=\dfrac{\partial \boldsymbol{f}_{\mathrm{toa}}^{(\mathrm{uw})}(\boldsymbol{s}^{(\mathrm{u})},\boldsymbol{s}^{(\mathrm{w})})}{\partial (\boldsymbol{s}^{(\mathrm{u})})^{\mathrm{T}}}$、$\bar{\boldsymbol{F}}_{\mathrm{toa}}^{(\mathrm{uw})}(\boldsymbol{s}^{(\mathrm{u})},\boldsymbol{s}^{(\mathrm{w})})=\dfrac{\partial \boldsymbol{f}_{\mathrm{toa}}^{(\mathrm{uw})}(\boldsymbol{s}^{(\mathrm{u})},\boldsymbol{s}^{(\mathrm{w})})}{\partial (\boldsymbol{s}^{(\mathrm{w})})^{\mathrm{T}}}$ 及 $\boldsymbol{F}_{\mathrm{toa}}^{(\mathrm{ww})}(\boldsymbol{s}^{(\mathrm{w})})=\dfrac{\partial \boldsymbol{f}_{\mathrm{toa}}^{(\mathrm{ww})}(\boldsymbol{s}^{(\mathrm{w})})}{\partial (\boldsymbol{s}^{(\mathrm{w})})^{\mathrm{T}}}$ 的表达式。

首先，有

$$\begin{aligned}\boldsymbol{F}_{\mathrm{toa},k}^{(\mathrm{au})}(\boldsymbol{s}_k^{(\mathrm{u})})&=\frac{\partial \boldsymbol{f}_{\mathrm{toa},k}^{(\mathrm{au})}(\boldsymbol{s}_k^{(\mathrm{u})})}{\partial (\boldsymbol{s}_k^{(\mathrm{u})})^{\mathrm{T}}}\\&=\begin{bmatrix}\dfrac{\boldsymbol{s}_k^{(\mathrm{u})}-\boldsymbol{s}_{k_1}^{(\mathrm{a})}}{\|\boldsymbol{s}_k^{(\mathrm{u})}-\boldsymbol{s}_{k_1}^{(\mathrm{a})}\|_2} & \dfrac{\boldsymbol{s}_k^{(\mathrm{u})}-\boldsymbol{s}_{k_2}^{(\mathrm{a})}}{\|\boldsymbol{s}_k^{(\mathrm{u})}-\boldsymbol{s}_{k_2}^{(\mathrm{a})}\|_2} & \cdots & \dfrac{\boldsymbol{s}_k^{(\mathrm{u})}-\boldsymbol{s}_{k_{M_k}}^{(\mathrm{a})}}{\|\boldsymbol{s}_k^{(\mathrm{u})}-\boldsymbol{s}_{k_{M_k}}^{(\mathrm{a})}\|_2}\end{bmatrix}^{\mathrm{T}}\\&\in \mathbf{R}^{M_k\times 2}\quad (1\leqslant k\leqslant K)\end{aligned}\tag{D.1}$$

然后，有

$$\begin{aligned}&\boldsymbol{F}_{\mathrm{toa}}^{(\mathrm{uu})}(\boldsymbol{s}^{(\mathrm{u})})=\frac{\partial \boldsymbol{f}_{\mathrm{toa}}^{(\mathrm{uu})}(\boldsymbol{s}^{(\mathrm{u})})}{\partial (\boldsymbol{s}^{(\mathrm{u})})^{\mathrm{T}}}\\&=\left[(\boldsymbol{i}_K^{(u_{11})}-\boldsymbol{i}_K^{(u_{12})})\otimes\frac{\boldsymbol{s}_{u_{11}}^{(\mathrm{u})}-\boldsymbol{s}_{u_{12}}^{(\mathrm{u})}}{\|\boldsymbol{s}_{u_{11}}^{(\mathrm{u})}-\boldsymbol{s}_{u_{12}}^{(\mathrm{u})}\|_2}\quad (\boldsymbol{i}_K^{(u_{21})}-\boldsymbol{i}_K^{(u_{22})})\otimes\frac{\boldsymbol{s}_{u_{21}}^{(\mathrm{u})}-\boldsymbol{s}_{u_{22}}^{(\mathrm{u})}}{\|\boldsymbol{s}_{u_{21}}^{(\mathrm{u})}-\boldsymbol{s}_{u_{22}}^{(\mathrm{u})}\|_2}\quad\cdots\quad (\boldsymbol{i}_K^{(u_{\tilde{K}1})}-\boldsymbol{i}_K^{(u_{\tilde{K}2})})\otimes\right.\\&\left.\frac{\boldsymbol{s}_{u_{\tilde{K}1}}^{(\mathrm{u})}-\boldsymbol{s}_{u_{\tilde{K}2}}^{(\mathrm{u})}}{\|\boldsymbol{s}_{u_{\tilde{K}1}}^{(\mathrm{u})}-\boldsymbol{s}_{u_{\tilde{K}2}}^{(\mathrm{u})}\|_2}\right]^{\mathrm{T}}\in \mathbf{R}^{\tilde{K}\times 2K}\end{aligned}\tag{D.2}$$

接着，有

$$\bar{\boldsymbol{F}}_{\text{toa},l}^{(\text{uw})}(\boldsymbol{s}^{(\text{u})},\boldsymbol{s}_l^{(\text{w})})=\frac{\partial \boldsymbol{f}_{\text{toa},l}^{(\text{uw})}(\boldsymbol{s}^{(\text{u})},\boldsymbol{s}_l^{(\text{w})})}{\partial(\boldsymbol{s}_l^{(\text{w})})^{\text{T}}}$$
$$=\left[\frac{\boldsymbol{s}_l^{(\text{w})}-\boldsymbol{s}_{l_1}^{(\text{u})}}{\|\boldsymbol{s}_l^{(\text{w})}-\boldsymbol{s}_{l_1}^{(\text{u})}\|_2}\quad\frac{\boldsymbol{s}_l^{(\text{w})}-\boldsymbol{s}_{l_2}^{(\text{u})}}{\|\boldsymbol{s}_l^{(\text{w})}-\boldsymbol{s}_{l_2}^{(\text{u})}\|_2}\quad\cdots\quad\frac{\boldsymbol{s}_l^{(\text{w})}-\boldsymbol{s}_{l_{K_l}}^{(\text{u})}}{\|\boldsymbol{s}_l^{(\text{w})}-\boldsymbol{s}_{l_{K_l}}^{(\text{u})}\|_2}\right]^{\text{T}}\tag{D.3}$$
$$\in\mathbf{R}^{K_l\times 2}\quad(1\leqslant l\leqslant L)$$

$$\tilde{\boldsymbol{F}}_{\text{toa},l}^{(\text{uw})}(\boldsymbol{s}^{(\text{u})},\boldsymbol{s}_l^{(\text{w})})=\frac{\partial \boldsymbol{f}_{\text{toa},l}^{(\text{uw})}(\boldsymbol{s}^{(\text{u})},\boldsymbol{s}_l^{(\text{w})})}{\partial(\boldsymbol{s}^{(\text{u})})^{\text{T}}}$$
$$=\left[\boldsymbol{i}_K^{(l_1)}\otimes\frac{\boldsymbol{s}_{l_1}^{(\text{u})}-\boldsymbol{s}_l^{(\text{w})}}{\|\boldsymbol{s}_{l_1}^{(\text{u})}-\boldsymbol{s}_l^{(\text{w})}\|_2}\quad\boldsymbol{i}_K^{(l_2)}\otimes\frac{\boldsymbol{s}_{l_2}^{(\text{u})}-\boldsymbol{s}_l^{(\text{w})}}{\|\boldsymbol{s}_{l_2}^{(\text{u})}-\boldsymbol{s}_l^{(\text{w})}\|_2}\quad\cdots\quad\boldsymbol{i}_K^{(l_{K_l})}\otimes\frac{\boldsymbol{s}_{l_{K_l}}^{(\text{u})}-\boldsymbol{s}_l^{(\text{w})}}{\|\boldsymbol{s}_{l_{K_l}}^{(\text{u})}-\boldsymbol{s}_l^{(\text{w})}\|_2}\right]^{\text{T}}$$
$$\in\mathbf{R}^{K_l\times 2K}\quad(1\leqslant l\leqslant L)\tag{D.4}$$

于是有

$$\bar{\boldsymbol{F}}_{\text{toa}}^{(\text{uw})}(\boldsymbol{s}^{(\text{u})},\boldsymbol{s}^{(\text{w})})=\frac{\partial \boldsymbol{f}_{\text{toa}}^{(\text{uw})}(\boldsymbol{s}^{(\text{u})},\boldsymbol{s}^{(\text{w})})}{\partial(\boldsymbol{s}^{(\text{w})})^{\text{T}}}$$
$$=\text{blkdiag}\{\bar{\boldsymbol{F}}_{\text{toa},1}^{(\text{uw})}(\boldsymbol{s}^{(\text{u})},\boldsymbol{s}_1^{(\text{w})}),\bar{\boldsymbol{F}}_{\text{toa},2}^{(\text{uw})}(\boldsymbol{s}^{(\text{u})},\boldsymbol{s}_2^{(\text{w})}),\cdots,\bar{\boldsymbol{F}}_{\text{toa},L}^{(\text{uw})}(\boldsymbol{s}^{(\text{u})},\boldsymbol{s}_L^{(\text{w})})\}\in\mathbf{R}^{\tilde{K}_L\times 2L}\tag{D.5}$$

$$\tilde{\boldsymbol{F}}_{\text{toa}}^{(\text{uw})}(\boldsymbol{s}^{(\text{u})},\boldsymbol{s}^{(\text{w})})=\frac{\partial \boldsymbol{f}_{\text{toa}}^{(\text{uw})}(\boldsymbol{s}^{(\text{u})},\boldsymbol{s}^{(\text{w})})}{\partial(\boldsymbol{s}^{(\text{u})})^{\text{T}}}$$
$$=[(\tilde{\boldsymbol{F}}_{\text{toa},1}^{(\text{uw})}(\boldsymbol{s}^{(\text{u})},\boldsymbol{s}_1^{(\text{w})}))^{\text{T}}\quad(\tilde{\boldsymbol{F}}_{\text{toa},2}^{(\text{uw})}(\boldsymbol{s}^{(\text{u})},\boldsymbol{s}_2^{(\text{w})}))^{\text{T}}\quad\cdots\quad(\tilde{\boldsymbol{F}}_{\text{toa},L}^{(\text{uw})}(\boldsymbol{s}^{(\text{u})},\boldsymbol{s}_L^{(\text{w})}))^{\text{T}}]^{\text{T}}\in\mathbf{R}^{\tilde{K}_L\times 2K}\tag{D.6}$$

最后，有

$$\boldsymbol{F}_{\text{toa}}^{(\text{ww})}(\boldsymbol{s}^{(\text{w})})=\frac{\partial \boldsymbol{f}_{\text{toa}}^{(\text{ww})}(\boldsymbol{s}^{(\text{w})})}{\partial(\boldsymbol{s}^{(\text{w})})^{\text{T}}}$$
$$=\left[(\boldsymbol{i}_L^{(w_{11})}-\boldsymbol{i}_L^{(w_{12})})\otimes\frac{\boldsymbol{s}_{w_{11}}^{(\text{w})}-\boldsymbol{s}_{w_{12}}^{(\text{w})}}{\|\boldsymbol{s}_{w_{11}}^{(\text{w})}-\boldsymbol{s}_{w_{12}}^{(\text{w})}\|_2}\quad(\boldsymbol{i}_L^{(w_{21})}-\boldsymbol{i}_L^{(w_{22})})\otimes\right.\tag{D.7}$$
$$\left.\frac{\boldsymbol{s}_{w_{21}}^{(\text{w})}-\boldsymbol{s}_{w_{22}}^{(\text{w})}}{\|\boldsymbol{s}_{w_{21}}^{(\text{w})}-\boldsymbol{s}_{w_{22}}^{(\text{w})}\|_2}\cdots(\boldsymbol{i}_L^{(w_{\tilde{L}1})}-\boldsymbol{i}_L^{(w_{\tilde{L}2})})\otimes\frac{\boldsymbol{s}_{w_{\tilde{L}1}}^{(\text{w})}-\boldsymbol{s}_{w_{\tilde{L}2}}^{(\text{w})}}{\|\boldsymbol{s}_{w_{\tilde{L}1}}^{(\text{w})}-\boldsymbol{s}_{w_{\tilde{L}2}}^{(\text{w})}\|_2}\right]^{\text{T}}\in\mathbf{R}^{\tilde{L}\times 2L}$$

D.2

下面基于观测向量 $\hat{\boldsymbol{d}}^{(\mathrm{au})}$、$\hat{\boldsymbol{d}}^{(\mathrm{uu})}$ 及 $\hat{\boldsymbol{d}}^{(\mathrm{uw})}$ 推导相应的 CRB。

首先，将式（8.4）、式（8.8）及式（8.13）进行合并可得

$$\hat{\boldsymbol{d}}_{\mathrm{B}}=\begin{bmatrix}\hat{\boldsymbol{d}}^{(\mathrm{au})}\\ \hat{\boldsymbol{d}}^{(\mathrm{uu})}\\ \hat{\boldsymbol{d}}^{(\mathrm{uw})}\end{bmatrix}=\begin{bmatrix}\boldsymbol{f}_{\mathrm{toa}}^{(\mathrm{au})}(\boldsymbol{s}^{(\mathrm{u})})\\ \boldsymbol{f}_{\mathrm{toa}}^{(\mathrm{uu})}(\boldsymbol{s}^{(\mathrm{u})})\\ \boldsymbol{f}_{\mathrm{toa}}^{(\mathrm{uw})}(\boldsymbol{s}^{(\mathrm{u})},\boldsymbol{s}^{(\mathrm{w})})\end{bmatrix}+\begin{bmatrix}\boldsymbol{\varepsilon}^{(\mathrm{au})}\\ \boldsymbol{\varepsilon}^{(\mathrm{uu})}\\ \boldsymbol{\varepsilon}^{(\mathrm{uw})}\end{bmatrix}=\boldsymbol{f}_{\mathrm{B}}(\boldsymbol{s}^{(\mathrm{u})},\boldsymbol{s}^{(\mathrm{w})})+\boldsymbol{\varepsilon}_{\mathrm{B}} \tag{D.8}$$

式中，

$$\begin{cases}\boldsymbol{f}_{\mathrm{B}}(\boldsymbol{s}^{(\mathrm{u})},\boldsymbol{s}^{(\mathrm{w})})=[(\boldsymbol{f}_{\mathrm{toa}}^{(\mathrm{au})}(\boldsymbol{s}^{(\mathrm{u})}))^{\mathrm{T}}\ \ (\boldsymbol{f}_{\mathrm{toa}}^{(\mathrm{uu})}(\boldsymbol{s}^{(\mathrm{u})}))^{\mathrm{T}}\ \ (\boldsymbol{f}_{\mathrm{toa}}^{(\mathrm{uw})}(\boldsymbol{s}^{(\mathrm{u})},\boldsymbol{s}^{(\mathrm{w})}))^{\mathrm{T}}]^{\mathrm{T}}\\ \boldsymbol{\varepsilon}_{\mathrm{B}}=[(\boldsymbol{\varepsilon}^{(\mathrm{au})})^{\mathrm{T}}(\boldsymbol{\varepsilon}^{(\mathrm{uu})})^{\mathrm{T}}\ \ (\boldsymbol{\varepsilon}^{(\mathrm{uw})})^{\mathrm{T}}]^{\mathrm{T}}\end{cases} \tag{D.9}$$

然后，函数 $\boldsymbol{f}_{\mathrm{B}}(\boldsymbol{s}^{(\mathrm{u})},\boldsymbol{s}^{(\mathrm{w})})$ 关于位置向量 $\boldsymbol{s}^{(\mathrm{u})}$ 和 $\boldsymbol{s}^{(\mathrm{w})}$ 的 Jacobian 矩阵分别为

$$\tilde{\boldsymbol{F}}_{\mathrm{B}}(\boldsymbol{s}^{(\mathrm{u})},\boldsymbol{s}^{(\mathrm{w})})=\frac{\partial\boldsymbol{f}_{\mathrm{B}}(\boldsymbol{s}^{(\mathrm{u})},\boldsymbol{s}^{(\mathrm{w})})}{\partial(\boldsymbol{s}^{(\mathrm{u})})^{\mathrm{T}}}=\begin{bmatrix}\boldsymbol{F}_{\mathrm{toa}}^{(\mathrm{au})}(\boldsymbol{s}^{(\mathrm{u})})\\ \boldsymbol{F}_{\mathrm{toa}}^{(\mathrm{uu})}(\boldsymbol{s}^{(\mathrm{u})})\\ \tilde{\boldsymbol{F}}_{\mathrm{toa}}^{(\mathrm{uw})}(\boldsymbol{s}^{(\mathrm{u})},\boldsymbol{s}^{(\mathrm{w})})\end{bmatrix}\in\mathbf{R}^{(\tilde{M}_K+\tilde{K}+\tilde{K}_L)\times 2K} \tag{D.10}$$

$$\bar{\boldsymbol{F}}_{\mathrm{B}}(\boldsymbol{s}^{(\mathrm{u})},\boldsymbol{s}^{(\mathrm{w})})=\frac{\partial\boldsymbol{f}_{\mathrm{B}}(\boldsymbol{s}^{(\mathrm{u})},\boldsymbol{s}^{(\mathrm{w})})}{\partial(\boldsymbol{s}^{(\mathrm{w})})^{\mathrm{T}}}=\begin{bmatrix}\boldsymbol{O}_{\tilde{M}_K\times 2L}\\ \boldsymbol{O}_{\tilde{K}\times 2L}\\ \bar{\boldsymbol{F}}_{\mathrm{toa}}^{(\mathrm{uw})}(\boldsymbol{s}^{(\mathrm{u})},\boldsymbol{s}^{(\mathrm{w})})\end{bmatrix}\in\mathbf{R}^{(\tilde{M}_K+\tilde{K}+\tilde{K}_L)\times 2L} \tag{D.11}$$

观测误差向量 $\boldsymbol{\varepsilon}_{\mathrm{B}}$ 服从零均值的高斯分布，协方差矩阵为

$$\boldsymbol{E}_{\mathrm{B}}=E[\boldsymbol{\varepsilon}_{\mathrm{B}}\boldsymbol{\varepsilon}_{\mathrm{B}}^{\mathrm{T}}]=\mathrm{blkdiag}\{\boldsymbol{E}^{(\mathrm{au})},\boldsymbol{E}^{(\mathrm{uu})},\boldsymbol{E}^{(\mathrm{uw})}\} \tag{D.12}$$

最后，由命题 3.1 的推导方法可知，关于位置向量 $\begin{bmatrix}\boldsymbol{s}^{(\mathrm{u})}\\ \boldsymbol{s}^{(\mathrm{w})}\end{bmatrix}$ 的 CRB 为

$$\mathbf{CRB}_{\mathrm{B}}\left(\begin{bmatrix}\boldsymbol{s}^{(\mathrm{u})}\\ \boldsymbol{s}^{(\mathrm{w})}\end{bmatrix}\right)=\left(\begin{bmatrix}(\tilde{\boldsymbol{F}}_{\mathrm{B}}(\boldsymbol{s}^{(\mathrm{u})},\boldsymbol{s}^{(\mathrm{w})}))^{\mathrm{T}}\\ (\bar{\boldsymbol{F}}_{\mathrm{B}}(\boldsymbol{s}^{(\mathrm{u})},\boldsymbol{s}^{(\mathrm{w})}))^{\mathrm{T}}\end{bmatrix}\boldsymbol{E}_{\mathrm{B}}^{-1}[\tilde{\boldsymbol{F}}_{\mathrm{B}}(\boldsymbol{s}^{(\mathrm{u})},\boldsymbol{s}^{(\mathrm{w})})\ \ \bar{\boldsymbol{F}}_{\mathrm{B}}(\boldsymbol{s}^{(\mathrm{u})},\boldsymbol{s}^{(\mathrm{w})})]\right)^{-1}$$

$$=\left[\begin{array}{c:c}(\boldsymbol{F}_{\text{toa}}^{(\text{au})}(\boldsymbol{s}^{(\text{u})}))^{\text{T}}(\boldsymbol{E}^{(\text{au})})^{-1}\boldsymbol{F}_{\text{toa}}^{(\text{au})}(\boldsymbol{s}^{(\text{u})})+ & \\ (\boldsymbol{F}_{\text{toa}}^{(\text{uu})}(\boldsymbol{s}^{(\text{u})}))^{\text{T}}(\boldsymbol{E}^{(\text{uu})})^{-1}\boldsymbol{F}_{\text{toa}}^{(\text{uu})}(\boldsymbol{s}^{(\text{u})})+ & (\tilde{\boldsymbol{F}}_{\text{toa}}^{(\text{uw})}(\boldsymbol{s}^{(\text{u})},\boldsymbol{s}^{(\text{w})}))^{\text{T}}(\boldsymbol{E}^{(\text{uw})})^{-1}\bar{\boldsymbol{F}}_{\text{toa}}^{(\text{uw})}(\boldsymbol{s}^{(\text{u})},\boldsymbol{s}^{(\text{w})}) \\ (\tilde{\boldsymbol{F}}_{\text{toa}}^{(\text{uw})}(\boldsymbol{s}^{(\text{u})},\boldsymbol{s}^{(\text{w})}))^{\text{T}}(\boldsymbol{E}^{(\text{uw})})^{-1}\tilde{\boldsymbol{F}}_{\text{toa}}^{(\text{uw})}(\boldsymbol{s}^{(\text{u})},\boldsymbol{s}^{(\text{w})}) & \\ \hdashline (\bar{\boldsymbol{F}}_{\text{toa}}^{(\text{uw})}(\boldsymbol{s}^{(\text{u})},\boldsymbol{s}^{(\text{w})}))^{\text{T}}(\boldsymbol{E}^{(\text{uw})})^{-1}\tilde{\boldsymbol{F}}_{\text{toa}}^{(\text{uw})}(\boldsymbol{s}^{(\text{u})},\boldsymbol{s}^{(\text{w})}) & (\bar{\boldsymbol{F}}_{\text{toa}}^{(\text{uw})}(\boldsymbol{s}^{(\text{u})},\boldsymbol{s}^{(\text{w})}))^{\text{T}}(\boldsymbol{E}^{(\text{uw})})^{-1}\bar{\boldsymbol{F}}_{\text{toa}}^{(\text{uw})}(\boldsymbol{s}^{(\text{u})},\boldsymbol{s}^{(\text{w})})\end{array}\right]^{-1} \tag{D.13}$$

D.3

下面基于观测向量$\hat{\boldsymbol{d}}^{(\text{au})}$、$\hat{\boldsymbol{d}}^{(\text{uu})}$、$\hat{\boldsymbol{d}}^{(\text{uw})}$及$\hat{\boldsymbol{d}}^{(\text{ww})}$推导相应的 CRB。

首先，将式（8.4）、式（8.8）、式（8.13）及式（8.17）进行合并可得

$$\hat{\boldsymbol{d}}_{\text{C}}=\begin{bmatrix}\hat{\boldsymbol{d}}^{(\text{au})}\\ \hat{\boldsymbol{d}}^{(\text{uu})}\\ \hat{\boldsymbol{d}}^{(\text{uw})}\\ \hat{\boldsymbol{d}}^{(\text{ww})}\end{bmatrix}=\begin{bmatrix}\boldsymbol{f}_{\text{toa}}^{(\text{au})}(\boldsymbol{s}^{(\text{u})})\\ \boldsymbol{f}_{\text{toa}}^{(\text{uu})}(\boldsymbol{s}^{(\text{u})})\\ \boldsymbol{f}_{\text{toa}}^{(\text{uw})}(\boldsymbol{s}^{(\text{u})},\boldsymbol{s}^{(\text{w})})\\ \boldsymbol{f}_{\text{toa}}^{(\text{ww})}(\boldsymbol{s}^{(\text{w})})\end{bmatrix}+\begin{bmatrix}\boldsymbol{\varepsilon}^{(\text{au})}\\ \boldsymbol{\varepsilon}^{(\text{uu})}\\ \boldsymbol{\varepsilon}^{(\text{uw})}\\ \boldsymbol{\varepsilon}^{(\text{ww})}\end{bmatrix}=\boldsymbol{f}_{\text{C}}(\boldsymbol{s}^{(\text{u})},\boldsymbol{s}^{(\text{w})})+\boldsymbol{\varepsilon}_{\text{C}} \tag{D.14}$$

式中，

$$\begin{cases}\boldsymbol{f}_{\text{C}}(\boldsymbol{s}^{(\text{u})},\boldsymbol{s}^{(\text{w})})=[(\boldsymbol{f}_{\text{toa}}^{(\text{au})}(\boldsymbol{s}^{(\text{u})}))^{\text{T}}\ \ (\boldsymbol{f}_{\text{toa}}^{(\text{uu})}(\boldsymbol{s}^{(\text{u})}))^{\text{T}}\ \ (\boldsymbol{f}_{\text{toa}}^{(\text{uw})}(\boldsymbol{s}^{(\text{u})},\boldsymbol{s}^{(\text{w})}))^{\text{T}}\ \ (\boldsymbol{f}_{\text{toa}}^{(\text{ww})}(\boldsymbol{s}^{(\text{w})}))^{\text{T}}]^{\text{T}}\\ \boldsymbol{\varepsilon}_{\text{C}}=[(\boldsymbol{\varepsilon}^{(\text{au})})^{\text{T}}\ \ (\boldsymbol{\varepsilon}^{(\text{uu})})^{\text{T}}\ \ (\boldsymbol{\varepsilon}^{(\text{uw})})^{\text{T}}\ \ (\boldsymbol{\varepsilon}^{(\text{ww})})^{\text{T}}]^{\text{T}}\end{cases} \tag{D.15}$$

然后，函数$\boldsymbol{f}_{\text{C}}(\boldsymbol{s}^{(\text{u})},\boldsymbol{s}^{(\text{w})})$关于位置向量$\boldsymbol{s}^{(\text{u})}$和$\boldsymbol{s}^{(\text{w})}$的 Jacobian 矩阵分别为

$$\tilde{\boldsymbol{F}}_{\text{C}}(\boldsymbol{s}^{(\text{u})},\boldsymbol{s}^{(\text{w})})=\frac{\partial\boldsymbol{f}_{\text{C}}(\boldsymbol{s}^{(\text{u})},\boldsymbol{s}^{(\text{w})})}{\partial(\boldsymbol{s}^{(\text{u})})^{\text{T}}}=\begin{bmatrix}\boldsymbol{F}_{\text{toa}}^{(\text{au})}(\boldsymbol{s}^{(\text{u})})\\ \boldsymbol{F}_{\text{toa}}^{(\text{uu})}(\boldsymbol{s}^{(\text{u})})\\ \tilde{\boldsymbol{F}}_{\text{toa}}^{(\text{uw})}(\boldsymbol{s}^{(\text{u})},\boldsymbol{s}^{(\text{w})})\\ \boldsymbol{O}_{\tilde{L}\times 2K}\end{bmatrix}\in\mathbf{R}^{(\tilde{M}_K+\tilde{K}+\tilde{K}_L+\tilde{L})\times 2K} \tag{D.16}$$

$$\bar{\boldsymbol{F}}_{\mathrm{C}}(\boldsymbol{s}^{(\mathrm{u})},\boldsymbol{s}^{(\mathrm{w})})=\frac{\partial \boldsymbol{f}_{\mathrm{C}}(\boldsymbol{s}^{(\mathrm{u})},\boldsymbol{s}^{(\mathrm{w})})}{\partial (\boldsymbol{s}^{(\mathrm{w})})^{\mathrm{T}}}=\begin{bmatrix} \boldsymbol{O}_{\tilde{M}_K\times 2L} \\ \boldsymbol{O}_{\tilde{K}\times 2L} \\ \bar{\boldsymbol{F}}_{\mathrm{toa}}^{(\mathrm{uw})}(\boldsymbol{s}^{(\mathrm{u})},\boldsymbol{s}^{(\mathrm{w})}) \\ \boldsymbol{F}_{\mathrm{toa}}^{(\mathrm{ww})}(\boldsymbol{s}^{(\mathrm{w})}) \end{bmatrix}\in \mathbf{R}^{(\tilde{M}_K+\tilde{K}+\tilde{K}_L+\tilde{L})\times 2L} \quad (\mathrm{D}.17)$$

观测误差向量 $\boldsymbol{\varepsilon}_{\mathrm{C}}$ 服从零均值的高斯分布，协方差矩阵为

$$\boldsymbol{E}_{\mathrm{C}}=E[\boldsymbol{\varepsilon}_{\mathrm{C}}\boldsymbol{\varepsilon}_{\mathrm{C}}^{\mathrm{T}}]=\mathrm{blkdiag}\{\boldsymbol{E}^{(\mathrm{au})},\boldsymbol{E}^{(\mathrm{uu})},\boldsymbol{E}^{(\mathrm{uw})},\boldsymbol{E}^{(\mathrm{ww})}\} \quad (\mathrm{D}.18)$$

最后，由命题 3.1 的推导方法可知，关于位置向量 $\begin{bmatrix} \boldsymbol{s}^{(\mathrm{u})} \\ \boldsymbol{s}^{(\mathrm{w})} \end{bmatrix}$ 的 CRB 为

$$\mathbf{CRB}_{\mathrm{C}}\left(\begin{bmatrix} \boldsymbol{s}^{(\mathrm{u})} \\ \boldsymbol{s}^{(\mathrm{w})} \end{bmatrix}\right)=\left(\begin{bmatrix} (\tilde{\boldsymbol{F}}_{\mathrm{C}}(\boldsymbol{s}^{(\mathrm{u})},\boldsymbol{s}^{(\mathrm{w})}))^{\mathrm{T}} \\ (\bar{\boldsymbol{F}}_{\mathrm{C}}(\boldsymbol{s}^{(\mathrm{u})},\boldsymbol{s}^{(\mathrm{w})}))^{\mathrm{T}} \end{bmatrix}\boldsymbol{E}_{\mathrm{C}}^{-1}[\tilde{\boldsymbol{F}}_{\mathrm{C}}(\boldsymbol{s}^{(\mathrm{u})},\boldsymbol{s}^{(\mathrm{w})})\ \ \bar{\boldsymbol{F}}_{\mathrm{C}}(\boldsymbol{s}^{(\mathrm{u})},\boldsymbol{s}^{(\mathrm{w})})]\right)^{-1}$$

$$=\left[\begin{array}{c|c} \begin{matrix} (\boldsymbol{F}_{\mathrm{toa}}^{(\mathrm{au})}(\boldsymbol{s}^{(\mathrm{u})}))^{\mathrm{T}}(\boldsymbol{E}^{(\mathrm{au})})^{-1}\boldsymbol{F}_{\mathrm{toa}}^{(\mathrm{au})}(\boldsymbol{s}^{(\mathrm{u})})+ \\ (\boldsymbol{F}_{\mathrm{toa}}^{(\mathrm{uu})}(\boldsymbol{s}^{(\mathrm{u})}))^{\mathrm{T}}(\boldsymbol{E}^{(\mathrm{uu})})^{-1}\boldsymbol{F}_{\mathrm{toa}}^{(\mathrm{uu})}(\boldsymbol{s}^{(\mathrm{u})})+ \\ (\tilde{\boldsymbol{F}}_{\mathrm{toa}}^{(\mathrm{uw})}(\boldsymbol{s}^{(\mathrm{u})},\boldsymbol{s}^{(\mathrm{w})}))^{\mathrm{T}}(\boldsymbol{E}^{(\mathrm{uw})})^{-1}\tilde{\boldsymbol{F}}_{\mathrm{toa}}^{(\mathrm{uw})}(\boldsymbol{s}^{(\mathrm{u})},\boldsymbol{s}^{(\mathrm{w})}) \end{matrix} & (\tilde{\boldsymbol{F}}_{\mathrm{toa}}^{(\mathrm{uw})}(\boldsymbol{s}^{(\mathrm{u})},\boldsymbol{s}^{(\mathrm{w})}))^{\mathrm{T}}(\boldsymbol{E}^{(\mathrm{uw})})^{-1}\bar{\boldsymbol{F}}_{\mathrm{toa}}^{(\mathrm{uw})}(\boldsymbol{s}^{(\mathrm{u})},\boldsymbol{s}^{(\mathrm{w})}) \\ \hdashline (\bar{\boldsymbol{F}}_{\mathrm{toa}}^{(\mathrm{uw})}(\boldsymbol{s}^{(\mathrm{u})},\boldsymbol{s}^{(\mathrm{w})}))^{\mathrm{T}}(\boldsymbol{E}^{(\mathrm{uw})})^{-1}\tilde{\boldsymbol{F}}_{\mathrm{toa}}^{(\mathrm{uw})}(\boldsymbol{s}^{(\mathrm{u})},\boldsymbol{s}^{(\mathrm{w})}) & \begin{matrix} (\bar{\boldsymbol{F}}_{\mathrm{toa}}^{(\mathrm{uw})}(\boldsymbol{s}^{(\mathrm{u})},\boldsymbol{s}^{(\mathrm{w})}))^{\mathrm{T}}(\boldsymbol{E}^{(\mathrm{uw})})^{-1}\bar{\boldsymbol{F}}_{\mathrm{toa}}^{(\mathrm{uw})}(\boldsymbol{s}^{(\mathrm{u})},\boldsymbol{s}^{(\mathrm{w})})+ \\ (\boldsymbol{F}_{\mathrm{toa}}^{(\mathrm{ww})}(\boldsymbol{s}^{(\mathrm{w})}))^{\mathrm{T}}(\boldsymbol{E}^{(\mathrm{ww})})^{-1}\boldsymbol{F}_{\mathrm{toa}}^{(\mathrm{ww})}(\boldsymbol{s}^{(\mathrm{w})}) \end{matrix} \end{array}\right]^{-1}$$

（D.19）

附录 E

下面给出 Jacobian 矩阵 $\boldsymbol{F}_{\text{toa}}(\boldsymbol{u})=\dfrac{\partial \boldsymbol{f}_{\text{toa}}(\boldsymbol{u})}{\partial \boldsymbol{u}^{\mathrm{T}}}$ 的表达式，即

$$\boldsymbol{F}_{\text{toa}}(\boldsymbol{u})=\frac{\partial \boldsymbol{f}_{\text{toa}}(\boldsymbol{u})}{\partial \boldsymbol{u}^{\mathrm{T}}}=\begin{bmatrix}\boldsymbol{F}_{\text{toa},1}(\boldsymbol{u})\\ \boldsymbol{F}_{\text{toa},2}(\boldsymbol{u})\\ \vdots \\ \boldsymbol{F}_{\text{toa},M}(\boldsymbol{u})\end{bmatrix}\in \mathbf{R}^{MN\times 3} \tag{E.1}$$

式中，

$$\boldsymbol{F}_{\text{toa},m}(\boldsymbol{u})=\begin{bmatrix}\dfrac{(\boldsymbol{u}-\boldsymbol{w}_1)^{\mathrm{T}}}{\|\boldsymbol{u}-\boldsymbol{w}_1\|_2}+\dfrac{(\boldsymbol{u}-\boldsymbol{s}_m)^{\mathrm{T}}}{\|\boldsymbol{u}-\boldsymbol{s}_m\|_2}\\ \dfrac{(\boldsymbol{u}-\boldsymbol{w}_2)^{\mathrm{T}}}{\|\boldsymbol{u}-\boldsymbol{w}_2\|_2}+\dfrac{(\boldsymbol{u}-\boldsymbol{s}_m)^{\mathrm{T}}}{\|\boldsymbol{u}-\boldsymbol{s}_m\|_2}\\ \vdots \\ \dfrac{(\boldsymbol{u}-\boldsymbol{w}_N)^{\mathrm{T}}}{\|\boldsymbol{u}-\boldsymbol{w}_N\|_2}+\dfrac{(\boldsymbol{u}-\boldsymbol{s}_m)^{\mathrm{T}}}{\|\boldsymbol{u}-\boldsymbol{s}_m\|_2}\end{bmatrix}\in \mathbf{R}^{N\times 3}\quad (1\leqslant m\leqslant M) \tag{E.2}$$

附录 F

F.1

下面依次给出 Jacobian 矩阵 $\boldsymbol{F}_{\text{toa}}^{(\text{u})}(\boldsymbol{u},c)=\dfrac{\partial \boldsymbol{f}_{\text{toa}}(\boldsymbol{u},c)}{\partial \boldsymbol{u}^{\text{T}}}$ 和 $\boldsymbol{F}_{\text{toa}}^{(\text{c})}(\boldsymbol{u},c)=\dfrac{\partial \boldsymbol{f}_{\text{toa}}(\boldsymbol{u},c)}{\partial c}$ 的表达式。

首先，有

$$\boldsymbol{F}_{\text{toa}}^{(\text{u})}(\boldsymbol{u},c)=\frac{\partial \boldsymbol{f}_{\text{toa}}(\boldsymbol{u},c)}{\partial \boldsymbol{u}^{\text{T}}}=\begin{bmatrix}\boldsymbol{F}_{\text{toa},1}^{(\text{u})}(\boldsymbol{u},c)\\ \boldsymbol{F}_{\text{toa},2}^{(\text{u})}(\boldsymbol{u},c)\\ \vdots \\ \boldsymbol{F}_{\text{toa},M}^{(\text{u})}(\boldsymbol{u},c)\end{bmatrix}\in \mathbf{R}^{MN\times 2} \tag{F.1}$$

式中，

$$\boldsymbol{F}_{\text{toa},m}^{(\text{u})}(\boldsymbol{u},c)=\frac{1}{c}\begin{bmatrix}\dfrac{(\boldsymbol{u}-\boldsymbol{w}_1)^{\text{T}}}{\|\boldsymbol{u}-\boldsymbol{w}_1\|_2}+\dfrac{(\boldsymbol{u}-\boldsymbol{s}_m)^{\text{T}}}{\|\boldsymbol{u}-\boldsymbol{s}_m\|_2}\\ \dfrac{(\boldsymbol{u}-\boldsymbol{w}_2)^{\text{T}}}{\|\boldsymbol{u}-\boldsymbol{w}_2\|_2}+\dfrac{(\boldsymbol{u}-\boldsymbol{s}_m)^{\text{T}}}{\|\boldsymbol{u}-\boldsymbol{s}_m\|_2}\\ \vdots \\ \dfrac{(\boldsymbol{u}-\boldsymbol{w}_N)^{\text{T}}}{\|\boldsymbol{u}-\boldsymbol{w}_N\|_2}+\dfrac{(\boldsymbol{u}-\boldsymbol{s}_m)^{\text{T}}}{\|\boldsymbol{u}-\boldsymbol{s}_m\|_2}\end{bmatrix}\in \mathbf{R}^{N\times 2}\quad (1\leqslant m\leqslant M) \tag{F.2}$$

然后，有

$$\boldsymbol{F}_{\text{toa}}^{(\text{c})}(\boldsymbol{u},c)=\frac{\partial \boldsymbol{f}_{\text{toa}}(\boldsymbol{u},c)}{\partial c}=\begin{bmatrix}\boldsymbol{F}_{\text{toa},1}^{(\text{c})}(\boldsymbol{u},c)\\ \boldsymbol{F}_{\text{toa},2}^{(\text{c})}(\boldsymbol{u},c)\\ \vdots \\ \boldsymbol{F}_{\text{toa},M}^{(\text{c})}(\boldsymbol{u},c)\end{bmatrix}\in \mathbf{R}^{MN\times 1} \tag{F.3}$$

式中，

$$\boldsymbol{F}_{\text{toa},m}^{(\text{c})}(\boldsymbol{u},c)=-\frac{1}{c^2}\begin{bmatrix}\|\boldsymbol{u}-\boldsymbol{w}_1\|_2+\|\boldsymbol{u}-\boldsymbol{s}_m\|_2\\ \|\boldsymbol{u}-\boldsymbol{w}_2\|_2+\|\boldsymbol{u}-\boldsymbol{s}_m\|_2\\ \vdots \\ \|\boldsymbol{u}-\boldsymbol{w}_N\|_2+\|\boldsymbol{u}-\boldsymbol{s}_m\|_2\end{bmatrix}\in \mathbf{R}^{N\times 1}\quad (1\leqslant m\leqslant M) \tag{F.4}$$

F.2

下面将推导式（10.37）。由于式（10.36）是含有等式约束的优化问题，因此可利用拉格朗日乘子法进行求解。

首先，构造拉格朗日函数，即

$$L(\Delta\boldsymbol{u}_c,\boldsymbol{\lambda})=(\Delta\boldsymbol{u}_c)^{\text{T}}(\mathbf{MSE}(\hat{\boldsymbol{u}}_c))^{-1}\Delta\boldsymbol{u}_c+\boldsymbol{\lambda}^{\text{T}}(\hat{\boldsymbol{H}}\Delta\boldsymbol{u}_c-\hat{\boldsymbol{h}}) \tag{F.5}$$

然后，将 $\Delta\boldsymbol{u}_c$ 和 $\boldsymbol{\lambda}$ 的最优解分别记为 $\Delta\hat{\boldsymbol{u}}_c$ 和 $\hat{\boldsymbol{\lambda}}$。根据极值原理可以获得两个等式，即

$$\left.\frac{\partial L(\Delta\boldsymbol{u}_c,\boldsymbol{\lambda})}{\partial \Delta\boldsymbol{u}_c}\right|_{\boldsymbol{\lambda}=\hat{\boldsymbol{\lambda}};\,\Delta\boldsymbol{u}_c=\Delta\hat{\boldsymbol{u}}_c}=2(\mathbf{MSE}(\hat{\boldsymbol{u}}_c))^{-1}\Delta\hat{\boldsymbol{u}}_c+\hat{\boldsymbol{H}}^{\text{T}}\hat{\boldsymbol{\lambda}}=\boldsymbol{O}_{(M+3)\times 1} \tag{F.6}$$

$$\left.\frac{\partial L(\Delta\boldsymbol{u}_c,\boldsymbol{\lambda})}{\partial \boldsymbol{\lambda}}\right|_{\boldsymbol{\lambda}=\hat{\boldsymbol{\lambda}};\,\Delta\boldsymbol{u}_c=\Delta\hat{\boldsymbol{u}}_c}=\hat{\boldsymbol{H}}\Delta\hat{\boldsymbol{u}}_c-\hat{\boldsymbol{h}}=\boldsymbol{O}_{M\times 1} \tag{F.7}$$

由式（F.6）可知

$$\Delta\hat{\boldsymbol{u}}_c = -\frac{1}{2}\mathbf{MSE}(\hat{\boldsymbol{u}}_c)\hat{\boldsymbol{H}}^{\mathrm{T}}\hat{\boldsymbol{\lambda}} \tag{F.8}$$

将式（F.8）代入式（F.7）中可得

$$-\frac{1}{2}\hat{\boldsymbol{H}}\mathbf{MSE}(\hat{\boldsymbol{u}}_c)\hat{\boldsymbol{H}}^{\mathrm{T}}\hat{\boldsymbol{\lambda}} - \hat{\boldsymbol{h}} = \boldsymbol{O}_{M\times 1} \Rightarrow \hat{\boldsymbol{\lambda}} = -2(\hat{\boldsymbol{H}}\mathbf{MSE}(\hat{\boldsymbol{u}}_c)\hat{\boldsymbol{H}}^{\mathrm{T}})^{-1}\hat{\boldsymbol{h}} \tag{F.9}$$

最后，将式（F.9）代入式（F.8）中可知式（10.37）成立。

参 考 文 献

[1] 孙仲康，郭福成，冯道旺. 单站无源定位跟踪技术[M]. 北京：国防工业出版社，2008.

[2] 刘聪锋. 无源定位与跟踪[M]. 西安：西安电子科技大学出版社，2011.

[3] 田孝华，周义建. 无线电定位理论与技术[M]. 北京：国防工业出版社，2011.

[4] 杨晓君，沈涛，王榕，等. 不确定条件下单站无源定位技术[M]. 西安：西北工业大学出版社，2015.

[5] 田中成，刘聪锋. 无源定位技术[M]. 北京：国防工业出版社，2015.

[6] 王鼎. 无源定位中的广义最小二乘估计理论与方法[M]. 北京：科学出版社，2015.

[7] 刘永坚，贾兴江，周一宇. 运动多站无源定位技术[M]. 北京：国防工业出版社，2015.

[8] 叶尚福，孙正波，夏畅雄. 卫星干扰源双星定位技术及工程应用[M]. 北京：国防工业出版社，2015.

[9] 袁家政，刘宏哲. 定位技术理论与方法[M]. 北京：电子工业出版社，2016.

[10] 刘琪，冯毅，邱佳慧. 无线定位原理与技术[M]. 北京：人民邮电出版社，2017.

[11] Foy W H. Position-location solution by Taylor-series estimation[J]. IEEE Transactions on Aerospace and Electronic Systems，1976，12(2)：187-194.

[12] Lu X N，Ho K C. Taylor-series technique for moving source localization in the presence of sensor location errors[A]. Proceedings of the IEEE International Symposium on Circuits and Systems[C]. Island of Kos，Greece：IEEE Press，May 2006：1075-1078.

[13] Wang D，Zhang L，Wu Y. Constrained total least squares algorithm for passive location based on bearing-only information[J]. Science China Ser-F：Information Science，2007，50(4)：576-586.

[14] Wang D，Zhang L，Wu Y. The structured total least squares algorithm research for passive location based on angle information[J]. Science China Ser-F：Information Science，2009，52(6)：1043-1054.

[15] Yang K，An J P，Bu X Y，et al. Constrained total least-squares location algorithm using

time-difference-of-arrival measurements[J]. IEEE Transactions on Vehicular Technology，2010，59(3)：1558-1562.

[16] Wu H，Su W M，Gu H. A novel Taylor series method for source and receiver localization using TDOA and FDOA measurements with uncertain receiver positions[A]. Proceedings of the IEEE International Conference on Radar[C]. Chengdu，China：IEEE Press，October 2011：1037-1044.

[17] Guo F C，Ho K C. A quadratic constraint solution method for TDOA and FDOA localization[A]. Proceedings of the IEEE International Conference on Acoustic，Speech and Signal Processing[C]. Prague，Czech：IEEE Press，May 2011：2588-2591.

[18] Yu H G，Huang G M，Gao J，Liu B. An efficient constrained weighted least squares algorithm for moving source location using TDOA and FDOA measurements[J]. IEEE Transactions on Wireless Communications，2012，11(1)：44-47.

[19] Qu X M，Xie L H，Tan W R. Iterative constrained weighted least squares source localization using TDOA and FDOA measurements[J]. IEEE Transactions on Signal Processing，2017，65(15)：3990-4003.

[20] Wang D，Yin J X，Zhang T，Jia C G，et al. Iterative constrained weighted least squares estimator for TDOA and FDOA positioning of multiple disjoint sources in the presence of sensor position and velocity uncertainties[J]. Digital Signal Processing，2019，92(9)：179-205.

[21] Chan Y T，Ho K C. A simple and efficient estimator by hyperbolic location[J]. IEEE Transactions on Signal Processing，1994，42(4)：1905-1915.

[22] Ho K C，Xu W. An accurate algebraic solution for moving source location using TDOA and FDOA measurements[J]. IEEE Transactions on Signal Processing，2004，52(9)：2453-2463.

[23] Ho K C，Lu X，Kovavisaruch L. Source localization using TDOA and FDOA measurements in the presence of receiver location errors：analysis and solution[J]. IEEE Transactions on Signal Processing，2007，55(2)：684-696.

[24] Yang L，Ho K C. An approximately efficient TDOA localization algorithm in closed-form for locating multiple disjoint sources with erroneous sensor positions[J]. IEEE Transactions on Signal Processing，2009，57(12)：4598-4615.

[25] Sun M，Ho K C. Successive and asymptotically efficient localization of sensor nodes in closed-form[J]. IEEE Transactions on Signal Processing，2009，57(11)：4522-4537.

[26] Sun M，Yang L，Ho K C. Efficient joint source and sensor localization in closed-form[J].

IEEE Signal Processing Letters，2012，19(7)：399-402.
[27] Huang J，Xue Y，Yang L. An efficient closed-form solution for joint synchronization and localization using TOA[J]. Future Generation Computer Systems，2013，29(3)：776-781.
[28] Rui L Y，Ho K C. Efficient closed-form estimators for multistatic sonar localization[J]. IEEE Transactions on Aerospace and Electronic Systems，2015，51(1)：600-613.
[29] 王鼎，李长胜，张瑞杰. 基于无源定位观测方程的一类伪线性加权最小二乘定位闭式解及其理论性能分析[J]. 中国科学：信息科学，2015，45(9)：1197-1217.
[30] Amiri R，Behnia F. An efficient weighted least squares estimator for elliptic localization in distributed MIMO radars[J]. IEEE Signal Processing Letters，2017，24(6)：902-906.
[31] Ho K C，Chan Y T. Geolocation of a known altitude object from TDOA and FDOA measurements[J]. IEEE Transactions on Aerospace and Electronic Systems，1997，33(3)：770-783.
[32] Huang Y，Benesty J，Elko G W，et al. Real-time passive source localization：a practical linear-correction least-squares approach[J]. IEEE Transactions on Speech and Audio Processing，2001，9(8)：943-956.
[33] Cheung K W，So H C，Chan Y T. Least squares algorithms for time-of-arrival-based mobile location[J]. IEEE Transactions on Signal Processing，2004，52(4)：1121-1128.
[34] Mason J. Algebraic two-satellite TOA/FOA position solution on an ellipsoidal earth[J]. IEEE Transactions on Aerospace and Electronic Systems，2004，40(7)：1087-1092.
[35] Zhu S H，Ding Z G. Joint synchronization and localization using TOAs：A linearization based WLS solution[J]. IEEE Journal on Selected Areas in Communications，2010，28(7)：1016-1025.
[36] Ho K C，Chan Y T. An asymptotically unbiased estimator for bearings-only and Doppler-bearing target motion analysis[J]. IEEE Transactions on Signal Processing，2006，54(3)：809-822.
[37] Ho K C. Bias reduction for an explicit solution of source localization using TDOA[J]. IEEE Transactions on Signal Processing，2012，60(5)：2101-2114.
[38] 郝本建，李赞，万鹏武，等. 基于 TDOA 与 GROA 的信号源被动定位偏差消除技术[J]. 电子学报，2014，42(3)：477-484.
[39] Wang Y，Ho K C. An asymptotically efficient estimator in closed-form for 3D AOA localization using a sensor network[J]. IEEE Transactions on Wireless Communications，2015，14(12)：6524-6535.

[40] Chen X，Wang D，Yin J X，et al. Bias reduction for TDOA localization in the presence of receiver position errors and synchronization clock bias[J]. EURASIP Journal on Advances in Signal Processing，2019，2019(7)：1-26.

[41] Cheung K W，So H C. A multidimensional scaling framework for mobile location using time-of-arrival measurements[J]. IEEE Transactions on Signal Processing，2005，53(4)：460-470.

[42] So H C，Chan F K W. A generalized subspace approach for mobile positioning with time-of-arrival measurements[J]. IEEE Transactions on Signal Processing，2007，55(10)：5103-5107.

[43] Wei H W，Wan Q，Chen Z X，et al. A novel weighted multidimensional scaling analysis for time-of-arrival-based mobile location[J]. IEEE Transactions on Signal Processing，2008，56(7)：3018-3022.

[44] Chen Z X，Wei H W，Wan Q，et al. A supplement to multidimensional scaling framework for mobile location：A unified view[J]. IEEE Transactions on Signal Processing，2009，57(5)：2030-2034.

[45] Chan F K W，So H C. Efficient weighted multidimensional scaling for wireless sensor network localization[J]. IEEE Transactions on Signal Processing，2009，57(11)：4548-4553.

[46] Wei H W，Peng R，Wan Q，et al. Multidimensional scaling analysis for passive moving target localization with TDOA and FDOA measurements[J]. IEEE Transactions on Signal Processing，2010，58(3)：1677-1688.

[47] Lin L X，So H C，Chan F K W. Multidimensional scaling approach for node localization using received signal strength measurements[J]. Digital Signal Processing，2014，34(11)：39-47.

[48] 朱国辉，冯大政，聂卫科. 传感器位置误差情况下基于多维标度分析的时差定位算法[J]. 电子学报，2016，44(1)：21-26.

[49] Wang Y L，Wu Y，Yi S C，et al. Complex multidimensional scaling algorithm for time-of-arrival-based mobile location：A unified framework[J]. Circuits，Systems and Signal Processing，2017，36(11)：1754-1768.

[50] Cao J M，Wan Q，Quyang X X，Ahmed H I. Multidimensional scaling-based passive emitter localisation from time difference of arrival measurements with sensor position uncertainties[J]. IET Signal Processing，2017，11(1)：43-50.

[51] 张贤达. 矩阵分析与应用[M]. 北京：清华大学出版社，2004.

[52] 程云鹏，张凯院，徐仲. 矩阵论[M]. 西安：西北工业大学出版社，2006.

[53] Steven M. Kay. 统计信号处理基础—估计与检测理论[M]. 北京：电子工业出版社，2006.

[54] Imhof J P. Computing the distribution of quadratic forms in normal variables [J]. Biometrika，1961，48(12)：419-426.

[55] Torrieri D J. Statistical theory of passive location systems[J]. IEEE Transactions on Aerospace and Electronic Systems，1984，20(2)：183-198.